金属热处理工艺方法 700 种

金荣植　编著

机 械 工 业 出 版 社

本书系统地介绍了700多种金属热处理工艺方法。其主要内容包括：金属的退火和正火、金属的淬火、金属的回火和时效、金属的表面淬火、金属的化学热处理、金属的气相沉积、金属的形变热处理和金属的复合热处理。本书全面贯彻了现行的热处理技术标准及相关的金属材料标准，既包含了生产实践中广泛应用的成熟工艺方法，又兼顾了近年来发展的新工艺方法。本书内容覆盖面广，简明扼要，具有系统性、实用性、新颖性。

本书可供热处理工程技术人员和工人使用，也可供从事机械零件设计、制造的工程技术人员，以及相关专业的在校师生和科研人员参考。

图书在版编目（CIP）数据

金属热处理工艺方法700种/金荣植编著. —北京：机械工业出版社，2018.7（2024.4重印）

ISBN 978-7-111-60733-5

Ⅰ.①金… Ⅱ.①金… Ⅲ.①热处理-技术培训 Ⅳ.①TG15

中国版本图书馆CIP数据核字（2018）第194018号

机械工业出版社（北京市百万庄大街22号 邮政编码100037）
策划编辑：陈保华 责任编辑：陈保华 贺 怡
责任校对：刘志文 封面设计：马精明
责任印制：常天培
北京雁林吉兆印刷有限公司印刷
2024年4月第1版第6次印刷
169mm×239mm · 28印张 · 602千字
标准书号：ISBN 978-7-111-60733-5
定价：89.00元

前言

热处理工艺在机械制造中占有十分重要的地位，既是制造业的基础技术，又是机械制造的核心技术，其涉及机械、电子、汽车、拖拉机、摩托车、航空航天、军工、高铁、轨道交通、船舶、化工、冶金、家电、建材等各个行业，应用范围十分广泛。近20年来我国热处理行业得到快速发展，伴随先进热处理装备的引进，大量先进的热处理工艺也得到了应用，在一定程度上满足了金属零部件的要求。但与先进国家相比，我国的热处理技术还有较大的差距，技术整体处于落后状态。主要表现在热处理后的产品寿命偏低，导致钢材损耗巨大，并且热处理能耗较大、成本较高，难以满足高端机械装备的要求，使我国机械装备处于弱势地位。这已经引起了国家有关部门的高度重视，国家组织了科研院所、高校及企业近300位专家编写了《中国热处理与表层改性技术路线图》，指明了未来热处理的发展方向。

雷廷权老师与傅家骐老师于1982年编写出版了《热处理工艺方法300种》一书。该书于1998年进行了修订，出版了《金属热处理工艺方法500种》。这两本书深受读者欢迎，共发行了近10万册。《金属热处理工艺方法500种》一书出版至今也已近20年了，这期间伴随国民经济的快速发展，我国热处理工艺装备水平不断提升，先进热处理工艺与高效优质材料得到了广泛应用，热处理标准化体系日趋完善。为适应广大读者的需求，重新编写了这本《金属热处理工艺方法700种》。

本书全面贯彻了现行的热处理技术标准及相关的金属材料标准，既包含了生产实践中广泛应用的成熟工艺方法，又兼顾了近年来发展的新工艺方法。本书收集并精选了大量的气相沉积工艺方法（如化学气相沉积、物理气相沉积等）、表面相变热处理工艺方法（如磨削加热淬火、高能束加热表面淬火等）、复合热处理工艺方法［如化学热处理或气相沉积＋化学热处理复合、化学热处理＋气相沉积复合、离子注入＋气相沉积复合、表面形变强化＋化学热处理复合、化学热处理＋表面形变复合、冷形变（或形变热处理）＋化学热处理复合等］及新的热处理工艺方法（如数字化淬火冷却控制技术、模压感应淬火、精密控制渗碳、精密气体渗氮、微波渗碳、活性屏离子渗氮、纳米化渗氮、直生式气氛渗碳、太阳能合金化、激光稀土合金化等）。本书以条块形式进行介绍，内容全面、新颖，理论与实际相结合，实用性、针对性强。同时，结合当前热处理生产需要，重点介绍了提高热处理质量、延长工件寿命、节能减排等方面的工艺方法。

本书的编写目的是为热处理工程技术人员、工人，从事机械零件设计、制造的工程技术人员，以及相关专业的在校师生和科研人员提供一本全面了解金属热处理工艺方法的技术资料。

在本书的编写过程中，作者参阅并引用了一些有关方面的专著和文章，在此谨向这些作者表示衷心感谢！

由于作者水平和取材有限，书中难免存在不足之处，恳求读者和专家批评指正。

金荣植

目　录

第 4 章　金属的表面淬火 …… 151

第 5 章　金属的化学热处理 …… 181

第1章

金属的退火和正火

退火是将工件加热到适当温度，保持一定时间，然后缓慢冷却的热处理工艺。正火是将工件加热奥氏体化后，在空气或其他介质中冷却获得以珠光体为主的热处理工艺。正火与退火常作为预备热处理安排在工件的加工流程中，用以消除冶金及冷热加工过程中产生的缺陷，并为后续的机械加工及热处理准备良好的组织状态。对性能要求不高的钢件，正火也可作为最终热处理。

钢的退火工艺，按加热温度可分为两大类：①临界温度（Ac_1或Ac_3）以上的退火（相变重结晶退火），包括完全退火、不完全退火、等温退火、球化退火、晶粒粗化退火、均匀化退火等；②临界温度以下的退火，包括软化退火、再结晶退火、去应力退火、预防白点退火等。按加热冷却方法及所用设备可分为加热炉退火、盐浴退火、火焰退火、感应加热退火、装箱退火、包装退火、真空退火等。按工件表面状态可分为光亮退火与黑皮退火等。

铸铁件的退火工艺主要包括脱碳退火、各种石墨化退火及去应力退火等。有色金属工件主要有再结晶退火、去应力退火及铸态的扩散退火等。

正火与退火相似，区别在于前者加热温度较高、冷却速度较快、所得组织较大地偏离平衡状态等。正火通常分为常规正火与高温正火。相关标准有 GB/T 16923—2008《钢件的正火与退火》等。

1. 完全退火

完全退火简称退火，是将工件完全奥氏体化后缓慢冷却，获得接近平衡组织的退火，如图 1-1 所示。

所谓“完全”是指退火时钢的内部组织全部进行了重结晶。完全退火的目的是细化晶粒、均匀组织、消除内应力、降低硬度、提高塑性，以便于随后的变形加工或切削加工，并为工件的淬火准备适宜的显微组织。此工艺可应用于钢锭、锻轧、铸造及冷拉伸钢材的热处理。完全退火适用于亚共析钢，不宜用于过共析钢，过共析钢缓冷后会析出网状二次渗碳体，使钢的强度、塑性和韧性大大降低。完全

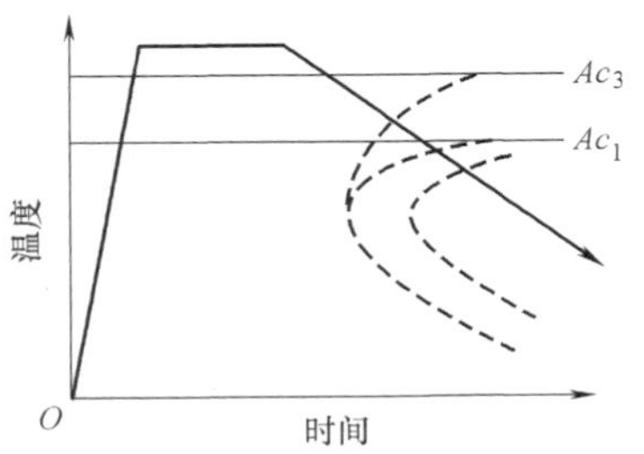

图 1-1　钢的完全退火工艺曲线

退火也适用于和中碳合金钢的、焊接件、轧制件等，有时用于高速钢、高合金钢淬火返修的工艺。

某些高合金钢为使碳化物固溶，应适当提高奥氏体化温度。为改善低碳钢的可加工性，可采用900~1000℃高温退火，以获得4~6级的粗奥氏体。为了消除亚共析钢铸件、锻件、焊接件的粗大魏氏组织，需将奥氏体化温度提高到1100~1200℃，随后补充进行常规完全退火。

2. 亚共析钢钢锭的完全退火

w(C)>0.3%、淬透性较好或尺寸较大的非合金钢及合金钢钢锭，均需进行完全退火，以消除铸造应力、改善铸态组织、降低表面硬度，以及便于存放和表面清理。钢锭表面的各种缺陷应在锻轧前清除，否则会在加工中扩大，甚至形成发裂而使钢锭报废，这对于Cr、Al、Ti等元素含量高的钢锭尤为重要。部分亚共析钢钢锭完全退火温度见表1-1。

表1-1　部分亚共析钢钢锭完全退火温度

钢种	牌　号	温度/℃
结构钢	40、40Mn2、40Cr、35CrMo、38CrSi、38CrMoAl、30CrMnSi	840~870
弹簧钢	65、60Mn、55Si2Mn、60Si2Mn、50CrVA	840~870
热模钢	5CrNiMo、5CrMnMo	810~850

以上各种钢锭完全退火时的加热速度常取100~200℃/h。保温时间 $\tau=8.5+Q/4$，这里 Q 为装炉量（t），τ 为保温时间（h）。冷却速度常取50℃/h。出炉温度为600℃以下。

3. 亚共析钢锻轧钢材的完全退火

中碳钢及中碳合金结构钢热锻轧后，易得到较粗的珠光体及不同程度的网状铁素体，晶粒大小不均，硬度也常偏高，不易切削和冷变形加工。对此，需进行完全退火来加以改善，同时也为工件的调质处理做好组织准备。

亚共析钢锻轧钢材完全退火温度常取 Ac_3+20~30℃。当钢中含有强碳化物形成元素（Mo、W、V、Ti等）时，可适当提高退火温度，以使碳化物较快溶入奥氏体中；而当含有易使晶粒粗化的元素（如Mn）时，应适当降低退火温度。常用亚共析钢完全退火温度见表1-2。

表1-2　常用亚共析钢完全退火工艺规范

牌号	临界点/℃			退火		
	Ac_1	Ac_3	Ar_1	加热温度/℃	冷却	硬度HBW
35	724	802	680	850~880	炉冷	≤187
45	724	780	682	800~840	炉冷	≤197
45Mn2	715	770	640	810~840	炉冷	≤217
40Cr	743	782	693	830~850	炉冷	≤207
35CrMo	755	800	695	830~850	炉冷	≤229

（续）

牌号	临界点/℃			退火		
	Ac_1	Ac_3	Ar_1	加热温度/℃	冷却	硬度 HBW
40MnB	730	780	650	820～840	炉冷	≤207
40CrNi	731	769	660	820～850	炉冷<600℃	≤250
40CrNiMoA	732	774	—	840～880	炉冷	≤229
65Mn	726	765	689	780～840	炉冷	≤229
20Cr	766	838	702	860～890	炉冷	≤179
20CrMnMo	710	830	620	850～870	炉冷	≤217
38CrMoAlA	800	940	730	840～870	炉冷	≤229

锻轧钢材一般使加热速度控制在以下范围：装炉量为 5～10t 的 150～200℃/h；装炉量为 15～30t 的 100～120℃/h；装炉量为≥50t 的 50～75℃/h。

钢材退火加热时的保温时间 $\tau=(3\sim4)+(0.4\sim0.5)Q$，这里 Q 为装料量（t），τ 为保温时间（h）。非合金钢的冷却速度最好控制在 200℃/h 上下，低合金钢应不大于 100℃/h，高合金钢应不大于 50℃/h。对装炉量大于 5t 的加热炉，常采用开启炉门冷却甚至空冷（正火）的方法获得低碳及低碳合金钢所需的加工性能。退火时冷却到 650～600℃ 以下时，相变已完成，可出炉空冷。

4. 冷拉钢材料坯的完全退火

一般热轧钢材由于终轧温度较高、轧后冷却速度不一导致组织性能不均、内应力较大、硬度偏高、冷拉时表面易产生拉伤、模具磨损也较大。此外，由于坯料端部需加热，使组织发生变化、硬度及内应力也偏高、冷拉时易折断。对此，冷拉伸变形前大部分热轧坯料需进行退火（或正火），使其硬度保持在 207～255HBW。中碳钢、合金结构钢、弹簧钢及易切削钢（如 40、40Cr、35SiMn、30CrMnSi、60Si2Mn、50CrVA、Y20 等）冷拉坯料常需进行完全退火：退火加热温度为 Ac_3+20～30℃，加热速度为 100～120℃/h，保温时间为每吨装炉量不超过 1h，随炉冷却至 600℃ 出炉空冷。高合金钢及尺寸较大的锻坯可取 20～50℃/h 的冷却速度。马氏体不锈钢（20Cr13 等）常取 15～20℃/h 的冷却速度。

5. 不完全退火

不完全退火是将工件部分奥氏体化后缓慢冷却的退火，包括：相变区退火、亚温退火、临界区退火。钢的不完全退火工艺曲线如图 1-2 所示，即加热温度在 Ac_1 与 Ac_3（或 Ac_{cm}）之间，加热到温后短时保温，之后缓慢或控速冷却，以得到铁素体和珠光体组织。加热时珠光体转变为奥氏体，而过剩相（铁素体或碳化物）大部分保持不变。不完全退火的目的与完全退火相似，都是通过相变重结晶来细化晶粒、

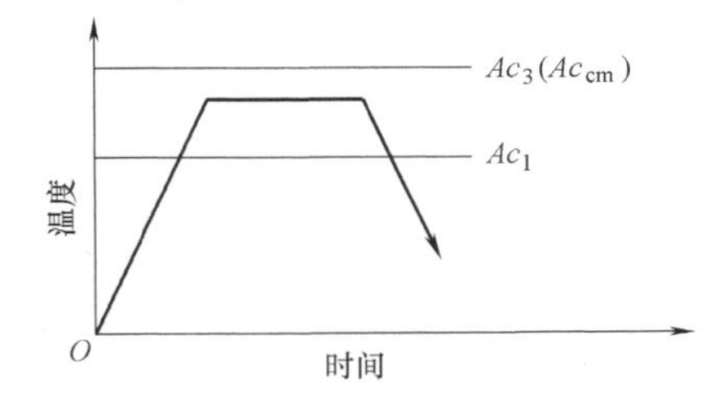

图 1-2 钢的不完全退火工艺曲线

改善组织、去除应力、降低硬度、改善切削性能。不完全退火由于重结晶不完全而导致细化晶粒的程度较差，但能够缩短工艺周期，可用于晶粒未粗化的锻轧件等。

6. 过共析钢及莱氏体钢钢锭的不完全退火

过共析钢不完全退火可减少溶入奥氏体中的碳化物含量、降低奥氏体的稳定性、提高退火冷却速度、缩短冷却时间。此外，还可以消除铸造应力、改善铸态组织、降低表面硬度，以及改善切削加工性。常用过共析钢（包括莱氏体钢）钢锭的不完全退火温度见表1-3。

表1-3 过共析钢钢锭的不完全退火温度

钢种	牌 号	温度/℃
非合金工具钢、低合金工具钢	T7、T10、T12、9Mn2V、9SiCr、Cr2、CrMn、CrWMn	810~850
冷作模具钢、高速钢	3Cr2W8V、W18Cr4V、W9Mo3Cr4V	900~950
轴承钢	GCr15、GCr15SiMn	810~850

钢锭不完全退火时的加热速度为100~200℃/h。保温时间 $\tau=T+Q/4$，这里 τ 为保温时间（h），Q 为装炉量（t），T 为基本保温时间，合金工具钢及轴承钢的 $T=6.5$h，莱氏体钢的 $T=2.5$h。冷却速度一般控制在50℃/h左右；高合金钢取20~30℃/h或更慢。非合金工具钢及低合金工具钢可在炉冷到600℃以下时出炉，高合金工具钢最好冷却到350℃以下再出炉，以免产生新的内应力并使硬度偏高。

7. 过共析钢锻轧钢材的不完全退火

工具钢、轴承钢及冷作模具钢等应用此工艺，可得到球状珠光体及球状碳化物组织，降低硬度，改善切削加工性能。多数情况下其加热速度≥100℃/h，对于含合金元素较多的钢可采用稍慢的加热速度。保温时间根据装炉量、钢材种类而定。保温后随炉冷却。冷却速度随钢种而异，非合金工具钢加热速度≥50℃/h，合金钢加热速度≤30℃/h。冷却到600℃左右时，即可出炉空冷。常用非合金工具钢及合金工具钢不完全退火时的加热温度见表1-4。

表1-4 非合金工具钢及合金工具钢不完全退火时的加热温度

钢种	牌 号	温度/℃
非合金工具钢	T8、T10、T11、T12	750~770
合金工具钢	9Mn2V、9SiCr、CrWMn	770~810
	Cr12V、Cr6WV、Cr12MoV	830~870

8. 亚共析钢冷拉坯料的不完全退火

亚共析钢冷拉坯料常采用完全退火，而一部分低、中碳钢及合金结构钢，如15、45、30Mn2、40CrMn、40MnB等，因晶粒长大倾向较大且不均匀，用完全退火不易控制晶粒度，以及为了降低钢材脆性，所以宜采用不完全退火。其加热温度

在 $Ac_1 \sim Ac_3$ 之间，加热速度为 100～120℃/h，保温时间 $\tau=(2\sim6)+0.5Q$，这里 Q 为装炉量（t），τ 为保温时间（h）。保温后随炉冷却至 650～600℃出炉空冷。

9. 扩散退火（均匀化退火）

扩散退火又称均匀化退火，是以减少工件化学成分和组织的不均匀程度为主要目的，将其加热到高温并长期保温，然后缓慢冷却的退火（见图 1-3）。适用于合金钢铸锭或铸件，以及具有成分偏析的锻轧件等。例如为了消除或降低中等合金含量的结构钢（以 18Cr2Ni4WA 最为典型）的枝晶偏析，为了消除滚动轴承钢的碳化物液析及改善其带状碳化物，都要进行钢锭扩散退火。

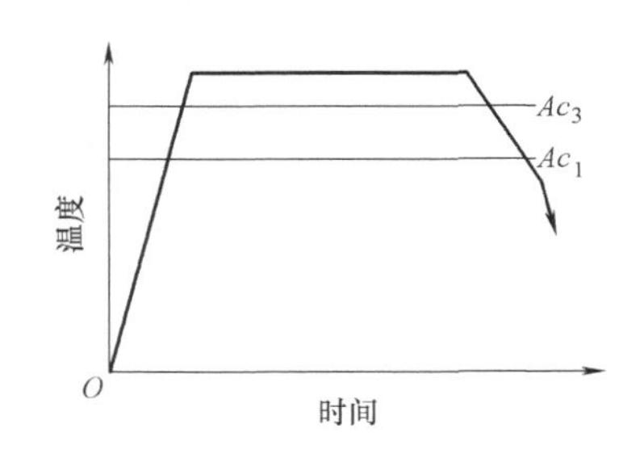

图 1-3　扩散退火工艺曲线

扩散退火在铸锭开坯或锻造后进行比较有效，因为此时铸态组织已被破坏，元素扩散的障碍大为减少。

钢件扩散退火温度，一般选择在 Ac_3 或 Ac_{cm} 以上 150～300℃。非合金钢常取 1100～1200℃，合金钢常取 1200～1300℃。加热速度大都控制在 100～120℃/h。扩散退火的保温时间一般按截面厚度每 25mm 保温 0.5～1h 或每 1mm 保温 1.5～2.5min 来计算。装炉量较大时，可按 $\tau=8.5+Q/4$ 计算，这里 τ 为保温时间（h），Q 为装炉量（t）。通常保温时间不超过 15h，否则钢件氧化损失严重。冷却速度一般为 50℃/h，高合金钢为 20～30℃/h。通常降温到 600℃以下即可出炉空冷。高合金钢及高淬透性钢种宜在 350℃左右出炉，以免因冷速过快而产生应力，使硬度偏高。扩散退火出现的粗晶，可通过补充完全退火或正火加以改善。

大型锻件为使毛坯获得锻造所需塑性，常在 1150～1270℃下加热保温。

一般铸钢件极少采用扩散退火，但对于铸造高速钢刀具等莱氏体钢制工件，需进行高温扩散退火，以破碎莱氏体网，使碳化物分布趋于均匀，其扩散退火工艺参数见表 1-5。

表 1-5　扩散退火工艺参数

项目	工艺参数
预热温度	800～850℃
加热温度	W18Cr4V 钢：1300～1315℃；W6Mo5Cr4V2 钢：1245～1255℃
保温时间	按坯料有效厚度每 1mm 保温 0.2min 计算，再加 5～10min
冷却	在一定时间内（有效厚度乘以 0.15min/mm），从加热温度冷却到 580～620℃，然后出炉空冷
	高速钢扩散退火后，为避免出现裂纹，需进行 580～700℃回火
其他	铜合金扩散退火温度范围为 700～950℃，铝合金为 400～500℃

10. 低温退火

低温退火是将钢件加热到略低于 Ac_1 的温度，保持一定时间，然后缓慢冷却的热处理工艺（见图1-4）。由于没有重结晶过程，所以不能使钢的晶粒和组织细化，但却能消除或降低钢的内应力，降低硬度，从而改善切削加工性能，或者用于随后进行的冷变形。低温退火加热时间短，成本低，而且钢材表面氧化脱碳损失较少，所以在某些情况下可取代完全退火或不完全退火。

再结晶退火、中间退火（软化退火）、去应力退火等都属于低温退火的范畴。

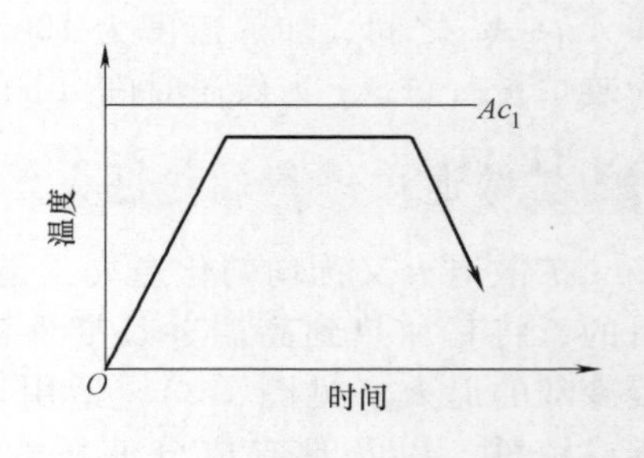

图1-4　低温退火工艺曲线

11. 钢锭的低温退火

低温退火可降低钢锭的硬度，消除或降低铸态应力，特别用于淬透性高、用普通退火不易使其软化的钢锭。高淬透性钢种在完全退火时，虽经相当缓慢的冷却，但钢锭表面也难免发生贝氏体或马氏体转变，不但不能消除应力，更不易于表面清理，而采用低温退火则效果显著。

钢锭的低温退火加热温度为Ac_1以下20~30℃。据参考文献［3］介绍，各种结构钢、弹簧钢及热作模具钢钢锭常采用680~710℃退火，高合金钢常采用640~680℃退火。钢锭低温退火时的加热速度为100~200℃/h；保温时间$\tau=8.5+Q/4$，这里Q为装炉量（t），τ为保温时间（h）。

12. 热锻轧钢材的低温退火

高淬透性合金钢材（或马氏体钢等），采用两次退火的方法，即先进行一次冷却速度较快（100~200℃/h）的完全退火，再进行低温退火，便可细化晶粒，均匀组织，并使硬度降低到规定范围之内，而总的工艺时间还能适当缩短。低温退火可解决以上钢材普通退火时存在的缺陷。

低温退火温度应根据钢的内应力大小和所需达到的软化程度而定。低温退火的加热速度一般可不加限制，高合金钢材因导热性差，多控制在50~100℃/h之间。保温时间通常为3~4h，保温后一般由炉中取出空冷。尺寸较大的钢材，为避免产生较大的内应力，可先在炉中冷却到450~500℃，然后空冷。对于回火脆性倾向性较大的钢材，炉冷后可进行水冷。

13. 中间退火（软化退火）

中间退火是为消除工件形变强化效应、改善塑性、便于实施后续工序而进行的工序间退火，又称软化退火。其工艺规程与低温退火基本相同，区别仅在于前者主要应用于冷变形加工工序之间。

中间退火常用来消除钢锭和锻连铸轧钢材的内应力并降低硬度，防止引起开裂和轧件变形，便于表面清理。低碳或中碳钢钢材通常采用的中间退火温度为500~650℃。

14. 冷变形加工时的中间退火

钢材在冷变形加工中，随着形变量的加大，硬度迅速升高，塑性剧烈下降，即产生加工硬化现象，如果继续形变，钢材便有开裂或脆断的危险。此时，必须进行工序间的软化退火（即中间退火），以消除应力、降低硬度、恢复塑性，方能进行下一道冷变形加工。

对于冷拉、冷冲及冷镦等加工方式，常用的中间退火温度为 Ac_1 以下 10~20℃。当冷锯、冷剪后需恢复加工面塑性时，可在低于 Ac_1 较多的温度（常用600~650℃左右）下进行中间退火。在钢丝及其他以冷拉状态交货的钢材生产中，最后一道冷拉前的中间退火还有为控制成品性能准备条件的作用，所用温度应与最后冷拉时的变形量一起考虑，以达到产品的性能要求。

经冷塑性变形加工的毛坯，如冷拉线材、冷挤压的高速钢螺纹刀具等，为消除冷作硬化，中间退火工艺为：加热到 750~780℃，保温 4~6h，炉冷到 500℃，出炉空冷。

15. 热锻轧钢材的中间退火

热锻轧钢材制作机器零件之前常需进行剪切、弯曲、拉伸或矫直等冷作工序。高碳钢及高合金钢在热锻轧后常含有部分贝氏体或马氏体组织，硬度偏高、应力较大，在进行以上工序之前，必须先进行软化退火，以避免开裂。而低、中碳钢及低合金结构钢热锻轧材，一般因硬度不太高、塑性较好而不需进行中间（软化）退火。

16. 再结晶退火

再结晶退火，是指经冷塑性变形加工的工件加热到再结晶温度以上，保持适当时间，通过再结晶使冷变形过程中产生的晶体学缺陷基本消除，重新形成均匀的等轴晶粒，以消除形变强化效应（加工硬化）和残余应力的退火。如图 1-5 所示为再结晶退火工艺曲线。

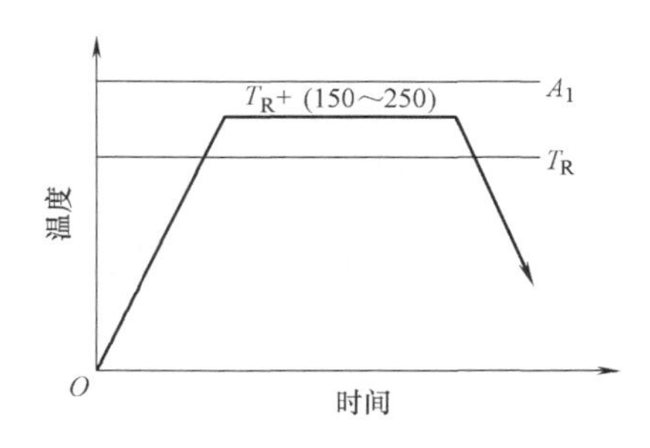

图 1-5 再结晶退火工艺曲线

在冷变形加工中，金属的硬度、强度和内应力随形变量增加而增大，塑性则随形变量增加而降低。在随后的加热过程中，随着温度的升高，组织和性能有恢复到冷形变前状况的趋势。

再结晶退火可作为冷变形材料半成品的中间退火，也可作为成品的最终热处理。再结晶退火主要用于低碳钢、硅钢薄板、有色金属和各种冷加工的板、管、型、丝和带等金属制品。

再结晶加热温度：$T>T_R+150\sim250$℃（$T_R\approx0.4T_M$，T_M 为熔点），一般钢材再结晶退火温度在 600~700℃，保温 1~3h 空冷，对于 $w(C)<0.2\%$的普通非合金钢，

在冷变形时临界变形度若达到6%~15%，则再结晶退火后易出现粗晶，故应避免在此范围内进行冷变形加工。

17. 低碳钢的再结晶退火

低碳钢［w(C)<0.1%~0.2%］的再结晶温度在450~650℃之间。随着碳含量及合金元素数量的增加，再结晶温度不断升高，当超过Ac_1温度时，将发生相变重结晶。对此，可采用低于Ac_1温度的软化退火来降低冷变形材料的硬度。低碳钢在冷轧、冷拉、冷冲等加工后的再结晶退火温度常取650~700℃。Q215、Q235钢的再结晶退火工艺为：加热到660~700℃，保温2~3h，炉冷至550℃出炉。

18. 不锈钢的再结晶退火

含高铬［w(Cr)=13%~30%］的马氏体及铁素体钢的再结晶温度为650~700℃。为了避免晶粒过度粗化，再结晶温度大多控制在650~830℃之间。含铬低（如06Cr13钢）时采用下限，含铬高（如德国X8Cr2钢，相当于我国Cr28钢）时采用上限。当钢中含铬较多时［高铬钢中w(Cr)>16%，高镍钢中w(Cr)>18%］进行540~810℃间的长时间保温易导致σ相（Fe-Cr金属间化合物）脆性。对此，可采取高于900℃的退火来去除加工硬化作用。马氏体及铁素体不锈钢再结晶退火时的保温时间常取1~2h，或按1.2~2min/mm（厚度）计算。铁素体钢在保温后应采用空冷或水冷，以防止出现475℃脆性，一旦出现σ相，可用930~980℃加热后快速冷却来消除；发生475℃脆性的钢也可经高于600℃加热并快速冷却使其恢复原有性能。

经冷变形的奥氏体不锈钢，在200~400℃下加热，便能开始消除加工应力。在600~800℃下加热，可使碳化物沿晶界及滑移线析出。在900~950℃以上加热时，发生再结晶，而碳化物仍旧保留。当加热到1000℃以上时，碳化物才能溶入固溶体。一般奥氏体钢（Cr18Ni9型）不采用再结晶退火，而是通过1000~1120℃间的固溶处理获得几乎没有内应力及冷作硬化效应的单相奥氏体组织。超低碳［w(C)<0.03%］奥氏体不锈钢可根据情况，在冷变形加工后进行再结晶退火或去应力退火。

19. 铝合金及铜合金的再结晶退火

再结晶退火用于消除工件在加工过程中产生的冷作硬化，恢复塑性，以利于后续加工，并作为硬态材料的软化退火。铝合金及铜合金的再结晶退火如下。

1）铝合金的再结晶退火。其是将冷变形的铝合金加热到再结晶温度以上保温一定的时间后空冷，目的是消除加工硬化，改善铝合金的塑性，以便进一步进行塑性成形，如冷轧板的退火。变形铝合金再结晶退火温度一般为310~450℃（再结晶温度以上），保温0.5~2h后水冷或空冷。适用于经过冷塑性变形的变形铝合金。

2）铜及铜合金的再结晶退火。其再结晶的加热温度应高于材料的再结晶温度，原材料、冷挤压毛坯或形状简单不易变形的半成品，退火温度应取上限；形状复杂、薄厚不均、薄壁零件及细长杆类已变形零件或材料，退火温度应取下限。纯铜的拉深件应取退火温度的下限。黄铜棒材 H96 退火温度为 550～620℃，H90、H80、H70 退火温度为 650～720℃，H68 退火温度为 500～550℃。黄铜管材 H96、H80 退火温度分别为 550～600℃和480～550℃。

再结晶退火的保温时间以保证完成再结晶过程为原则，一般取 1～2h。有效厚度<2mm 的零件，一般取 0.5～1h。纯铜原材料或半成品（如铜丝、铜板、铜棒及铜管等）经再结晶退火后一般采用空冷，为去除氧化皮也可采用水冷；黄铜及青铜的原材料、半成品或零件经退火后一般采用空冷。

20. 去应力退火

去应力退火属于亚相变点退火，是为去除工件塑性变形加工、切削加工或焊接造成的内应力及铸件内存在的残余应力而进行的退火（见图 1-6）。

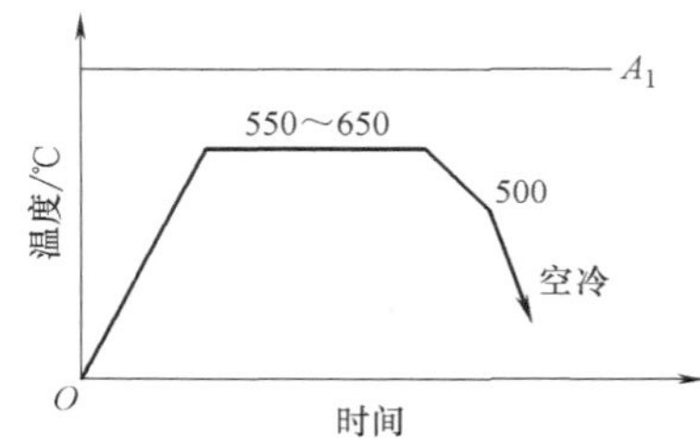

图 1-6　去应力退火工艺曲线

去应力退火工艺应用广泛，热锻轧、铸造、各种冷变形加工、切削或切割、焊接、热处理，甚至机器零部件装配后，在不改变组织状态、保留冷作与热作或表面硬化的条件下，对钢材或机器零部件进行较低温度的加热，以去除内应力，减小畸变、开裂倾向的工艺，都可称为去应力退火。通常把较高温度下的去应力处理称作去应力退火，而把较低温度下的去应力处理称为去应力回火。

去应力退火工艺：加热温度<A_1，钢铁材料一般在 550～650℃，热模具钢及高合金钢在 650～750℃；加热速度为 100～150℃/h；保温时间按 3～5min/mm 计算；冷却速度为 50～100℃/h。

为了不使去应力退火后冷却时再发生附加残余应力，应缓冷到 500℃以下出炉空冷。大截面工件需缓冷到 300℃以下出炉空冷。

去应力退火的温度，一般应比最后一次回火温度低 20～30℃，以免降低硬度及力学性能。对薄壁工件、易畸变的焊接件，退火温度应低于下限。不同的工件去应力退火工艺参数见表 1-6。

表 1-6　去应力退火工艺参数

类别	加热	加热温度/℃	保温时间/h	冷却
焊接件	≤300℃装炉， 加热速度≤100～150℃/h	500～550	2～4	炉冷至 300℃出炉空冷
消除加工应力	到温装炉	400～550	2～4	炉冷或空冷

21. 热锻轧材及工件的去应力退火

低碳结构钢热锻轧后，如果硬度不高，适于切削加工，则可不进行正火，但应在 500℃左右进行去应力退火；中碳结构钢为避免调质时的淬火畸变，需在切削加工或最终热处理之前进行 500～650℃的去应力退火，加热时间以透烧为准，之后的冷却不宜过快，以免产生新的应力；合金钢及尺寸较大的工件应选用较高的温度；对于切削加工量大、形状复杂而要求严格的刀具、模具等，在粗加工与半精加工之间，淬火之前常进行600～700℃×2～4h的去应力退火。

刀具在最终精磨过程中，可进行一次低于（或等于）回火温度的去应力退火，以避免开裂。在使用中每次修磨之后进行去应力退火，可提高刀具的使用寿命。需要渗氮的精密耐磨零件，应在调质处理及最终磨削加工后，进行一次低于调质温度的去应力退火，以防止零件在渗氮时的畸变。热处理后性能不足（如淬火硬度不足）的重要工件或工具，在重新淬火之前也需要进行去应力退火，以减小淬火畸变与开裂倾向。

22. 冷变形钢材的去应力退火

冷轧薄钢板、钢带、拉拔钢材及索氏体化处理的钢丝等，在制作某些较小工件（如弹簧等）时，应进行去应力退火，以防止制成成品后因应力状态改变而产生畸变。常用退火温度一般为250～350℃，此时还可以产生时效作用，使强度有所提高。

23. 奥氏体不锈钢的去应力退火

奥氏体不锈钢虽然在200～400℃加热时便已开始进行应力松弛，但有效地去应力必须在900℃以上（即使870℃时也只能部分去除）。此钢在400～820℃进行去应力退火中，常伴有碳化物析出而导致晶间腐蚀，650～700℃时最为严重，或形成σ相（在540～930℃之间），使脆性增大并使耐蚀性减弱，铸件及焊接件中因常有α相，易转变为σ相，因此其处理规程不易选择。一般只有当工件在应力腐蚀条件下工作时，进行去应力退火才较有利。奥氏体不锈钢的去应力退火规程见表1-7。

相关标准有JB/T 9197—2008《不锈钢和耐热钢热处理》等。

表1-7 奥氏体不锈钢的去应力退火规程

工作条件或要求	超低碳奥氏体不锈钢（022Cr19Ni10）	稳定化奥氏体不锈钢（1Cr18Ni9Ti）①	一般奥氏体不锈钢（12Cr18Ni9）
应力腐蚀严重	A、B	B、A	(a)
应力腐蚀中等	A、B、C	B、A、C	C(a)
应力腐蚀较轻	A、B、C、E、F	B、A、C、E、F	C、F
只去除峰值应力	F	F	F
无应力腐蚀	无须进行	无须进行	无须进行
晶间腐蚀	A、C(b)	A、C、B(b)	C
大变形后去除应力	A、C	A、C	C
变形加工中去除应力	A、B、C	B、A、C	C(c)
为使结构坚固(d)	A、C、B	A、C、B	C
为使尺寸稳定	G	G	G

注：A为1066～1120℃退火，慢冷；B为900℃去应力退火，慢冷；C为1066～1120℃退火，水冷（e）；D为900℃去应力退火，水冷（e）；E为480～650℃去应力，慢冷；F为<480℃去应力退火，慢冷；G为200～480℃去应力退火，慢冷；（a）为可用超低碳不锈钢进行最佳规程去应力处理；（b）为多数情况下不需处理，但当加工过程使钢材敏化时，可采用表中的处理方法；（c）为也可用A、B或D处理，但在变形结束后需要再进行C处理；（d）为当严重的加工应力与工作应力叠加而致发生破坏时或大型结构件焊接以后；（e）为或快冷。（各种处理时间均以每25mm保温4h计算）。

① 为非标准牌号。

24. 铸铁的去应力退火

对铸件进行去应力退火，以消除铸件的结构应力、组织应力和热应力，稳定其几何尺寸，减少或消除切削加工后产生的畸变，其常用工艺规程见表 1-8。相关标准有 JB/T 7711—2007《灰铸铁热处理》等。

铸铁件去应力退火时温度不应过高，否则会产生珠光体的石墨化，降低力学性能。需要进行表面淬火的铸铁件应预先进行一次去应力退火，以防畸变开裂。

表 1-8 各种铸铁的去应力退火工艺规程

铸铁	装料炉温/℃	加热速度/(℃/h)	加热温度/℃	保温时间/h	冷却速度/(℃/h)	出炉温度/℃
普通灰铸铁	<100~300	<60~150	~550	每 25mm 保温 1h，再加 2~8h	<30~80	100~300
合金灰铸铁			600(低合金) 650(高合金)			
高硅白口铸铁		~100	850~900	2~4	30~50	
高铬白口铸铁		20~50	620~850	每 25mm 保温 1h	30~50	100~150
普通球墨铸铁		60~150	550~600	每 25mm 保温 1h	空冷	—
合金球墨铸铁			580~620			

25. 软磁材料的去应力退火

纯铁、硅钢片、坡莫合金等软磁材料，由于热加工后冷却速度过大产生热应力，冷形变时产生加工硬化，卷绕、剪切、冲制、磨光等工序可能引起机械应力，黏结过程产生收缩应力等，均会使磁导率下降、矫顽力及铁损增大，因此应进行去应力退火，以改善组织、恢复磁性。纯铁、硅钢片、坡莫合金的去应力退火温度分别为 900℃、750~850℃和 900℃以上。

电工纯铁的去应力退火，在氢气或真空中进行加热，在 600℃以下装炉，随炉升温至 800℃，再以≤50℃/h 的速度加热至 860~930℃，保温 4h，以≤50℃/h 的速度冷却至 700℃，再炉冷至 500℃以下出炉。

硅钢片的去应力恢复磁性退火，如对 DR530-50、DR510-50 钢，采用氢气炉、真空炉及装箱密封退火，加热温度为 750~850℃，保温 2~4h，以≤40℃/h 的速度冷却至 600℃，断电炉冷至 300℃，出炉空冷。

26. 非铁金属和耐热合金的去应力退火

铝合金去应力退火温度常选为 150~200℃，铜合金为 200~350℃，保温时间均为 1h 左右。铁基及镍基耐热合金的去应力退火温度常选为 680~900℃。与奥氏体不锈钢的情况相似，耐热合金去应力退火时需注意抗氧化性及高温强度降低的问题。不少耐热合金因在上述温度范围内产生时效，而常采用高温短时加热的退火工艺。

27. 预防白点退火

预防白点退火是为防止工件在热变形加工后的冷却过程中氢可能呈气态析出而

形成发裂（白点），在形变加工结束后直接进行的退火，又称预防白点退火（见图1-7）。其目的是使钢中的氢扩散析出于工件之外。

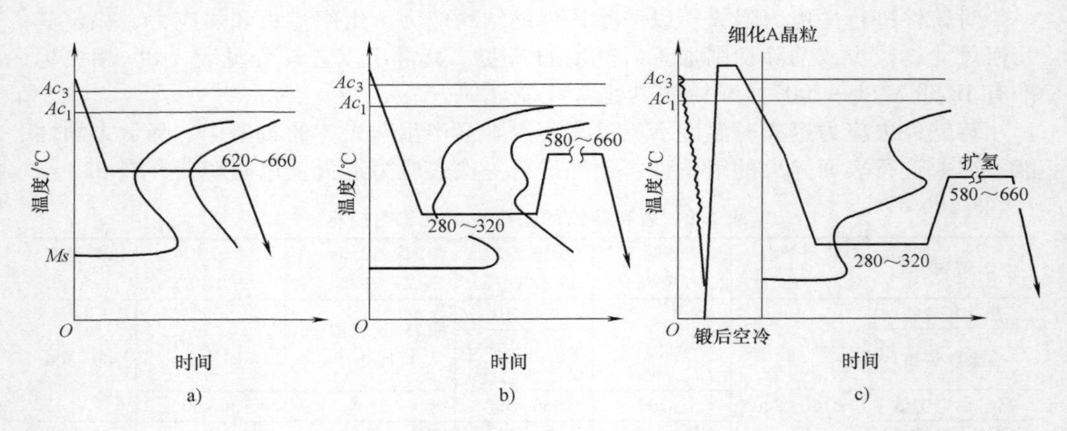

图 1-7　预防白点退火工艺曲线

a）低碳低合金钢　b）中合金钢　c）高合金钢

氢在 α-Fe 中的扩散系数比在 γ-Fe 中大得多，而氢在 α-Fe 中比在 γ-Fe 中的溶解度又低得多。为此，对于大锻件一般是首先从奥氏体状态冷却到奥氏体等温转变图的鼻温范围以尽快获得铁素体+碳化物组织，然后在该温度区或升高到稍低于 Ac_1 的温度长时间保温进行脱氢，消除钢中的白点。适用于大型非合金钢、低合金钢、高合金钢的锻件。

退火工艺参数的选择必须能造成氢在钢中的溶解度小而扩散大的条件，使其排出锻件或由固溶状态变为分子状态存在。分子状态的氢所引起的压力，可通过塑性变形来消除，不形成白点。不同钢种去氢退火工艺规程常根据其过冷奥氏体等温转变图来制订。

28. 低碳低合金钢的预防白点退火

低碳低合金钢大锻件在锻造（或重新加热奥氏体化）后以较快速度冷却至过冷奥氏体最不稳定区域（鼻温区），使其充分等温转变（见图 1-7a），形成铁素体+碳化物混合组织（伪共析组织）。此时，氢的溶解度较低而扩散较易，在转变途中即可从锻件排出或结合为氢分子。氢分子所引起的压力也可因转变温度（620～660℃）较高而得到释放。

29. 中合金钢的预防白点退火

中合金钢大型锻件加热奥氏体化并在过冷奥氏体最不稳定区域（280～320℃）等温转变后，还需再加热至稍低于 Ac_1 的温度（580～660℃），并经长时间保温（见图 1-7b），方可使一部分氢自锻件表面排出，锻件内部的氢也可获得较均匀地分布，以减少其有害作用。

30. 高合金钢的预防白点退火

高合金钢的预防白点退火工艺曲线如图 1-7c 所示。首先应进行一次重结晶，以改善组织和提高锻件中氢分布的均匀性，同时细化晶粒，降低过冷奥氏体的稳定性，有利于减小形成白点的敏感性，然后冷却至 280~320℃，保温适当时间后，再加热至 580~660℃，保温后冷却。

31. 大型锻件的预防白点退火

许多镍铬合金钢大型锻轧材易产生白点，锻轧后需经预防白点退火处理。通常旧工艺保温时间太长，如 5CrNiMo 钢的 ϕ550mm 以上大型模块在 680℃ 保温需 120h。

为缩短工艺周期，改进预防白点退火工艺，人们研究了氢在钢中的分布运动规律，并用计算机计算了氢在钢中的浓度场及其变化规律，为制订退火新工艺提供了科学依据。根据钢液中的原始氢含量不同，用计算机辅助设计工艺参数。将加热温度提高到 680~700℃，则有利于氢在铁素体中加速扩散。等温时间可降到 15~50h。如若钢液经真空除气处理后，氢含量较低，大多为质量分数为 2.8×10^{-6} 以下，这时则可大幅度缩短保温时间。如 700mm×700mm 大型模块在 680℃ 热透后，保温 40~50h 即可。如图 1-8 所示为 5CrNiMo 钢锻件预防白点退火新工艺。

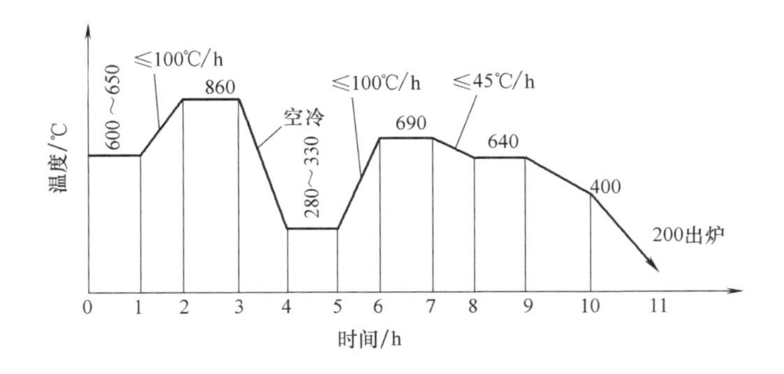

图 1-8　5CrNiMo 钢锻件预防白点退火新工艺

由于保温时间从旧工艺的 120h 缩短到新工艺的 40~50h，新工艺可节能约 32%，提高生产率约 39%。

32. 晶粒粗化退火

晶粒粗化退火属于高温退火，是将工件加热至比正常退火较高的温度，保持较长时间，使晶粒粗化以改善工件的切削加工性能。

在高温下长期工作的一些耐热钢件，为了提高蠕变强度，常需造成较为粗大的最佳晶粒度。通常纯铁及硅钢片等软磁材料的磁导率随晶粒的增大而升高；与此同时，矫顽力及铁损则随晶粒的增大而减小。为了改善上述材料制作的工件的使用性能，均需进行晶粒粗化退火。

晶粒粗化退火温度可根据工件受力条件、使用温度及钢种来选择，一般在900～1050℃之间选择。硅钢片的最佳晶粒尺度为0.1～1mm，常采用950～1050℃的晶粒粗化退火。这种工艺可以单独进行，也可以与纯化材质的高温真空退火、氢气退火或与改善晶粒取向性的磁场退火复合处理。

33. 等温退火

等温退火是将工件加热到高于 Ac_3（或 Ac_1）的温度，保持适当时间后，较快冷却到珠光体转变温度区间的适当温度并等温保持，使奥氏体转变为珠光体类组织后在空气中冷却的退火（见图1-9）。

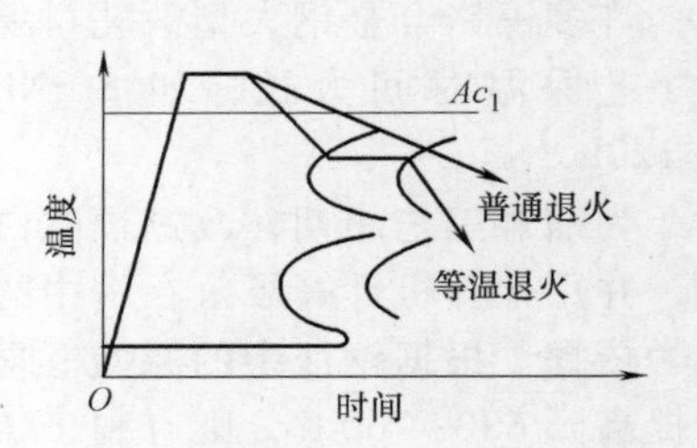

图1-9　等温退火工艺曲线

中碳及合金结构钢进行等温退火，可得到比完全退火更为均一的组织与性能，同时还能有效地消除锻造应力，而工艺周期却比完全退火缩短了大约1/2（特别是对含合金元素比较多的钢、某些奥氏体比较稳定的合金钢，以及大型合金钢铸锻件）。在大批量生产中，最好使用分段控温的连续加热炉。使用周期加热炉时，装炉量不能过多，否则自加热温度降低到等温温度较为缓慢，达不到等温退火的目的。在小批量生产时，可使用两台炉子（加热炉和等温炉）进行操作。

等温退火时的加热温度、等温温度及保持时间应根据所用钢的过冷奥氏体等温转变图、性能要求及钢件截面尺寸等条件确定。其加热温度根据对组织的要求而定，可与完全退火相同或与球化退火加热温度相同（Ac_3～Ac_1）；等温温度根据钢材成分及退火后硬度要求而定，一般选择在 Ac_1－30～100℃；等温后冷却：可空冷到室温，大件需要缓冷到<500℃空冷。

等温温度越高时，先共析铁素体含量越多，珠光体的片层也就越厚，硬度越低。等温保持时间应较过冷奥氏体等温转变图上等温转变完了时间更长些，以保证过冷奥氏体分解完全，截面较大的钢制工件尤需如此；在生产中，非合金钢常取1～2h，低、中合金钢取3～5h。

等温退火工艺也可应用于工具钢及轴承钢的球化，以及大型结构钢锻件的预防白点退火。

部分合金结构钢等温退火工艺规范见表1-9。采用表1-9的工艺可获得大部分珠光体组织。

表1-9　部分合金结构钢等温退火工艺规范

牌号	奥氏体化温度/℃	等温温度/℃	保温时间/h	硬度　HBW
40Mn	830	620	4.5	183
20CrNi	885	650	4	179
12Cr2Ni4	870	595	14	187

（续）

牌号	奥氏体化温度/℃	等温温度/℃	保温时间/h	硬度　HBW
42CrMo	830~845	675	5~6	197~212
20CrNiMo	885	660	6	197
20Cr	885	690	4	179
40Cr	830	675	6	187
40CrNiMoA	830	660	6	197

34. 球化退火

球化退火是为使工件中的碳化物球状化而进行的退火。几种球化退火工艺曲线如图 1-10 所示。

球化退火主要应用于轴承零件、刀具、冷作模具等的预备热处理，以改善切削加工性能及加工精度，消除网状或粗大碳化物颗粒所引起的工具的脆断和刃口崩落，提高轴承的接触疲劳寿命等。

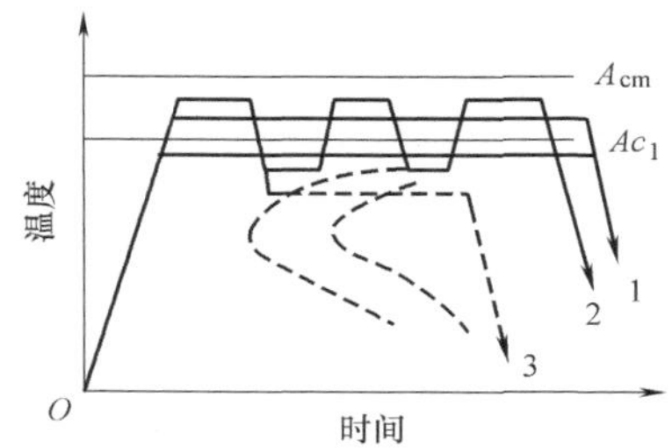

图 1-10　球化退火工艺曲线
1—普通球化退火　2—周期（循环）球化退火　3—等温球化退火

球化退火主要用于 $w(C)>0.6\%$ 的各种高碳工具钢、模具钢、轴承钢。在工具钢及轴承钢碳化物球化中，应包括一次（液析）碳化物、二次碳化物（由奥氏体中析出）及共析碳化物这三方面的球化。一次碳化物是铸锭枝晶偏析所引起的亚稳定莱氏体结晶的产物，易引起淬火裂纹，使钢的耐磨性变差，以至工件在使用中造成表面脱落或中心破裂。一次碳化物的球化主要靠合理的锻造工艺，如反复镦拔（总锻造比>10）和适当的扩散退火来得到。

二次碳化物与共析钢碳化物的球化与锻造过程有关。为了使退火后能获得均匀分布的颗粒碳化物，锻造后的组织应为细片状珠光体及细小、断续网状碳化物（或含有少量马氏体）。对此，球化退火时可采用较低的温度和较短的时间。退火温度越低、未溶解的碳化物数量越多，容易获得均匀分布的细粒状珠光体组织。为了得到良好的球化组织，必须严格控制锻造工艺过程。

据参考文献［6］介绍，球化退火加热温度 $<Ac_{cm}$。①普通球化退火：加热到略高于 Ac_1，长时间保温后缓冷到 500℃ 以下空冷；②周期（循环）球化退火：加热到 $Ac_1+10\sim20$℃，透烧后快冷到 $Ar_1-20\sim30$℃ 保温，往复循环数次后缓冷到 500℃ 以下空冷；③等温球化退火：加热到 $Ac_1+20\sim30$℃，再快冷到 Ar_1 以下等温保温，然后可空冷或炉冷。

35. 低温球化退火

低温球化退火是将钢材或钢件加热到 Ac_1 以下 20℃ 左右，长时间保温（决定于钢种及要求的球化程度）后缓冷或空冷至室温，以获得球状珠光体的热处理工艺（见图1-11）。此法适用于经冷变形加工或淬火后，以及原珠光体片层较薄，且无网状碳化物的情况。轴承钢常采用低温球化退火工艺。为了便于冷冲压加工，有时也对低碳钢进行低温球化退火。几种低碳钢、低碳合金钢及轴承钢的低温球化退火工艺规范见表1-10。

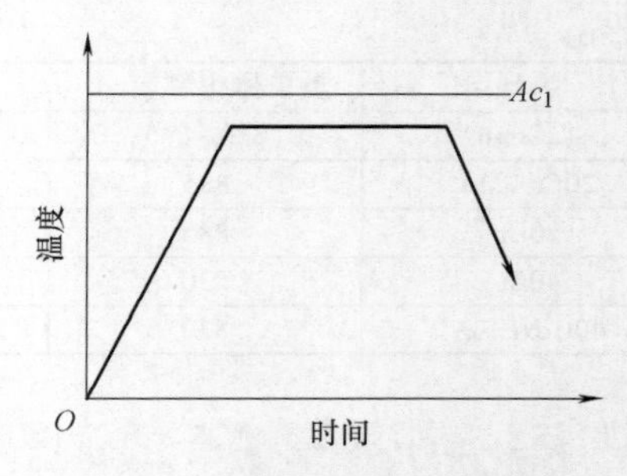

图1-11 低温球化退火工艺曲线

表1-10 几种低碳钢、低碳合金钢及轴承钢的低温球化退火工艺规范

牌号	退火前的硬度HBW	加热温度/℃	保温时间/h	冷却速度/(℃/h)	出炉温度/℃	退火后的硬度HBW
15Cr、20Cr	170	720	5~6	<50	450	≤125
35、45、40MnB	>180	720	6~7	<50	550	≤145
08、15、20	150~180	720	2~3	空冷	—	≤120
GCr9、GCr15	—	660~730	4~6	缓冷	600	—
GCr15SiMn	—	640~700	4~6	缓冷	600	—
95Cr18	—	660~770	4~6	缓冷	600	—

36. 一次球化退火

一次球化退火是将钢加热到 Ac_1 与 Ac_{cm}（或 Ac_3）之间，充分保温（2~6h），然后缓慢冷却至500~650℃出炉冷却的工艺（见图1-12）。通常，对于亚共析钢，随着碳含量的增多，一次球化退火的加热温度略有降低；而对于过共析钢，则随其碳含量的增多，加热温度升高。各类非合金钢及合金工具钢（包括轴承钢、高速钢）一次球化退火工艺规程列于表1-11中。此法适用于周期作业炉生产，在工具和轴承的生产中得到了广泛应用。

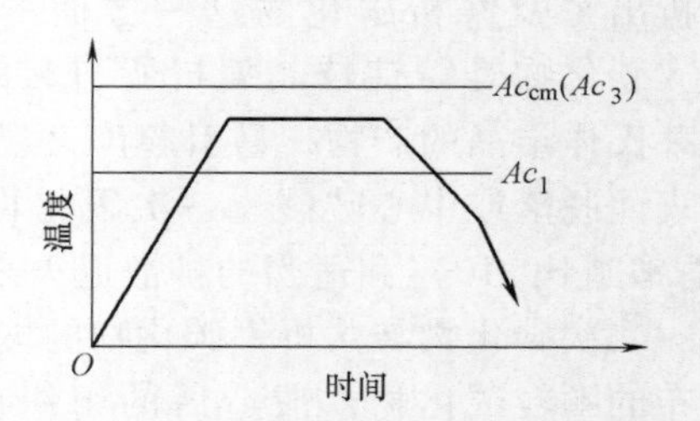

图1-12 一次球化退火工艺曲线

表1-11 常用工具钢的一次球化退火工艺规范

牌号	加热温度/℃	保温时间/h	冷却速度/(℃/h)	出炉温度/℃	退火后的硬度HBW
T7、T8、T9	750~770	~4	20~30	500	187~192
T10、T11、T12	760~780				197~217
9SiCr	790~810	4~6	≤20~30	500~650	197~241
CrWMn	770~790				207~255
Cr2	770~790				187~229
Cr12MoV	850~870				207~255

（续）

牌号	加热温度/℃	保温时间/h	冷却速度/(℃/h)	出炉温度/℃	退火后的硬度 HBW
GCr9	780~800	4~6	≤20~30	500~650	170~207
GCr15	780~800				170~207
95Cr18	850~870				197~255
9Mn2V	750~770				≤229
W18Cr4V	850~870	3~4	15~20	<500	207~255
W6Mo5Cr4V2	840~860				

37. 等温球化退火

等温球化退火是将共析钢或过共析钢加热到 Ac_1+20~30℃，保温适当时间，然后冷却到略低于 Ar_1 的温度，等温保持一定时间（使等温转变进行完毕），然后炉冷或空冷的球化退火工艺（见图 1-13a）。如果原始组织中网状碳化物较严重，则需加热到略高于 Ac_{cm} 的温度，使碳化物网溶入奥氏体，然后再较快地冷却到 Ar_1 以下的温度进行等温球化退火（见图 1-13b）。

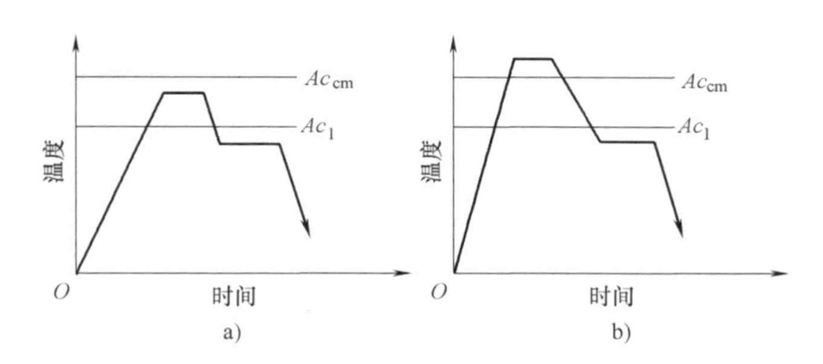

图 1-13 等温球化退火工艺曲线

a）无网状碳化物时 b）有网状碳化物时

等温球化退火适用于过共析钢、合金工具钢，球化充分，易控制，周期较短，适宜大件。常用工具钢的等温球化退火工艺规范见表 1-12。

表 1-12 常用工具钢的等温球化退火工艺规范

牌号	临界点/℃			加热温度/℃	等温温度/℃	硬度 HBW
	Ac_1	Ac_{cm}	Ar_1			
T7(T7A)	730	770	700	750~770	640~670	≤187
T8(T8A)	730	—	700	740~760	650~680	≤187
T10(T10A)	730	800	700	750~770	680~700	≤197
T12(T12A)	730	820	700	750~770	680~700	≤207
9Mn2V	736	765	652	760~780	670~690	≤229
9SiCr	770	870	730	790~810	700~720	197~241
9CrWMn,CrWMn	750	940	710	770~790	680~700	207~255
Cr12MoV	810	855	760	850~870	720~750	207~255

（续）

牌　号	临界点/℃			加热温度/℃	等温温度/℃	硬度HBW
	Ac_1	Ac_{cm}	Ar_1			
Cr12	810	835	755	850~870	720~750	269~217
W18Cr4V	850	—	760	850~880	730~750	207~255
W9Mo3Cr4V	830	—	760	850~880	730~750	207~255
W6Mo5Cr4V2	845~880	—	805~740	850~870	740~750	≤255
5CrMnMo	710	760	650	850~870	~680	197~241
5CrNiMo	710	770	680	850~870	~680	197~241
3Cr2W8V	820	1100	790	850~860	720~740	—

等温球化退火可获得较好的球化质量并可以节约工艺时间，多应用于非合金钢及合金钢刀具、冷冲模具以及轴承零件的等温球化退火。各种轴承钢的等温球化退火工艺规范见表1-13。

表1-13　轴承钢的等温球化退火工艺规范

牌号	加热规范		等温规范		冷却	硬度HBW
	温度/℃	保温时间/h	温度/℃	保温时间/h		
GCr9、GCr15	780~810	2~5	680~720	2~4	以10~15℃/h冷却到600℃出炉	205~215
GCr15SiMn	760~790	4~6	720	4~6		205~215
95Cr18	850~870	2	700~750	3	以30℃/h冷却到600℃出炉	197~255

38. 周期（循环）球化退火

将钢加热到Ac_1+20~30℃，短时保温后冷却到Ar_1−20~30℃，再进行短时保温，如此反复进行多次，称为周期（循环）球化退火（见图1-14），也称往复球化退火。在Ac_1以上的短时加热，除奥氏体化外，还可使网状碳化物开始溶解，呈被切断的形状；而在Ar_1以下保温时变为球状，同时使珠光体中的渗碳体附着在这些球上生长。几次反复后，便可得到较好的球化组织。此工艺易控制、周期短、所得球化组织良好，而且可以使工件的淬火开裂倾向大为减少。

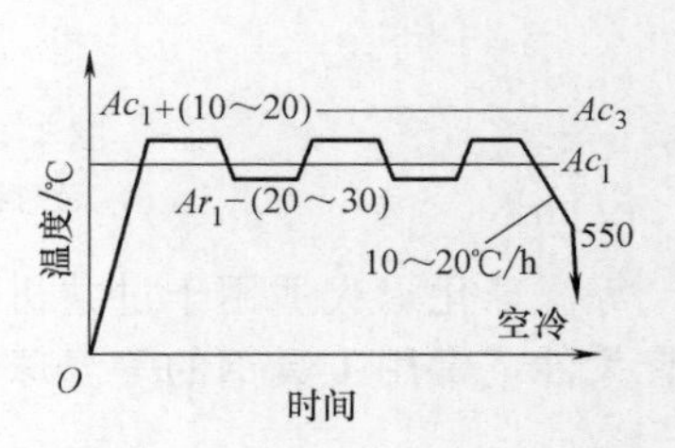

图1-14　周期（循环）球化退火工艺曲线

循环周期视球化要求等级而定，并以10~20℃/h冷速缓冷到550℃空冷。适用于过共析钢及合金工具钢，周期较短。球化较充分，但控制较繁琐，不宜大件退火。

此工艺适用于小批量生产的小型工具等。在实际操作中，可将小型工件加热到Ac_1以上，然后自炉中取出空冷到Ar_1以下，随后又放入炉中加热，如此反复几次，能获得满意的球化效果（工件心部球化较差）。

在批量较大或球化质量要求较高时，可采用自动控制专用设备。

例如，某厂采用周期（循环）球化退火代替等温球化退火，对T7A、GCr15钢进行球化处理，其工艺曲线如图1-15和图1-16所示。

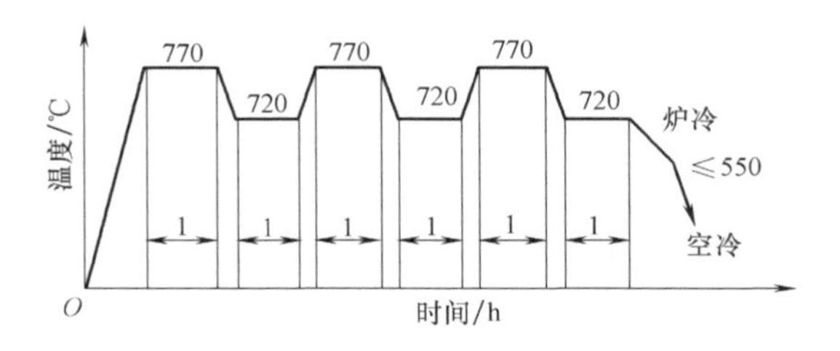

图1-15　T7A钢周期（循环）球化退火工艺曲线

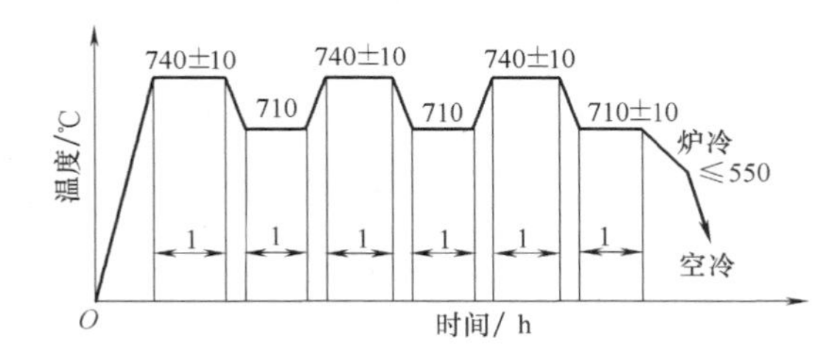

图1-16　GCr15钢周期（循环）球化退火工艺曲线

39. 正火球化退火

将过共析钢加热到Ac_{cm}温度以上并适当保温后空冷，以得到细片状珠光体组织，然后再进行一次球化退火或等温球化退火或往复球化退火，称为正火球化退火（见图1-17）。此工艺常用于锻造组织中珠光体片层较厚、网状碳化物较为严重、球化较难的钢种（如T12A）和轴承钢的快速球化退火等。耐回火性高的轴承钢和退火过热返修的工件尤其适用。

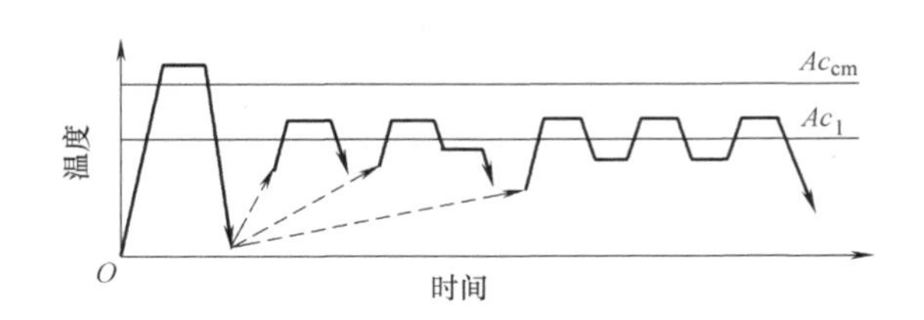

图1-17　正火球化退火工艺曲线

例如，常规球化退火工艺加热温度较低，很难改善组织不均匀和碳化物的形态、分布，尤其是大尺寸的模块。在常规热处理前增加一次正火处理，可降低钢中未溶碳化物的数量，细化奥氏体晶粒，降低碳化物分布的不均匀性，提高强度和韧性。如图1-18所示为4Cr5MoSiV1（H13）热作模具钢模块（ϕ900mm×1000mm）锻后高温正火+球化退火工艺曲线。在1020℃正火时，球化率可达95%以上，偏析基本消除。

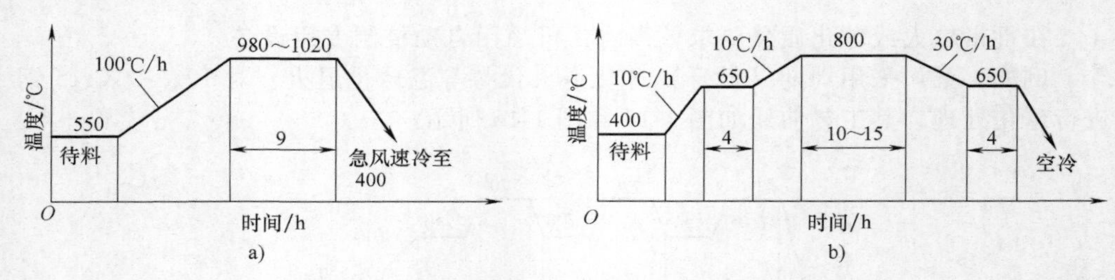

图 1-18　H13 钢高温正火+球化退火工艺曲线

a）高温正火　b）球化退火

40. 高速钢快速球化退火

高速钢及其制品热加工后，为便于机械加工和为最终热处理做好组织准备，必须进行退火；经淬火与回火处理的高速钢制工模具返修品，也必须经过退火方能再次进行最终的热处理，否则将引起钢中晶粒的异常长大（萘状断口）而成为废品。

高速钢常规球化退火工艺周期长、效率低、能耗大，而且碳化物分布的均匀性也较差。对此，可采用如图 1-19 和图 1-20 所示的高速钢快速球化退火工艺。

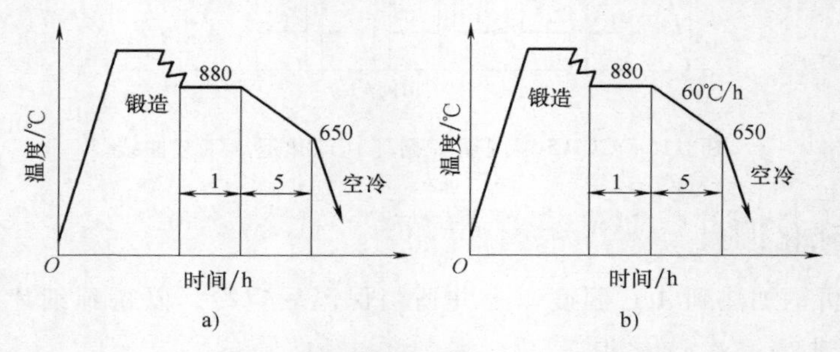

图 1-19　高速钢快速球化退火工艺曲线

a）W18Cr4V 钢　b）W6Mo5Cr4V2 钢

如图 1-20 所示的工艺关键为控制锻材的最终温度。终锻后立即将坯料转入 880℃的加热炉中等温保持，然后控温冷却（45～60℃/h）到 650℃出炉空冷。图

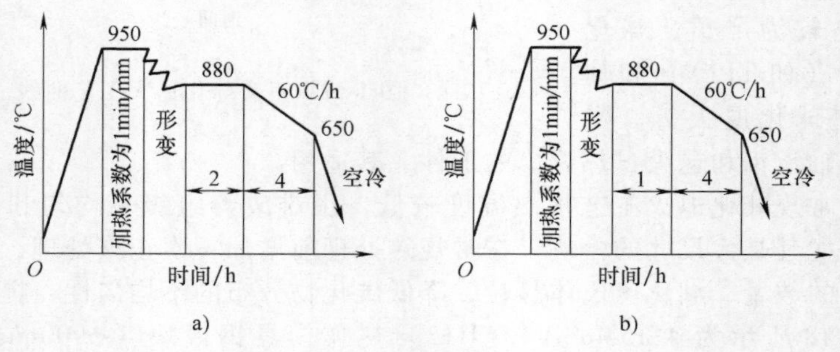

图 1-20　温加工后快速退火工艺曲线

a）W18Cr4V 钢　b）W6Mo5Cr4V2 钢

1-19 所示的退火工艺与图 1-20 相似，差别在于后者为钢材经温加工的工艺。快速球化退火工艺周期是 5～6h，仅为常规工艺方法的 1/3～1/4。毛坯经快速球化退火后碳化物分布均匀，硬度适中，便于机械加工。此外，与常规球化退火方法相比较，快速球化退火的高速钢经最终热处理后强韧性也较高。

41. Cr12 钢的高温快速预冷球化退火

Cr12 模具钢常规退火工艺，不但周期长、能耗高、效率低，而且很难得到小粒度、分布均匀的碳化物。采用高温快速预冷球化退火工艺处理 Cr12 模具钢，通过快速预冷增加过冷度，可提高球化速度，使退火时间缩短至传统的 1/7～1/10。

例如，Cr12 模具钢，试样外形尺寸为 10mm ×10mm×20mm。用高温快速预冷球化退火工艺（见图 1-21），将加热温度从 860℃提高到 940℃，保温 10min 后出炉快速入油冷却，冷却到约 400℃左右，在其组织还未来得及发生马氏体转变时，迅速转入 730℃左右的箱式电阻炉中，等温 1～1.5h 后，空冷至室温。可获得颗粒细小、碳化物分布均匀、硬度适当（200HBW 以下，而常规工艺硬度偏高，为 223HBW）的球化组织。但加热温度过高或保温时间过长，易造成大部分碳化物溶解，不利于粒状碳化物的析出。

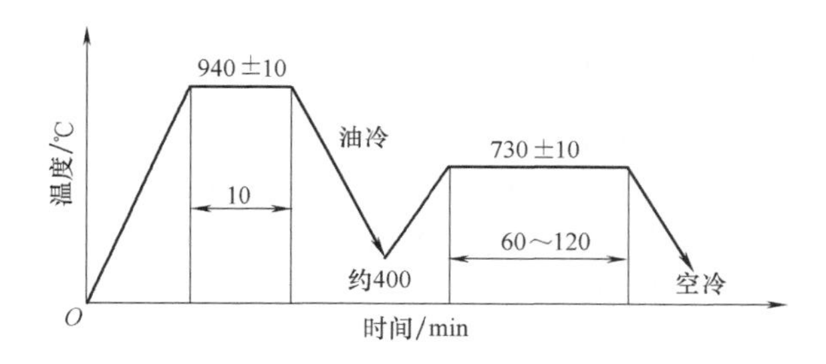

图 1-21　Cr12 钢的高温快速预冷球化退火工艺曲线

42. T10A 钢的快速球化退火

为消除 T10A 模具钢锻造后的内应力和网状碳化物，使钢的内部成分均匀，以获得球状珠光体，为最终热处理做好组织准备，传统球化退火工艺如图 1-22 所示。传统球化退火工艺处理的 T10A 金相组织为球状珠光体，各项性能基本符合技术要求。但球化退火时间长，通常需要 15～18h，且质量不够稳定。

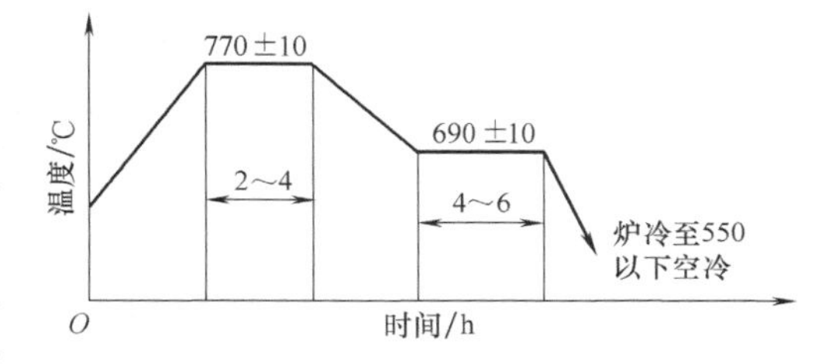

图 1-22　T10A 钢传统球化退火工艺曲线

根据钢在淬火并进行高温回火后可获得球状珠光体的机理，将传统球化退火工艺改进为调质球化工艺，这里称快速球化退火工艺，简称新工艺（见图 1-23）。

传统与新工艺检验结果见表 1-14。与传统工艺相比，经新工艺处理后的 T10A 钢模具，其球化组织更细小，力学性能更佳，可加工性更好。若在加工成形后再进行低温淬火，可获得晶粒度和碳化物双细化的效果，模具使用寿命成倍提高。

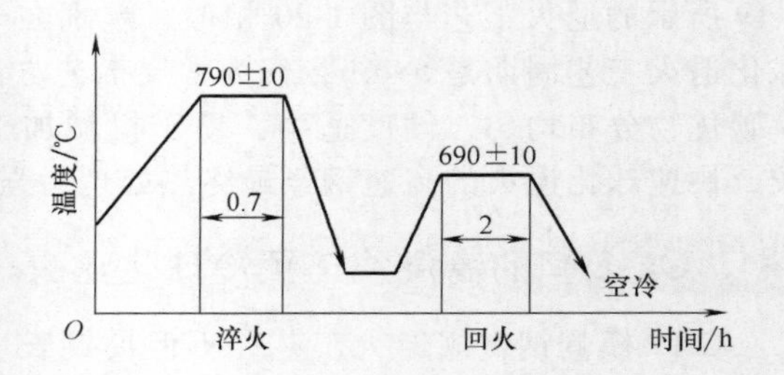

图 1-23　T10A 钢快速球化退火工艺曲线

表 1-14　T10A 钢模具新、旧工艺热处理检验结果

球化工艺	珠光体级别/级	硬度 HBW	力学性能/MPa	
			抗拉强度 R_m	下屈服强度 R_{eL}
传统工艺	3~5	195	606	417
新工艺	2~4	207	636	448

新工艺生产周期由原来的 15~18h 缩短到 5~6h，同时模具的退火质量得到了提高。

43. GCr15 钢的快速球化退火

目前多数冶金企业在工业生产中对 GCr15 轴承钢采用双相区等温球化退火工艺，这种工艺易于控制，但球化时间长，处理时间长达 22h。为改进传统工艺，在 RX2-36-10 型贯通箱式电阻炉上对 GCr15 轴承钢进行快速球化退火处理（见图 1-24）。其工艺周期可缩短至 16h。

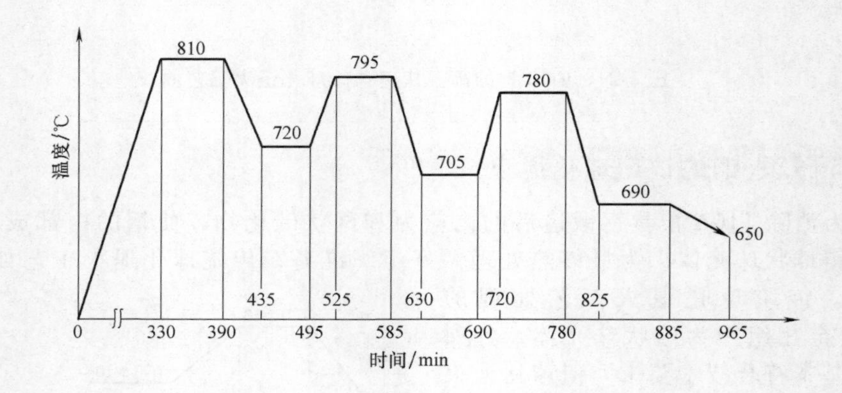

图 1-24　GCr15 钢快速球化退火工艺曲线

采用两种组织形态的热轧钢材（均为合格产品）进行球化退火工艺的对比试验，含有较多网状碳化物且珠光体片层相对粗大的热轧钢材编号为 A，含有网状碳化物少的细片状珠光体组织热轧钢材编号为 B，试样的尺寸为 ϕ10mm ×10mm。将

试样分别经过等温球化退火（多数冶金企业的现行工艺，全程用时约22h）、周期球化退火（全程用时约16h）、快速球化退火（如图1-24所示，全程用时约16h）的处理，按照GB/T 18254—2016《高碳铬轴承钢》对GCr15轴承钢退火材料的要求，检验金相组织等，其显微组织应为2~4级、碳化物网应达到2.5级。表1-15所列为几种退火工艺处理后的显微组织及硬度检测结果。

由表1-15可见，对于热轧钢材B，无论哪种工艺，均满足要求，经快速球化退火获得的渗碳体颗粒更加均匀细小，并且碳化物的网状仅为0.5级；对于热轧钢材A，无论哪种工艺，退火后网状级别都不能满足要求，但快速球化退火工艺基本接近于要求。等温退火处理件的显微组织不合格，而周期退火和快速球化退火工艺均满足要求。

表1-15 几种退火工艺处理后的显微组织及硬度检测结果

热轧材编号	处理工艺	渗碳体均匀性	大尺寸碳化物	大尺寸碳化物尺寸/μm	组织级别/级	碳化物网状级别/级	硬度HBW
A	等温退火	极其不均匀	大量短棒状	3.8	5.0	>4.0	201.2
	周期退火	不十分均匀	少量短棒状	1.8	4.0	4.0	184.7
	快速球化退火	不十分均匀	大量蠕虫状	1.0	3.5	3.0	190.0
B	等温退火	不十分均匀	少量短棒状	2.5	4.0	2.5	205.7
	周期退火	较均匀	少量蠕虫状	1.0	3.0	1.5	189.1
	快速球化退火	十分均匀	无	<1.0	2.5	0.5	191.3

按照GB/T 18254—2016的规定，GCr15钢材退火硬度应为179~207HBW。由表1-15可见，无论哪种热轧钢材，经球化退火处理后均能满足国标要求。同一种热轧钢材，球化退火后的硬度从高到低依次为：等温球化退火>快速球化退火>周期球化退火。快速球化退火工艺时间比现行等温球化退火工艺缩短6h左右（这个时间与工件大小无关）。

44. 保护气氛退火

在能使工件表面层化学成分不变的气氛中进行的退火，称为保护气氛退火。

金属材料在退火时，在高温下，金属材料容易氧化。为了隔绝氧气，将金属在惰性气体或还原气体中进行保护，这就是保护气氛退火。常见的保护气氛有水蒸气、乙醇气体、氮气、氨分解氢保护气等。在保护气氛下，可以隔绝氧气，避免了工件氧化与脱碳，提高了表面质量，减少了钢材损耗。同时保护气氛可以作为传热介质，有利于退火材料的均匀受热。

45. 光亮退火

光亮退火是指工件在热处理过程中基本不被氧化，表面保持光亮的退火。

光亮退火主要是在密封炉内加热退火后，在炉内缓慢降温至500℃以下，再自然冷却，工件便会有金属光泽，不产生脱碳现象。光亮退火除了保证不氧化还要有还原能力，通常是采用H_2保护进行退火，一般用于不锈钢板等退火处理。

光亮退火一般采用保护气体，保护气体有单一的惰性气体氩气或氦气，也有混

合气体 $CO+H_2+N_2+CO_2$、N_2+H_2、$N_2+CO_2+H_2$ 等。这些混合气体中的成分经过调整，能使钢板等退火过程中的氧化与还原、脱碳与渗碳速度相等，从而实现钢板等的无氧化和无脱碳的退火。退火后钢板等表面有不可见的氧化膜，保护金属光泽。

采用预抽真空保护气氛炉对铜材等进行光亮退火，兼有真空炉和气氛炉的优点，不仅用气量少，而且设备价格较低。用于预抽真空铜材退火的保护气氛，采用体积分数为 99.9%或 99.99%的纯氮气。

46. 快速连续光亮退火

在辊底式连续炉中进行金属材料的退火，由于低温区冷却所需时间较长，要求炉子的低温区段也必须足够长。对此，可采用 CRCP（Cryogenic Rapid Cooling Process）法。其是一种在辊底式炉中进行的快速光亮退火工艺。工艺要点是：①向辊底式炉的冷却低温区段通入液氮，以加速冷却、缩短冷却段的工艺周期；②冷却低温区段蒸发出的氮气进入加热区段成为保护气氛，实现光亮退火。

此工艺的优点：实现连续光亮退火，可以提高生产率，同时降低退火费用。低温装置的投资费用仅为退火用设备的很小一部分。

喷氢风冷式连续光亮退火炉，能满足带宽 800mm 以下的铜板、非合金钢板材的光亮退火等生产。薄窄板材延伸加工采用多管式热处理炉，可实现连续作业，所处理的材料表面光亮无氧化。具有效率高、能耗低、性能稳定等特点。

47. 盐浴退火

对于淬火后硬度不足或过热的工件，少量返修品的退火以在盐浴炉中进行较为方便，可减少氧化、脱碳及腐蚀等现象。此法在工具生产中得到广泛的应用。

盐浴退火通常采用分级冷却方式。例如，淬硬不足的 9SiCr 钢刀具，返修退火是以消除应力为目的的，可在盐浴炉中加热到 720~740℃，保温时间可取淬火加热时间的 2 倍，然后在 600~650℃另一盐浴中分级冷却 2~5min，最后取出空冷；已产生过热的 9SiCr 钢刀具返修退火时还需要考虑晶粒的细化，则应在盐浴炉中加热到较高的温度 800~810℃（与毛坯退火加热温度相同），保温 10min，最后空冷。

此外，某些高速钢刀具的锻坯退火后，为了进一步改善可加工性和降低成形刀具铲切表面的粗糙度值，常进行一次盐浴退火作为补充的预备热处理，硬度根据要求在 30~40HRC 范围内。这种退火可按下列方式进行：

① 空冷方式：850~870℃（W18Cr4V 钢）或 840~860℃（W6Mo5Cr4V2 钢）盐浴加热，保温时间按 30~40s/mm 计算，然后空冷。

② 分级方式：880~890℃（W18Cr4V 钢）或 860~880℃（W6Mo5Cr4V2 钢）盐浴加热，保温时间按 25~35s/mm 计算，在 720~730℃分级冷却 60~90s 后空冷。

另外，高速钢刀具如果在淬火前进行一次盐浴低温（730~760℃×10~30min）退火，则更有助于获得均匀一致的晶粒度，并可免除大型刀具出现萘状断口的危险。

批量较多的返修品（如工具钢制件第二次淬火加热前），可采用双箱封闭法在炉中退火。

48. 装箱退火

装箱退火是将工件装入有保护介质的密封容器中加热的退火。将需要退火的钢件置于有木炭、铸铁屑等填料的箱中，箱盖用耐火泥密封，然后装入炉中加热退火，以保护表面避免氧化与脱碳。装箱退火常用于非合金钢、合金钢工具的大批量生产。

对于已成形的工具，由于过热或硬度不足而必须返修时，在第2次淬火之前采用双箱密闭退火法，以保证不产生氧化、脱碳等缺陷。退火时，将工件置于内箱并加盖；将内箱放入外箱后，在其周围各填入30~50mm厚的干燥木炭，箱盖用耐火泥密封，然后放入炉中加热退火。

装箱退火时的加热温度，应根据所用钢材的化学成分来确定。为使装箱件加热均匀，加热速度应较缓慢，或进行中间（如600~650℃）保温，再升温至最终加热温度。退火的加热时间可按箱体的有效尺寸计算，加热系数按1~1.5min/mm计算。也可以通过炉子的观察孔观察箱子的到温时间，然后再在正常的保温时间上增加2~3h。等温阶段的时间一般按高温阶段的保温时间的1.5~2倍计算。退火时的冷却方式，可为连续缓慢冷却，也可进行等温停留，以达到工件的退火要求为目的。

49. 真空退火

真空退火是工件在压力低于1×10^5Pa（通常为10^{-1}~10^{-3}Pa）的环境中进行的退火，可使金属材料达到无氧化脱碳、去脂除气、净化材质等良好效果。真空退火在钽（Ta）、钨（W）、钛（Ti）和锆（Zr）等高熔点活性金属以及铜合金方面得到广泛应用。硅钢片在真空中退火，可去除阻碍晶粒长大的杂质而使磁性得到改善。在铜线拉拔工序间进行真空退火，能使润滑剂挥发，得到较小的表面粗糙度。钢件在真空中退火，可去除引起脆性的氧、氢和氮等元素。在真空中退火，还能因工件内外温差较小而减少畸变。

真空退火保温时间一般为空气加热炉保温时间的两倍。真空除氢退火加热保温时间应根据工件的截面厚度或直径而定。一些金属材料真空退火时真空度和加热温度见表1-16~表1-19。

表1-16　钢的真空退火工艺参数

钢材	真空度/Pa	退火温度/℃	冷却方式
45	1.330~0.133	850~870	炉冷或气冷，冷却至300℃出炉
0.35~0.60mm卷钢丝	0.133	750~800	炉冷、气冷，冷却至200℃出炉
40Cr	0.133	890~910	缓冷，冷却至300℃出炉
W18Cr4V	0.133	870~890	
空冷低合金模具钢	1.330	870~900	缓冷
高碳铬冷作模具钢	1.330	870~900	缓冷

表 1-17 奥氏体不锈钢的真空退火工艺参数

热处理类别	温度/℃	真空度/Pa
热变形后去氧化皮代替酸洗和退火	900~1050	13.3~1.33
退火	1100	0.133~0.0133
	1050~1150	1.33~0.133
电加热真空退火	950~1000	0.00133

表 1-18 不同类型不锈钢的真空退火工艺参数

钢种	退火温度/℃	真空度/Pa
铁素体不锈钢	630~830	1.33~0.133
马氏体不锈钢	830~900	1.33~0.133
奥氏体不锈钢(未稳定化)	1010~1120	1.33~0.133
奥氏体不锈钢(稳定化)	950~1120	0.0133~0.00133

表 1-19 纯铜材的真空退火温度

项目	板材		带材		
厚度、直径/mm	>5~10	1~5	>5	>0.5~5	≤0.5
退火温度/℃	700~750	650~700	700	650~700	600~650
项目	丝材				
厚度、直径/mm	>3.5	>1.5~3.5	>0.5~1.5	≤0.5	
退火温度/℃	700~750	650~725	475~600	300~475	

注：真空度为 13.3Pa。

50. 真空-保护气氛退火

对黄铜进行退火时，有些设备不能保证退火后合金的质量，有表面氧化时，需酸洗。例如，采用保护气氛退火，因气氛用量大，增加了产品成本。使用真空退火时，加热速度慢，能源消耗大，更加难以控制的是表面有脱锌现象，降低了产品性能和质量，见表 1-20。

表 1-20 H65 黄铜真空退火工艺参数对合金成分及性能的影响

加热温度/℃	炉内压力/Pa	加热时间/h	抗拉强度/MPa	硬度HV	伸长率(%)	颜色	成分(质量分数,%) Cu	Zn
700	133	6	83	70	3.9	紫	73.0	27.0
650			126	82	10.0	紫	72.4	27.6
600			274	86	20.0	浅暗紫	70.1	29.9
550			297	120	24.0	浅紫、浅黄	68.2	31.8
500			361	124	28.0	黄	65.8	34.2
650	2667	6	370	105	30.0	黄	65.3	34.7

由表 1-20 中数据可知：①在真空炉内真空度相同时，退火温度越高，脱锌越多；②脱锌量越多，黄铜的抗拉强度、硬度和伸长率下降的数值越大；③提高炉内压力，可防止退火过程的脱锌。

采用真空-保护气氛退火黄铜，可获得良好结果。其做法是向真空退火炉内，通入氨分解气保护气氛进行退火，这样既保持了真空加热的优点（表面光亮），又防止了脱锌并克服了真空状态加热速度慢的缺点。经真空-保护气氛退火的同一炉次 H65 线材，抗拉强度 R_m 误差仅在 10~20MPa 以内，塑性提高；伸长率 A 误差由真空退火的 10%下降到 3%。

预抽真空保护气氛炉是将低真空与可控气氛炉合为一体的炉型。其用气量少，造价为真空炉的 1/3~1/2，兼有真空炉和气氛炉的优点，用于铜材的光亮退火，获得较好效果。用于预抽真空铜材退火的保护气氛大多用纯氮气（体积分数为 99.9%或 99.99%）。

51. 局部退火

有些工件的绝大部分需要淬硬（或冷作硬化），而仅有较小部分要求硬度较低，因为采用局部淬火比较困难，所以常用整体热处理后再对不需要淬硬的部分进行退火软化。局部退火可采用盐浴、感应或火焰加热等方法。

许多带螺纹、沟槽或需钻孔的工件，均可进行高频局部退火，然后进行车螺纹、铣槽或钻孔等加工。

金属构件（如金属管对焊）焊接接头焊缝处的局部退火，可采用感应退火方法。与整体退火相比，局部退火可节省能耗、减少畸变。

有些高强度合金结构钢管或管状零件在装配时，需对钢管的端部进行翻边或扩口，这就要求先对钢管的端部进行局部退火，以确保翻边时不开裂，同时又要求管件的其他部位仍保持原有形状。

52. 两次处理快速退火

工模具钢等应用两次处理快速退火（以下简称快速退火），可获得更细的退火组织并可以大幅度地缩短工艺周期，工艺过程如图 1-25 所示。第一次的加热温度高于该钢通常的退火加热温度，然后快速冷却，以获得更少、更小的未溶碳化物和亚稳定组织；第二次的加热温度高于正常等温退火时的等温温度，保温后缓慢冷却到室温。

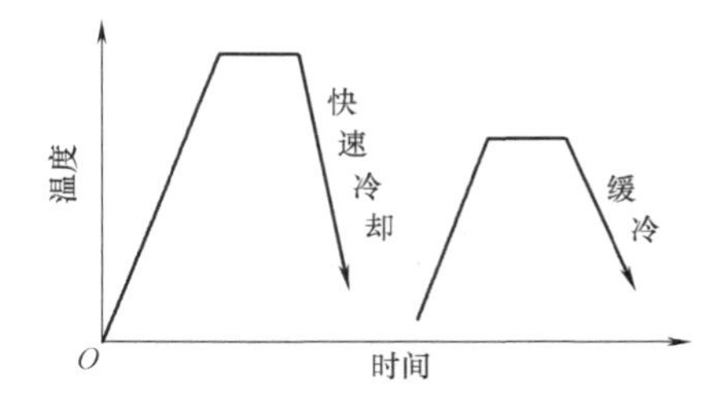

图 1-25　两次处理快速退火工艺曲线

例如，在 3Cr3Mo3VNb（HM3）模具钢上应用快速退火工艺（模具尺寸为 ϕ100mm，第一次加热温度为 1030℃，油淬；第二次加热温度为 800~850℃，保温后炉冷）作为预备热处理的结果：①与普通退火相比，退火工艺周期由 20h 缩短到 6~8h，退火后沿截面硬度分布也较均匀；②快速退火作为预备热处理，可使经相同最终热处理后钢的强韧性增大；③HM3钢制 1220mm（48in）吊扇下盖铝合金压铸模坯料经快速退火［(1070 ± 10)℃油淬，860℃加热后炉冷］制作的模具，其寿命可达 28 万次以上，与同类模具相比，使用寿命提高了3倍多。

53. 可锻化退火

可锻化退火是使成分适宜的白口铸铁中的碳化物分解并形成团絮状石墨的退火。经可锻化退火后，铸铁获得铁素体和石墨组织，断口呈深灰色。

可锻化退火的工艺曲线如图1-26所示。通常为冷炉装料，并缓慢进行加热。渗碳体的石墨化是在910~960℃和730~780℃保温时进行的。在910~960℃保温时主要进行共晶奥氏体和二次渗碳体的石墨化。形状复杂的工件和薄壁工件等，宜采用较低的退火加热温度，以防退火过程中铸坯的畸变。在高温加热时的保温时间，通常为15~30h。高温保温结束后随炉缓冷到650℃，然后出炉空冷，以防继续缓冷所引起的韧性降低，这一过程称为石墨化的第二阶段。

可锻化退火时，渗碳体的分解主要由石墨化的第一阶段和第二阶段所组成。

可锻化退火也可以采用如图1-27所示的工艺。其特点是石墨化的第二阶段是以缓慢冷却（3~5℃/h）通过共析转变温度区间来完成的。

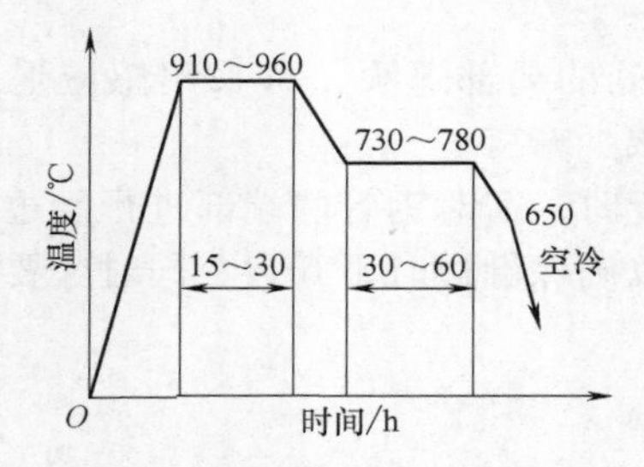

图1-26 可锻化退火工艺曲线

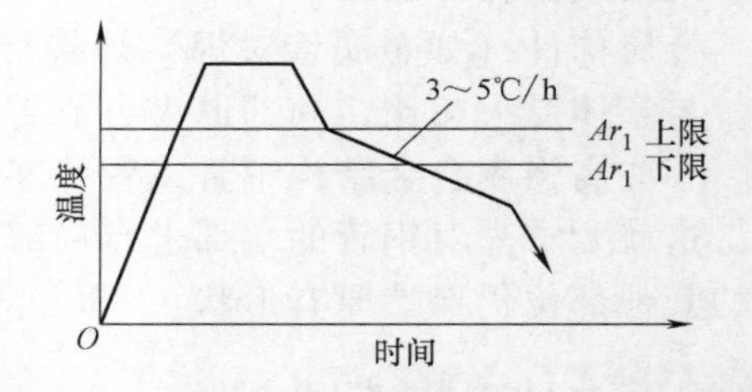

图1-27 可锻化退火工艺曲线

可锻化退火后，铸铁获得了铁素体、石墨和少量珠光体组织，使可加工性、塑性及韧性得到了改善。

铁素体基体可锻铸铁硬度不高（110~150HBW），耐磨性差。为了提高可锻铸铁的性能，可通过获得不同基体组织的途径。其方法是：使石墨化第一阶段充分进行以消除自由渗碳体；控制石墨化第二阶段，使其部分进行或完全抑制，以获得珠光体及铁素体或完全珠光体基体。

控制石墨化第二阶段的措施有：缩短在730~780℃温度区间的保温时间；加快通过临界区时的冷却速度；改变石墨化第一阶段结束后的冷却速度等方法。

石墨化第一阶段结束后随着冷却速度的增大（空冷、吹风、油冷等），可锻铸铁的基体可分为珠光体、细片状珠光体和马氏体等，从而能够满足提高耐磨性的要求。可锻铸铁经快速冷却后应进行适当温度的回火，以消除应力及稳定尺寸。相关标准有JB/T 7529—2007《可锻铸铁热处理》等。

54. 快速可锻化退火

白口铸铁件在可锻化退火前，预先加热到900~950℃，保温0.5~1.0h，之后以在水、油、空气或250～300℃盐浴中等较快速的方式进行冷却，冷却速度应根据铸件的形状及尺寸来选择，以免产生裂纹。然后再按一般可锻化退火温度进行可锻化退火。快速可锻化退火可节省大量的工艺时间。预先处理时的冷却速度越快（如空冷<油冷<水冷），则最终可锻化退火所需的时间就越短。

快速可锻化退火后石墨颗粒更小、更分散，这可能是由于预先的快速冷却增多了退火时石墨的结晶晶核所致。

55. 球墨铸铁的低温石墨化退火

当铸态组织中的自由渗碳体<3%（体积分数）时，可进行低温石墨化退火，使共析渗碳体石墨化与粒化，以改善韧性。其工艺如图1-28所示。此法适用于原始组织中无自由渗碳体、基体为珠光体的情况。为了消除珠光体中的渗碳体，可将球墨铸铁加热到Ar_1下限与Ac_1下限之间，一般为720～760℃，保温2～8h。保温结束后随炉缓慢冷却到600℃，然后出炉空冷，以避免600℃以下的缓冷所造成的脆性。

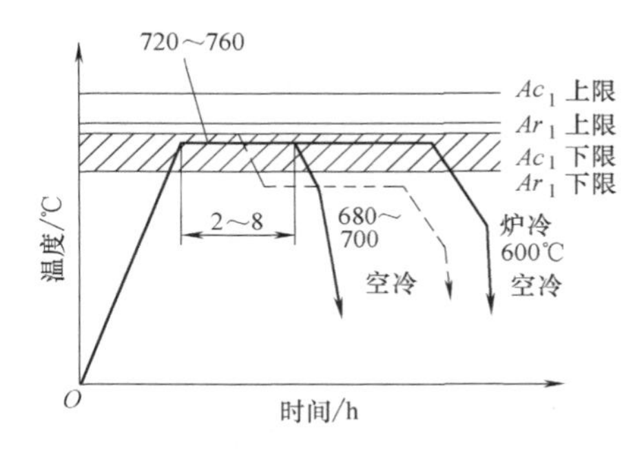

图1-28　球墨铸铁低温石墨化退火工艺曲线

退火后可以得到几乎全部为铁素体组织的基体，可获得一定的韧性，适用于要求高韧性和韧度的铸件，如高压机缸套、汽车连杆，以及拖拉机差速器壳体、轴承盖、摇臂、拨叉、踏板、轮毂等。

例如，材料为QT400-18L的风电铸件，低温石墨化退火工艺：不高于250℃装炉，700～720℃×4～6h加热，以不大于50℃/h的冷却速度炉冷，到600℃出炉空冷，再经520～550℃×4～8h回火处理后，球化率为90%～95%。铸件力学性能：$R_{eL}=420MPa$，$R_m=445MPa$，$A=26\%$，$Z=30\%$，$a_K=30～35J/cm^2$，

56. 球墨铸铁的高温石墨化退火

当球墨铸铁铸态组织中自由渗碳体占1%（体积分数）时，为改善可加工性、提高塑性和韧性，必须进行高温石墨化退火（见图1-29）。高温石墨化退火加热温度为Ac_1上限+30～50℃，一般为900～960℃。如果自由渗碳体量占5%（体积分数）以上，特别是有碳化物形成元素存在时，应选择较高温度（950～960℃）。当铸件中存在较多的复合磷共晶时，则加热温度应高达1000～1020℃。

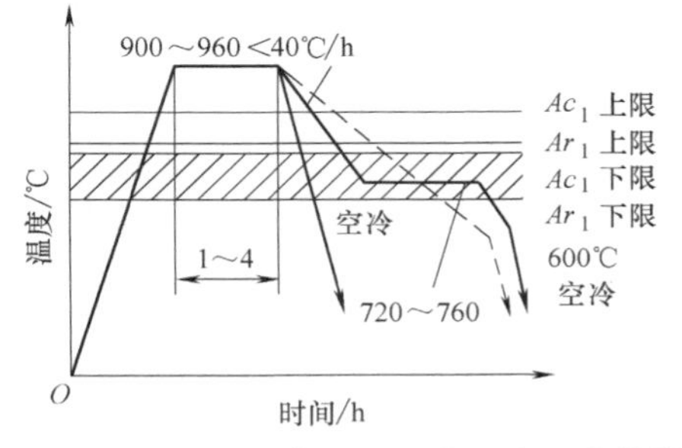

图1-29　球墨铸铁高温石墨化退火工艺曲线

通常保温时间为1～4h。在保温过程中

自由渗碳体及复合磷共晶中的渗碳体进行石墨化。保温结束后的冷却，根据所要求的基体组织而定，采用图 1-29 中 1、2 的冷却方式可获得铁素体基体；保温后直接空冷（方式 3），可获得珠光体基体。该工艺用于生产白口、自由渗碳体和局部成分偏析的铸件的热处理，如高压缸体、曲轴、主动轴、齿轮、汽车离合器踏板、中间传动轴支架、后桥壳、壳盖、轮毂、油压机内缸，以及收割机、拖拉机等农机零件。

57. 球墨铸铁的高-低温石墨化退火

球墨铸铁的高-低温石墨化退火的工艺曲线如图 1-30 所示。该工艺适用于组织中既存在自由渗碳体，又有共析渗碳体的情况。此工艺实质上是高温石墨化退火及低温石墨化退火的复合工艺，高温加热及保温使自由渗碳体石墨化；临界点以下（720～760℃）的保温使共析渗碳体分解。高-低温石墨化退火后球墨铸铁的组织是球状石墨及铁素体基体。

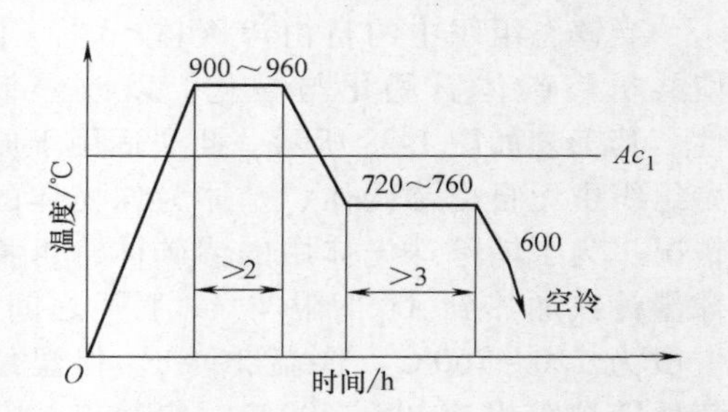

图 1-30　球墨铸铁的高-低温石墨化退火工艺曲线

以上球墨铸铁的三种石墨化退火工艺也适用于普通灰铸铁。

58. 球状石墨化退火

球状石墨化退火是使白口铸铁中共析渗碳体球化的热处理工艺（见图 1-31）。其工艺过程是：先将白口铸铁加热到 900～1020℃，保温足够时间。在保温过程中使自由渗碳体（白口共晶渗碳体及未溶的二次渗碳体）充分分解，形成团絮状的石墨；然后冷却到 690～650℃，即略低于 A_1 温度进行长时间保温。

也可应用如图 1-32 所示的工艺进行共析渗碳体的球化。其工艺过程是加热至高温（910～960℃），并进行较长时间的保持。在保温过程中使自由渗碳体石墨化，然后以较快的速度（如空冷、吹风、喷雾、油冷或水冷）进行冷却，获得偏离平衡状态的组织（索氏体、贝氏体或马氏体等），再继续进行高温回火。在高温回火过程中获得球状的渗碳体。高温回火时的加热温度，决定于铸铁的化学成分及工件

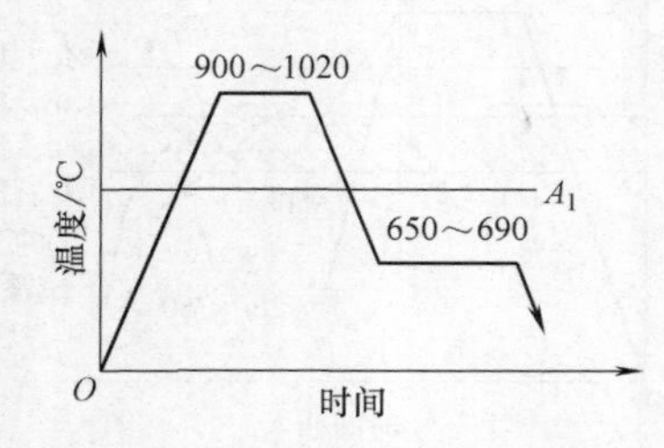

图 1-31　球状石墨化退火工艺曲线

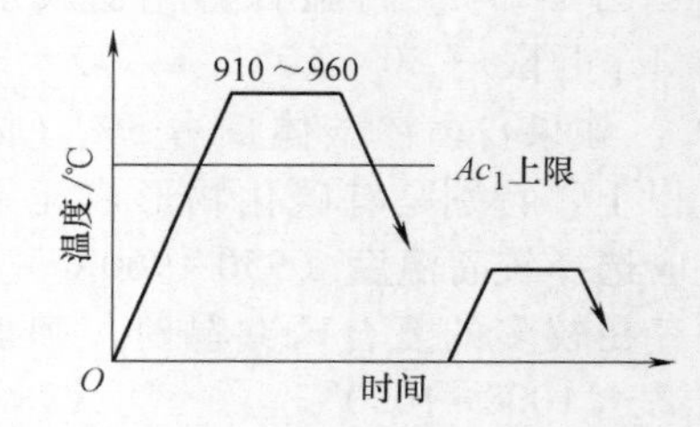

图 1-32　可锻化退火+高温回火工艺曲线

的性能要求。含硅高的铸铁回火温度应稍低，以防回火过程中进一步石墨化。使用 $w(Si)=1.8\%\sim2.0\%$、$w(Mn)=0.8\%\sim1.25\%$ 的铸铁，高温加热吹风冷却后进行 670℃×4~8h 的回火，获得了良好的球化组织。

经球状石墨化退火后，铸铁获得了团絮状石墨及球状珠光体组织，可保证良好的切削加工性能，并同时提高了强度及韧性。

59. 低温石墨化退火

在临界（区）温度以下继续长时间保温，可使铸铁中的共析渗碳体部分或全部石墨化，这种热处理工艺称为低温石墨化退火。常应用于灰铸铁、可锻铸铁、耐磨铸铁、石墨化钢等所制作的工件，以提高其切削加工性能、去除内应力，以及提高塑性、韧性等。

低温石墨化退火的加热温度常取 Ac_1 下限与 Ar_1 上限温度区域之间（约 650~750℃），如图 1-33 所示，保温适当时间，然后缓慢冷却。

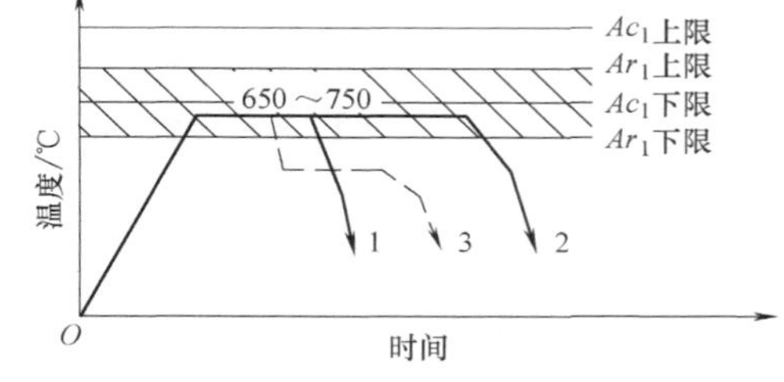

图 1-33　低温石墨化退火工艺曲线
1—铁素体+珠光体基体　2、3—铁素体基体

低温石墨化退火后可获得铁素体（完全石墨化）或铁素体+珠光体（不完全石墨化）及石墨组织。石墨化的程度由加热温度和保温时间而定。

在 650~750℃ 温度范围内，加热温度越高，则石墨化进行的越完全。在加热温度下的保温时间，对于灰铸铁常取 1~4h，球墨铸铁取 2~8h，而可锻铸铁长达 60h。当加热温度不变时，延长保温时间，则可促使更完全的石墨化。保温后缓慢冷却，一般为炉冷。也可采用如图 1-33 中曲线 3 所示的等温方法，等温温度低于 Ar_1 下限温度。对于球墨铸铁及可锻铸铁，当冷却至 600℃ 时，应出炉空冷，以防止继续冷却时所造成的脆性。

60. 锻（轧）热退火

锻（轧）热退火是利用锻造（轧制）后工件的余热，立即加热退火的热处理工艺（见图 1-34）。其适用于大批量生产的工件，特别是对在连续退火炉中退火的工件尤为有利。可有效地节约能源，而且还可以细化组织，进一步改善性能。采用这一工艺时，必须严格控制终锻（轧）温度，如果其温度高于钢的临界点，则余热退火起不到细化晶粒的作用。

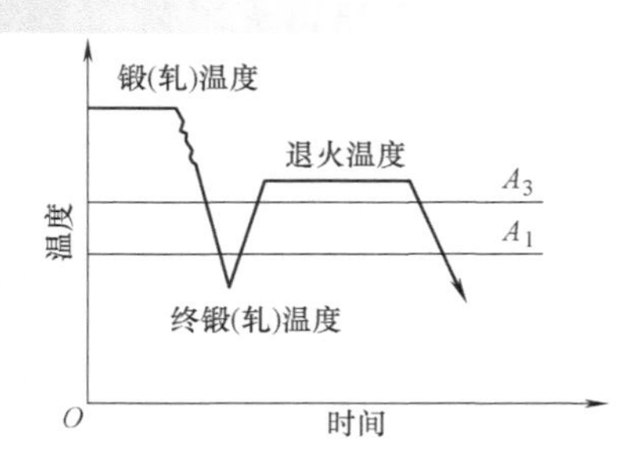

图 1-34　锻（轧）热退火工艺曲线

61. 锻热等温退火

锻热等温退火是利用锻后锻件的余热，迅速将其均匀地冷却到 Ar_1 点以下的珠

光体相变区进行等温转变。这样既利用了余热，又可获得铁素体和珠光体的等轴晶粒组织。可根据等温温度调整硬度，从而提高切削加工性能，降低工件表面粗糙度值，减少工件渗碳淬火畸变。

由于省去了锻后重新加热锻坯所进行的等温退火工序，减少了氧化、脱碳的倾向，降低了后续抛丸清理工序的成本，从而大大节约了热处理能源，降低了锻件成本。

锻热等温退火的硬度取决于冷却（如风冷）时间和等温温度，在实际生产中根据锻件的形状和装炉量来确定合适的冷却时间。

将低碳合金钢（如 20CrMnTi、20CrMnMo、20CrMo 钢等）在终锻切边后，以 40~50℃/min 的冷却速度，冷却到 600~700℃保温至完成珠光体转变，然后空冷或在室内冷却。利用锻造余热进行等温退火代替常规等温退火，可节省约 70%的燃料，而且还可以改善组织与性能。以 20CrMo 钢为例，锻造余热退火与常规正火的性能比较见表 1-21。

表 1-21　20CrMo 钢锻造余热退火的性能

处理方式	组织及性能			
	金相组织	硬度 HBW	渗碳淬火畸变情况	可加工性能
锻后 1100℃，8min 冷却至 600℃左右，保持 90min 后出炉空冷	片状珠光体，铁素体呈块状，粗针状内外均匀	163~173	变化不大	好，插齿后表面粗糙度可达 $Ra1.60\mu m$
锻后空冷至室温，再加热至 930℃正火	较细粒珠光体，但内外组织不均	153~166	变化大	不好，拉毛现象严重

为了保证结构钢的可加工性，往往在终锻后迅速冷却至 600℃左右（约 7~10min），保温 3h 后可获得微细珠光体+铁素体组织，宜于机械加工。锻件锻造余热等温退火工艺曲线如图 1-35 所示。一些钢材的锻造余热等温退火温度及硬度见表 1-22。

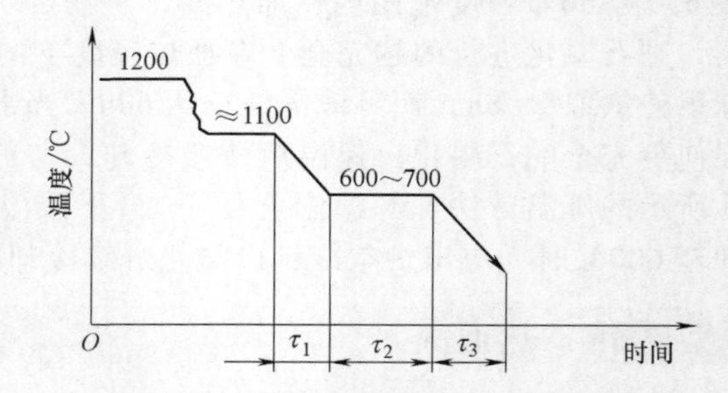

图 1-35　锻造余热等温退火工艺曲线

注：τ_1为 7~10min，急冷时间为本工艺关键项目；τ_2根据奥氏体等温转变图求得，并适当增加；τ_3为空冷或冷却室内冷却时间。

表 1-22　锻造余热等温退火温度及硬度

牌　号	等温退火温度/℃	硬度　HBW	牌　号	等温退火温度/℃	硬度　HBW
20CrMnMo	650	174~209	20CrMnTi	660~680	156~228
20CrNi	650~680	157~207	30CrMnTi	660~680	120~228
20CrMo	650~670	160~207	50Mn2	650~700	<229
20CrNiMo	690~710	160~175			

62. 铸造余热退火

与铸件常规退火相比，利用铸件自身余热在保温箱内进行退火，可降低能耗，且减少工件表面氧化。

灰铸铁或球墨铸铁件，铸造后在 850~950℃ 开箱取出，立即放入保温箱（外壳为铁皮，内套为硅酸铝纤维毡）内，密封箱盖，插入热电偶测量箱内温度，当温度小于 300℃ 时，打开箱盖缝冷却至室温，检查铸件硬度。表 1-23 所列为典型铸造余热退火工艺。

表 1-23 典型铸造余热退火工艺

退火类型	铸铁材质	入保温箱温度/℃	保温时间①/h	出箱温度/℃	适用范围
低温退火	灰铸铁	650~750	1~4(铸件厚度/10)	<300	共晶渗碳体少时
	球墨铸铁	720~760	2+铸件厚度/25	<600	共晶渗碳体少时
高温退火	灰铸铁	900~950	2+铸件厚度/25	<300	自由渗碳体或共晶渗碳体
	球墨铸铁	880~980	1+铸件厚度/25	<600	自由渗碳体或共晶渗碳体

① 铸件厚度单位为 mm。

余热退火温度不可过低；铸件出型时间需根据其材质、壁厚、形状等分别设定和控制；铸件出型温度越高，则铸件的余热利用率越高，效果也越好，但要防止过早出型，灰铸铁件出型温度≤1120℃，球墨铸铁件出型温度<1100℃，以防内浇口未凝固。

63. 感应加热退火

感应加热退火是利用感应电流通过工件所产生的热量进行的退火。此工艺具有加热速度快、退火工艺周期短等特点。常用于截面不大的非合金钢、合金工具钢、轴承钢等的快速球化退火。

据参考文献［9］介绍，感应加热快速球化退火工艺如图 1-36 所示。感应加热快速球化退火的加热温度<Ac_{cm}，接近淬火温度下限并短时保温，奥氏体中有大量未溶碳化物；加热速度由单位功率决定；等温温度由硬度要求而定；保温时间根据感应加热后测定的等温转变图决定。

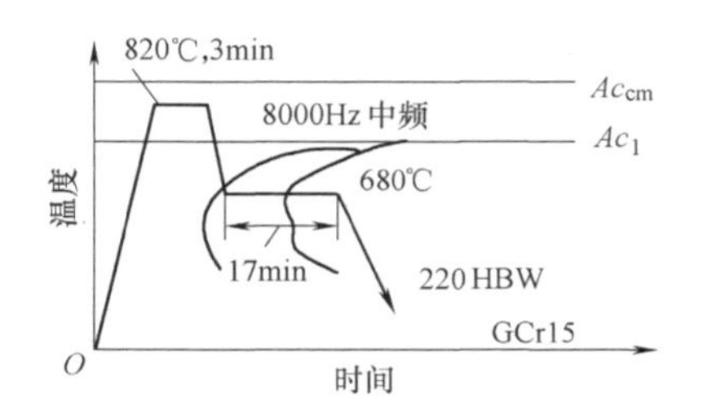

图 1-36 感应加热快速球化退火工艺曲线

现代化的感应退火采用感应加热退火生产线，对轴承钢、弹簧钢、带钢、冷轧带肋钢筋及铝管等材料进行退火处理。

感应加热退火广泛应用于钢管焊缝退火，冷镦、冷拉后工件的再结晶退火，还有渗碳后需要局部退火的一些工件，例如摩托车连杆、花键轴上的螺纹部分等。钢管焊缝退火可使焊缝粗大、不均匀的晶粒得到细化；冷镦、冷拉工件退火使其拉长的晶粒恢复为细小均匀的晶粒；渗碳件的局部退火（如螺纹部分）等，主要是为了降低该部分的硬度，提高其韧性。

例如，冷拉轴承钢采用 300kW 中频加热生产线，对变形程度小于 30% 的冷拉轴承钢材，以 20~250℃/s 的速度加热至 750~800℃ 进行空冷的再结晶退火，可使钢材硬度从225~255HBW下降到170~190HBW，性能均匀稳定，表面脱碳层深度小于0.05mm，氧化膜约0.001~0.002mm，沿圆周切应力由退火前最大值+18.9180MPa降低至-253MPa，内应力基本消除。

64. 亚温退火

对于合金渗碳钢，为改善其切削加工性能，往往采用较长时间的等温退火。例如，在完全奥氏体化以后，冷却至600℃左右等温处理数小时，硬度可降低至160~200HBW。如果不影响完全奥氏体化，而采用亚温退火工艺，即加热至 $Ac_1+0.30(Ac_3-Ac_1)$ 的温度等温处理后，可获得细晶粒铁素体及球状碳化物，不仅可使切削性能大为改善，并且可节约33%~50%的加热时间。

对于粗直径低碳钢丝，常用亚温退火（Ac_1~Ac_3之间的温度）来消除加工硬化并细化均匀组织。

采用亚温退火可缩短球化时间，提高中碳钢（如H13钢）的塑性和冷成形性。

65. 常规正火

常规正火即普通正火，即将钢材或钢件加热到 Ac_3（或 Ac_{cm}）以上30~50℃的正火工艺（见图1-37）。

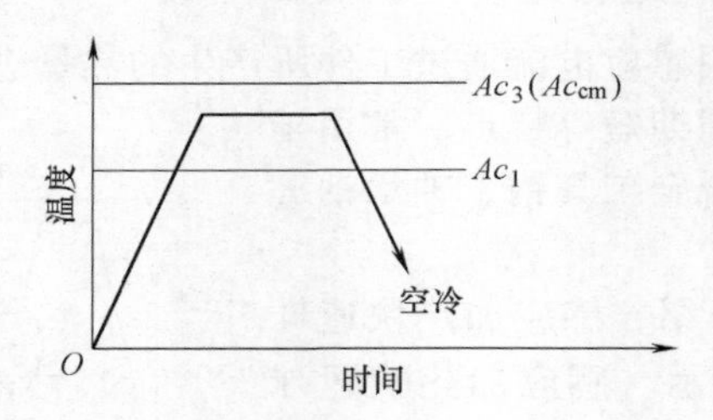

图1-37　常规正火工艺曲线

常规正火的主要应用范围见表1-24。表1-25所列为常用钢的正火温度及正火后的硬度。

表1-24　常规正火应用范围

适用范围	内　容
过共析钢及合金钢	通过正火时的加热及其随后的空冷或强制冷却可消除网状碳化物，细化片状珠光体，有利于在球化退火中获得均匀细小的球状碳化物，以改善钢的组织与性能
过共析钢（工具钢、轴承钢等）和渗碳件	可用正火消除网状碳化物。在用正火代替渗碳件的第1次淬火时，还能减少工件畸变
低碳钢和某些低合金结构钢	因退火组织中铁素体过多，硬度偏低，在切削加工时易出现“黏刀”现象。而采用正火处理（冷却速度较快），可得到量多且细小的珠光体组织，提高硬度，以改善切削加工性能。对中低碳钢和合金结构钢，通过正火可消除应力与魏氏组织，细化组织，可代替完全退火而作为淬火前的预备热处理，可缩短工艺周期，节省能耗 低碳钢正火后，由于所得铁素体晶粒较细，钢的韧性较好，板、管、带及型材等大多数常用正火处理，以保证较好的力学性能组合

（续）

适用范围	内　　容
某些要求不高的普通结构件	因正火组织比较细，故比退火状态具有更好的综合力学性能，而且工艺过程简单。因此，正火可作为最终热处理而直接使用
某些非合金钢、低合金钢的淬火返修件	通过正火，可以消除内应力和细化组织，防止重新淬火时产生畸变与开裂
大型锻件	大型锻件常采用正火作为最终热处理，可避免淬火时较大的开裂倾向（但不能充分发挥材料的潜力）。正火后需进行高达 700℃ 的高温回火，以消除应力，得到良好的力学性能组合
铸钢件	通过正火，可细化铸态组织，改善切削加工性能。由于铸件一般形状复杂、偏析严重、韧性较差，因此在正火中应用较为缓慢的加热速度，以免热应力造成畸变开裂，加热温度也较锻件更高

表 1-25　常用钢的正火温度及正火后的硬度

牌号	加热温度/℃	硬度　HBW	牌号	加热温度/℃	硬度　HBW
35	860~880	191	50CrVA	850~880	288
45	840~870	226	20	890~920	156
45Mn2	820~860	187~241	20Cr	870~900	270
40Cr	850~870	250	20CrMnTi	950~970	156~207
35CrMo	850~870	241	20CrMnMo	870~900	—
40MnB	850~900	197~207	38CrMoAl	930~970	—
40CrNi	870~900	250	T8A	760~780	241~302
40CrNiMoA	890~920	—	T10A	800~850	255~321
65Mn	820~860	269	T12A	850~870	269~341
60Si2Mn	830~860	254	9Mn2V	870~880	—

66. 亚温正火

亚温正火是指亚共析钢在 $Ac_1 \sim Ac_3$ 温度之间加热，保温后空冷的热处理工艺（见图 1-38）。亚共析钢经热加工后，由于珠光体片层间距较大，硬度较低。为了改善其切削加工性能，可进行亚温正火。

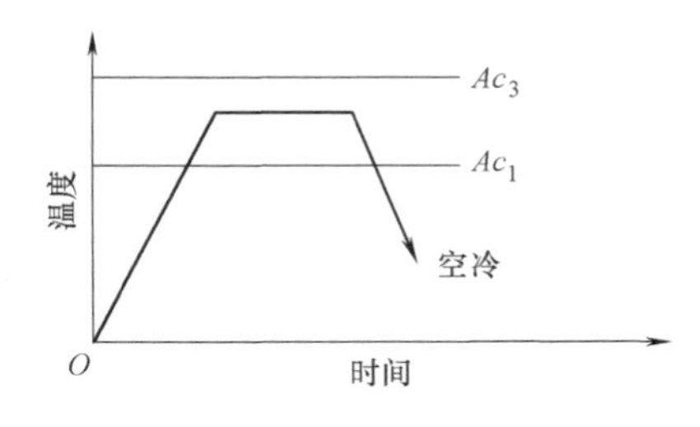

图 1-38　亚温正火工艺曲线

在实际生产中，为了改善中碳合金钢的切削加工性能，传统的方法是采用调质或正火+高温回火工艺。处理后切削加工性能虽有所改善，但有时效果不够理想。对此，可采用亚温正火工艺。通过控制加热温度，抑制碳化物对奥氏体的溶入量及奥氏体的均匀化影响，使奥氏体处于失稳状态，从而抑制冷却过程中粒状贝氏体的形成条件，以获得理想的加工硬度。

例如，经常规正火+高温回火的 30SiMn2MoVA 钢金相组织中碳化物弥散度大，并伴有粒状贝氏体；改用亚温正火工艺处理后，其碳化物弥散度减小，粒状贝氏体消除，切削加工性能明显改善，加工质量提高。

30SiMn2MoVA 钢亚温正火工艺：(750±15)℃×60min+炉外坑冷；30CrNi3A 钢亚温正火工艺：(760±10)℃× 60min+空冷。

亚温正火获得的细小晶粒结构与未溶铁素体各相组织间的合理配合，不但可改善切削加工性能，而且具有良好的综合力学性能，见表 1-26。

表 1-26　亚温正火后的力学性能

牌号	工艺	硬度 HRC	R_{eL} /MPa	R_m /MPa	A (%)	Z (%)	a_K /(J/cm²)
30SiMn2MoVA	765℃×30min+空冷	29~32	1118.1	1145.9	52.7	13.3	105.9
30CrNi3A		27~30	1030.5	1054.9	57.9	16.3	92.5

亚温正火还可以改善含有粒状贝氏体的亚共析钢的强韧性，如 15SiMnVTi 钢。对其进行 770℃的亚温正火，能够改善粒状贝氏体的数量、尺寸和分布；在其内位错型马氏体代替了孪晶马氏体，从而使 15SiMnVTi 钢的力学性能全面达到了 441N 级结构钢的性能。

对于球墨铸铁，已经广泛采用部分奥氏体化或低碳奥氏体化正火，实质上也就是亚温正火。如部分奥氏体化正火，可获得破碎铁素体，并且由于适当缩短了保温时间，使奥氏体低碳化，从而获得了显著强韧化效果。

对于一般稀土—镁球墨铸铁，升温部分奥氏体化正火，可获得破碎铁素体的加热温度范围是 810~870℃；降温部分奥氏体化的温度范围为 850~940℃。

67. 等温正火

等温正火是将工件加热奥氏体化后，采用强制吹风快冷到珠光体转变区的某一温度，并保温，以获得珠光体型组织，然后在空气中冷却的正火（见图 1-39）。等温正火比普通等温退火所用的工艺周期更短，所得组织也更均匀，晶粒更细小，带状组织更小。

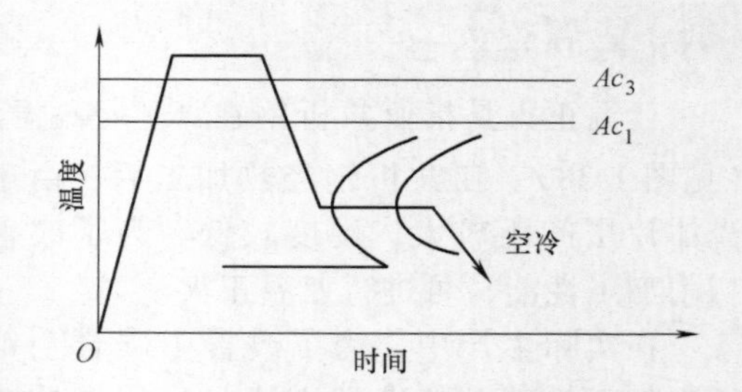

图 1-39　等温正火工艺曲线

几种合金渗碳钢齿轮锻坯的等温正火工艺见表 1-27。

现代化大批量工件（如渗碳钢齿轮锻坯）的等温正火采用等温正火自动化生产线，其正火质量稳定、均匀，可满足高质量的显微组织与性能要求。该生产线主要用于 20CrMnTi、20CrMnMoH、20CrMoH、22CrMoH 等低合金结构钢的汽车、拖拉机、通用机械齿轮锻坯的等温正火处理。正火加热炉带前后室，可通入保护气氛，以减少工件氧化。快速降温室（速冷室）可采用冷风热风及不同温度的冷热混合风对工件进行快速、均匀冷却。

目前，已经研制成功用匀速冷却液（如今禹 S-2）进行等温正火的方法，并应用于生产。与快速风冷的等温正火方法相比，采用匀速冷却液的等温正火方法具有以下优点和用途：①可以使工件更快而且匀速地冷却到等温温度；②只要有淬火槽和加热炉，即能进行等温正火；③适于不同形状大小的工件；④适于渗碳再次加热淬火工件渗碳后的冷却。

表 1-27 几种合金渗碳钢齿轮锻坯的等温正火工艺

牌号	奥氏体化温度/℃	等温转变温度/℃	硬度 HBW	金相组织
21NiCrMo5	940(风冷)	650	170~178	F+P
22CrMoH	940(风冷)	650	187~193	F+P
20CrNi3	930(风冷)	670	170~260	F+P+B
17CrNiMo6	950×2.5h(风冷)	660×1.5h(空冷)	173~197	块状 F+P
20CrNiMoH	880×2h(风冷 5min)	620×2h(空冷)	170~180	F+P

注：F 为铁素体，P 为珠光体，B 为贝氏体。

68. 高温正火

高温正火是将铸、锻件加热到 Ac_3以上 100~150℃ 的正火。其目的是通过相变重结晶消除热加工过程中形成的过热组织，并使第二相充分溶入奥氏体中。通常在高温正火后还应进行一次常规正火，使奥氏体晶粒细化，以获得细的珠光体组织。

例如，H13 钢锻后缓冷导致碳化物呈网状析出，虽然经常规正火能有所改善，但一些异常组织仍保留在基体中，很难消除，且锻后缓冷造成晶粒异常粗大。

H13 钢锻后在 *Ms* 点以上空冷，再经高温正火（970℃×5h）后，出炉风冷，然后再进行等温球化退火（860℃×6h，炉冷至 750℃，保温 12h），球化率可达 95% 以上，晶粒度在 7 级左右。高温正火能改善 H13 钢锻后组织粗大，减少组织偏析和网状碳化物。在一定时间范围内，随正火保温时间的延长，组织改善越显著。

69. 水冷正火

碳含量极低的大型铸钢件用水冷代替空冷进行正火，可得到较少数量的铁素体及较细、较多数量的珠光体组织，从而使强度、塑性及低温脆性等均得到改善。

水冷正火还常用于高碳钢球化退火之前，可更有效地抑制渗碳体网的形成，获得均匀一致的组织，以稳定球化质量和获得更细小、更均匀分布的碳化物。

例如，T10A 钢制工件在 1050℃ 锻造后空冷，再进行 830~850℃ 水冷正火（在盐水中冷却），然后在 680~730℃ 等温球化退火作为预备热处理，经机械加工后再进行最终热处理，取得了良好的效果。

水冷正火时钢件的加热温度及保温时间与普通正火相同。

70. 风冷正火

当工件堆装（放）厚度（或锻件尺寸）较大时，在静止空气中往往因得不到普通正火时所要求的冷却速度，而出现块状铁素体或网状渗碳体组织，此时需采用鼓风冷却的方法来达到正火的目的，这种工艺称为风冷正火。

71. 喷雾正火

对于一些零件毛坯，正火时用喷雾冷却代替空冷，可获得较好的组织。喷雾的冷却速度介于水冷与风冷之间。

过共析钢的喷雾正火常用于球化退火之前，可有效地抑制网状碳化物的形成，获得均匀的原始组织，以便球化退火更易进行和获得球化组织。

对于需要表面淬火的结构钢制工件来说，例如，EQ140 载货汽车半轴，可用喷雾正火预备热处理代替调质处理。在中频感应淬火后，两者的强度性能、疲劳寿命无明显差别，但喷雾正火简化了生产工艺，降低了工件的加工费用。

72. 多次正火

多次正火又称两次正火或多重正火，是对工件（主要为铸锻件）进行两次或两次以上的重复正火。

多次正火（2~3 次）是细化及均匀大型锻件晶粒、消除严重混晶、提高冲击韧性的有效方法。为此，常用两次正火：第一次正火采用 Ac_3+150~200℃高温正火，可消除热加工中形成的过热组织，并使难溶第二相充分溶入奥氏体中；第二次采用 Ac_3+25~50℃较低温度正火，使奥氏体晶粒细化。对含有稳定碳化物的钢种（如 CrMoV 类钢），第二次奥氏体化时还应使碳化物大部分溶解，在其后的冷却过程中依靠未溶细小碳化物作为核心而得到较细的贝氏体组织。多次正火后的回火工艺与一次正火相同。低碳合金铸钢件（20Mn、15CrMo、20CrMoV）通过多次正火不仅细化了晶粒、均匀化了组织，还使冲击韧性，特别是在低温下的冲击韧性有明显提高。

例如，20CrMnMo 钢齿轮轴采用二次正火工艺，第一次正火温度为 980~1000℃，第二次正火温度为 860~880℃。获得的晶粒度平均在 6.5~8.0 级，冲击吸收能量平均为 40J。

73. 消除带状组织的正火

带状组织是由于钢的枝晶偏析及热塑性变形双重作用而形成的，它是一种偏析组织缺陷，严重时使钢材的横断面收缩率和冲击韧性下降，淬火畸变加大。对此，可采用以下消除带状组织的工艺方法。

1）中碳结构钢的消除带状组织正火。如 42SiMn、40Cr、45MnB、40MnVB 钢等，采用两次正火工艺，第一正火：900℃×2.5~3h，空冷；第二次正火：860℃左右空冷，保温时间根据工件尺寸确定。

例如，对 45 钢通过增大锻造比，适当提高终锻温度，采用 840℃×3h 空冷正火+600℃×3h 回火，可消除带状组织，并提高 45 钢（如大型电动机磁轭）的综合力学性能：R_m = 601~610MPa，R_{eL} = 336~346MPa，A = 25%~27%，Z = 40%~52%，a_K = 66~70J/cm^2。

2）低碳合金结构钢的消除带状组织正火。例如，20CrMnTi 钢风电齿轴热轧坯料（原始带状组织）→预备热处理（900℃×1.5h+1050℃×3.5h，空冷）→锻造（改锻）→正火（910℃×4.5h，空冷至约 550℃）→回火（620℃×5.5h，空冷）。其热处理工艺如图 1-40 所示。

3）低碳钢管的消除带状组织正火。如20、20G、A106B（ASTM牌号）、A106C（ASTM牌号）低碳钢钢管经热轧或再经热扩后，带状组织严重时达到4～5级。对此，严格控制从正火温度出炉后的冷却速度，使其大于该钢铁素体析出的临界冷却速度，则带状组织不再出现。

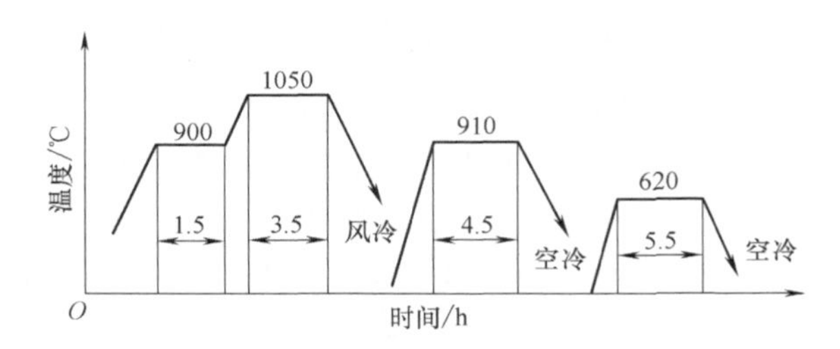

图1-40　20CrMnTi钢热处理工艺曲线

例如，A106C钢管，规格尺寸为ϕ762mm（外径）×45mm（壁厚），加热温度为920℃，保温时间为110min，出炉后在水中冷却2min，然后空冷，消除了带状组织。再经高温回火后，可获得良好的综合力学性能。

74. 球墨铸铁高温完全奥氏体化正火

球墨铸铁高温完全奥氏体化正火工艺如图1-41所示，它是将铸件加热至Ac_1（珠光体转变的上限温度）+30～50℃，使基体全部转变为奥氏体并使奥氏体均匀化，冷却后获得珠光体（或索氏体）基体加少量牛眼铁素体，从而改善可加工性，提高强度、硬度（可由原来的<200HBW提高到280～300HBW）、耐磨性，或去除自由渗碳体。通常保温1～3h后空冷（薄件）、风冷或喷雾冷却（厚件，以免出现铁素体）。主要应用于汽车、拖拉机、柴油机的曲轴、轴、连杆等重要零件。球墨铸铁的正火分为高温完全奥氏体化正火及中温部分奥氏体化正火两类。

高温完全奥氏体化正火温度一般为900～940℃，温度过高会引起奥氏体晶粒长大，溶入奥氏体中的碳含量过多，冷却时易于在晶界析出网状二次渗碳体。当为了消除铸态组织中过量的自由渗碳体或复合磷共晶，而必须提高正火温度时，为了避免二次网状渗碳体，可采用如图1-42所示的阶段正火工艺。

球墨铸铁正火后必须进行回火处理，以改善韧性和消除内应力，回火温度为550～650℃，保温2～4h。

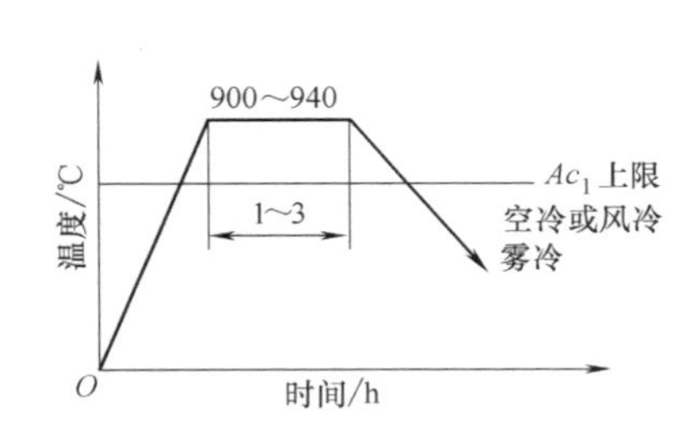

图1-41　球墨铸铁高温完全奥氏体化正火工艺曲线

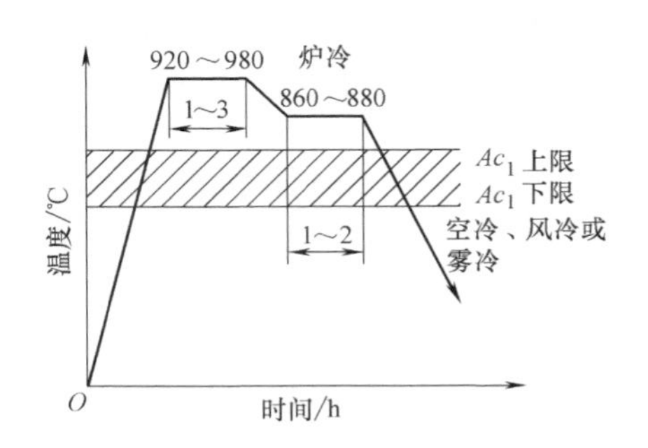

图1-42　球墨铸铁阶段正火工艺曲线

75. 球墨铸铁中温部分奥氏体化正火

此工艺是将铸件在共析临界转变温度内（Ac_1下限+30~50℃）加热，基体中仅有部分组织转变为奥氏体，剩下的铁素体正火后以碎块状或条块状分散分布。具有较高的综合力学性能，特别是塑性和韧性。正火温度一般为800~860℃。其工艺曲线如图1-43所示。多应用于要求改善塑性与韧度的高磷［$w(P)\geqslant 0.15\%$］球墨铸铁。常用于柴油机曲轴、大型船用空心曲轴，以及连杆、齿轮等。

当球墨铸铁中存在过量的自由渗碳体或成分偏析较严重时，可采用如图1-44所示的阶段部分奥氏体化正火工艺。

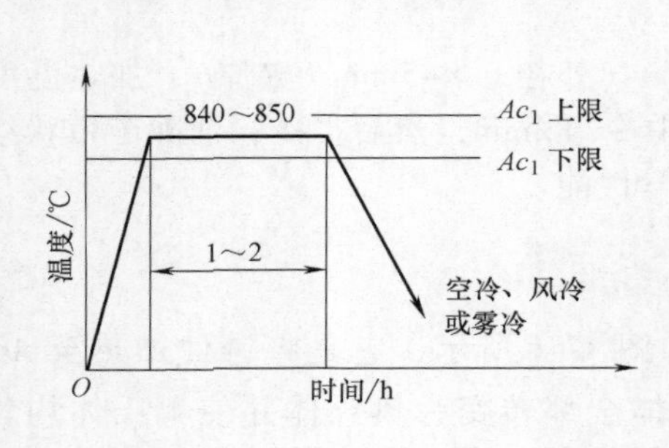

图1-43　球墨铸铁中温部分奥氏体化正火工艺曲线

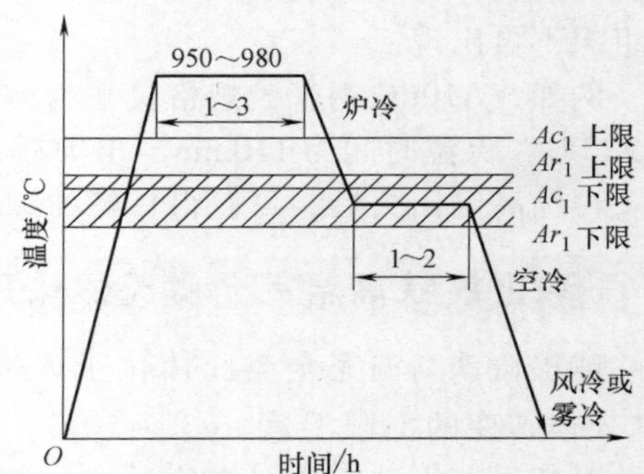

图1-44　阶段部分奥氏体化正火工艺曲线

由于球墨铸铁导热性较差，正火时不宜采用过快的加热速度，生产中有的规定加热速度为75~100℃/h。保温时间与球墨铸铁的组织组成物的相对数量有关。当铁素体较多时，应采用较高的加热温度及较长的保温时间，保温时间一般可取1~3h，或由试验确定。

正火后工件中存在有较大的内应力，必须进行以一次去除内应力为目的的回火。回火温度为550~600℃，保温时间为1~4h。

76. 球墨铸铁快速正火

球墨铸铁经完全奥氏体化或不完全奥氏体化后，出炉采用吹风或喷雾的方法正火冷却，即为球墨铸铁的快速正火。该工艺可获得更多、更细的珠光体，因而可提高其强度。

快速正火时的加热温度、保温时间与普通正火相同。但当其他条件（工件尺寸、装炉量和在炉内排布方式）相同时，如果组织中的自由渗碳体较多，应采用较高的加热温度和较长的保温时间。正火后进行550~600℃的

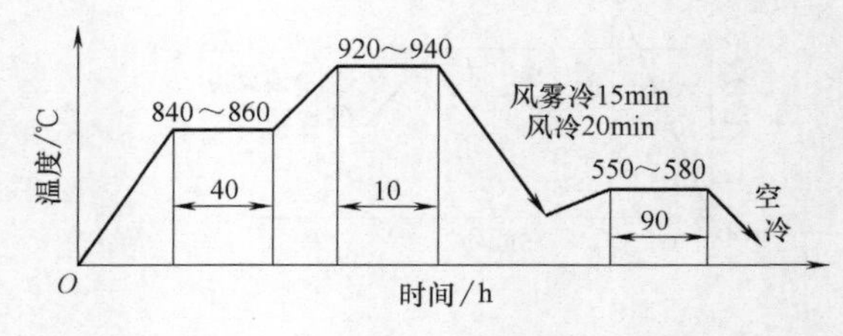

图1-45　球墨铸铁曲轴快速正火工艺曲线

回火。

如图 1-45 所示为稀土镁球墨铸铁所制曲轴快速正火工艺曲线。处理后工件的力学性能：R_m = 893MPa、A = 3.8%、a_K = 2.4J/cm^2、硬度为 266HBW。而空冷正火的工件力学性能：R_m = 730MPa、A = 3.0%、a_K = 2.2J/cm^2、硬度为 260HBW。可见，快速正火提高了球墨铸铁的综合力学性能，其中尤以强度、塑性的提高更为明显。

77. 铸造余热正火

铸造余热正火是利用铸造余热进行的正火处理，可节省铸造冷却后重新加热进行正火的大量能耗，从而降低生产成本，并提高生产率。

铸件余热开箱正火是在铸（钢、铁）件浇注后，冷却到接近正火温度时立即开箱空冷（正火），以避免重新加热的正火。这种方法在砂型铸件上比较难以实施，在金属型压铸件上容易实现。在有机械化脱模设备的条件下，采用铸造余热正火非常有利。

利用计算机控制的铸造余热正火，即根据零件形状、壁厚以及铁水温度、浇注时间精确计算出所需在型内停留的时间，待铸件出型空冷，便可获得所需要的正火组织及性能。

78. 球墨铸铁余热正火

应用铸件的浇注余热进行正火的热处理工艺，称为余热正火。此工艺可缩短工艺周期、节约能源。球墨铸铁的余热正火有表 1-28 所列的两种方法。余热正火后球墨铸铁件都需进行 550～600℃的回火，以消除应力。

表 1-28　球墨铸铁的余热正火方法

方法	内　　容
1	铸件浇注并凝固，冷却至达到正火温度后，脱模空冷正火。例如，5t 载货汽车 6 缸发动机曲轴，材料为 QT600-3，在浇注 30～50min 后铸件脱模空冷正火。正火后获得了以下的力学性能：抗拉强度 R_m = 600～755MPa；伸长率 A = 2.0%～6.0%；硬度为 200～260HBW。完全达到了 QT600-3 的技术指标（按 GB/T 1348—2009 标准，QT600-3 的 R_m 为 600MPa，A 为 2%） 浇注后的冷待时间随气候而异，夏季取冷待时间的上限，冬季则取其下限
2	球墨铸铁浇注和冷凝后，带温装入已加热至正火温度的炉中，保温适当时间，均温后出炉空冷。与第一种工艺相比，这种方法可使多批量的铸件的正火温度一致，因而所得力学性能也更均匀

79. 感应穿透加热正火

传统加热（如电加热、燃气加热等）存在单位能耗高、加工余量大、硬度不均匀、产品质量稳定性较差等缺点，采用感应热处理快速加热、穿透正火，可显著改善上述缺点，并获得稳定的产品质量。

例如，某些高频焊管零件毛坯采用整体感应加热进行正火，使用 320kW、10kHz 晶闸管电源，以高速连续的方式进给加热正火来改善焊缝组织。

又如，采油用 CYG25/8000 型抽油杆（见图 1-46），材料为国产热轧态的抽油杆专用钢 YG42D（化学成分见表 1-29），要求正火处理。

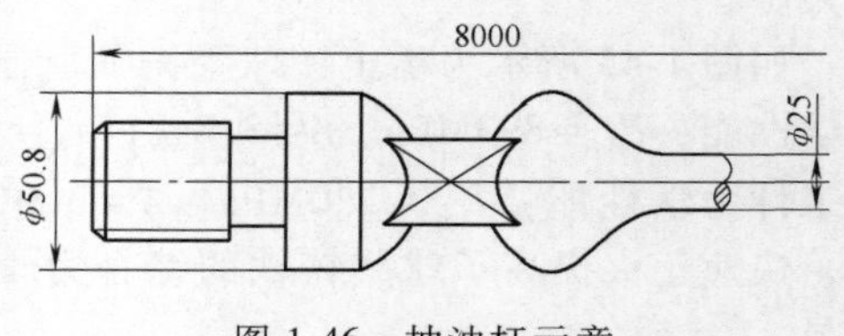

图 1-46　抽油杆示意

为改善抽油杆热轧坯料及两端镦粗造成的组织缺陷需要细化晶粒，以提高力学性能。正火后的高温回火是为了消除正火时产生的内应力。原采用 480kW 链传动电阻炉，工艺曲线如图 1-47 所示。由于加热设备功率高（480kW）、能耗高、工艺周期长、氧化脱碳严重而影响热处理质量，因此需进行工艺改进。

表 1-29　YG42D 化学成分

元素	C	Cr	Mo	Mn	Si	S	P
质量分数(%)	0.43	1.00	0.19	0.80	0.25	0.028	0.03

新工艺采用中频感应穿透加热正火方法，选用 KGPS-250/2.5 型晶闸管中频加热装置，采取连续加热方法。其工艺参数：加热温度为 890℃，抽油杆移动速度按 40mm/s 计算，电压为 750V，电流为 190～210A，功率为 120～140kW，功率因数为 0.9。感应器直径为 80mm，长度为 1200mm。回火采用电阻炉，工艺曲线与图 1-47 的回火曲线相同。

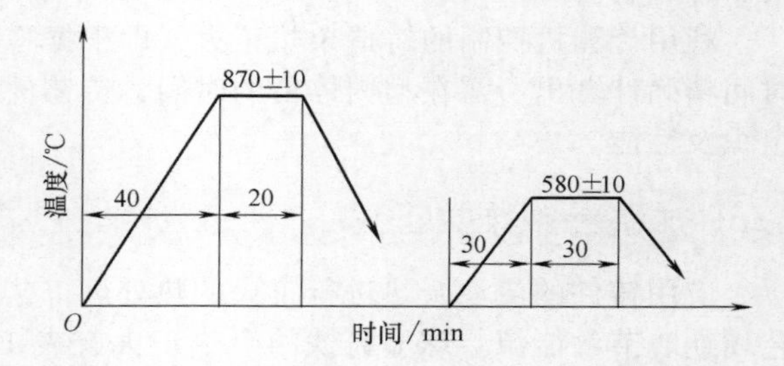

图 1-47　原抽油杆热处理工艺曲线

电阻炉加热正火与中频感应穿透加热正火的力学性能见表 1-30。由表 1-30 可以看出，新工艺得到的各项力学性能均优于原工艺。

表 1-30　两工艺得到的力学性能

热处理工艺	R_{eL}/MPa	R_m/MPa	Z(%)	A(%)	a_K/(J/cm^2)
原工艺	745	833	53	11	78
新工艺	833	931	52	12	117

80. 球墨铸铁“零保温”正火、不回火

在一些情况下，取消工件正火后的回火，不仅简化了工序，而且节省了工件重新加热回火的能耗，同时还提高了生产率，降低了生产成本。

例如，球墨铸铁取消正火后的回火。球墨铸铁正火方法有：波动式正火（高温石墨化正火，见图 1-48 曲线 a）、三段正火（等温石墨化正火，见图 1-48 曲线 b）、二段正火（破碎状铁素体正火，见图 1-48 曲线 c）、正火+回火（见图 1-48 曲

线 d）、“零保温” 正火（见图 1-48 曲线 e）等。

1）取消正火后的回火。回火是球墨铸铁正火的后续工序，采用如图 1-48d 曲线所示的正火工艺，曲轴经正火后，金相组织、力学性能和硬度均符合牌号和设计要求。在此基础上，通过多年的试验，证明曲轴正火后取消回火是可行的。用数理统计方法分析，曲轴回火与否，其疲劳强度及常规力学性能、曲轴尺寸精度和几何精度的稳定性都没有明显区别。多年生产使用证明，曲轴质量良好，且能节约能源。

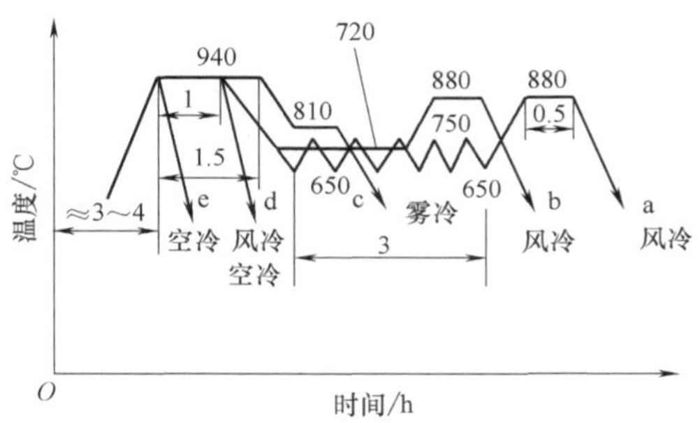

图 1-48 各种正火工艺曲线（未含回火）

注：曲线 a 为正火后经 550℃ 回火；曲线 b 为正火后经 600~650℃ 回火；曲线 c 为正火后经 600~650℃ 回火；曲线 d 为正火后经 550℃ 回火；曲线 e 为正火后不回火。

2）球墨铸铁曲轴“零保温”正火。曲轴经 920~940℃ 加热后直接出炉空冷，如图 1-48 工艺曲线 e 所示，此工艺操作简便，能耗低。

3）铸造余热正火。为进一步降低能耗，使用铁模覆砂铸造工艺，进行铸造余热正火，从根本上取消了常规的正火操作。

不同正火工艺处理后的曲轴力学性能见表 1-31。

表 1-31 不同正火工艺处理后的曲轴力学性能

序号	正火工艺曲线	珠光体形态	珠光体含量（体积分数，%）	渗碳体含量（体积分数，%）	磷共晶含量（体积分数，%）	R_m /MPa	A（%）	a_K /(J/cm²)	硬度 HBW
1	a	针状	≤75	3~5	1~3	550~750	0.8~2.2	6~18	190~280
2	b	针粒状	≤75	3~5	1~3	580~850	1.6~4.6	7~46	190~280
3	c	粒状	≤75	1~3	1~3	700~1000	2.2~6.5	20~75	240~310
4	d	片状	≤75	≤1	≤1	700~1000	2.2~6.5	—	229~290
5	e	片状	≤75	≤1	≤1	700~900	2.4~5.7	—	229~290

81. 锻热正火

利用锻造余热正火，与一般正火相比，不仅可提高钢的强度，而且可以提高塑性和韧性，降低冷脆转变温度和缺口敏感性。利用锻造余热进行的正火工艺，代替重新加热正火工艺，可省去一次再加热的工艺过程，从而降低能耗，适于对硬度与显微组织要求不高的坯件预备热处理。

例如，低碳合金结构钢，如 15Cr、20Cr、20CrMnB 等，终锻切边后，以一定的冷却速度冷至 500~600℃（一般冷却时间为 5~7min），然后立即加热到 Ac_3 以上进行正火处理。利用锻造余热进行正火处理，可以代替常规正火处理。如图 1-49 所示为锻热正火工艺曲线。几种钢的锻热正火温度及硬度见表 1-32。

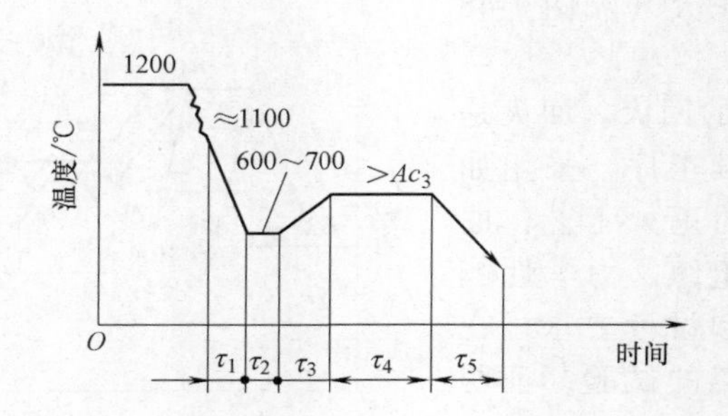

图 1-49　锻热正火工艺曲线

注：τ_1为 5~7min；τ_2应尽量短；τ_3为正常加热时间的 2/3；τ_4根据装炉量大小等确定；τ_5为空冷或冷却室内冷却时间。

表 1-32　锻热正火温度及硬度

牌　　号	正火温度/℃	硬度　HBW
15Cr、20Cr	880~900	144~198
20CrMnB	950~970	150~207

参 考 文 献

[1]　全国热处理标准化技术委员会. 金属热处理标准手册 [M]. 3 版，北京：机械工业出版社，2016.

[2]　中国机械工程学会热处理学会. 热处理手册：第 1 卷 工艺基础 [M]. 4 版（修订版）. 北京：机械工业出版社，2013.

[3]　冶金工业部钢铁研究院. 合金钢手册：上册 [M]. 北京：机械工业出版社，1984.

[4]　中国机械工程学会热处理专业学会. 热处理手册：第 1 卷 [M]. 2 版. 北京：机械工业出版社，1991.

[5]　雷廷权，傅家骐. 金属热处理工工艺方法 500 种 [M]. 北京：机械工业出版社，1998.

[6]　张玉庭. 简明热处理工手册 [M]. 3 版，北京：机械工业出版社，2013.

[7]　李泉华. 热处理技术 400 问解析 [M]. 北京：机械工业出版社，2002.

[8]　黄拿灿. 现代模具强化新技术新工艺 [M]. 北京：国防工业出版社，2008.

[9]　杨满. 热处理工艺参数手册 [M]. 北京：机械工业出版社，2013.

[10]　刘宗昌，任慧平. 5CrNiMo、5CrMnMo 锻件退火节能新工艺的研究与设计 [J]. 内蒙古科技大学学报，1992，11（2）：46-57.

[11]　热处理手册编委会. 热处理手册：第一分册 [M]. 北京：机械工业出版社，1984.

[12]　上海工具厂. 刀具热处理 [M]. 上海：上海人民出版社，1971.

[13]　满波. 高碳钢和轴承钢的周期球化退火工艺 [J]. 金属热处理，1993（6）：43-44.

[14]　叶喜葱，刘绍友，陈实华，等. H13 热作模具钢锻后热处理工艺 [J]. 金属热处理，2013，38（12）：72-74.

[15]　马柏生，张国瀚. 高速钢的快速球化退火 [J]. 金属热处理，1987（7）：59-61.

[16]　隋少华，宋天革，蔡玮玮，等. Cr12 模具钢快速预冷球化退火工艺 [J]. 金属热处理，

2005, 30 (9): 56-58.
[17] 杨洪波，赵西成，王庆娟，等. GCr15轴承钢周期球化退火工艺的改进 [J]. 金属热处理，2012，37 (5): 74-76.
[18] WERNER BUECKER，魏庆诚. 采用LN-2加速冷却的新工艺 [J]. 热处理技术与装备，1988，9 (3): 44-46.
[19] 马登杰，韩立民. 真空热处理原理与工艺 [M]. 北京：机械工业出版社，1988.
[20] 金伯英，龚方岳. 黄铜丝真空—保护气体退火工艺及设备的研究 [J]. 金属热处理，1987 (7): 11-15.
[21] 王德文，岳俊升，王锡祺，等. 热模具钢快速匀细球化退火新工艺 [J]. 兵器材料科学与工程，1986 (9): 34-36.
[22] 姜振雄. 铸铁热处理 [M]. 北京：机械工业出版社，1978.
[23] 罗海红. 风电球墨铸铁件的研制 [J]. 一重技术，2007 (5): 32-33.
[24] 贺小坤，白云岭. 汽车齿轮的锻造余热等温退火工艺 [J]. 金属热处理，2014，39 (11): 128-132.
[25] 田新社，袁东洲，高修启，等. 锁条铸件自身余热石墨化退火工艺的生产实践 [J]. 铸造工程，2011，35 (5): 35-37.
[26] 王振东，马秀史，王荣庆，等. 冷拉轴承钢感应加热快速退火 [J]. 金属热处理，1984 (6): 27-32.
[27] 赵海军，明德惠. 用亚温正火改善钢材的切削加工性能 [J]. 金属热处理，1990 (5): 51.
[28] 金荣植. 齿轮热处理手册 [M]. 北京：机械工业出版社，2015.
[29] 顾佳羽，李欢. 高温正火对H13钢锻后组织的影响 [J]. 金属热处理，2012，37 (6): 70-72.
[30] 赖辉，吕德富，董加坤. 二次正火法在20CrMnMo钢齿轮轴晶粒细化中的应用 [J]. 金属热处理，2010，35 (2): 111-112.
[31] 谢贵生，石巨岩，苗国民，等. 45钢电机磁轭带状组织的消除与预防 [J]. 金属热处理，2010，35 (7): 81-84.
[32] 艾明平. 风电齿轮轴带状组织的消除及工艺改进 [J]. 金属热处理，2008，33 (11): 99-100.
[33] 王松林，陈俊德，赵成英. 消除钢管中带状组织的热处理 [J]. 热处理技术与装备，2010，31 (4): 26-30.
[34] 孙海涛，丛建城，宋修红，等. 球铁曲轴的快速正火 [J]. 金属热处理，1993 (8): 43-45.
[35] 刘文川，夏成怀，佘建昌，等. 球墨铸铁的铸造余热正火处理 [J]. 金属热处理，1994 (6): 32-33.
[36] 苏大任. 改进正火工艺降低能耗 [J]. 金属热处理，1997 (10): 34-35.

第2章

金属的淬火

淬火是将工件加热奥氏体化以适当方式冷却获得马氏体或（和）贝氏体组织的热处理工艺。最常见的淬火方式有水冷淬火、油冷淬火和空冷淬火等。

淬火是使钢或合金强化的主要工艺（或工序）。钢件淬火主要是为了获得马氏体组织，以便在适当温度的回火后具有所需要的力学性能组合。合金淬火则是为了得到单一均匀的固溶体，为后续工序的时效强化或形变加工做好组织上的准备。

钢的淬火工艺种类很多，可根据加热温度、加热方式及加热介质、冷却方式、冷却介质、加热冷却后组织的不同，分为5种，见表2-1。

表2-1 钢的淬火工艺种类

序号	分类	内容
1	加热温度	完全淬火、不完全淬火、亚共析钢的亚温淬火（临界区淬火）和低温（低于临界温度）淬火等
2	加热方式及加热介质	空气介质加热淬火、盐浴加热淬火、可控气氛淬火、真空加热淬火、感应淬火、直接（余热）淬火、二次（重新）加热淬火、两次淬火和预热（阶梯式加热）淬火等
3	冷却方式	喷液淬火、喷雾冷却淬火、热浴淬火、双介质淬火、自冷淬火、模压淬火和预冷淬火（延迟淬火）等
4	冷却介质	水冷淬火、油冷淬火、空冷淬火、风冷淬火、气冷淬火、盐水淬火和有机聚合物水溶液淬火等
5	加热冷却后的组织	马氏体分级淬火和贝氏体等温淬火等

钢材或机器零件热处理时选用不同淬火工艺的目的，除了为使其得到所需要的组织，以获得适当的性能外，淬火工艺还应保证被处理的工件经淬火后尺寸和几何形状的变化应尽可能小，以保持工件的精度。

生产中也可以对铸铁件进行各种淬火处理。钢件淬火相关的标准有GB/T 16924—2008《钢件的淬火与回火》等。

82. 完全淬火

完全淬火是将亚共析钢或其制件加热到Ac_3点以上的温度，保温后以大于临界冷却速度的冷却速度急速冷却，得到马氏体组织，以提高强度、硬度及耐磨性的热处理工艺（见图2-1）。

亚共析非合金钢完全淬火的加热温度为Ac_3+30~50℃。常用亚共析合金钢完全

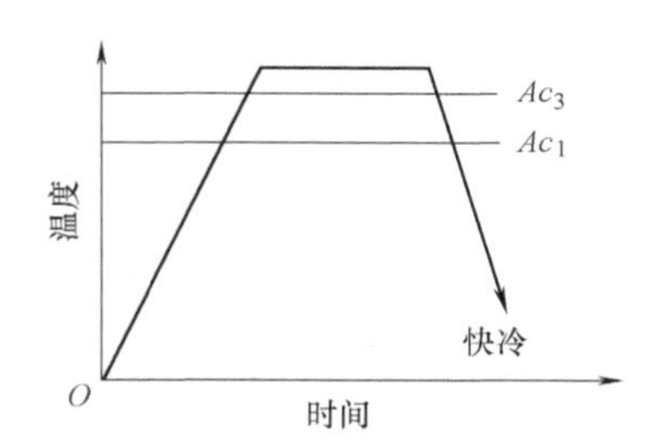

图 2-1 钢的完全淬火工艺曲线

淬火时的淬火加热温度见表 2-2。

表 2-2 常用亚共析合金钢完全淬火加热温度

牌 号	加热温度/℃	淬火冷却介质
30Mn2	830~850	油
40Mn2	810~850	油
40Cr	830~860	油
38CrSi	900~920	油或水
30CrMnSi	870~880	油
40CrV	850~880	油或水
35CrMo	830~850	油
60Mn	780~840	油
60Si2Mn	840~870	油或水
50CrVA	830~860	油
18CrNiMoA	860~890	油
18CrNiW	800~830	盐浴
20CrMnTi	830~850	油
12Cr2Ni4	840~860	油
	780~820	水
40CrNiMoA	820~840	油

形状简单的工件，可采用上限的加热温度；形状复杂、易淬裂的工件，应使用下限的加热温度。淬火时的加热温度，还与所使用的淬火冷却介质有关。冷速缓慢的介质，特别是当热介质淬火时，应适当提高淬火加热温度，以提高钢的淬透性。

在某淬火温度下的保温时间一般由试验确定，或根据工件的有效厚度来求出，经验公式为 $\tau=\alpha kD$。式中，τ 为保温时间（min）；α 为保温时间系数（min/mm）；k 为工件装炉方式修正系数（通常取 1.0~1.5）；D 为工件的有效厚度（mm）。

工件有效厚度 D 的计算方法：薄板工件的厚度即为其有效厚度；圆柱形工件的直径即为其有效厚度；正方形工件的边长即为其有效厚度；矩形工件的高为其有效厚度；带锥度的圆柱形工件的有效厚度是距小端 $2L/3$（L 为工件的长度）处的直径；带有通孔的工件，壁厚为其有效厚度；球体以球径的 0.6 倍为有效厚度；当工件形状较复杂时，以其主要部分为有效厚度。

保温时间还与工件在炉内的排布方式有关，表 2-3 给出了工件在炉内的排布方式与加热修正系数的关系。修正系数越大则工件所需的加热时间越长。

表 2-3　工件装炉修正系数 k

工件装炉情况	修正系数	工件装炉情况	修正系数
	1.0	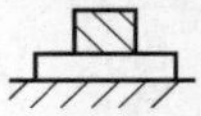	1.0
	1.0	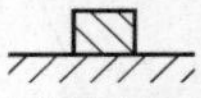	1.4
	2.0	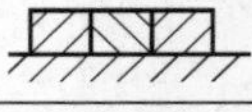	4.0
	1.4	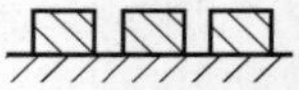	2.2
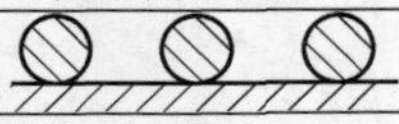	1.3	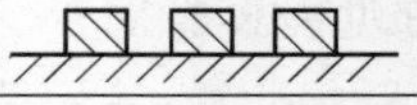	2.0
	1.7	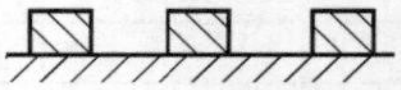	1.8

保温时间系数 α 与钢材的化学成分、热处理炉的温度、炉内所用介质等因素有关。在中温温度范围保温时间系数的数值见表 2-4。

表 2-4　保温时间系数 α 的数值　　（单位：min/mm）

工件材料	直径或有效厚度/mm	800~900℃气体介质炉加热	750~850℃盐浴炉加热或预热	1100~1300℃盐浴炉加热
非合金钢	≤50	1.0~1.2	0.3~0.4	—
	>50	1.2~1.5	0.4~0.5	—
低合金钢	≤50	1.2~1.5	0.45~0.5	—
	>50	1.5~1.8	0.5~0.55	—
高合金钢	—	—	0.3~0.35	0.17~0.2
高速钢	—	0.65~0.85	0.3~0.35	0.16~0.18

注：高合金钢：在<600℃气体介质炉预热时保温时间系数为 0.35~0.4min/mm。

对于形状复杂，要求畸变小，或用合金钢制造的大型铸锻件，为减少淬火畸变及开裂倾向，一般以 30~70℃/h 的速度升温到 600~700℃，在均温一段时间后再以 50~100℃/h 的速度升温；形状简单的中、低碳钢，直径<400mm 的中碳合金钢件可直接到温入炉加热。

合金钢的淬透性大于非合金钢。为了既能得到马氏体组织，又不因冷却不当而导致工件严重畸变甚至产生裂纹等缺陷，淬火时非合金钢应用水淬，合金钢应用油淬。常用钢材在不同淬火冷却介质中的临界直径见表 2-5，可根据工件尺寸、临界直径选用钢材。

表 2-5　常用钢材在不同淬火冷却介质中的临界直径

牌　号	半马氏体区硬度 HRC	20~40℃水中淬火的临界直径/mm	矿物油中淬火的临界直径/mm
35	38	8~13	4~8
40	40	10~15	5~9.5
45	42	13~16.5	6~9.5
60	47	11~17	6~12

（续）

牌　号	半马氏体区硬度 HRC	20～40℃水中淬火的临界直径/mm	矿物油中淬火的临界直径/mm
T10	55	10～15	<8
40Mn	44	12～18	7～12
40Mn2	44	25～100	15～90
45Mn2	45	25～100	15～90
65Mn	53	25～30	17～25
15Cr	35	10～18	5～11
20Cr	38	12～19	6～12
30Cr	41	14～25	7～14
40Cr	44	30～38	19～28
45Cr	45	30～38	19～28
40MnB	44	50～55	28～40
20MnVB	38	55～62	32～46
20MnTiB	38	36～42	22～28
35SiMn	43	40～46	25～34
35CrMo	43	36～42	20～28
30CrMnSi	41	40～50	23～40
40CrMnMo	44	≥150	≥110
38CrMoAlA	43	100	80
60Si2Mn	52	55～62	32～46
50CrVA	48	55～62	32～40
30CrMnTi	37	40～50	23～40

83. 不完全淬火

不完全淬火是指过共析（以及共析）钢加热到 $Ac_1 \sim Ac_{cm}$ 之间的温度，保温后急速冷却的热处理工艺（见图 2-2）。主要适用于非合金工具钢及低合金工具钢。

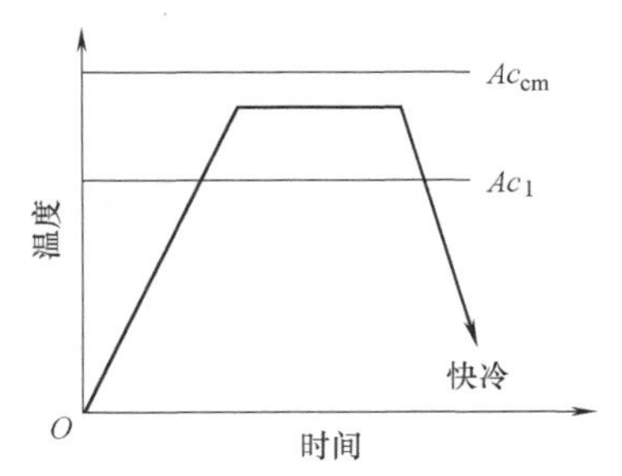

图 2-2　不完全淬火工艺曲线

过共析钢不完全淬火的优点：①淬火加热温度低，保留了一定数量未溶的颗粒状碳化物，使钢在淬火后具有最高的硬度和耐磨性；②加热温度低，奥氏体晶粒细小，淬火后可获得较优的力学性能；③氧化、脱碳、畸变及开裂的倾向小。

非合金过共析钢（包括共析钢）的不完全淬火加热温度范围为 $Ac_1 + 30 \sim 50℃$。低合金过共析钢因含有合金元素加热温度高于这个数值。常用过共析钢的不完全淬火加热温度见表 2-6。由表 2-6 中数据可以看出，淬火加热温度还与淬火冷却介质有关，当采用冷却能力较缓和的淬火冷却介质时，应适当提高淬火加热温度，以补偿由于较缓慢的冷却而造成淬透性的降低。

表 2-6　常用过共析钢的不完全淬火加热温度

牌　　号	加热温度/℃	淬火冷却介质	淬火后硬度　HRC
T 8、T8A	750~800	水-油	62~64
	800~820	熔融硝盐或碱	60~63
T10、T10A	770~790	水-油	62~64
	790~810	熔融硝盐或碱	62~64
T12、T12A	770~790	水-油	62~65
	790~810	熔融硝盐或碱	—
9Mn2V	780~820	油	≥62
Cr2	830~850	油	62~65
	840~860	熔融硝盐或碱	61~63
9SiCr	860~880	油	62~65
CrWMn	820~840	油	63~65
W	800~820	水	62~64
GCr15	820~860	油	62~66
3Cr2W8V	1050~1100	油	—
	1100~1150	油	
Cr12	960~980	油或硝盐分级	—
	1000~1050	油或硝盐分级	
Cr12MoV	1020~1050	油或硝盐分级	—
	1100~1150	油或硝盐分级	

强碳化物形成元素含量较多的高合金工具钢（如高速钢）淬火加热温度的选择，是按照应保留的未溶碳化物数量、晶粒长大倾向、淬火硬度及残留奥氏体数量多少等因素，经试验来确定的。切削刀具钢（如 W18Cr4V 钢）要求具有较高的热硬性，应选用较高的淬火加热温度（1260~1300℃，对应的晶粒度为 8~10 级）；而冷作模具钢要求较高的力学性能，应选择较低的淬火加热温度（1200~1240℃），并对应较细的晶粒。

84. 中碳钢的亚温淬火

亚温淬火是指亚共析钢在 $Ac_1 \sim Ac_3$ 温度之间加热淬火（见图 2-3），又称临界区淬火，这类工艺还包括低碳钢的双相区淬火。亚温淬火可减少工件热处理畸变与开裂倾向，提高产品的综合力学性能和合格率等。

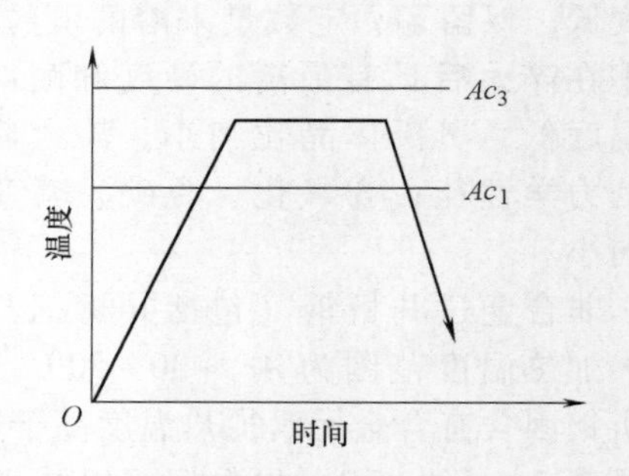

图 2-3　中碳钢的亚温淬火工艺曲线

1）亚温淬火的加热温度。各种钢材均有对应于获得力学性能（包括洛氏硬度）最佳配合的合适淬火温度，推荐的亚温淬火温度见表 2-7。

2）亚温淬火的加热时间，应保证组织充分转变。

表 2-7 对各钢种推荐的亚温淬火温度

牌号	相变点/℃		亚温淬火温度/℃
	Ac_1	Ac_3	
30CrMnSi	720	830	780~800
35CrMo	755	800	785
40Cr	743	782	770
42CrMo	730	780	765
45	724	780	780
60Si2Mn	—	—	Ac_3以下 5~10℃
20、40、12CrMoV	—	—	Ac_1~Ac_3之间，接近 Ac_3
20Cr3MoWV	—	—	Ac_1~Ac_3之间，接近 Ac_3

注：20Cr3MoWV 没有对应的新牌号。

3）亚温淬火加热，直接升温进入两相区时，铁素体为未溶相，更有益于晶粒细化，故强韧化效果更好。

中碳钢亚温淬火，能得到极细的奥氏体晶粒，并使磷等有害杂质集中于少量游离分散的铁素体晶粒中，可提高钢的缺口韧性、降低冷脆转变温度及减小回火脆性等。表 2-8 列出了几种钢的最佳亚温淬火处理规范及其与调质处理后性能的对比。从表 2-8 中数值可以看出，钢中碳含量越低，亚温淬火效果越好。随着钢中碳含量的增加，效果渐不明显。最佳亚温淬火温度以接近上相变点为宜。

表 2-8 中碳钢的最佳亚温淬火处理规范及其与调质处理后性能的对比

牌号	相变点/℃		热处理规范	硬度 HRC	a_K/(J/cm^2)						冷脆转变温度差/℃
	Ac_1	Ac_3			25℃	-20℃	-60℃	-80℃	-100℃	-196℃	
35CrMo	755	800	860℃ Q+T575℃×2h	36.4	122.5	122.3	78.7	66.2	62.5	38.3	≈60
			860℃ Q+T575℃×2h+785℃ Q+T550℃×2h	37.3	150.7	148.6	142.9	131.2	120.1	55.8	
40Cr	743	782	860℃ Q+T630℃×2h	30.7	157.0	109.9	76.9	67.4	65.4	27.3	<20
			860℃ Q+T600℃×2h	29.8	147.2	133.3	89.9	69.0	67.0	28.2	
42CrMo	730	780	860℃ Q+T600℃×2h	36.0	120.1	119.7	115.9	105.9	85.8	—	—
			860℃ Q+T600℃×2h+765℃ Q+T600℃×2h	38.7	—	126.3	117.0	95.5	94.1	—	
45	724	780	830℃ Q+T600℃×2h	17.0	146.8	145.7	112.1	92.9	85.2	—	—
			830℃ Q+T600℃×2h+780℃ Q+T600℃×2h	20.2	152.6	149.7	119.0	99.6	85.1	35.7	

注：Q 为淬火，T 为回火。

亚温淬火可以单独进行，也可以在完全淬火后进行，还可以在调质处理后进行。如果在调质处理后进行亚温淬火，可有效地提高钢的韧性；而在退火或正火后进行亚温淬火，则不能改善钢的韧性。

为了充分发挥材料的强韧化效果，亚温淬火后通常在 500~600℃范围内回火。

85. 不锈钢的亚温淬火

与常规热处理（1050℃淬火+160℃低温回火+-196℃冷处理+450℃中温回火）

相比，马氏体不锈钢采用亚温淬火可使奥氏体转变不完全，在组织中保留少量的残余铁素体，并使晶粒细小的铁素体均匀分布在奥氏体晶界上。降低回火温度并防止回火脆性产生，可获得较好的综合力学性能，具有较高的冲击韧性。

例如，90Cr18 钢阀针试件（尺寸为 55mm ×10mm×10mm）采用高温箱式炉，为了减少氧化，同时细化晶粒组织，经 850℃ 入炉保温 15min 后，迅速转入 1000℃ 高温炉中保温 18min，然后迅速浸入全损耗系统用油中冷却至室温；清洗后经 160℃×2h 低温回火，空冷至室温；再进行-196℃×2h 冷处理后，回升至室温；最后经 300℃× 2h 回火后，空冷。其热处理工艺曲线如图 2-4 所示。

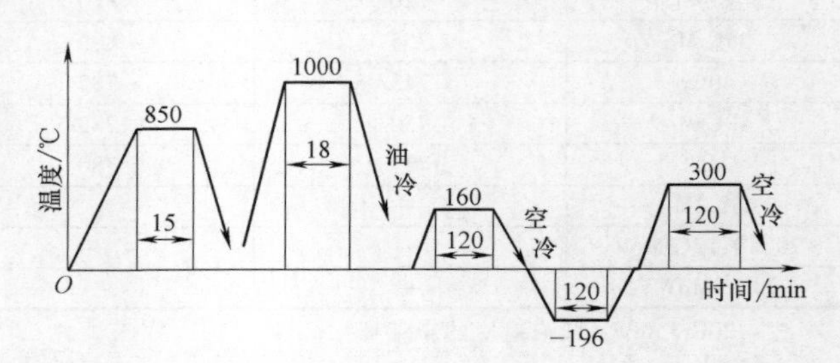

图 2-4　90Cr18 钢的热处理工艺曲线

亚温淬火后组织为马氏体+少量铁素体，材料的晶粒大小均匀，淬火表面硬度平均为 57. 3HRC，回火后表面硬度平均为 52. 7HRC（要求 51~55HRC），此工艺在确保淬火、回火后的硬度值和一定耐磨、耐蚀性的前提下，不产生淬裂现象，解决了冲击韧度（要求 a_K>50J/cm^2）偏低的问题。

又如，20Cr13 不锈钢海水下石油管道阀体除要求耐蚀性外，还要求良好的力学性能，特别是低温（-21℃）冲击韧性。采用 940℃ 亚温油淬和 650℃ 高温回火的工艺，其力学性能可达到要求，且畸变减小。

86. 中温渗碳亚温淬火

对于渗碳层深度≤0. 9mm 的渗碳零件采用中温渗碳，虽然渗碳温度低、渗速减慢，但因为不需降温淬火，所以渗碳周期不比高温渗碳的长；渗碳层深度容易控制，不易出现渗碳层深度及心部硬度超差的现象。

例如，20CrMnTi 钢制摩托车齿轮，渗碳层薄，要求心部硬度≤40HRC，原采用 930℃ 高温渗碳，降温至 840℃ 淬火，渗碳层深度易超差，畸变加大，心部硬度超差，有时达到 45HRC；采用 860℃ 中温渗碳+760℃ 亚温淬火工艺，解决了上述问题。

又如，18Cr2Ni4WA 钢制喷嘴，要求渗碳层深度为 0. 6~0. 9mm，使用 180kW 渗碳炉进行渗碳，以丙酮作为渗碳剂，采用计算机控制炉内气氛碳势，碳浓度控制在 0. 8%~0. 9%（质量分数），采用 890℃× 3. 5h 中温渗碳，渗碳后炉冷至 650℃ 回火 3h，再进行 780℃× 15min 的盐浴加热，碱水淬火，170℃× 2h 回火，空冷。经过一次高温回火后，表面硬度<35HRC，经 780℃×15min 亚温淬火后，表面硬度为 60HRC，渗碳层深度及金相组织合格。此工艺取代了常规的渗碳后 4~5 次的 650℃ × 3h 的高温回火，缩短了生产周期，并满足了产品的技术要求。

87. 低碳钢双相区淬火

低碳钢在 $Ac_1 \sim Ac_3$ 温度区间的加热淬火称为双相区淬火（见图 2-5）。低碳钢在双相区淬火并具有铁素体和马氏体组织者称为双相钢。经回火处理，空冷，以提高钢的韧性和强度。

此工艺淬火加热温度，是先根据低碳钢零件的强度要求确定铁素体与奥氏体的比例，再在铁碳相图中根据铁素体与奥氏体的比例确定的。

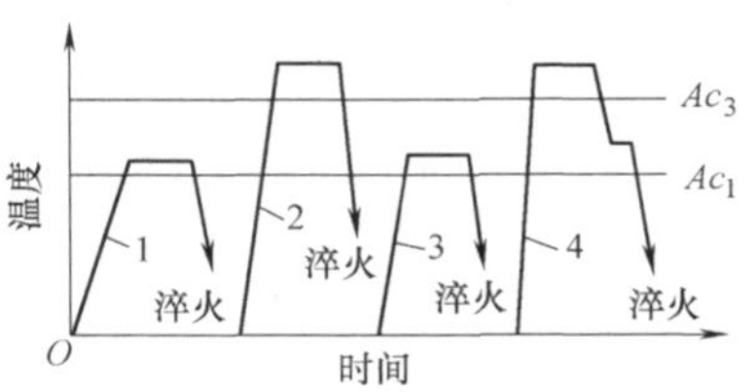

图 2-5　低碳钢双相区淬火工艺曲线
曲线 1 和曲线 3 为双相区二次淬火；
曲线 2 和曲线 4 为普通淬火

近年来，低合金高强度钢的应用，明显提高了构件的强度。但这些钢种一般是碳含量低的钢，随着钢中碳含量的增多，双相钢的强度增大、伸长率下降，将使双相钢构件的成形性恶化。例如，三种双相钢（质量分数）C0.005%+Mn1.5%、C0.12%+Mn1.5%、C0.20%+Mn1.5%，经 760℃ 加热后水淬，可分别获得如下力学性能：$R_{eL}=257$MPa，$R_m=401$MPa，$Z=81.8\%$；$R_{eL}=400$MPa，$R_m=824$MPa，$Z=33.2\%$；$R_{eL}=569$MPa，$R_m=1159$MPa，$Z=17.9\%$。

88. 低碳钢双相区二次淬火

此工艺是指钢材先经第一次淬火（淬火温度可在双相区，也可高于 Ac_3 点），然后再于双相区加热淬火（见图 2-5 中的曲线 2 和 3）并获得马氏体和铁素体双相组织的热处理工艺。可同时提高钢的强度及塑性。

例如，成分（质量分数）为：C0.15%、Si0.24%、Mn1.55%、Cr0.28%、Ni0.03%、Mo0.006、P0.019%、S0.018%钢（Ac_1 为 715℃、Ac_3 为 830℃），经双相区二次淬火后的力学性能见表 2-9。由表 2-9 中数据可知：①与一般双相钢相比，双相区二次淬火后钢的强度和塑性同时得到了提高，其中尤以塑性的提高更为显著；②随着第一次淬火温度的升高，双相区二次淬火的强度、塑性升高的幅度增大。

表 2-9　低碳钢双相区二次淬火后的力学性能

淬火温度/℃		强度/MPa		断后总延伸率(%)
第一次	第二次	抗拉强度	屈服强度	
735	—	913.1	508.9	6.69
750	735	945.6	476.5	7.93
770		978.2	491.4	8.63
790		948.5	476.9	10.18
810		970.5	467.5	10.92
830		981.9	480.5	11.96
850		1016.9	497.6	12.22
890		1023.2	526.5	12.64

89. 灰铸铁的淬火

灰铸铁通过适当的淬火可进一步提高其耐磨性、强度等性能。其工艺曲线如图2-6所示。其淬火加热温度为Ac_1上限+30~50℃，一般取850~900℃，保温适当时间后淬入快冷介质中冷却，大多为淬入油中快冷，以得到马氏体组织。淬火过程中石墨形态不变。

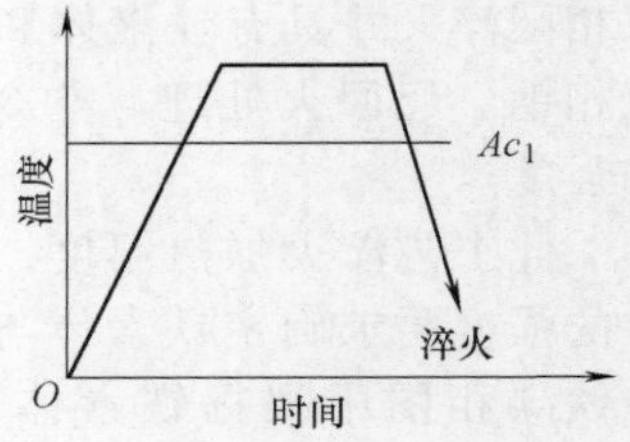

图2-6　灰铸铁的淬火工艺曲线

由于灰铸铁的导热性较差，因而在淬火时铸件应缓慢加热，或先在500~650℃预热后再加热至淬火温度。

淬火保温时间与石墨的大小及基体中珠光体的数量有关。当基体中珠光体较多时，应采用较短的保温时间。

灰铸铁件淬火后应及时回火，以免产生开裂，回火温度一般应低于550℃，回火保温时间按t=[铸件厚度/25]+1计算（保温时间单位为h，铸件厚度单位为mm）；回火时力学性能能有显著的变化，具体见表2-10。

表2-10　淬火灰铸铁回火时力学性能的变化

力学性能	原始状态	淬火状态	回火温度/℃						
			90	200	310	410	530	650	700
硬度　HBW	220	515	515	460	340	340	280	220	190
相对抗拉强度(%)	100	67	72	110	130	143	138	115	100
相对抗弯强度(%)	100	50	—	—	89	—	105	96	—
相对挠度(%)	100	40	—	—	69	—	80	76	—
相对冲击韧度(%)	100	65	71	84	84	94	100	94	94

90. 球墨铸铁的淬火

球墨铸铁的淬火是将球墨铸铁工件加热至Ac_1上限+30~50℃（一般取860~900℃），保温1~4h后快冷，以获得马氏体及球状石墨组织的热处理工艺。球墨铸铁的淬火冷却介质大多使用油或熔盐，淬火后硬度可达58~60HRC。

球墨铸铁的淬火加热温度不宜过高，以免淬火后获得粗大马氏体和过量的残留奥氏体而恶化了工件的性能。当组织中有较多自由渗碳体时，可先进行高温石墨化，然后降温至淬火温度保温后淬火。保温时间不宜过长。此外，保温时间还与球墨铸铁显微组织有关：当球墨铸铁细小，珠光体数量较多时，保温时间应短一些；反之，当球墨铸铁粗大，基体中珠光体数量少（甚至是铁素体基体）时，其保温时间应适当延长。

淬火后工件应进行回火，以消除应力和获得所需要的组织和性能。低温（140~250℃）回火后铸件具有高的硬度和耐磨性，常用于高压液压泵心套及阀座等耐磨性要求高的零件；中温（350~400℃）回火较少应用；高温（500~600℃）回火即调质工艺应用广泛，可获得较高的综合力学性能。回火时保温时间可按t=

[铸件厚度/25]+1 计算（保温时间单位为 h，铸件厚度单位为 mm）。

例如，球墨铸铁制 6230 柴油机曲轴成分（质量分数）：C3.40%～3.80%，Si2.40%～2.80%，Mn0.50%～0.70%，Mg0.04%～0.06%，Re0.015%～0.03%，P0.08%，S0.03%。经 860℃×2～3h 加热油淬后进行 620℃×6h 回火，可获得以下力学性能：R_m=700～800MPa；A=2%；a_K=20J/cm^2。

91. 高速钢的部分淬火

高速钢刀具在制造过程中，为改善粗铣、钻孔时的可加工性，常采用退火处理。但在刨削加工时，为减少撕裂及退刀时划伤，使加工表面粗糙度得到改善，可采用部分淬火工艺。部分淬火时高速钢坯料经 860～870℃×1～2h 加热油淬后，于 640～660℃回火，可得到的硬度为 270～300HBW。部分淬火时的加热温度应低于 870℃，以避免最终淬火时产生晶粒反常长大（萘状断口）。

92. 高速钢的低温淬火

高速钢制作冷形变模具时可采用低温淬火，保留较多的未溶碳化物，使奥氏体晶粒较细、碳含量与合金含量较低、马氏体转变点 Ms 较高。低温淬火的高速钢在回火中二次硬化现象不明显，热硬性也较低，但韧性及耐磨性较高，使模具寿命大为提高，并减少了模具畸变。

W6Mo5Cr4V2 高速钢用作模具时的普通淬火温度为 1210℃，低温淬火温度为 1140～1160℃。此钢制成的冲头，可使冲头平均寿命由普通热处理（1220℃淬火、570℃回火）时的 1500 件提高到 28000 件，折损率由 50%降至 20%。经 1150℃淬火、615℃回火后（硬度相同）a_K 值较低，仅为 11.8J/cm^2。如果要求更高的冲击韧度，低温淬火后可在 210℃或 500℃回火，此时由于残留奥氏体的存在，韧性比高温回火时高。

高速钢低温淬火的加热温度，不应低于正常淬火温度 100℃，否则加热时奥氏体的合金化程度过低，影响了淬火、回火后钢的力学性能，从而降低了模具的使用寿命。

例如，W18Cr4V 制冷冲模采用 1180℃油淬+580℃×1.5h×2 次回火比 1280℃油淬+650℃×1.5h×3 次回火处理的模具，使用寿命由 1000 次提高到 10 万次。

93. 余热淬火

工件在高温奥氏体状态经形变后利用锻造、轧制后的余热进行直接淬火，使锻件获得部分或全部马氏体组织的热处理工艺，称为余热淬火。此法可简化工序，节约燃料，提高生产率，降低产品成本。

工件或钢材于锻（或轧）后利用所含余热进行的淬火，属于高温形变范畴。因此，除了可以节约热能、简化工艺外，还可以提高强度、改善塑性与韧性。与一般淬火、回火钢的性能相比，余热淬火可使硬度、抗拉强度 R_m、伸长率 A、冲击韧度 a_K 分别提高 10%、3%～10%、10%～40%、20%～30%。在普通热处理情况下，硬度、强度增高时总是伴随着塑性与韧性的下降；而余热淬火却能够使强度及冲击韧度同时提高。

对需余热淬火的工件，锻造温度不宜过高，以免发生聚集再结晶。锻造后应立即淬火，如果操作上确有困难，非合金钢可有3~5s的停留时间，合金钢停留时间可稍长。

94. 锻热淬火

锻热淬火是将钢加热到稳定的奥氏体区，保温后在该温度下塑性变形，变形终止后随即进行淬火，获得马氏体组织，同时利用变形强化和相变强化的综合工艺。

这种工艺可使钢材达到高的综合性能，并获得明显的节能效果。钢的锻热淬火是在相变之前进行形变淬火的方法，属于高温形变热处理的一种。

锻热淬火主要适用于机械制造工业中量大面广、要求较高强度的结构钢锻造毛坯，并需淬火及回火的零件，例如连杆、齿轮、万向节、曲轴、板弹簧和石油钻套接头等，还适用于轴承钢和工具钢锻造毛坯并需调质处理为其预备热处理的零件。

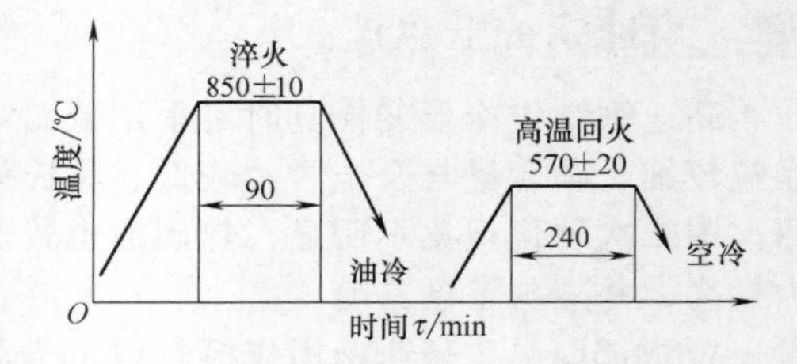

图2-7 普通淬火、回火工艺曲线

锻热淬火包括自由锻、模锻、辊锻、辊锻加模锻、热轧、精锻余热淬火。

锻热淬火的工艺参数选择如下：①对于中碳钢及低合金钢，锻造加热温度应控制在1250℃以下；②终锻后至淬火前的停留时间应控制在40~60s以内；③锻热淬火温度根据钢材的塑性在900~1000℃范围内选择；④淬火的冷却介质，除碳含量较低（质量分数在0.3%以下）的非合金钢，应在含有防裂剂（即降低水的冷却速度的添加剂）的水中淬火外，通常可采用普通淬火油；⑤模锻时以压延变形为主，变形速度越快，强化效果越好；辊锻时，对于锻造加热温度为950℃的低温锻造，如要求获得较高的回火硬度及冲击韧度时，锻造比必须大于1.5；⑥锻热淬火后的回火不应超过4h，当锻热淬火钢要获得与普通调质钢相同的硬度时，其高温回火温度应比一般调质的回火温度高20~50℃。

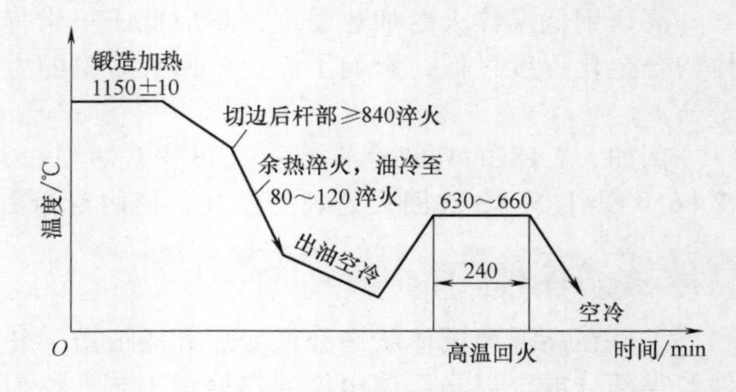

图2-8 锻热淬火工艺曲线

例如，40Cr钢制6102连杆，质量为2.75kg，其锻造工艺流程为：坯料加热（加热温度为1150±50℃）→辊锻→模锻（终锻温度≥850℃）→热切边→冲孔、矫正。

其普通淬火与锻热淬火的工艺曲线分别见图 2-7 和图 2-8。表 2-11 所列为 40Cr 钢连杆锻热淬火后各项技术指标数据。由表 2-11 可以看出，与普通淬火相比，锻热淬火的力学性能均得到提高。

表 2-11 40Cr 钢连杆锻热淬火后各项技术指标

检验项目	技术要求	普通淬火	锻热淬火
金相组织	1~4 级	3~4 级	1~2 级
淬火硬度 HRC	≥40	42~45	≥50
抗拉强度/MPa	≥735	735~785	≥835
屈服强度/MPa	≥539	550~600	≥698
冲击韧度/(J/cm^2)	≥58.8	62~70	80~85

95. 铸热淬火

在铸（钢、铁）件浇注后，冷却到接近淬火温度立即开箱淬火，以避免重新加热淬火。此法在砂型铸件上比较难以实施，在金属型压铸件上容易实现，最好在连续式铸造、热处理的生产线上采用。

例如，ZL101 铝合金齿轮泵体、泵盖的铸热淬火工艺过程为：720℃浇入预热至 200~400℃的金属模中，用秒表控制冷凝时间，齿轮泵体为 2~4s，泵盖为 1.3~1.4s，起模后立即将铸件投入水中淬火，然后进行 180℃×4.5h 时效处理。铸热淬火的硬度与 T6 热处理（固溶处理+人工时效：535℃×6~8h 热水冷却+180℃×8~12h 空冷，硬度为 90HBW）相同或略高，韧性比 T6 热处理稍差，但齿轮泵铸件仅有硬度要求，所以采用铸后余热淬火是可行的。

1）齿轮泵体，浇注温度为 720℃，型内冷却 135~150s，淬水，硬度为 71HBW，180℃×4.5h 时效处理，硬度为 114HBW。

2）齿轮泵盖，浇注温度为 720℃，型内冷却 80~90s，淬水，硬度为 85HBW，180℃×4.5h 时效处理，硬度为 129HBW。

3）ZL101 铝合金支架金属型铸造，740℃铝液浇入预热到 400℃的金属型中，凝固后在 450~400℃开模，在 80~100℃水中淬火，180℃× 5h 时效处理。抗拉强度 R_m = 196MPa（不经出模淬火的抗拉强度仅为 156.8~166.6MPa），工件畸变小。

96. 直接淬火

直接淬火是工件在渗碳或碳氮共渗、渗硼等后直接淬火冷却的工艺。这种工艺是化学热处理（渗碳或碳氮共渗）与热处理（淬火）的经典复合热处理工艺。适用于奥氏体晶粒长大不太严重的钢种（如 20CrMnTi、30CrMnTi）所制作的非重要工件，其工艺方法简单，但工件畸变较大。

为了尽量减少畸变，可以采用降温淬火方法。降温的温度视工件的性能要求而定，对于仅需表面耐磨损的工件，可降温至对应渗层 Ac_1 点以上的温度再进行淬火；而对于既要求表面耐磨，又要求心部有一定强度的工件，降温所达到的温度不

应低于心部材料的 Ac_3 点，以防止铁素体的析出。

对镍含量较高的低碳合金结构钢（如 20CrNi3、20Cr2Ni4 钢等），以及非本质细晶粒钢（如 20Cr、20CrMnMo、20MnVB 钢等），通常采用渗碳后二次加热淬火，以达到技术要求。近年来，通过采用渗碳+亚温直接淬火工艺［即渗碳后炉冷至不低于 Ar_1 温度（740~760℃）进行直接淬火］，以及稀土渗碳工艺等可以实现渗碳后直接淬火，同时减少了工件畸变和氧化脱碳的倾向。

97. 二次（重新）加热淬火

二次加热淬火是工件在渗碳冷却后，先在高于 Ac_3 的温度奥氏体化并淬火以细化心部组织，随即在略高于 Ac_1 的温度奥氏体化以细化渗碳层组织的淬火。渗碳后重新加热淬火也是渗碳与淬火的复合热处理工艺。

非合金钢重新加热淬火的温度为 760~780℃。合金渗碳钢制一般负荷工件淬火温度的选择，主要考虑改善渗碳层组织。对重负荷工件则应加热至心部 Ac_3 以上温度进行淬火，以细化奥氏体晶粒，改善心部组织，同时也可消除渗碳层的网状碳化物。常用合金渗碳钢二次（重新）加热淬火的加热温度见表 2-12。

表 2-12　常用合金渗碳钢二次（重新）加热淬火的加热温度

牌　号	加热温度/℃	淬火冷却介质
20Cr	760~800	油
20CrMnTi	830~850	油
20CrNi	810~830	水或油
12CrNi3	760~800	油
12Cr2Ni4A	840~860	油或空气
20Cr2Ni4A	840~860	油或空气
18CrNiW	840~860	油

98. 两次淬火

具有表 2-13 所列情况之一者可进行两次淬火。

表 2-13　两次淬火方法

方　法	内　容
渗碳工件的两次淬火	渗碳工件在渗碳结束后缓慢冷却至室温，先进行一次高于心部 Ac_3 温度的淬火，以细化心部晶粒并消除渗碳层网状碳化物，这一温度对于渗碳层来说太高了，因而必须再进行一次高于渗碳层 Ac_1 温度的淬火，以改善渗碳层组织
	非合金钢渗碳后一般不进行二次淬火处理，合金渗碳钢两次淬火处理的淬火加热温度见表 2-14
	渗碳后直接淬火+低温回火+二次加热淬火+低温回火。对于含镍量较高的渗碳钢件，相比传统的渗碳后缓冷+一次淬火，可提高工效 33.3%，并降低马氏体的等级，如 12CrNi3A 钢活塞销，经此工艺处理后，表面硬度为 60~62HRC，心部硬度为 26~28HRC，渗碳层深度为 1.6~1.7mm，马氏体为 1~2 级

（续）

方　法	内　容
为了亚温淬火而进行两次淬火	为了提高某些构件的韧性，常在正常淬火与高温回火之间进行一次略低于 Ac_3 的亚温淬火，以便使回火组织中除均匀分布的索氏体以外，还有少量游离分布的铁素体存在。42Cr9Si2（马氏体钢）制作的汽车发动机排气阀，常用 1020℃ 油淬+960℃ 油淬+710℃ 回火，对提高钢的塑性和韧性有利
两次固溶处理	有些铁基、镍基或铁镍钴基奥氏体型高温合金，常有两种时效沉淀强化相 γ′（Ni_3Al）及 $Cr_{23}C_8$。在固溶处理（第一次淬火）后可进行稍低温度的第二次淬火，使 $Cr_{23}C_8$ 沿晶界析出，构成断续的强化相网，然后再进行较低温度的时效处理，使 γ′ 相在晶内以高度弥散的形式析出。这样便可以达到晶界与晶内均得到强化的最合理的组织状态，而得到最高的高温持久强度和蠕变抗力

表 2-14　常用合金渗碳钢两次淬火的加热温度

牌　号	一次淬火		二次淬火	
	加热温度/℃	淬火冷却介质	加热温度/℃	淬火冷却介质
20Cr	860~890	油	780~800	油
20CrMnTi	870~890	油	860~880	油
30CrMnTi	870~890	油	840~860	油
20CrNi	860	油	760~810	油
12CrNi3	860	油	780~810	油
12Cr2Ni4	840~880	油或空气	760~800	油或空气
20Cr2Ni4	840~860	油或空气	760~800	油或空气

99. 不锈钢的二次淬火

不锈钢（如 30Cr13 钢），采用二次淬火可使工件（如民用刀具）的硬度、耐磨性和锋利度有较大提高，使用性能可与 5Cr15MoV 不锈钢相媲美。加热设备为连续式网带炉，用氨分解气作保护气体，用隔水套淬火冷却。不锈钢（30Cr13 钢）经二次加热淬火（循环热处理，见图 2-9）后，显微组织为隐晶马氏体和少量未溶碳化物，颗粒细小，分布均匀，其硬度（57~58HRC）比原工艺（1050℃ 隔水套冷却，200℃ 回火，硬度为 53~54HRC）高 4HRC。经磨削试验发现，此工艺处理后的不锈钢（30Cr13）与 5Cr15MoV 制作的刀具磨削情况相似，且耐回火性提高，若回火后硬度与原工艺相同，则回火温度需提升到 250~300℃，回火后刀具的强度和硬度增加，耐磨性提高。

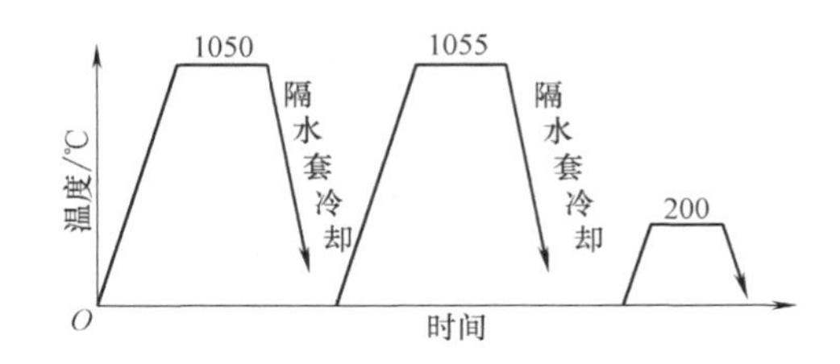

图 2-9　30Cr13 钢二次淬火工艺曲线

100. 正火+淬火

正火+淬火是先正火随之淬火的复合热处理工艺，适用于承受大负荷、要求力学性能高的Cr-Ni钢制渗碳工件。正火加热温度高于渗碳层组织的Ac_{cm}30～50℃，使网状碳化物溶入奥氏体中，随后空冷时抑制其析出，从而消除了渗碳层中的网状碳化物。与此同时，正火使心部组织也得到了细化。

淬火加热温度在渗碳层组织的Ac_1～Ac_{cm}之间，一般为800～830℃。对于承受更大载荷的工件，淬火加热温度还应高于心部组织的Ac_3点，以防止淬火后心部出现较多的铁素体，而降低了工件的承载能力。一般使用油冷淬火，也可以使用熔盐作为淬火冷却介质。

101. 高温回火+淬火

一些18CrNiW、18Cr2Ni4W等Cr-Ni钢制工件，经渗碳缓冷后组织中存在有大量残留奥氏体和马氏体，使后续工序的机械加工和最终热处理变得困难。对此，在其渗碳后先进行高温回火，使残留奥氏体和马氏体分解，碳及合金元素以碳化物的形式析出，然后再进行机械加工及最终的淬火+回火处理。

高温回火加热温度为600～680℃，保温6～8h后空冷。最终淬火的加热温度为渗碳层组织的Ac_1～Ac_{cm}之间，一般为780～830℃。加热温度不可过高，以免淬火后重又形成大量的残留奥氏体。

102. 预热淬火

预热淬火又称为阶梯式加热淬火，常用于高合金钢制工件（如高速钢刀具等）以及大型结构钢锻件的淬火加热，由于其传热性能较差，在淬火加热过程中易形成较大的热应力，致使工件畸变严重。为了减少淬火加热时的热应力，使工件内外热应力大幅度降低，在加热到淬火温度以前可进行一次或多次渐次增温的预热，如图2-10a所示。加热过程中工件中温度的分布如图2-10b所示。

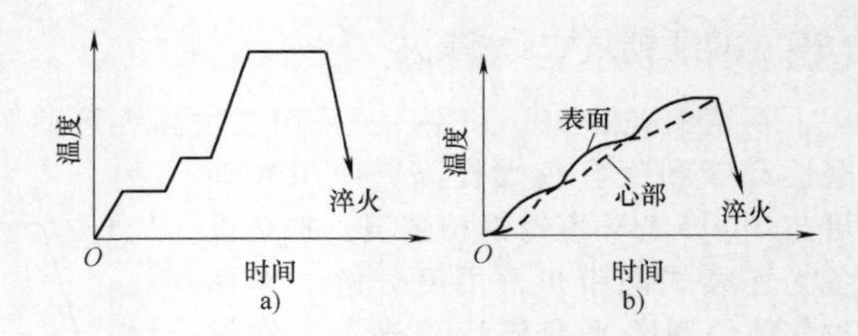

图2-10　预热淬火加热工艺示意

a）工件预热淬火加热工艺曲线

b）加热过程中工件中的温度分布

通常一次预热的预热温度500～650℃，二次预热的预热温度800～850℃。对于形状特别复杂、极易畸变的高合金钢制造的工件，还可进行第三次预热，其温度根据钢材的化学成分及对畸变量的控制等因素由试验测定。一般一次预热在空气介质炉中，二、三次预热在盐浴炉或中性介质炉进行。在各炉中的保温时间，如果以最终加热时的保温时间为1，则二次、一次预热时的保温时间分别为2及4。

对于大型工件，可采用阶梯式的加热方法：工件随炉升温，到不同温度做适当时间的等温停留，以使沿工件截面的温度分布均匀化，如图2-10所示。

此法因加快了钢件相变重结晶时的加热速度，减少了高温下使工件均温所需的时间，在大截面工件上可得到比较细小而均匀的奥氏体晶粒，并可减少畸变。

103. 预冷淬火（延迟淬火）

预冷淬火是将工件加热奥氏体化后，浸入淬火冷却介质前先在空气中停留适当时间（延迟时间）的淬火（见图 2-11），又称为延迟淬火。

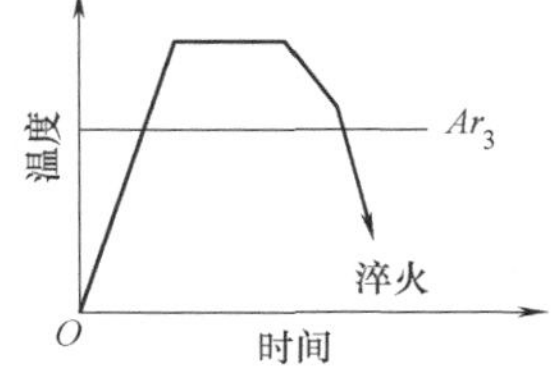

图 2-11　预冷淬火工艺曲线

预冷淬火时工件（或渗碳件）先在空气、油、热浴（或渗碳气氛）中预冷到略高于 Ar_3 的温度后，再急速置于淬火冷却介质中淬火。

淬火前的预冷作用是减少淬火工件各部分的温差，降低热应力，使工件畸变、开裂倾向减小。在技术条件允许的情况下，可先使其危险部位（棱角、薄缘、薄壁等）产生非马氏体组织（如珠光体），然后再整体淬火；也可只预冷尺寸较大的某些局部，然后与其他部分一起置于淬火冷却介质中。例如，40MnB 钢制汽车后桥半轴，于 860℃加热后，先将法兰盘在油中冷却 10~15s，然后整体淬入水中。

预冷淬火工艺参数的选择见表 2-15。几种钢的预冷温度见表 2-16。

表 2-15　预冷淬火工艺参数的选择

预冷温度	稍高于 Ar_3 或 Ar_1	
预冷时间	中、低淬透性的非合金钢、低合金钢	$\tau=12+RS$，式中，τ 为工件预冷时间（s）；S 为危险截面厚度（mm）；R 为与工件尺寸有关的系数，一般为 3~4s/mm
	高淬透性钢	$\tau=\alpha D$，式中，τ 为工件预冷时间（s）；α 为预冷系数，当 $D<200$mm、$D\geqslant200$mm 时分别取值 1~1.5s/mm 和 1.5~2s/mm；D 为工件有效尺寸（mm）

表 2-16　几种钢的预冷温度

牌号	预冷温度/℃	牌号	预冷温度/℃
45	770~790	GCr15	720~740
40Cr	750~770	9SiCr	750~770
T7~T12	720~740	3Cr2W8	840~860
		Cr12MoV	1000~1100

104. 局部淬火

仅对工件需要硬化的局部进行的淬火称为局部淬火。常用于有些仅需淬硬某一部分（如菜刀刃部）的工件；有些工件由两种钢材连接而成（如长柄钻头、长柄铰刀的刃部为高速钢，柄部为 45 钢），它们的淬火温度不同，均需分别进行（局部）淬火。局部淬火可减少工件畸变，节约能源。

局部淬火有两种方法：一种是只将工件要求淬硬的部分加热，而后局部冷却或整体冷却；另一种方法是将工件全部加热，但只把需要淬硬的部位浸入淬火冷却介质或用喷液冷却方法进行局部冷却。

局部加热淬火可用盐浴或感应局部穿透加热方法。中小型工件常用盐浴。极小工件，如计算机、缝纫机等装配的小型零件，可用高频感应局部穿透加热淬火。较大工件常用整体加热局部冷却方法，并利用未淬火部分的余热进行淬火部分的自热回火。

105. 薄层淬火

一些表面需淬硬，心部要求强韧性的工件，在无法采用感应淬火、火焰淬火工艺进行热处理时，可以使用严格控制预热温度、最终加热温度、保温时间的方法，实现薄层淬火。

例如，表 2-17 为 T8A 钢试件（ϕ14mm×12mm）不同温度预热（保温 10min）时，对最终淬火（760℃加热，保温 2min）硬化层深度的影响。由表 2-17 中的数据可知，预热温度不同，最终淬火后有效淬硬层深度也不同，预热温度越低，淬火后有效淬硬层深度越薄。且表面与心部硬度也随之降低。

表 2-17 预热温度对有效淬硬深度的影响

预热温度/℃	淬火温度/℃	有效淬硬层深度/mm	表面硬度 HRC	心部硬度 HRC
720	760	3.1	61.0	40.0
700	760	2.5	61.0	40.0
680	760	2.0	60.3	39.0
660	760	1.3	59.0	39.0

注：试件预先经 760℃×15min 加热水淬+660℃×1.5h 回火处理，硬度为 29.5～30HRC。热处理时的加热均采用盐浴炉。

106. 短时加热淬火

高碳钢淬火时，采用较快的加热速度（迅速通过 Ac_1 点）和较短的保温时间，以获得较高的强度与韧性的热处理工艺，称为短时加热淬火。

高碳钢快速加热淬火时，奥氏体晶粒细小，溶入奥氏体的碳量较少，碳的分布不均匀，致使 *Ms* 点升高，淬火组织中含有相当数量的板条状马氏体（位错型亚组织），具有较高的强度、塑性及韧性。而慢加热淬火组织中主要为针状马氏体（孪晶型亚组织），其塑性及韧性均较差。

例如，原始组织为细粒状珠光体的 T7 钢（ϕ16mm）试件，经 800℃不同加热时间，盐水淬火的试验表明，经 800℃×8min 短时加热淬火硬度最高，金相组织为少量细粒状碳化物+隐晶（条束状）马氏体。

107. “零保温”淬火

“零保温”淬火，是指工件加热时，在其表面和心部达到淬火加热温度后，不需保温，立即淬火冷却的热处理工艺。传统的奥氏体理论认为，工件在加热过程中必须有较长的保温时间，以便完成奥氏体晶粒的形核、长大、剩余渗碳体的溶解和奥氏体的均匀化。现行钢件的淬火加热工艺，都是在这一理论指导下产生的。与现行的淬火工艺相比，“零保温”淬火省去了奥氏体组织均匀化所需要的保温时间。

非合金钢和低合金结构钢在加热到 Ac_1 或 Ac_3 以上时，奥氏体的均匀化过程和珠光体中碳化物溶解都比较快。当钢件尺寸属于薄件（即在中温范围内，加热至工艺温度的瞬间，表面与心部的温差小于表面温度10%的工件）范围时，在计算加热时间时无须考虑保温，即实现“零保温”淬火。如表2-18所示，当45钢工件直径或厚度不大于100mm时，在空气炉中加热，其表面和心部的温度几乎是同时达到的。参考文献［21］进一步证实，直径小于 ϕ300mm 的非合金钢及合金钢工件在空气炉中加热时，计算与实测均证明，当工件表面到达工艺温度时，工件即已透烧，无须再额外附加透烧时间。与采用大加热系数（α）的传统生产工艺（$\tau=\alpha D$）相比，可缩短淬火加热时间20%~25%。

表2-18　箱式炉加热时不同直径的45钢工件表面与心部的到温时间

（单位：min）

工件直径/mm	700℃加热		840℃加热		920℃加热	
	表面	心部	表面	心部	表面	心部
32	20	22	18	18	17	17
50	36	36	24	30	24	24
60	40	42	29	30	24	26
70	54	56	40	42	36	36
80	62	64	50	52	38	40
90	70	70	—	—	50	54
100	80	82	64	64	46	50

相关理论分析及试验结果表明，结构钢淬火加热采用“零保温”是完全可行的。特别是45、45Mn2非合金结构钢或单元素合金结构钢，采用“零保温”工艺可以保证其力学性能要求；45、35CrMo、GCr15等钢工件，采用“零保温”加热比传统加热可节约加热时间50%左右，同时“零保温”淬火工艺有助于细化晶粒，提高强度。

108. 快速加热淬火

快速加热淬火是指预先将炉温升至高于淬火所需的温度，然后将工件装炉并停止供热（电）。当炉温下降到淬火温度时，开始供热（电）并控制温度，在工件透烧后取出淬火的热处理工艺（见图2-12）。

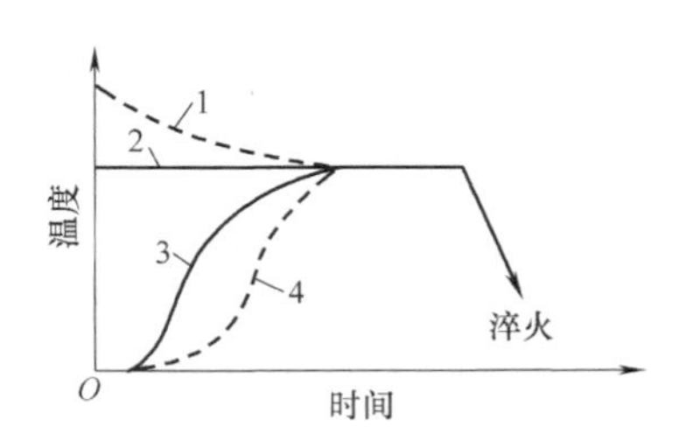

图2-12　快速加热淬火工艺曲线
1—炉温变化曲线　2—淬火温度　3—工件表面升温曲线　4—工件心部升温曲线

快速加热淬火时炉温约比淬火温度高出100~200℃，故要求严格控制加热时间，以防工件过热。当原始炉温为950~1000℃时，工件在不同介质中的加热系数见表2-19。

表 2-19 快速加热淬火的加热系数 (单位：min/mm)

钢材 \ 加热介质	气体介质炉	盐浴炉
非合金钢	0.5~0.6	0.18~0.20
合金钢	0.5~0.6	0.18~0.20

生产实践表明，只要将淬火加热温度比常用温度提高几十度，就可以明显缩短加热时间。由于快速加热时形核多，而加热时间短晶粒来不及长大，因此可得到晶粒度更为细小的组织。

快速加热淬火法适用于低、中碳的非合金钢及低合金钢。例如，Q345（旧牌号16Mn）钢制手拉葫芦吊钩，采用快速加热淬火工艺（960~980℃×3.5~5s/mm加热，w（NaCl）=10%盐水淬火，160℃×90min回火），解决了原工艺（920℃×30s/mm加热，w（NaCl）=10%盐水淬火，160℃×90min回火）周期长、工件硬度偏低的问题。其硬度由原工艺的42~44HRC，提高到新工艺的42~48HRC。同时，板条马氏体晶粒得到了细化，淬硬层深度及综合力学性能也得到了提高。

109. 可控气氛加热淬火

钢件在空气介质中加热时，为防止工件氧化、脱碳，可向加热炉内通入成分可以调整的气氛，从而实现工件的光亮淬火或光洁淬火。这种气氛称为可控气氛。我国常用的可控气氛类别及成分见表2-20。

表 2-20 常用可控气氛的类别及成分

名称		典型成分 φ(%) CO	CO_2	H_2	CH_4	N_2	露点/℃	制备方法
放热式气氛	浓型	10.2~11.1	5.0~7.3	6.7~12.5	0.5	余量	根据除水方法	液化石油气制备
	淡型	1.5	10.5~12.8	0.8~1.2	0	余量		
吸热式气氛		20.5	0.1~1.0	41.0	<1.0	38.5	+15~-15	用甲烷制备
		23.7	0.1~1.0	31.6	<1.0	44.7		用丙烷制备
		24.2	0.1~1.0	30.3	<1.0	45.5		用丁烷制备
滴注式气氛		33.0	0.1~1.0	66.0	<1.5	0	+15~-15	用甲醇和醋酸乙酯为原料时
氨分解气氛		0	0	75.0	0	25.0	<-40	—
制备氮气氛		0	0	4.0~10.0	0	90.0~96.0	-40~-60	工业氮加氢催化
净化煤气		20.0~28.0	4.0~8.0	45.0~54.0	8.0~16.0	~10.0	—	城市煤气脱水

放热式与吸热式可控气氛的制备需专用设备；氨分解气氛［裂解成（体积分数）$H_2$75%+$N_2$25%］制备方法较简单，但成本较高。对于中、小工厂使用最方便的是滴注式可控气氛，制备的方法是将甲醇、乙醇、丙酮、煤油、醋酸乙酯、甲酰胺、三乙醇胺等有机化合物直接滴入热处理炉中产生气氛，或将此等有机化合物先滴入热解炉中，产生气氛后再通入热处理炉（井式渗碳炉或密封箱式炉等）中。调节有机化合物的滴入量，即可控气氛的成分，实现可控气氛加热淬火。

可控气氛可用于多种热处理工艺中（如光亮退火、光亮淬火、化学热处理等），表2-21为可控气氛加热光亮淬火的一些应用实例。

表 2-21　可控气氛加热光亮淬火的应用实例

气氛类别	热处理工艺	工件	材料
吸热式气氛 RX	光亮淬火	汽车、拖拉机零件	35、45、40Cr、40MnB
		内燃机零件	45、40Cr
		轴承套圈、钢球	GCr15
		标准件	35、45
		工模具	5CrMnMo、8Cr3
放热式气氛 NX	光洁淬火	内燃机零件	45、40Cr 等
		弹性垫圈	65Mn
		螺栓	35
氨分解气氛	光亮淬火	轴承套圈、滚柱、钢球	GCr15
		喷油嘴零件	GCr15
		内燃机零件	Ni36CrTiAl(合金)
		仪表零件	铍青铜
滴注式气氛	光亮淬火	手表、钟表零件	60、60Si2Mn
		量具零件	GCr6、T12A
		理发刀片	T10A
		手用丝锥	T12A
		轴承钢珠	GCr15

110. 氮基气氛洁净淬火

氮基气氛是以氮气为基本成分加入适量的添加剂制备而成（炉内直接生成或炉外制备）的一种可控气氛。可用于退火、淬火及渗碳、碳氮共渗及氮碳共渗热处理等。用于淬火加热时典型成分（体积分数）：N_2 70% + CH_3 OH30%；N_2 99.98%+C_3H_7OH0.02%。

在加热炉中通入氮基保护气氛，可实现工件的洁净淬火。例如，向滚筒式炉中直接通入氮基气氛，可实现轴承钢球的无氧化、无脱碳加热淬火。氮基气氛辊棒炉用于轴承套圈、钢球的洁净淬火。

111. 滴注式保护气氛光亮淬火

使用滴注式保护气氛可实现工件的光亮淬火或洁净淬火。滴注剂为醇类，也可用煤油、苯等。工作时滴注剂可直接滴入工作炉内；也可先滴入裂化炉内，再将产生的气氛导入工作炉内，以进行工件的保护气氛加热。

表 2-22 给出了几种滴注剂的成分及所适用的钢种。

表 2-22　滴注剂成分及适用钢种

滴注剂成分(质量比)	适用钢种	滴注剂成分(质量比)	适用钢种
甲醇	30CrMnSi	甲醇/乙醇(6：4)	GCr15
甲醇/丙酮(99：1)	T10A	乙醇/水(3：2)	60Si2Mn
甲醇/乙酮(7：3)	GCr15	—	—

为得到淬火工件的光亮表面，淬火前应去锈除油。淬火油应保持洁净，进行循环过滤。还可采用光亮淬火油（GZ-1、GZ-2、GZ-3、今禹 Y15G 等）或在普通淬

火油中添加增亮剂［如 L-AN100 全损耗系统用油中加入 φ（蓖麻油）0.1%，L-AN32 全损耗系统用油中加入 φ（二叔丁基对甲酚）0.5%~2%］。

112. 涂层淬火

涂层淬火是在工件表面涂覆一层膏剂（或乳剂）后加热淬火的热处理工艺，可避免淬火时的氧化、脱碳。目前，多采用商品防氧化涂料，如 MP90（600~900℃，复杂型腔工件）、MP100（850~1200℃，模具钢）、MP120（850~1250℃，合金钢、不锈钢成形件）等。

对于结构钢、不锈钢、高合金钢、工模具钢等也可以使用如表 2-23 所示成分的防氧化涂料。

相关标准有 JB/T 5072—2007《热处理保护涂料一般技术要求》等。

表 2-23　几种防氧化涂料及其成分与应用

涂料	成分(质量分数)	应用
3 号涂料	04 玻璃料 20%+11 玻璃料 15%+氧化铬 4%+云母氧化铁 8%+滑石粉 10%+改性膨润土 3%+20%的虫胶溶液①30%+溶剂②20%	30CrMnSiA 钢于 900℃热处理,加热时间为 60min,处理后涂层自剥,材料表面为银灰色,无腐蚀现象
4 号涂料	03 玻璃料 10%+04 玻璃料 10%+11 玻璃料 26%+氧化铬 2%+氧化铝 6%+滑石粉 4%+改性膨润土 2%+20%的虫胶溶液 30%+溶剂 20%	12Cr18Ni9 钢和高温合金 GH1140,在 1050℃加热 15~20min,无论空冷或水冷,涂层均能自剥。水冷的零件表面呈银灰色,局部有轻微氧化色。空冷的零件表面为蓝氧化色,无腐蚀现象
5 号涂料	03 玻璃料 3%+04 玻璃料 6%+11 玻璃料 35%+钛白粉 11%+改性膨润土 3%+21%的虫胶溶液 30%+溶剂 21%	—
6 号涂料	Al23.67% + C6.47% + K5.52% + Na0.16% + Si25.3%+余量氧及其他微量元素	用于镍基高温合金时,热处理后涂层完全自剥,表面呈灰白色,不产生氧化皮

① 虫胶有机黏结剂，为醇溶性物质。
② 溶剂在上述涂料中起稀释作用，采用乙醇、丁醇混合配制，质量比为 8∶2。

可应用喷涂（涂料的黏度为 18~25s，风压为 19.6~39.2MPa）；刷涂（涂料的黏度为 35~45s）或浸涂法涂覆于工件表面，涂层厚度以 0.08~0.15mm 为宜。

表 2-24 为抗氧化防脱碳涂料的组成。

表 2-24　抗氧化防脱碳涂料的组成

型号	成分(质量份)								密度/(g/cm³)	适用温度/℃
	SiO_2	Al_2O_3	Na_2SiO_3	K_2SiO_3	Cr_2O_3	SiC	$KAlSi_3O_8$	H_2O(另加)		
100	100	5	25	—	—	—	—	40	1.7	800~1000
110	85	5	—	10	—	—	—	25	1.95	
202	20	10	—	—	8	10	10	12~15	2.5	800~1200

113. 包装淬火

包装淬火是将工件封装在不锈钢箔（0.05~0.5mm）制的袋中，抽净空气并将钢箔焊合，放入空气介质炉中加热，并取出淬火的热处理工艺，可实现无氧化、无脱碳的洁净淬火。包装淬火具有操作简单、成本低廉的优点。

如果工件对氧化脱碳的要求较严格，可在包装时在袋中适当放置一些木炭、碳粉、木屑或生铁屑等。由于包装的工件在袋中加热是通过辐射传热的形式来实现的，故淬火加热时淬火温度应适当提高（比常规淬火温度高出10℃左右），保温时间也应适当延长（比常规空气炉加热延长约1.2倍）。包装淬火冷却，必须先打开钢箔袋，然后迅速取出工件冷却，若直接将整个包装袋浸入淬火冷却介质中，易出现硬度偏低、硬度不均、软点等缺陷。

包装淬火件的材料已涵盖合金结构钢（如35CrMo、42CrMo）、轴承钢（如GCr15）、工具钢（如5CrNiMo）、弹簧钢等多类钢种。此法适用于厚实件、大件、大批量、总表面积大的工件的淬火，处理件的尺寸小至不足1kg，大至1t多。

例如，5CrNiMo钢中型热锻模，尺寸为560mm×310mm×910mm，重量为1.2t。采用钢箔包装淬火方法如下：包装件（内充适量碳粉）淬火加热温度为880～900℃，保温约5h后，打开包装袋取出工件，迅速将工件浸入油中冷却，淬火后工件表面硬度达到46～48HRC，表面色泽呈轻微氧化色，无脱碳情况。

114. 硼酸保护光亮淬火

硼酸价格低廉，在工件表面涂覆硼酸（H_3BO_3），可有效地防止淬火加热时的氧化、脱碳，实现光亮淬火，并降低热处理成本。涂覆硼酸的方法见表2-25。

表2-25　涂覆硼酸的方法

方法	内　　容	备　　注
热涂硼酸法	先将工件加热至200～300℃后，在其上涂以硼酸干粉，硼酸受热即成液体状态，均匀分布于工件表面。适用于加热时间较长的工件，如模具等	硼酸防护只适用于加热温度低于900℃的工件，高出这一温度，硼酸与工件产生强烈作用将使工件腐蚀
冷涂硼酸法	将硼酸溶解于酒精中，工件加热前浸入该溶液，提出干燥后表面结晶出一薄层硼酸，即进行加热淬火	

115. 真空淬火

将工件在真空度低于1×10^5Pa的加热炉中加热予以奥氏体化，随之在气体或液体介质中进行淬冷的淬火硬化处理工艺。

空淬钢、各种类型的高速钢、油淬工具钢、不锈钢、镍合金及钛合金等都可以进行真空淬火，此法主要适用于要求较高的刃具、模具、轴承及精密零件等的热处理。

真空淬火时真空度的选择是此工艺的重要参数之一。一般中温加热的工件，真空度为0.1～1Pa即可达到真空淬火的目的。加热温度较高时（高于1000℃），应向炉内通入适量的氮气和氩气使真空度下降到1～10Pa以下，以防钢中合金元素的蒸发。几种常用钢真空淬火加热时的真空度见表2-26。

表 2-26　常用钢真空淬火加热时的真空度

钢号	预热温度/℃	淬火温度/℃	推荐真空度/Pa	冷却方法
Cr12MoV	820	1000~1060	10~1	惰性气体
W6Mo5Cr4V2	820~850	1190~1230	26.6~13.3	惰性气体/油
W18Cr4V	850	1260~1300	26.6~13.3	惰性气体/油
30CrNiMo	720	830~860	$1\sim10^{-1}$	惰性气体
30CrMnSi	—	900	1	油

工件的淬火冷却，可采用气淬、油淬、硝盐淬火和水淬等方法。气淬是以氩气（Ar）、氮气（N_2）、氢气（H_2）或氦气（He）等气体，在负压、常压和高压下冷却的淬火。当其他条件相同时，上述四种气体中冷却能力最强的是氢气，其后依次为氦气、氮气、氩气等。但是，氢气使用时安全性较差，而氦气的价格又较昂贵，所以一般多使用高纯度的氮气作为气淬介质。

油淬时应使用真空淬火油作为淬火冷却介质。油淬适用于淬透性较低的钢种；而气淬由于冷却速度低，只适用于淬透性较高的钢，如各种空淬钢、高速钢等。真空淬火时几种钢制工件的尺寸、淬火冷却介质与硬度的关系见表 2-27。

表 2-27　真空淬火时工件的尺寸、淬火冷却介质与硬度

钢号 \ 尺寸		50mm 以下		50~100mm		100mm 以上	
日本钢号	相应的中国钢号	气淬硬度 HRC	油淬硬度 HRC	气淬硬度 HRC	油淬硬度 HRC	气淬硬度 HRC	油淬硬度 HRC
SKH9	W6Mo5Cr4V2	64	—	62	—	60	—
SKD11	Cr12MoV	62	63	61~62	63	59~60	60~61
SKT4	5CrNiMo	—	62	—	60	—	58
SKS3	CrWMn	—	64	—	60	—	55
SUJ2	GCr15	—	66	—	64	—	58
SK3	T10	—	64	—	62	—	50~54
SCM4 SNCM8	40CrMo 40CrNiMo	—	55	—	50	—	45
S55C	55	—	60	—	55	—	50

真空淬火需要特殊的加热设备，操作也较复杂。但是，与盐浴加热淬火相比，具有表 2-28 所列优点。

表 2-28　真空淬火的优点

序号	优　点
1	工件经真空淬火后，淬火畸变较小，适用于精密零件的淬火处理。使用 Cr12MoV 钢制的环形缺口试样，进行真空加热气冷淬火、硝盐分级淬火和油淬，所得结果表明，真空淬火后试样畸变量远远小于其他两种方法淬火后的畸变量
2	真空加热，防止了工件表面的氧化与脱碳，经淬火后可获得光亮的表面。除可提高产品质量外，还可以节约清洗工时，尤其在气淬时
3	真空淬火可有效地提高工件的使用寿命。与盐浴加热淬火相比，真空淬火可使模具的使用寿命提高 30%~400%，经济效益显著
4	真空加热淬火是清洁环保的热处理工艺

116. 真空油冷淬火

对一些淬透性较差的低合金钢和非合金钢或直径较大的高合金钢工件要进行真空油冷淬火。钢的真空油冷淬火必须在专用的真空淬火油中进行。国产真空淬火油有 ZZ-1、ZZ-2 等型号，国外如美国海斯公司的 H-1、H-2 真空淬火油及日本初光公司的 HV1 油、HV2 油等。真空油淬火时，一般取工件重量与油重量之比在 1∶10~1∶15 之间为好。

真空油冷淬火，可获得光亮的表面及合理的性能。与气冷淬火相比，因油冷速度快而容易获得高的韧性和强度。

真空淬火油的冷却能力，与油面压力有着密切关系，随着压力的降低，冷却过程的汽膜期显著增长，从而降低了油的冷却能力。为了获得与正常压力下工件相同的淬火冷却速度，常在真空加热后淬火前，通入惰性气体，使油面压力达到 0.027MPa 后再进行油冷淬火。

对高合金钢或高速钢，由于淬火加热温度较高（1000℃以上），为减小工件畸变，通常进行两次预热，第一次 600~650℃，第二次 800~850℃。真空工作压强控制在 13.3~1.33Pa。

例如，M8 冲头，原采用 W18Cr4V 钢制造，盐浴热处理，平均寿命为 10259 件。改用 W9Mo3Cr4V 钢制造，并进行真空淬油热处理，真空炉型号为 ZC30，其真空热处理工艺曲线如图 2-13 所示。淬火后冲头硬度为 65.5~65.7HRC，经深冷处理和二次回火后，硬度为 66.1HRC。冲头寿命为 107500 件，比盐浴处理的寿命提高 9 倍多，比未经深冷处理的真空热处理的寿命（55776 件）提高 1 倍。

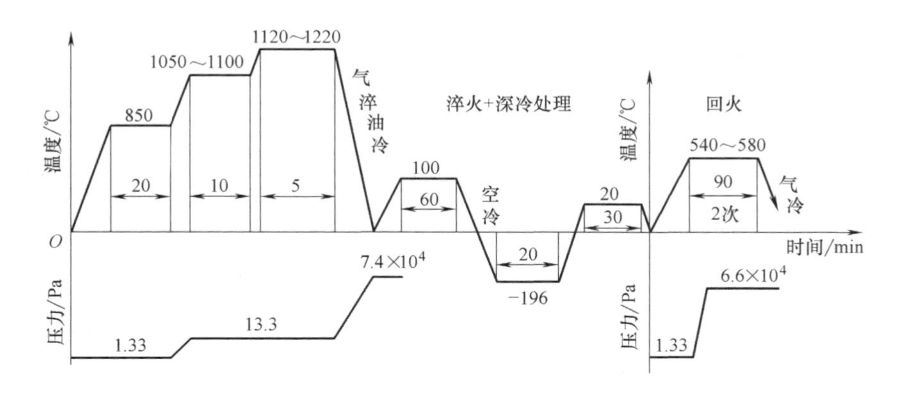

图 2-13　W9Mo3Cr4V 钢冲头的真空热处理工艺曲线

117. 真空高压气体淬火

真空气体淬火是利用惰性气体作为冷却介质，对工件进行气冷淬火，气体介质有氩气、氮气、氦气及氢气等。用上述四种气体冷却工件所需的时间，如以氢气为

1，则氦气为1.2，氮气为1.5，氩气为1.75。一般多使用高纯度的氮气作为气淬介质。试验表明，氦气与氮气的混合气体具有最佳的冷却和经济效果。

真空气体淬火用气体见JB/T 7530—2007《热处理用氩气、氮气、氢气 一般技术条件》等。

真空高压气冷技术出现负压气冷（<0.1MPa）、加压气冷（0.1~0.4MPa）、高压气冷（0.5~1MPa）和超高压气冷（1~2MPa）等，以利于提高冷却速度、扩大钢种的应用范围。

工件在奥氏体化温度加热后施加0.5~2MPa高压气体淬火可达到静止油或高速循环油甚至水的淬火效果。工件的气体淬火有别于液态介质淬冷机理，在气体中冷却比在液体中冷却的均匀，可实现自表面向内层的均匀冷却，故气体淬火畸变很小，可实现少（无）磨削。高压气体淬火采用中性气体N_2、还原性气体H_2和惰性气体Ar、He等，处理后的工件表面清洁度高，无须后序清洗和抛丸清理工序。

高压气淬时高压气流可以通过计算机控制气体的压力、流量，改变气体的冷却特性，与钢的过冷奥氏体转变相图相结合，实现理想的淬火冷却效果，获得理想的金相组织、心部硬度、有效硬化层深度及热处理畸变。

高速钢制大尺寸工模具的常规真空淬火，由于冷却速度慢，不能防止淬火过程中沿奥氏体晶界碳化物的析出，贫化了奥氏体的合金化程度，降低了工具的热硬性及其使用寿命。因此，大型高速钢制工模具，在过去仅能在盐浴炉中加热及淬火。真空高压气体淬火可解决这一问题。

例如，总量为100kg的高速钢制ϕ25mm、ϕ32mm、ϕ54mm端面铣刀，从1190℃淬火冷却到650℃时，盐浴炉与真空高压（5×10^5Pa）气体淬火（VTC）炉的冷却速度数据见表2-29。表2-29中的数据说明，大直径刀具的真空高压气体淬火的冷却速度比盐浴淬火快。更大型高速钢制工件应用真空高压气体淬火，也得到了满意的结果，见表2-30。由表2-30可知，大至ϕ114mm的高速钢制工件，也可进行真空高压气体淬火。

表2-29　盐浴淬火与真空高压气体淬火冷却速度的比较

工件尺寸/mm	在盐浴炉内单件淬火的冷却速度/(℃/s)	在VTC真空炉内的冷却速度/(℃/s)(件重100kg)
ϕ25	13.2	12.8
ϕ32	7.3	9.7
ϕ54	6.7	7.8

表2-30　真空高压气体淬火与盐浴淬火硬度值的比较

钢号	工件尺寸/mm	淬火方式	显微硬度 HV	洛氏硬度 HRC
W6Mo5Cr4V2	ϕ76	盐浴淬火	756.2	61.5
	ϕ76	真空淬火	788.2	62.5
W6Mo5Cr4V2	ϕ114	盐浴淬火	810.5	63.5
	ϕ114	真空淬火	812.1	63.5
W2Mo9Cr4V2	ϕ95	盐浴淬火	874.5	66.5
	ϕ85	真空淬火	878.5	66.5

表 2-30 中工件的热处理规范如下：盐浴淬火：工件在 870℃ 预热，在 1193℃ 奥氏体化，在 627℃ 马氏体分级淬火；真空高压气体淬火：在 VTC 炉中 843℃ 预热 4h，随炉升温至 1193℃ 奥氏体化 5min，通入压力为 $5×10^5$Pa 的高压氮气。

此法还具有如下优点：工件表面不氧化、不增碳、畸变小、生产率高、成本低（约为盐浴淬火的 50%）、清洁环保等。

118. 真空硝盐淬火

真空盐浴加热后采用硝盐分级或等温淬火的优点很多，特别是对于减少工件畸变和开裂有良好的效果，再加上真空淬火的脱气效果，可获得更高的综合性能，使工模具寿命更长。例如，30CrMnSiNi2A 钢经真空硝盐等温淬火后，其多次冲击疲劳总寿命比常规淬火工艺提高 1.56~1.92 倍。

常用硝盐的成分（质量分数）为：$NaNO_2$ 45% + KNO_3 55% 等，在大气压下于 137~145℃ 熔化，由于其没有发生物态变化，它的冷却能力主要与自身温度有密切的关系，具体如图 2-14 所示。需要注意的是，在大气中硝盐浴可加热到 550℃，而在真空下它将迅速蒸发，硝盐浴的温度越高，其饱和蒸气压越高，蒸发越激烈，如在 133Pa、320℃ 下的蒸发量为 4.673mg/(cm^2·h)，$NaNO_2$ 在 320℃ 开始分解，KNO_3 在 550℃ 以上急剧分解，在 600℃ 左右发生剧烈爆炸。因此，尽量在较低的温度下使用，或使用熔点更低的硝盐浴。一般选用温度为 240~280℃，并在 240~280℃ 或达到工作温度后继续排气，以消除杂质及水蒸气。使用中加以搅拌可以提高硝盐的冷却能力。如在 204℃ 静止的盐浴中淬冷烈度 H 值为 0.5~0.8in^{-1}，而在激烈搅动的盐浴中淬冷烈度 H 值可达到 2.25in^{-1}。

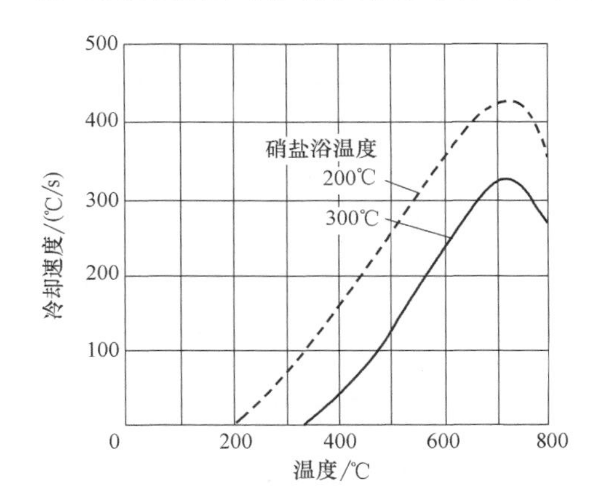

图 2-14 硝盐浴的冷却能力与自身温度的关系

静止硝盐浴的冷却能力与油相近，通过搅拌可提高盐浴的冷却能力，一般使用温度控制在 160~280℃。一般在 Ms~Ms+30℃ 等温冷却，可获得满意的强度和韧性组织，等温时间应根据具体情况而定。

119. 循环加热淬火

循环加热淬火工艺如图 2-15 所示。采用这种工艺，可细化晶粒，因此提高了钢的强韧性；可改善碳化物形状和分布，使碳化物呈弥散分布；还可防止淬火开裂。多应用于过共析钢制造的工模具，以提高其韧性，其工艺特点及韧化原因见表 2-31。

例如，CrWMn 钢制手表零件用模具，采用循环加热淬火，T_H = 790℃（钢的

$Ac_1=750℃$、$Ac_{cm}=940℃$，正常淬火加热温度为 820~840℃)、$T_L=670℃$（钢的 $Ar_1=710℃$)，克服了模具早期断裂失效，并使模具的使用寿命提高了 3~4 倍，其中离合杆凸模寿命达 9 万次，快慢针模具达 17 万次。

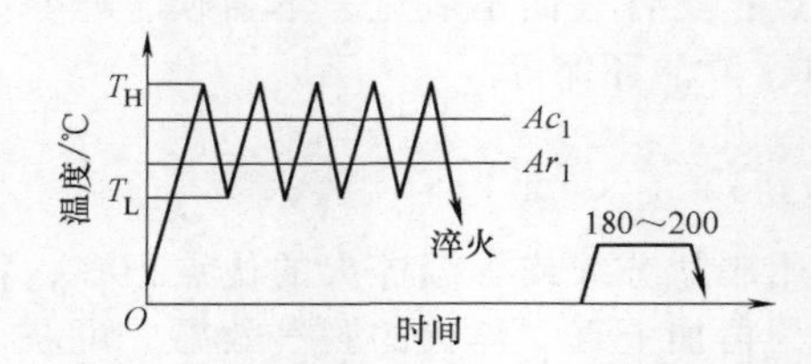

图 2-15　循环加热淬火工艺曲线

表 2-31　循环加热淬火工艺特点及韧化原因

序号	内　容
1	工件加热有一上限温度 T_H 和一下限温度 T_L，工件在上、下限温度往复循环加热。T_H 温度在钢的 Ac_1 ~ Ac_{cm} 之间，T_L 低于 Ar_1 点
2	工件的每一加热循环都通过临界点，可使晶粒不断细化。循环次数足够多时可得到超细化晶粒（12 级或更细）组织，使钢的强度、塑性、韧性同时得到提高
3	每一循环的加热温度较低（T_H）、时间短，奥氏体合金化程度低，淬火后得到较多的板条状马氏体，也促使钢的韧性提高

120. 流态床加热淬火

流态床，又称流态炉、沸腾层、流动粒子炉，是以空气或燃气通过带细孔的隔板，吹动固态的微粒，使其呈悬浮状态浮动，并用直接电热或外部电热、燃气直接加热或燃气外部加热等方式，使温度升高的加热设备。所用粒子为石墨或碳化硅，粒度为 0.05~2mm。

流态床具有启动迅速、升温速度快、对工件加热速度快、炉温均匀、使用温度范围宽，以及炉内气氛可调等优点。主要用于处理要求较高，小批量的中、小型零件，特别适用于 1060℃ 温度以下淬火加热的工模具。流态床还可应用在有色金属热处理、高速钢淬火加热、高强度铸铁快速石墨化退火、回火以及渗碳和渗氮等热处理工艺中。

流态床的使用温度范围大（100~1300℃），而且炉内气氛性质可因通入气体和粒子的种类以及使用温度的不同而不同。因此，可在流态床中对中碳及高碳钢制工件实现无氧化、无脱碳加热。对低碳钢又可以实现表面增碳处理。表 2-32 为常用工模具在流态床中进行淬火加热的应用实例。薄刃工模具在这种炉中加热可避免腐蚀，无须清洗即可转入下道工序继续进行加工。

表 2-32　常用工模具在流态床中淬火加热应用实例

工模具名称及规格	钢号	淬火工艺	淬火后硬度　HRC
M8~M16 丝锥	T10	800℃，水-油	62~65
M5~M14 螺母六方冲头	9SiCr	860℃，油	62~64

（续）

工模具名称及规格	钢号	淬火工艺	淬火后硬度 HRC
M6 螺杆上罩模	65Mn	860℃，水-油	60～62
M20 螺杆热锻模	3Cr2W8V	1050℃，油	52～53
M6～M16 螺母成形模	Cr12MoV	1020℃，油	62～65
M6～M30 滚丝模	Cr12MoV	1000℃，分级淬火	62～65

121. 流态床淬火冷却

流态床的冷却能力介于空气和油之间，接近于油。通过调整压缩空气的流量和流速，选用不同种类的固体微粒，控制其粒度、流态床深度和温度等，可调节其冷却能力，从而完成不同的淬火冷却。最大冷却能力与一定的气流速度相对应。各种冷却介质的冷却速度对比如图 2-16 所示。在奥氏体最不稳定的温度区间，流态床的冷却速度可在 0.5～50℃/s 之间变化。对于大部分合金钢（临界冷却速度为 0.1～100℃/s），流态床可实现淬火操作。在对非合金钢（临界冷却速度为 100～600℃/s）进行冷却时，也可得到比普通正火更为弥散的珠光体组织。

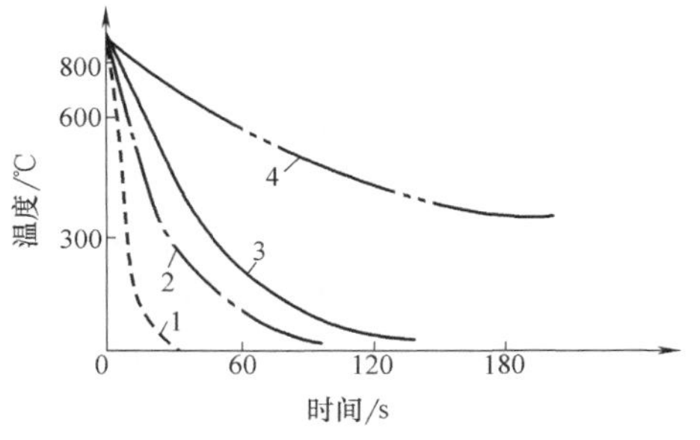

图 2-16 各种冷却介质的冷却速度
1—水 2—油 3—流态床 4—空气

流态床的冷却均匀，工件淬火畸变小，表面光洁，适合于淬透性好、形状复杂和截面不大的合金钢件淬火。

122. 脉冲淬火

脉冲淬火是用高功率密度的脉冲能束使工件表层加热奥氏体化，热量随即在极短的时间内传入工件内部的自冷淬火。其加热速度极快，工件畸变极小，适用于加工木材和金属的切削工具，以及照相机、钟表等极小极薄的易磨损零件或细小内孔的淬火加热等。

脉冲淬火的工件，晶粒非常细小，硬度大幅度提高，并显著提高了耐磨性、断裂韧度及疲劳强度等。

实现脉冲加热淬火，可应用高频脉冲感应加热（所使用的频率为 12MHz、27MHz），脉冲电流直接加热，等离子射线、激光和电子束加热等。

123. 感应穿透加热淬火

感应穿透加热淬火是利用感应电流通过工件所产生的热量，使工件整体加热并快速自冷的淬火。

对截面较小的工件（如棒材、管材），可用感应穿透加热进行淬火，能减少氧化、脱碳及淬火畸变。并且淬火质量稳定，生产率高，易于实现机械化、自动化，在成批、大量生产中得到广泛应用。

感应穿透加热淬火常采用2500~8000Hz中频设备作为淬火加热设备，而用工频设备作为回火加热设备与其联合使用。如图2-17所示为丝杠毛坯感应调质装置示意图。采用2500Hz、100kW中频发电机可穿透加热ϕ60mm以下的棒料。直径大于ϕ60mm的坯料，需用工频感应穿透加热淬火。用1000Hz、750~900kW中频发电机可对30~50mm厚、500~1000mm宽不锈钢板进行感应穿透加热固溶处理。

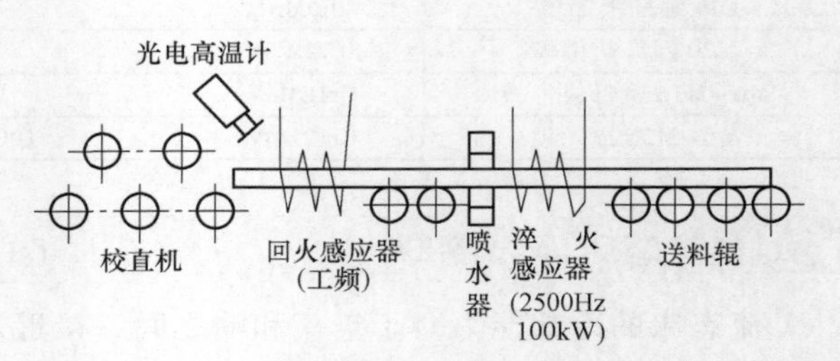

图2-17 丝杆毛坯感应调质装置示意

实例，城轨车辆扭力杆属于长杆类变径轴，直径变化在ϕ50~ϕ70mm之间，长度为2557mm，材料成分（质量分数）：C0.48%~0.56%，Si≤0.40%，Mn0.70%~1.10%，Cr0.90%~1.20%，V0.10%~0.20%，Mo≤0.30%。采用中频频率为1~5kHz的电源设备和立式淬火机床，其工艺参数见表2-33。试件（ϕ50~ϕ70mm×长度2557mm）回火在电阻炉中进行。通过表2-34中的数据可以看出，此工艺可以达到技术要求。

表2-33 工艺参数

电流频率/kHz	加热功率/kW	感应器移动速度/(mm/min)	淬火冷却介质压力/MPa
2~4	25~35	30~50	1~2

表2-34 感应淬火、回火后的力学性能

项目	检测直径/mm	R_m/MPa	R_{eL} MPa	A(%)	Z(%)	KU_2(5mm缺口)/J	表面硬度HRC	畸变量/mm
要求值	50~70	1500~1650	≥1300	≥6	≥30	≥10	47~50	—
试件	50	1612	1363	8.5	36	14	46	3
	70	1603	1389	8.5	33	12	46	3

124. 渗碳后感应穿透加热淬火

对渗碳件采用感应穿透加热淬火取代传统炉中整体加热淬火，不仅可以节省能源，而且可以提高产品质量。

例如，20CrMo钢制摩托车发动机曲轴总成中的曲柄销，外形尺寸为ϕ30mm×54mm，技术要求：渗碳淬火回火后表面与心部硬度分别为60~64HRC和30~45HRC，渗碳层深度为1.0~1.4mm，碳化物为1~3级，回火马氏体为1~4级，心部铁素体为1~4级。原工艺为满足渗碳淬火零件的金相组织及力学性能的要求，渗碳后在盐浴炉中进行重新加热淬火（即二次加热淬火，850~870℃×8min加热，淬盐水；160~180℃×3h回火）。但此工艺生产周期长，零件畸变大，能耗大，成本高。

感应淬火具有加热速度快、能耗低、表面无氧化脱碳的优点，同时因曲柄销外形为圆柱体，通过选择合适的感应加热功率及频率，可使其达到透热效果，保证工件心部及表面的硬度和金相组织。故在渗碳后二次加热淬火时，采用感应淬火工艺。

感应加热淬火工艺参数：设备功率为200kW，加热功率为130kW，工作频率为1050Hz，传动频率为16Hz。传动速率为2.26s/件，传动速度为23.89mm/s，感应淬火最终温度为880～900℃。回火后表面与心部的硬度分别为60～62HRC和41～42HRC，碳化物为2级，渗碳层深度为1.25～1.4mm，回火马氏体为2～3级，心部铁素体为2级，各项指标均满足技术要求。

125. 通电加热淬火

通电加热淬火是将工件接在电路中，通电后工件发热，利用这种方法即可进行加热淬火。所用装置如图2-18所示。此工艺适用于杆状工件，具有加热速度快、大幅度节约能源的优点。

通电加热淬火时间短，工件的氧化、脱碳微小。对于要求严格的工件，可在加热前于表面涂覆防氧化、脱碳的涂料，或采用氩气等保护。

例如，60Si2MnA钢制扭力轴（见图2-19），要求经热处理后硬度为45～50HRC，通电加热淬火的工艺参数：电压为9V，功率为21.25kW，加热时间为3min，达到900～910℃时油淬，油温控制在30～80℃，工件冷却到150℃后取出空冷，再进行（430±10）℃×60min的回火，即可达到性能要求。

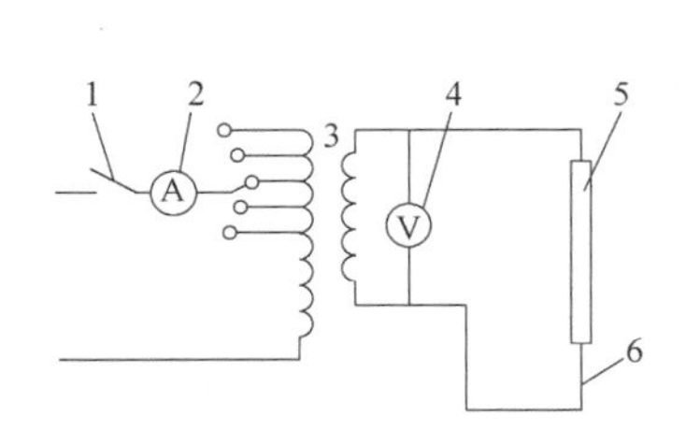

图2-18　通电加热装置示意

1—开关　2—电流表　3—变压器

4—电压表　5—工件　6—导线

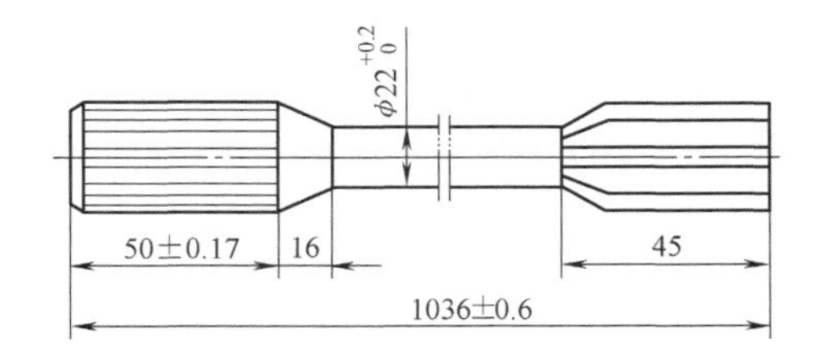

图2-19　扭力轴

126. 盐浴加热淬火

盐浴加热淬火是指应用熔融状态的盐对工件进行加热淬火。盐浴加热速度快且质量好，脱碳及氧化损失较小；因工件处于悬挂状态加热，热处理畸变较小；因盐浴淬火加热时间短，晶粒不会粗大化，韧性强。常用于工具钢、模具钢等整体的加热淬火。

常用淬火加热盐浴的成分见表2-35。

表 2-35 常用淬火加热盐浴的成分

成分(质量分数)	熔点/℃	使用温度/℃
$BaCl_2$ 100%	960	1100~1300
$BaCl_2$ 95%+NaCl5%	850	1000~1300
$BaCl_2$ 70%+$Na_2B_4O_7$ 30%	940	1050~1300
NaCl100%	810	850~1100
KCl100%	772	800~1000
Na_2CO_3 100%	852	900~1000
$BaCl_2$ 80%~90%+NaCl10%~20%	760	820~1100
$BaCl_2$ 70%~80%+NaCl20%~30%	700	750~1000
$BaCl_2$ 50%+NaCl50%	600	650~900
$BaCl_2$ 50%+ $CaCl_2$ 50%	600	650~900
$BaCl_2$ 50%+KCl50%	640	670~1000
NaCl50%+KCl50%	670	720~1000
NaCl28%+$CaCl_2$ 72%	500	540~870
NaCl50%+Na_2CO_3 50%	560	590~850
NaCl50%+K_2CO_3 50%	560	590~820
KCl50%+Na_2CO_3 50%	560	590~820
NaCl35%+Na_2CO_3 65%	620	650~820
$BaCl_2$ 50%+ NaCl20%+KCl30%	560	580~880
$BaCl_2$ 31%+$CaCl_2$ 48%+NaCl21%	435	480~780
KCl50%+NaCl20%+$CaCl_2$ 30%	530	560~870
$BaCl_2$ 33%+$CaCl_2$ 33%+NaCl34%	520	600~870
Na_2CO_3 80%+NaCl20%+SiC1. 5%	680	730~930

盐浴炉的热源可分为燃料式、电阻式、电极式及感应式等。

对防氧化、脱碳要求极严格的工具，如锉刀等可使用下列成分的中温盐浴(质量分数)：①$BaCl_2$ 66. 8%+NaCl 30%+$Na_2B_4O_7$ 3%+B 0. 2%；②KCl 52. 8%+NaCl 44%+$Na_2B_4O_7$ 3%+B 0. 2%。

127. 单液淬火

单液淬火是指工件加热奥氏体化后，在单一淬火冷却介质中连续冷却的淬火工艺，又称单介质淬火。此法简便，应用广泛，但在淬火过程中工件的畸变与开裂倾向较大，且不易控制，故只适用于形状简单、无尖锐棱角和截面形状无突然变化的工件。

此法常用的淬火冷却介质有水和水基淬火冷却介质、油类淬火冷却介质、熔盐和熔碱淬火冷却介质等。工件在上述淬火冷却介质中的冷却过程：在一般情况下，工件淬火时从 A_1 点到 Ms 点温度范围内应快速冷却，以避免珠光体或贝氏体转变；而在 Ms 点以下，则应缓慢冷却，以减小相变应力，从而减小工件的淬火畸变和避免开裂。

1）水在高温区间冷却速度快，而在低温区间冷却速度也快，易使淬火工件畸变增大，甚至淬裂。水温升高，促使其在高温区间冷却能力降低，而在低温区间的冷却能力几乎没有变化。此外，水温升高会导致工件在其中冷却不均匀性的增大，从而使淬裂的倾向性增大。工件在低于10℃的冷水中淬火时，因工件中的热应力急剧增加而使畸变增大。

由盐、碱、酸等物质制成以水为基的淬火冷却介质，可有效地加速在高温区间的冷却能力，易于获得高淬透性的工件。水基介质中以 $w(NaCl)=5\%\sim15\%$ 的水溶液具有最大和最均匀的冷却能力，可作为淬火冷却介质应用在工具生产中，也可用于结构钢制的小、中和大型工件的断续淬火。

水中加入碱（如NaOH）与加入盐的作用相同，也可有效地提高在高温区间的冷却能力。在单液淬火时，对于淬透性较低的钢应使用 $w(NaOH)=5\%\sim15\%$ 的水溶液。对于淬透性较高的钢以应用 $w(NaOH)=30\%\sim50\%$ 的水溶液为宜，它可适当减小形状复杂工件淬火时畸变和淬裂的倾向性。此类淬火冷却介质的另一特点是淬火后工件表面呈银白色，而无须再进行酸洗或喷砂等清理工序。

盐、碱等水基淬火冷却介质，应在常温时使用。

2）油的特点是冷却缓慢而均匀，只适用于合金钢制工件或小型非合金钢件的淬火，工件淬火畸变小。

3）工件浸入淬火冷却介质的方式对于获得良好的淬火结果有着重大的作用。不同形状的工件，淬火方式应不同，推荐采用表2-36所列淬入方式。

表2-36　推荐的淬火冷却方式

序号	内　　容
1	尺寸不均匀的工件，应先淬入厚的部分，然后再淬入薄的部分。当柱形或锥形工件上有薄的边缘时，可应用合适的夹具，以增加这些边缘的"厚度"
2	丝杠、铰刀和钻头等细长工件，应垂直淬入淬火冷却介质中，可减小弯曲畸变
3	具有封闭腔的工件，淬火时应使开口端向上，以利于蒸汽的逸出
4	圆盘形的薄扁平工件，应侧向淬入淬火冷却介质中
5	薄壁圆环应使母线处于垂直位置淬入淬火冷却介质中
6	在淬火冷却介质中工件的全部表面应保持能够均匀的冷却，不允许工件堆积和彼此紧密接触

4）易淬裂的工件，可应用表2-37所列的淬火冷却介质。

表2-37　易淬裂工件推荐用淬火冷却介质

淬火冷却介质	内　　容
二硝淬火冷却介质	成分（质量分数）为 $NaNO_3$ 31.2%+$NaNO_2$ 20.8%+H_2O 48%。配置时硝盐与水倒入淬火槽中混合、搅拌均匀，放置24h后即可使用
三硝淬火冷却介质	成分（质量分数）为 $NaNO_3$ 25%+$NaNO_2$ 20%+KNO_3 20%+H_2O 35%。配置及使用方法与二硝淬火冷却介质相同
氯化钙淬火冷却介质	氯化钙淬火冷却介质为氯化钙水溶液。配置方法是先将水注入淬火槽中，然后将氯化钙逐渐加入水中并搅拌。配置完了放置24h，捞去表面泡沫即可使用。介质的浓度以其密度计量。低浓度（密度小于1.2g/cm^3）介质的冷却能力与 $w(NaCl)=10\%$ 的水溶液相当。高浓度（密度大于1.38g/cm^3）介质，在低温区的冷却能力约与油相等。淬火后工件要用水清洗以防生锈 在氯化钙淬火冷却介质中溶入氯化锌，可进一步提高其密度，延缓淬火低温区的冷却速度
专用淬火油、聚合物水溶液	当前采用专用淬火油（如分级淬火油和等温淬火油）、聚合物水溶液等，可获得理想的淬火效果，并减少淬火开裂和畸变倾向

128. 风冷淬火

风冷淬火是以强迫流动的空气或压缩空气作为冷却介质的淬火冷却。

低、中合金钢大锻件应用风冷淬火时，可使其冷却均匀，能够减小淬火畸变和淬裂倾向，但淬硬层较薄，有时甚至只能得到贝氏体或贝氏体+马氏体组织。

高淬透性钢（如马氏体不锈钢等）制工件加热到淬火温度后，在静止的空气（空淬）或气流（风淬）中冷却，也可避免奥氏体的分解而获得马氏体组织。风冷淬火时，为了得到较大的冷却速度，可使压缩空气自喷嘴高速吹向工件。

对于较小的工件，为减小水淬、油淬时引起的较大畸变，可用不同速度的压缩空气对其进行淬火冷却，冷却效果良好。例如，20CrNi3A、30CrMnSiA、40Cr、65Mn、9SiCr 等低合金钢均可用 20~40m/s 的压缩空气淬火；非合金钢难以用压缩空气淬火得到马氏体组织。

700℃及 200℃时压缩空气的冷却速度与油比较接近。此外，采用压缩空气容易实现局部冷却或分区冷却，使复杂工件或带有内孔的工件冷却均匀，减小应力、淬火畸变和开裂倾向。

129. 有机聚合物水溶液淬火

有机聚合物水溶液淬火，是以有机聚合物的水溶液作为冷却介质的淬火冷却。通过调整浓度，可获得各种冷速，满足各种热处理技术要求。因其安全性和低（无）污染，多数使用淬火油的场合均可用有机聚合物水溶液取代。

有机聚合物水溶液是由一种液体有机聚合物和含腐蚀抑制剂组成的水溶性溶液。有机聚合物完全溶于水，形成清亮、均质的水溶液。但当温度超过 74℃时，聚合物便会从水中析出分离，形成一层不溶解的组织。有机聚合物淬火冷却介质克服了水冷却速度快、易使工件开裂，以及油品冷却速度慢、淬火效果差且易燃等缺点。

有机聚合物淬火冷却介质，包括聚乙烯醇（PVA）、聚乙烯吡咯烷酮（PVP）、聚烷撑二醇（PAG）和聚乙烯噁唑啉（PEO）等。这类介质多具有无毒、无烟、无味、不燃烧、无腐蚀性等优点，冷却速度范围宽，淬火性能优于水或油。其适应性、稳定性和经济性都较好，既创造了清洁、安全的工作环境，又有利于降低工艺成本。

采用有机聚合物水溶液实施控时浸淬技术（经控制的搅拌技术），可获得比油或盐水淬火更好的组织性能和淬火均匀性，并且畸变小，解决了常规淬火冷却介质出现的淬火开裂问题。

有机聚合物水溶液及其用途与特点见表 2-38。

表 2-38 有机聚合物水溶液及其用途与特点

名称	特点与用途	应用范围
聚烷撑二醇(PAG)水溶液	使用温度≤45℃。盐对PAG水溶液的污染会严重影响其冷却性能,通过改变浓度、温度、搅拌速度可调整其冷却能力 浓度(质量分数)为2%~5%时冷却速度与盐水相似;浓度为15%~30%时,冷却速度接近于油;浓度为5%~10%时,冷却速度在两者之间	1. 适用于非合金钢、合金结构钢、球墨铸铁等 2. 用盐浴加热奥氏体化的工件,一般不宜用PAG聚合物水溶液
聚乙烯噁唑啉(PEO)水溶液	其逆熔点在63℃以上,作为非黏性淬火冷却介质,冷却性能覆盖水-油之间很大范围	使用浓度(质量分数)可在1%~25%范围内调整,主要用于感应淬火
聚乙烯醇(PVA)水溶液	固体质量分数为10%~12%,密度为1.015~1.035g/cm^3,使用时溶于水中。该介质的冷却能力介于水油之间,可减少淬火工件畸变,避免开裂	用于感应淬火的喷冷时浓度(质量分数)为0.05%~0.3%,也可用于工件的整体浸入淬火。其工作温度应严格保持在25~45℃范围内
聚乙烯吡咯烷酮(PVP)水溶液	一般使用浓度(质量分数)为4%~10%,外加防锈及防腐剂等添加剂,作为淬火冷却介质使用	主要用于感应淬火和火焰淬火等,中碳钢淬火使用浓度(质量分数)小于4%,高碳钢、合金钢淬火用浓度(质量分数)为4%~10%。使用液温在25~35℃范围内
聚乙二醇(PEG)水溶液	当工件冷却到350℃左右时,表面形成一层浓缩薄膜,可降低钢材在马氏体转变阶段的冷却速度,有效地防止淬火开裂	喷射冷却淬火时使用的浓度(质量分数)为5%~10%;浸入淬火时浓度(质量分数)为15%~25%
聚氧化烷撑(PAO)水溶液	其是一种共聚物,具有逆溶性,热、机械稳定性较好,使用寿命长,带出量少	浓度可在现场测定,是目前使用最广泛的聚合物水溶液之一

130. 热浴淬火

热浴淬火，是指工件在熔盐、熔碱、熔融金属或高温油等热浴中进行的淬火冷却。如盐浴淬火、铅浴淬火、碱浴淬火、流态床淬火等。金属工件经热浴淬火，可得到较小的淬火畸变（适用于薄件），还能避免淬火开裂，轴承钢件（如 GCr15）能得到要求的部分贝氏体组织。

（1）盐浴淬火、碱浴淬火　盐浴和碱浴主要用作等温淬火和分级淬火时的淬火冷却介质。适用于 $w(C)>0.4\%$ 的非合金钢、非合金工具钢、合金工具钢、合金结构钢、轴承钢及马氏体不锈钢。淬火温度为 850~1000℃，保温时间为 3~6h。

1）使用温度在 500℃以下时主要是硝盐浴，成分（质量分数）如下：单一硝酸盐：$NaNO_3$ 100%，工作温度为 325~600℃；KNO_3 100%，工作温度为 350~600℃；$NaNO_2$ 100%，工作温度为 300~550℃；KNO_2 100%，工作温度为 310~550℃。多种硝酸盐：$NaNO_3$ 50%+$NaNO_2$ 50%，工作温度为 250~500℃；$NaNO_3$ 50%+KNO_3 50%，工作温度为 250~500℃。

2）在 300℃以下的是碱浴，成分（质量分数）如下：KOH65%+NaOH35%，工作温度为 170~300℃；KOH80%+NaOH20%，另加 H_2O 10%，工作温度为 150~300℃。

3）在 500℃以上的为氯化盐浴，成分（质量分数）如下：$CaCl_2$ 75%+NaCl25%，工作温度为 540~580℃；KCl30%+NaCl20%+$BaCl_2$ 50%，工作温度为

580～800℃。

经常使用的硝盐浴和热碱浴的冷却能力介于水和油之间。即在550～650℃的高温区的冷却速度比油大（硝盐浴略小于油），而在200～300℃的低温区的冷却速度比油慢，是较为理想的冷却介质。这种冷却剂既能保证奥氏体向马氏体的转变，又能减少工件的淬火畸变和开裂倾向。

（2）高温油淬火　采用分级淬火油、等温分级淬火油，如好富顿分级淬火油MAR-TEMP OIL 355、325，等温分级淬火油MAR-TEMP OIL 2565，油温在150～250℃之间，可显著减少工件的淬火畸变，用于要求畸变小的薄壁工件的淬火。同时，对于部分渗碳淬火件而言，经高温油淬火后可省去低温回火工序，从而节省能耗。

（3）铅浴淬火　其是在将钢件奥氏体化后，进入熔铅中进行淬火冷却完成组织转变的过程，最终组织为细珠光体（索氏体）。这是在制造中碳钢及高碳钢的钢丝工艺中，对于改善深度拉拔性能及弹簧性能都是有利的。

131. 动液淬火

动液淬火是将淬火冷却介质用机械方法搅动或强制循环，或用超声波进行激动，使冷却过程的汽膜阶段缩短，沸腾阶段提前，从而显著提高冷却速度、加深工件淬硬层深度、避免软点的工艺方法。

动液淬火施加超声波时，由于空化效应产生的瞬时冲击压力可达几千至上万大气压，足以迅速破坏包覆在工件表面上的汽膜，淬火后工件的硬度较高，见表2-39。

表2-39　钢制工件超声波淬火与普通淬火后硬度的比较

钢号	加热温度/℃	加热时间/min	淬火冷却介质	是否用超声波	硬度 HRC							效果
					测定部位	测定值					平均值	
45	830	10	水	用	背波面	59	60	57	57	59	58.4	差别显著
				未用		53	57	49	53	41	50.6	
40Cr	840	15	油	用	背波面	54	54	55	53	54	54.0	差别显著
				未用		52	53	51	53	51	52.0	
40Cr	840	15	油	用	背波面	52	51	52	54	50	51.8	差别不显著
				未用		51	52	48	51	50	50.4	
T10A	800	10	水	用	背波面	66	66	60	54	66	63.6	差别不显著
				未用		63	57	62	57.5	66	61.1	
T10A	820	10	油	用	背波面	44	43	43	43	42	42.8	差别显著
				未用		40	40	43	41	41	41.0	
65Mn	820	10	油	用	背波面	48	47	47	49	49	48.0	差别很显著
				未用		47	43	42	46	42	44.0	
GCr15	850	15	油	用	背波面	64	64	64	64	63	63.8	差别不显著
				未用		64	64	63	62	63	63.2	
GCr15	840	10	油	用	背波面	59	55	57	58	56	57.0	差别很显著
				未用		47	42	45	43	42	43.8	

注：淬火槽尺寸：360mm×240mm×140mm。工件尺寸：ϕ30mm×30mm。超声发生器输出功率为250kW，频率为28kHz，6个换能器均匀布放在淬火槽底面上。

132. 喷液淬火

喷液淬火是用喷射液流作为冷却介质的淬火冷却。

喷液淬火可避免产生一般静液淬火时的蒸气膜，从而提高冷却能力，增大淬硬层深度，可保证不需要淬硬的部位不被淬火，淬裂倾向也小。由于喷液淬火冷却均匀、畸变小，多用于大型工件的局部淬火。当局部淬火完毕时，未淬火部分的温度还较高。为了防止自回火的发生，最后应将整个工件投入水或油中使其各部分的温度一致。

喷液淬火不需大型淬火槽。工件经整体加热后，对其工作表面进行喷液淬火，再将其余部分或整体浸入水槽冷却，所得工件畸变小、硬度均匀、几乎没有软点。喷液淬火也可以用于圆柱形零件、平面件、圆环状零件和复杂模具（型腔）等的淬火。喷液淬火的应用实例见表2-40。

表2-40　喷液淬火的应用实例

工件及其技术条件	实例与效果
轧辊材料为45钢，尺寸为ϕ165mm×2500mm，要求工作面硬度为58～63HRC，要求颈部硬度为48～53HRC，淬硬层深度应大于15mm	采用盐浴炉整体加热，用盐水喷向轧辊工作面，其余部分直接浸入水槽中淬火，淬火后表面硬度≥58HRC，几乎没有软点，其他部分也满足了使用要求
长轴材料为45钢，尺寸为ϕ120mm×2200mm，要求表面硬度为50～55HRC	在箱式炉中整体加热，然后喷清水淬火（喷淬后立即浸入水槽中冷却），硬度达到技术要求，轴颈跳动误差<3mm。喷液圈的高度根据所喷表面的轴向长度而定，可以是单匝也可以是多匝
水电站主轨材料为ZG340-640，工作表面尺寸为3500mm×350mm，要求表面硬度为300～350HBW，淬硬层深度应大于10mm	用液化气火焰加热，喷乳化液淬火，表面硬度满足要求，软点极少，畸变很小
齿轮材料为ZG310-570，外径为576mm，高度为260mm，模数为24mm，要求齿部硬度为40～45HRC	采用90kW井式气体渗碳炉，在保护气氛下加热后喷水冷却。硬度满足技术要求，齿根处采用喷液淬火可获得较均匀的淬硬层，淬硬层深度和硬度满足要求，畸变小
大滚轮材料为ZG310-570，外径为980mm，要求表面硬度为35～40HRC	采用改进的75kW箱式炉加热后喷水冷却，硬度满足技术要求

喷液淬火还可以与单液淬火配合使用，即在淬火（水或油）槽中安置若干喷嘴，将淬火冷却介质用泵带动，喷向工件需要加强冷却能力的部位（如截面较厚处）。

对于一些复杂模具的型腔部分或一些特殊零件的表面，加热后选用合适的淬火冷却介质（如盐水、水、乳化液、PAG水溶液等）进行喷液淬火处理可获得很好效果。喷液淬火可以是单面喷冷、双面喷冷或多面喷冷。喷液时间可长可短，通过目视观察直接控制淬火质量。

喷液淬火可加大表层残余应力，促使窄槽小孔充分硬化。如内孔径为ϕ16mm，外径为ϕ48mm，厚度为9mm的T10A钢凹模，790℃加热，对内孔进行喷液淬火后，测定内孔壁的切向残余压应力高达1303.4MPa。如果将凹模浸在水下进行喷液淬火，使内孔及外壁均为薄壳，则使用寿命最长。

133. 喷雾淬火

喷雾淬火是工件在水和空气混合喷射形成的雾中进行的淬火冷却。

喷雾淬火冷却是包含稳定膜态沸腾、过渡沸腾、核态沸腾和自然对流换热 4 个换热阶段的复杂过程。通过强化以上 4 个过程的热量传递，能够加快喷雾冷却速度。喷雾淬火冷却速度主要取决于冷却剂的喷射密度（即冷却剂单位时间、单位面积的质量流量）。

大型轴类零件，如转子、支撑辊等重要零件，可广泛使用喷雾淬火。大型轴类零件喷雾冷却的主要优点是：冷却速度可以调节，可满足不同钢种不同直径大锻件淬火冷却的要求，也可满足同一零件不同淬火部位对冷却速度的要求。

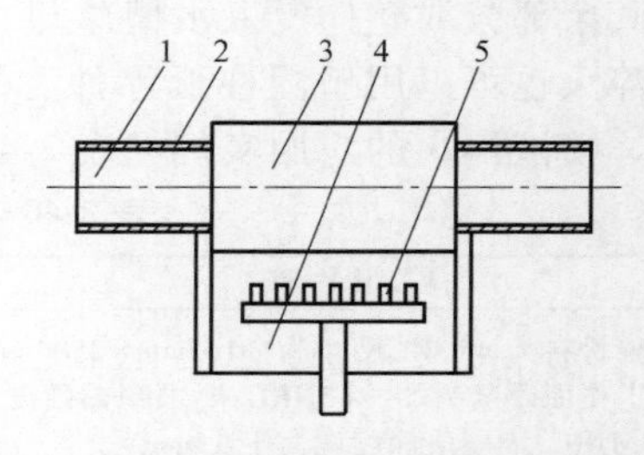

图 2-20　高速钢轧辊喷雾冷却装置示意
1—辊颈　2—隔热材料　3—辊身
4—空冷装置　5—喷雾冷却器

例如，高速钢轧辊采用喷雾冷却装置（见图 2-20），在加热炉内加热至 1025～1050℃，经保温后置于控冷装置中，并使轧辊在冷却过程中以 25～35r/min 的转速旋转，同时在轧辊辊颈表面涂覆隔热材料，并将辊颈置于控冷装置以外。轧辊工作面在控冷装置中，先用雾气冷却器喷雾冷却，当辊面温度低于 300℃时，马氏体转变已基本完成，可入炉进行回火。通过调节喷管中水和空气的压力、流量，可改变混合剂的冷却能力，既能保证表面硬度、淬硬层深度，又能防止淬火裂纹的产生。

134. 双液淬火

将加热奥氏体化后的工件先浸入冷却能力强的淬火冷却介质，待工件的温度降至奥氏体等温转变图鼻温以下时，即转入另一种冷却能力缓和的淬火冷却介质中冷却，这一淬火工艺称为双液淬火。双液淬火时工件的冷却曲线如图 2-21 所示。

此法的优点是能在奥氏体不稳定区域内进行快冷，而在马氏体转变区域内进行慢冷。因而组织应力与热应力都比较小，从而降低了淬火畸变及开裂倾向。尤其适用于截面较大、形状复杂的工件。

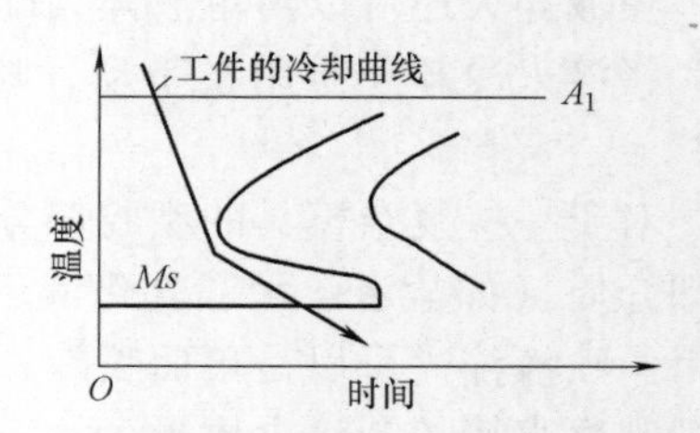

图 2-21　双液淬火时工件的冷却曲线与奥氏体等温转变图的关系

双液淬火时可采用水-油、水-空、盐水-油、油-空、硝盐-空、碱-空、水-硝盐、油-硝盐、硝盐-油等。可根据钢的淬透性、工件的形状和尺寸，以及对淬火畸变量的要求等因素加以选择。

工件在第一种介质中的停留时间非常关键，在第一介质中停留时间过长，产生内应力过大，起不到减小淬火畸变、防止淬裂的作用；如果过早地淬入第二种介质中，则由于工件的温度还高，介质的冷却速度又慢，在冷却过程中就发生了非马氏体组织转变，降低了工件的使用性能。通常这一变换淬火冷却介质的时间，由操作者根据工件所用钢材、形状及尺寸等因素来确定。通常先将工件在水中冷却到300℃左右，然后再将工件投入油中或空气中冷却。碳素工具钢一般以每3mm有效厚度在水中停留1s估算，形状复杂的工件以每4~5mm在水中停留1s估算，大截面合金工具钢可按每毫米有效厚度在水中停留1.5~3s估算。

135. 三液淬火

对于形状复杂而对淬火畸变要求小的工件，有时双液淬火仍不能控制淬火畸变，而需采用冷却能力依次减小的三种淬火冷却介质进行淬火，称为三液淬火，多应用在非合金钢制造的小型工件上。

工件在各个淬火冷却介质中的停留时间，应根据工件大小、介质性能等因素由操作者灵活掌握，或经试验测出。

例如，碳素工具钢制冲模要求硬度为58~62HRC，其三液淬火冷却过程为：冲模经580~620℃预热后加热至780℃，保温后再预冷至Ac_1+20℃立即淬入盐水中，停留适当时间，使冲模温度降至奥氏体等温转变图鼻温以下，再淬入油中冷却，然后置入硝盐中保温后空冷，可使冲模的硬度及畸变量达到所要求的数值。

136. 大型锻模水-气混合物淬火

大型锻模采用水-气混合物淬火的方法，可以改善劳动条件，得到良好的显微组织及较长的使用寿命。

例如，5CrNiMo钢制1400mm×710mm×500mm锻模的水-气混合物淬火工艺过程如下：

淬火槽的侧壁上装有均匀排布的喷嘴，间隔400mm。锻模在辊底式煤气炉中加热：600℃装炉并在该温度下保温1.5h；然后控速升温，经15h加热到860℃，保温3.5h出炉并将锻模移至淬火槽中淬火。淬火冷却的过程是：在水和空气的压力分别保持在0.25MPa与0.22MPa不变的情况下，耗水100L/h冷却50min；其后水量减少到60L/h，冷却35min，停止供水并单用压缩空气吹冷。淬火后距离锻模表面0mm、50mm、150mm、200mm、250mm的硬度/组织分别为：415HBW/M70%（体积分数）+$B_下$30%（体积分数）、388HBW/M60%+$B_下$40%、311HBW/M10%+B60%+T30%、285HBW/M20%+T40%+S40%、255HBW/B10%+S90%（注：M、$B_下$、B、T、S分别为马氏体、下贝氏体、贝氏体、托氏体、索氏体），再经540℃回火，即可满足模具的使用性能要求。

上述淬火规程适用于1400mm×710mm×400mm到2200mm×1100mm×700mm尺寸间的大型锻模淬火，可得到150~180mm的淬硬层，模具寿命可延长

30%～50%。

137. 大锻件水-气混合物淬火

水-气混合物淬火冷却介质的构成是：水、压缩空气各沿单独的管线，以一定的压力输送到单一喷嘴处并喷向淬火工件。水-气混合物淬火与单一淬火冷却介质浸入淬火相比，具有如下优点：①淬火冷却速度可调，冷却速度决定于供水量，变换供水量即得到不同的冷却速度，无须更换淬火冷却介质；②易于实现大锻件的局部淬火；③淬火过程易实现机械化；④可代替油中淬火，节约了油、油的储备系统、冷却系统、灭火装置等，价格便宜；⑤劳动条件好，环保等。

水-气混合物淬火冷却介质已在大锻件淬火中得到应用。例如，35XH3MΦA（相当于35CrNi3MoVA）钢制 ϕ550mm×1600mm 转子锻件的水-气混合物淬火。

138. 数字化淬火冷却控制技术（ATQ）

数字化淬火冷却控制技术（ATQ），是指通过计算机模拟确定工艺，并在计算机控制下的淬火冷却设备上采用预冷与水、空气交替控时冷却的方法，实现对于用传统工艺和其他介质难以达到要求的工件的淬火。

大型塑料模具钢模块，如 P20 钢（3Cr2Mo）20t，718 钢（3Cr2NiMo）20～30t，其整体硬度要求在 280～325HBW（29～35HRC）范围内，同一截面硬度差≤3HRC，采用常规的整体淬火工艺很难达到要求；42CrMo 钢轴类件，尺寸为 ϕ300～ϕ500mm×4000～7000mm，采用油淬时力学性能达不到要求，采用水淬时开裂；42CrMo4 钢（依据 EN 10083-3 标准，相当于 42CrMo）船用曲轴，长度为 4000～6500mm，主轴直径为 ϕ200～ϕ350mm，淬火时法兰表面、法兰尖角、法兰与主轴颈的过渡圆角，以及曲柄斜面等部位易产生开裂。采用数字化淬火冷却控制技术（ATQ），可解决上述问题。

数字化淬火冷却控制技术（ATQ）的核心是采用计算机模拟技术，确定淬火冷却工艺。其原理如下：图 2-22是模块的表层、次表层和心部在水与空气为介质的交替控时淬火冷却过程中的冷却曲线。淬火冷却分三个阶段进行。在预冷阶段，模块采取空冷的方式缓慢冷却，直到模块表面冷却到 Ar_1 以上或以下的某一温度区间，其结果是减少了模块的热容量，加速了第二阶段的冷却效果。在水-

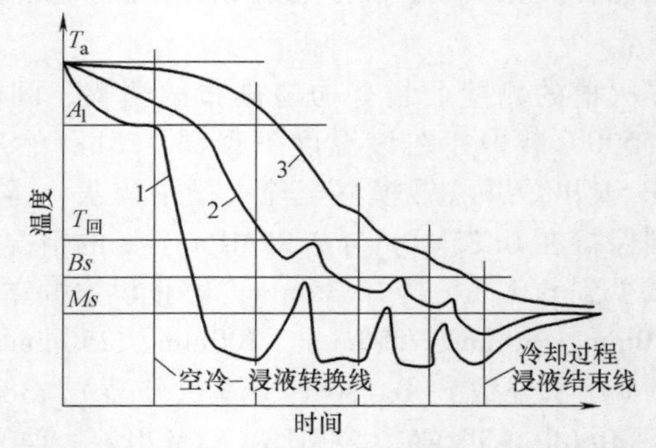

图 2-22　水-空交替控时淬火冷却过程中各部位的冷却曲线

1—表层冷却曲线　2—次表层冷却曲线　3—心部冷却曲线

注：T_a 为奥氏体化温度；A_1 为共析温度；$T_回$ 为回火温度；Bs 为贝氏体转变开始温度；Ms 为马氏体转变开始温度

空交替淬火冷却阶段，采用快冷（水冷）与慢冷（空冷）交替的方式进行，模块在第 1 次水淬过程中，模块表层快冷到 *Ms* 点以下某一温度并保持一定时间后，在表层获得部分马氏体；模块在第 1 次空冷过程中，次表层的热量传向表层，使表层的温度升高，结果是表层刚刚转变的马氏体发生自回火使表层的韧性和应力状态得到调整，避免了表层马氏体组织产生开裂。然后再重复水与空气的交替淬火过程，直到模块某一部分的温度或组织达到要求。完成后，将模块放置在空气中自然冷却，直到模块的心部温度低于某一值后进行回火。

表 2-41 为主轴径 ϕ220mm 的曲轴（长度为 4000~6500mm），采用 ATQ 技术淬火回火后力学性能的检测结果。从表 2-41 可以看出，其力学性能达到了要求，并且无开裂情况，同时曲轴淬火后不需要矫正即可以加工出成品。

表 2-41　42CrMo4 钢曲轴采用 ATQ 技术后的检验结果

试样	R_m/MPa	R_{eL}/MPa	A(%)	Z(%)	KV_2/J	硬度 HBW	开裂	淬火前介质温度/℃
要求值	900~1100	≥690	≥14	≥40	≥27	≥270	无	—
曲轴 1	940	750	17	58.5	48	292	无	16(冬季)
曲轴 2	940	775	17	62	—	—	无	32.5(夏季)

139. 单槽双液淬火

单槽双液淬火时，可将水、油共装一槽（见图 2-23）。由于密度不同，二者分离，水在下层，油在上层。淬火时将工件从一端浸入槽液中，先入水中冷却，再用链条将工件提升入油中冷却，最后自槽中取出空冷，即可获得常规双液淬火的效果。

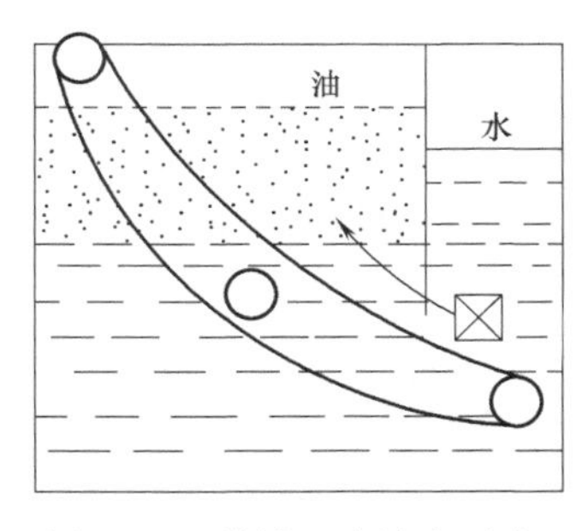

图 2-23　单槽双液淬火示意

也可以应用密度比水大的油，例如焦化厂副产品的焦油洗油，与水共装一槽，水在上层、油在下层，可将淬火工件直接由上端浸入槽液中。

140. 间断淬火

将加热结束的工件淬入水中，随即提出水面稍待片刻，再淬入水中。如此往复几次，最后浸入水中冷至室温，称为间断淬火。

间断淬火可以在保证淬硬的前提下尽可能减小工件的畸变，还可与双液淬火结合进行，如在水中间断淬火，最后浸入油中冷至室温。冲子、扁铲等手用工具，常用这种方法进行淬火。要求操作者动作熟练，其工艺参数可通过试验确定。

结构钢（如 45 钢、40Cr 钢）采用间断淬火方法，可避免淬火裂纹和硬度不均匀，并能减小畸变。例如，40Cr 钢制 ϕ270mm×5560mm 长轴，经 w(NaCl) = 2%的水溶液淬火 8min+空冷 2min+水冷 7min，再空冷至室温，硬度为 460~470HBW，全长硬度差不大于 5HRC，未发现淬火裂纹等缺陷。

141. 磁场冷却淬火

奥氏体化后的工件在附加有稳定磁场（40000~160000A/m）或强脉冲磁场（$8\times10^6\sim4\times10^7$A/m）的冷却介质中淬火时，由于磁场的作用，使水和水基（如 NaCl 水溶液）淬火冷却介质的冷却特性发生了某些变化（例如，降低在马氏体转变区的冷却速度），从而导致被处理金属材料的组织与性能发生相应的改变。可促进奥氏体向马氏体转变，并细化马氏体组织。

在磁场中淬火冷却时，钢中马氏体的自热回火程度要高于一般淬火时的自热回火程度，约相当于淬火与低温回火后的组织状态，从而使钢的强度提高（尤其是屈服强度）并能降低缺口敏感性。此外，应用此法还可消除钢的回火脆性。由于在磁场中淬火降低了工件在马氏体转变区的冷却速度，可有效地减小其淬火畸变与开裂倾向。

在磁场（特别是强脉冲磁场）中淬火，能使钢的 Ms 点温度显著升高，从而使淬火后残留奥氏体的数量大大减少、板条马氏体的数量增多、硬度提高，改善了钢材的强韧性；还能有效地促使因塑性变形而稳定化了的奥氏体向马氏体转变，有助于提高工件的尺寸稳定性。

磁场冷却淬火可适用于普通碳素结构钢、碳素工具钢、合金钢及铸铁，而应用于铸铁的效果更加明显。例如，参考文献［50］指出，成分（质量分数）为 C2.4%~2.7%、Cr3.5%~4.2%、Si1.0%~1.2%、Mn0.4%~0.6%、S<0.06%、P<0.04%、R_E0.08%（残留量）的耐磨铸铁叶片，经磁场冷却淬火后，与普通淬火相比，韧性提高 16%，强度提高 20%~30%，叶片的使用寿命提高了 3~4 倍。

参考文献［51］介绍，利用 G 系列磁场淬火槽（专利技术），对经磁场冷却淬火和普通淬火的模具进行了使用寿命对比测试，其工艺流程为：预热→加热→磁场冷却淬火（磁场强度为 6000A/m，交流磁场）→回火，其结果见表 2-42。

表 2-42　磁场淬火与普通淬火的模具的使用寿命对比

模具名称	钢号	寿命/万次	
		普通淬火	磁场淬火
冲孔冲头	7Cr7Mo2V2Si	2~3	6~8
冲孔冲头	W18Cr4V	1~2	6~8
切边模	7Cr7Mo2V2Si	2~3	4~6
切边模	9SiCr	0.6~1	1.5~2
顶针	60Si2MnA	2~4	6~7

142. 磁场等温淬火

磁场热处理是在钢的热处理过程中加入磁场，以改善钢的组织和性能的工艺。在等温淬火过程中加入磁场就称为磁场等温淬火。在等温淬火的同时，加入脉冲磁场，不但能改善工件性能、提高寿命，而且可缩短等温时间、节约能耗。

磁场等温淬火可降低过冷奥氏体的稳定性，促进过冷奥氏体向贝氏体转变，缩短等温时间，并改善组织，即增加贝氏体数量，并对贝氏体形态和残留奥氏体有一定影响。

例如，对 9SiCr 钢冲头进行 880℃加热，240℃×1h 等温淬火，磁场等温淬火在自制的脉冲磁场回火炉中进行。当脉冲磁场强度为 6.6×10^4A/m 时，能获得最多的贝氏体组织。与常规等温淬火相比，在得到相同组织的情况下，可使生产周期缩短；在硬度相近时，冲击韧性明显提高了。经生产考核，冲头寿命普遍提高了50%以上。

又例如，W6Mo5Cr4V2 高速钢加热到（1225 ± 5）℃，然后在 240～260℃自制磁场中等温淬火，其脉冲磁场强度为 25～100kA/m。等温 60min 淬火后的冲击韧度 a_K值为 3.5J/cm^2，而未经磁场等温淬火的 a_K值为 3.0J/cm^2。工件使用寿命提高了 40%。

143. 超声波淬火

在工件加热奥氏体化后，淬入有超声波作用的介质中，称为超声波淬火。超声波在淬火冷却工艺中的场效应，将使淬火冷却介质冷却能力增大，使淬火油能获得介于水-油之间的冷却特性，更趋于理想化；还将使水的淬火能力大于普通水，对低碳钢实现激烈淬火，为低碳钢马氏体强韧化工艺提供了新途径。

将加热至淬火温度的工件淬入具有超声波的淬火槽（带有超声波振荡器及发射器的淬火槽）中，由于超声波对淬火冷却介质的空化作用，可改变工件与介质间的热交换条件，从而强化了介质的冷却过程，提高了介质的冷却速度和冷却均匀性，使工件的淬火硬度和淬硬层深度得到提高。

此法用于有色金属、不锈钢与结构钢等，可有效地提高材料的强韧性，例如，45 钢经 820℃淬火（静水）+600℃回火与 820℃超声波淬火（水）+ 600℃回火后的力学性能分别为：淬火硬度为 54.9HRC、R_m = 816MPa、R_{eL} = 718MPa、Z = 60%；淬火硬度为 58.2HRC、R_m = 898MPa、R_{eL} = 816MPa、Z = 59.1%。超声波淬火冷却强韧化的原因是由于在淬火冷却过程中伴有钢的自热回火以及晶粒细化所致。

超声波淬火时，超声波的有效频率与钢的碳含量有关，碳含量越高，有效频率越低。例如，T10 钢超声波淬火的有效频率比 45 钢的低 2kHz。频率选择不当，其强韧化作用也不明显。

144. 浅冷淬火

工件进行常规淬火时，会自高温一直冷却到室温（或淬火冷却介质温度），但对于一些工件来说，如果淬冷到室温，因淬火应力较大，极易产生淬火畸变或淬裂。对此，可采用浅冷淬火方法，即在淬火时严格控制工件在淬火冷却介质中的停留时间，使最终冷却所达到的温度高于室温数百度，从冷却介质中取出后立即送入回火炉中进行回火，这种热处理工艺称为浅冷淬火。适用于大、中型锻模及某些大锻件的淬火。

例如，5CrMnMo钢制中型锻模，厚度为225～350mm，其浅冷淬火工艺过程为：模具室温装炉后，以30℃/h的加热速度升温至400℃左右，均温1～1.5h，再以30～50℃/h的加热速度升温至840～850℃，并保温1.5～2h后出炉，在空气中预冷至740～780℃再淬入油中，控制冷却时间，当模具的温度达到150～180℃时，立即送入回火炉中回火，即可有效地防止模具淬裂。

某些大锻件浅冷淬火时，心部的终冷温度甚至还高于回火温度。非合金钢大锻件心部的终冷温度常规定在550℃左右，低合金钢在450℃左右，中合金钢则为200～350℃，以保证在不发生淬裂的情况下尽可能发挥材料的强度潜力（得到较细珠光体或贝氏体组织）。

浅冷淬火还可以作为改善性能的热处理，改善或消除钢的低温脆性敏感性。例如，4340钢（相当于40CrNiMo，Ms=311℃），浅冷淬火工艺参数为：860℃保温1h后，淬入280～300℃的热浴中2min，400℃回火40s后水淬，-194℃深冷处理20h，回火2h。

145. 超低温淬火

超低温淬火又称液氮淬火。

液氮的冷却速度比水大5倍左右。在液氮中淬火，外观是在液体中冷却而实质上是在气体中冷却。液氮的气化潜热为水的1/11，工件淬入后立即被气体包围，所以没有像在普通介质内淬火时那样产生热冲击的三个阶段（汽膜期、沸腾期和对流期），工件淬火畸变及淬裂倾向极小。此外，在液氮中淬火时马氏体转变进行得更完全，残留奥氏体数量极少，使钢获得更高的硬度、耐磨性及尺寸稳定性。

146. 冷处理

冷处理，是指工件淬火冷却到室温后，继续在制冷设备或低温介质中冷却至Mf以上温度（一般在-60～-80℃）的工艺，也称冰冷处理。

当钢中含碳及合金元素较多时（Al、Co除外）马氏体转变终止点将降到0℃以下的低温，淬火后组织中含有较多数量的残留奥氏体，为使残留奥氏体转变为马氏体，可将淬火后的工件置于低温介质（也称制冷剂，如干冰、氨、液氮等）或制冷设备中继续冷却。

普通冷处理是温度在-80℃左右的冷处理，多应用于刀具、量具、精密轴承和其他尺寸精度要求较高的工件上，以提高硬度、耐磨性和尺寸稳定性等。

冷处理温度应根据钢材的化学成分（Mf点）来选定。对于大多数钢材来说，干冰、乙醇混合物（-78℃）即可满足要求。

冷处理应在淬火后立即进行，以免长期放置导致残留奥氏体产生稳定化而影响冷处理效果；一些形状复杂的工件为避免冷处理时产生裂纹，可经一次回火后再进行冷处理；对于一些尺寸稳定性要求更高的工件，如螺纹量规等，经分级淬火后，常需进行两次冷处理。冷处理后必须进行回火或时效，以消除所形成的应力及稳定新生的马氏体组织。

工件在冷处理时无须保温，只要其心部达到低温即可（一般1~2h）。冷处理后工件从低温介质中取出，在空气中缓慢升温至室温后，再进行回火处理。常用冷处理工艺参数见表2-43。

表2-43 常用冷处理工艺参数（GB/T 25743—2010）

性能要求	工件形状	降温速度/(℃/min)	冷处理温度/℃	冷保温时间/h	回温速度/(℃/min)
提高硬度、耐磨性（一般）	一般形状	2.5~6.0	-70~-100	1~2	2.0~10.0
	复杂形状	0.5~2.5			
提高硬度、耐磨性（特殊）	一般形状	2.5~6.0	-120~-190	1~4	
	复杂形状	0.5~2.5			
提高尺寸稳定性（一般）	一般形状	2.5~6.0	-70~-100	1~2	
	复杂形状	0.5~2.5			
提高尺寸稳定性（特殊）	一般形状	2.5~6.0	-120~-150	1~4	
	复杂形状	0.5~2.5			

147. 液氮气体深冷处理

深冷处理（DCT）是温度在-130~-196℃的冷处理，又称超低温处理。

深冷处理使用两种制冷剂，一种是液氮蒸气，另一种是液氮，目前大多使用前者。深冷处理可显著提高黑色金属（包括铸铁）、有色金属、合金（如钛合金、硬质合金）等材料的力学性能，稳定尺寸，改善组织均匀性，减小畸变，并可明显提高材料（如高速钢、工具钢、轴承钢、模具钢、渗碳钢等）的使用寿命。相关标准有GB/T 25743—2010《钢件深冷处理》等。

深冷处理工艺参数主要包括降温速度、保温时间、升温速度、深冷次数及深冷工艺顺序等。不同的材料有着不同的深冷工艺参数，深冷后所得的结果也不同。一般认为，适当地控制升温、降温速度可使材料的深冷处理效果更佳，而保温时间与深冷工艺顺序和深冷处理的材料有关。

深冷处理的作用是：①深冷处理使接近全部的残留奥氏体转变为马氏体；②深冷处理过程有弥散碳化物从淬火组织的基体析出；③深冷处理，在钢的硬度、冲击韧性、抗拉强度变化不大的情况下，可使其耐磨性显著提高。例如，AISI 52100（GCr15）、A2（Cr5Mo1V）、M2（W6Mo5Cr4V2）、O1（9CrWMn）钢分别经淬火、淬火及冷处理、淬火及深冷处理后进行滑动摩擦试验，其耐磨性提高了1.2~2.0倍，而深冷处理提高了2.0~6.6倍。

148. 模具钢的深冷处理

模具钢经深冷处理（-196℃），可提高其力学性能，一些模具经深冷处理后显著提高了使用寿命。模具钢的深冷处理可在淬火和回火工序之间进行，也可在淬火和回火之后进行。如果在淬火、回火后钢中仍保留有残留奥氏体，在深冷处理后仍需要再进行一次回火。深冷处理能提高模具钢的耐磨性和耐回火性。深冷处理可用于冷作模具、热作模具（如H13钢铝型材热挤压模具）和硬质合金等。

在正常工作条件下，磨损是冷作模具的主要失效形式之一。采用深冷处理等方法可减小模具磨损，从而提高其使用寿命。

例如，Cr12MoV 钢制冷作模具，深冷处理可有效地提高其强韧性和冲击磨损抗力。Cr12MoV 钢的深冷处理规范及不同规范处理的性能，分别见表 2-44 和表 2-45，两表中的“工艺序号”一一对应。

表 2-44　Cr12MoV 钢的深冷处理规范

工艺序号	淬火温度/℃	深冷处理温度× 次数+回火温度
1	1120	未深冷处理+T200℃
2	1120	-90℃× 1+T200℃
3	1120	-120℃× 1+T200℃
4	1120	-196℃× 1+T200℃
5	1120	-196℃× 2+T200℃
6	1120	-196℃× 3+T200℃

注：T 为回火。

表 2-45　Cr12MoV 钢不同规范处理后的性能

工艺序号	φ(Ar)(%)	硬度 HRC	a_K /(J/cm^2)	σ_{sc} /MPa	$N_P\times 10^4$ /次	α_c /mm	磨痕宽① /mm	失重② /mg	冲击次数/ (1× 10^{3}次)
1	40	58	6.97	1940	23.3	13.45	3.56	6.15	15
2	30	64	4.25	2574	21.8	11.54	3.35	5.86	21
3	22	64	3.83	2653	24.9	11.32	3.13	4.98	23
4	16	64	3.09	2707	22.5	11.17	2.88	4.54	28
5	14	65	3.45	2882	23.6	10.93	2.36	3.68	37
6	12	65	3.66	2957	24.8	10.81	2.25	3.36	42

注：σ_{sc}为抗压屈服点；N_P为三点弯曲试样断裂时的应力循环次数；α_c为三点弯曲试样断裂时裂纹扩展长度。

① 5× 10^{4}次冲击时。

② 磨痕宽达到 2mm 时。

深冷处理时从马氏体中析出大量弥散碳化物是 Cr12MoV 钢强韧性和冲击韧性明显提高的原因。

149. 高速钢刀具的深冷处理

高速钢制刀具的深冷处理，可在刀具加工过程中，也可在产品刀具（已经过淬火和三次回火最终热处理）上进行，并都能起到延长使用寿命的作用。

例如，W6Mo5Cr4V2 高速钢制 ϕ7mm 直柄麻花钻头，热处理及深冷处理工艺曲线如图 2-24 所示。深冷处理在液氮蒸气中进行。经淬火+三次回火后钻头的切削寿命（钻孔数）为 233.6，经淬火+三次回火+深冷处理（-106℃×1h、-123℃×1h、-137℃×1h、-196℃×1h、-196℃×30h）后钻头的切削寿命（钻孔数）分别为 527.6、547.3、

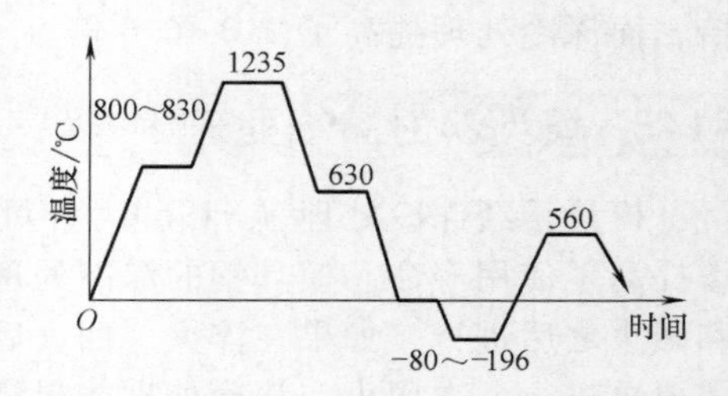

图 2-24　直柄麻花钻头的热处理工艺曲线

465.3、233.0 和 344.3。由上述数据可见，ϕ7mm 钻头的深冷处理有一最佳规范：-106℃～-123℃×1h。过分降低温度和延长时间对钻头使用寿命是不利的。

W18Cr4V 钢制成品刀具经-196℃深冷处理后：①室温时的硬度无明显变化，热硬性、强韧性却有明显提高；②刀具无附加畸变和开裂现象；③组织中有细小弥散碳化物析出，可能是提高性能的因素之一；④刀具的切削寿命增长 50%以上。

高速钢制机用锯条经深冷处理，也提高了使用寿命。

150. 轴承钢的深冷处理

轴承钢经常规淬火+回火处理后，在冷却至室温后并未达到轴承钢马氏体的转变终止温度 *Mf* 点，经深冷处理可促进残留奥氏体向马氏体进一步转变，提高其耐磨性，细化组织并析出微细碳化物，从而提高轴承钢件的综合力学性能和寿命。

例如，GCr15 钢制高速油泵油嘴，常因工作温度升高造成膨胀而导致早期失效。未经深冷处理，只能连续工作 5h；经过-70℃冷处理，可连续工作 7h；而经过-150℃深冷处理，连续工作时间可达 10h 以上。

又例如，对 GCr15 轴承钢进行 870℃油淬+深冷处理+200℃×1h 回火。深冷处理在 DW2 可编程深冷处理设备中进行，采用液氮罐蒸发空间温度梯度制冷，最终将试件完全浸泡在液氮中，冷却时采用 0.6℃/min 缓冷的方式，升温在油、水中或以 0.5℃/min 的速率缓慢回复至室温，具体工艺参数见表 2-46。

表 2-46　GCr15 钢深冷处理工艺及性能

序号	深冷处理工艺	硬度 HRC	冲击吸收能量/J	磨损量 /mg	残留奥氏体含量(体积分数,%)	残余应力 /MPa
1	未经深冷处理	61.0	20.2	29.7	16.74	-98
2	液氮浸泡 2h,油中升温	62.5	21.5	26.1	—	—
3	液氮浸泡 4h,油中升温	62.5	21.9	21.9	—	—
4	液氮浸泡 36h,油中升温	62.5	19.7	21.4	—	—
5	液氮浸泡 2h,水中升温	62.7	20.8	26.1	0.40	—
6	液氮浸泡 2h,0.5℃/min 升温	62.4	21.7	20.7	9.75	252

经深冷处理后残留奥氏体含量由 16.74%降为 0.40%～0.75%，表层残余应力由-98MPa 压应力变为 252MPa 拉应力，耐磨性提高 105%～146%，硬度提高 1.70%～4.43%。当液氮浸泡时间少于 4h 时，随浸泡时间延长，磨损量减小、冲击吸收能量和硬度有所提高了；当超过 4h 时，随浸泡时间延长，磨损量和硬度变化不大，冲击吸收能量减小。此外，升温速度越快，硬度和磨损量均有所提高，冲击吸收能量降低，当液氮保温时间约为 4h，深冷处理后的升温速度控制在 0.5℃/min 左右时，轴承钢（如 GCr15）的残留奥氏体控制在 10%左右，可获得良好的综合力学性能。

151. 铸造铝合金的冷处理

铸造铝合金的冷处理，常用于消除内应力和要求尺寸稳定性更高的场合。其工艺如下：

(1) 消除内应力的铸铝件　将铸造或固溶处理后的铸铝件冷却到-50℃、-70℃或更低的温度，保持2~4h，然后在空气或热水中加热到室温。

(2) 要求尺寸稳定性更高的铸铝件　将铸铝件冷却到-50℃、-70℃或更低的温度，保持2~4h，恢复室温后，加热到200℃左右，保持一定的时间，反复进行多次。

152. 磁场深冷处理

40Cr13、65Mn、60Si2Mn、高速钢和轴承钢经常规深冷及磁场深冷处理，能提高钢的硬度、强度、冲击韧性、耐磨性，以及使用寿命，而磁场深冷处理的强韧化效果又明显超过常规深冷处理。

例如：40Cr13钢的磁场深冷处理，在电流为120A的交变磁场中进行，横向磁化。40Cr13钢作为中碳马氏体不锈钢，经常用于制造医疗器械、量具等，一般采用淬火+200~300℃低温回火+深冷处理。深冷处理既促进残留奥氏体转变成马氏体，具有强化作用，又可使马氏体分解细化，具有增加韧性的作用。由表2-47的数据可以看出，深冷处理在提高强度的同时，也可提高塑性。磁场深冷处理得到的力学性能超过一般深冷处理，-196℃×2h磁场深冷处理与长时间（96h）常规深冷处理在提高强韧性方面效果相同。

表2-47　不同工艺处理的40Cr13钢的力学性能

序号	深冷处理	回火	回火前硬度HRC	回火后硬度HRC	R_m/MPa	A(%)	Z(%)
1	无	300℃×2h	52.7	50.3	1635	2.8	16.2
2	-196℃×2h	300℃×2h	53.3	50.7	1667	3.0	21.6
3	-196℃×2h	150~180℃×1h去应力回火	—	50.5	1676	3.3	22.5
4	-196℃×96h	300℃×2h	52.1	50.5	1749	3.9	23.2
5	-196℃×2h(磁场)	300℃×2h	53.7	51.2	1721	3.8	23.1

注：所有试样深冷处理前的淬火工艺为1020℃×5min油淬；序号3试样在深冷处理前经300℃×2h回火。

153. 马氏体分级淬火

马氏体分级淬火是指将钢或铸铁工件加热到奥氏体化后，浸入稍高于Ms点温度的热浴（热油、熔盐、熔融金属或流态床）中等温保持，待工件内外层均温后取出缓冷至室温，以获得马氏体组织的淬火方法，又称为Ms点以上的分级淬火(以下简称分级淬火)。其主要优点是能够降低工件的淬火畸变和淬裂倾向。其次，分级淬火能保证工件在强度、硬度相同的条件下，具有较高的韧性，特别是对于低温回火的工件，其冲击韧度的提高尤其显著。

分级淬火工艺的关键是分级热浴的冷却速度一定要保证大于临界淬冷速度，并且使淬火零件保证获得足够的淬硬层深度。不同钢种在分级淬火时均有其相应的临界直径。表2-48为几种钢在不同介质中淬火的临界直径。从表2-48中可以看出，分级淬火时零件的临界直径比油淬、水淬都要小。因此，对大截面非合金钢、低合金钢零件不宜采用分级淬火。为了降低临界淬冷速度，淬火加热温度可比普通淬火提高 10~20℃。

表 2-48 几种钢在不同介质中淬火的临界直径

淬火方法	能淬透的临界直径/mm			
	45	30CrNiMo	45Mn	GCr15
分级淬火	2.25	7.25	7.25	12.50
油淬	6~9	12.50	10~12	19.75
水淬	13~16	19.75	18~19	32.25

1）分级温度应选择在钢的过冷奥氏体稳定温度区间内，一般约在 *Ms* 点以上 10~20℃。

2）分级时间，应根据钢材的化学成分、工件尺寸等条件来确定并应保证工件内、外层的温度均接近于热浴的温度。分级结束后一般为空冷，在缓慢冷却过程中，沿工件整个截面，几乎同时发生过冷奥氏体向马氏体转变，因而也就减小了组织应力。

根据分级温度、分级次数的不同，分级淬火又分为一次分级淬火、多次分级淬火、在奥氏体等温转变图“港湾”温度区间的分级淬火 3 种类型。

（1）一次分级淬火　一次分级淬火工艺曲线如图 2-25 所示，它是将工件加热奥氏体化后淬入温度高于 *Ms* 点的热浴中，保温一定时间（以不发生贝氏体转变为原则），然后从热浴中取出空冷。适用于形状复杂和对形状、尺寸要求严格的较小型工件。

（2）多次分级淬火　对于截面尺寸较大、形状复杂、易于淬火畸变和淬裂的高合金工具钢，如高速钢刀具，可采用逐次降温的 2 次或 3 次分级的分级淬火方法。多次分级淬火时分级温度一般为 600~650℃、450~550℃ 和 300~350℃。图 2-26为 W18Cr4V 高速钢制锯片铣刀的多次分级淬火工艺曲线。多次分级淬火时在各个分级温度所停留的时间，应能保证在该温度下工件沿截面的均温，而又不致产生非马氏体相变。具体数值可根据工件尺寸和形状以及装卡数量等条件，由试验加以确定。

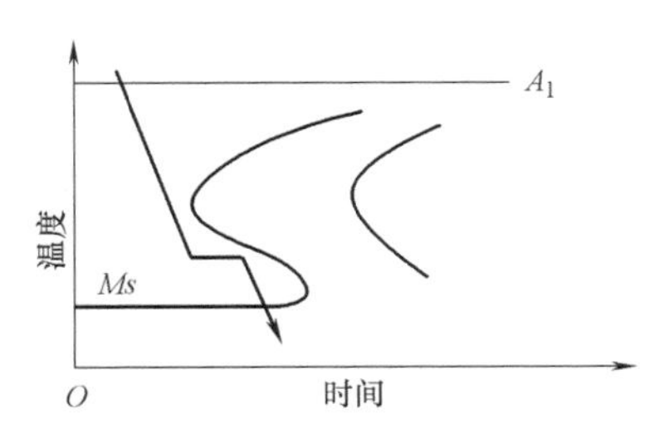

图 2-25　一次分级淬火工艺曲线

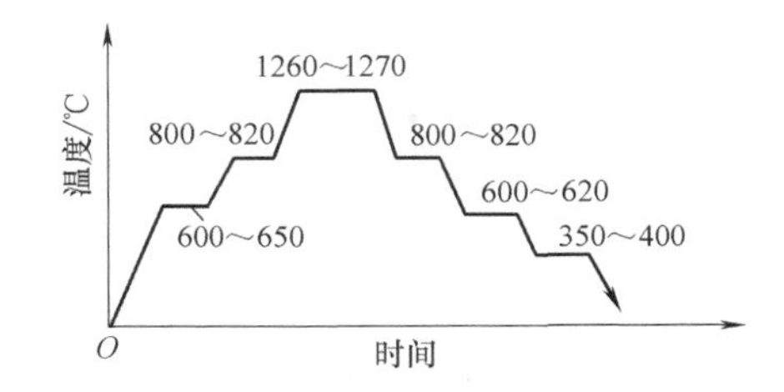

图 2-26　锯片铣刀多次分级淬火工艺曲线

（3）在奥氏体等温转变图“港湾”温度区间的分级淬火　其是钢件加热奥氏体化后浸入温度在奥氏体等温转变图“港湾”区间的热浴中等温保持适当时间后的冷却淬火方法（见图 2-27），又称为奥氏体等温处理。此法主要应用在高速钢刀具和一些超高强度钢所制的航空零件、压力容器、模具及齿轮等的热处理上。

各种类型的高速钢在其珠光体与贝氏体转变温度之间，存在一较大的过冷奥氏体稳定区域（港湾区）。通常，在港湾区分级温度越高，淬火后刀具的畸变越小，如将分级温度提高至675℃（分级时间不超过15min）刀具的使用性能及寿命不会受到任何损害，而畸变倾向可大幅度减小。

当超高强度钢所制工件采用此种分级淬火处理时，也可获得较好的效果。

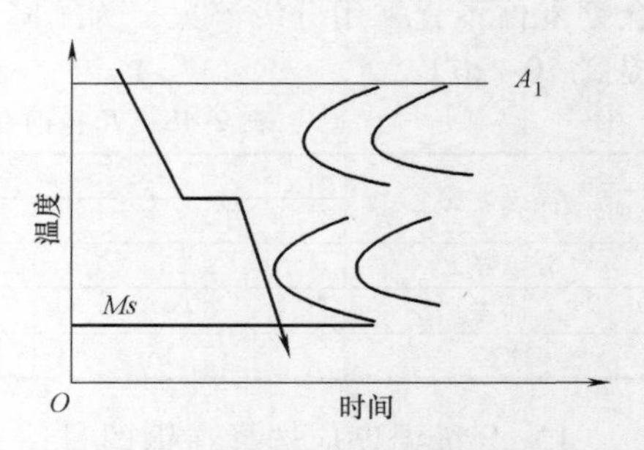

图 2-27　在奥氏体等温转变图“港湾”区的分级淬火工艺曲线

154. 马氏体等温淬火

马氏体等温淬火是指工件奥氏体化后浸入低于 *Ms* 点以下 50~100℃的热浴中等温保持，待内外层均温后取出空冷，以获得马氏体的淬火方法（见图 2-28），又称 *Ms* 点以下的分级淬火。

此法的冷却速度较分级淬火时快，适用于淬透性略低钢种制造的工件，并可以减小淬火畸变和防止淬裂。但淬火畸变倾向略大于分级淬火后的畸变倾向。

图 2-29 为另一种形式的马氏体等温淬火，其过程为工件奥氏体化后淬入温度低于 *Ms*（但高于奥氏体陈化温度 *Mc*）点的热浴中，使内外均温，然后取出急冷（宜在油中急冷）并获得马氏体组织。采用此法，由于在 *Mc* 点以上就采取了急冷，避免了奥氏体稳定化，处理后残留奥氏体数量减少，尺寸稳定性较高，故又称为尺寸稳定化分级淬火，适用于形状复杂的精密零件。

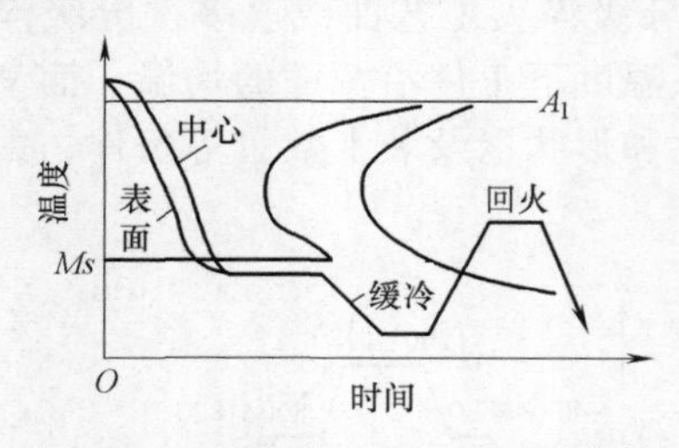

图 2-28　马氏体等温淬火工艺曲线

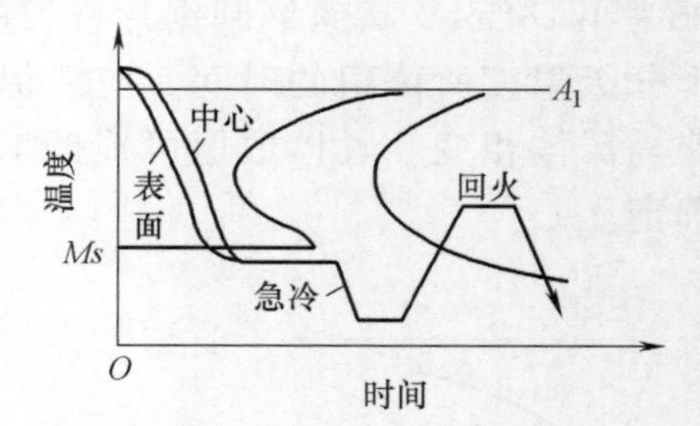

图 2-29　马氏体等温淬火（尺寸稳定化分级淬火）工艺曲线

155. 等温分级淬火

等温分级淬火是将奥氏体化后的工件在下贝氏体区域等温淬火一段时间（并不进行到下贝氏体转变完毕），自热浴中取出空冷以得到下贝氏体、马氏体和残留奥氏体的热处理工艺（见图 2-30）。

部分的贝氏体转变将使奥氏体中碳含量增加，未转变奥氏体的 *Ms* 点下降，空

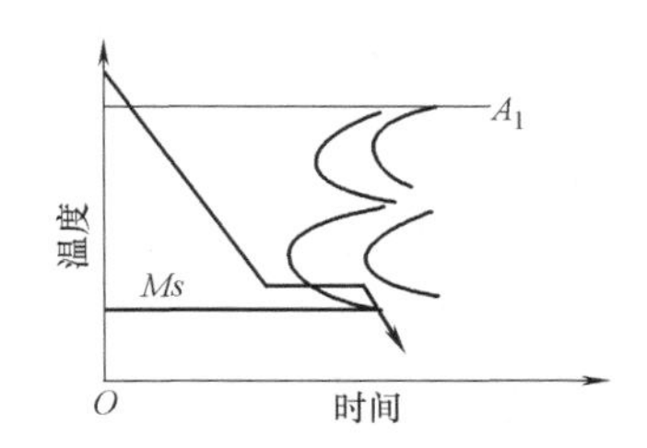

图 2-30　等温分级淬火工艺曲线

冷至室温后有较多的残留奥氏体，有利于易淬火畸变工件（如高速钢大直径拉刀等）的热矫直。应严格控制等温盐浴的温度。温度过高，贝氏体转变量较多，使工件的硬度偏低；温度过低，则热矫直时弯曲恢复（回弯）的程度较大，不易发挥部分贝氏体等温转变的效果。当贝氏体转变量较多时，未转变奥氏体的 *Ms* 点可降到室温以下，可进行冷矫直，但此时需进行更多次数的回火，以促使残留奥氏体转变趋于完全。

156. 真空气体分级淬火

气体淬火最大的优点是淬火阶段无蒸气膜阶段，工件在整个淬火过程中传热更为均匀，畸变规律更强。高压气体（如氮气）的等温分级淬火（利用带对流加热与冷却装置的气冷真空炉进行真空高压气冷等温淬火）是在材料的 *Ms* 点附近进行，能减小工件表面与心部的温差，使得之后的马氏体转变产生更少的应力畸变。针对不同装炉量、材料淬透性及产品要求，真空炉使用变频驱动技术，气体（N_2）注入压力为 0~2MPa，有两个 130kW 的电动机，调制范围为 0~100%。可使得淬火冷却工艺曲线和奥氏体等温转变图尽可能地接近，避开某些畸变产生的临界阶段（见图 2-31）。在控制工件淬火后的硬度和畸变方面更具灵活性。

这种分级淬火工艺类似于一个三阶段的冷却淬火过程。第一阶段采用适中的气体压力和搅拌风速，在最初期的冷却过程中相对比较缓和，然后冷却强度逐步增加，以便尽可能避免珠光体和贝氏体的形成；第二阶段，在马氏体转变阶段之前，淬火冷却有一个几秒钟的停顿，气体的搅拌延缓，从而增加了工件之间的热传导，这将会防止工件表面和心部之间存在大的温差，而这种温差实际上是残余应力的诱因，会在随后的马氏体转变过程中产生畸变；第三阶段采用最大的淬火速度，马氏体转变阶段的冷却速率越

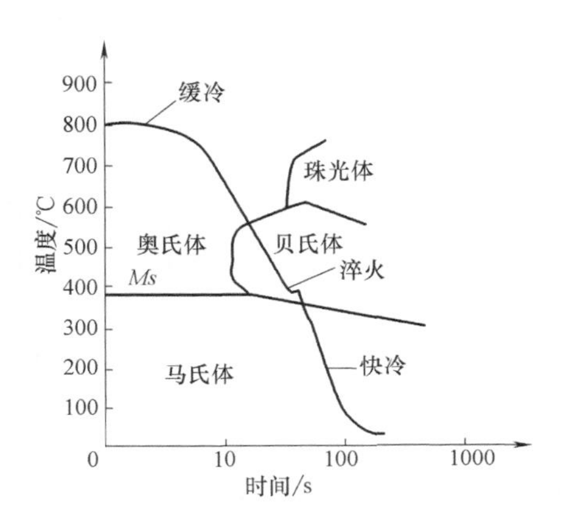

图 2-31　淬火冷却工艺曲线

快，得到的钢的力学性能也就越好。

为了比较气体分级淬火和强度不变的气体直接淬火之间的区别，我们对传动齿轮和传动齿环进行了试验。对于传动齿轮，其齿向畸变的平均值从 13μm（常规淬火）减少到 4μm（分级淬火）；对于传动齿环，外径的畸变量减小为原来的 1/4。而且，在以上两种试验中，在炉内装料区的各个部位检测到的结果是高度一致的。即该工艺同时解决了畸变问题和（畸变）一致性问题。例如，20CrMo 钢轿车自动变速器齿圈采用低压真空渗碳生产线，经 920℃×48min 真空渗碳后，进行气体等温分级淬火，齿圈畸变误差<0. 100mm。

对于形状复杂、厚薄相差悬殊的高合金钢，采用二段预热法。用较低的淬火温度加热并用相对较低的冷却气体压力进行分级淬火，在保证淬火质量的前提下，可使工件畸变控制在较小的范围内。

例如，W302（4Cr5MoSiV1）钢制汽车、摩托车铝合金压铸模的真空气淬。采用美国 HL36IQ6 型单室高压气淬炉。模具热处理工艺：600℃和 800℃二段预热，1040℃加热淬火，加热时充 N_2 保护，为减小畸变，对于形状复杂的较薄工件，可采用 1020℃加热淬火工艺。冷却时，分别用 0. 2MPa 和 0. 4MPa 压力淬火（视模具有效厚度选择）；考虑到减小淬火畸变，采用气体分级淬火，分级温度为 370℃，淬火后进行 3 次回火。经上述处理后，模具硬度、畸变达到技术要求，表面光亮，无开裂现象。

157. 贝氏体等温淬火

贝氏体等温淬火是工件在加热奥氏体化后快冷到贝氏体转变温度区间等温保持，使奥氏体转变为贝氏体的淬火，简称等温淬火（见图 2-32）。等温淬火通常在淬火热浴中进行。

等温淬火的工件具有高强度与高塑性的良好配合，而内应力极小，有利于减小淬火畸变和防止淬裂，常应用于合金结构钢及工具钢制造的下列工件：弹簧、冲模、轴承和精密齿轮等小型工件；形状复杂，淬火过程淬火畸变、淬裂倾向较大，而尺寸精度又要求较高的工件，如各种成形刀具；等温淬火的球墨铸铁工件（如齿轮、变速轴、拨叉和链轮等），具有良好的强韧性和耐磨性，可代替一些合金结构钢；35CrNiMo、30CrMnTi 等钢制造的汽轮机、水压机和发动机主轴及其重型机件，用等温淬火可避免淬裂；变形铝合金可用等温淬火（150~200℃）代替固溶处理和时效二重处理方法，以减小淬火畸变并可获得同等强度下较高的塑性。

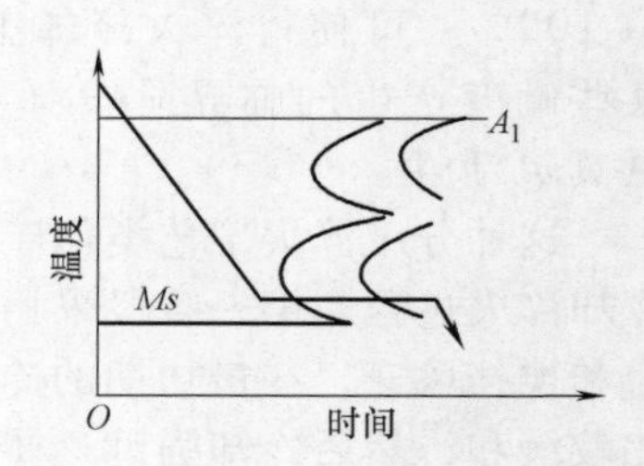

图 2-32 贝氏体等温淬火工艺曲线

等温淬火时的加热温度，对于合金钢来说与常规淬火相同，但对于淬透性较低的钢种（如非合金钢及某些合金钢），可适当提高加热温度，对于尺寸较大的零件也可适当提高加热温度。

等温淬火时的等温温度，由试验决定，常用钢的等温淬火温度见表2-49。

表2-49　常用钢的等温淬火温度

钢号	等温温度范围/℃	钢号	等温温度范围/℃
65	280~350	GCr9	210~230
65Mn	270~350	9SiCr	260~280
30CrMnSi	325~400	W18Cr4V	260~280
65Si2	270~340	3Cr2W8	280~300
T12	210~220	Cr12MoV	260~280

等温时间的选择决定于钢材的成分、工件尺寸和形状等因素。对于结构钢件，等温时间应保证尽可能多的过冷奥氏体转变为下贝氏体，以获得良好的力学性能组合。具体的等温时间则由试验测定。对于刀具来说，等温淬火的目的仅是为了减小被处理刀具的淬火畸变和淬裂的倾向，其等温时间的长短应根据工艺的要求来确定。如部分的贝氏体转变已可满足工艺要求，可进行较短时间的等温保温，对于高速钢刀具一般为0.5h。如需全部贝氏体组织时，应进行较长时间的等温保温，对于高速钢通常采用3h。

工件在热浴中由奥氏体化温度冷却至等温温度的冷却过程中，不应有珠光体产生。因此，等温淬火工件的尺寸，常受所用钢材淬透性的制约。几种常用钢材所制等温淬火工件的最大尺寸及等温淬火后所能获得的硬度见表2-50。

表2-50　几种钢材可等温淬火的最大尺寸及硬度

钢号	最大尺寸/mm	最高硬度HRC
T10	4	57~60
65	5	53~56
65Mn	8	53~56
30CrMnSiA	15	47
40Cr	12	52
5CrMnMo	13	52
5CrNiMo	25	54

工件经等温淬火后一般无须进行回火。对于要求严格的工件，可进行一次温度较低的回火。对于经等温淬火后的高速钢刀具，应进行较（普通淬火后）多次，一般是4次回火，以消除残留奥氏体及获得充分的二次硬化效果。

158. 灰铸铁的贝氏体等温淬火

为了减小灰铸铁制工件（如齿轮、凸轮、缸套等）的淬火畸变、防止淬裂，以及提高其耐磨性和综合力学性能，可对其进行贝氏体等温淬火（以下简称等温淬火）。等温淬火时的奥氏体化温度为 Ac_1 以上30~50℃（约为860~880℃），等温时间为0.5~1h。几种铸铁不同温度等温淬火后的力学性能见表2-51。由表2-51中数据可见，300℃等温淬火后的抗弯强度 σ_{bb} 最高，因而灰铸铁等温淬火时大都采用这一等温温度。

表 2-51　等温淬火对灰铸铁力学性能的影响

化学成分 w(%) / 等温温度/℃	$C_{总}$2.87、$C_{化}$0.70、Cr0.90、Si1.90		$C_{总}$2.83、$C_{化}$0.70、Cr0.15、Mo0.30、Si1.92		$C_{总}$2.83、$C_{化}$0.71、Cr0.14、Mo0.24、Si1.20		$C_{总}$3.56、$C_{化}$0.66、Si2.08	
	力学性能							
	σ_{bb}/MPa	硬度 HBW	σ_{bb}/MPa	硬度 HBW	σ_{bb}/MPa	硬度 HBW	σ_{bb}/MPa	硬度 HBW
铸态	604	229	748	251	725	240	627	255
250	385	492	440	515	418	507	215	470
300	905	332	1090	386	1030	388	717	345
350	876	317	901	340	961	334	656	283
500	776	286	712	314	747	290	693	299
600	672	237	773	265	759	252	732	273

等温淬火后灰铸铁的显微组织为下贝氏体、残留奥氏体和少量马氏体；石墨的形态、数量和尺寸在等温淬火后无明显变化。

159. 球墨铸铁的贝氏体等温淬火

球墨铸铁的贝氏体等温淬火（以下简称等温淬火——ADI）是为了充分发挥其力学性能潜力，减小淬火畸变，防止淬裂所采用的工艺方法。球墨铸铁等温淬火时采用完全奥氏体化加热，温度为860~900℃，硅含量较多或铸态基体组织中铁素体数量较多时取上限；等温温度约260~300℃，通常采用260~280℃，等温时间为60~120min。等温淬火后基体组织是下贝氏体、残留奥氏体和少量马氏体、铁素体，石墨的形态、尺寸和数量无明显变化。

球墨铸铁通过等温淬火后，能获得与钢媲美的强度和韧性，可用于制造齿轮轴套、凸轮轴、曲轴及齿轮，以及抗磨件磨球、衬板、锤头、采掘机斗齿和铁路用斜楔等，从而降低制造成本。可采用推送式、立式、网带式、箱式等温淬火球墨铸铁专用机组（生产线），提高产品质量和生产率。

例如，贝氏体球墨铸铁制拖拉机末端从动齿轮，贝氏体等温淬火工艺曲线如图 2-33 所示。可得到以下贝氏体+残留奥氏体为基体的金相组织，基体贝氏体、残留奥氏体及铁素体均为 2 级，表面硬度为 40~45HRC。喷丸处理后，齿根部位的弯曲疲劳强度提高到 357MPa，达到设计要求。经装车试验，运行 600h 后齿面无裂纹、点蚀，磨损量很小。以奥贝球铁代替 20CrMnTi 钢生产齿轮，可降低成本 20%以上，并减少了整机重量和运行噪声。

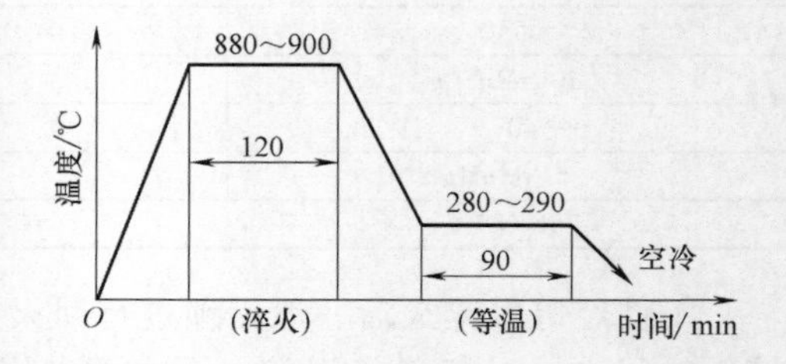

图 2-33　从动齿轮等温淬火工艺曲线

160. 分级等温淬火

分级等温淬火又称为一次贝氏体等温淬火，是在贝氏体等温淬火之前，先在中温区域进行一次或二次分级冷却（见图 2-34），可使热处理过程中的热应力及组织应力减小更多，工件淬火畸变和淬裂的倾向更小，同时还能保证强度、塑性的良好配合。

对高速钢制件进行分级等温淬火，可提高强度、韧性等性能，从而提高其使用寿命，还可防止工具在热处理过程中的淬火畸变和淬裂。此法多应用于中心钻、蜗轮滚刀、切线平板牙、滚丝模、冲压模及各种小型刀具的最终热处理。对于这类工具，一次分级温度为 580~620℃，如有必要还可增加一次 350~400℃ 较低温度的二次分级。分级保温时间约等于最终加热时的保温时间。等温温度为 240~280℃，等温时间一般为 2~4h，以充分进行奥氏体向下贝氏体的组织转变。

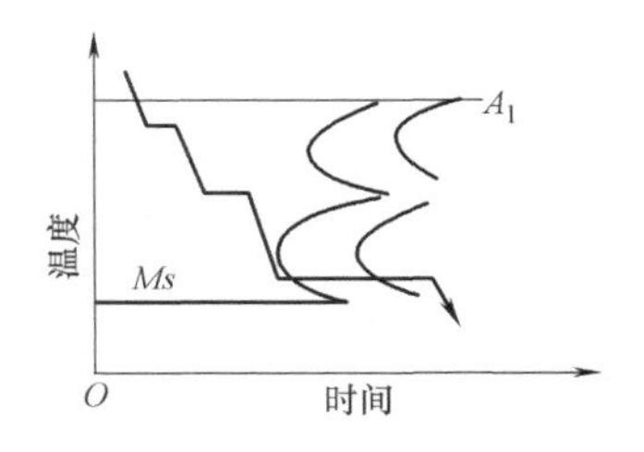

图 2-34　分级等温淬火工艺曲线

例如，W18Cr4V 高速钢制直径为 5~20mm、长为 100~150mm 的组合丝锥，要求淬火、回火后刃部硬度为 63~66HRC，在 1000mm 长度内，螺距伸长应小于 2mm。采用分级等温淬火工艺，即在 1280℃ 奥氏体化后将工件在 580~620℃ 及 350~400℃ 热浴中分别分级 2.5min，然后在 240~280℃ 的热浴中等温 60~120min 后空冷，最后经 560℃×4 次回火，减小了畸变而获得合格的产品。

161. 二次贝氏体等温淬火

高速钢制工具经淬火或等温淬火后，组织中保留有大量残留奥氏体。在回火后的冷却过程中转变为马氏体，这一转变过程也必将伴随有相变应力产生。对于形状复杂、淬火开裂倾向大的刀具，回火时的相变应力也可能产生裂纹而导致工具报废。奥氏体转变为贝氏体时所产生的相变应力小于转变为马氏体时的，因此对于复杂形状的特大型刀具（如模数大于 15mm 的齿轮铣刀、齿轮滚刀以及厚度大于 100mm 的带孔刀具），可采用二次贝氏体等温淬火处理（见图 2-35），以防止这些刀具在回火时的畸变和开裂，即对经淬火或贝氏体等温淬火后的高速钢刀具，于第一次 560℃ 回火冷却时，在 240~280℃ 下保温 2~4h，使残留奥氏体转变为贝氏体（即二次贝氏体）。经此处理后刀具仍需进行 560℃×3 次回火。

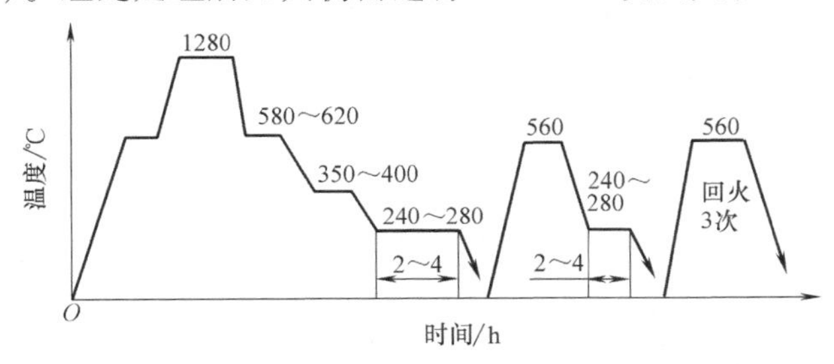

图 2-35　高速钢刀具二次贝氏体等温淬火工艺曲线

例如，W6Mo5Cr4V2Al（501）高速钢，二次贝氏体等温淬火工艺：在1190℃加热后，进行280℃×3h等温淬火，第一次回火（560℃×1.5h）后不要空冷而进行280℃×3h的二次贝氏体等温淬火，随后进行560℃×1.5h×2次回火，硬度为63~64HRC。用于挤压20Cr钢活塞销，寿命达2万件左右，比W18Cr4V钢常规热处理的寿命提高1倍。

162. 珠光体等温淬火

珠光体等温淬火工艺曲线如图2-36所示，其过程是奥氏体化后的钢件，在珠光体转变的下部温度区间进行等温保温，使过冷奥氏体全部转变成细片状珠光体（索氏体）组织，而不至于有先共析铁素体或渗碳体（碳化物）析出。如果在珠光体转变完毕之后再延长一些保温时间，即可得到部分的球化组织。

此工艺多应用于60、70、T7A、T8A、T9A和T10A等非合金钢弹簧钢丝（ϕ0.14~ϕ8mm）以及65Mn弹簧钢丝（ϕ1~ϕ6mm）的生产。其加工工艺过程是：钢材奥氏体化后淬入温度为500~520℃的盐浴（或铅浴）中，等温保持以得到索氏体组织，软化后再在室温进行多道次、总变形量达90%的冷拉拔丝。经此双重处理后弹簧钢丝可获得极高的强度（R_m≥1960MPa）及良好的塑性。例如用铅淬拔丝的钢丝生产弹簧时，仅需在冷绕制成形后再经200~300℃的低温回火，即可供使用，而无须进行复杂的淬火、回火热处理。

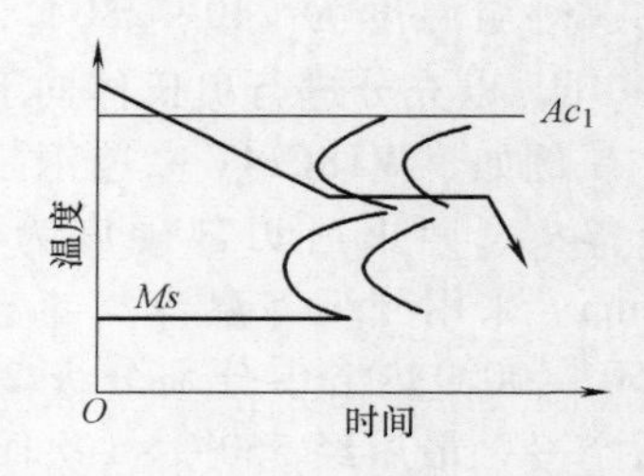

图2-36 珠光体等温淬火工艺曲线

163. 预冷等温淬火

预冷等温淬火也可称为升温等温淬火，适用于淬透性较差的钢件或尺寸较大又必须进行等温淬火的工件，其过程（见图2-37）是：为了避免自高温冷却至下贝氏体等温槽的过程中发生部分珠光体或上贝氏体转变，可采用两个温度浴槽。其中一个温度较低，另一个温度较高，相当于下贝氏体转变温度。但是二者的温度都高于Ms点。工件加热后先在较低温度的盐浴中冷却，等内外均温后再放入贝氏体等温淬火槽中进行等温转变，之后空冷，以得到下贝氏体组织。

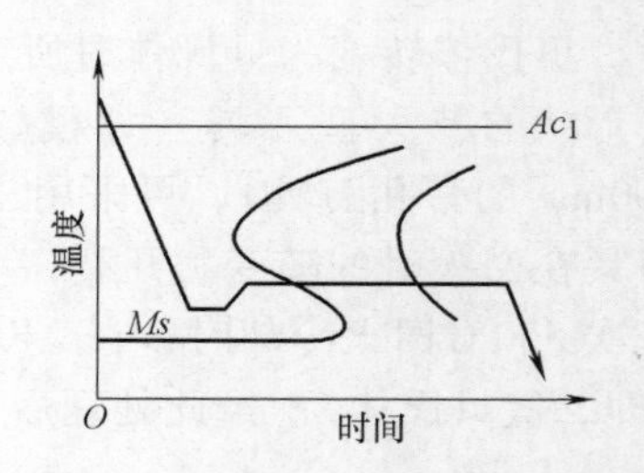

图2-37 预冷等温淬火工艺曲线

164. 预淬等温淬火

合金工具钢制件，为了避免第一类回火脆性、减少残留奥氏体量及防止淬火畸变或淬裂等，可采用预淬等温淬火工艺。其工艺过程（见图2-38）是：工件奥氏体化先淬冷至Ms点以下温度，待得到体积分数为10%~50%的马氏体时，再转入

温度高于 Ms 点的热浴中进行贝氏体等温淬火，最后空冷至室温。这样处理的工件，可根据马氏体量的多少及工件的性能要求来确定回火工艺。当马氏体量较少时，也可不进行低温回火。

预先淬冷得到的马氏体可催化贝氏体转变，从而减少残留奥氏体数量。马氏体本身在等温常规过程中也得到一定程度的回火，因而钢的强韧性较高。

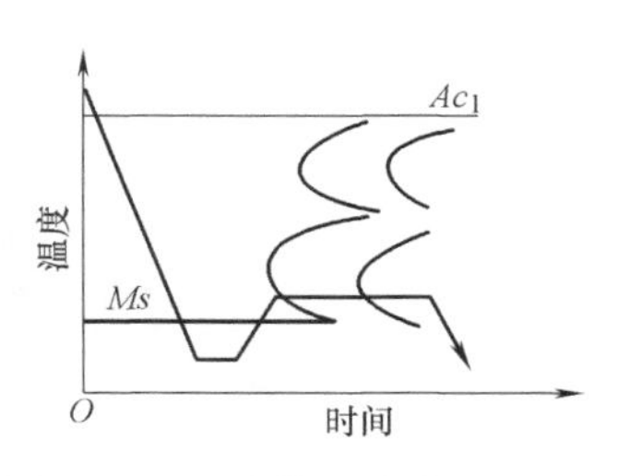

图 2-38　预淬等温淬火工艺曲线

例如，5CrNiMo 钢制热作模具，有时为了提高韧性可进行如下规程的预淬等温淬火：模具于 880℃ 奥氏体化后，预淬到 160～180℃ 的热浴中或油淬到 150℃ 左右（钢的 Ms 点约为 230℃），软化后再在 270～300℃ 进行 2～3h 的等温转变。可得到马氏体、下贝氏体及残留奥氏体组织，再根据性能要求进行回火。

例如，CrWMn 钢制 JCS101 螺纹磨床丝杠，尺寸为 ϕ34mm×280mm，精度为 4 级。其预淬等温淬火过程为：丝杠于 830～840℃ 奥氏体化后淬入 200℃ 的热油中（钢的 Ms 点约为 220℃）停留适当时间，再提到油浴外进行热矫直。矫直后，丝杠立即转入 235～240℃ 的硝盐槽中等温保温 8h，空冷。最后再进行 180℃×4h 的低温回火。

165. 微畸变淬火

微畸变淬火是一种综合的工艺措施，包括预备热处理和淬火、回火工艺等。在此，预备热处理的作用是得到细小、均匀的组织，为淬火做好准备。淬火时，在保证淬透的前提下，采用更均匀、更缓慢的冷却方式，将热应力、相变应力减小到最低程度，从而减小工件的淬火畸变。

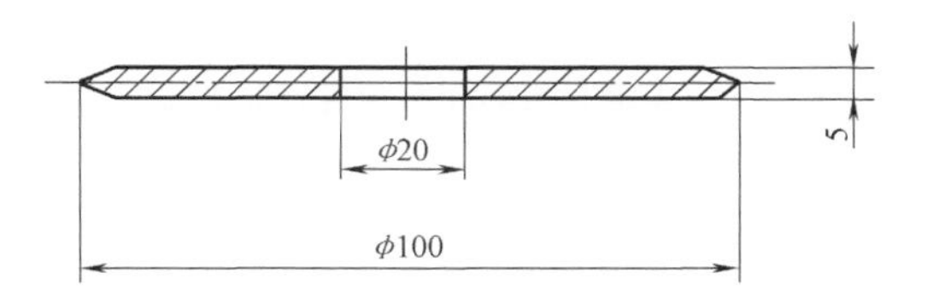

图 2-39　T12 钢制无刃切断刀简图

例如，T12 钢制无刃切断刀（见图 2-39），要求最终热处理后硬度为 55～58HRC，平面度误差≤0. 10mm。其微畸变淬火工艺流程为：下料→粗车→调质→精车→淬火、回火→精加工。其热处理工艺曲线如图 2-40 所示。其工艺的特点如下：①预备热处理是以调质代替了等温退火；②奥氏体化采用的是高温、

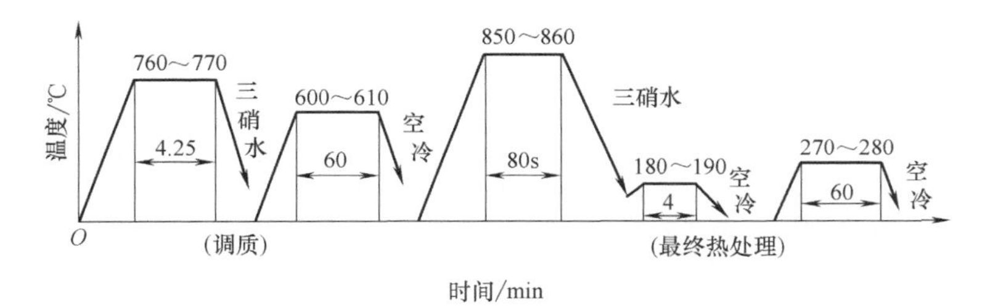

图 2-40　无刃切断刀微畸变热处理工艺曲线

短时间加热；③淬火冷却采用的是预淬等温淬火（*Ms* 点约为 300℃）方式。由于以上三点的综合作用，达到了微畸变淬火的效果。

166. 无畸变淬火

无畸变淬火为预冷等温淬火工艺在工模具钢上的应用，其方法是通过热处理工艺增加残留奥氏体量，使淬火畸变减小，从而实现无畸变淬火。

由于奥氏体的比体积小于珠光体及马氏体，因此可通过提高加热温度、中温等温保持及等温淬火前的预冷等方法增加残留奥氏体量，以平衡马氏体转变时的体积膨胀来减小淬火畸变。

无畸变淬火的另一种工艺方法为：将加热并快速冷却到 *Ms* 点温度以上的工件放置在磁力（电磁的或永磁的）平台上，并使其平直紧贴。继续冷至 *Ms* 点温度以下，产生了奥氏体（顺磁性物质）向马氏体（铁磁性物质）的转变，使工件更加紧贴在平台上，避免了淬火过程中工件的翘曲。如果将磁力平台放置在淬火浴槽底部或浴槽之外，将更有利于工件的淬火冷却。此法适用于单件或小批量生产的摩擦片、键槽拉刀、凹槽、簧片、圆盘铣刀、橡胶切片刀、螺纹环规和锉刀等。

167. 碳化物微细化淬火

过共析钢碳素工具钢及低合金工具钢（T10A、GCr15、9SiCr 和 CrWMn 等），常将其过剩碳化物处理成一定的尺寸，以便于切削加工。但这一尺寸相对于获得最优的接触疲劳、多冲寿命和耐磨性来说是过大了。对此，可采用碳化物微细化淬火工艺。

GCr15 钢制轴承零件在机械加工后可按表 2-52 所列两种方法进行碳化物微细化淬火处理。

表 2-52　GCr15 钢碳化物微细化淬火

方法	工艺过程
方法 1	1. 工件或钢材加热至 1000～1050℃（Ac_{cm}点约为 900℃），保温适当时间，使全部碳化物溶入奥氏体，获得单一奥氏体组织 2. 工件奥氏体化后，转入 620～660℃（相当于奥氏体等温转变图的鼻温）炉中等温保持，在等温过程中奥氏体转变为珠光体。保温时间视工件尺寸而异，小型工件为 30min 对工件的机械加工，可安排在上述两工序完了后进行，以避免高温加热时的畸变。工件也可在奥氏体化后，转入中温区间等温保持，使奥氏体转变为贝氏体组织 3. 按普通方法进行工件的淬火（840～860℃ 油淬）。淬火加热时间以透烧为准。用细片状珠光体或贝氏体组织奥氏体化时，可获得细小、外形圆滑而分布均匀的过剩碳化物 4. 淬火后进行低温回火，回火温度决定于对工件的性能要求
方法 2	1. 钢材或工件加热到 Ac_{cm} 点温度以上，使碳化物全部溶入奥氏体中，然后油冷淬火，以获得马氏体及残留奥氏体组织 2. 淬火后钢材或工件在 300～380℃（相当于奥氏体等温转变图的下贝氏体转变温度区间）等温保持，使马氏体得到回火；残留奥氏体转变为贝氏体，以得到极细的碳化物；或进行冷处理以消除残留奥氏体 3. 高频感应加热奥氏体化（约 1min）并淬火 4. 按一般规程进行低温回火

经表 2-52 方法处理后，碳化物极细小（≤0.1μm），同时使 GCr15 钢的使用性能得到改善。

对于经碳化物微细化淬火的 GCr15 钢制轴承套圈或试样，要达到普通淬火时的硬度，淬火温度可降低 10~20℃，并能使基体组织的均匀性得到改善。在保持淬火后马氏体 $w(C)=0.5\%$ 时，碳化物微细化对提高接触疲劳性能具有明显的作用。

对于其他过共析碳素工具钢及低合金工具钢（如 T10A、9SiCr 和 CrWMn 等），可进行如下的碳化物微细化淬火工艺处理：工件于 925~1075℃奥氏体化后油淬，在 350~450℃回火，再于 775~875℃加热油淬，然后进行低温回火。可获得在马氏体基体上均匀分布的颗粒细小、外形圆滑的碳化物，从而获得高的接触疲劳性能、多冲寿命和良好的耐磨性能。

168. 碳化物微细化处理

对 Cr12MoV 钢应用以下四步处理法进行热处理，可明显细化碳化物，并使钢强韧化，其工为：1100℃油淬+720℃×2h 回火+1000℃油淬+220℃×2h×2 次回火。

多冲试验结果表明，其破断周次为 24559 次，而普通淬火、回火（950℃或 1000℃油淬，220℃×2h×2 次回火）热处理后仅为 20691 次，应用此法对模具进行热处理，使用寿命可提高 2 倍。

169. 晶粒超细化淬火

金属材料的力学性能与其晶粒尺寸有着密切的联系。钢的强度与奥氏体晶粒大小有如下的关系

$$\sigma=\sigma_0+Kd^{-1/2}$$

式中，σ 为钢的强度（MPa）；σ_0 为系数，相当于钢在单晶体时的强度（MPa）；K 为系数，与材料的性质有关；d 为晶粒的平均直径（mm）。

由上式可知，晶粒越细小，钢的强度越高。合金结构钢的奥氏体晶粒度从 9 级细化到 15 级，钢调质状态的强度从 1127MPa 提高到 1392MPa。晶粒细化还可以提高钢的正断强度、疲劳强度，以及塑性和韧性，并可降低钢的脆性转化温度等。

钢的晶粒度小于 10 级称为超细晶粒，获得超细晶粒的淬火方法可称作晶粒超细化淬火。晶粒超细化处理的方法很多，如循环淬火、形变热处理、超快速加热（脉冲、激光加热）淬火、多变形细化、形变诱导和调幅（拐点）分解方法等。

170. 晶粒超细化循环淬火

目前认为尺寸<5μm 的细晶才是超细晶粒。通常钢有三种晶粒超细化循环淬火方法，具体见表 2-53。

表 2-53　钢的晶粒超细化循环淬火方法

方法	内　　容
晶粒超细化热循环淬火	此法的工艺曲线如图 2-41 所示。由图 2-41 可见：每一循环有一加热最高温度 T_1（高于钢的 Ac_3点）和最低温度 T_4（低于钢的 Ac_1点），钢件在此温度范围内往复进行加热和冷却，每一次通过相变点的加热，都使晶粒细化；最终得到超细化晶粒。在图 2-41a 规范中，钢件在 T_1、T_4温度都不保温。在使用图 2-41b、c 规范时，钢件在 T_4温度要等温保温一段时间。在图 2-41c 的规范中，每一循环的最高加热温度不等，依次为 $T_1>T_2>T_3$，而最低加热温度 T_4不变。有一最优的加热速度 v_1
晶粒超细化快速循环淬火	如图 2-42 所示为 45 钢晶粒超细化快速循环淬火工艺，其过程是：钢件在铅浴中加热到 815℃（Ac_3点温度为 780℃）后快速冷却（淬火），如此往复 4 次后，可使原始 6 级的晶粒度细化到 12 级 38CrSi 钢（Ac_3点温度为 810℃）晶粒超细化的快速循环淬火工艺：880℃ 循环 3 次淬火保温 12min，晶粒由原始 20μm 细化到 5.2μm
晶粒超细化摆动循环淬火	此法的工艺曲线如图 2-43 所示。其过程是：将钢件加热到 Ac_3以上的正常淬火加热温度，保温适当时间之后，冷却到 Ar_1以下 30～50℃，保温后再升温；如此往复进行 4～5 次，最后一次由 Ac_3以上温度淬火。例如，T8A 钢制电动机转子铁心冲裁凸、凹模，采用此工艺进行 4 次循环处理，770～780℃ 加热，660～670℃ 等温，最后一次淬火后在 200℃×2h 回火。模具平均使用寿命由 1.2 万件提高到 4 万件以上

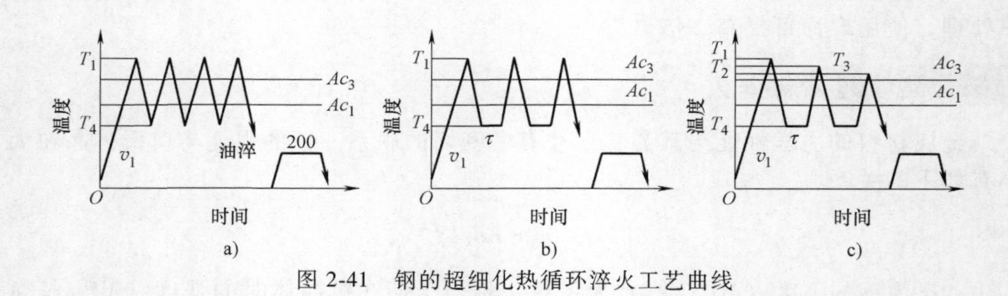

图 2-41　钢的超细化热循环淬火工艺曲线

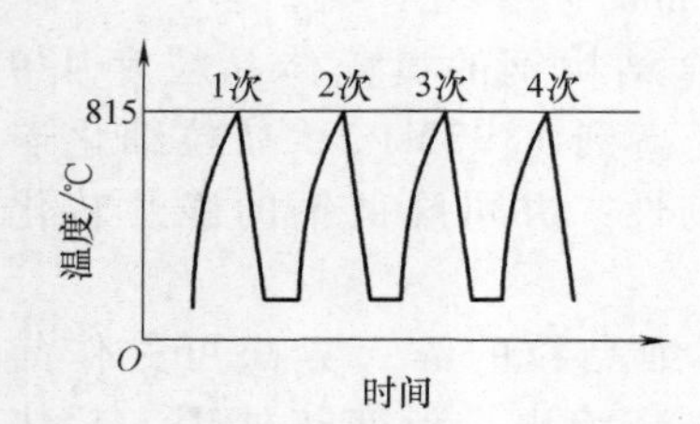

图 2-42　45 钢晶粒超细化的快速循环淬火工艺曲线

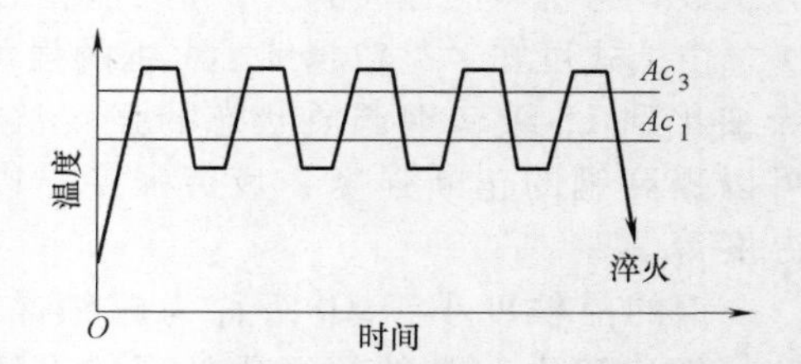

图 2-43　晶粒超细化摆动循环淬火工艺曲线

171. 晶粒超细化的室温形变淬火

具有细的原始组织的弹簧钢丝，预先在室温进行冷形变，再经一次加热淬火就可得到超细化晶粒，例如，表 2-54 为几种弹簧钢丝晶粒超细化室温形变淬火的最佳工艺参数。表 2-54 中 65、65Mn、50CrVA 和 30Cr13 钢可获得如下性能：

R_m(MPa)、R_{eL}(MPa)、Z(%)、硬度(HV) 和晶粒度分别为：1597、1568、52~54、446~456、12；1656~1725、1617~1666、44~47、467~480、11.5；1646、1617、50、495、13；1480、1284、48、490、12。

表 2-54　弹簧钢丝晶粒超细化室温形变淬火的最佳工艺参数

钢号	加热温度/℃	加热速度/(℃/s)	形变量(%)	回火温度/℃	回火时间/min
65	840~890	100~150	40~60	420~450	3~5
65Mn	860~890		40~60	420~450	3~5
50CrVA	980~1020		0~40	430~460	5
30Cr13	1120~1140		0	460~480	7~8

172. 晶粒超细化的高温形变淬火

此法是将高温形变与再结晶相结合的晶粒超细化淬火方法。其工艺过程（见图 2-44）是：钢经完全奥氏体化并进行大形变量的形变，再保温适当时间后淬火。由于在形变过程和保温时间内形变奥氏体进行了动态和静态再结晶而得到了超细化的奥氏体晶粒。形变后的保温时间必须严格控制，以防晶粒粗化。

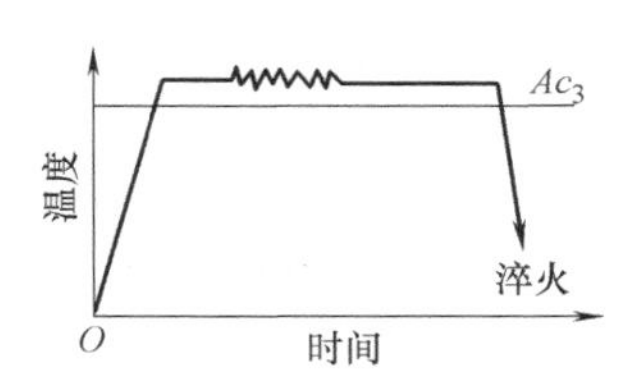

图 2-44　晶粒超细化的高温形变淬火工艺曲线

173. GCr15 钢的双细化淬火

双细化是指淬火后未溶碳化物微细化和晶粒超细化。

高速运转的 GCr15 钢制精密偶件的失效形式：一是磨损，二是尺寸变化。采用双细化淬火能够提高工件的耐磨性和尺寸稳定性。GCr15 钢的双细化淬火规范及淬火后的组织与性能见表 2-55。

表 2-55　GCr15 钢双细化淬火规范及淬火后的组织与性能

预处理	最终处理	未溶碳化物大小/μm			晶粒度	硬度 HRC	马氏体级别	磨耗/$10^{-3}mm^3$	断裂次数
		平均	最小	最大					
1050℃×10min→320℃等温 2h	810℃×8min 油淬→160℃×2h 回火	0.30	0.20	0.45	11	64.5	<1	118.7	
1050℃×10min→320℃等温 2h→710℃×2h 回火	820℃×6min 油淬→160℃×2h 回火	0.32	0.20	0.50	11	65	<1	103.70	8495
1050℃×10min→320℃等温 2h→710℃×2h 回火	820℃×6min 油淬→230℃×2h 回火					62.5		134.50	4799

（续）

预处理	最终处理	未溶碳化物大小/μm			晶粒度	硬度HRC	马氏体级别	磨耗/$10^{-3}mm^3$	断裂次数
		平均	最小	最大					
1050℃×10min→320℃等温2h→735℃×3h回火	820℃×6min油淬→160℃×2h回火	0.46	0.30	0.62	11	64.5	<1	114.30	
原材料（球化退火）	860℃×12min油淬→160℃×2h回火	1.28	0.33	1.75	8	65	2	134.20	5042

174. 低碳钢的强烈淬火

低碳马氏体钢（$w(C) \leqslant 0.25\%$）包括低碳非合金钢和低碳低合金结构钢，经短时加热进行低碳马氏体强烈淬火处理，得到含量在80%以上甚至100%的强韧性较高的低碳马氏体组织，代替部分中碳钢调质处理（见表2-56）或低碳钢渗碳、碳氮共渗、渗氮处理，可显著节约钢材、能源和资源，并显著提高零部件的力学性能，延长零部件的使用寿命。

低碳马氏体也称板条马氏体、位错马氏体，其硬度为45~50HRC，$R_{eL} \geqslant$ 1000~1300MPa，$R_m \geqslant$ 1200~1600MPa，具有很好的塑性（$A \geqslant 10\%$，$Z \geqslant 40\%$）、韧性（$KV_2 \geqslant 59J$），良好的可加工性、可焊性，以及热处理畸变小等优点。已成为发挥钢材强韧性潜力、节材、延长零件寿命的一个重要途径。

表2-56　20钢和40Cr热处理后的力学性能对比

钢号	热处理工艺	力学性能					
		硬度 HRC	R_m/MPa	R_{eH}/MPa	A(%)	Z(%)	KV_2/J
20	920℃淬入$w(NaCl)=10\%$的溶液+350℃回火（低碳钢强烈淬火）	37	1213	1000	13	64	64
40Cr	850℃淬油+500℃回火（调质）	36	980	830	9	45	39

（1）低碳马氏体钢的选择　主要是依据零部件的技术要求、使用状态和截面尺寸。力学性能要求较低，截面尺寸小（≤30mm）的零部件可选择淬透性低的钢，如20、25、20Mn、20Mn2、20Cr钢等；力学性能要求较高、截面尺寸较大（≤50mm）的零部件可选择淬透性较高的钢，如20CrMnTi、20MnVB钢等。

（2）低碳马氏体淬火工艺

1）淬火温度的选择。淬火加热温度为Ac_3+80~120℃，从淬火强化的效果考虑，适当提高淬火加热温度，有利于奥氏体的均匀化，还有利于细化晶粒、提高钢的淬透性和缩短加热时间。表2-57为低碳钢淬火加热温度范围。

表2-57　低碳钢淬火加热温度范围

$w(C)(\%)$	0.12~0.15	0.16~0.18	0.19~0.24
淬火加热温度/℃	950~980	920~940	900~920

2）加热时间的计算。

①单件加热时间可按以下公式进行计算

$$\tau = \alpha D$$

式中，τ 为加热时间（s）；α 为加热系数（s/mm），当炉温为 920℃时，α = 60s/mm，当炉温为 960℃时，α = 30s/mm，当炉温为 1000℃时，α = 15s/mm；D 为工件的有效厚度（mm）。流水作业间隙时间以 1～2min 为佳。

② 成批连续生产加热时间可按以下公式计算

$$\tau = \alpha D + \tau_1$$

式中，τ_1 为附加时间，一般当装炉量小于 1kg 时，τ_1 = 0；当装炉量为 1～3kg 时，τ_1 = 30s；当装炉量为 3～5kg 时，τ_1 = 60s；当装炉量为 5～8kg 时，τ_1 = 90s。

3）淬火冷却。采用碱液或盐液循环槽，采用激冷、深冷的强烈淬火冷却方法，低碳钢或低碳低合金钢在强烈淬火［用 w(NaCl) = 5%～10% 的溶液或 w(NaOH) = 5%～10%的溶液淬火，溶液温度≤40℃］后可获得低碳马氏体，冷却时以工件冷透为止。而低碳中、高合金钢由于碳当量较高（>0.45%）淬火冷却时应采用适当的冷却介质，如水-空气、水-油、油等。

4）回火。通常不回火，直接使用，除非截面特别不均，内应力太大，才选用 220℃以下回火。

表 2-58 为低碳钢强烈淬火工艺的几个应用实例。

表 2-58　低碳钢强烈淬火应用实例

零件名称	原用材料及热处理工艺	低碳钢强烈淬火应用
压制钢丝绳铝套冷挤压模	CrWMn 钢，淬火，回火，硬度为 45～50HRC	20CrMnTi 钢，950℃ 盐水淬火，不回火，硬度为46～48HRC
矿井金属顶梁	30CrMnSi 钢，880℃ 淬火，675℃ 回火	20MnV 钢，水淬，450℃ 回火
解放牌汽车连杆螺栓和缸盖螺栓	40Cr 钢调质，硬度为288～321HBW	20Cr 钢，880℃ 水淬，200℃ 回火，硬度为 46～48HRC
链板输送机链套	20 钢渗碳，淬火	20 钢，880～920℃ 加热 w(NaCl) = 5%～10%的水溶液淬火
履带板	Mn13 钢水韧处理	20MnTiB 钢，淬火，200℃ 回火
钻杆锁紧接头	40Cr 钢调质，硬度为 36HRC	20Cr 钢，920℃ 加热，w(NaCl) = 10% 的水溶液淬火，350℃ 回火，硬度为 37HRC
轴承滚柱	20 钢渗碳，淬火，回火	20 钢，920～940℃ 盐炉加热，w(NaCl) = 6%～10% 的水溶液淬火，180℃ ×2h 回火，硬度为 44～46HRC

175. 中碳钢的高温淬火

淬火加热温度超过正常淬火时使用的温度的热处理工艺方法，称为高温淬火。

中碳钢高温淬火时，随着淬火温度的升高，钢的淬透性增大，组织中板条马氏体数量增多，并在板条之间夹杂了厚度达 10nm 的残留奥氏体薄片，从而使钢的强韧性增大，有利于延长工件的使用寿命。例如，将 40CrNiMo 钢的加热温度从

870℃提高到1200℃淬火不经回火，其断裂韧度（K_{IC}）可提高70%；低温回火后可再提高20%。

又例如，60Si2Mn弹簧钢，$Ac_1=755℃$、$Ac_3=810℃$，正常淬火温度为840~880℃。高温淬火（910℃×8min油淬，460℃×1.5h回火后水冷）与正常温度淬火（860℃×8min油淬，480℃×1.5h回火后水冷）后的力学性能（平均值）如下：R_m（MPa）、R_{eL}（MPa）、Z（%）、a_K（J/cm^2）分别为1651、1542、42.1、21.6；1188、1014、26.9、18.6。由以上数据可见，尽管高温淬火后在460℃（正常淬火后在480℃）回火，但其塑性和韧性仍显著高于正常淬火、回火的。

60Si2Mn钢制冷镦螺母四序冲模，经900~920℃淬火后，使用寿命比正常温度淬火（850~870℃）的模具提高了2倍左右。

5CrNiMo制作的480mm×450mm×295mm的锤锻模，采用高温淬火工艺（900℃油淬+500℃回火，硬度为43HRC），在锻打齿轮毛坯8100件后仍可继续使用，而原工艺采用常规860℃油淬+500℃回火，在锻打2500件时，锻模便发生了塑性变形。

又例如，中碳高合金热作模具钢3Cr2W8V和4Cr5MoSiV1，在将其淬火温度分别提高到1180℃和1100℃并经600℃回火后，具有最佳的热疲劳性能；其中3Cr2W8V钢制造的铝合金压铸模使用寿命可提高1倍以上。

176. 超高温淬火

低、中碳合金钢经超高温淬火后易于获得大量的板条状马氏体组织，并能有效地消除针状马氏体中显微裂纹的影响，使钢的强度和硬度提高，具有较好的塑性和韧性，是一种使钢获得更高强韧化效果的新淬火工艺。

多种合金结构钢采用1200℃或更高温度进行超高温淬火，可使钢的韧性大大提高。

1）30CrMnSiA、30CrMnSiNi2A钢，在其Ac_3以上200℃超高温淬火可获得组织细小均匀的板条状马氏体+残留奥氏体。控制超高温淬火加热保温时间，既保证奥氏体化又能获得细小奥氏体晶粒，从而显著提高了该钢的强韧性。

2）14Cr17Ni2钢（旧牌号为1Cr17Ni2）是马氏体不锈钢，广泛应用于制造生产硝酸、食品、醋酸的工业设备，制造心轴、轴、活塞杆、泵等零件，以及制造航空和舰船要求高强度和耐腐蚀的部件、外科手术器件等。但这种钢的组织性能受化学成分和热处理影响很大，尤其表现在韧性上，生产中经常发生韧性指标不合格的情况。对此，将14Cr17Ni2钢淬火温度提高至1050℃以上，可使钢的强度和冲击韧性大大提高。

3）40CrNiMo钢通常淬火温度为870℃左右，而在超高温淬火时，可加热到1100~1300℃随后油淬并低温回火，可使断裂韧度大幅度提高。表2-59为40CrNiMo钢经不同温度淬火后的力学性能。从表2-59中所列数值可以看出，提高奥氏体化温度对钢的强度和冲击韧度影响不大，而断裂韧度却有很大的增长。在1200℃奥氏体化随后冷却到870℃并淬火（这种淬火方式可称作二段式淬火）后的力学性能与1200℃直接淬火后的相同，但由于淬火时的温度较低，可减少淬火过程中工件的热应力，从而可减小淬火畸变。

表 2-59 40CrNiMo 钢经不同温度淬火后的力学性能

加热温度/℃	淬火冷却介质	R_m	R_{eL}	A	Z	V型缺口试样的冲击功/J	K_{IC}/
		/MPa		(%)			$(N/mm^{3/2})$
1200	油	2244	1519	6.9	5.5	7.45	668.4
							719.3
							544.9
1200→870（炉中冷却至870）	油	2195	1578	2.3	6.7	7.84	700.7
							732.0
							571.3
							671.5
870	油	2195	1597	3.7	8.8	8.82	342.0
		2225	1637	10.3	17.0		429.2
		2205	1548	7.4	44.6		354.8

177. 过共析钢高温淬火

碳素过共析钢传统的热处理工艺为：（原始组织为球状珠光体）淬火（加热温度为 Ac_1+30~50℃）及低温回火，以提高其硬度和耐磨性。但碳素工具钢制造的模具寿命短，使用时还易出现开裂、崩刃及折断等问题，对此，可采用高温淬火工艺来解决。

例如，T10钢（Ac_{cm}=800℃）原始组织为片状珠光体，并经840℃高温淬火和200℃回火后强韧性及多冲寿命最优，其硬度为63.3HRC，R_m=5890MPa，R_{eL}=3998MPa，τ_b=1717，σ_{bb}=1725MPa，a_K=17.6J/cm^2，多次冲击破断周次为67030次，K_{IC}=627N/mm$^{3/2}$，晶粒度为9级，显微组织为板条状马氏体+残留奥氏体。

T10钢制铆钉风窝头应用此工艺，也收到了良好的效果，见表2-60。铆钉风窝头是典型承受多冲负荷的模具，高温淬火使其使用寿命提高了2~3.5倍。

表 2-60 经不同热处理后铆钉风窝头的使用寿命

风窝头材料	原始组织	热处理规范	硬度HRC	加工		在相同淬火冷却介质下规定传统工艺为100%的寿命对比	失效形式
				材料	规格/mm		
T10A	粒状珠光体 片状珠光体	780℃碱浴淬火+200℃×2h回火 840碱浴淬火+200℃×2h回火	60~62 60~62	Q235A	16	100 157	沿尾部纵向开裂 沿尾部纵向开裂
	粒状珠光体 片状珠光体	780℃水淬-油冷+200℃×2h回火 840℃水淬-油冷+200℃×2h回火	60~62 60~62	Q235A	16	100 274	沿尾部纵向开裂 尾部轻微变形，可继续使用

（续）

风窝头材料	原始组织	热处理规范	硬度HRC	加工		在相同淬火冷却介质下规定传统工艺为100%的寿命对比	失效形式
				材料	规格/mm		
T8	粒状珠光体 片状珠光体	780℃碱浴淬火+200℃×2h回火 840℃碱浴淬火+200℃×2h回火	58~60 58~60	Q235A	22	100 178	沿尾部纵向开裂 沿尾部纵向开裂
	粒状珠光体 片状珠光体	780℃水淬-油冷+200℃×2h回火 840℃水淬-油冷+200℃×2h回火	59~61	Q235A	22	100 350	尾部严重压陷 尾部轻微变形，可继续使用

178. 渗碳件冷处理

镍铬钢制渗碳件表面碳含量高，淬火后有较多数量的残留奥氏体。对此，可进行冷处理，其工艺过程如图2-45所示：-60~-80℃冷处理时，使残留奥氏体转变为马氏体，以提高渗碳层硬度及耐磨性。

例如，对$w(C)<0.2\%$并含有镍及其他合金元素（总量为5%~10%）的渗碳钢（齿轮用），在925℃渗碳表面$w(C)$达0.9%后由700℃以1~20℃/s的速度冷却至室温。由于表层有较多数量的残留奥氏体，硬度仅为40HRC，可进行齿形精加工。然后于-60~-70℃进行冷处理并在150~250℃回火。此时表面硬度为58~62HRC，心部硬度为20~35HRC。

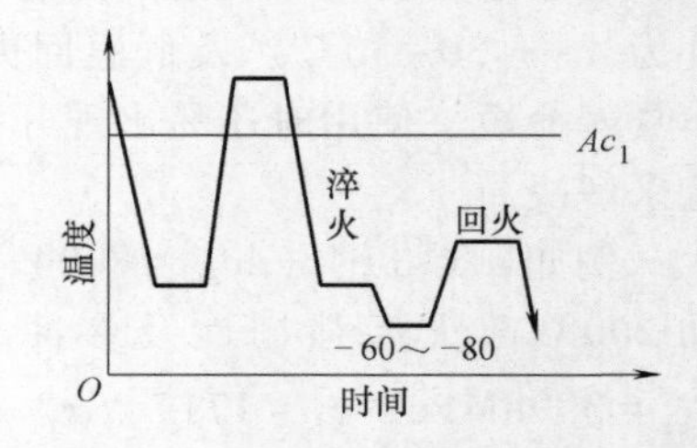

图2-45 渗碳件冷处理工艺曲线

也有认为在齿轮渗碳淬火后，当表层有50%左右的残留奥氏体时，疲劳强度及耐磨性最好。

179. 自热回火淬火

自热回火（旧称自回火）淬火是将被处理工件全部加热，但在淬火时仅将需要淬硬的部分（常为工作部分）浸入淬火冷却介质中冷却，待到未浸入部分火色消失的瞬间，立即取出在空气中冷却的淬火工艺。淬火后可利用未淬硬部分的余热对淬硬部分进行适当的回火。回火温度由淬硬部分的回火颜色确定。在达到回火温度后，将整个工件投入淬火冷却介质中冷却，以终止自热回火的继续进行。

此法常用于处理承受冲击的简单工具（如錾子、锤子等）以及钢轨接头部等。

自热回火时工件的回火颜色与温度的对应关系见表2-61。

表2-61 工件的回火颜色与温度的对应关系

回火温度/℃	220	240	255	265	280	300	315	330~350
回火颜色	亮黄	草黄	棕黄	红黄	紫	蓝	青蓝	灰

180. 马氏体等温淬火+马氏体分级淬火

马氏体低温淬火+马氏体分级淬火复合处理（以下简称复合处理）是高速钢制工具的一种淬火方法，其工艺如图 2-46 所示。由图 2-46 可见，其工艺过程分为四个阶段，具体见表 2-62。

复合处理适用于中等尺寸的刀具和模具，形状复杂的模具应用此工艺效果最佳。

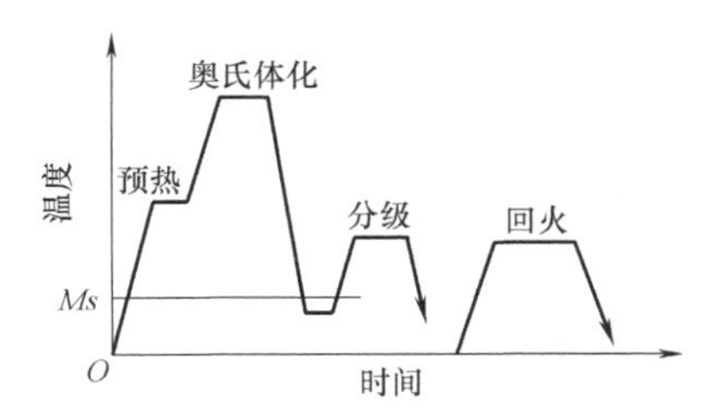

图 2-46　复合处理工艺曲线

表 2-62　复合处理工艺过程

工艺阶段	内　容
1	加热：高速钢制工具按常规方法加热至工艺温度，保温适当时间
2	淬火：保温完了后的工具淬入 *Ms* 点以下 60～130℃的热浴中，保温适当时间使工具降温，以促使一部分奥氏体转变为马氏体。由于转变是在马氏体转变区域的上部进行，马氏体的碳含量减少，转变时的体积效应小，因而工具的畸变小。此阶段结束后，工具立即转入分级浴槽中
3	分级：分级浴槽的温度因钢种及使用目的不同而异。例如，为了控制处理后残留奥氏体数量，则分级温度应高一些；为了减小淬火畸变，则以 500℃左右为宜。在此浴槽等温保持适当时间后，工具空冷至室温。在保温过程中有碳化物从马氏体和未转变的奥氏体中以弥散状态析出，因而提高了奥氏体的 *Ms* 和 *Mf* 点的温度（室温以上），使得工具从分级温度冷却至室温的过程中，未转变的奥氏体全部或绝大部分转变为马氏体，无残留奥氏体或仅有少量
4	回火：经复合处理后的工具一次回火就可达到要求，缩短了回火周期

181. 渗碳后高压气冷淬火

钢件在真空渗碳或一般气体渗碳后施行高压（0.6～2MPa）H_2、He 和 N_2气体淬火，可达到静止油的冷却速度，由于冷却均匀，工件畸变显著减小，后续加工费用降低。取代油的气冷淬火可避免油烟污染，还可取消中间清洗工序，不需油水分离和废油处理，节电、节油。

真空低压渗碳（LPC）与高压气淬具有渗碳速度快、显微组织优良、淬火畸变小、节约能源、工艺材料环保无污染，以及处理后无须清洗等优点。

真空低压渗碳易于实现 1000～1050℃的高温渗碳，从而显著提高渗碳速度，通常可缩短工艺时间近 50%。对于批量较小的工件可采用单室、双室及三室真空炉配以低压渗碳工艺，并进行高压气淬，淬火室可对许多不同形状、不同厚度的工件进行气淬。高压气淬可实现理想的淬火冷却效果，获得理想的显微组织、有效硬化层深度及热处理畸变。

将高压气淬系统应用于推杆式可控气氛连续渗碳生产线时，在高压气淬系统和加热炉之间采用了两道密封（热密封和真空密封），在气体渗碳室与供气淬压力室之间有一个带滚动转移系统的中间室，可以平稳地转移到气淬室，中间室的入口制作得很小，以使炉子内的氧气和气淬室内的氮气之间的相互干扰减小到最低程度。用于传动轴的渗碳淬火，不仅提高了产品热处理质量（如减少淬火畸变等），而且降低了生产成本约20%，避免了环境污染。

其工艺流程为：400℃预热→925℃渗碳→860℃扩散→2MPa氮气高压气淬→170~190℃回火。

高压气淬密封式炉气体渗碳后在1~2MPa高压的惰性气体中施行气淬以代替常规油淬，获得了较好效果。此炉后室为密封箱式炉结构，前室进行高压气淬。工件在后室保护气氛中无氧化加热或在渗碳气氛中渗碳，在前室进行无氧化光亮淬火。前室中部为工件气淬室，下部为进气管道，上部为冷却回风热交换器。前室外侧安装变频调速大功率风机，通过气态N_2或He的快速循环使工件冷却淬火。

182. 反淬火

反淬火工艺是为消除铝、钛合金淬火内应力而提出的一种热处理工艺。其过程是在正常的淬火（固溶处理）之后，立即将合金冷却到极低温度（使用液氮，温度达-196℃），然后使用压力为981kPa的蒸汽将工件迅速加热到室温，利用加热时的热效应来抵消淬火冷却时的应力，然后再按正常规程进行时效。反淬火处理可防止工件的畸变。

183. 预应力淬火

预应力淬火是使工件表面在规定的厚度内产生残余压应力，以提高疲劳强度及耐磨性能的淬火方法。目前已有的预应力淬火方法见表2-63。

表2-63 预应力淬火方法

方法	内容
高碳钢渗氮淬火	高碳钢表面渗氮，使表层的*Ms*点下降约50~60℃；淬火时心部先产生马氏体转变，表层后发生，从而在表层产生达294MPa的压应力，可提高工件的疲劳强度。例如，GCr15钢的ϕ12.5mm滚珠在二段式渗氮（525℃×6h，氨分解率为12%~25%；565℃×4h，氨分解率为60%~70%，炉冷到150℃）后，在850℃盐浴中重新加热15~25min，油淬，150℃×1h回火。滚珠的疲劳强度为经普通热处理后的2倍
高碳钢碳氮共渗淬火	GCr15钢的ϕ15.4mm×8mm试样在$\varphi(CO)$30.6%+$\varphi(CH_4)$2.8%+$\varphi(H_2)$62.8%+$\varphi(N_2)$2.8%+$\varphi(CO_2)$1%（露点-1℃）的碳氮共渗气氛中于850℃加热3h，油淬后250℃回火2h。表层压应力达333MPa，硬度及耐磨性较普通淬火（850℃×20min）+回火（175℃×2h）者高
低碳钢渗碳等温淬火	普通渗碳件淬火时，因表层的*Ms*点的温度较低也可获得一定的压应力。为使这种压应力发展得更为完全，可进行等温淬火。热浴温度应略高于心部的*Ms*点，保温时间以表层还未开始下贝氏体转变为限，然后空冷。心部下贝氏体转变时的体积膨胀全部被表层奥氏体的屈服所吸收，而表层马氏体转变的体积增大效应可全部用于造成该处的压应力
低碳钢碳氮共渗后冷处理	碳氮共渗层因成分复杂，*Ms*点比渗碳时还低，淬火后残留奥氏体较多，对此进行冷处理，可使表层残留奥氏体转变为马氏体，使压应力增大，硬度升高

184. 修复淬火（缩孔淬火）

使用内孔工作的工件（如拔丝模等），如果内孔因磨损而扩大，超出允许尺寸，可通过重新（一次或多次）淬火缩小内孔，这一工艺称为修复淬火（缩孔淬火）。如图 2-47 所示为 T11 钢辊子试样内孔尺寸与淬火（加热温度等同于普通淬火）次数的关系。

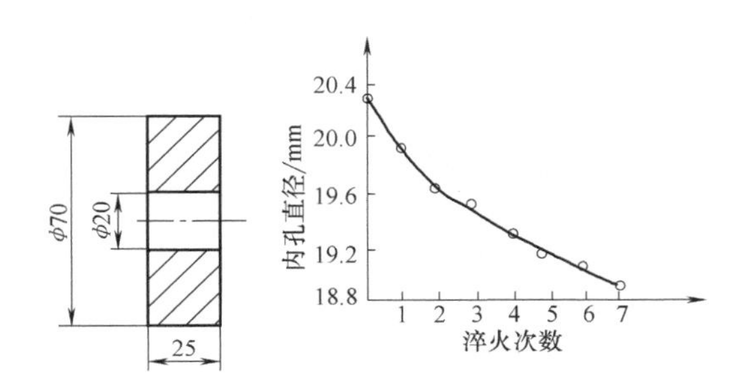

图 2-47　T11 钢辊子试样内孔尺寸与淬火次数的关系

此外，也可利用高频感应加热的方法，对工件外圆进行加热（温度在临界点以上或以下）和冷却（空冷或水冷），缩小工件的内孔。

185. 固溶化淬火（固溶处理）

以 Al、Mg、Ti、Cu、Ni、Co 和 Mo 等为基体的时效强化合金和奥氏体不锈耐热钢、过渡型不锈钢和马氏体时效强化型钢，为了改善铸态或锻态时的强化相的不均匀分布、降低硬度、提高塑性、提高耐蚀性及导电性能等，或为以后的时效过程进行准备，均需加热到一定温度的高温，使强化相全部或大部分溶入固溶体，并调整晶粒尺寸，然后以较快速度（水、空气等）冷却，这种工艺称为固溶化淬火，或称固溶处理，简称淬火。几种不锈耐热钢的固溶处理规范见表 2-64。

表 2-64　几种不锈耐热钢的固溶处理规范

钢号	固溶处理温度/℃	冷却介质	时效温度/℃	冷却介质
06Cr13	1000~1050	油,水	700~790	油,水,空
12Cr13	1000~1050	油,水	700~790	油,水,空
20Cr13	1000~1050	油,水	660~770	油,水,空
06Cr19Ni10	1080~1130	水	—	—
12Cr18Ni9	1100~1150	水	—	—
17Cr18Ni9	1100~1150	水	—	—
20Cr13MnNi4	1000~1150	水	—	—
1Cr14Mn14Ni	1000~1150	水	—	—
42Cr9Si2	1050	油	700	油
45Cr14Ni14W2Mo	1150	水	730~740	—
18Ni(300)	815~830	油	470~490	—

固溶处理的加热方法一般与普通淬火时相同，主要是根据钢或合金的固溶处理

温度、工件类型及尺寸大小、生产批量等因素进行适当选择。

铝合金铸件的固溶处理参见 GB/T 25745—2010《铸造铝合金热处理》等。

186. 高温固溶超细化处理

高温固溶超细化处理可用于轴承钢及模具钢等的超细化处理。

1）GCr15 钢加热到 Ac_{cm}以上完全奥氏体化后淬火成为马氏体、贝氏体、托氏体组织，然后通过高温回火或退火来获得超细化的粒状碳化物，具体工艺方法如图 2-48 所示。

经过固溶超细化处理，使碳化物级别达到 0.1～0.5μm，碳化物基本趋于圆整、均匀，硬度较普通球化退火提高了 10～20HBW，达到 195～237HBW，仍可满足切削加工要求。

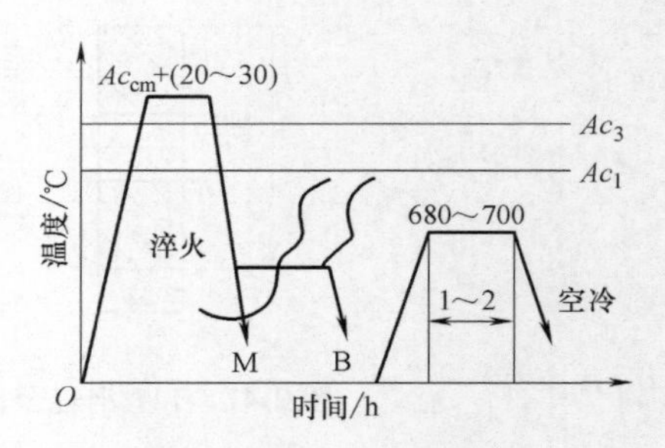

图 2-48　GCr15 钢的高温固溶超细化处理工艺

2）将 3Cr2W8V 钢模具钢在 1220～1250℃加热固溶，使所有碳化物基本溶入奥氏体中，然后淬入热油或沸水中，并立即进行高温回火或短时间等温球化退火处理，高温回火温度为 720～850℃。经上述处理后，模具组织非常细致，未溶碳化物呈点状，碳化物不均匀分布基本消除，模具寿命成倍提高。

187. 水韧处理

水韧处理是为改善某些奥氏体钢的组织以提高材料韧性，将工件加热到高温使过剩相溶解然后水冷的热处理。例如将高锰钢（Mn13）加热到 1000～1100℃保温后水冷，以消除沿晶界或滑移带析出的碳化物，从而得到高韧性和高耐磨性。

水韧处理时，常采用在盐浴中的预热及加热，以防脱碳、脱锰、氧化，加热时间不宜超过 30～40min。加热后冷却速度越快，越不易出现裂纹。但过大的冷却速度易因热应力而引起工件畸变。

水韧处理后一般不进行回火。为了改善切削加工性能，可进行 600～650℃的高温回火，然后再重新进行水韧处理，以保证良好的使用性能。

188. 提高初始硬度的水韧处理

高锰钢（如 Mn13）工件水韧处理后硬度低，工件使用初始（尚未建立加工硬化的状态）磨损严重。对此，可进行提高初始硬度处理。具体有以下方法：

（1）脱碳处理法　水韧处理后工件在氧化气氛或含 H_2及 H_2O 的气氛中加热，使表面脱碳，得到一定厚度的马氏体层，提高了表面硬度，能大幅度降低工件的起始磨损速度，延长工件使用寿命。

（2）加工硬化法　水韧处理后的工件，在使用前对其进行锤凿、喷丸或碾压等加工，人为地造成一层加工硬化层，以提高初始硬度。

189. 铸造余热水韧处理

高锰钢（如 Mn13）的铸造余热水韧处理又称为铸热水韧处理。其工艺过程是：铸件浇注并在高温（>900℃）脱型后直接在水中淬火或置入 1050~1100℃ 的炉中均温后再水淬。与普通水韧处理（力学性能：R_m = 598MPa、R_{eL} = 392MPa、A = 16%、a_K = 162J/cm^2）相比，铸热水韧处理可有效地提高铸件的力学性能（R_m = 588MPa、R_{eL} = 421MPa、A = 18%、a_K = 204J/cm^2）和使用寿命（见表 2-65）。

表 2-65 经不同水韧处理后高锰钢制衬板的使用寿命

热处理类型	试验衬板数/块	调换衬板时间/h	一块衬板破碎材料的量/m^3	一块衬板相对工作时间	一块衬板破碎材料相对量
铸热水韧处理	12	179~192（平均为 184）	7782~8990（平均为 8386）	1.70	1.55
普通水韧处理	16	103~112（平均 107.5）	5180~5658（平均 5418）	1.00	1.00

注：表中铸热水韧的工艺规范：浇注后 10min 于 1100℃ 出模并转入 1050~1080℃ 炉中保温 4h 水淬。

铸热水韧的作用就是防止在高温时的碳化物析出，得到合金化程度高的奥氏体，因而耐磨性好，工件的使用寿命也就较长。

190. 水韧+时效处理

高锰钢中加入微量的 V、Ti、Nb 等形成特殊碳化物的合金元素，经水韧及时效处理后，可在奥氏体基体上分布有细小碳化物颗粒，能显著提高初始硬度及耐磨性。此外，强碳化物的存在，阻碍了晶粒的长大，也会对提高耐磨性起一定作用。

例如，成分（质量分数）为 C1.00% ~ 1.50%、Mn6.00% ~ 8.00%、Nb 0.10%~0.30%、N0.30% ~ 0.50% 的锰钢经如下处理：①铸造后（1# 试样）；②（1100 ± 10）℃水韧处理（2#试样）；③（1100 ± 10）℃水韧及（250 ± 20）℃时效（3#试样）。

经上述处理的试样与未加特殊合金元素的 Mn13、Mn8 钢水韧后耐磨性的比较见表 2-66。表 2-66 中相对耐磨性 ε 为在相同试验条件下，试样的磨损失重与 Mn13 钢试样失重的比值。由表 2-66 中数据可见，加入 Nb、N 元素，显著提高了 Mn8 钢水韧处理后的耐磨性；时效处理又在此基础上进一步提高了耐磨性。

表 2-66 高锰钢经不同处理后耐磨性的比较

试样 \ 性能	原始重量/g	磨损后重量/g	失重/g	相对耐磨性 ε
普通 Mn13 钢	17.560	17.130	0.430	1.00
普通 Mn8 钢	21.000	20.650	0.350	1.23
1#	19.042	19.490	0.552	0.78
2#	18.070	17.855	0.215	2.00
3#	18.830	18.632	0.198	2.17

191. 亚温淬火

亚温淬火，是指亚共析钢制工件在 $Ac_1 \sim Ac_3$ 温度区间奥氏体化后淬火冷却，获得马氏体及铁素体组织的淬火，又称临界淬火。亚温淬火可显著改善钢的韧性，减小工件淬火畸变。

亚温淬火作为钢的一种利用韧性相的强韧化工艺，其材料多属低、中碳钢和低、中碳合金钢，如 15、20、45、12CrNi3、Q345、20SiMn、30CrMnSi、35CrMo、40Cr、42CrMo、40CrNi 等结构钢。

42CrMo 钢采用 770℃亚温淬火+560℃回火，硬度为 36～38HRC，当铁素体量（体积分数）为 10%～15%时，扭转强度和塑性值最大，其接触疲劳寿命提高。

42CrMo 钢因原材料带状偏析，经 850℃油淬后出现上贝氏体，且呈带状分布，冲击韧度明显偏低。而采用 780℃×1h 亚温水淬，则消除了上贝氏体组织，细化了晶粒，获得的马氏体基体上弥散分布着细小的铁素体组织，在保持强度的基础上，显著提高了 42CrMo 钢的冲击韧度。

例如，45 钢制煤矿用 DZ 型液压支柱的活塞（最小外径为 82mm，内径为 65mm，长度为 61mm），要求调质硬度为 240～270HBW，在箱式炉中加热温度为 840℃，保温 1h 后水淬，580℃回火，工件淬火开裂比例高达 15%～20%。改进淬火工艺，采用 780℃亚温加热水淬+550℃回火（新工艺），则有效避免了淬火开裂，同时满足了工件的技术要求，两工艺处理后的力学性能见表 2-67。

表 2-67　45 钢活塞调质处理后的力学性能

工艺	R_m/MP	R_{eL}/MPa	Z(%)	A(%)	a_K/(J/cm^2)	硬度 HBW
原工艺	852.5	743.5	12.8	56.7	93.2	262
新工艺	836.5	732.6	15.3	57.7	90.6	260

192. 马氏体不锈钢的亚温淬火

马氏体不锈钢的亚温淬火，可使奥氏体转变不完全，在组织中保留少量的残留铁素体，并使晶粒细小的铁素体均匀分布在奥氏体晶界上。在确保淬火、回火后的硬度和一定耐蚀性的前提下，不产生淬裂，显著提高了冲击韧性，并能节约能耗。

例如，98Cr18 针阀试样，尺寸为 55mm×10mm×10mm，采用 TL1068 型高温箱式炉，先经 850℃×15min 加热后，迅速转入 1000℃高温炉中保温 18min，在全损耗系统用油中冷却；再经 160℃×2h 低温回火；然后经-196℃×2h 冷处理，自然回温至室温；最后经 300℃×2h 回火。表 2-68 为 98Cr18 钢常规、亚温淬火、回火的硬度和冲击韧度。通过表 2-68 中数据可以看出，亚温淬火与常规淬火硬度相当，但冲击韧性值显著提高。

表 2-68　98Cr18 钢常规、亚温淬火、回火的硬度和冲击韧度

炉次号	序号	最终硬度 HRC	a_K/(J/cm^2)
1	A 组	54.1/53.5	4.43/6.97
	B 组	52/51.8	4.57/8

（续）

炉次号	序号	最终硬度　HRC	a_K/(J/cm^2)
2	A 组	52.2/53.1	4.8/7.8
	B 组	51.2/52.3	4.9/6.1

注：表中“/”前后分别为常规与亚温淬火、回火的硬度和冲击韧度；表中数据为平均值。

193. 加压淬火（模压淬火）

加压淬火又称模压淬火。其是指工件加热奥氏体化后在特定夹具夹持下进行的淬火冷却，其目的在于减少淬火冷却畸变。热处理淬火过程总是伴随尺寸的变化，加压（模压）淬火可避免或减少尺寸变化。采用加压（模压）淬火与采用保护气氛加热淬火一样，也可以显著减少工件磨削留量而提高工件寿命和可靠性，并降低加工成本。

加压（模压）淬火常用于弧齿锥齿轮、轴承套圈、离合器摩擦片、离合器膜片弹簧和锯片等。

加压（模压）淬火使用专用设备（淬火机床）及模具（夹具），并对淬火冷却介质（常用油）的流量、流向、温度、淬火冷却时间及模压压力等工艺参数进行准确控制，从而获得较小的畸变、较优的硬度及显微组织。

1）渗碳后的齿轮的压床淬火多采用脉动式淬火压床进行三阶段压力淬火方式，可根据齿轮的结构和材料淬透性等来确定内、外环压力及三个阶段的喷油流量等工艺参数。如图2-49所示为典型的齿轮淬火压床模压淬火示意图。

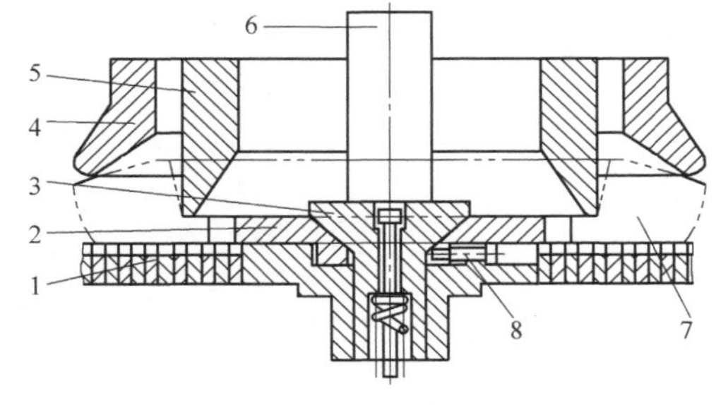

图2-49　典型的齿轮淬火压床模压淬火示意
1—底模圈　2—涨块　3—压头　4—外压环
5—内压环　6—压力杆　7—齿轮　8—螺钉

2）轴承套圈经渗碳后，采用模压淬火，畸变量可降低40%～70%，磨削留量减少1/3～1/2，相应可减少渗碳层深度，从而缩短渗碳周期，降低能耗与畸变。

3）60Si2Mn钢制离合器膜片弹簧（ϕ170mm×1.8mm）采用模压等温淬火，其压淬模具为两个同心圆组合模具。心部模具采用水冷，外部模具采用电加热，加热后的膜片送入淬火模具中成形、冷却。膜片的分离指端部与心部模的接触部位分离，该部位被模具急速冷却到室温，得到淬火马氏体组织；膜片的其余部位与外部模具接触被冷却到贝氏体转变区，等温控制在320～380℃×1min30s～2min30s之间为宜，出模具冷却，得到下贝氏体+马氏体复合组织，其具有较高强韧性，同时具有良好的抗断裂性和疲劳强度，且膜片畸变小。

194. 光亮淬火

光亮淬火，是指工件在可控气氛、惰性气体或真空中加热，并在适当介质中冷却，或盐浴加热在碱浴中冷却，以获得光亮或光洁金属表面的淬火。

例如，采用光亮热处理炉，光亮加热气氛选用氨气分解炉制备氨分解气（体积分数为 $H_2$75%+$N_2$25%），几种钢材的光亮淬火见表 2-69。淬火后通常进行 160~200℃×1~2h 回火，以降低工件的残余应力，提高耐蚀性。

表 2-69　几种钢材的光亮淬火

钢号	温度/℃	硬度　HRC	用途
20Cr13	1050	45~50	各种餐刀
30Cr13	1050	50~56	理发用具、剪刀、片刀
Cr12	1020~1030	62~64	直径或厚度为 15mm 左右的小件
Cr12MoV	1030~1050	62~64	直径或厚度为 15mm 左右的小件

195. 自冷淬火

自冷淬火，是指将工件局部或表层快速加热奥氏体化后，加热区的热量自行向未加热区传导，从而使奥氏体化区迅速冷却的淬火。常用自冷淬火有接触电阻加热自冷淬火、激光自冷淬火和电子束自冷淬火等。具体见表 2-70。

表 2-70　自冷淬火方法

方法	内　容
接触电阻加热自冷淬火	它是利用触头（铜滚轮或碳棒）和工件间的接触电阻使工件表面加热，并依靠自身热传导来实现自冷的淬火。常用于机床导轨表面淬火
激光自冷淬火	它是利用激光束将材料表面加热到相变点以上，随着材料自身冷却实现淬火，使奥氏体转变为马氏体，从而使材料表面硬化的淬火方法
电子束自冷淬火	它是利用电子枪发射的成束电子轰击工件表面，高能电子的动能直接传给表面金属原子，使表面急速加热，随后进行自冷的淬火

196. 强烈淬火（IQ）

强烈淬火（Intensive Quenching，简称 IQ），是指通过对淬火冷却介质的流量、流速和压力的控制，在冷却过程中对工件表层和心部的冷却强度和冷却温度的控制，使工件获得所需的组织和应力分布状态，既可以避免工件淬裂和发生过大的畸变，又提高了工件的力学性能和使用寿命的淬火方法，是一种具有节能、高效和环保等效果的淬火冷却新技术。

强烈淬火的主要特点是在工件表面获得高的压应力，从而降低裂纹的概率，同时提高硬度和强度。强烈淬火可代替或部分代替某些工件的渗碳过程，同时缩短生产周期，降低能源消耗和成本。

强烈淬火的方法有 IQ-1、IQ-2 和 IQ-3。IQ-1 方法，其蒸气膜冷却和沸腾冷却都会发生。IQ-2 方法，其冷却有 3 个步骤：将工件浸入具有高速搅拌的盐水中，直接进入沸腾冷却阶段；将工件从液体中取出，在空气中冷却；将工件再次浸入盐水中进行对流换热。此法属于双介质双循环控时淬火。IQ-3 方法，其冷却过程分为两步：直接进行对流阶段的强烈冷却，在工件表层形成 100%的马氏体和具有最大压应力的硬壳；一旦硬壳形成后，马上停止第一步的强烈冷却，转入空冷。此法属于双介质单循环控时淬火。

参考文献［84］根据IQ原理建立了计算机模拟程序和计算机模型，其中计算机模拟程序是采用有限元方法分析淬火过程中的温度场和应力场的变化，计算出获得最大表面压应力的时间。计算结果包括温度场、组织场、应力场、畸变分布和淬火冷却工艺。

IQ-2和IQ-3方法已应用于汽车零件（轴、稳定杆、十字轴）、轴承、冷热模具（冲头、冲模）和弹簧等。

采用IQ方法可使工件的表面硬度提高5%~10%、心部硬度提高20%~50%、硬化层深度增加50%~60%、强度提高20%~30%、韧性提高20%~30%、寿命提高30%~80%。

在马氏体转变范围（*Ms*→*Mf*）内的强烈冷却可以改善材料塑性，提高材料强度。强烈淬火后的零件，在交变载荷下的使用寿命几乎提高了一个数量级。例如，Y7A（相当于T7A）钢经冷却速度大于30℃/s的强烈淬火后屈服强度可提高25%，60C2（60Si2）钢可提高28%。这些钢经油淬试验得到是脆性断口，而经强烈淬火试验得到的则是韧性断口。

例如，20CrMnTi钢试样（缺口试样）强烈淬火加热温度为860℃，保温时间为15min，以密度为1.22g/cm^{3}的$CaCl_2$水溶液和液氮为强烈淬火冷却介质，控制试样在不同的强烈淬火冷却介质中的停留时间（即淬火冷却时间），然后经180℃×2h回火，获得不同的强烈淬火试样。表2-71为20CrMnTi钢试样强烈淬火后的力学性能。20CrMnTi钢的传统热处理工艺采用渗碳后淬火油冷却，其基本力学性能如下：$R_m \geqslant 1100$MPa，$A \geqslant 10\%$，$Z \geqslant 45\%$。经强烈淬火工艺处理后，其R_m、Z、A、a_K分别提高了30%~40%、55%左右、11%、10%~40%。特别是在经中等浓度的$CaCl_2$水溶液中淬火1s+液氮分级淬火4s后的R_m最大达到了1521MPa，较传统渗碳淬火提高了约38%。20CrMnTi钢强烈淬火后的显微组织主要为板条状马氏体，组织较细，且边缘组织比心部组织更细。

表2-71　20CrMnTi钢试样强烈淬火后的力学性能

淬火工艺	R_m/MPa	A(%)	Z(%)	a_K/(kJ/m^2)
$CaCl_2$水溶液淬火2s	1312	11.2	60.2	1253.23
$CaCl_2$水溶液淬火1s+液氮淬火2s	1335	10.9	57.5	1327.37
$CaCl_2$水溶液淬火1s+液氮淬火4s	1521	10.3	52.2	1392.66

197. 太阳能加热淬火

太阳能加热热处理是一种节能的先进技术，通过聚焦、集热器等装置转化光能为3000W/cm^{2}的高密度能量，可用于金属表面淬火、回火和退火等热处理。

太阳能加热淬火工艺，用于40Cr13不锈钢游标卡尺和T10A钢板打字模等的淬火、机枪枪体弹底窝局部硬化，以及球墨铸铁表面合金化［如在球体表面黏结7.4μm厚的铬粉和碳化硼粉末，粉末干燥后用太阳能加热，得到的合金层组织硬度高（900HV以上）、耐磨性好］。铰刀韧带的硬化处理，应用太阳能对韧带扫描加热淬火，得到的硬度为 62HRC，表面轻微氧化，无明显畸变。

实例，W6Mo5Cr4V2 钢制刀片尺寸为 190mm(长)×12mm(宽)× 2mm(厚)，淬火回火后硬度要求达到 62~66HRC。

太阳能对钢的加热速度非常快，可以达到奥氏体晶粒的超细化。对已经加工完成的刀片，在夹具上用螺栓压板夹紧。每次装夹 10 个刀片，将加紧的刀片放在新型太阳能热处理炉的焦平面位置的固定架上。经过照射 40s，用红外测温仪测得刃口温度已达到 1240℃。稍微调离焦点位置，保持刃口温度在 1220~1250℃ 范围，120s 后取下夹具。

测试 10 片刀片，刃口的硬度为 62~66HRC，淬硬层深度为 5~7mm，完全符合技术要求。再经 560℃× 1h 回火 3 次，回火后磨削开刃。用这种方法共处理了 200 片刀片，其硬度均在 61~67HRC 之间。经过使用证明，没有发生折断和崩刃现象，使用寿命较盐浴整体淬火的提高 3 倍。

198. 磨削加热淬火

磨削加热淬火是利用磨削加工过程中产生的热量对工件表面进行热处理的一项新技术。

磨削加热淬火技术就是钢件在一定规范下磨削，依靠磨削把钢件表面加热到适当温度，然后靠其余未加热部分的热传导冷却使表面金属组织变成马氏体而得到强化。此技术有可能代替感应淬火和激光淬火，有可能把一项整体热处理过程转化为加工生产线上的一道工序，节能效果也非常明显。

国内以平面磨削淬硬试验为基础，研究了不同砂轮特性条件下 40Cr 钢磨削淬硬层的组织和性能。其结论是在磨削淬硬加工中的热、力耦合作用下，砂轮特性对磨削淬硬层的马氏体组织形貌和高硬度区的硬度值没有明显的影响；随着砂轮粒度或砂轮硬度的提高，磨削淬硬层深度相应增加；与树脂黏合剂砂轮相比，用陶瓷黏合剂砂轮可使淬硬层深度增加近 40%。

参 考 文 献

[1] 全国热处理标准化技术委员会. 金属热处理标准应用手册 [M]. 3 版. 北京：机械工业出版社，2016.

[2] 雷廷权，傅家骐. 金属热处理工艺方法 500 种 [M]. 北京：机械工业出版社，1998.

[3] 中国机械工程学会热处理专业学会. 热处理手册：第 1 卷 [M]. 2 版. 北京：机械工业出版社，1991.

[4] 中国机械工程学会热处理学会. 热处理手册：第 1 卷 工艺基础 [M]. 4 版（修订版）. 北京：机械工业出版社，2013.

[5] 中国机械工程学会热处理学会. 热处理节能的途径 [M]. 北京：机械工业出版社，1986.

[6] 王传雅. 钢中含碳量影响亚温淬火强韧化效果机理的探讨 [J]. 金属热处理，1981（11）：26-30.

[7] 申坤，许东. 90Cr18 马氏体不锈钢的亚温淬火 [J]. 热处理技术与装备，2012，33（3）：19-22.

[8] 严银霞，赵洪敏，宫心勇，等. 2Cr13不锈钢阀体的热处理 [J]. 热处理，2013 (6): 35-38.
[9] 赵茂程，潘一凡，於明亮. 中温渗碳亚温淬火工艺在摩托车齿轮上的应用 [J]. 热加工工艺，1999 (2): 57.
[10] 杨安庆. 中温渗碳亚温淬火实例 [J]. 机械工人 (热加工)，2001 (7): 42.
[11] 马鸣图. 双相钢的时效和回火 [J]. 国外金属材料，1985 (2): 1-9.
[12] 张永寿. 二次淬火对双相钢组织和性能的影响 [J]. 金属热处理，1987 (3): 21-30.
[13] 姜振雄. 铸铁热处理 [M]. 北京：机械工业出版社，1978.
[14] 李泉华. 热处理技术400问解析 [M]. 北京：机械工业出版社，2002.
[15] 雷廷权，姚忠凯，杨德庄，等. 钢的形变热处理 [M]. 北京：机械工业出版社，1979.
[16] 黄诚，肖结良. 12CrNi3A钢活塞销渗碳淬火工艺改进 [J]. 金属热处理，2011，36 (4): 43-45.
[17] 王传礼，赵国明. 3Cr13不锈钢循环热处理工艺探讨 [J]. 热处理技术与装备，2010，31 (1): 43-44.
[18] 杨满. 热处理工艺参数手册 [M]. 北京：机械工业出版社，2013.
[19] 李安明，陈昊，李小飞. "零保温"淬火温度对45钢组织与性能的影响 [J]. 金属热处理，2009，34 (4): 72-74.
[20] 徐培荣，蒋昌生，刘信中. 改进热处理工艺实现节能 [J]. 金属热处理，1982 (9): 41-47.
[21] 刘文郁. 热处理"零"保温节能 [J]. 兵器材料科学与工程，1986 (1): 25-30.
[22] 许经明. 起重机吊钩高温短时加热淬火 [J]. 金属热处理，1987 (4): 54-56.
[23] 可控气氛热处理编写组. 可控气氛热处理：上册 [M]. 北京：机械工业出版社，1982.
[24] 大理工学院《金属学及热处理》编写小组. 金属学及热处理 [M]. 北京：机械工业出版社，1975.
[25] 中国机械工程学会热处理学会. 热处理手册：第3卷 热处理设备和工辅材料 [M]. 4版 (修订版). 北京：机械工业出版社，2013.
[26] 潘诗良. 包装热处理 [J]. 热处理技术与装备，2014，35 (2): 46-47.
[27] 马登杰，韩立民. 真空热处理原理与工艺 [M]. 北京：机械工业出版社，1988.
[28] 黄拿灿. 现代模具强化新技术新工艺 [M]. 北京：国防工业出版社，2008.
[29] 周志华，朱铁铮. 真空与深冷处理提高模具寿命的研究 [C] //中国机械工程学会热处理学会第五届年会论文集. 天津：天津大学出版社，1991.
[30] 金荣植. 先进的齿轮低压真空渗碳与高压气淬技术及装备 [J]. 金属加工 (热加工)，2014 (11): 8-10.
[31] 王宝霞. 真空热处理新技术：高压气体淬火 [J]. 热处理技术与装备，1990 (3): 3-11.
[32] J. M. Neiderman，方礼和. 工具钢在真空中高压气体淬火的研究 [J]. 热处理技术与装备，1986 (4): 29-32.
[33] 赵步青. 工模具真空淬火介质 [J]. 金属加工 (热加工)，2012 (3): 10-14.
[34] 张文斌，章月琴. 用循环热处理提高CrWMn钢的强韧性 [J]. 金属热处理，1987 (2): 56.
[35] 热处理手册编委会. 热处理手册：第一分册 [M]. 北京：机械工业出版社，1984.
[36] 施开中. 流动粒子电炉中工模具淬火加热 [J]. 金属热处理，1979 (7): 49-52.
[37] 乔健. 流态化热处理的进展 [J]. 金属热处理，1988 (5): 62-65.

[38] 张旭东，郑业方，姜影. 城轨车辆扭力杆感应加热穿透淬火 [J]. 金属加工（热加工），2016（增刊）：104-106.
[39] 吴卫，刘康术，周建衡，等. 感应透热在渗碳零件重新加热淬火工艺中的应用 [J]. 金属加工（热加工），2013（增刊1）：164-166.
[40] 段光祥. 扭力轴电阻加热淬火 [J]. 金属热处理，1980（4）：61-65.
[41] 王福年. 提高钢锉质量的一些途径 [J]. 金属热处理，1985（7）：47-50.
[42] 金荣植. 齿轮热处理手册 [M]. 北京：机械工业出版社，2015.
[43] 堵百城. 超声波淬火试验 [J]. 金属热处理，1987（9）：45-46.
[44] 何均安，陈瑞忠. 喷液淬火的应用 [J]. 金属热处理，1997（3）：42.
[45] 赵步青. 模具热处理工艺500例 [M]. 北京：机械工业出版社，2008.
[46] 姜鹏，王谦. 喷雾淬火速率影响因素分析 [J]. 金属热处理，2016，41（7）：145-149.
[47] 符寒光，汪长安. 高速钢轧辊的热处理工艺 [J]. 金属热处理，2010，35（9）：60-65.
[48] Л. Ф. ГОЛАНД，И. А. бОРИСОВ，郭增祥. 锻模用水-空混合物的淬火 [J]. 国外金属热处理，1988（5）：39-41.
[49] 陈乃录，张伟民. 数字化淬火冷却控制技术的应用 [J]. 金属热处理，2008，33（1）：57-62.
[50] 孙中继. 耐磨铸铁磁场淬火强韧化试验 [J]. 金属热处理，1987（12）：33-36.
[51] 孙忠继. 磁场热处理及其原理和发展前景 [J]. 热处理，2004，19（4）：17-19.
[52] 任福东，许伯钧，彭会芬，等. 9SiCr钢磁场等温淬火新工艺的研究 [J]. 金属热处理，1993（5）：23-27.
[53] 任福东，许伯钧. 高速钢磁场等温淬火新工艺研究 [J]. 天津冶金，1992（2）：36-39.
[54] 管鄂. 超声波淬火原理及其应用 [J]. 新技术新工艺，1989（5）：6-8.
[55] 高守义，邹壮辉. 中高碳钢超声淬火的研究 [J]. 材料热处理学报，1993（2）：44-48.
[56] YOSHIYUKI TOMITA KUNIO OKABAYASHI 杨瑞成. 用断续淬火法改善4340型超高强度钢的低温机械性能 [J]. 国外金属热处理，1986（2）：32-34.
[57] 中山久彦，徐安达，王剑飞. 用液氮进行的液体超冷处理 [J]. 国外金属热处理，1987（1）：11-14.
[58] 刘承杰，谭军，刘鹏，等. GCr15钢球阀的深冷处理 [J]. 金属热处理，2016，41（6）：112-117.
[59] 李智超，赵立东，时海芳. 磁场深冷处理对合金钢力学性能的影响 [J]. 金属热处理，2004（2）：42-44.
[60] 朱永新. 齿轮低压真空热处理技术 [J]. 金属加工（热加工），2014（11）：18-25.
[61] 张万红，方亮. 奥贝球铁齿轮的等温淬火热处理 [J]. 金属热处理，2005，30（2）：83-87.
[62] 上海工具厂. 刀具热处理 [M]. 上海：上海人民出版社，1971.
[63] 钟书明. T12A钢无刃切断刀微变形淬火 [J]. 金属热处理，1986（4）：59.
[64] 秦文正. 无形变热处理 [J]. 国外金属热处理，1987（3）：30.
[65] 陈国民. 残留碳化物与钢的强韧性 [J]. 金属热处理，1981（11）：3-13.
[66] 杨明刚，胡艳华，余占军. 循环热处理超细化38CrSi钢晶粒 [J]. 金属热处理，2015，40（1）：128-130.
[67] 左传付，李聚群，杨晓红，等. 循环超细化热处理提高精冲模具寿命的研究 [J]. 金属热处理，2008，33（4）：47-49.

[68]　李善有，龚方岳，杨世俊．弹簧钢丝的超细晶粒处理［J］．金属热处理，1987（8）：11-15.
[69]　大连铁道学院，吉林工学院，哈尔滨工业大学．金属热处理原理［M］．哈尔滨：哈尔滨工业大学，1976.
[70]　翟景侠．GCr15 钢柴油机喷油咀偶件双细化处理工艺［J］．金属热处理，1985（8）：37-45.
[71]　张垣．低碳马氏体在模具中应用［J］．金属热处理，2004，29（10）：7-10.
[72]　马伯尢．60Si2Mn 弹簧钢的强韧化［J］．金属热处理，1984（7）：38-41.
[73]　李春信，朱启涪，肖体贤，等．高温奥氏体化对 60Si2MnA 钢马氏体形态和性能的影响［J］．金属热处理，1985（4）：5-9.
[74]　樊爱民，黄国钦，章翰，等．热处理对热作模具钢热疲劳性能的影响［J］．兵器材料科学与工程，1992（11）：31-36.
[75]　邓承轩，陈冬梅．改进 T10 钢热处理工艺的研究［J］．金属热处理，1984（8）：29-36.
[76]　金荣植．先进的齿轮热处理技术［J］．金属加工（热加工），2015（增刊 2）：1-10.
[77]　弓自洁，曹必刚．GCr15 钢的热处理发展动向［J］．金属热处理，1992（9）：3-6.
[78]　龚建森，译．高锰钢铸件淬火的新工艺［J］．国外铸造，1981（4）：32-34.
[79]　吕新科，苗国民．42CrMo 钢带状组织及其亚温淬火强韧性的研究［C］//第六届全国热处理大会论文集．北京：兵器工业出版社，1995.
[80]　李安铭，王向杰，黄丽娟．45 钢亚温淬火工艺的研究［J］．金属热处理，2007，32（10）：56-58.
[81]　申坤，许东．9Cr18 马氏体不锈钢的亚温淬火［J］．热处理技术与装备，2012，33（3）：19-22.
[82]　张光荣．控制畸变的模压淬火技术与装备［J］．金属热处理，2012，37（7）：144-147.
[83]　梁波，崔红森，魏星光．不锈钢零件的光亮热处理［J］．金属热处理，2007，32（1）：77-78.
[84]　Kobasko NI，Morganyuk VS. Numerical Study of Phase Changes，Current and Residual Stresses in Quenching Parts of Complex Configuration［C］//Berlin：Proceedings of the 4th International Congress on Heat Treatment of Material，1985.
[85]　樊东黎．热处理技术进展［J］．金属热处理，2007，32（4）：1-14.
[86]　傅宇东，何祖娟，张丽君，等．强烈淬火对 20CrMnTi 钢组织与性能的影响［J］．金属热处理，2009，34（8）：25-28.
[87]　高殿奎，孙洪胜，乔海军，等．W6Mo5Cr4V2 刀片刃口太阳能加热强韧化处理［J］．金属热处理，2008，33（6）：107-108.

第3章

金属的回火和时效

回火是指工件淬硬后加热到 Ac_1 以下的某一温度，保温一定时间，然后冷却到室温的热处理工艺。

各种工件的回火温度、回火组织及回火目的见表 3-1。相关标准有 GB/T 16924—2008《钢件的淬火与回火》等。

表 3-1　各种工件的回火温度、回火组织及回火目的

工艺名称	回火温度/℃	回火组织	回火目的	应用范围
低温回火	150～250	回火马氏体	在保持高硬度的同时，使脆性降低，残余应力减少	工具、轴承、渗碳件及碳氮共渗件、表面淬火件
中温回火	350～500	回火托氏体	在具有高屈服强度及优良的弹性的前提下，使钢具有一定塑性与韧性	弹簧、模具等
高温回火	500～650	回火索氏体	使钢既具有较高的强度又有良好的塑性与韧性	主轴、半轴、曲轴、连杆、齿轮等重要零件
去应力回火	600～760	—	消除应力	切削加工量大而畸变要求严格的工件及淬火返修件
稳定化处理	120～160，长时间保温	稳定化的回火马氏体及残留奥氏体	稳定钢的组织及工件尺寸	精密工模具、机床丝杠、精密轴承

时效是指工件经固溶处理或淬火后在室温或高于室温的适当温度保温，以达到沉淀硬化的目的。在室温下进行的称为自然时效，在高于室温下进行的称为人工时效。时效处理有分级时效、过时效处理、马氏体时效处理、自然稳定化处理，以及回归及形变时效等。

时效过程常伴随强度及硬度的升高，称为时效强化。当然，时效也不可避免地伴随有塑性的下降，称为时效脆化。时效强化是许多有色金属（以 Al、Ti、Mg、Cu 等为基的合金）以及奥氏体不锈钢、奥氏体耐热钢、马氏体时效钢、镍基合金等的重要强化手段。

在纯铁及低碳钢中也会产生时效现象。通过在熔炼过程中加强脱氧、脱氮环节，加入 Al、Ti、V 等元素，使 C、N 原子固定，以避免可能出现的时效现象。

199. 低温回火

工件在 250℃ 以下进行的回火称为低温回火，主要是为了在尽可能保持高硬度、高强度及耐磨性的同时，消除淬火应力、减小脆性等。

低温回火主要用于淬火成马氏体的高碳钢和高碳合金钢制工模具、滚动轴承，以及经渗碳（碳氮共渗）和表面淬火的工件，低温回火后得到回火马氏体组织。表 3-2 所列为几种工件的低温回火应用实例。

表 3-2　低温回火应用实例

工件名称	牌号	回火		回火后的硬度 HRC
		温度/℃	保温时间	
锉刀	T12	160~180	45~60min	刃部 64~67
手用锯条	T10、T12	175~185	45min	齿部 62~66
各种规格的圆板牙	9SiCr	190~200	1.5~2min	60~63
冷镦模	T10A	120~180	2~3h	凹槽处 60~64
冷冲凹模	9Mn2V	160	1.5h	58~62
冷冲凸模	Cr6WV	170	2 次，每次 1h	60~61
六角螺钉冷镦冲头	60Si2MnA	240~250	1.5h	54~58
冷挤凸模	Cr12MoV	160~180	2 次，每次 2h	62~64
螺纹环规塞尺	GCr15	160~180	6~8h	56~64
渗碳或碳氮共渗齿轮	20CrMnTi、20CrMnMo、20CrMo	180	2h	58~63（齿面）
机床齿轮（高频感应淬火）	45	180~200	—	52~58
	40Cr	180~200	—	50~55

低温回火多采用带有热风循环的空气炉，以及油浴、硝盐浴等设备。在保温过程中，淬火应力逐渐减小。回火温度越高，保温时间越长，应力消减的程度越大。低温回火保温时间常取 2~4h，保温结束后出炉空冷。

200. 中温回火

工件在 250~500℃之间进行的回火称为中温回火。其主要用途是对淬火后的各种弹簧、模具及冲击工具等回火，以获得较高的弹性极限和屈服强度，同时使塑性及韧性得到改善。中温回火后得到回火托氏体组织。表 3-3 所列为几种常用模具钢和弹簧钢中温回火时的回火温度及回火后的硬度。中温回火常在空气炉或盐浴中进行。

有些钢种（如表 3-3 中的几种弹簧钢）在中温温度范围内回火时，常发生第一类回火脆性及第二类回火脆性而使韧性降低。对于具有第二类回火脆性的钢，回火后应进行快（水或油）冷，其他钢种应空冷。

表 3-3　常用模具钢和弹簧钢中温回火温度及回火后硬度

牌号	淬火		回火			
	温度/℃	硬度　HRC	温度/℃	时间/h	次数及冷却方式	硬度　HRC
5CrMnMo	850~830	>55	460~480	>2	≥1，空冷	42~47
			490~500			39~44.5
5CrNiTi	830~850	>55	430~450	>2	≥1，空冷	42~47
			450~470			39~44.5
5CrNiMo、5CrNiW	840~860	>55	460~480	>2	≥1，空冷	42~47
			480~500			39~44.5

（续）

牌号	淬火		回火			
	温度/℃	硬度 HRC	温度/℃	时间/h	次数及冷却方式	硬度 HRC
Cr6WV	960~1020	≥60	260~400	—	空冷	53~58
Cr12	950~1000	>60	280~400	—	空冷	53~58
Cr12MoV	1020~1040	>60	280~400	—	空冷	53~58
65	840	≥60	480	—	空冷	—
65Mn	810~830	>60	370~400	—	水冷	42~50
60Si2MnA	860~880	>60	410~460	—	水冷	45~50
50CrVA	850~870	>58	370~320	—	—	45~50

201. 高温回火

工件在500℃以上进行的回火称为高温回火。其目的是在得到较高强度的同时具有良好的塑性及韧性，即得到良好的综合力学性能。高温回火后得到回火索氏体组织。

含Cr、Mo、W、V、Ti等元素较多的合金钢（结构钢及工具钢）在高温回火过程中常因析出弥散分布的特殊碳化物而产生二次硬化现象，而使硬度略有升高。多应用于结构钢制造的工件，如主轴、半轴、曲轴、连杆、齿轮等重要零件。

淬透性较大或截面较小的工件，正火后硬度可能偏高而塑性偏低，也需进行高温回火加以改善。大锻件在淬火或正火后，常以高温回火去除内应力并改善组织和性能。表3-4所列为常用钢的高温回火温度与回火后硬度的对应关系。

表3-4 常用钢的高温回火温度与回火后硬度的关系

要求硬度 HRC	回火温度/℃								
	牌号								
	T7、T8、T9	T10、T12	42Cr9Si2	GCr9、GCr15	CrMn、9SiCr、CrWMn	Cr12、Cr12MoV 一次硬化	Cr12、Cr12MoV 二次硬化	7Cr13、8Cr13	3Cr2W8V
18~20	630	650	—	—	680	—	—	—	—
>20~22	620	630	—	—	660	—	—	—	—
>22~24	610	620	—	—	640	—	—	—	—
>24~26	590	600	—	—	620	780	—	—	—
>26~28	570	590	—	600	600	760	—	—	—
>28~30	550	560	700	590	580	750	—	—	—
>30~32	530	540	680	580	560	730	—	—	—
>32~34	510	520	650	570	540	720	—	—	—
>34~36	—	—	640	560	—	700	—	560	—
>36~38	—	—	620	540	—	680	—	540	—
>38~40	—	—	—	520	—	670	—	520	640
>40~42	—	—	—	—	—	660	—	—	620
>42~44	—	—	—	—	—	640	—	—	600
>44~46	—	—	—	—	—	620	—	—	590
>46~48	—	—	—	—	—	600	—	—	570
>48~50	—	—	—	—	—	580	—	—	560

（续）

要求硬度HRC	回火温度/℃								
	牌号								
	T7、T8、T9	T10、T12	42Cr9Si2	GCr9、GCr15	CrMn、9SiCr、CrWMn	Cr12、Cr12MoV 一次硬化	Cr12、Cr12MoV 二次硬化	7Cr13、8Cr13	3Cr2W8V
>50~52	—	—	—	—	—	560	—	—	—
>52~54	—	—	—	—	—	520	—	—	—
>54~56	—	—	—	—	—	—	—	—	—
>56~58	—	—	—	—	—	—	—	—	—
>58~60	—	—	—	—	—	—	500	—	—
>60~62	—	—	—	—	—	—	525	—	—

当非合金钢中含P、Sn、As等杂质元素较多，或合金钢中含有Cr、Mn、Ni（与Mn或Cr共存时）等元素时，高温回火（尤其是在500~600℃之间）易出现较严重的第二类回火脆性，应在回火后采用快冷（水或油）。第二类回火脆性敏感性较小的钢种（含有适量的Mo），高温回火后可以缓慢（空）冷却。

202. 调质处理

调质处理是对（中碳结构钢）工件进行淬火并高温回火（500~700℃）的复合热处理工艺。调质处理多在毛坯件或粗加工后的毛坯上进行。回火后得到回火索氏体组织。

与正火相比，调质处理可在硬度与抗拉强度相同的条件下提高钢的屈服强度，其中塑性与韧性的提高更为显著。

调质处理适用于在较大动载荷，尤其是复合应力下工作的工件，如轴类、连杆、螺栓和齿轮等。它们通常要求强度及韧性的良好配合、较小的脆断破坏倾向和较大的承受超载（特别是冲击载荷）能力。某些调质件还要求较高的耐磨性、耐蚀性和抗咬合性能等。因此，在调质处理后还应进行适当的化学热处理。

常用钢材的调质处理工艺规范见表3-5。

表3-5 常用钢材的调质处理工艺规范

牌号	淬火		回火	
	加热温度/℃	淬火冷却介质	加热温度/℃	冷却介质
40	830~850	水	580~640	空气
45	820~840	水	550~600	空气
50	820~840	水	560~620	空气
40Cr	840~860	油	600~650	油、水
35SiMn	830~860	油	600~650	油、水
42SiMn	840~860	油	610~660	油、水
35CrMo	880	油	560	油、水
40MnB	850	油	500	油、水
40MnVB	850	油	500	油、水
45MnB	840~860	油	600~650	油、水

（续）

牌号	淬火		回火	
	加热温度/℃	淬火冷却介质	加热温度/℃	冷却介质
40CrNiMo	850	油	600	油、水
38CrMoAlA	930~950	油	630~650	空气、水
45Mn2	830~850	油	550~600	水
50Mn2	810~840	油	500~600	水
20Cr13	1000~1050	油	600~700	—

中碳结构钢经调质处理后的力学性能：$R_m=588\sim1176\text{MPa}$，$R_{eL}=343\sim980\text{MPa}$，$A=10\%\sim20\%$，$Z=40\%\sim50\%$，$a_K=49\sim147\text{J/cm}^2$，硬度为170~320HBW。

钢的淬透性是影响调质处理质量最重要的因素。当工件在淬火后能得到单一马氏体及下贝氏体组织时，高温回火便可得到均匀的回火索氏体组织，并能保证良好的综合力学性能。但当淬透性过小而淬火组织中含有铁素体或珠光体时，疲劳强度及屈服强度将明显下降。

调质处理有时也可用来作为预备热处理工艺，例如：①合金钢制作的工具在粗加工后进行调质处理，以降低精加工时工件表面的粗糙度，并可以减小工件淬火的畸变倾向；②在进行表面淬火（感应、火焰）或某些化学热处理（如渗氮、低温碳氮共渗等）之前，为改善心部组织并为后续工艺做好准备，也需进行调质处理。

203. 钢棒的感应加热调质处理

利用感应加热对钢棒实行穿透加热淬火冷却，并随之进行感应加热透热高温回火，可在连续作业生产线上完成调质工艺。此法对各类中碳钢（包括低合金钢）的中小截面尺寸的棒材、管材和轴类等零件均适用，具有生产率高、畸变小、少（无）氧化脱碳、不污染，以及生产过程易实现自动化等特点，特别适合于大批量生产。

国产系列轴类坯料的感应加热调质处理生产线的组成：上料台、夹送料辊、淬火加热感应器、压辊淬火器、回火加热感应器和下料台等。淬火感应器由功率为350kW、频率为1000Hz的晶闸管电源供电；回火感应器由功率为250kW、频率为1000Hz的晶闸管电源供电。感应器的加热最大长度为1800mm，淬火最高加热温度为1000℃，回火最高加热温度为750℃。

感应淬火温度选定在900~920℃，40Cr钢可选下限，42CrMo钢可选上限。

感应淬火时采用水冷，冷却方式为喷淋式冷却，冷却水压在0.20~0.30MPa；冷却水温为30~45℃，不高于50℃；冷却过程中为防止钢棒产生弯曲畸变，采取钢棒在压辊控制下旋转冷却的方式，冷却后钢棒的直线度误差可控制在0.50mm/m以下。

感应加热低合金结构钢时的高温回火温度为600~650℃，回火后硬度控制在26~32HRC，钢棒回火后空冷即可。

例如，工程机械中的装载机和挖掘机使用活塞杆，直径为30~60mm，材料为

40Cr、42CrMo 钢，要求调质处理。

对 42CrMo 钢热轧钢材活塞杆坯料进行感应加热调质处理，对 ϕ50mm×800mm 的坯料沿横截面进行硬度和金相组织的分析，结果见表 3-6。通过表 3-6 可以看出，感应加热调质处理对直径为 50mm 的钢棒处理结果是有效的。因为从表面到中心 20mm（即直径为 40mm）范围内，金相组织为细小的分布均匀的回火索氏体+少量铁素体。表明在此区域内淬火组织基本上为细小的板条状马氏体，残留奥氏体很少。

表 3-6 42CrMo 钢感应加热调质处理活塞杆的性能

表面至中心距离/mm	硬度 HV	抗拉强度 R_m/MPa	金相组织
0~8	283~291	931~969	回火索氏体(细小、均匀)
>8~15	267~280	890~920	回火索氏体+少量铁素体
>15~20	260~265	860~880	回火索氏体+少量铁素体
>20~25	253~260	<870	回火索氏体+块状铁素体

注：抗拉强度 R_m 为硬度换算值，晶粒度为 9~9.5 级。

204. 钢管的感应加热调质处理

用 1000~8000Hz 频率的中频感应电流对均匀截面的钢管材、棒材和型材施行连续式穿透加热淬火和高温回火，以取代炉中加热调质，可在生产线上完成，效率高、节能效果明显。适用于煤矿单体支柱液压缸管、汽车举升液压缸管与排气管、油田钻杆、钻铤，以及地质钻杆等的调质处理。

例如，地质钻杆，35CrMo 钢管直径为 71mm，长度为 6500mm，壁厚为 5.5mm。回火后力学性能要求：$R_m \geqslant 950$MPa，$R_{eL} \geqslant 850$MPa，$A \geqslant 12\%$。处理后直线度误差≤0.7mm/m。

按 2t/h 产量设计，淬火加热中频功率为 650kW，回火加热中频功率为 350kW。感应加热调质处理生产线的组成为：淬火上料、托辊输送、淬火加热感应器、淬火喷淋冷却、回火卸料、设备中心控制和回火加热感应器等。温度误差控制在±5℃，硬度误差≤2HRC。处理后的直线度误差≤0.5mm，圆度误差≤0.15mm。

表 3-7 为不同加热方式下 35CrMo 钢管的力学性能。从表 3-7 可以看出，感应加热调质处理的力学性能明显优于普通电阻炉加热。其抗拉强度、屈服强度及塑性均得到提高。

感应加热调质处理钢管表面硬度差值在 2HRC 以内，燃气加热炉调质处理钢管的表面硬度差值在 6HRC 以内。感应加热调质钢管表面氧化脱碳轻微，畸变量小（直线度误差≤0.5mm/m，圆度误差≤0.15mm），质量优良。

表 3-7 不同加热方式下 35CrMo 钢管的力学性能

加热方法		感应加热	普通加热
调质工艺		淬火温度为 880~900℃，回火温度为 680~700℃	淬火温度为 880℃，回火温度为 560℃
钢管室温力学性能	R_m/MPa	1050~1250	950~1000
	R_{eL}/MPa	950~1180	800~850
	A(%)	12~18	11~12
	Z(%)	45~55	45~50

生产中的35CrMo钢管感应加热调质处理的能源消耗是490~510kW·h/t，而电阻炉加热调质处理的能源消耗高达750~850kW·h/t。感应加热与普通加热调质处理相比，可节能40%左右。

205. 球墨铸铁的调质处理

球墨铸铁淬火后在500~600℃高温回火，称为球墨铸铁的调质处理。球墨铸铁调质处理后的基体为回火索氏体组织，具有良好的综合力学性能。调质处理回火后在空气中冷却（无须快冷）。

球墨铸铁淬火工艺：加热860~900℃×46~60s/mm，淬火冷却介质一般选择油；回火工艺为：500~600℃×2~4h，空冷。可获得如下力学性能：R_m=800~1000MPa，A=1.7%~2.7%，a_K=25.3~31.4J/cm²），硬度为240~340HBW。显微组织为回火索氏体+石墨。而经980℃退火+900℃正火+580℃高温回火后的力学性能为：R_m=700MPa，A=2.5%，a_K=9.8J/cm²），硬度为317~321HBW。显微组织为索氏体+体积分数为<5%铁素体+石墨。

球墨铸铁调质处理时的回火温度不得高于600℃，当温度高于600℃时，回火索氏体中的颗粒状碳化物会发生石墨化，使球墨铸铁的综合力学性能降低。

球墨铸铁件作为轴类件，如柴油机的曲轴、连杆，要求强度高同时韧性较好的综合力学性能，对其进行调质处理，即将铸件加热到860~920℃，保温时间为钢件的1/2，在油或熔盐中淬火冷却，再经500~600℃×2~6h高温回火。处理后铸件的强度、韧性匹配良好。

206. 调质球化

有些钢种（如T10、T12等）采用常规球化退火工艺不易得到良好的球状珠光体组织，采用调质球化工艺可得到弥散度大、均匀分布于铁素体基体上的渗碳体颗粒，即球化珠光体组织。非合金工具钢的调质球化工艺规范见表3-8。调质球化处理时，改变回火温度，即可得到相应大小的渗碳体颗粒，从而满足不同的要求。

表3-8 碳素工具钢的调质球化工艺规范

牌号	淬火		回火		球化级别	硬度HBW
	加热温度/℃	淬火冷却介质	加热温度/℃	时间/h		
T10	780~800	油	640~680	2~3	3~5	183~207
T11	790~810	油	640~680	2~3	3~5	183~207
T12	800~820	油	640~680	2~3	3~5	183~207
T13	810~830	油	640~680	2~3	3~5	197~217

207. 冷挤压用钢的调质球化

冷挤压用钢为低碳非合金钢或低碳合金钢。与普通低碳钢的不同之处是专用冷挤压用钢应具有球状珠光体组织，以保证更高的塑性和冷变形能力。低碳钢较难使用球化退火方法获得球状珠光体组织，可应用调质球化处理工艺，即将钢材加热至

Ac_3点之上，保温适当时间后快冷淬火，然后回火，回火温度一般为 650~700℃。回火后空冷，即可得到碳化物颗粒分布均匀的球化组织。表 3-9 所列为几种冷挤压用钢的调质球化工艺规范。

表 3-9　冷挤压用钢的调质球化工艺规范

牌号	相变点/℃		调质处理温度/℃	
	Ac_1	Ac_3	淬火	回火
08F、08	732	874	900~920	650~700
15	735	863	890~910	
20	735	855	880~900	
35	724	802	830~850	
40	724	790	820~840	
15Cr	735	870	900~920	
20Cr	766	838	860~880	
40Cr	743	782	810~830	

208. “零保温”调质

“零保温”调质是工件淬火（及高温回火）采用“零保温”的热处理工艺。与传统调质工艺相比，在某些情况下，应用此工艺省去了工件透热和组织转变所需要的时间，不仅可以节约能源、提高生产率，而且可减少或消除工件在保温过程中产生的氧化、脱碳等缺陷，减小工件畸变，有利于产品质量的提高。

例如，45 钢造纸机传动轴，尺寸为 ϕ32mm×1020mm，原调质工艺是：840℃×1h 淬火+600℃×2h 回火，硬度为 215~241HBW。在试验基础上，确定了“零保温”调质工艺为：(870±10)℃×0min 淬火+(680±10)℃×0min 回火，显微组织为细的回火索氏体，硬度为 215~235HBW，完全满足技术要求。

209. 高速钢的低高温回火

高速钢的低高温回火是指将第一次回火温度降至 340~360℃，而其后的回火温度仍为 550~570℃的回火工艺（见图 3-1）。

高速钢采用此法能够在稍提高硬度（0.5HRC）的条件下提高切削寿命，与通常 550~570℃三次回火相比，提高了工具寿命 15%~30%。

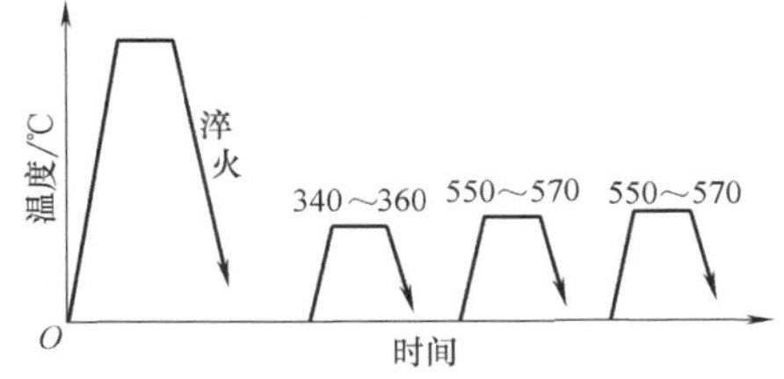

图 3-1　高速钢的低高温回火工艺曲线

例如，W 系高速钢，如 W18Cr4V 钢的低高温回火工艺为：320~350℃×1h+540~560℃×1h×2 次。W-Mo 系及 Mo 系高速钢，如 W6MoCr4V2 钢的低高温回火工艺为：330~350℃×1h+540~560℃×1h×2 次。

经此工艺处理后的高速钢力学性能与普通的三次高温回火相比，在弯曲强度、挠度和冲击韧性基本相同的情况下，硬度及热硬性提高了 0.5~2HRC，冲击韧度提高了15%以上。用于滚刀、铣刀、丝锥和钻头等不同类的刀具，寿命提高30%了以上，并可节约回火能源约15%。

210. 修复回火

修复回火是指高速钢或其他工具钢制工模具，在最终热处理及使用了一个阶段后，重又进行回火的工艺。此法可显著提高工模具的使用寿命。

W18Cr4V和8Cr4W2Si2MoVNiAlTi钢制凸模的最佳修复回火规范为：凸模先经300周次疲劳负荷作用，再经560℃×1h回火处理。经此工艺处理后凸模的疲劳寿命约提高1倍。对于高速钢制刀具，宜在其使用额定寿命的2%~30%后再进行修复回火处理。

此工艺提高了高速钢制工具寿命的原因在于修复回火时，钢件内部形成了稳定的亚结构，以及弥散碳化物的析出。

211. 带温回火

材料碳含量较高［w(C)>0.4%］的截面较大，厚薄悬殊，或带有孔眼、棱角等的工件，如果在淬火时一直冷却到室温就有产生淬火裂纹的倾向。对此，在淬火时冷却到100~150℃以上的温度并立即从淬火冷却介质中取出，迅速装入回火炉进行回火，此回火工艺称作带温回火。锻模、大锻件淬火多采用此工艺。

例如，5CrNiMo钢制的中型锻模奥氏体化，先在空气中预冷至750~780℃，再淬入油中（油温不得高于70℃），为了避免淬裂，必须进行浅冷淬火——锻模淬冷至150~200℃出油并立即送入回火炉中回火。浅冷淬火后锻模中仍有很大的内应力，如果将其直接装进已加热到回火温度的炉中回火，可能引起开裂，故要先将锻模装进350~400℃炉中保温适当时间。待模具内、外均温后，再升温至最终回火温度（500~580℃，根据模具要求而定）进行回火。

212. 通电加热回火

对淬火钢棒、线材等进行通电（工频感应电流）加热回火的热处理工艺，称为通电加热回火。通电加热回火后可获得极为细小的碳化物颗粒、细密的α相亚（嵌镶）组织及较大的第二类内应力（点阵畸变），因而使钢材在保持（或略有降低）塑性的前提下，提高钢的强度，并能减小回火脆性倾向。图3-2所示为通电加热装置。

通电加热回火时，加热速度快（达1000℃/s以上），而后喷水冷却（冷速为1500~2000℃/s）。此工艺的主要特点是生产率高、设备简单、易于安排在自动化生产线中，适合于棒材、线材或调质毛坯的回火处理。

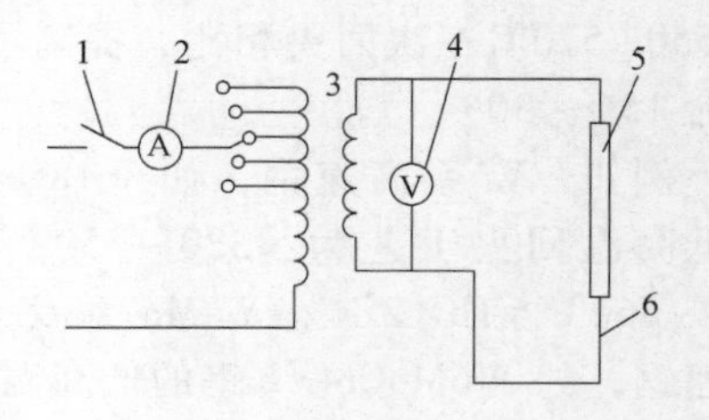

图3-2 通电加热装置
1—开关 2—电流表 3—变压器
4—电压表 5—工件 6—导线

213. 快速回火

在热处理生产中为了缩短工艺周期或用一次回火代替多次回火，常采用提高回火温度的方法，即快速回火法。

在保持等硬度的条件下，回火温度与回火时间呈下列关系

$$P=T(K+\lg t)$$

式中，P 为回火参数；T 为回火温度（K）；t 为回火时间（s）；K 为常数，仅与钢中碳含量有关，并呈线性关系，如图 3-3 所示。

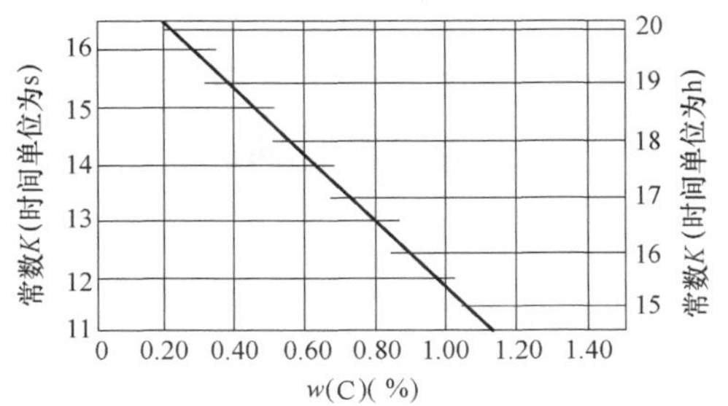

图 3-3　常数 K 与钢中碳含量的关系

在回火参数相同时，应用如图 3-4 所示的回火参数诺模图，便可以快速求出在等硬度条件下的另外的回火温度和回火时间。

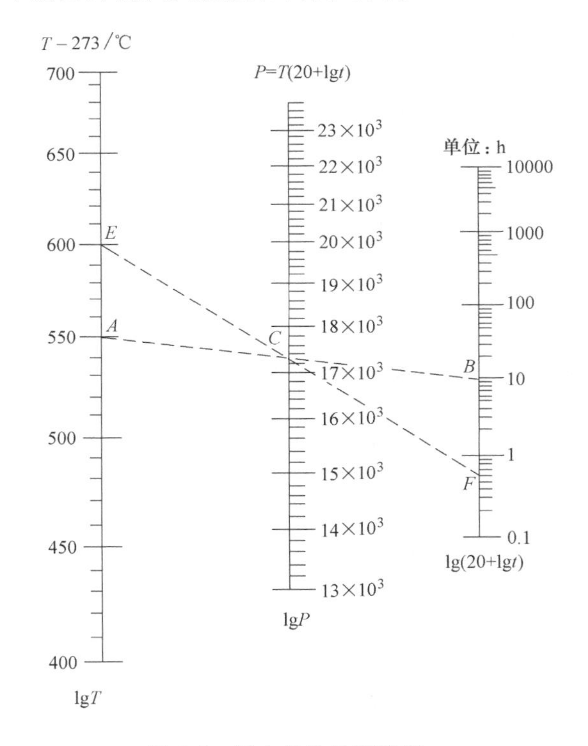

图 3-4　回火参数的诺模图

例如，某中碳合金钢工件（由图 3-3 可知 $K=20$），在 550℃ 回火 10h。应用图 3-4 可求出在等硬度条件下另外的回火温度与回火时间的组合。方法是：在图 3-4 上直线连接 A（550℃）与 B（10h）点，直线 AB 与 P（回火参数）轴相交于 C

点；C 点即为 550℃×10h 回火的该钢的参数值（17.3×10^3）。通过 C 点做一条直线，分别与温度轴和时间轴相交于 E 和 F 点；应用 E 点和 F 点所对应的回火温度 600℃和回火时间 0.6h 进行回火，可得到与 550℃×10h 相同的回火效果，这就是快速回火。

此法不宜用于回火转变较复杂的钢种（如高速钢）。

214. 淬火钢的高温快速回火

淬火后的钢件在 Ac_1 以上的温度，根据工件的厚度代入经验公式计算出所需的回火时间，几十秒或几百秒的回火可以达到传统工艺在低温、中温和高温回火几小时的效果。

（1）回火温度的选定　传统回火工艺分为 3 大类：低温、中温和高温回火。而高温快速回火法则没有以上 3 类之分，其选用的原则是，短时间的高温回火与长时间的低温回火达到相同的组织结构和力学性能。依据生产上对钢件性能的需要在 Ac_1 以上某一温度，准确控制一定的回火时间，使其得到马氏体、托氏体和索氏体组织，从而获得高的耐磨性、高的弹性极限和优良的综合力学性能。

高温快速回火法的回火温度设在 860℃左右，虽然温度很高，但因加热时间短，冷却速度快，避开了产生回火脆性的条件，因此也就没有了回火脆性（第一类与第二类回火脆性）。如图 3-5 所示为 40Cr 钢淬火后用快速回火法（相当于传统回火温度 200~650℃）在不同时间回火后，其冲击韧性随回火时间的变化。

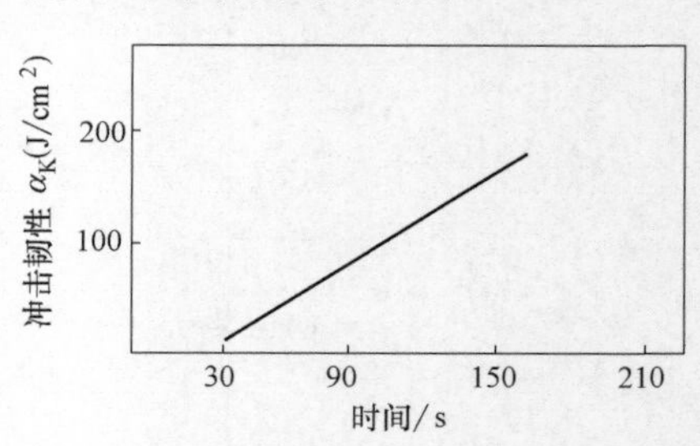

图 3-5　40Cr 钢 860℃快速回火的冲击韧性

（2）回火时间的确定　非合金钢在不同温度回火时，无论低温、中温还是高温回火，硬度的变化都是在极短时间内进行的，时间越长变化越缓慢，高温快速回火正是根据这一观点提出的。回火时间可用如下经验公式计算

$$T=K_s+A_sD$$

式中，T 为回火时间（s）；K_s为回火时间基数（s）；A_s为回火时间系数（s/mm）；D 为工件有效厚度（mm）。

例如，45 钢用高温快速回火时，温度为 860℃，选用 $K_s=30$s，$A_s=0.3$ s/mm，$D=10$mm，则 $T=30+0.3\times10=33$（s），即高温回火时间为 33s，回火后硬度为 52HRC。若用传统工艺回火时，回火温度为 200℃，回火后硬度为 52HRC。

对 40Cr、45 及 T10 钢件采用高温箱式电阻炉加热回火，当炉温达到指定的温度后，根据所需力学性能（即硬度）按表 3-10 所给数据来确定保温时间。

按照表 3-10 所给的数据和工件厚度，计算出回火时间，回火后就可以得出在不同时间回火后的力学性能，经与传统回火工艺所得力学性能对比，发现二者具有相近的力学性能。表 3-11 为 40Cr 钢不同方式回火后的力学性能比较。

表 3-10 高温快速回火法和传统工艺回火法与时间的对照表

传统工艺回火		高温快速回火			
回火温度/℃	回火时间/s	回火时间系数/(s/mm)		回火温度/℃	回火时间基数/s
		非合金钢	合金钢		
200	3600	0.3	0.3	860	30
250		1.5	1.5		
300		2.4	2.4		
350		3.1	3.1		
400		3.8	3.8		
450		5.3	5.3		
500		7	8		
550		9	11.3		
600		10	15.3		
650		12	17		

表 3-11 40Cr 钢不同方式回火后的力学性能比较

高温快速回火①			传统工艺回火②		
回火时间/(s/mm)	硬度 HRC	a_K (J/cm²)	回火时间/(s/mm)	硬度 HRC	a_K (J/cm²)
33	53	20	200	53	24
44	51	28	250	51	14
54	49	34	300	49	13
61	48	42	350	48	17
68	46	53	400	46	28
83	42	59	450	43	50
110	39	78	500	38	72
143	32	100	550	31	101
183	26	173	600	25	130
200	24	192	650	20	145

① 高温快速回火温度为 860℃。
② 传统工艺回火时间为 3600s。

高温快速回火法不产生回火脆性，省时、节电，但对于高合金钢和大件回火暂不适用。

对经纬纺织机上所用的罗拉，以及一些传动的轴类零件的回火采用高温快速回火工艺，综合效果非常好，不仅达到了产品质量要求，而且缩短了回火加热时间，节约了能源。

215. 渗碳二次硬化处理

在较高温度下工作的渗碳齿轮，要求在 350~370℃时具有 58HRC 以上的硬度。用常规的工艺方法所生产的齿轮在高温下工作时，仅能达到要求硬度值的下限，使用寿命不高。对此，可应用渗碳二次硬化工艺，使齿轮具有较高的硬度和热硬性。

此工艺包括：对含有 Cr、W、Mo、V 等元素的合金钢制工件进行渗碳、高温淬火（或高温渗碳后直接淬火），以及多（4~5）次高温回火。

在高温（≥1000℃）渗碳并直接淬火后，合金钢制工件的渗碳层中含有多达90%左右的残留奥氏体，硬度仅为25~30HRC。高温回火（500~550℃）时，在奥氏体中有碳化物析出，使前者所含的碳及合金元素数量减少，促使奥氏体在回火保温后的冷却过程中转变为马氏体而使渗碳层的硬度升高（可达62HRC）。又由于碳化物的析出是在较高温度（480~520℃）下进行的，其中就会有较多的强碳化物形成元素（如Cr、W、Mo、V等），因此碳化物颗粒较细小，又不易聚集长大，从而使渗碳层具有较高的硬度和热硬性。

216. 多次回火

工件淬硬后在同一回火温度进行两次或两次以上的回火，称为多次回火（见图3-6）。又可称作重复回火，主要用于对高碳高合金钢制造工件的回火处理。

高碳高合金钢的回火不能用一次较长时间的回火代替多次短时间的回火，这是因为转变为马氏体是在回火冷却过程中进行的。因此，在每次回火后，都要空冷至室温，再进行下一次回火。否则，容易产生回火不足的现象（回火不足是指钢中残留奥氏体未完全消除）。

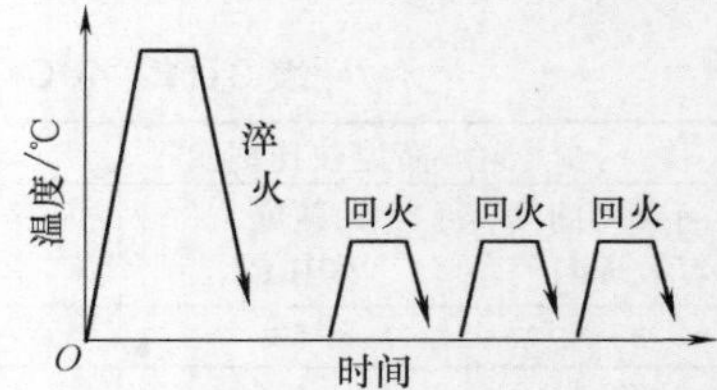

图3-6　多次回火工艺曲线

一些高碳高合金钢（如高速钢）淬火后常有较多数量的残留奥氏体。在回火时，自马氏体及残留奥氏体中析出细小的合金碳化物，部分残留奥氏体转变为马氏体。但是，为获得更高的硬度并使残留奥氏体充分转变，以及使回火时得到的二次马氏体转变为回火马氏体，消除应力以提高钢的韧性，常需进行3~5次回火。

多次回火时的回火次数决定于淬火后残留奥氏体数量及其耐回火性。高速钢在普通淬火后，需进行2~3（一般为3）次回火，回火温度及回火后的硬度见表3-12。高速钢经等温淬火后，组织中保留有更多、更稳定的残留奥氏体。为促使它们的转变，也需进行更多（4甚至5次）次数的回火。

表3-12　高速钢多次回火温度与回火后的硬度

钢号	淬火温度/℃	回火温度/℃	回火硬度　HRC
W18Cr4V	1270~1285	550~570	≥63
W18Cr4VCo5	1270~1290	540~560	≥63
W18Cr4VCo8	1270~1290	540~560	≥63
W12Cr4V5Co5	1220~1240	530~550	≥65
W6Mo5Cr4V2	1190~1210	540~560	≥65
W6Mo5Cr4V2Al	1230~1240	540~560	≥65
W6Mo5Cr4V3	1190~1210	540~560	≥64
W2Mo9Cr4V2	1190~1210	540~560	≥65
W6Mo5Cr4V2Co5	1190~1210	540~560	≥64
W6Mo5Cr4V3Co8	1190~1210	540~560	≥64
W7Mo4Cr4V2Co5	1180~1200	530~550	≥66
W2Mo9Cr4VCo8	1170~1190	530~550	≥66

217. 淬回火

低碳钢由于 Ms 点温度较高（400~500℃），淬火时得到的低碳马氏体，在淬冷中途便进行了回火，获得回火马氏体组织，使钢的强度及韧性均得到提高。此法称为淬回火。可应用于低碳钢制造的各类受力零件的淬火处理。

例如，20 钢制竞赛（五飞）自行车的变速轮外套、丝挡、芯子、14 牙和 17 牙等零件的淬火工艺为：920℃×10min 加热，$w(NaCl)=5\%\sim10\%$的溶液淬火。其经淬回火处理与经淬火、炉中回火（180℃）后的力学性能分别为：$R_m=1351MPa$、$A=7.8\%$、$a_K=32.8J/cm^2$；$R_m=1350MPa$、$A=7.8\%$、$a_K=31.1J/cm^2$。由上述数据可知，在淬回火后，零件的力学性能得到提高。

218. 炉膛余热回火

采用箱式炉等对工件进行正火或淬火加热后，由于炉膛温度较高，一般不宜立即用于回火，通常是等设备冷透或在回火温度均温稳定之后再进行工件回火。其实，设备在冷却过程中，当冷却到 400~600℃ 温度段时，冷却速度一般都在 10℃/h 左右，完全可以利用炉膛余热进行回火。

由于利用炉膛余热对零件进行加热，不仅可以节省加热时的电能消耗，而且缩短了回火加热时间，提高了生产率。

例如，热处理齿轮的外形尺寸为 ϕ75mm×125mm，齿部感应淬火后硬度要求为 38~45HRC，回火温度为 380~400℃，回火保温时间为 2h，装炉数量为 60 只，设备采用 45kW 箱式电阻炉。其炉膛余热回火的过程如下：①工件在正火或淬火结束出炉后，先将炉温设定于 380℃，设备送电，此时由于炉膛温度高于设定温度，电热体断电，设备降温，仪表指示炉膛温度；②当炉温降至 450℃ 时，将感应淬火后的齿轮入炉，但齿轮不得直接放入炉底板上；③装炉完毕，关闭炉门，利用炉膛余热对齿轮进行加热，这时炉温降低，当低于 380℃ 时，电热体供电使设备升温，即可进行回火处理。

又例如，45 钢制药品包装机零件，尺寸为 ϕ20~ϕ50mm。利用淬火加热炉膛余热，进行高温快速回火，即利用 830℃ 加热淬火后箱式炉炉膛余热（750~800℃）将淬火件装入炉内保温 15~20min。快速回火后表面的索氏体组织与常规调质的组织一致。快速回火和正常调质处理后 ϕ50mm 棒料断面的硬度分布曲线十分吻合。表 3-13 为 ϕ20mm 棒料的快速回火与常规回火的调质处理性能比较。由表 3-13 可以看出，快速回火和正常调质处理的性能相近。

表 3-13 ϕ20mm 棒料快速回火与常规回火的调质处理性能比较

工艺 \ 性能	R_m /MPa	R_{eL} /MPa	Z (%)	A (%)	a_K /(J/cm^2)	硬度 HRC
快速回火的调质	859	733	60.5	14.1	114	24~26
常规回火的调质	836	702	63.7	14.4	122	21~25

75kW 箱式炉常规回火工艺为 570~590℃×2h，而快速回火工艺为 750~800℃×

15~20min，每炉可节约电能约80%。

219. 自热回火

自热回火是利用局部或表层淬硬工件内部的余热使淬硬部分回火的工艺。

采用自热回火，除可简化工艺、节省设备以外，由于实行了浅冷淬火以及淬火、回火之间无间隔时间，还可防止产生淬火裂纹。

自热回火在回火温度中停留时间较短，为了将硬度及淬火应力降低到同等程度，自热回火温度应比普通炉中回火高50~100℃。自热回火工艺较难掌握，应根据试验选定合适规程并严格执行。

（1）常规自热回火　常规自热回火常用于处理承受冲击的简单工具（如凿子、榔头、锤头、刮刀、冲头）以及钢轨头部等。自热回火时工件的回火颜色与温度的对应关系参见表2-61。

（2）感应淬火自热回火　其是感应淬火时，提前终止冷却，使得心部热量由内部传至外部的淬硬层产生自热回火的作用。这对提高零件的扭转和弯曲疲劳寿命十分有力，并节省能耗。生产中保证感应淬火自热回火质量最常用的方法是控制喷射淬火冷却介质的压力和喷射时间，喷射压力和时间可以用工艺试验得到。感应淬火自热回火用于处理曲轴颈、齿轮、花键轴、销子等零件。

例如，40MnB钢制ϕ48mm花键轴，经感应淬火并在炉中180℃×90min回火后，硬度为48~58HRC。为了获得相同的回火效果，根据Hollomon公式计算，可得在不同温度下的最短回火时间，见表3-14。这一时间不包括根据停止淬火冷却后的温度回升时间。

表3-14　在不同回火温度下的最短回火时间

回火温度/℃	180	200	250	300
回火时间	90min	14min	15s	0.52s

感应淬火后的自热回火温度一般不超过260~290℃，通常在210~240℃之间。自热回火温度可采用测温笔、表面测温计、远红外测温仪等测定。自热回火的时间一般大于20s。

220. 真空回火

真空淬火后的零件有的采用低温井式炉、硝盐炉和油炉等进行低温或高温回火，这样会失去真空淬火的优越性，因此部分零件为了将真空淬火后的优势（不氧化、不脱碳、表面光泽、无腐蚀污染等）保持下来，常采用真空回火，而不再加工的多次高温回火的精密零件更是如此。

W6Mo5Cr4V2和SKH55（近似于W6Mo5Cr4V2）钢制的尺寸为ϕ8mm×130mm的试样进行1210℃高温淬火，在560℃×3次高温回火后，与同工艺参数的盐浴淬火、回火的硬度水平相当，但真空回火后的静弯曲破断功（破断载荷与形变量的乘积）却明显提高了，具体见表3-15。

表 3-15　淬火回火方法对高速钢零件的性能影响

处理条件与性能 / 钢号	真空淬火				盐浴淬火			
	真空回火		盐浴回火		真空回火		盐浴回火	
	硬度 HRC	静弯曲破断功/J	硬度 HRC	静弯曲破断功/J	硬度 HRC	静弯曲破断功/J	硬度 HRC	静弯曲破断功/J
W6Mo5Cr4V2	64	6210×10^4	64.4	5910×10^4	64.1	6810×10^4	64.4	4590×10^4
SKH55	64.8	4650×10^4	65	4780×10^4	65	5400×10^4	65.5	3170×10^4

真空回火工艺如图 3-7 所示。其中，一种是在真空回火炉或真空淬火炉内充 N_2进行回火；另一种是在 1.3Pa 下进行回火。需要注意的是，要确保零件的回火充分，必须延长零件的回火时间，通常为空气炉的 2~3 倍。

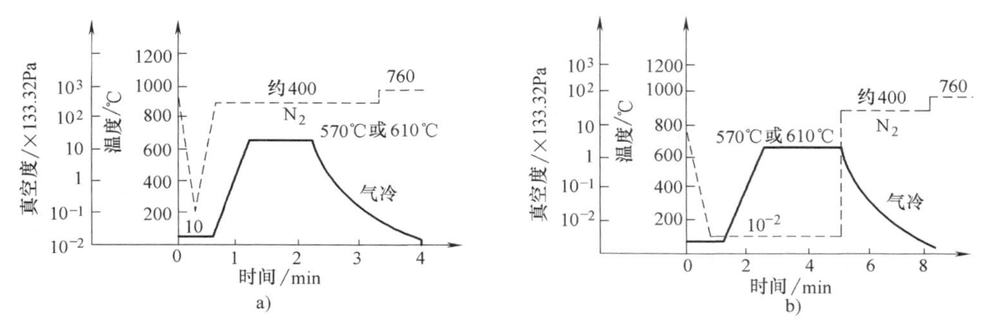

图 3-7　真空回火的两种工艺的比较
a）充 N_2 真空回火　b）1.33Pa 真空回火

在工模具进行二次、三次回火时，有时可与 560~570℃的软氮化、离子渗氮工艺处理结合起来，可使工件表面形成几微米到十几微米的氮碳化合物层，赋予工件表面高的耐蚀性能、硬度和耐磨性。铝挤压模在真空淬火后进行软氮化回火，则比常规工艺淬火及盐浴软氮化处理的寿命提高 3 倍。

221. 感应加热回火

感应加热回火是利用感应电流通过工件所产生的热量，使工件表层、局部或整体加热并快速冷却的回火。

感应淬火后的工件，在采用感应回火时，为降低过渡层的拉应力，加热深度应较淬火硬化层深度大些。为此，对连续加热淬火工件，需采用较低的电流频率或较小的比功率，比功率一般取小于 0.1kW/cm^2，延长回火时间，利用工件热传导使加热层增厚。对一次加热淬火工件，可用断续加热法使加热层增厚，一般为 15~25℃/s。由于感应加热回火的时间较短，感应加热回火温度较获得相同硬度的炉中回火温度高 30~50℃。感应回火温度范围通常为 120~600℃，非合金钢的低温回火（120~300℃）主要用于降低内应力，而此时硬度的降低一般不超过 1~2HRC；对于合金钢，在高于 600℃下的回火，可能不会导致硬度显著下降。

感应加热回火时间由感应器长度和工件移动速度来控制，感应加热回火温度通过电参数来控制。

整体淬火工件，尤其是感应穿透加热淬火工件，应用感应加热回火更便于组成流水生产线，更有利于实现机械化与自动化。感应穿透加热淬火常用中频发电机（如对中厚钢板、丝杠毛坯、轴承套圈等的加热），回火时则常用工频感应加热装置。

高频感应加热装置还可用于薄件的局部回火。

感应加热回火的回火时间是普通炉子回火时间的1/10左右。目前，将感应淬火与感应加热回火结合在一起的淬火机床正在得到应用。感应加热回火可用于不能进行自回火的工件。

感应加热回火一般有两种方式：一种是利用原来淬火加热用的电源来进行回火；另一种是采用合适的较低频率的另一套电源与感应器进行回火。现在广泛采用后者。

感应加热回火有利于提高疲劳强度的应力分布，可提高工件疲劳寿命。例如，EQ-140载货汽车后桥半轴在连续感应淬火后经炉中回火、感应加热回火和矫直后，经感应加热回火的疲劳试验表明，感应加热回火的疲劳寿命较炉中回火更高，炉中回火的疲劳次数为55.8×10^4次，而感应加热回火试至724×10^4次未断，矫直后感应加热回火试至727×10^4次未断。

222. 去氢回火

去氢回火，一般是指在电镀处理（如镀锌、镀铬）过后进行的低温回火工艺，在电镀过后和回火之间有时间限制，普通零件的去氢回火保温时间较短，高强度钢的去氢回火保温时间较长。

不少结构零件，如螺钉、螺母、弹簧垫片，以及汽车、飞机上的某些结构件，为了提高抗大气腐蚀能力，在整个热处理（和精加工）之后进行镀锌。镀锌（酸洗）时可能有氢原子渗入工件表面，造成氢脆。为使这部分氢原子逸散出去，以免发生脆断，必须进行去氢回火，通常在酸洗并漂洗后进行去氢回火。去氢回火温度通常在250~400℃之间，取比回火温度低10~20℃的温度，时间约为2h。

223. 去应力回火

形状复杂、切削加工量大而尺寸精度要求严格的工件，如合金钢刀具、模具等，在加工后（淬火前）常进行600~700℃×2~4h的去应力回火，以消除切削应力、减少淬火畸变，有时也可在粗（机械）加工与精加工之间进行。

对于热处理后性能（硬度）达不到要求的重要零件，在返修淬火前也需进行去应力回火，以减少淬火畸变或淬裂倾向。

对加工过程中或精加工后的工件也可以进行低温回火，以消除或减少加工应力，提高工件的尺寸稳定性及寿命。

例如，高速钢制刀具在精磨后再进行200℃×2h低温回火（再热处理），可使硬度及耐磨性有明显的提高。W18Cr4V钢制刀具精磨后、去应力回火后的硬度

（HV5）分别为：805/817/836/850、844/587/852/871。

224. 加压回火（压力回火）

加压回火是指，同时施加压力以校正淬火冷却畸变的回火，又称作定形回火。

薄片形或环形工件（如摩擦片、活塞环、圆锯片等）在回火时极易发生扭曲畸变，工件上的切口间隙宽度也很不固定。对此，在回火时应将这类工件叠装在特备的夹具上用螺钉压紧固定（见图 3-8），切口处需加垫片，然后装炉进行回火处理，回火后应力得到消除，平面度及切口尺寸均可达到要求。

压力回火温度一般与去应力回火时的温度相同。

实例，65Mn 钢制机床用电磁离合器摩擦片（外径为 124mm，内径为 63mm，厚度为 0.5mm），采用盐浴炉加热，加热温度为 820～840℃，保温 1.5～2min 后，淬油。在回火采用装夹具（见图 3-9）时，稍许加压不松动即可，以防摩擦片脆裂。回火温度为 340～360℃，保温时间为 1h，出炉，并立即利用楔铁夹压摩擦片，直至各相邻摩擦片无间隙为止，随后再放入炉中保持一定时间（一般不少于 0.5h），然后出炉空冷至室温后卸下夹具。

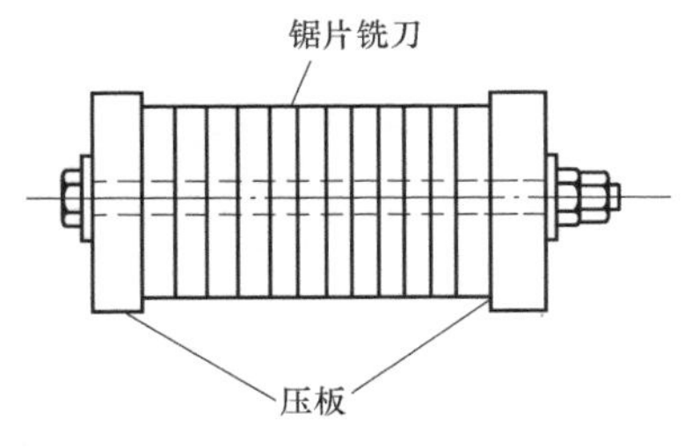

图 3-8　锯片铣刀压力回火时的装卡示意

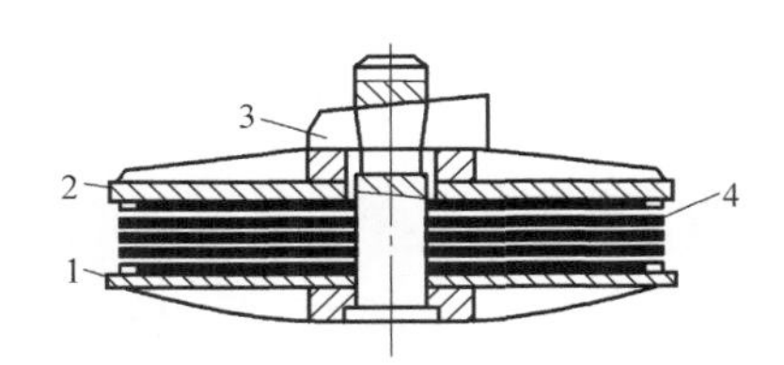

图 3-9　摩擦片回火过程夹具示意
1—下压板　2—上压板　3—楔铁　4—摩擦片

225. 局部回火

局部回火是专对工件某些需要回火的部位进行回火，以满足该处所要求的性能的工艺。局部回火可采用感应加热、火焰加热、盐浴或特制小电炉等加热方法。

焊接接头及热影响区也可进行局部回火以改善组织和性能。

例如，102Cr17Mo 钢制军用刺刀，最大厚度约 4mm，刺刀体硬度要求为 53～57HRC，刺刀柄部硬度为 33～42HRC。对已经淬火及低温回火的刺刀柄部采用 GP100-C3 高频装置进行高温回火，其工艺见表 3-16。感应器为方形。

表 3-16　刺刀柄部感应加热局部回火工艺参数

阳极电压/kV	阳极电流/A	灯丝电压/V	栅极电流/A	槽路电压/kV	加热时间/s	加热温度/℃
11.5～12.5	4.0～4.5	33	1.0～1.2	5～6	14～15	640～740

经上述处理后，刺刀柄部及刀体的硬度分别为 33～42HRC 和 53～57HRC，合

格。经冲击能量为 1.5J 的冲击试验，刀体未见断裂。砍削、剪切和锯割功能试验均合格。刺刀柄部感应加热局部回火还解决了原采用盐浴回火的表面腐蚀问题。

226. 自然稳定化处理

自然稳定化处理（原称自然时效），是将铸铁件露天长期（数月乃至数年）放置，利用环境温度的不断变化和时间效应使铸件的内应力逐渐松弛，并使其尺寸趋于稳定。

将粗加工后的机床基础件（铸铁）放置在露天环境中，经受大自然的作用（如昼夜变化、严寒、酷暑、风吹、日晒和雨淋等）而引起残余应力松弛，从而稳定零件的尺寸精度。

用自然稳定化处理方法消除（铸铁）零件残余应力的作用很有限，但对稳定尺寸精度也有一些作用。由于这种方法周期长（通常在 1 年以上），占有资金、场地，其效果也不及热时效和振动时效，因而现在已不作为单独使用的时效方法。

例如，铸铁检验平台自然稳定化处理是将需要时效的铸铁检验平台铸造毛坯放置于自然状态（如室外、水中等），经过较长时间的应力自然释放，使应力降低和消除，并使工件性能稳定。其自然稳定化处理需要时间较长，一般最短需要 6 个月，长的需要2~3 年。日本去应力的方法是把铸造毛坯件放到海水里 1~2 年。

材料为铸铁 HT200 的检验平台，工作面硬度为 170~240HBW，经过自然稳定化处理 2~3 年使该产品的精度稳定，耐磨性能好。

227. 回归

回归是指，某些经固溶处理的铝合金自然时效硬化后，在低于固溶处理温度（120~180℃）短时间加热后力学性能恢复到固溶处理状态的现象，又称为回归处理。

回归使合金恢复了新淬火状态时的低强度和高塑性，便于进行各种冷形变或铆接操作。

回归处理后的铝合金，仍可以进行时效而再度获得强化。

回归处理还有以下一些特点：①一切时效合金都有回归现象；②回归时的加热温度远高于时效时所用的温度，二者的温差越大，合金性能的恢复越迅速、越完全；③同一合金可以进行几次回归处理，但每次回归处理后，其性能总与原始状态有一些差异；④回归后的合金耐蚀性能降低。

几种硬铝合金的回归工艺参数见表 3-17。

表 3-17　几种硬铝合金的回归工艺参数

牌号	回归温度/℃	回归时间/s
2A06	270~280	10~15
2A11	240~250	20~45
2A12	265~275	15~30

228. 人工时效

工件经固溶处理后进行二次或多次逐级提高温度加热的人工时效处理，称为人工时效。

例如，由 $w(\mathrm{Al})=91.55\%$、$w(\mathrm{Cu})=0.4\%$、$w(\mathrm{Mg})=0.7\%$、$w(\mathrm{Mo})=0.25\%$、$w(\mathrm{Si})=0.8\%$的铝合金在不同温度时的人工时效可知，合金的强度（或硬度）随时间的延长先逐渐增高，在达到最高值后又下降。时效温度越高，合金的强度达到峰值的时间越短（例如，在149℃人工时效时，强度达到峰值所需时间为100h，而171℃时为10h、240℃时为1h），所能达到的峰值越低。例如，149℃、171℃、204℃人工时效时，合金抗拉强度的峰值分别为314MPa、304MPa及284MPa。峰值后的软化现象称为过时效。

表3-18为常用有色合金的人工时效规程。当时效温度较低时，沉淀相较细、分布较均匀、强化效果高。在较高温度下时效时，沉淀相粗大，合金的脆性也较大，但组织稳定，适用于高温长期工作的工件。

表3-18　常用有色合金的人工时效规范

合金牌号或化学成分 w(%)	淬火温度/℃	时效温度/℃	时效时间/h
2A12(曾用牌号为LY12)	498±5	180~190	12
6A02(曾用牌号为LD2)	525±5	150~165	12~15
7A10(曾用牌号为LC10)	500±5	175~185	5~8
7A04(曾用牌号为LC4)	470±5	120~140	12~24
Ti-Mo5-V5-Cr8-Al3	780	500	8~10
Ti-Al6-V4	816~955	482~538	4~8
Ti-Al5-Fe1.5-Cr1.4-Mo1.2	871~885	538	24
Ti-V13-Cr11-Al3	760~816	427~538	2~96

229. 分级时效

分级时效是指合金固溶化处理后，先在某一温度保温一定时间后再升温（或降温）至另一温度，进行人工时效的复合工艺。为了使强化相更合理的析出与分布，以提高材料的热强性，一些成分复杂的奥氏体耐热钢或镍基耐热合金等常进行分级时效或两次时效。

例如，高温合金GH2036（旧牌号为GH36）的分级时效工艺过程为：(1150±10)℃×2h水冷固溶处理后，先在670℃保温16h，再升温至（790±10)℃保温16h，空冷。分级时效可有效地提高GH2036合金的蠕变强度及持久强度。

230. 两次时效

铁-镍基或镍基高温合金，常采用先高温后低温的两次人工时效，以提高其热强性。如图3-10所示为铁-镍基高温合金［成分（质量分数）：C<0.08%、Cr15%、Ni35%、Mo2%、W2%、Ti2%、Al2.5%］的两次时效工艺曲线。经两次时效后，该合金可以达到如表3-19所示的高温力

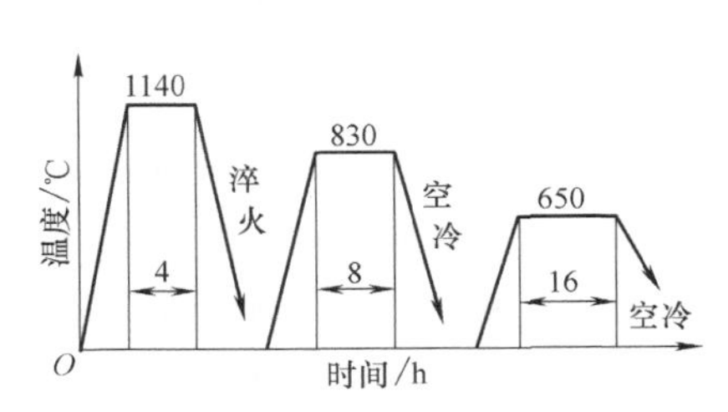

图3-10　铁-镍基高温合金的两次时效工艺曲线

学性能。

表 3-19　铁-镍基高温合金两次时效后的高温力学性能

试验温度/℃	R_m/MPa	R_{eL}/MPa	A(%)	Z(%)	a_K/(J/cm²)
	不小于		不小于		不小于
20	1068~1088	657~706	16~24	18~19	33.3~51.0
300	1009~1068	676~696	16~20	16~19	74.5~77.4
400	980~1029	666~735	17~20	16~20	51.8~67.6
500	970~1029	657~715	16~18	16~20	64.7~66.6
550	980~1058	696~735	16~18	17~21	65.7~70.6
600	980~1039	676~725	16~18	17~22	41.2~57.8
650	960~1000	686~725	15~17	16~17	52.4
700	911~970	696~735	12~17	11~14	44.1~51.0
750	764~784	666~706	9~10	17~21	42.1~45.1

231. 振动时效（VSR）

振动时效（技术）又称振动消除应力，它是将一个具有偏心重块的电机系统（即激振器）安放在构件（即工件）上，并将构件用橡皮垫等弹性物体支承，通过控制器起动电机并调节其转速，使构件处于共振状态，经20~30min处理可使构件残余应力消除20%~80%，使应力得以松弛或重新分布，从而达到尺寸稳定化的目的。振动时效装置如图3-11所示，图中的激振器就是机械振动的振源。

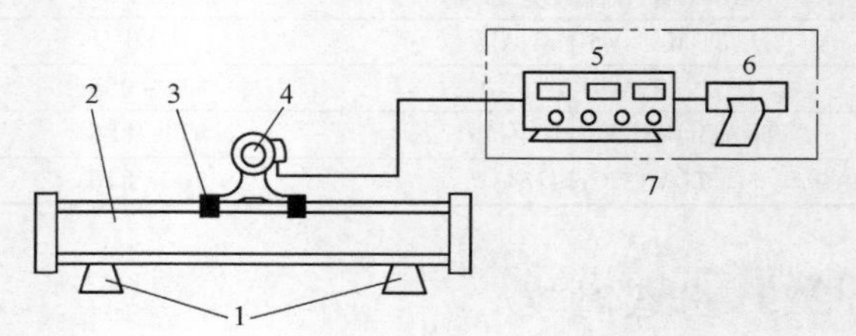

图 3-11　振动时效装置示意

1—支承垫　2—工件　3—卡具　4—激振器
5—微电脑扫频仪　6—打印机　7—控制箱

与热处理时效（人工时效）相比，振动时效具有节能、生产周期短、生产成本低等优点。对于铸造、焊接等工件可利用振动时效代替自然时效和人工时效。

232. 频谱谐波振动时效

频谱谐波振动时效是通过傅立叶分析方法对金属构件进行频谱分析，在0~100Hz范围内找出工件几十种谐波频率，从中优选出效果最佳的5种谐波频率，施加足够的能量进行振动处理，产生多方向振动应力，与多维分布的残余应力叠加，在达到材料的屈服极限时，工件将产生局部的塑性变形，迫使受约束的变形得到释放，从而释放峰值残余应力，达到降低和均化残余应力、减少畸变的目的。

频谱谐振动时效与常规振动时效（VSR）相比，对激振点、支撑点、拾振点的选取无特殊要求，且工艺简单。由于频谱谐振时效转速在6000r/min以下，振动产生的噪声较低，减小了噪声污染。

例如，水轮发电机转子支架由6瓣组成，单件重量约50t。转子支架振动中的激振器及支撑点位置的选取如图3-12所示。转子支架频谱谐波振动时效工艺参数见表3-20。转子支架竖板焊缝频谱谐波振动时效前后残余应力的测试结果见表3-21。

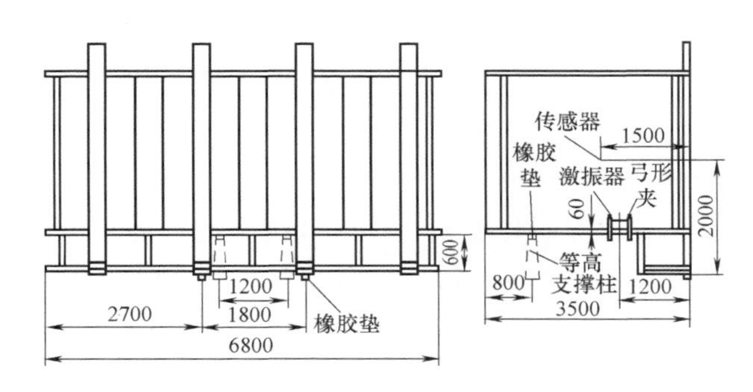

图3-12　转子支架振动中的激振器及支撑点位置的选取示意

表3-20　转子支架频谱谐波振动时效工艺参数

序号	偏心/mm	参数名称	参数值
第1谐振峰	60	转速/(r/min)	3340
		加速度/(m/s)	42
		电流/A	5
		时间/min	10
第2谐振峰	60	转速/(r/min)	5000
		加速度/(m/s)	33
		电流/A	3.5
		时间/min	8
第3谐振峰	90	转速/(r/min)	2670
		加速度/(m/s)	35
		电流/A	4
		时间/min	10
第4谐振峰	90	转速/(r/min)	3970
		加速度/(m/s)	26
		电流/A	3
		时间/min	8
第5谐振峰	90	转速/(r/min)	4200
		加速度/(m/s)	22
		电流/A	3
		时间/min	8

表3-21　转子支架竖板焊缝频谱谐波振动时效前后残余应力的测试结果

测试点	振动时效前		振动时效后		备注	
	σ_1/MPa	σ_2/MPa	σ_1/MPa	σ_2/MPa	测试部位	σ_1降低率(%)
1	40.6	-45.7	70.0	-46.6	母材	72.4
2	120.0	43.0	63.8	-46.2	热影响区	-46.8

（续）

测试点	振动时效前		振动时效后		备注	
	σ_1/MPa	σ_2/MPa	σ_1/MPa	σ_2/MPa	测试部位	σ_1降低率(%)
3	597.8	332.2	293.6	108.9	熔合线	-50.9
4	517.8	358.1	414.3	92.2	焊缝中心	-20.0
5	268.3	51.5	168.0	117.6	熔合线	-37.4
6	213.6	59.2	81.7	-24.1	热影响区	-61.8
7	54.6	-39.8	115.0	-24.7	母材	110.6
平均应力	259.0		172.3			
平均应力降低率(%)						-33.5

通过表3-21的测试结果可以看出，焊缝及熔合线处的应力较振动前有较大幅度的降低，焊缝附近（包括母材）的应力水平较之前呈现出更加均匀的变化趋势，焊缝处的应力集中得到了一定程度的消除，残余应力峰值的应力降低幅度较大，可达50%以上，残余应力平均降低了33.5%，取得了较好的效果。

233. 超声波时效

超声波时效是振动时效的一种，可将金属焊缝表面层内的残余拉应力变为压应力，提高构件的使用强度和疲劳寿命，减少变形并稳定尺寸精度，防止或减少由于热时效和焊接产生的微观裂纹。特别是在节约能源、缩短生产周期上具有明显的效果。

超声波时效的特点：①用于消除焊接应力时，可替代热时效和振动时效等时效方法，且处理工艺简单；②可使焊接接头的疲劳强度提高50%~120%，疲劳寿命延长5~100倍；③不受工件材质、形状、结构、厚度、重量，以及场地的限制，可现场使用；④可用于焊接修复焊缝的应力消除。

例如，使用HTUIT-20型超声波时效仪对构件焊缝进行消除应力处理，HTUIT-20型系列超声波时效仪的主要技术参数见表3-22。

表3-22 HTUIT-20型系列超声波时效仪的主要技术参数

项　目	技术参数		
工作频率/kHz	20	28	40
最大输出振幅/μm	30	40	50
额定功率/W	500	800	1000
处理速度/(m/h)	20~40	20~40	20~40

进行时效处理时，根据壁厚的不同将超声波时效仪的输出电流调节在1.6~2A范围内，使用冲击枪冲击焊趾位置，在待处理部位做往复运动，使待处理部位表面受到均匀的冲击力。处理时仅需要处理焊趾或热影响区即可，每条焊缝的两侧均需要处理。采用HT21B型残余应力测试仪测试时效处理后的应力。

234. 磁致伸缩处理

对于钢铁材料，在相对较弱的磁场作用下，磁致伸缩系数为正；而在强磁场作用下，磁致伸缩系数为负。因此，在脉冲磁场的作用下，可在工件内部建立起磁致伸缩正负交替的磁致振动，磁致振动的进行导致残余应力的下降，可提高工件的使用寿命。

将成品刀具置于高强度脉冲磁场中，利用刀具材料的磁致伸缩产生的机械振动，来减少或消除刀具在精磨、刃磨、涂层或使用中产生的应力，增强刀刃的抗崩刃能力，以提高刀具的使用寿命。

磁致伸缩处理适用于各种高速钢（包括钴高速钢、粉末冶金高速钢）、硬质合金车刀、硬质合金镶片钻头、端铣刀、插刀、滚齿刀、拉刀、丝锥等刀具。

美国 Innovex 公司研制的脉冲磁处理装置，主要是通过脉冲磁致处理松弛刀具中的残余应力来达到提高工具使用寿命的目的。比较试验表明，一般情况下，磁致处理后刀具的寿命可提高 20%～50%。例如，利用脉冲磁场对高速钢刀具进行磁致伸缩处理，当频率为 2.5Hz，磁场强度为 3.6×10^4A/m 时，刀具寿命可提高 175%。

1）磁致伸缩对刀具耐磨性的影响。钻头进行磁致伸缩处理后，其耐磨性得到了提高，且磁致伸缩处理形式以及次数均对钻头的耐磨性有较大的影响。在高速钢钻头及被加工工件都连续进行 3 次磁致伸缩（每次 42s）处理时，钻头的耐磨性提高最大。

2）磁致伸缩对切削变形的影响。金属切削过程中产生的切屑在刀具的剩磁中受到力的作用，切屑的根部产生弯矩，使得刀具与切屑的接触长度缩短，切屑变薄，内表面摩擦减小，产生的热量变小，从而减小刀具的磨损。

235. 磁场回火

磁场回火所用的磁场，一般以交流磁场和脉冲磁场为最多。脉冲磁场（PM）可显著加速钢的回火转变，可使钢（如高速钢）的回火碳化物析出更加均匀弥散，并促使残留奥氏体转变，使钢的回火周期显著缩短，并使钢（如高速钢、T10）的硬度、热硬性、抗弯强度和冲击韧性均有不同程度的提高，从而提高使用寿命。

例如，W6Mo5Cr4V2 高速钢，淬火加热设备采用高温盐浴炉和高温箱式炉，常规回火在硝盐炉中进行，脉冲磁场回火在自制的脉冲磁场加热炉中进行，其功率为 10kW，加热介质为硝盐，磁场强度在 1000A/m 左右。按 560℃×45min×2 次工艺对高速钢进行脉冲磁场回火，可获得最高硬度值（≥65HRC），而当常规回火时，则是在按 560℃×1.5h×3 次回火后达到最高值（≥64.5HRC）。

ϕ10mm 和 ϕ12mm 高速钢螺母冲孔冲头在常规与脉冲磁场回火后使用寿命的对比见表 3-23。

表 3-23　冲孔冲头在常规与脉冲磁场回火后使用寿命的对比

冲头材料	回火工艺	被加工材料	使用寿命(平均)/件
W18Cr4V、W6Mo5Cr4V2	常规回火	低碳钢	5000
	脉冲磁场回火		12000

实例，采用 ϕG300/1000 型交流磁场淬火槽，磁场强度为 700A/m。将 T10 钢拉伸试样加热至 780℃，保温 20min，进行磁场淬火和普通淬火，再进行 650℃×

1.5h 高温回火。与经普通淬火和高温回火的相比，经磁场淬火和高温回火的 T10 钢的抗拉强度提高了 28%，断后伸长率提高了 8.6%，硬度提高了 8 HRC。此外，磁场淬火还提高了 T10 钢的耐回火性。

236. 铸铁的稳定化处理

铸铁件常因凝固时的不均匀收缩而产生残余应力。在室温长期放置或在一定温度下保温可使应力得到一定程度的消除，这一过程称为稳定化处理，也称时效处理。

精密铸铁件在切削加工前需进行一年或更长时间的自然时效，方能有效地消除应力。因此，只有当铸件过大（超过十吨、几十吨）或时效设备不足时，才能采用自然时效方法，一般均应进行人工时效。

人工时效时加热温度越高，应力消除的越彻底。但通常人工时效温度低于 600℃。

高精度机床铸件常需进行两次人工时效：一次在精加工之后，另一次在半精加工之后。人工时效时铸件的温度应低于 200℃，加热速度小于 60~100℃/h，小型或结构简单的铸件的加热速度可采用 100~150℃/h；保温时间视铸件尺寸及装炉数量而定，保温后随炉控温冷却，冷却速度约为 30~50℃/h，冷却至 200℃左右即可出炉空冷。使用较慢的加热及冷却速度，以免产生新的热应力。

灰铸铁铸件人工时效规范见表 3-24。

表 3-24　灰铸铁铸件人工时效规范

铸件类别	铸件质量/t	铸件厚度/mm	人工时效规范					
			装炉温度/℃	加热速度/(℃/h)	时效温度/℃	保温时间/h	冷却速度/(℃/h)	出炉温度/℃
鼓风机机架等具有复杂外形并要求精确尺寸的铸件	>1.5	>70	200	75	500~550	9~10	20~30	<200
		40~70	200	70	450~500	8~9	20~30	<200
		<40	150	60	420~450	5~6	30~40	<200
机床床身及类似铸件	>2.0	20~80	<150	30~60	500~550	8~10	30~40	180~200
较小型机床铸件	<1.0	<60	200	100~150	500~550	3~5	20~30	150~200
筒形结构简单铸件	<0.3	10~40	100~300	100~150	550~500	2~3	40~50	<200
纺织机械等小型铸件	<0.05	<15	150	50~70	500~550	1.5	30~40	150

237. 合金钢的稳定化时效

合金钢稳定化时效又可称为残留奥氏体稳定化处理，主要应用于精度较高的合金钢制工件（如量具、轴承）。

要求耐磨并保证几何精度的合金钢制工件，应使热处理后的残留奥氏体量及残余应力降至最低。否则，在长期使用中由于受力或温度波动可能促使残留奥氏体向马氏体转变或应力松弛而影响几何精度。对此，需进行稳定化时效。

时效的温度应以不使工件的硬度降低为原则，一般常低于回火温度 20~30℃。

例如，GCr15 钢制千分尺量柱，硬度要求为 62~65HRC，经盐浴加热淬火

(650~700℃×10min 预热+850~860℃×10min 油淬)、冷处理 (-70~-80℃×30~60min)、低温回火 (130~150℃×8h) 和中部感应退火，最后进行稳定化处理 (盐浴加热 160~180℃×2h)。

238. 奥氏体稳定化处理

对于 18-8 等类型的奥氏体不锈钢，为了获得尽可能高的抗晶间腐蚀能力，常对其进行 850~900℃×2~5h 的奥氏体稳定化处理，使残留在奥氏体内的 C 充分与 Ti、Nb 等化合并以 TiC、NbC 等形式沉淀。必要时还可以进行一次 700℃短时去应力退火。

不含 Ti、Nb、Ta 等元素的超低碳奥氏体不锈钢，通常在敏化温度 (430~820℃) 保温数小时，也不会在晶界析出 $Cr_{23}C_6$ 而发生晶间腐蚀。但是如果在高温下长期停留却可能形成 σ (FeCr) 相或在晶界上析出 $Cr_{23}C_6$ 而影响耐蚀性。对此，可先进行 885℃×2h 的稳定化处理，再进行 680℃×2h 的去应力回火。

239. 奥氏体调节处理

沉淀硬化型不锈钢、马氏体时效钢及其他类似钢种，在淬火后于室温下得到的组织，绝大部分 (甚至 100%) 是奥氏体。通过加热及保温方法，调节奥氏体的实际成分，使其中一部分合金元素以化合物状态沉淀析出，从而提高马氏体转变的 *Ms* 及 *Mf* 点。这种工艺称为奥氏体调节处理。

通常，950℃上下的调节处理 (R 处理)，可使 *Ms* 点升到略低于 0℃，随后的冷处理可促进马氏体转变。760℃左右的调节处理 (T 处理)，可使 *Ms* 点升至高于室温，在冷却到室温时马氏体转变已接近完全。

不采用奥氏体调节处理，而在淬火后进行冷形变，形变可促进马氏体转变 (称为 C 处理)。

例如，07Cr15Ni7Mo2Al 沉淀硬化型不锈钢制弹簧，先经 1050~1080℃固溶处理，然后采用 3 种奥氏体调节处理方法：①在 940~960℃加热后空冷 (R 处理)，随后进行-75℃的冷处理，最后进行 500~520℃的时效处理；②先进行冷变形调节处理 (C 处理)，最后进行 470~490℃的时效处理；③先进行 750~770℃的调节处理 (T 处理)，最后进行 450~490℃的时效处理。

参 考 文 献

[1] 全国热处理标准化技术委员会. 金属热处理标准应用手册 [M]. 3 版. 北京：机械工业出版社，2016.
[2] 中国机械工程学会热处理专业学会. 热处理手册：第 1 卷 [M]. 2 版. 北京：机械工业出版社，1991.
[3] 热处理手册编委会. 热处理手册：第一分册 [M]. 北京：机械工业出版社，1984.
[4] 广东工学院热处理专业，广东拖拉机制造厂，广东省第一汽车制配厂，等. 钢铁热处理基础 [M]. 广州：广东人民出版社，1975.
[5] 金荣植. 实用热处理节能降耗技术 300 种 [M]. 北京：电子工业出版社，2016.

[6] 牟俊茂，褚荣祥．35CrMo钢管中频感应加热调质技术［J］．金属加工（热加工），2012（19）：43-44.
[7] 雷廷权，傅家骐．金属热处理工艺方法500种［M］．北京：机械工业出版社，1998.
[8] 姜振雄．铸铁热处理［M］．北京：机械工业出版社，1978.
[9] 中国机械工程学会热处理专业学会．热处理手册：第2卷［M］．2版．北京：机械工业出版社，1991.
[10] 金荣植．热处理节能减排［M］．北京：机械工业出版社，2016.
[11] 李安铭，陈昊，李小飞．"零保温"淬火温度对45钢组织与性能的影响［J］．金属热处理，2009，34（4）：72-74.
[12] 符长璞．高速钢低高温配合回火新工艺［J］．机械工人（热加工），1985（3）：8-9.
[13] 李良福．修复热处理对工具钢使用时强化过程的作用机理［J］．热处理技术与设备，1995（4）：48-54.
[14] 浙江大学，上海机械学院，合肥工业大学．钢铁材料及热处理工艺［M］．上海：上海科学技术出版社，1978.
[15] 钟士红．钢的回火工艺与回火方程［M］．北京：机械工业出版社，1993.
[16] 药树栋，石文．淬火钢的高温快速回火工艺［J］．金属热处理，2009，34（2）：92-95.
[17] 陆纪龙．热处理节能方法二则［J］．机械工人，2001（7）：47-48.
[18] 于化洲．快速回火在调质中的应用［J］．机械工人（热加工），1990（17）：54-55.
[19] 陈守介．花键轴感应加热淬火后的自身回火［J］．金属热处理，1982（2）：27-29.
[20] 甄润身，胡炳明．我国汽车工业感应热处理现状与展望：第六届全国热处理大会论文集［C］//．北京：兵器工业出版社，1995.
[21] 王波．稳定高速钢刀具尺寸提高其耐磨性的低温回火［J］．金属热处理，1982（9）：39-41.
[22] 金荣植．机床零件热处理技术［M］．北京：机械工业出版社，2017.
[23] 陈胜，黄凡．多功能刺刀局部感应加热回火工艺应用［J］．表面技术，2005，34（5）：91-92.
[24] 大连工学院．金属学及热处理［M］．北京：科学出版社，1975.
[25] 杨满．热处理工艺参数手册［M］．北京：机械工业出版社，2013.
[26] 航空材料手册编写组．航空材料手册：上册［M］．北京：国防工业出版社，1972.
[27] 王秀兰．振动时效工艺的应用［J］．金属热处理，1990（5）：45-47.
[28] 候世璞，赵鹏，王辉亭，等．频谱谐波振动时效在水轮发电机转子支架上的应用［J］．金属加工（热加工），2012（增刊2）：197-199.
[29] 张鹏，王宏利，曹程保．超声波时效仪在热风炉炉壳焊缝消除应力中的应用［J］．机械工程师，2012（9）：146-148.
[30] 刘政，朱涛，邓居军，等．刀具磁场处理技术研究现状及进展［J］．金属热处理，2016，41（4）：115-120.
[31] 许伯钧，阎殿然，谷南驹．高速钢脉冲磁场回火［J］．新技术新工艺，1987（5）：13-15.
[32] 孙忠继．经磁场淬火和高温回火的T10钢的力学性能［J］．热处理，2007，22（4）：47-48.

第4章

金属的表面淬火

表面淬火是仅对工件表层进行的淬火，其中包括感应淬火、接触电阻加热淬火、火焰淬火、激光淬火、电子束淬火等。

钢件的表面淬火通常是在整体热处理（退火、正火或调质等）后，将表面层加热到临界点以上的温度并急速冷却的工艺方法。表面淬火可显著提高钢件耐磨性能及疲劳性能。表面淬火不仅可以提高工件表层的硬度和耐磨性，而且与经过适当热处理的心部组织和性能相配合，可以使工件获得高的疲劳强度和韧性。若在工件表面预先涂覆含渗入元素的膏剂或合金粉末，还可实现表面化学热处理或表面合金化。

表面淬火的优点：采用局部加热淬火，工件的畸变小；加热速度快，生产率高，处理费用低；加热时间短，表面氧化脱碳极微，质量高；（少）无污染，节约能源。

表面淬火常用中碳钢或中碳低合金钢等材料，常用于机床的主轴、导轨、齿轮，及发动机的曲轴、凸轮轴等表面强化处理。

240. 感应淬火

感应淬火是利用感应电流通过工件所产生的热量，使工件表层、局部或整体加热并快速自冷的淬火。

感应淬火根据使用频率不同，可分为超音频感应淬火（30~40kHz，淬硬层深度为2.5~3.5mm）、高频感应淬火（200~300kHz，淬硬层深度为0.5~2.0mm）、中频感应淬火（800~2500Hz，淬硬层深度为2~10mm）和工频感应淬火（50Hz，淬硬层深度为10~20mm）等。高频感应淬火主要用于小模数齿轮和小轴类零件的表面淬火；中频感应淬火主要用于中、小模数的齿轮、凸轮轴和曲轴等的表面淬火；超高频感应淬火主要用于锯齿、刀刃和薄件的表面淬火；工频感应淬火主要用于冷轧辊等的表面淬火。

感应淬火对工件的原始组织有一定要求。一般钢件预先进行正火或调质处理，铸铁件的组织应是珠光体基体和细小均匀分布的石墨。感应淬火后需要进行低温回火，以降低内应力，提高表面韧性。相关标准有JB/T 9201—2007《钢铁件的感应淬火回火》等。

感应淬火宜选择中碳钢和中碳合金钢，如35、40、45、40MnB、45MnB、

40Mn、40Mn2、45Mn、40Cr、45Cr、35CrMo、42CrMo、ZG310-570 等。在某些情况下，感应淬火也应用于高碳工具钢、低合金工具钢、锻钢冷轧工作辊用钢、锻造合金钢支承辊用钢、不锈钢及铸铁等。原始组织以调质处理的组织为佳。

感应淬火能有效地提高工件的耐磨性及疲劳强度，并可以部分代替化学热处理。可用非合金钢或低合金钢代替高级合金钢，并能缩短工艺周期，提高生产率。

感应淬火特点：加热速度快、时间短，工件畸变小，生产效率高，节能效果好，易于实现流水线生产，工件表面性能好，氧化脱碳少，在生产线上可实现自动化生产等。广泛用于机器制造业，特别是在汽车、拖拉机、机床等行业。常用于曲轴、半轴、销轴、凸轮轴、钢板弹簧和机床齿轮等的表面处理。

241. 高频感应淬火

高频感应淬火是利用高频电磁感应现象，使工件表面加热而后急冷淬火的热处理工艺。它适用于普通中碳钢和合金中碳钢，也可应用于非合金钢或合金工具钢，但以 $w(C)=0.35\%\sim w(C)=0.5\%$的钢在淬火后的效果最好。

高频感应淬火常用频率为 60~70kHz 及 200~300kHz、功率为 30~100kW 的高频发生装置。高频感应淬火加热硬化层深度与电流频率的关系见表 4-1。一般硬化层深度为 1~2mm，加热速度可达 200~1000℃/s。高频感应淬火后可得到比普通淬火高出 2~5HRC 的硬度（见表 4-2），主要是由于组织细化、应力（压应力）较大所致。高频感应淬火件的耐磨性较好，疲劳强度显著增大而缺口敏感性较小。广泛应用于齿轮、轴类、套筒形工件、机床导轨、蜗杆和量具等。

表 4-1　淬硬层深度与电流频率的关系

硬化层深度/mm	1.0	1.5	2.0	3.0	4.0	6.0	10.0
最高频率/Hz	250000	100000	60000	30000	15000	8000	2500
最低频率/Hz	15000	7000	4000	1500	1000	500	150
最佳频率/Hz	60000	25000	15000	7000	4000	1500	500
推荐使用设备	晶体管式	晶体管式或机式（8000Hz）		机式（8000Hz）	机式（2500Hz）		机式（500,100Hz）

表 4-2　高频感应淬火后的硬度

牌号（质量分数）	淬火后的硬度　HRC	
	普通淬火	高频感应淬火
40	0~60	0~62
45(C0.44%)	60~61	64~66
18CrNiW(C0.18%)	0~48	50~52
40CrNiMoA(C0.38%)	58~60	63~64

为保证工件心部的性能，高频感应淬火前易于加工以及淬火时表面获得均匀马氏体组织，常在高频感应淬火前采用调质或正火作为预备热处理。高频感应淬火后应进行炉中回火或自热回火。

中碳及中碳合金钢，如 SM53（Q345）、S53C（相当于 53 钢）钢制滚动轴承套圈，经高频感应淬火后，其接触疲劳寿命为 GCr15 钢的 1.5~4.4 倍。

242. 高频感应预正火淬火

有些较薄而长的工件，在整体正火或调质时容易畸变，可采用高频感应正火作为预备热处理，然后用同一感应器加热，随即进行淬火。进行高频感应正火时，可选用较小的比功率，适当延长加热时间，增大加热深度，可得到改善淬火层以里的心部组织的效果。

高频感应淬火时由于过热或硬度不足而需返修，或因某种原因导致淬火加热中断，均应进行一次高频感应正火，之后重新淬火，以免产生软带或裂纹。

为了减小高频感应淬火后内孔的收缩，可将齿轮毛坯粗车后，在铣齿外圆处进行一次与淬火时所采用的工艺基本相同的高频感应正火，再将齿轮毛坯精车到要求尺寸，可使后序淬火时齿轮的内孔收缩量大为减少，内径尺寸不超出公差范围。

例如，为防止如图 4-1 所示的带凸台齿轮内孔感应淬火畸变超差，可先在凸台的小端（*A* 端）进行高频感应正火，铣齿后再进行齿面感应淬火，即可减小齿轮畸变。

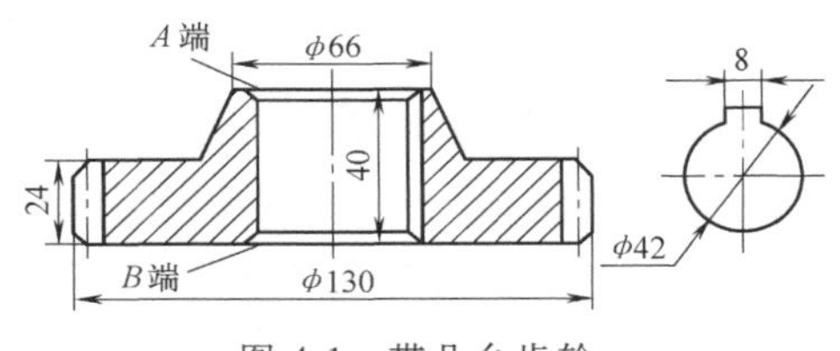

图 4-1 带凸台齿轮

243. 高频感应无氧化淬火

在高频感应加热时，采用表 4-3 所列的几种方法，可防止工件表面氧化，实现高频感应无氧化淬火。

表 4-3 高频感应无氧化淬火方法

方法	内容
方法 1	高频感应加热时，从感应器方向不断地向工件表面喷水或气体，能够保证在加热过程中，在工件表面形成一种略带保护性的气氛，减少氧化膜的形成。淬火后工件表面比通常淬火的更加光洁
方法 2	工件和感应器同时置入密封容器中，感应加热时不断地从感应器方向向工件喷射惰性气体或在整个容器内预先充满惰性气体。若考虑所使用气体的安全性和经济性，则使用 N_2 较好
方法 3	使用带有可控气氛的特殊装置实现高频感应无氧化淬火

244. 渗碳后感应淬火

渗碳（碳氮共渗）感应淬火是在渗碳之后进行表面淬火的复合热处理工艺。其目的是为了进一步提高工件表面硬度、耐磨性与疲劳强度，同时改善硬化层分布并降低工件淬火畸变和淬裂倾向。

例如，用 20Cr、20CrMnTi 等钢制作的齿轮，在渗碳后（渗碳层深度为 0.9~1.6mm）采用比功率较小、加热速度较为缓慢的齿部透热的高频感应淬火。必要时还可辅以断续加热方法，使淬火硬化层深度大于渗碳层，以便得到沿齿廓分布的硬化层，同时轮齿心部也得到强化，并能细化渗碳层及渗碳层附近区域的组织。非硬化部位不必预先做防渗处理（如齿轮的轴孔、键槽等），并解决了齿轮内孔畸变的问题。以渗碳后感应淬火代替重新整体加热淬火，可减少能源消耗，降低加工成本。

由于感应淬火可只在要求高硬度的表面进行，对于在渗碳后普通淬火时残留奥氏体较多的钢种（如 18CrNiW、20Cr2Ni4A 钢等），在采用感应淬火时，不仅可以起到减少残留奥氏体、提高表面硬度的作用，而且还可以减少零件热处理畸变。

例如，拖拉机变速器齿轮（SAE8620 钢，相当于 20CrNiMo 钢）采用渗碳后直接淬火的工艺，不仅齿轮的内花键畸变超差，而且周期长、能耗大；改用 SAE1022 钢（相当于 22 钢），进行渗碳后感应淬火处理，齿轮的内花键在渗碳缓冷后用拉刀加工，然后感应淬火，解决了齿轮内花键畸变的问题，并降低了材料费用。

245. 渗氮后感应淬火

渗氮（氮碳共渗）感应淬火是在工件渗氮后进行感应淬火的复合热处理工艺。此工艺可比单纯渗氮或感应淬火处理获得更高的表面硬度和更大的硬化层深度，并能减小渗氮层中的硬度梯度，具有耐蚀、抗疲劳、抗中温软化的综合性能。特别是此工艺可使工件获得较高的滚动接触疲劳强度，这一特点对于增加齿轮、轴承一类承受滚动疲劳的工件的使用寿命非常有利。例如，34CrNi3MoV 钢滚珠套圈经调质（硬度为 254~283HBW）+渗氮+中频感应淬火+回火后，硬化层深度由渗氮的0.35~0.61mm 提高到 5.5~9.5mm，而硬度由原来中频感应淬火的 48~52HRC 提高到58~62HRC。能有效地提高耐磨性及抗咬合性。

球墨铸铁在氮碳共渗后进行高频感应淬火，其耐磨性及缺口疲劳强度均得到显著提高。

例如，尺寸为 ϕ25.4mm 的钢制试样经调质处理后分别进行如下处理：

1）渗氮工艺：渗氮 530℃×9h，氨分解率为 25%~35%+渗氮 530℃×5h，氨分解率为 65%~75%+渗氮 530℃×46h，氨分解率为 25%~35%。

2）感应淬火工艺：频率为 300kHz，加热功率为 15kW，感应淬火温度为 850~920℃，淬火时间为 2.3~2.7s，水淬。

3）渗氮+感应淬火复合处理。

经上述不同规程处理后，试件的硬化层深度及表面硬度见表 4-4。几种钢经不同类热处理，工件的硬化层深度和表面硬度见表 4-4。

表 4-4　工件的硬化层深度和表面硬度

钢号	硬化层深度/mm		表面硬度　HRC		
	渗氮	感应淬火	渗氮	感应淬火	渗氮+感应淬火
20	1.14	3.81	24	44	57
30	1.12	3.43	25	53	65
40	1.14	3.43	33	63	66
T8	1.09	3.56	35	64	69
40CrNiMo	0.89	2.79	49	65	68

246. 低淬透性钢的感应淬火

低淬透性钢零件采用深层感应淬火的方法，代替低合金钢的渗碳淬火，可大大缩短工艺周期，节约 Ni、Cr 等合金元素，从而可取得较大的节材效果。同时，通过对钢材淬透性能的控制，可以实现在感应加热时获得均匀的表面硬化层。对某些采用低淬透性钢和限制淬透性钢的零件进行感应淬火能使零件获得优良的使用性能。

表 4-5 为 60DTi 钢传动十字轴感应加热性能的试验结果。与 20MnVB 钢渗碳淬火十字轴性能比较，60DTi 钢传动十字轴感应淬火的弯曲疲劳寿命、扭转疲劳寿命和静扭强度均有显著提高。

表 4-5 60DTi 钢传动十字轴感应加热性能的试验结果

材料与工艺	弯曲疲劳寿命 /(×10^6次)	扭转疲劳寿命 /(×10^4次)	静扭强度 /N·m	磨损量 /(×$10^{-3}$$mm^2$)
20MnVB 钢渗碳	1.855	8.9	9741	30
60DTi 钢感应淬火	5.0	60.4	11321	29.9

用低淬透性钢 55DTi、60DTi、65DTi 及 70DTi 制作的齿轮，经高频感应加热淬火后获得良好的力学性能，可代替部分汽车、拖拉机承受较重负荷的渗碳淬火齿轮。同样，GCr4 低淬透性轴承钢以感应淬火代替深层渗碳淬火可以制造铁路轴承套圈。这些材料的生产成本低、价格低廉，而且以感应淬火代替渗碳淬火，可大大缩短工艺周期。

247. 高速钢的感应淬火

高速钢的淬透性很好，即使在空气中也能淬硬到 64HRC 以上。高速钢感应淬火属于自冷式淬火。感应加热层深度

$$d_{深}=0.2\sqrt{t}\ \ (\mathrm{mm})$$

式中，t 为加热时间（s）。

随着功率密度的降低与加热时间的延长，热损耗（辐射热和传导热）加大，感应加热层深度增加。如果工件比较薄，热传导很快就会从表面传到心部，整个截面透热。高速钢属于自硬性材料，加热停止后，即会很快淬硬。感应加热温度可用红外线光电高温计测量。在感应淬火时，可采用专用淬火机床，针对不同规格的刀片设计个性化的感应圈。

国外对厚度为 3~10mm 的 W18Cr4V 高速钢（P18）刀片采用高频感应淬火；国内用高频感应加热试淬厚度为 6mm 的刀片，生产应用表明，其寿命高，比经原保护气氛整体加热淬火的寿命提高一倍以上。采用超音频感应淬火机床，对厚度为 12mm 的 M2 高速钢（W6Mo5Cr4V2）机械刀片进行超音频感应淬火，淬火晶粒细小，显微组织良好，能获得长的使用寿命。

例如，W18Cr4V 钢制车刀，尺寸为 25mm×25mm×200mm，先用 35kW 的电阻炉进行整体预热，第一阶段 580℃×30min，第二阶段 860℃×1~1.5h。然后对车刀局部（刃口至柄部 60mm 处）采用 GP100-C3 高频感应加热设备进行感应淬火，感

应器采用圆环形（内圈直径为60mm，高度为40mm），阳极电压为10kV，阳极电流在4A左右，加热温度为1280~1310℃。采取通、断加热方式保证刃部透热且保持60s，油淬冷却至250℃左右，出油空冷。并进行560℃×2h×2次回火，刃部与柄部硬度分别为63~66HRC和50~55HRC。

248. 不锈钢的感应淬火

不锈钢件（如菜刀）常采用盐浴加热淬火，不仅劳动强度大，能耗高，淬火后清洗困难，且污染环境。对不锈钢件进行高频感应淬火，不仅提高了生产效率，降低了能耗，改善了环境，而且还可以减小淬火畸变，增加刀具的耐磨性及使用寿命。

例如，30Cr13不锈钢制造的菜刀，外形尺寸为180mm×80mm×0.9mm，刀坯经粗磨刃口后进行高频感应淬火，采用GP60-CR13型高频感应装置及单匝型插入式感应器进行连续加热淬火，其电参数为：输入电压为380V，阳极电压为7.5kV，阳极电流为2.5A，槽路电压为5.0kV，栅极电流为0.6A，频率为250kHz，淬火加热温度为1040~1080℃，加热速度为250~300℃/s，刀具移动速度为3.5mm/s，加热后浸入L-AN22全损耗系统用油中冷却，淬火后硬度为55~58HRC，最后在(200±10)℃的硝盐浴中回火1h。处理后的硬度为50~54HRC，畸变量<1.5mm。

又例如，40Cr13山形机床导轨（长度为2244.7mm）的中频感应淬火，采用龙门中频数控淬火机床，电流为346A，频率为7400~7600Hz，移动速度为2.6mm/s，中频感应淬火后趁热矫直，并进行190~210℃×4h回火，处理后的硬度为53~57HRC，畸变量<0.4mm。

249. 感应加热浴炉处理

感应加热浴炉，选用尺寸合适的石墨坩埚，内盛加热用盐，坩埚周围包以10mm厚的硅酸铝纤维，用水玻璃粘牢、烘干，置于感应圈内。感应圈接通电源后，坩埚的盐即被加热熔化，待其达到工艺要求的温度时即可对工件进行盐浴加热淬火。根据坩埚的大小，感应圈可为单圈或双圈。为了加热均匀，采用间歇加热方式。

例如，W18Cr4V钢制冷挤压推刀，尺寸为ϕ20mm×148mm，经预热后，放入ϕ140mm×200mm的石墨坩埚中，高频感应加热至1280℃，保温5min，油中淬火，硬度为61~64HRC，回火并刃磨后即可使用，效果良好。

此法适用于单件或小批量生产，与炉中加热相比，启动与加热速度快，节能效果异常显著。

例如，中频感应加热石墨坩埚盐浴炉，炉膛尺寸为ϕ200mm×300mm，坩埚尺寸为ϕ250mm×450mm，感应器尺寸为ϕ300mm×300mm，匝数为10。中频感应加热参数：电压为750V，功率为60kW，加热温度为1000℃，加热时间为24min。

250. 中频感应淬火

中频感应淬火时常用频率为1000~10000Hz、功率为100~500kW的中频发电机或晶闸管变频装置。硬化层深度与所用频率的关系见表4-1，一般为2~10mm。此法可提高工件表面的硬度、耐磨性及疲劳强度，并获得更深的硬化层深度。适用于大、中型工件，也可用于小件（如轴承套圈、丝杠毛坯等）的穿透淬火。

为保证工件心部性能，淬火前需进行调质或正火作为预备热处理。淬火后根据硬度要求进行相应的回火处理。

对于低淬透性钢制齿轮，经中频感应加热、喷水冷却，可在表面形成马氏体组织，得到沿齿廓分布的硬化层，而轮齿心部仍保持原有的较高的强韧性。这种齿轮已部分地代替汽车、拖拉机中承受较重载荷的合金渗碳钢齿轮。

为了有效地防止合金钢工件及形状复杂工件（如齿轮）发生中频感应淬火畸变与开裂，常采用埋液中频感应淬火，其淬火冷却介质一般为淬火油。

例如，40Cr钢机床主轴齿轮，尺寸为ϕ174mm（外径）/ϕ115mm（内径）×48mm（高度），要求齿部中频感应淬火、回火后硬度为52~57HRC。

1）调质。淬火加热温度为840~860℃，保温后淬油；回火加热温度为560~600℃，保温后空冷，硬度为250~280HBW。

2）中频感应淬火。采用300kW晶闸管电源加热设备，感应器尺寸为ϕ184mm（内径）×47mm（高度）。其加热功率为100kW，工作频率为8kHz，电压为550V，直流电压为400V，直流电流为260A，加热时间为73s，油冷5min出油空冷至室温，齿面硬度为53~55HRC。经180~200℃×4.5h回火，齿面硬度为52~54HRC，内孔硬度≤30HRC。

251. 工频感应淬火

取自三相动力变压器或单相、三相电炉变压器的50Hz工频感应电流，通过感应器加热工件并进行淬火，称为工频感应淬火，其功率可有数百瓦至一、二千瓦。工频感应淬火与高、中频感应淬火相比具有下列特点：①电流穿透层比较深，当用于大截面零件的表面淬火时，可获得15mm以上的淬硬层，工频感应加热淬火工件的性能与炉内加热比较接近；②可直接应用于工业电源，设备简单，电热转换效率比变频器要高；③加热速度较低（每秒几度），不易过热，整个加热过程容易控制。由于使用感抗性电路，功率因数较低（$\cos\varphi=0.2\sim0.4$），常需大容量电容器来补偿。

工频感应淬火常用于冷轧辊、钢轨及起重机车轮等大型工件的表面热处理。工频感应加热还常用于棒材及管材的正火、调质等处理。

冷轧辊工频感应淬火的方法有：工频感应器整体表面加热淬火、工频感应器连续加热淬火、工频双感应器连续加热淬火、双频感应器连续加热淬火。表4-6为9Cr2Mo钢冷轧辊（ϕ500mm×1700mm）工频双感应器连续加热淬火的工艺参数。

表4-6　9Cr2Mo钢冷轧辊工频双感应器连续加热淬火的工艺参数

序号	工艺参数	预热		淬火加热和冷却
		第一次	第二次	
1	感应器移动速度/(mm/s)	1	1.5	0.6
2	电压(空载/负载)/V	375/368	—	375/366

（续）

序号	工艺参数		预热		淬火加热和冷却
			第一次	第二次	
3	电流	上感应器/A	2100	—	2325
		下感应器/A	1575	—	1538
4	比功率	上感应器/(kW/cm^2)	0.15	0.15	0.19
		下感应器/(kW/cm^2)	0.12	0.114	0.12
5	上下感应器距离/mm		80	80	80
6	喷水开始时感应器位置/mm		—	—	150
7	平喷式喷水器进水压/MPa		—	—	10
8	停电时上感应器位置/mm		—	—	1910
9	延续冷却时间/min		—	—	30

252. 感应淬火时的加热方法

感应淬火时的加热方法（见表4-7）有：同时（一次）加热、连续加热、断续加热和恒温加热等方法。其中，同时加热与连续加热是感应淬火时最常用的加热方法。

表4-7 感应淬火时的加热方法

加热方法	内容
连续加热法	连续加热时，感应器与工件相互运动，工件各部位逐次得到加热。在单件小批量生产中，对轴类、杆类及尺寸较大的平面加热，即使设备功率有余，也常采用连续加热
同时加热法	同时加热时，通电后工件需加热的表面积同时加热，加热后需同时冷却。在大批量生产中，只要设备功率足够，即可采用同时加热法
断续加热法	其是为了加深工件淬硬层深度而又不使工件表面过热的加热方法。其过程是在工件表面达到一定温度后，切断电流，因为加热层所含热量一方面向空气中散去，一方面向工件内层传导，所以会发生降温；之后闭合电路，表面层恢复到淬火温度并继续向内层传导热量，使被加热层逐渐加深
恒温加热法	其是以达到较深的硬化层又不使表面过热为目的的加热方法，即在加热几秒钟达到淬火温度后，自动保温几秒至十几秒后再进行淬火

253. 喷液及浸液表面淬火

感应淬火时可应用喷液或浸液方式进行淬火冷却，不同工件的淬火冷却方式及所用介质见表4-8。

表4-8 感应淬火时的冷却方式及介质

零件	材料	加热方法	冷却方法	冷却介质	备注
光轴、杆件、销子等	45	同时或连续	喷射	自来水	—
	40Cr	同时或连续	喷射	自来水	同时加热时注意停喷温度
花键轴	45	同时或连续	喷射	自来水或 w(PVA)=0.05%的水溶液	PVA为聚乙烯醇水溶液
	40Cr	同时	喷射或浸液	油，或 w(PVA)=0.3%的水溶液，或 w(乳化液)=10%	—
		连续	喷射	自来水或 w(PVA)=0.05%的水溶液	不预热，加热时两端不加热，防止键槽根部淬不上火

（续）

零件		材料	加热方法	冷却方法	冷却介质	备注
凸轮轴		球墨铸铁	同时	喷射	自来水	停喷温度高于 250℃
凸轮轴		50Mn	同时	埋油淬火（加喷射）	透平油，或 L-AN32 全损耗系统用油	感应圈与工件间隙为 3～5mm，过小会冷却不良。喷头油压为 0.49MPa
曲轴		45	同时或连续	喷射	自来水，w（PVA）= 0.05%的水溶液	—
		40Cr	同时	喷射	w(PVA)= 0.3%的水溶液，或 w(乳化液)= 10%	—
			连续	喷射	w（PVA）= 0.3%的水溶液	—
		50CrMoA	同时	喷油或埋油淬火	油	柴油机整体式曲轴
齿轮	模数 1～3mm	45	同时	喷射	w（PVA）= 0.05%或 0.3%的水溶液	停喷温度高于 200℃
		40Cr	同时	浸液	油	—
	模数 3～10mm	45	同时	喷射	自来水或 w（PVA）= 0.05%的水溶液	停喷温度高于 200℃
		40Cr	同时	喷射或浸液	油，或 w(PVA)= 0.3%的水溶液，或 w(乳化液)= 10%[w（PVA）= 0.05%的水溶液，或自来水]	用 w(PVA)= 0.05%的水溶液或自来水喷冷时，停喷温度应高于 260℃
	模数大于 5mm	45	逐齿同时，单齿连续，沿齿沟连续	喷射	自来水	—
		40Cr	逐齿同时，单齿连续，沿齿沟连续	喷射	w(PVA)= 0.05%的水溶液，或自来水	—
		淬透性高于 40Cr 的合金钢	逐齿同时，单齿连续，沿齿沟连续	间冷	水	用自来水喷冷相邻两齿面
				埋油淬火	油	—

喷液淬火用于连续加热时的冷却较为方便，淬火冷却介质有水、压缩空气、雾、乳化液及可溶性有机化合物水溶液（如 PVA 水溶液、PAG 水溶液）。淬透性低而形状简单的工件常用喷水冷却，以改变水温或水压来改变冷速。乳化液及有机化合物水溶液适用于合金钢或非合金钢制造的形状复杂的工件，可减少淬火畸变或淬裂倾向。此外，还可应用气冷及雾冷于大锻件的表面淬火。

浸液淬火常用于同时加热工件的淬火冷却，常用介质为水和油。

254. 埋油感应淬火

埋油感应淬火是在感应淬火中，将工件与感应器一起沉入油槽内，在油中通电加热到淬火温度，移开感应器，槽中的油即将工件淬冷；为了加强冷却，还可安装喷油嘴或搅拌装置。埋油淬火可有效地防止合金钢件及复杂形状钢件发生淬火畸变及淬裂。例如模数大于 8mm 的大型合金钢齿轮就可采用埋油中频感应淬火。

埋油感应淬火工艺可满足冶金、矿山、石油、化工等行业的大型轧机、推钢机、磨球机、混合机等传动齿轮中的直齿、斜齿、人字齿、多头蜗杆、锥齿及弧齿锥齿轮等的表面淬火。埋油逐齿感应淬火机床如图4-2所示。

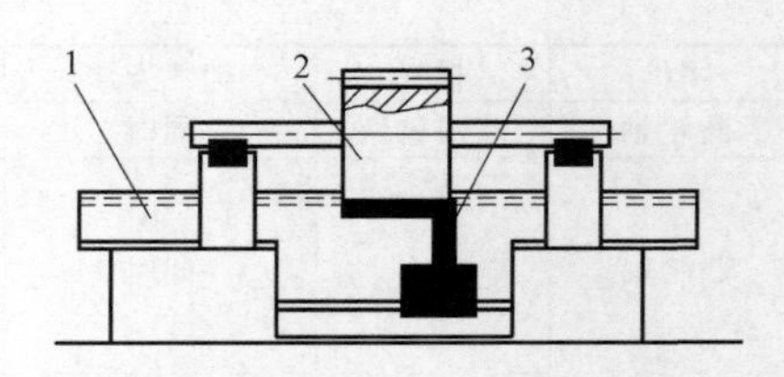

图4-2 埋油逐齿感应淬火机床示意
1—淬火油 2—齿轮 3—感应器

为使沿齿廓分布的淬火层均匀一致，齿顶无邻齿回火效应，可采用同齿定位装置及同齿定位埋油感应加热连续淬火工艺。

255. 埋水感应淬火

特殊形状或特殊要求的工件，采用感应加热埋水淬火，可获得较好的淬火效果。埋水感应淬火时，将感应器与工件一同沉入水槽中，在水中通电感应加热到淬火温度，断电后工件立即被淬火。此法常用于中碳钢工件，例如模数为3mm以上的中碳钢齿轮淬火。

例如，45钢制工件，其上的ϕ20mm孔的内壁需要高频感应淬火，要求硬化层深度为0.8～1.0mm，硬度为50～60HRC。使用ϕ2.0mm钢丝（实心）制造的如图4-3所示的内孔感应器，采用埋水感应器加热淬火，满足了工件的技术要求。

图4-3 小尺寸工件内孔埋水淬火感应器示意

256. 大功率脉冲感应淬火

大功率脉冲感应淬火设备振荡频率一般为200～300kHz，振荡功率在100kW以上。具有加热速度快、淬火后显微组织细小、不必回火、硬度和耐磨性高等特点。能得到极薄的硬化层。与激光、电子束淬火相比，在设备投资、维护、节能等方面具有明显的优势。

大功率脉冲感应淬火能够得到更细小的淬火组织、更高的硬度和微小的畸变。适用于形状复杂、要求精度高的工件的表面淬火，以及汽车行业、仪表耐磨件、中小型模具等的局部硬化。其工艺特点介于普通高频感应淬火与超高频脉冲感应淬火之间，见表4-9。

表4-9 三种高频感应淬火工艺特点的比较

工艺参数	普通高频感应淬火	超高频脉冲感应淬火	大功率脉冲感应淬火
频率	200～300kHz	27.12MHz	300～1000kHz
功率密度	200W/cm^2	10～30kW/cm^2	1～10kW/cm^2
最短淬火时间	0.1～5s	1～500ms	1～1000ms
淬硬层深度	0.5～2.5mm	0.05～0.5mm	0.1～1mm
淬火面积	由连续移动决定	10～100mm^2（最大宽度为3mm）	100～1000mm^2（最大宽度为10mm）

（续）

工艺参数	普通高频感应淬火	超高频脉冲感应淬火	大功率脉冲感应淬火
感应器电感	2~3μH	10~100nH	—
感应器冷却	通水	单脉冲加热时无须冷却	通水或埋水冷却
淬火	喷水	自激冷	埋水或自激冷
组织	马氏体	极细马氏体	细马氏体
畸变	不可避免	极小	极小

例如，应用功率为100kW的GP100-C3型号的高频感应加热设备，改装成频率为300kHz的装置，对ϕ35mm轴、变速齿轮、汽车转向齿条进行大功率脉冲淬火，获得良好的结果。表4-10还列举了一些大功率脉冲感应淬火的应用实例。

表4-10 大功率脉冲感应淬火的应用实例

工件类型	钢号	淬火工艺				备注
		感应器	加热方法	加热时间	冷却方法	
汽车凸轮	45	仿形	整体加热	0.5s	喷水	硬度为67~68HRC
小模数齿轮	40Cr	仿形	整体加热	0.7s	自冷	硬度为700HV
汽车转向齿条	40Cr	环形与齿顶平行	逐齿加热	140μs	自冷	硬度为700HV,淬硬层浅时硬度为840~927HV
汽车转向齿条	40Cr	圆铜线仿齿形	埋水逐齿加热	206μs	埋水冷却	齿顶未淬硬，硬度为900HV,淬硬层理想
汽车转向齿条	40Cr	矩形铜板仿齿形	埋水逐齿加热	206μs	埋水冷	
汽车转向齿条	40Cr	矩形铜板仿齿形	逐齿加热	140μs	自冷	硬度稍低

257. 超高频脉冲感应淬火

超高频脉冲感应淬火又称超高频冲击感应淬火，它是使用频率为20~30MHz的高频脉冲通过感应线圈，使厚度为0.05~0.5mm的工件表层在1~500ms时间内迅速加热到淬火温度，然后自冷淬火，其表面加热功率可达10~30kW/cm^2，加热速度为10^4~10^6℃/s。此法的特点：加热时间极短（1~500ms）、无氧化、无脱碳，生产效率高；硬化层深度为0.05~0.5mm，零件畸变小；通过自激淬火，不需要回火；淬火表层与基体间无过渡带。超高频脉冲感应淬火、普通高频感应淬火和大功率脉冲感应淬火的技术特性比较见表4-9。

这种工艺的特点是它的相变快速，使淬硬层得到极细微的组织，其晶粒直径可细化到原来的1/10，晶粒直径<5μm，淬火组织为极细针状马氏体，具有高的硬度、耐磨性及良好的耐蚀性。

超高频脉冲感应淬火设备的输出电压为5.5~8.5V。超高频脉冲感应淬火面积取决于电源设备的容量，一般为10~100mm^2，最大加热宽度为3mm。该法可获得高的硬度（900~1200HV）、强度、韧性与耐磨性，以及良好的耐蚀性。主要用于小、薄的零件，如微型电动机轴（ϕ8μm）、计算机部件、切削刀片（手术刀片、收割机刀片、电动剃须刀片），以及木工工具（带锯）等。应用此法，可使切削工具寿命提高3~5倍，带锯寿命提高1~2倍，打印机针寿命提高10倍。

例如，高速钢制带锯大锯条，感应器用直径为1~1.5mm、截面面积为0.2~

0.3mm^{2}的圆形或矩形纯铜管弯制而成（见图4-4），感应器内径 D 应按不同锯齿的大小而定，一般为 $D=1\sim3$mm，这里 $D=2$mm。

在超高频脉冲感应淬火操作时，将要淬火的锯齿刃部装入感应器中。锯齿尖部距感应器内径 D 上顶部约1/3~1/4处，使感应器尽可能接近锯齿的刃部，锯齿部经脉冲淬火后，硬度达到68HRC；随后经两次回火，最后齿部硬度达到65~67HRC。

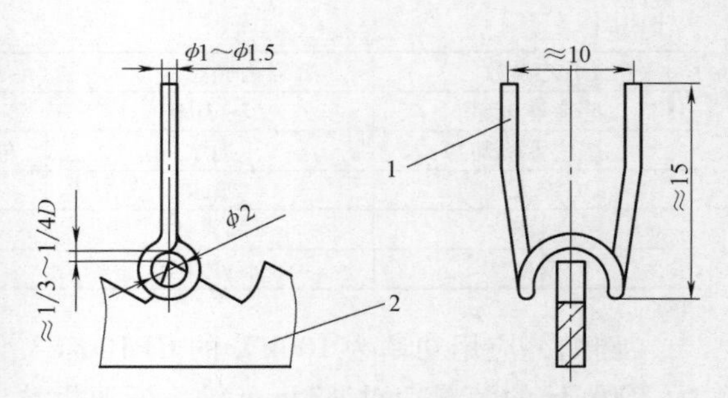

图4-4 带锯刃部超高频脉冲感应淬火示意

1—感应器 2—带锯

258. 超音频感应淬火

中小模数（3~5mm）齿轮、链轮、凸轮轴、花键轴、曲轴等零件，在采用频率为200~300kHz的高频感应设备进行加热淬火时，很难保证得到沿齿廓表面合理分布的淬硬层。对此，可将GP-100-C_1型高频感应加热设备（功率为100kW、频率为200~250kHz）改装成工作频率为50~65kHz的超音频发生装置，以获得良好的淬硬层分布。

此法也常用于机床导轨表面的硬化处理，在与高频感应淬火工艺参数相近的情况下，超音频感应淬火生产效率高（约达70%）、淬硬层深、淬火畸变较小，具体见表4-11和表4-12。

表4-11 机床导轨的高频、超音频感应淬火工艺参数

参数	高频（GP_3-100）	超音频（CHYP-100）
屏极电压/V	12500~13000	11500~12000
槽路电压/V	8000~9000	6000~6500
屏极电流/A	6~7	8~9
栅极电流/A	1.2~1.3	1.8~1.9
床身移动速度/(mm/s)	2	3~4
淬火温度/℃	900~930	900~930
冷却方式及冷却介质	连续喷水冷却	连续喷水冷却
回火	自回火	自回火

表4-12 机床导轨的高频、超音频感应淬火结果

检验项目	高频	超音频
硬度 HS	60~70	60~70
长为1m床身的畸变量/mm	0.2~0.48	0.2~0.3
长为1.5m床身的畸变量/mm	0.56	0.28~0.40
淬硬层深度/mm	1~3	2~4

259. 双频感应淬火

双频感应淬火是增加淬硬层深度并使硬度分布（梯度）更为合理的感应淬火

方法。例如用中频-高频依次加热的方法可获得沿齿廓分布的硬化层，对于提高齿轮和轧辊等零件的疲劳强度、减小淬火畸变非常有利。与单频淬火及渗碳相比，具有更高的强度，更小的畸变，并可以扩大到轴类、丝杠等工件，从而省去后续加工。表4-13为齿轮渗碳淬火+回火、单频感应淬火及双频感应淬火淬硬层深度及表面硬度。

常规（传统）双频感应淬火是将两种频率的电源分别施加到两个感应器上，工件（齿轮）需要从低频感应器（如中频）预热之后快速移到另一高频感应器中加热并进行淬火，如图4-5a所示。或者先经低频感应器（如中频）预热之后快速落到（进入）另一高频感应器中加热并进行淬火，如图4-5b所示。

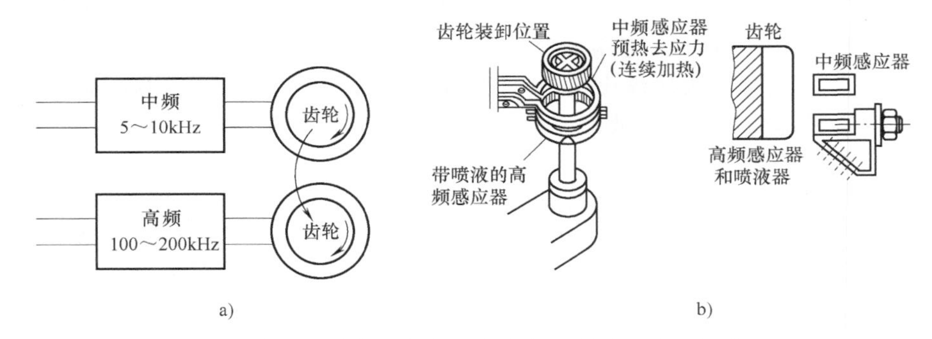

图4-5 常规（传统）的齿轮双频感应淬火示意

表4-13 几种淬火处理齿轮的淬硬层深度及表面硬度

测试部位	双频感应淬火		单频感应淬火		渗碳淬火+回火	
	淬硬层深度/mm	表面硬度HV	淬硬层深度/mm	表面硬度HV	淬硬层深度/mm	表面硬度HV
齿根	0.54	740~760	0.56	740~755	0.54	700~720
齿面	0.72	745~760	齿部淬透	745~770	0.62	705~720
齿顶	1.54	740~775	4.69	770~780	0.87	710~730
圆角处	0.52	740~760	0.62	770~775	0.52	700~720

例如，轧辊直径为ϕ100~ϕ850mm，辊身长度为100~3000mm，轧辊全长为200~5150mm。采用双频感应淬火工艺。双频电源为工频50Hz、1000kW与中频250Hz、750kW。轧辊转速为15r/min、30r/min，分别用于大、小直径轧辊，轧辊上下移动速度：低速为0.3~1.5mm/s，高速为15mm/s，采用红外双色测温装置，功率、温度闭环全自动控制。轧辊先经过工频感应器预热，再经过中频感应器、喷水器加热与淬火。86CrMoV7钢轧辊淬硬层深度可达15~17mm。

260. 同步双频感应淬火（SDF）

现代化的双频感应淬火是在一个感应圈上同时输出高频（200~400kHz）和中频（10~15kHz）两种不同频率对一个工件进行快速热处理，即同步双频感应淬火（SDF，见图4-6）。SDF发生器包括正常功率输出的一个HF（高频）和一个MF

（中频），采用IGBT（绝缘栅双极型晶体管）技术，在中频振荡基础上叠加高频振荡。HF和MF功率元件能够从2%~100%进行连续调整，采用集成PLC（可编程逻辑控制器）控制，具有多个程序时间和功率设定，可获得沿齿廓分布的硬化层，特别适合处理类似于齿轮等复杂表面的零件。

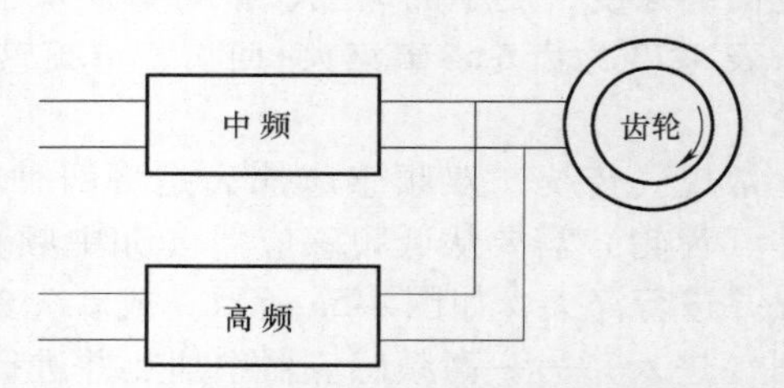

图4-6 现代化齿轮同步双频感应淬火示意

锥齿轮齿顶形状复杂，在渗碳淬火后不容易进行磨齿以校正其畸变，而采用SDF同步双频感应淬火处理的时间［加热时间为200ms，功率为580kW（MF+HF），频率为10kHz+230kHz］与传统渗碳淬火相比，仅为传统渗碳淬火的40%左右，加上感应热处理为表面局部加热淬火，故畸变很小，完全可以达到畸变误差的要求，齿轮不需磨齿。

这种方法具有加热速度快、硬化位置精确、节约能耗（50%左右）、淬火冷却介质用量少、热处理后畸变小、生产效率高及生产成本低等一系列优点，易于集成在现有机加工生产线上。目前此法主要用于汽车和飞机的零部件制造等。适合于处理模数在6mm以下的齿轮、蜗杆、准双曲面齿轮轴，以及汽车转向装置、CV接头和驱动轴等形状复杂的零部件。

例如，美国波音公司部分齿轮（如锥齿轮）采用SDF感应淬火工艺代替原渗碳淬火工艺，可满足齿轮畸变量达到最小及最终的误差要求，节省了渗碳淬火后磨齿的工序，并获得了沿齿廓分布的硬化层。此类齿轮的SDF感应淬火处理时间、能耗分别为传统渗碳淬火的40%和30%。锥齿轮加热时间极短，仅为200ms（毫秒），功率为580kW（MF+HF），频率为10kHz（MF）+230kHz（HF）。因此，SDF法节能效果显著，加工成本低。

261. 模压感应淬火

感应淬火虽然具有淬火畸变小的特点，但淬透性高或要求畸变特小的工件，如轴承圈、渗碳锥齿轮等，可在感应加热后进行模压淬火。其优点是：节能高达80%左右，节省占地面积，可在线生产。

模压式感应淬火工艺综合了感应淬火和压床淬火工艺的优点，其工艺流程：工件（如齿轮）在感应淬火后直接采用模具淬火，然后进行原位感应加热回火。其主要装备是具有模压式淬火装置以及感应加热系统的新型淬火机床。此工艺已应用于汽车、机床及风电工业等。适用于高精度圆环形工件的批量生产，如轴承圈、齿圈、锥齿轮和同步器齿套等的淬火。

锥齿轮模压感应淬火如图4-7所示，其工艺过程如下：先将渗碳后的锥齿轮固定到非导磁性的定心和夹持装置上（步骤1），然后通过电磁感应（线圈）将齿轮加热到约900℃（步骤2）。保温一定时间后，齿轮达到一个相同或均匀的温度，芯轴、压模到位（步骤3），（压模施压状态下）立即用淬火冷却介质（PAG）喷淋齿轮（步骤4）。校正芯轴可有效地防止齿轮收缩。在步骤4淬火结束后，压模不再需要，直接进入感应回火阶段（步骤5~步骤8）。

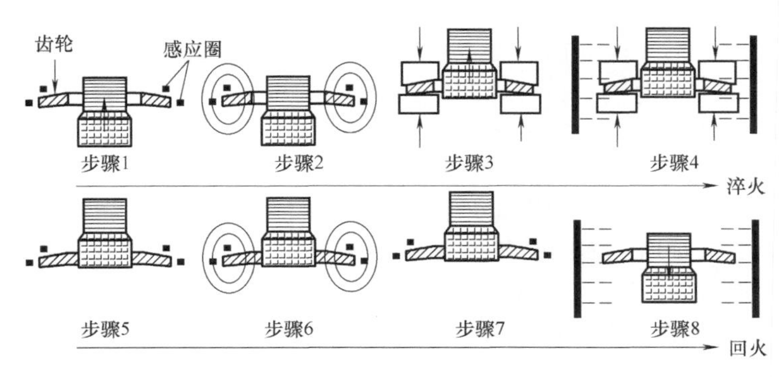

图4-7　锥齿轮模压感应淬火示意

16MnCrS5钢锥齿轮模压感应淬火工艺参数与结果见表4-14。

表4-14　16MnCrS5[①]钢锥齿轮模压感应淬火工艺参数与结果

感应淬火参数	功率/kW	250
	频率/kHz	10
	工艺时间/min	4
检验结果	表面硬度　HV30	680~780
	硬化层深度/mm	0.8~1.2
	心部硬度　HV30	350~480
	内孔圆度误差/mm	<0.03
	内孔锥度误差/mm	<0.03
	平面度误差(底面)/mm	<0.05

① 德国钢（EN10084标准），主要化学成分为（质量分数）：0.14~0.19C，≤0.4Si，1~1.3Mn，≤0.035P，≤0.035S，0.8~1.1Cr。

262. 混合加热表面淬火

对较大工件采用感应加热与炉内加热的混合加热方法，可改善表面淬火工件的淬硬层硬度分布，增加淬硬层深度，或减少工件畸变。

例如，为了减少齿轮淬火时的内孔畸变，可先将齿轮在炉中整体预热到260~320℃，之后进行高频感应淬火。预热使齿部与心部温差减小、热应力相应降低，因而内孔畸变倾向减小。又如，冷轧辊工频感应淬火时的过渡层比整体加热淬火时的过渡层窄，硬度梯度大，为使硬度分布趋于平缓，可采用500~700℃台车炉整体预热，然后再进行工频感应淬火。

263. 高频感应电阻加热淬火

高频感应电阻加热淬火是把工件要淬硬的部分作为感应器导体回路的一部分，用高频感应电流对工件表面同时进行感应加热和电阻加热，然后切断电源自冷淬火。图 4-8 为高频感应电阻加热原理的示意图。

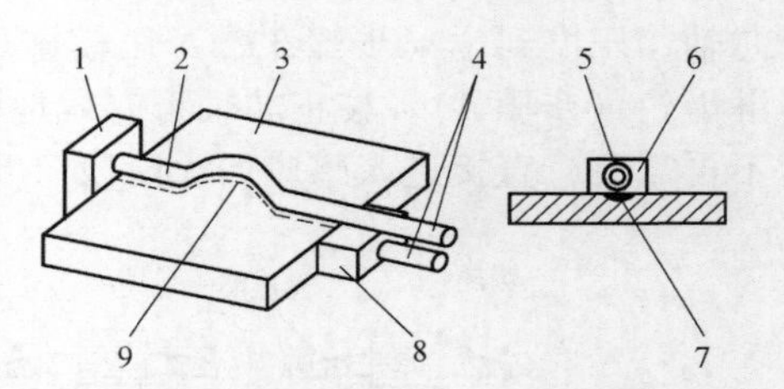

图 4-8 高频感应电阻加热原理示意

1、6、8—电触头 2、5—感应器 3—试样 4—高频电源 7—高频加热区 9—电流

与传统的高频感应加热相比，工件表面加热电流更集中、密度更大、加热速度更快。用这种方法加热工件表面的功率密度是传统的高频感应加热的数倍，可以对工件表面实施高能率热处理。可在部分场合替代渗碳或碳氮共渗处理。

这种工艺可用于齿条、轴类零件的淬火和各种凸轮轴、气缸内表面的强化处理等。

感应电源通常为 50~250kHz，功率为 70~200kW，加热时间为 6~14.5s。

例如，37CrS4 钢［德国钢（EN10083-3 标准），主要化学成分（质量分数）：0.34~0.41C，≤0.4Si，0.6~0.9Mn，≤0.025P，0.02~0.04S，0.9~1.2Cr）］制轿车转向齿条，调质后心部 R_m 为 780~930MPa。采用德国 EFD 公司的 Conductive-HV 高频感应电阻淬火机，能量发生器为 80kW/250kHz。感应淬火冷却介质采用德润宝公司的 w(BW)= 10%~12%的水溶液。工艺流程：功率因数为 0.80~0.90，第 1 次加热与停止时间分别为 1~1.8s 和 0.5s，第 2 次加热与停止时间分别为 4~5s 和 0.5s，第 3 次加热时间与停止时间分别为 5~6s 和 0.5s。淬火喷液时间为 10s。齿条齿部高频电阻感应淬火如图 4-9 所示。齿条齿部的硬化层深度在 0.25mm 以下。

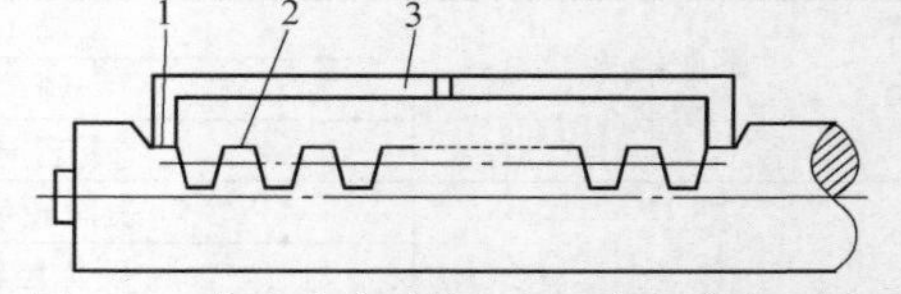

图 4-9 齿条齿部高频电阻感应淬火示意

1—接触头 2—齿条齿部 3—感应器

264. 火焰淬火

火焰淬火是利用氧乙炔（或其他可燃气体，如丙烷气、天然气等）火焰使工件表层加热到 Ac_1+80~100℃以上的温度，并快速冷却的淬火。可获得 2~10mm 的淬硬层深度。火焰淬火可使钢件表面获得高的硬度和耐磨性。火焰淬火如图 4-10 所示。相关标准有 JB/T 9200—2008《钢铁件的火焰淬火回火处理》等。

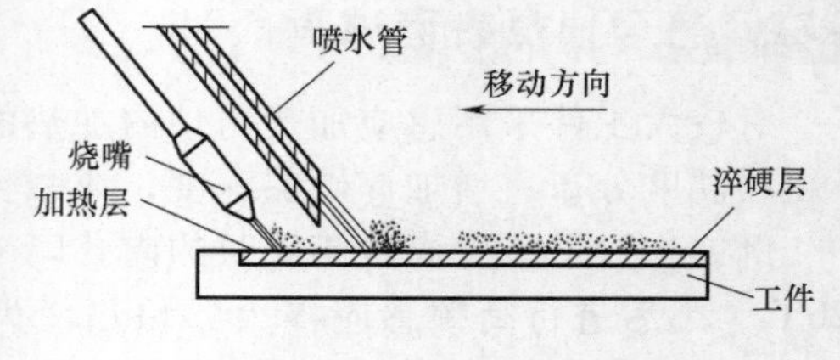

图 4-10 火焰淬火示意

火焰淬火是利用丰富而低廉的天然气（或液化石油气、丙烷气）作为加热燃料进行表面热处理的工艺。由于能源利用比较合理（天然气是一次能源），可大大降低热处理成本。

（1）优点 ①设备简单，投资少，使用方便；②特别适用于大型、异形工件的局部表面淬火，成本低、生产效率高；③火焰加热温度高，加热快，所需加热时间短，最适合处理硬化层较浅的零件；④表面清洁，少（无）氧化脱碳，零件的畸变小。

火焰淬火主要适用于单件、小批量生产及大型零件（如大型齿轮、轴、轧辊、导轨等）的表面淬火。火焰淬火通常分为同时加热淬火法和连续加热淬火法。

（2）材料　为了使火焰淬火后的表面硬度大于50HRC，必须采用碳的质量分数在0.30%以上的碳素结构钢和各种合金结构钢等，如40、45、50、55、45CrV、42CrMo、50Mn、45Mn2、40Cr、40CrNi、40CrMo；合金工具钢如9SiCr、5CrMnMo等；弹簧钢如65、65Mn、60Si2Mn等；铬轴承钢如GCr15钢等；碳素工具钢如T7等；铸钢如ZG270-500等；铸铁如HT200、QT400-18、KTZ450-06等。

为了缩短模具制造周期，降低模具制造成本，国内外已经开发出火焰淬火专用钢，例如我国自行研制的7CrSiMnMoV（CH-1）火焰淬火冷作模具钢，经氧乙炔焰加热到淬火温度后空冷即可达到淬硬（60HRC以上）的目的，而且还能使模具制造周期缩短10%以上，制造成本降低20%以上，节省能源80%左右。国外的火焰淬火模具钢主要有日本的SX4、SX5、SX105V、GO5、HMD-1、HMD-5，以及瑞典的ASSAB635等。

（3）工艺　火焰淬火温度一般比炉中加热的普通淬火温度高20～30℃，一般以火焰还原区顶端距工件表面2～3mm为好，喷嘴的移动速度在50～150mm/min之间选择。

1）常用钢铁材料的火焰淬火加热温度见表4-15。

表4-15　常用钢铁材料的火焰淬火加热温度

材　料	淬火加热温度/℃
35、40、ZG270-500	900～1020
45、50、ZG310-570、ZG340-640	880～1000
50Mn、65Mn	860～980
35CrMo、40Cr	900～1020
35CrMnSi、42CrMo、40CrMnMo	900～1020
T8A、T10A	860～980
9SiCr、GCr15	900～1020
20Cr13、30Cr13、40Cr13	1100～1200
灰铸铁、球墨铸铁	900～1000

2）烧嘴移动速度与淬硬层深度的关系见表4-16。

表4-16　烧嘴移动速度与淬硬层深度的关系

移动速度/(mm/min)	50	70	100	125	140	150	175
淬硬层深度/mm	8.0	6.5	4.8	3.0	2.6	1.6	0.6

3）火焰淬火后常在炉中进行180～200℃的低温回火。大型工件可采用火焰回火或自回火。

265. 接触电阻加热淬火

接触电阻加热淬火是借助电极（高导电材料的滚轮）与工件的接触电阻加热工件表层，并快速冷却（自冷）的淬火。

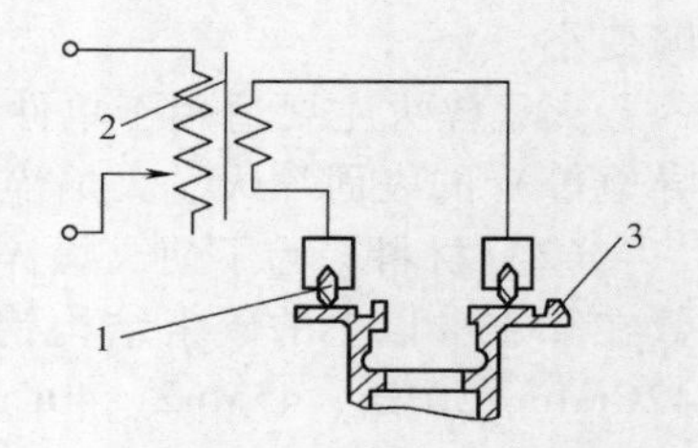

图 4-11　接触电阻加热淬火的原理示意
1—铜滚轮电极　2—变压器
3—机床导轨

接触电阻加热淬火的原理如图 4-11 所示。变压器二次侧线圈供给低电压大电流，在电极（铜滚轮或碳棒）与工件表面接触处产生局部电阻加热。当电流足够大时，产生的热量足以使此部分工件表面温度达到临界点以上，然后靠工件的自行冷却实现淬火。

此法所用设备简单，操作灵活，成本低，工件畸变小，淬火后不需回火，并能显著提高工件的耐磨性和抗擦伤能力，淬火后表面硬度可达 50～55HRC，但淬硬层较薄（约 0.15～0.30mm），金相组织及硬度的均匀性较差，目前多用于机床铸铁导轨的表面淬火，也可用于缸套、曲轴、工模具等工件的表面硬化。

如将渗硫剂涂覆于机床导轨，进行接触电阻表面渗硫淬火，导轨使用 4～5 年后的情况表明，这一工艺更能提高耐磨与抗擦伤能力。

接触电阻加热淬火大都在精加工后进行。通常采用低电压（2～5V）、大电流（400～800A）电源。接触电阻加热淬火机的电极用铜滚轮，滚轮直径一般为 ϕ50～ϕ80mm，轮缘花纹有直线形、S 形、鱼鳞形或锯齿形，其移动速度为 1.5～3.0m/min，加在滚轮上的压力为 40～60N。手工操作用碳棒或纯铜。手工操作时，硬化层深度为 0.07～0.13mm，机动操作时则为 0.2～0.3mm，表面硬度可在 50～62HRC 的范围内变化。获得的显微组织为隐针马氏体、少量莱氏体及残留奥氏体。

例如，灰铸铁机床床身导轨接触电阻加热淬火：滚轮直径为 60mm；滚轮宽度为 0.8mm；滚轮回转速度为 2.4m/min，两个滚轮的间距为 35mm；二次开路电压小于或等于 5V，负载电压为 0.5V；滚轮施加的压力为 40N、电流强度为 450A；冷却方式为自冷。经上述处理后，导轨表面硬度为 59～61HRC，硬化层深度为 0.25mm；表层组织为马氏体+少量（莱氏体+残留奥氏体）。

266. 电解液淬火

将工件欲淬硬的部位浸入电解液中接阴极，电解液槽接阳极，通电后由于阴极效应而将浸入的部位加热奥氏体化，断电后被电解液冷却的淬火，称为电解液淬火。

电解液淬火装置如图 4-12 所示。向电解液通入较高电压（160～200V）的直流电时，因电离作用而发生导电现象，于负极放出氢，正极放出氧。氢气围绕负极周围形成气膜，电阻较大，电流通过时产生大量的热使负极加热。淬火时（见图 4-12），将浸入电解液的工件接负极，液槽接正极，当

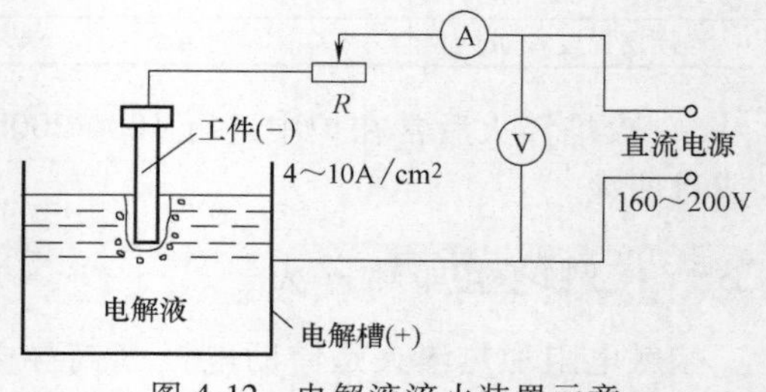

图 4-12　电解液淬火装置示意

接通电源时工件的浸入部分便被加热（5~10s可达到淬火温度）。断电后在电解液中冷却，也可取出放入另设的淬火槽中冷却。

电解液加热常用的加热介质为Na_2CO_3水溶液，常用$w(Na_2CO_3)=5\%\sim18\%$的水溶液。一般情况下，电解液温度不可超过60℃，否则氢气膜不稳定，影响加热效果。常用电压为160~180V，电流密度为$4\sim6A/cm^2$，加热时间一般在5~10s。操作时，工件浸入电解液的深度应比淬火区深2~3mm，生产中多采用机械化操作，以保证淬火质量。

此方法所用设备简单，处理时间短，加热时间仅需5~10s，生产效率高，淬火畸变小，适用于棒状、轮缘或板状等形状简单的小型零件的批量生产。例如用于发动机排气阀杆端部的表面淬火。

在应用$w(Na_2CO_3)=8\%\sim10\%$的溶液时，汽车气门挺杆的加热规范与淬硬层深度的关系见表4-17。对于此类工件，由表4-17中数据可知，在电压为200~220V、电流密度为$4\sim5A/cm^2$时的加热效果最好。工件浸入电解液的深度应比淬火区深2~3mm，因为液面下2~3mm处往往加热不足。生产中多采用机械化和自动化操作，以控制浸入深度和加热时间。

表4-17　汽车气门挺杆的加热规范与淬火层深度的关系

Na_2CO_3溶液浓度(质量分数)(%)	工件浸入深度/mm	电压/V	电流/A	加热时间/s	马氏体区深度/mm
5	2	220	6	8	2.3
10	2	220	6	4	2.3
10	2	180	6	8	2.6
5	5	220	12	5	6.4
10	5	220	14	4	5.8
10	5	180	12	7	5.2

267. 盐浴加热表面淬火

此法是将工件浸入高温盐浴中，短时间加热，使工件要求硬化的表面层达到淬火的温度后急速冷却淬火的工艺。

盐浴加热的速度低，故其硬化层较厚，表面硬度较低，硬度梯度平缓。为获得较大的加热速度，盐浴加热温度应比一般淬火时高100~300℃，而淬硬层深度可通过调整盐浴炉温度以及加热时间来控制。

盐浴加热使用较多的是$BaCl_2+KCl$熔盐。为保证工件心部具有良好的综合力学性能，在盐浴加热表面淬火前工件应进行调质预处理。

此工艺不需要特殊设备，操作方便，适用于厚度变化不大的产品和小批量多品种的中小规模生产。所用可淬硬的钢种均可进行盐浴淬火，但以中碳钢和高碳钢为宜。常用于模具制造，一些非合金钢、低合金钢制作的冲模仅仅刃口部位工作，但它要求高硬度，硬化层深度较浅（一般<1mm），同时要求畸变较小。对各处截面厚度变化较大的工件，此法不太适宜。

盐浴快速加热温度可根据工件的尺寸决定，厚度在25mm以下的，一般选用

950~960℃（T8钢选用900~920℃），厚度在25mm以上的，一般选用970~980℃（T8钢选用930~940℃）。快速加热时间可按6~8s/mm计算。

268. 激光表面强化

激光表面强化是利用激光的高辐射亮度、高方向性、高单色性特点，作用于材料表面，从而显著地改善表面性能，特别是使材料的表面硬度、强度、耐磨性、高温抗氧化性和耐蚀性得到明显改善，以大大提高工件的使用寿命。

激光表面强化的特点：能量密度大（10^{12}W/cm^2），加热速度快（10^5~10^9℃/s），冷却速度快（10^3~10^6℃/s），生产周期短，效率高，氧化少，输入热量少，畸变小；非接触加工；可实现局部加热；操作方便，可实现自动化。

激光表面强化设备主要包括激光器、外围光学装置和机械系统等。激光器由激活物质（工作物质）、激活能源和谐振器三部分构成。工业上常用的激光器主要有CO_2气体激光器和YAG（钇铝石榴石的简称）固体激光器两种。连续横向CO_2激光器多用于黑色金属大面积零件的表面强化；YAG固体激光器多用于有色金属或小面积零件的表面强化。此外，还有准分子激光器，它可使材料表面的化学键发生变化，主要用于激光化学和物理气相沉积。

根据激光输入工件能量的大小及工件表面状态等，激光表面强化工艺分为激光淬火（LTH）、激光表面熔凝（LSM）、激光表面合金化（LSA）、激光表面熔覆（LSC）和激光表面非晶化（LSG）等。

269. 激光淬火（LTH）

激光淬火是以激光作为能源，以极快的速度加热工件并快速自冷的淬火，激光淬火又称激光相变硬化（LTH）。此法可以提高表面硬度、强度、耐磨性，同时又使心部仍保持较好的综合力学性能。

激光淬火特点：硬化层组织细化，硬度比常规淬火高15%~20%，耐磨性能提高1~10倍；加热速度快，加热区域小，畸变小；自动化和生产效率高，淬硬层深度精确可控；可实现自激淬火，不需油、水等淬火冷却介质；硬化层深度通常在1mm以下。

可对非合金钢、合金钢、马氏体不锈钢、铸铁、钛合金、铝合金、镁合金等材料所制备的零件表面进行硬化处理。相关标准有GB/T 18683—2002《钢铁的激光表面淬火》等。

激光淬火工艺参数主要有激光输出功率（P）、激光功率密度（Q）、光斑尺寸（面积S）、扫描速度（v）与作用时间（t）等。几种材料激光淬火工艺参数及效果见表4-18。

表4-18 几种材料激光淬火工艺参数及效果

牌号	功率密度/(kW/cm^2)	激光功率/W	扫描速度/(mm/s)	硬化层深度/mm	硬度HV
20	4.4	700	19	0.3	476.8

（续）

牌号	功率密度/(kW/cm²)	激光功率/W	扫描速度/(mm/s)	硬化层深度/mm	硬度HV
45	2	1000	14.7	0.45	770.8
T10	10	500	35	0.65	841
40Cr	3.2	1000	18	0.28~0.6	770~776
40CrNiMoA	2	1000	14.7	0.29	617.5
20CrMnTi	4.5	1000	25	0.32~0.39	462~535
GCr15	3.4	1200	19	0.45	941
9SiCr	2.3	1000	15	0.23~0.52	577~915
W18Cr4V	3.2	1000	15	0.52	927~1000
2A12 铝合金	—	1.2	30	0.50	520

激光淬火用于各种机床导轨、传动齿轮、内燃机曲轴、发动机缸体、模具、减振器、摩擦轮、轧辊、滚轮等耐磨件表面强化处理。激光淬火与常规热处理试样的耐磨性对比见表 4-19。

表 4-19　激光淬火与常规热处理试样的耐磨性对比

钢号	磨损体积/mm³		
	激光淬火	淬火+低温回火	淬火+高温回火
45	0.105	1.161	2.232
T10	0.082	0.131	—
40CrNiMoA	0.064	0.082	1.047
18Cr2Ni4WA	0.386	0.837	2.232

采用较高的能量密度，结合外部条件，可增厚激光淬火硬化层深度，可应用 w(C)= 0.5%的钢经激光淬火代替气体渗碳。可有效地实现节能、降耗，其经济效益显著。

270. 高速钢的激光淬火

高速钢如 W18Cr4V 经激光淬火后，硬化区组织为隐针马氏体+未溶碳化物+残留奥氏体，过渡区组织为隐针马氏体+回火索氏体+回火托氏体+碳化物颗粒，基体组织为回火马氏体+合金碳化物+残留奥氏体。高速钢经激光淬火后，在随后的加热过程中，能保持比常规淬火更高的硬度。

高速钢制刀具经激光淬火，硬度及耐磨性有明显提高，从而提高了使用寿命。

例如，W18Cr4V 高速钢制车刀，经普通淬火、回火和激光淬火后，在车床转速为 360r/min、进给量为 0.24mm、吃刀深度为 1.25mm 的切削条件下，外圆车刀一次刃磨切削正火 45 钢工件（硬度为 230HBW）的数量见表 4-20。

表 4-20　高速钢制车刀经不同热处理后切削寿命的比较

工艺参数	常规淬火、回火	激光淬火用功率及扫描速度			
		1kW 0.2m/min	1kW 0.5m/min	1.5kW 1.0m/min	1.5kW 1.8m/min
未回火	29(56)	116(234)	80(159)	22(45)	9(19)
560℃ 回火			84(167)		
600℃ 回火			88(174)		
640℃ 回火			92(186)		

注：括号内数字为端面车刀一次刃磨的切削工件数量。

由表 4-20 的数据可见，激光淬火、回火后的高速钢制车刀一次刃磨后的切削寿命，比经常规热处理后的可提高 2 倍以上。

切削寿命提高的原因，可能与激光淬火时奥氏体晶粒超细化（因而马氏体也得到了细化）、马氏体中碳含量及位错增多等因素有关。

271. 结构钢的激光淬火

结构钢经激光淬火后，可显著提高表面硬度。例如 40Cr 钢经激光淬火后，其表面硬度高达 65~68HRC，而常规淬火的表面硬度为 50~53HRC。

使用 1kW 连续 CO_2激光器，对 40Cr 钢制套筒外表面进行了激光淬火，在套筒的外表面得到了高硬度区段和低硬度区段（相当于该钢回火后的水平）交替排列的硬度分布。磨料摩擦磨损的试验结果表明，经激光淬火后的钢套在磨合期的摩擦系数得到降低。钢套的耐磨性比常规淬火处理的提高了 1 倍。

例如，20CrMo 钢制摩托车链轮采用 NEL-2500A 轴向快速流动工业 CO_2激光器，功率密度为 36.7MJ/m^2，输出功率 P=1.1kW，光斑直径 D=5mm，扫描速度 v=6mm/s，激光处理方式为轴向隔齿扫描，激光淬火后硬度为 580HV0.1，硬化层深度为 0.44mm。

272. 有色金属的激光淬火

锂镁合金、铝青铜、钛合金等有色合金都可使用激光处理改善性能。

铝合金硬度低、耐磨性差是此类合金的一个缺点。经常规热处理强化后，硬度可达 130HV。而应用激光淬火可明显提高其表面硬度。

例如，使用 SHR-2000 型功率为 2kW 的 CO_2激光器，对 2A12 铝合金进行表面淬火，其工艺参数为：激光波长 λ=10.6μm、输出功率 P=1.2~1.4kW、光斑直径 D=2mm、扫描速度 v=5~50mm/s。为了加大合金表面对激光能量的吸收，试件表面喷涂了 NiCoAlY 粉末（内层）和 ZrO_2陶瓷粉末（外层）。试验结果表明：当 P=1.2kW、v=30mm/s 时，2A12 铝合金的表面硬度可达 530HV。在硬化层范围（约 500μm）内，硬度分布均匀，从而可以推断出，显微组织也是均匀的。

273. 激光表面熔凝（LSM）

激光表面熔凝（LSM）是用激光快速加热，使工件表层熔化后通过自冷迅速凝固的工艺。

利用高能激光束在金属表面连续扫描，使表面薄层快速熔化并激冷，获得极细晶粒组织，可提高工件的抗疲劳性、抗氧化性、耐蚀性和耐磨性等，并可焊合表面原有的裂纹和缺陷。

激光表面熔凝除了用于钢件，还用于铸铁、铸造合金及铝合金等材料。激光表面熔凝的主要工艺参数有激光功率、光斑大小、扫描速度等。

铸铁是激光表面熔凝处理最理想的材料。经熔凝处理，在熔化区获得细密组织，从而使其硬度和耐磨性显著提高。例如，原始硬度为 250HV 的珠光体灰口铸铁和原始硬度为 180HV 的铁素体球墨铸铁，激光表面熔凝处理后可形成含有马氏体的细小的白口铸铁型组织，硬度分别提高至 800~950HV 和 400~950HV，使耐磨性显著提高。

铁素体球墨铸铁激光表面熔凝处理采用 JL8-3000G 横流 3000W 的 CO_2 气体激光器。表 4-21 为激光表面熔凝处理球墨铸铁凸轮轴的工艺参数。处理后的熔凝层显微组织为均匀的细莱氏体，可获得厚度达 1.0mm 且搭接均匀的硬化层，表面磨削后硬度大于 80HRA（58HRC）。

表 4-21　激光表面熔凝处理球墨铸铁凸轮轴工艺参数

功率/W	离焦量/mm	等效光斑直径/mm	扫描道数	扫描速度/(mm/min)	能量密度/(J/cm^2)	扫描间距/mm	搭接比(%)
1150	390	4.36	4	300	0.67×10^4	3.5	24.5

表 4-22 为灰铸铁在不同工艺条件下磨损试验结果的对比。通过表 4-22 中的数据可以看出，激光表面熔凝处理的耐磨性较其他处理方法高。

表 4-22　HT300 试样磨损试验结果的对比

处理方式	表面硬度　HV0.1	试验时间/h	绝对磨损体积/mm^3
激冷处理	543	4	1.346
感应淬火	664		1.012
激光淬火	713		0.795
激光表面熔凝处理	959		0.617

274. 激光表面非晶化（LSG）

激光表面非晶化（LSG），又称激光上釉。它是在激光表面熔凝（LSM）的基础上进一步提高激光的功率密度至 $10^7W/cm^2$，并将辐照时间降为 $10^{-6}s$ 级或更低，使工件表面能获得更高的冷却速度（10^6~10^{12}℃/s），以大于临界冷却速度（钢为 10^8℃/s）激冷，可防止晶体形核和生长，从而获得非晶态组织。

激光表面非晶化常用 YAG 脉冲激光器，为了实现非晶化，对被处理的材料成分有具体要求，因为每种金属和合金都对应一临界冷却速度 v_c。v_c越小，越容易实现非晶化。

LSG 处理可减少表层成分偏析，消除表层的缺陷和可能存在的裂纹。非晶态金属具有很高的力学性能，在保持良好韧性的情况下，具有高的屈服强度和非常好的耐磨性、耐蚀性、抗氧化性及耐冲击性，以及特别优异的磁性和电学性能。例如，汽车凸轮轴和柴油机铸钢套外壁经激光表面非晶化处理后，强度和耐蚀性有明显改善。

又例如，纺纱机钢领跑道表面硬度低，易生锈，使用寿命低，纺纱断头率高。用激光表面非晶化处理后，钢领跑道表面的硬度提高至 1000HV 以上，耐磨性提高 1~3 倍，纺纱断头率下降 75%，使用寿命提高，获得的经济效益显著。

275. 电子束表面强化

电子束属于一种高能密度的热源，它可在毫秒级时间内把金属由室温加热至奥氏体化温度或熔化温度，并借助冷基体的自身热传导，其冷却速度也可达到10^3～10^8℃/s。如此快的加热和冷却就给材料的表面强化提供了很好的条件。可进行电子束淬火、表面熔凝、表面合金化、表面熔覆和表面非晶化等处理。

此法特点：电子束加热能量（最大功率可达10^9W/cm^2）利用率高，为激光加热的9倍，能耗为感应加热的1/2；属于非接触式加工，表面质量高；可进行局部处理，对形状复杂工件的深孔、台阶、斜面都可以进行处理；各工艺参数容易控制，电子束强度、位置、聚焦可精确控制，电子束通过磁场和电场可在工件上以任何速度行进，便于自动化控制；缺点是电子束必须在真空室中处理，极不方便。由于电子束的快速加热，使得工件畸变极小，无须后续的校正工作，淬火可获得超细晶粒组织。

目前，在汽车制造业中已经应用电子束处理离合器凸轮、阀杆和轴类等，并用于模具和合金的表面强化处理。

电子束表面强化处理的设备主要由电子枪系统、真空系统、控制系统和传动系统所组成。

此法的工艺参数如下：①电子束光点的能量密度，一般为30～120kW/cm^2；②入射角，一般为25°～30°；③聚焦点直径，一般不大于2mm；④扫描速度通常在10～500mm/s范围内；⑤作用时间，一般不到1s；⑥淬火，大多数不用液体冷却介质而靠“自身淬火”。

276. 电子束淬火

以电子束作为能源，以极快的速度加热工件的自冷淬火，称为电子束淬火，又称电子束表面相变硬化。

电子束淬火的功率密度为10^4～10^5W/cm^2，加热速度在10^3～10^5℃/s之间。金属材料经电子束淬火后，组织细化，硬度升高（较通常高出约1～2HRC），表面有残余压应力，提高了材料的疲劳强度、硬度和耐磨性。

此法特点：加热速度快，畸变小，能耗低，零件无氧化、无脱碳，冷却速度快，不需淬火冷却介质，环保。

电子束淬火适合于各种非合金钢、中碳低合金钢、铸铁等材料的表面强化。如45钢和T7钢，经功率为2～3.2kW，束斑为ϕ3mm的电子枪照射，以(3～5)×10^3℃/s的加热速度，在钢的表面形成隐针马氏体，45钢和T7钢表面硬度分别达到62.5HRC和66HRC，而心部仍保持较好的塑性和韧性。

目前，电子束加速电压达125kV，输出功率达150kW，能量密度达10^3MW/m^2。因此，电子束淬火的深度和尺寸比激光大。此法的工艺参数见表4-23。

表4-23　电子束淬火的工艺参数

光点的能量密度/(kW/cm^2)	入射角(°)	聚焦点直径/mm	扫描速度/(mm/s)	作用时间/s	淬火方式
30～120	25～30	≤2	10～500	≤1	自身淬火

例如，42CrMo钢工件电子束淬火工艺：加速电压为60kV，聚焦电流为500mA，

扫描速度为 10.47mm/s，真空室真空度为 1.33×10^{-1}Pa，功率为 900～1800kW，束电流为 15～30mA。硬化层深度为 0.35～1.55mm，淬火宽度为 2.4～5.0mm，硬度为 627～690HV。

277. 电子束表面非晶化

电子束表面非晶化处理与激光表面非晶化处理相似，只是所用的热源不同而已。它是利用聚焦的电子束所具有的高功率密度以及作用时间短等特点，使工件表面在极短的时间内迅速熔化，并在基体与熔化的表层之间产生很大的温度梯度，使表层的冷却速度高达 10^6～10^8℃/s，致使表层几乎保留了熔化时液态金属的均匀性，经高速冷却，在材料的表面形成良好的非晶态层。

采用脉冲电子束在 TA3、TA15、TB6 和 TC4 等航空钛合金表面进行纳米化处理，获得了 10～50μm 的纳米改性层，使得表层强度和硬度得到明显提高，耐磨性与疲劳强度得以改善。

已公开的一种新型齿轮类零件的表面非晶化处理装置，包括强流脉冲电子束装置、控制中心、真空室和设置于真空室内底部与强流脉冲电子束装置相对的可控工作台，该装置电子束截面形状可控，照射能量分布均匀，极大地减小了零件的表面应力，保证非晶化处理过程的能量均匀，提高了齿轮的承载能力和寿命；加工周期短，自动化水平高。

278. 电子束表面熔凝

电子束表面熔凝（又称电子束表面重熔）是利用电子束轰击金属表面，使其熔化，熔池快速凝固后形成精细的显微组织，提高了材料表面的硬度、韧性，以及疲劳强度、耐蚀性和耐磨性的工艺方法。并大大降低了原始组织的显微偏析。

电子束熔凝最适用于铸铁、高碳高合金钢。因为经电子束表面熔凝后铸铁表面能获得高硬度的极细莱氏体组织；工模具经电子束表面熔凝处理后，则在提高工模具表面强度、耐磨性的同时，仍保持工模具心部的强韧性。例如，高速钢冲孔模的端部刃口，经电子束熔凝处理，可获得深 1mm、硬度为 66～77HRC 的表层，其组织细化，碳化物极细，分布均匀，具有强度和韧性最佳配合的性能。

表 4-24 为模具钢电子束表面熔凝处理的工艺参数。模具钢经电子束熔凝处理后，材料表面的碳化物大部分溶解，快速凝固后使原来呈较大颗粒分布的碳化物变得细小均匀，而基体转变为细小的隐针马氏体，从而提高模具材料的性能与寿命。

模具钢经电子束表面熔凝处理后，其摩擦性能得到了明显的提高（见表4-25）。

表 4-24　模具钢电子束表面熔凝处理的工艺参数

钢号	电子束能量/keV	能量密度/(J/cm²)	靶源距离/mm	轰击次数/次
Cr12Mo1V1	26.78	4.6	160	10
4Cr5MoSiV1	25.09	4.4	140	5

表 4-25　模具钢经电子束表面熔凝处理后的摩擦性能

钢号	状态	摩擦因数	磨损率/($\times10^{-14}m^3/m$)	相对耐磨性
Cr12Mo1V1	处理前	0.68	1.03	1
	处理后	0.4	0.183	5.63
4Cr5MoSiV1	处理前	0.53	14.7	1
	处理后	0.18	1.25	11.76

279. 电火花表面强化及合金化

电火花表面强化及合金化是通过电火花放电将电极材料熔渗到工件表层，并与工件表层金属发生合金化作用，以得到结合牢固的强化层的工艺方法。电火花强化（ESSS），有时也称为电火花沉积（ESD）或电火花合金化（ESA）。一般可得到的硬化层厚度为5~60μm，显微硬度为1200~1800HV0.03。适用于电力、石油、化工、航空航天、水利能源、冶金等行业的各类工具、模具表面强化及零件微量磨损的修复。

电火花工艺参数：除电极材料（常用硬质合金）及尺寸（一般为$\phi1\sim\phi6$mm）和零件材料外，还有放电电容量、放电时间（$2\sim4$min/cm^2）、电极与零件间放电时的角度（45°~60°），以及电极与零件放电时相对移动速度（4~5cm/min）等。

零件在电火花表面淬火前应经过常规热处理，以使基体获得足够的强度和硬度。

工作时，工件接阴极，工作电极接阳极，强化处理过程如图 4-13 所示，具体分为 3 个阶段。

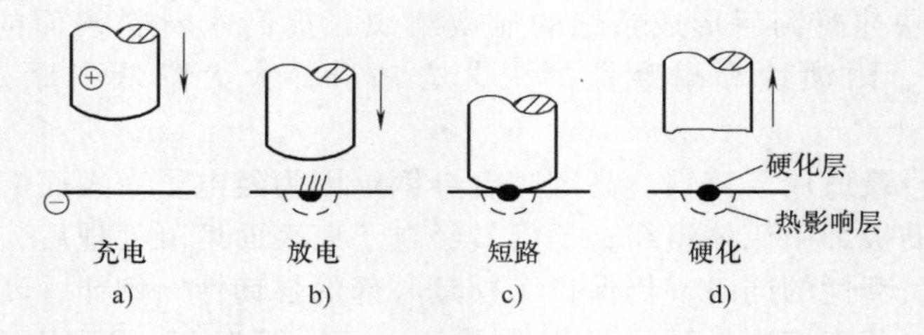

图 4-13　电火花表面强化处理过程示意

1）低压击穿条件形成阶段（见图 4-13a）。电路断路。

2）火花放电阶段（见图 4-13b、c）。当电极向下运动并且与工件之间的间隙接近到一定距离时，间隙中的空气在所加电压的作用下被击穿，产生火花放电（见图 4-13b）。使电极和工件材料表面局部熔化。当电极继续接近工件并与工件接触时，如图 4-13c。在接触点处流过短路电流，使该处继续加热，并以适当压力压向工件，使电极和工件表面熔化了的材料相互黏结，扩散形成熔渗层。

3）电极与工件离开阶段（见图 4-13d）。当电极离开工件，因工件的体积和吸收、传导的热容量比电极大，使靠近工件的熔化层首先散热急剧冷凝，从而使电极表面熔融材料黏结，并覆盖在工件上。

上述过程是在极短时间（10^{-5}~10^{-6}s）内完成的，所以基体材料不会因受热而软化；另外，合金化层与基体材料是熔合在一起的，所以结合良好。

工作电极不同，所形成的合金化层也不同，从而性能也不相同。此外，合金层的厚度也对性能有明显的影响，而单次电火花放电只能得到该功率下最大层深的70%~80%。为了得到最后的合金化层，必须进行多次放电处理。

液体中电火花表面合金化处理，可采用在液体中添加粉末、利用液体的分解或电极的分解在金属材料的表面形成合金化层，从而改善材料的表面耐蚀性和耐磨性能。

电火花表面合金化层可显著提高工件表面的硬度、热疲劳性能、抗氧化性能及耐蚀性能等。

（1）提高表面硬度　在电规范为60V、3A、220μF的条件下，用Ti、Ta、Nb、Zr作工作电极对3Cr2W8V钢进行了电火花表面合金化（ESA），然后检测了表面的显微硬度，见表4-26。此法还可以进行复合合金化，即先用一种成分的工作电极（如YG8）合金化，再使用另一种成分的工作电极（如Ti、Nb等），可显著提高钢的表面硬度。

表4-26　电火花合金化后的显微硬度

电极材料	化合物层硬度　HV0.025		扩散层硬度 HV0.025
	以碳化物为主的外层	以氮化物为主的内层	
Ti	2289~1800	1100~800	800~基体硬度
Ta	2700~2000	1600~700	700~基体硬度
Nb	2400~1700	1600~700	700~基体硬度
Zr	750~630	600~500	500~基体硬度

（2）提高热疲劳性能　用YG8合金作为工作电极，在电参数为60V、140μF的条件下对3Cr2W8V钢进行电火花表面合金化，然后检测其热疲劳性能（加热到700℃，保温10min，水冷），结果表明，电火花表面合金化使3Cr2W8V钢的热疲劳性能提高了3倍左右。

（3）提高抗氧化性能　3Cr2W8V钢经电火花表面合金化（YG8，60V，140μF）后的抗氧化性能（电炉加热到700℃，保温11h）是为未经表面合金化的3Cr2W8V钢的抗氧化性能的2倍。

（4）提高耐蚀性能　3Cr2W8V钢经表面合金化（YG8，75V，140μF）与未经表面合金化处理的试件在不同介质中的耐蚀性［H_2SO_4 15%（质量分数）腐蚀0.5h，H_2SO_4 20%（质量分数）腐蚀16h，HCl10%（质量分数）腐蚀16h，NaOH20%（质量分数）水溶液腐蚀16h］试验表明，表面电火花合金化处理使耐蚀性能提高了3~5倍。

280. 太阳能加热表面淬火

太阳能加热表面淬火是将工件放在太阳能炉焦点处，利用焦点上的非常集中的热流，对零件进行局部快速加热，在极短的时间内（1~10s）温度急剧升高，超过钢的相变温度，随后依靠钢件自身的导热将加热区的热量迅速传走，实现淬火的目的。其优点：大大节省能源；无公害；质量好；工艺简单，操作容易；设备简单、造价低。

太阳能表面淬火分为单点淬火和多点淬火。

太阳能加热表面淬火材料有非合金钢、合金钢和铸铁等。

淬火加热设备——高温太阳能炉如图 4-14 所示，其主要参数及特性：聚光器直径为 1.5m；焦距为 663mm；半收集角度为 60°；理论焦斑直径为 6.2m；理论聚光率为 34.6%；理论最高加热温度为 3495℃；实测最高加热温度可达 3000℃；跟踪精度为焦斑漂移不超过 ± 0.25mm/h，输出功率达 1.7kW。

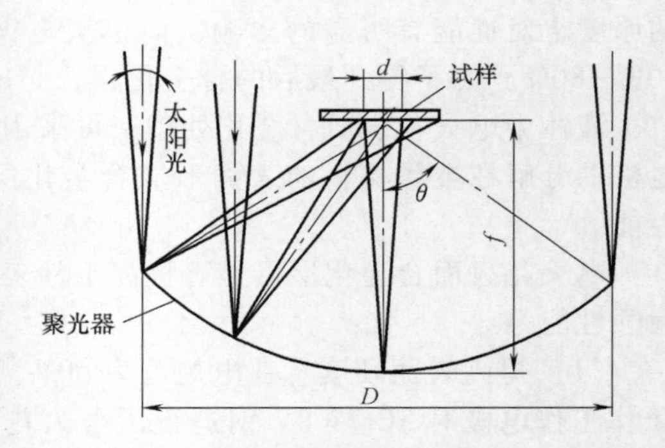

图 4-14　太阳能聚焦及加热原理示意

工艺参数：辐射强度为 3.831～5.108J/(cm^2 · min)；加热时间为 1～10s；焦斑直径为 5～7mm；冷却方式为自激冷却。可获得极细针状马氏体，表面硬度可达 1000HV 左右。

太阳能加热淬火是一种自冷淬火技术，可获得均匀的硬度，而且方法简便。太阳能淬火后的耐磨性比普通淬火（盐水淬火）的耐磨性好。表 4-27 为太阳能加热表面淬火的实例。

表 4-27　太阳能加热表面淬火的实例

被处理零件名称	零件材料	工艺参数	表面硬度 HRC
气门阀杆顶端	40Cr(气门) 42Cr9Si2(排气门)	太阳能辐照度为 0.075W/cm^2，加热时间为 2.4s	53
直齿铰刀刃部	T10A	太阳能辐照度为 0.075W/cm^2，加热速度为 4mm/s	851HV
超级离合器	40Cr	多点扫描	50～55

281. 离子束淬火

离子束淬火（又称等离子弧淬火）是将工件在高能密度（>10^5W/cm^2）等离子电弧高温（可达到 10^4℃数量级）作用下，在较短的时间内，使其加热到钢的相变温度以上，依靠自身或喷射冷却进行淬火。离子束淬火特点：加热速度快，工件畸变小，能耗低；无氧化现象；设备简单，热效率高；环保。

通过离子束淬火试验，45 钢在氩气流量为 500L/h，喷嘴直径为 2.5mm，等离子头距离零件表面 5.5mm 的条件下，电压、电流、喷嘴移动速度与硬化层深度的关系见表 4-28。

表 4-28 电压、电流、喷嘴移动速度与硬化层深度的关系

电压/V	电流/A	移动速度/(mm/s)	硬化层深度/mm
30	60	34.8	0.264
34	62	40.8	0.264
34	70	46.1	0.263
40	62	48	0.263
30	60	37.1	0.254
34	62	43.5	0.254
34	62	35	0.288

例如，45 钢制粉碎机传动轴齿轮（模数为 20mm，齿数为 27）经离子束淬火后，使表面硬度从 23HRC 提高到 43HRC，耐磨性显著提高。

一般机床导轨，采用常压低温等离子束，介质为氩气，经等离子淬火后，其硬化层硬度可达 800~900HV，硬化层深度为 0.10~0.20mm，组织为细小的隐针马氏体。完全可以满足导轨的技术要求。

在对发动机气缸进行等离子束淬火时，通过数控技术对气缸上部用大电流、低扫描速度淬火，得到较大的淬硬层深度，而对下部用小电流和高扫描速度以得到较浅的淬硬层深度，以增加上部分的强化效果。可使上下两部分达到等同的耐磨性。采用表 4-29 的工艺参数可达到最好的“等耐磨性”效果。经表 4-29 所示的工艺处理后，一般的硼铸铁气缸硬化层深度可达 0.15~0.20mm，宽度为 2.6~4mm，硬化层的硬度可达 800~900HV，显微组织为隐针马氏体+片状石墨。

表 4-29 推荐的气缸等离子束淬火工艺参数

部位	电流/A	扫描速度/(mm/s)	表面硬度 HV	硬化层深度/mm
上部	80~90	150~200	800~900	15~20
下部	60~70	250~300	600~750	8~12

参考文献

[1] 全国热处理标准化技术委员会. 金属热处理标准应用手册 [M]. 3 版. 北京：机械工业出版社，2016.
[2] 哈尔滨工业大学. 感应热处理 [M]. 哈尔滨：黑龙江人民出版社，1975.
[3] 星秀夫，赵细金. 高频无氧化淬火装置 [J]. 国外化学热处理，1982 (3)：61-62.
[4] 沈庆通. 感应热处理问答 [M]. 北京：机械工业出版社，1990.
[5] 王先逵，等. 机械加工工艺手册：第 1 卷 工艺基础卷 [M]. 2 版. 机械工业出版社，2007.
[6] 张树勤. 滚珠座圈的复合热处理 [C] //第六届全国热处理大会论文集. 北京：兵器工业出版社，1995.
[7] 雷廷权，傅家骐. 热处理工艺方法 500 种 [M]. 北京：机械工业出版社，1998.
[8] 朱蕴策. 汽车零件感应热处理技术的发展 [J]. 金属加工（热加工），2003 (4)：17-18.
[9] 赵步青，胡会峰，张日发. 高速工具钢感应加热淬火及应用 [J]. 金属加工（热加工），2016 (17)：63-65.
[10] 谭文理. W18Cr4V 车刀热处理新工艺 [J]. 热加工工艺，2000 (1)：63.
[11] 金永华. 不锈钢菜刀的高频淬火 [J]. 金属热处理，1995 (10)：38-39.

[12] 张志光. 高频加热盐浴炉 [J]. 金属热处理, 1986 (9): 58.
[13] 张玉力. 中频加热石墨坩埚盐浴炉 [J]. 金属热处理, 2001 (2): 38-39.
[14] 中国机械工程学会热处理专业学会. 热处理手册: 第1卷 [M]. 3版. 北京: 机械工业出版社, 1993.
[15] 刘志儒, 卢锦宝, 王东升. 金属感应热处理 [M]. 北京: 机械工业出版社, 1985.
[16] 刘造群, 汪德贵. 小孔内径的高频埋水淬火工艺 [J]. 金属热处理, 1992 (7): 44-45.
[17] 卢涟波. 大功率脉冲感应淬火 [J]. 金属热处理, 1986 (9): 5-12.
[18] 雄剑. 国外热处理新技术 [M]. 北京: 冶金工业出版社, 1990.
[19] 张月娥. 机床导轨的超音频加热淬火 [J]. 金属热处理, 1987 (10): 34-37.
[20] 沈庆通. 齿轮双频感应淬火 [J]. 机械工人, 2005 (11): 27-29.
[21] 沈庆通, 梁文林. 现代感应热处理技术 [M]. 北京, 机械工业出版社, 2008.
[22] 张珀, 马柏辉. 齿轮齿廓淬火与同步双频感应技术 [J]. 金属热处理, 2010, 35 (6): 127-129.
[23] GoyWilfried, 闫满刚. 模压式感应淬火和回火工艺 [J]. 金属加工 (热加工), 2010 (5): 31-33.
[24] 蔡向东, 励锋. 齿条齿部导电淬火研究与管理 [J]. 机械设计与制造工程, 2001, 30 (5): 69-70.
[25] 姜江, 彭其凤. 表面淬火技术 [M]. 北京: 化学工业出版社, 2006.
[26] 大连工学院. 金属学及热处理 [M]. 北京: 科学出版社, 1975.
[27] 李志忠. 激光表面强化 [M]. 北京: 机械工业出版社, 1992.
[28] 于家洪, 陈传忠, 宫秀伟, 等. W18Cr4V高速钢激光相变强化的组织及性能 [J]. 金属热处理学报, 1994 (1): 31-36.
[29] 王大承, 史晓强. 链轮的激光表面淬火工艺研究 [J]. 新技术新工艺, 2001 (9): 21-23.
[30] 吴秋红, 陶增毅, 王爱华, 等. 铝合金激光表面强化工艺 [J]. 金属热处理, 1994 (10): 6-9.
[31] 李双寿, 陆劲昆, 边庆月, 等. 球墨铸铁凸轮轴的激光表面熔凝处理 [J]. 金属热处理, 2005, 30 (2): 4-8.
[32] 潘邻. 表面改性热处理技术与应用 [M]. 北京: 机械工业出版社, 2006.
[33] 钱苗根. 现代表面技术 [M]. 北京: 机械工业出版社, 1999.
[34] 高玉魁. 热处理表面改性技术的发展 [J]. 金属加工 (热加工), 2013 (增刊1): 17-22.
[35] 金荣植. 提高模具寿命的途径——选材及热处理 [M]. 北京: 机械工业出版社, 2016.
[36] 王钊, 陈荐, 何建军, 等. 电火花表面强化技术研究与发展概况 [J]. 热处理技术与装备, 2008, 29 (6): 46-50.
[37] 陈长军, 张诗昌, 张敏, 等. 液体中电火花表面改性技术研究与进展 [J]. 金属热处理, 2009, 34 (3): 58-62.
[38] 王荣华. 电火花表面合金化及合金化层性能的研究 [J]. 金属热处理, 1985 (6): 20-27.
[39] 钱苗根. 现代表面技术 [M]. 2版. 北京: 机械工业出版社, 2016.
[40] 连为民, 刘恩沧, 康小琦. 用等离子淬火技术处理机床导轨 [J]. 组合机床与自动化加工技术, 2002 (7): 76-77.
[41] 李银俊, 尹华跃, 张文静. 等离子束淬火提高气缸套“等耐磨性”的研究 [J]. 国外金属热处理, 2005, 26 (1): 9-11.

第5章

金属的化学热处理

化学热处理是将工件置于适当的活性介质中加热、保温，使一种或几种元素渗入它表层，以改变其化学成分、组织和性能的热处理。化学热处理是表面合金化与热处理相结合的一项工艺技术，可明显提高工件的耐磨性、耐蚀性、抗咬合性、耐高温氧化性、疲劳强度或接触疲劳强度等性能。化学热处理也是工程修复技术的重要组成部分。化学热处理广泛用于机械制造、化工、能源动力、交通运输、航空航天等众多行业。常用化学热处理方法及作用见表5-1。

表5-1　常用化学热处理方法及作用

处理方法	渗入元素	作　用
渗碳及碳氮共渗	C或C、N	提高耐磨性、硬度及疲劳强度
渗氮及氮碳共渗	N或N、C	提高硬度、耐磨性、抗咬合能力及耐蚀性
渗硫	S	提高减摩性及抗咬合能力
硫氮及硫氮碳共渗	S、N或S、N、C	提高耐磨性、减摩性及抗疲劳、抗咬合能力
渗硼	B	提高硬度、热硬性、耐磨性
渗硅	Si	提高硬度、耐蚀性、抗氧化能力
渗锌	Zn	提高抗大气腐蚀能力
渗铝	Al	提高抗高温氧化及在含硫介质中的耐蚀性
渗铬	Cr	提高抗高温氧化能力、耐磨性、耐蚀性
渗钒	V	提高硬度、耐磨性、抗咬合能力
硼铝共渗	B、Al	提高耐磨性、耐蚀性及抗高温氧化能力，表面脆性及抗剥落能力优于渗硼
铬铝共渗	Cr、Al	具有比单一渗铬或渗铝更优的耐热性能
铬铝硅共渗	Cr、Al、Si	提高高温性能

按渗入元素的性质，化学热处理可分为渗非金属和渗金属两大类：前者包括渗碳、渗氮、渗硼和多种非金属元素（如碳氮共渗、氮碳共渗、硫氮共渗和硫氮碳共渗等）；后者主要有渗铝、渗铬和渗锌等。此外，金属与非金属元素的二元或多元共渗工艺也在不断涌现，如铝硅共渗、硼铬共渗等。

为了加速化学热处理过程，常用化学催渗（如稀土催渗、电解气相催渗和洁净催渗等）和物理催渗（如辉光放电、熔盐电解、真空、超声波、电场、磁场、等离子场、流态床和机械能等）的方法。

现代离子注入，以及激光束、离子束、太阳能表面合金化也在化学热处理中得到应用。化学热处理过程的计算机模拟与智能化，具有精密、高效、节能及清洁的特点，也日益得到了发展与应用。

282. 渗碳

渗碳是为提高工件表层的碳含量并在其中形成一定的碳浓度梯度，将工件在渗碳介质中加热、保温，使碳原子渗入的化学热处理工艺。

渗碳热处理广泛用于承受高负荷、高磨损和高疲劳抗力的零件，如汽车、拖拉机、机床、汽轮机、工程机械、矿山机械、船舶及宇航等行业的重要零件。可满足对于要求表面具有很高的耐磨性、疲劳强度和抗弯强度，而心部具有足够的强度和韧性的工件的处理，如齿轮、轴和凸轮轴等。目前，使用计算机可实现渗碳全过程的自动化，能控制渗碳炉中的碳势和渗碳层中碳的质量分数及分布，可获得更高的渗碳质量与使用寿命。

常用渗碳钢有：Q215、Q235、08、10、15、20、25 和 15Mn 等非合金钢，以及 15Cr、20Cr、20CrV、20CrMn、20CrMnTi、20CrMo、22CrMo、20CrMnMo、12CrNi3、20Cr2Ni4 和 18CrNiW 等低碳合金钢。

低强度钢如 15、20 和 20Cr 等，主要用来制造受力较轻、不需要高强度的耐磨零件，如小齿轮、活塞销和小轴等；中强度钢如 20CrMnTi 和 20CrMnMo 等，用于制作中等负荷的齿轮和活塞销等；高强度钢，如 18CrNiW 和 20CrNi4A 等，用于制造大马力的发动机轴，以及负荷大、磨损大的齿轮等。

渗碳温度一般取 900~950℃，表面层 $w(\mathrm{C})=0.8\%\sim1.2\%$，渗碳层深为 0.5~2.0mm。

渗碳钢通常在渗碳前进行正火或调质预备热处理，渗碳后的工件均需进行淬火和低温回火。淬火的目的是使工件在表面形成高碳马氏体或高碳马氏体和细粒状碳化物组织。在渗碳淬火、回火后，表面硬度一般为 56~63HRC。低温回火温度通常为 150~200℃。

渗碳常用的有固体渗碳、气体渗碳、液体渗碳以及其他方法等。渗碳常用设备有井式气体渗碳炉、真空渗碳炉、离子渗碳炉、连续式渗碳炉和密封箱式多用炉等。相关标准有 JB/T 3999—2007《钢件的渗碳与碳氮共渗淬火回火》等。

283. 固体渗碳

固体渗碳是将工件放在填充粒状渗碳剂的密封箱（即渗碳箱）中进行的渗碳工艺。

固体渗碳不需要专门的渗碳设备，操作简单，但渗碳时间长，渗碳层不易控制，不能直接淬火，主要在单件、小批量生产等条件下采用。固体渗碳主要有普通装箱固体渗碳、分段固体渗碳及固体气体渗碳等。

固体渗箱一般由低碳钢或耐热钢板焊成，容积一般为零件体积的 3.5~7 倍。固体渗碳剂由供碳剂（如木炭）、催化剂（如 $BaCO_3$）、填充剂（如 $CaCO_3$）和适量黏结剂组成。常用的固体渗碳剂成分见表 5-2。使用时新、旧渗碳剂应有一定比例，一般新（渗碳剂）：旧（渗碳剂）约为 3∶1 或 4∶1，以节约用量。

现代固体渗碳剂，是将炭磨碎，与催化剂一起用特殊黏结剂黏结，并在600~650℃下用机械化设备烧结成颗粒。这种渗碳剂松散，渗碳时透气性好，有利于渗碳反应。当渗碳剂再次使用时，仅增添5%~10%的新渗碳剂便可保持原有的渗碳能力。

固体渗碳时，在炉温升到800~850℃时应保温一段时间，以使渗碳箱透烧，然后再继续加热到渗碳温度900~950℃，保温一定时间后，出炉随箱空冷或取出零件淬火。渗碳保温时间根据要求的渗碳层深度而定，通常选取的平均速度为0.1~0.15mm/h。

表5-2　常用固体渗碳剂的成分

渗碳剂组成(质量分数)	用　　法	效果
$BaCO_3$ 15% + $CaCO_3$ 5% + 木炭(余量)	新、旧渗剂配比为3：7	920℃时渗碳层深度为1.0~1.5mm，平均渗碳速度为0.11mm/h，表面 w(C)=1.0%
$BaCO_3$ 20%~25% + $CaCO_3$ 3.5%~5.0% + 木炭(白桦木，余量)	—	渗碳930~950℃×4~15h，渗碳层深度为0.5~1.5mm
$BaCO_3$ 3%~5% + 木炭(余量)	用于低合金钢时，新、旧渗碳剂配比为1：3；用于低碳钢时，w($BaCO_3$)应增至15%	20CrMnTi钢，渗碳930℃×7h，渗碳层深度为1.33mm，表面 w(C)=1.07%
$BaCO_3$ 3%~4% + Na_2CO_3 0.3%~1% + 木炭(余量)	用于12CrNi3钢时，w($BaCO_3$)应增至5%~8%	18Cr2Ni4WA及20Cr2Ni4A钢，渗碳层深度为1.3~1.9mm，表面 w(C)=1.2%~1.5%
$BaCO_3$ 10% + Na_2CO_3 3% + $CaCO_3$ 1% + 木炭(余量)	新、旧渗碳剂的比例为1：1	20CrMnTi钢汽轮机从动齿轮(ϕ561mm，模数5mm)，900℃×12~15h渗碳，磨齿后渗碳层深度为0.8~1.0mm

284. 分级固体渗碳

一般固体渗碳结束后，工件需先随渗（碳）箱冷却，之后重新加热淬火，有时在淬火前还需正火。为了简化常规固体渗碳后的热处理工艺，可采用如图5-1所示的分级固体渗碳工艺进行渗碳热处理。此法是在正常渗碳温度(930±10)℃保温，以取得所需渗碳层的下限深度，将炉温降至850℃左右，保温一段时间，通过扩散以适当降低表面碳含量。对于本质晶粒钢，只要在分段降温阶段无网状渗碳体析出，就可免去正火工序，或可实现分级渗碳后直接淬火。

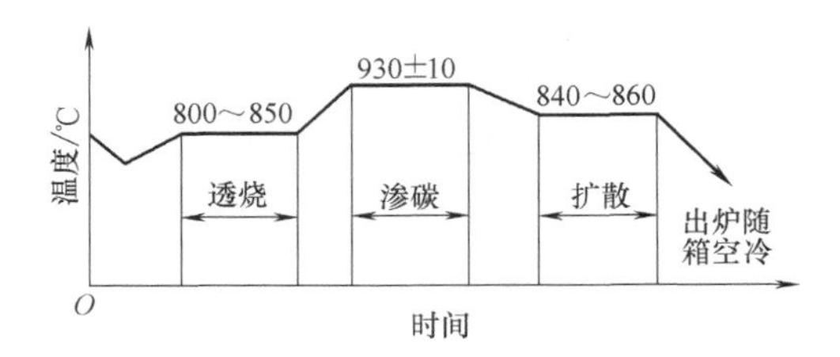

图5-1　分级固体渗碳工艺曲线

285. 高温固体渗碳

为了弥补莱氏体工模具钢韧性不足的缺点，可选用低、中碳合金模具钢进行表面渗碳，以获得像莱氏体钢一样的高硬度、高耐磨性的表层。其心部又有高强度，韧性和塑性也俱佳。如图 5-2 所示为 H13（4Cr5MoSiV1）钢采用高温可控气氛多用炉进行高温固体渗碳的工艺曲线。

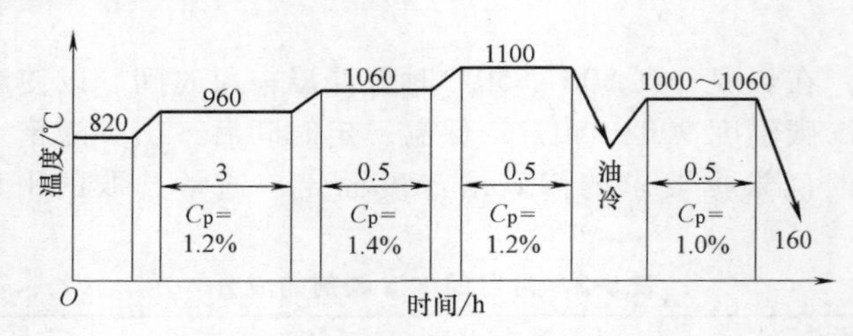

图 5-2 H13 钢的高温固体渗碳工艺

此工艺说明：

1）先在 Ac_1～Ac_3之间预渗 1～2h，目的是形成超微碳化物核心，采取这种措施主要是为了改善钢的渗碳层碳化物形体及分布。

2）再在 950～1000℃进行强渗，因为这类钢的 $Ac_3 \geq 950$℃。

3）然后在 1050～1100℃进行扩散，因为高铬、高合金元素含量的钢在渗碳后极易出现网状碳化物，可以把扩散温度升高到 1050～1100℃，使碳化物网重新溶解而消失。

4）扩散结束后立即快冷，使渗碳层温度迅速冷至 Ar_1 以下，目的是使渗碳层奥氏体在降温冷却过程中碳化物不会沿晶界析出，当工模具整体温度降至 650℃以下时返回加热炉，达到设定的温度。

5）因渗碳层在 650℃时奥氏体已快速转变成回火索氏体组织，不存在高碳高合金的残留奥氏体，模具除渗碳层外整体处在塑性状态，可以直接升至 980～1050℃，在保温短时间后进行淬火。

经此工艺处理的 H13 钢模具，其渗碳层中的碳化物颗粒均匀细小而密集分布，该组织具有很高的强度和耐磨性，硬度为 65～67HRC，再配以细小的板条马氏体，其性能是未经渗碳及碳氮共渗的原 H13 钢模具无法比拟的。

286. 固体气体渗碳

固体气体渗碳，是指将渗碳件放入渗碳箱中，渗碳剂与渗碳件不接触，将渗碳剂置于箅子（或网络格筒）中，利用炉子加热后渗碳剂形成的渗碳气氛完成渗碳过程。由于使用的渗碳剂较少，在其他条件相同的条件下，升温时间仅为一般固体渗碳时间的 1/3，加快了渗碳过程。

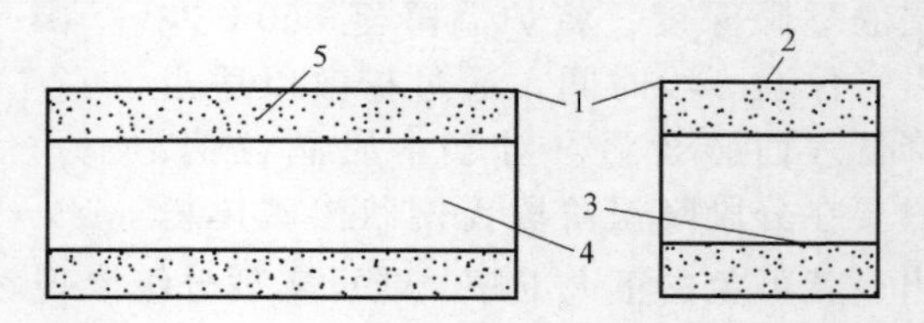

图 5-3 固体气体渗碳箱示意

1—渗碳箱的外壳 2—箱盖 3—箅子

4—装置渗碳工件的空间 5—渗碳剂

固体气体渗碳所用渗碳箱如图 5-3 所示。箅子上小孔的直径为

3mm，每 100cm^{2}面积上的孔数为 65~75 个。当上、下箅子之间的距离为 120mm 时，渗碳工件所占用的渗碳箱容积约为 50%（体积分数）；而一般固体渗碳只有 10%（体积分数）。由于使用的渗碳剂较少，加热至渗碳温度所用的时间，仅为一般固体渗碳的 1/2.5~1/3，同时还可以加快渗碳过程，缩短渗碳周期，节约能源。

例如，20 钢或 15Cr 钢在 920~930℃或 930~940℃采用此工艺渗碳时，平均渗碳速度约为 0.2mm/h，而普通固体渗碳的渗碳速度约为 0.10~0.15mm/h。

287. 稀土固体渗碳

在固体渗碳中，稀土的催渗效果也是明显的。采用（质量分数）木炭 75%+$CaCO_3$ 12%+混合稀土化合物 10%+稀土活化添加剂 3%的固体渗碳剂的优化配方，与常规配方（质量分数）$CaCO_3$ 10%+木炭 90%作对比试验。对于 20Cr 钢，在 930℃渗碳时，在相同的渗碳时间内，加稀土的渗剂比常规渗剂的渗碳速度提高 25%~32%。

例如，选用木炭、$BaCO_3$和混合稀土［w(LaCe)=54%，w(CeCl)=46%］作为固体渗碳剂和催渗剂。20CrMnTi 钢试样的稀土渗碳工艺流程：830~850℃装炉→透烧后升温至（920±10）℃渗碳→降温至 840℃~860℃扩散→出炉空冷。

在试验条件下，最佳稀土加入量为 6g/L，若渗碳层深度为 1.6mm 时，渗碳需要 7~8h，不加稀土时渗碳需要 8.5~9.5h。加入稀土可改善渗碳层组织，提高其硬度和耐磨性。

288. 膏剂渗碳

膏剂渗碳是工件表面以膏状渗碳剂涂覆进行的渗碳工艺。膏剂渗碳的渗碳速度快、节约渗碳剂、操作简单、成本低廉，但表面碳含量及渗碳层深度的稳定性较差，适用于单件生产或修复渗碳、局部渗碳等。

膏剂渗碳时，将渗碳膏剂涂覆于工件表面，所涂覆膏剂的厚度与要求的渗碳层深度以及工件的形状、大小有关。一般当渗碳层深度为 0.6~1.5mm 时，膏剂的厚度为 3~4mm；而当渗碳层深度为 1.5~2.0mm 时，膏剂厚度>4.5mm。涂覆膏剂的工件，应在 100~120℃中烘干 10~20min，然后置于渗碳箱内，箱盖用耐火黏土封闭，随炉加热至渗碳温度并保温一定时间后可得到一定深度的渗碳层。

几种渗碳膏剂配方及使用效果见表 5-3。

表 5-3　几种渗碳膏剂配方及使用效果

膏剂配方(质量分数)	工艺参数		渗碳层深度/mm	备注
	温度/℃	时间/h		
炭黑粉 55%+碳酸钠 30%+草酸钠 15%	950	1.5	0.6	表面 w(C)=1.0%~1.2%，渗碳速度约为 0.3~0.4mm/h，淬火后硬度为 60HRC
		2	0.8	
		3	1.0	
炭黑粉 30%+碳酸钠 3%+醋酸钠 2%+全损耗系统用油 25%+柴油 40%	920~940	1	1.0~1.2	将原料混合均匀呈胶状，在工件表面涂覆 2~3mm 厚的膏剂，渗碳速度为 1.0~1.2mm/h

289. 盐浴渗碳

盐浴渗碳是工件在含有渗碳剂熔盐中进行的渗碳，也称液体渗碳。盐浴渗碳所用的设备简单，渗碳层均匀，渗碳速度快，操作方便，渗碳后便于直接淬火，特别适合于中、小型零件及有不通孔的零件。

盐浴渗碳方法包括：原料无毒盐浴渗碳、无毒盐浴渗碳等、通气盐浴渗碳、电解盐浴渗碳、超声波盐浴渗碳和液体放电渗碳等。

盐浴渗碳用盐浴一般由基盐（中性盐）、供碳剂和催化剂组成，基盐（NaCl、KCl、$BaCl_2$或复盐）起形成盐浴，调整盐浴密度、熔点和流动性的作用。供碳剂（NaCN、SiC 和木炭粉）起渗碳作用。催化剂（Na_2CO_3和 $BaCO_3$）起催渗作用。根据供碳剂及催化剂的种类可将渗碳盐浴分成 NaCN 和无 NaCN 两大类。

对于渗碳层薄及畸变要求严格的工件，可采用较低的渗碳温度（850~900℃）；对于要求渗碳层厚的工件，则渗碳温度应高一些（910~950℃）。在温度一定的条件下，渗碳保温时间由渗碳层深度要求来确定。

盐浴渗碳工件在渗碳层深度达到要求后可采取下列方式冷却：①随炉降温或将工件移至等温槽中预冷，然后直接淬火。②在等温槽预冷后，工件出炉空冷或压缩空气冷却，然后重新加热淬火。

常用盐浴渗碳用盐浴的组成及使用效果见表 5-4。

表 5-4　常用盐浴渗碳用盐浴的组成及使用效果

<table>
<tr><th rowspan="2">序号</th><th colspan="3">盐浴组成(质量分数)(%)</th><th rowspan="2">使用效果</th></tr>
<tr><th>组成物</th><th>新盐成分</th><th>控制成分</th></tr>
<tr><td rowspan="3">1</td><td>NaCN</td><td>4~6</td><td>0.9~1.5</td><td rowspan="3">盐浴较易控制，渗碳速度快，工件表面碳含量稳定，例如，20CrMnTi、20Cr 钢经 920℃×3.5~4.5h 渗碳，渗碳层深度大于 1mm，表面 $w(C)=0.83\%\sim0.87\%$</td></tr>
<tr><td>$BaCl_2$</td><td>80</td><td>68~74</td></tr>
<tr><td>NaCl</td><td>14~16</td><td>—</td></tr>
<tr><td rowspan="4">2</td><td>603 渗碳剂①</td><td>10</td><td>2~8(碳)</td><td rowspan="4">盐浴原料无毒，在 920~940℃ 时，装炉量为盐浴总量的 50%~70%(体积分数)，20 钢试样渗碳速度如下<table><tr><td>保温时间/h</td><td>1</td><td>2</td><td>3</td></tr><tr><td>渗碳层深度/mm</td><td>>0.5</td><td>>0.7</td><td>>0.9</td></tr></table></td></tr>
<tr><td>KCl</td><td>40~45</td><td>40~45</td></tr>
<tr><td>NaCl</td><td>35~40</td><td>35~40</td></tr>
<tr><td>Na_2CO_3</td><td>10</td><td>2~8</td></tr>
<tr><td rowspan="4">3</td><td>渗碳剂②</td><td>10</td><td>5~8(碳)</td><td rowspan="4">920~940℃ 时三种钢的渗碳速度如下<table><tr><td rowspan="2">渗碳时间/h</td><td colspan="3">渗碳层深度/mm</td></tr><tr><td>20</td><td>20Cr</td><td>20CrMnTi</td></tr><tr><td>1</td><td>0.3~0.4</td><td>0.55~0.65</td><td>0.55~0.65</td></tr><tr><td>2</td><td>0.7~0.75</td><td>0.9~1.0</td><td>1.0~1.10</td></tr><tr><td>3</td><td>1.0~1.10</td><td>1.4~1.5</td><td>1.42~1.52</td></tr><tr><td>4</td><td>1.28~1.34</td><td>1.56~1.62</td><td>1.56~1.64</td></tr><tr><td>5</td><td>1.40~1.50</td><td>1.80~1.90</td><td>1.80~1.90</td></tr></table>表面 $w(C)=0.9\%\sim1.0\%$</td></tr>
<tr><td>NaCl</td><td>40</td><td>40~50</td></tr>
<tr><td>KCl</td><td>40</td><td>33~43</td></tr>
<tr><td>Na_2CO_3</td><td>10</td><td>5~10</td></tr>
<tr><td rowspan="3">4</td><td>Na_2CO_3</td><td>10~15</td><td>10~15</td><td rowspan="3">经 880~900℃×30min 渗碳，渗碳层总深度为 0.15~0.20mm，共析层为 0.07~0.10mm，硬度为 72~78HRA</td></tr>
<tr><td>NaCl</td><td>78~85</td><td>78~85</td></tr>
<tr><td>SiC(粒度 0.700~0.355mm)</td><td>6~8</td><td>6~8</td></tr>
</table>

① 603 渗碳剂成分（质量分数）：NaCl5%+KCl10%+Na_2CO_3 15%+$(NH_2)_2CO$20%+木炭粉（粒度 0.154mm）50%。

② 渗碳剂成分（质量分数）：木炭粉（粒度 0.154~0.280mm）70%+NaCl30%。

290. 低氰盐浴渗碳

低氰渗碳盐浴使 NaCN 的质量分数保持在 0.7%~2.3%的范围内，并具有较快的渗碳速度及合适的表面碳含量，应用较为普遍。

低氰盐浴渗碳所用的配方，大多是将氰盐的质量分数保持在 1.5%~10%之内，其他为中性盐 NaCl 和 $BaCl_2$。

渗碳温度如为 910~940℃，3~5h 内可得到渗碳层 0.8~1.2mm，表面 $w(C)$=0.9%~1.1%。使用时盐浴表面用石墨粉、木炭粉、氯化钡和 603 渗碳剂等覆盖，以免氧化或结壳。盐浴中 NaCN 的质量分数控制在 0.9%~1.1%。

将氰盐的质量分数控制在 10%以内的低氰盐浴渗碳配方（质量分数）：NaCN4%~6%+$BaCl_2$80%+NaCl14%~16%。

低氰盐浴控制较容易，渗碳速度快，工件表面含碳量稳定。如 20CrMnTi 和 20Cr 钢等齿轮零件，经 920℃×3.5~4.5h 渗碳，渗碳层深度>1.0mm，表面 $w(C)$=0.83%~0.87%。

291. 原料无氰盐浴渗碳

原料无氰盐浴渗碳剂的组成中不采用氰盐，但反应产物含有少量［w(氰盐)=0.5%~1%］氰化钠。常用的盐浴配方有表 5-5 所列几种。使用 920~940℃×2~3h 原料无氰盐浴渗碳时，可得 0.9~1.2mm 厚的渗碳层。

表 5-5　常用原料无氰盐浴渗碳的配方

序号	配方(质量分数)
1	603 渗碳剂配方：木炭粉 50%(粒度 0.154mm)+ NaCl5%+KCl10%+$Na_2CO_3$15%+$CO(NH_2)_2$20%
2	KCl45%+NaCl35%+$Na_2CO_3$10%+603 渗碳剂 10%
3	KCl40%+NaCl40%+$Na_2CO_3$10%+渗碳剂 10%(渗碳剂成分：木炭粉 70%+NaCl30%)
4	$Na_2CO_3$75%+NaCl20%+金刚砂 5%[w(SiC)= 70%~75%]

292. 无毒盐浴渗碳

无毒盐浴渗碳无论在原料或在反应产物中均无氰盐或氰根，没有毒性，对人体及环境危害小，操作和使用方便。这种盐浴大都用木炭粉、石墨粉、碳化硅、碳化钙等作供碳剂，用 NaCl、KCl、Na_2CO_3和 K_2CO_3等中性盐作基体盐浴。几种典型无毒盐浴渗碳的成分配比见表 5-6。

表 5-6　几种无毒盐浴渗碳的成分配比（质量分数）　　(%)

序号＼成分	SiC	NaCl	KCl	Na_2CO_3	K_2CO_3	NH_4Cl	备　注
1	—	24	37	39	—	—	外加总量石墨 10%
2	—	13	19	($BaCl_2$)38	($BaCO_3$)30	—	—
3	(木炭)15	25	25	—	35	—	—
4	—	40	40	10	(渗碳剂)10%		渗碳剂的成分为：木炭粉 70%+NaCl30%

（续）

序号＼成分	SiC	NaCl	KCl	Na_2CO_3	K_2CO_3	NH_4Cl	备　注
5	15	25	25	—	35	—	—
6	11~15	5~8	—	—	72~74	7~8	零件表面有腐蚀，工作时盐浴表面易结壳
7	6~8	10~15	—	78~85	—	—	—

无毒盐浴渗碳温度若为 920~940℃，经 2~3h 可得到渗碳层深度：20 钢为 0.7~1.1mm；20Cr 和 20CrMnTi 钢为 0.9~1.5mm。

两种典型无毒盐浴渗碳剂见表 5-7。

表 5-7　两种典型无毒盐浴渗碳剂

渗碳剂名称	配方（质量分数）
KC_1 无毒盐浴渗碳剂	渗碳剂的主要成分：Na_2CO_3，木炭粉（粒度 0.154mm），SiC、硼砂，黏结剂 A、B 和 D（甲基纤维素）。渗碳剂先制作成块状，之后再碎化为 3mm 的粒状 渗碳盐浴配方（质量分数）：NaCl35%+KCl45%+$Na_2CO_3$10%。使用时第一次加入渗碳剂 10%，以后每次加入 6%~8%，渗碳速度可达 0.4~0.6mm/h。添加一次渗碳剂可在 5h 内保持渗碳速度不变，而且成分均匀，在 600mm 深度的盐浴内，各处渗碳均匀一致。渗碳温度为 900~910℃
"901"无毒盐浴渗碳剂	"901"无毒液体渗碳剂包含有：中性盐、供碳剂和催化剂，配比（质量分数）为：①中性盐：NaCl38%~48%+KCl48%~58%；②供碳剂：SAT 炭粉 4.5%~6.5%。③催化剂 0.5%~3.0%

293. 液体放电渗碳

液体放电渗碳是在一定的电解液中，以工件为阴极，碳极为阳极，施加 150~350V 的电压，通过电弧放电，使电解液分解出渗碳气氛，在工件周围形成气膜，气膜中离子状态的碳渗入工件。

此法的特点是速度快，在 10min 左右的时间内便可得到 0.2~0.5mm 的渗碳层深度。适用于薄型、形状复杂而尺寸精度要求严格的工件。

液体放电渗碳方法很多，如：①应用乙二醇的氯化钠饱和溶液的液体放电渗碳；②应用醋酸乙酯甘油溶液的液体放电渗碳。

294. 气体渗碳

工件在含碳气氛中进行的渗碳称为气体渗碳。

气体渗碳温度（900~950℃）及介质成分易于调整，含碳量及渗碳层深度易于控制，容易实现直接淬火。适用于各种批量、各种尺寸的工件渗碳热处理，因而应用广泛。

气体渗碳根据所用渗碳气体的产生方法及种类，可分为滴注式气体渗碳、吸热式气体渗碳和氮基气氛渗碳等。

目前在气体渗碳炉中应用的气体渗碳剂有两种：一种是碳氢化合物有机液体，如甲醇、乙醇、异丙醇、煤油、丙酮、乙酸乙酯和甲苯等，滴入高温炉内，通过热分解，产生活性碳原子；另一种是气体渗碳介质，如天然气、丙烷等，还有预先制备的气体渗碳剂有吸热式气氛 RX+丙烷、丁烷等富化气组成的渗碳剂，氮气+丙烷、丁烷等组成的氮基渗碳气氛和吸热式气氛，或氮气+丙酮等有机富碳剂组成的渗碳剂。在渗碳剂的组成中，吸热式气氛、氮气、甲醇等作为载体气。

气体渗碳的工艺参数主要包括渗碳温度、渗碳时间与炉气碳势等。通常根据渗碳零件的渗碳层深度、渗碳层的碳浓度、浓度梯度以及对组织与性能或畸变的要求来确定。气体渗碳温度一般为900~950℃，渗碳保温时间主要取决于渗碳温度和所要求的渗碳层深度。渗碳层表面碳的质量分数通常要求在0.7%~1.05%，炉内碳势控制使用氧探头、CO_2红外线分析仪和露点分析仪等。

295. 滴注式气体渗碳

滴注式气体渗碳是将苯、醇、酮、煤油等液体渗碳剂直接滴入炉内裂解进行的气体渗碳。该方法的优点在于，吸热式保护气氛由直接滴入的介质产生，不需要专门的发生器，可大大节约能源。

滴注式气体渗碳主要应用于井式炉小批量生产、对于大批生产用的连续式炉，以及多品种生产用的多用炉。滴注式渗碳时，除靠自重进行滴注外，还可用燃料泵将液体以雾状喷入渗碳炉内。

滴注剂一般采用两种或两种以上的有机液体组成滴注剂，其中一种起稀释作用，其余为渗碳剂。常用有机液体渗碳剂有乙醇、异丙醇、乙醚、丙酮、乙酸乙酯、苯及煤油等。稀释剂有甲醇等。典型滴注剂有：甲醇-乙酸乙酯、甲醇-丙酮和甲醇-煤油等。

整个渗碳过程分为排气、强渗、扩散及降温出炉（缓冷或直接淬火）4个阶段。强渗时间、扩散时间与渗碳层深度的关系见表5-8，表5-9给出了采用甲醇-煤油滴注式渗碳时渗碳剂的用量。

表5-8 强渗时间、扩散时间与渗碳层深度的关系

要求的渗碳层深度/mm	不同温度下的强渗时间/min			强渗后的渗碳层深度/mm	扩散时间/min	扩散后的渗碳层深度/mm
	920℃	930℃	940℃			
0.4~0.7	40	30	20	0.2~0.25	约60	0.5~0.6
0.6~0.9	90	60	30	0.35~0.40	约90	0.7~0.8
0.8~1.2	120	90	60	0.45~0.55	约120	0.9~1.0
1.1~1.6	150	120	90	0.60~0.70	约180	1.2~1.3

注：若渗碳后直接降温淬火，扩散时间应包括降温及降温后停留的时间。

表5-9 采用甲醇-煤油滴注式渗碳时的渗碳剂用量 （单位：滴/min）

炉型及规格	排气		渗碳		扩散降温	
	甲醇	煤油	甲醇	煤油	甲醇	煤油
RQ3-75-9	200	30~60	30~60	120~140	30~60	100~120
RQ3-90-9	220	35~65	35~65	160~180	35~65	140~160
RQ3-105-9	300	50~80	50~80	200~220	50~80	180~200

现代渗碳工艺采用多用炉、连续渗碳炉和大型井式渗碳炉等，应用计算机与碳势控制系统进行滴注式可控气氛渗碳，以提高渗碳质量，加快渗碳速度。

296. 分段气体渗碳

为了加速渗碳工艺过程，改进渗碳质量，可使渗碳过程在温度与碳势均不相同的情况下进行，即分段气体渗碳。常用于井式渗碳炉、密封箱式炉和连续式渗碳炉等。

1）滴注式分段井式炉气体渗碳。20Cr、20CrMnTi 和 20CrMnMo 等钢制的工件，当要求渗碳层深度为 1.1～1.5mm 时，在井式炉中的滴注式分段气体渗碳曲线如图 5-4 所示。从图中可以看出，此工艺的渗碳过程分为 4 个阶段，即排气、强渗、扩散及降温等。在不同渗碳阶段所需介质（煤油）的滴注量见表 5-10。由上述可知，在井式炉中分段气体渗碳大都采用温度相同，但渗碳剂滴注量不同的方法以实现分段渗碳。

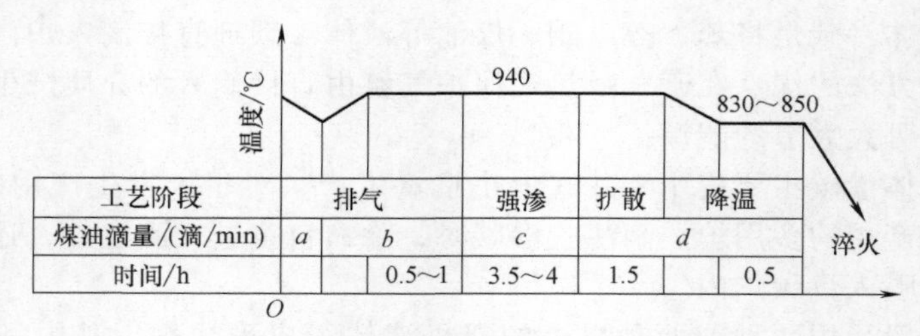

图 5-4　滴注式分段气体渗碳的工艺曲线

表 5-10　井式炉中分段气体渗碳时煤油的滴注量

设备型号		RQ3-35-9	RQ3-60-9	RQ3-75-9	RQ3-90-9
煤油滴注量/(滴/min)	*a*	90	110	140	155
	b	50	60	75	80
	c	60	75	105	115
	d	35	40	50	55

注：表中的 *a*、*b*、*c*、*d* 与图 5-4 中的 *a*、*b*、*c*、*d* 一一对应。

2）通气式分段气体渗碳。通常在连续式渗碳炉中进行，其工艺曲线如图 5-5 所示（炉膛容积为 $10m^3$）。可以看出，连续炉中的气体渗碳，常用在各炉区碳势

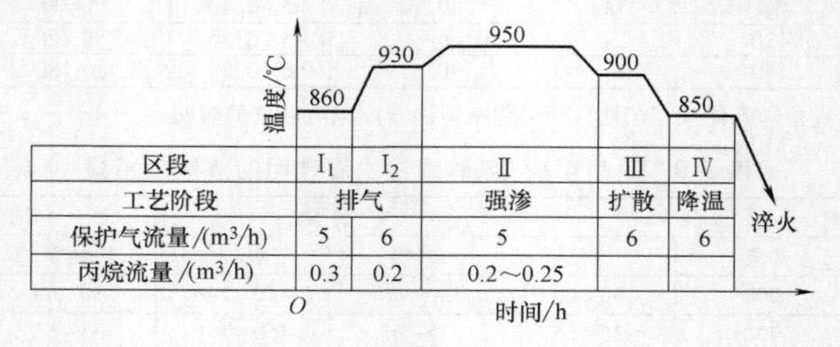

图 5-5　通气式分段气体渗碳工艺曲线

及温度各不相同的方法来实现分段渗碳。在强渗区通入保护气（RX）及丙烷（或天然气），而在扩散区只通入维持表面碳势的保护气。在最终要求表面碳的质量分数为 0.8%~0.9%的情况下，如将强渗区的碳势进一步提高到 1.3%~1.4%（质量分数），扩散区保持在 0.8%（质量分数），可使渗碳周期大为（约 2/3）缩短。

297. 高温可控气氛渗碳

高温可控气氛渗碳一般是指在 950℃以上进行的可控气氛渗碳。以下简称高温渗碳。

相关标准有 GB/T 32539—2016《高温渗碳》等。

对部分要求深层渗碳的工件在设备使用温度允许及所用钢种奥氏体晶粒不长大的条件下，采用高温渗碳工艺，如在 1010~1050℃实施高温渗碳，可比 930℃常规渗碳工艺所用的时间缩短 1/3~1/2。渗碳时间和渗碳温度的相互关系如图 5-6 所示，可以说明：渗碳温度从 950℃提高到 1050℃可使渗碳周期缩短 50%，图中 $A_{0.35}$ 为工件从表面至碳的质量分数为 0.35%处的深度。

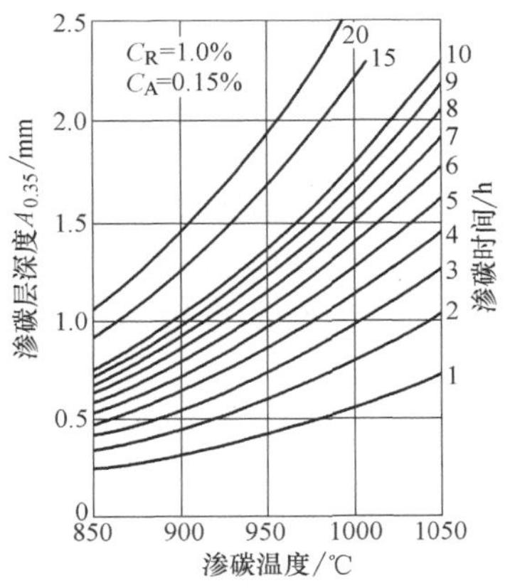

图 5-6 渗碳时间和渗碳温度的相互关系

表面碳势[w(C)]C_P = C_R = 1.0%，工件心部 w(C) = 0.15%

随着要求的渗碳层深度的增加，高温渗碳所节省的时间越加明显。表 5-11 为高温渗碳所节省的时间与渗碳层深度的关系。

表 5-12 为不同钢种常温渗碳（920℃）、高温渗碳（1040℃）后力学性能的对比，从表中可以看出，18CrMnTi、12CrNi3A 和 25Cr 等细晶粒钢在 1050℃渗碳，力学性能并不降低，部分性能甚至有所提高。

表 5-11 高温渗碳所节省的时间与渗碳层深度的关系

要求的渗碳层深度/mm	处理时间缩短百分数	备注
0.7 ± 0.1	<35%	若将直接淬火温度提高至950℃，则可节省时间 45%
1.05 ± 0.15	35%~39%	
1.60 ± 0.2	46%~54%	

表 5-12 不同钢种常温渗碳（920℃）与高温渗碳（1040℃）后力学性能的对比

钢种	R_m/MPa		A(%)		Z(%)		a_K/(J/cm²)		断裂负荷/10N	
	920℃	1040℃	920℃	1040℃	920℃	1040℃	920℃	1040℃	920℃	1040℃
18CrMnTi	1431	1382	7.2	5.6	48	50	66.6	71.5	2272	3522
12CrNi3A	1294	1284	7.3	7.5	53	53	79.4	79.0	2030	2720
25Cr	1254	1313	4.7	4.2	36	42	54.9	63.7	2050	2980

298. 高温可控气氛循环渗碳

高温可控气氛循环渗碳，是将高温渗碳过程按温度分为高温和更高温两段，而将碳势高、低分为多段循环。在高碳势段工件表面形成较高的浓度梯度和一定层深后，将碳势降低，使扩散通道畅通，表面吸附力恢复，之后再次提高碳势，往复循环多次（见图5-7）。这种渗碳工艺具有渗碳速度快、表面碳浓度梯度适当，渗碳层梯度平缓，组织细化、节省渗碳剂和节约能源等优点。

例如，高温可控气氛循环渗碳，采用CY-10-1200型高温可控气氛多用炉，最高使用温度为1200℃。处理工件为20CrMnTi钢制销套，有效硬化层深度要求为2.7~3.4mm。销套高温可控气氛循环渗碳工艺如图5-7所示。总有效时间为16h。原采用UBE-600型多用炉普通工艺渗碳淬火，渗碳温度为930℃，总有效时间为32h。与930℃普通渗碳淬火工艺相比，采用950℃高温渗碳淬火后，渗碳淬火总时间缩短8h；采用980~1010℃高温可控气氛循环渗碳淬火后，渗碳淬火总时间缩短13.7h。表5-13为普通可控气氛循环渗碳和高温可控气氛循环渗碳的检测结果对比。

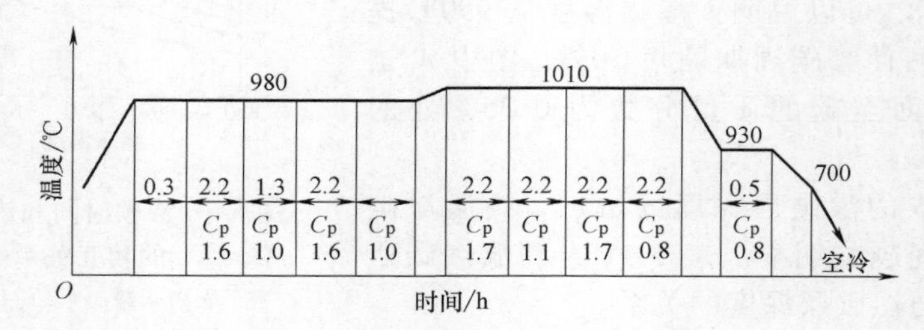

图5-7　高温可控气氛循环渗碳工艺曲线

表5-13　普通与高温可控气氛循环渗碳的检测结果对比

渗碳温度/℃	金相法渗碳层深度/mm	有效硬化层深度/mm	渗碳淬火总时间/h
930	3.6	2.76	32
950	3.61	2.72	24
980~1010	3.88~4.0	2.78~2.94	18.3

299. 高频感应加热粉末（或膏剂）渗碳

感应加热渗碳可显著缩短渗碳周期，其按感应加热频率可分为高频感应加热渗碳和中频感应加热渗碳等；按渗碳介质可分为感应加热粉末渗碳、感应加热膏剂渗碳、感应加热液体渗碳和感应加热气体渗碳等。

高频感应加热粉末渗碳（或膏剂渗碳）的电参数如下：升温电压为10~13kV，温度在1150℃以下，全波、半波断续加热1min，保温时阳极电压为6.5kV，断续通电加热，使温度控制在（1220 ± 20）℃，保温10~15min。用粉末作渗碳剂时，渗碳层深度为0.5~1mm，其粉末渗剂组成（质量分数）为：$BaCO_3$ 30% + 木炭粉

70%。用膏剂渗碳时，渗碳层深度达 0.8～1.2mm，其膏剂渗剂组成（质量分数）为：炭粉 40%～60%+碳酸盐 30%～40%+活化剂 5%～10%，黏结剂为水玻璃或纤维素有机黏结剂。

300. 高频感应加热气体渗碳

高频感应加热气体渗碳是利用高频感应加热直流放电进行渗碳，通常将工件装入密封装置内加热，并通入渗碳气氛实施渗碳。20CrMnTi 钢在 1050℃下，渗碳 30～45min，可得到 0.8～1.0mm 的渗碳层深度，工件渗碳后预冷至 850～900℃入油淬火。与常规气体渗碳相比，高频感应加热气体渗碳可缩短生产周期至原来的 1/2～1/10。

301. 高频感应加热液体渗碳

此法是利用高频感应加热的原理，先将感应器浸入渗碳液体介质中，如煤油、甲醇或乙醇的有机液体中，再将工件放入感应器内通电加热，液体渗碳剂受热分解，会在工件周围产生一层（CO、CH_4等渗碳气体）气膜，气膜在工件表面分解，释放出活性碳原子，使渗碳过程以较快的速度进行。例如，使用甲醇时，气膜成分（体积分数）为：CO28%+$CH_4$4.2%+$H_2$61.5%+$O_2$2%+其余气体 4.3%。该工艺操作简便，不需要专门的气体发生装置，但通电加热时，液体渗碳剂的温度上升较快，在渗碳过程中必须进行强制冷却。对于小型工件渗碳，渗碳温度和渗碳层均匀性控制困难。一般适用于钢、钛合金和一些超合金等。

此法能确保工件获得高的渗碳质量、一致可靠的性能和长的使用寿命。同时能节约成本、能源、材料和环保费用。

302. 中频感应加热粉末渗碳

中频感应加热渗碳可获得更深的硬化层深度，常用的有中频感应加热粉末渗碳和中频感应加热气体渗碳等。

中频感应加热粉末渗碳所用频率为 2500～8000Hz，温度为 1050～1080℃，时间约为 20min，可获得渗碳层深度为 0.8～1.0mm。时间延长，渗碳层深度增加有限。中频感应加热粉末渗碳法用的是木炭粉和高铝细粉等。

303. 中频感应加热气体渗碳

中频感应加热气体渗碳，是将渗碳件装在密闭装置中以频率为 2000～8000Hz（功率为 50kW）的中频感应电流加热到 1050～1080℃，通入渗碳气体（如天然气与吸热式气氛 RX 混合气），渗碳时间为 40～45min，可获得 0.8～1.2mm 厚的渗碳层。该工艺生产效率高，质量稳定。

例如，工件（齿轮）在如图 5-8 所示的感应加热装置中，经上述工艺处理，可得到 0.8～1.2mm 深的渗碳层。在该装置中，每 1.5～3min 可推出一个渗碳后的齿轮，经预冷至 820～870℃，然后浸入油中淬火。

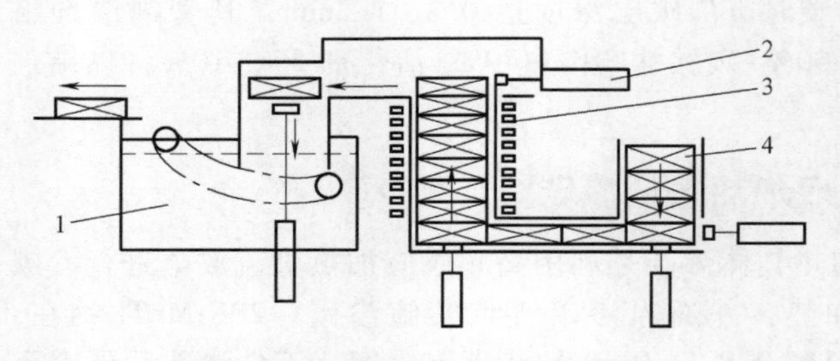

图 5-8 感应加热气体渗碳装置示意

1—油槽 2—油缸 3—感应线圈 4—齿轮

304. 天然气渗碳

天然气除了含有大量的碳氢化合物（主要成分是 CH_4）以外，还含有少量的 N_2、CO_2 和 H_2S 等气体，是一种成本低廉、良好的热处理用介质。除了作为优质能源用于燃料炉加热外，还可以用于化学热处理等。

甲烷（CH_4）分子链简单，很容易裂化，温度越高，甲烷越不稳定，越容易放出活性碳原子，有利于钢的渗碳，而煤油和丙烷分子链长，裂化不充分，因此甲烷在高温下是强渗碳剂。

由于天然气在高温时能很快裂化，碳原子传递快，产生的活性碳原子多，因而能获得较高的碳含量，在渗碳层表面获得相同碳含量的情况下，所需时间较短，如图 5-9 和图 5-10 所示。

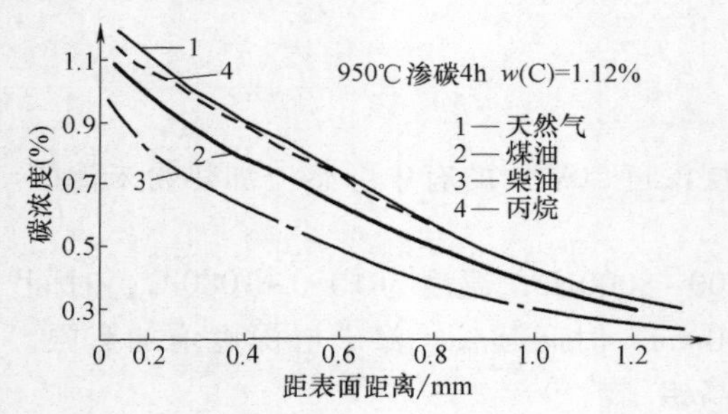

图 5-9 天然气、煤油、柴油和丙烷对16MnCr5 钢渗碳结果的影响

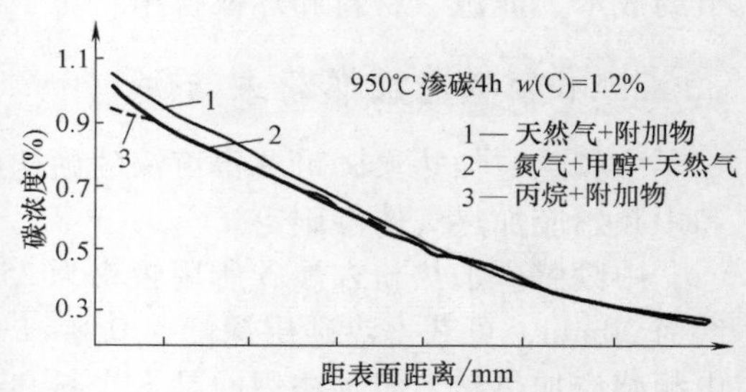

图 5-10 天然气、氮气-甲醇-天然气和丙烷对16MnCr5 钢渗碳结果的影响

天然气技术按 GB 17820—2012《天然气》的要求执行，作为民用的天然气，总硫和硫化氢含量应符合一类或二类气的技术指标。天然气用于渗碳的前提条件是其纯度必须大于 95%（体积分数），且 $w(S)<10mg/m^3$。当热处理用天然气选用二类气时，其 $w(S)\leqslant 20mg/m^3$，经脱硫净化装置处理后，可以达到 $3\sim5mg/m^3$，满足更高渗碳热处理质量的要求（如进一步减少非马氏体层）。

表 5-14 为天然气在连续式渗碳炉上的应用。以天然气代替丙酮渗碳，渗碳速

度明显加快，节省渗碳工艺材料约60%，并解决了渗碳齿轮表面脱碳的问题。

表5-14 天然气在连续式渗碳炉上的应用

区 段	加热	强渗1	强渗2	高温扩散	低温扩散	保温(压淬)
温度/℃	920	920	920	870	850	830
碳势 w(C)(%)	—	1.15	1.15	0.80	0.80	0.80
甲醇流量/(L/h)	2.0	2.0	2.0	2.0	2.0	2.0
氮气流量/(m^3/h)	2.2	2.2	2.2	2.2	2.2	5
天然气流量/(m^3/h)(自控)	—	0~2.5	0~2.5	0~1.0	0~1.0	4.5

305. 局部渗碳

仅对工件某一部分或某些区域进行的渗碳称为局部渗碳。此法操作灵活，成本低。

有些工件，由于有特殊要求（如渗碳后需要焊接或进一步机械加工等），只对局部进行渗碳。例如工件的局部（如螺纹、软花键槽和内孔等）需要保持原低碳低硬度状态，不允许渗碳的部位需要采取防渗碳措施，如采用电解镀铜（0.02~0.05mm厚）法、涂膏法、堵塞和遮掩法，或者渗碳后采用机械加工方法将局部渗碳层去掉。常用的防渗碳涂料的成分及其使用方法见表5-15。或者采用商品防渗碳涂料，如FC-108、FC-108A、FC-208、KC-13、FT-13、KT-128（高温防渗碳）、AC100、AC106（渗碳层深度>6mm，局部防渗）、AC128和AC200（螺纹及花键）等。防渗涂料可根据渗碳温度和渗碳层厚度等进行选用。防渗碳涂料应附着力强，渗碳后应易于清除，且对工件表面质量无有害影响。相关标准有JB/T 9199—2008《防渗涂料 技术条件》等。

表5-15 常用的防渗涂料的成分及其使用方法

成分(质量分数)	使用方法/用途
熟耐火砖粉40%+耐火黏土60%	混均后用水玻璃调配成干稠状，填入轴孔处并捣实，然后风干或低温烘干即可
玻璃粉(≤0.071mm)70%~80%+滑石粉30%~20%+水玻璃适量	涂层厚度约为0.5~2mm，涂覆后经130~150℃烘干
硅砂85%~90%+硼砂1.5%~2% +滑石粉10%~15%	用水玻璃调匀后使用
氧化硅48%+碳化硅20.5%+氧化铜6.8%+硅酸钾8.2%+水16.5%	涂层厚度为0.1~0.3mm，适用于900~950℃气体渗碳的防渗
氧化铝29.6%+氧化硅22.2%+碳化硅22.2%+硅酸钾7.4%+水18.6%	涂料呈白色，密度为2.25g/cm^3。适用于1000~1300℃高温渗碳时防渗

机加工去除局部渗碳层的工序应在淬火之前进行。这种方法一般仅限于特定情况和对渗碳层深度小于1.3mm的工件进行处理。

306. 二重渗碳

二重渗碳是指进行两次渗碳的热处理工艺，其目的是为了较多地改善工件表面的耐磨性。此法能将工件表面的碳的质量分数提高到1.2%~1.7%。淬火后在马氏体硬化层内增添粒状碳化物。

对于不同部位要求不同渗碳层深度的工件，也可采用这种工艺达到其要求，即差值渗碳，具体方法如下。

（1）渗碳层深度相差不大的工件　对渗碳层要求较深的部位进行高浓度渗碳，其余部位涂覆防渗涂料（或镀铜）进行保护，或预留余量并在第一次渗碳后将其车削加工掉。对经高浓度渗碳的部位涂覆防渗涂料（或镀铜）保护并进行第二次渗碳，以满足渗碳层浅的部位的渗碳要求。与此同时，高浓度渗碳部位的碳向内部扩散，而相应增大了渗碳层深度和降低了表面的碳含量。

（2）渗碳层深度相差较大的工件　对要求深渗碳层的部位进行低浓度渗碳，而对要求浅渗碳层的部位涂覆防渗碳涂料（或镀铜）进行保护，或预留余量并在第一次渗碳后车削掉。然后对整个工件进行第二次渗碳。以第一、二次渗碳层的总和作为深渗碳层部位的渗碳要求，而以第二次渗碳来满足浅渗碳层部位的渗碳要求。此工艺易在深渗碳层部位产生高的碳含量和较多的游离碳化物，为了防止这种缺陷，要求严格控制炉温、炉气成分和渗碳保温时间等工艺参数。

英国的罗尔斯-罗伊斯公司、法国的透博梅卡公司和意大利的菲亚特航空公司的二重渗碳都使用了第二种工艺方法。

307. 真空渗碳

真空渗碳（也称低压渗碳）是在真空炉中进行的一种高温气体渗碳工艺。由于渗碳温度较高（950~1100℃），真空对工件表面又有净化作用，有利于碳原子被工件表面的吸附，加速渗碳过程，使渗碳时间显著缩短到一般气体渗碳时间的1/3~1/2，而且对于不通孔、深孔和狭缝的零件，或不锈钢、含硅钢等普通气体渗碳效果不佳甚至难以渗碳的零件，真空渗碳都可获得良好的渗碳层。真空渗碳层均匀性好，表面无氧化、无脱碳现象，且具有畸变小、耗气量小、节省能源等优点。广泛用于汽车、摩托车以及航空等行业。相关标准有 JB/T 11078—2011《钢件真空渗碳淬火》等。

真空渗碳常见的工艺方式有一段式、脉冲式和摆动式等。对渗碳质量要求较严时，可采用脉动式或摆动式的渗碳工艺。

真空渗碳温度一般在 920~1050℃，对易产生畸变、细孔内表面的工件渗碳及碳氮共渗宜采用低于 900℃ 的渗碳温度。真空渗碳介质多采用丙烷、甲烷、乙炔、乙炔、乙烯和丙烯等。其中，乙炔比丙烷和乙烯具有更强的渗碳能力。

不同形状、不同要求的工件，应采用不同温度和不同工艺方式的真空渗碳工艺，见表 5-16。

表 5-16　不同类型工件的真空渗碳工艺

温度范围	工件形状特点	渗碳层深度	工件类别	渗碳介质
1040℃（高温）	较简单、畸变要求不严格	深	凸轮、轴、齿轮	CH_4、$C_3H_8+N_2$
980℃（中温）	一般	一般	—	C_3H_8、$C_3H_8+N_2$
980℃以下	形状复杂、畸变要求严，渗碳层要求均匀	较浅	柴油机喷油嘴等	C_3H_8、$C_3H_8+N_2$

真空度的选择：起始、渗碳期和扩散期的真空度分别为 1.33～0.133Pa、4×10^4Pa 和 13.3Pa 左右。

真空渗碳后淬火主要有高压气淬（包括真空渗碳分级气淬，分级温度为 180～200℃）、油淬火和缓冷后二次加热淬火。

真空渗碳可使 65Cr4W3Mo2VNb（65Nb）钢制冷挤压模和冲模的使用寿命提高 1～5 倍，见表 5-17。

表 5-17　不同热处理后的挑丝连杆冷挤压模的使用寿命

材料及热处理方法	寿命/件	失效原因
Cr12MoV 钢，淬火、回火	4000	破裂并凹陷
65Nb 钢真空淬火、回火	12000	内孔超差并凹陷
65Nb 钢真空渗碳淬火、回火	30000	磨损

308. 一段式真空渗碳

一段式真空渗碳工艺曲线如图 5-11所示。此工艺实施时，当炉温达到渗碳温度后，应保温一段时间（按 25mm/h 计算），以使工件各部位以及炉内各工件达到同一温度。均热结束后仍保持炉温不变并连续向炉内通入甲烷或丙烷等渗碳介质进行渗碳。使用甲烷和丙烷时炉内压力分别为 27～45kPa 和 13.3～23kPa。当渗碳层深度达到要求时，停止渗碳介质的供给，在真空条件下进行扩散。扩散处理后即可降温淬火，或经正火后再加热淬火与低温回火。一段式真空渗碳常用于轴类和齿轮类等零件的渗碳。

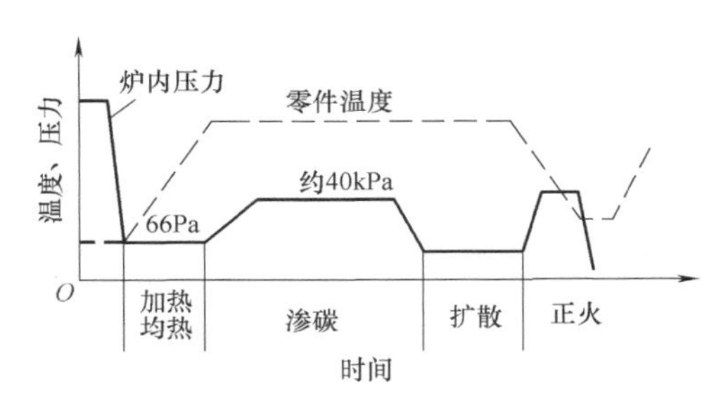

图 5-11　一段式真空渗碳工艺曲线

309. 脉冲式真空渗碳

在进行脉冲式真空渗碳时，将渗碳介质以脉冲形式送入真空炉内，即在均热结束后向炉内通入渗碳介质，在达到一定压力后（如对于甲烷约为 40×10^3Pa）停止渗碳介质供给，并停止抽真空，保持炉内压力不变，维持一定时间进行渗碳；然后抽真空，使炉内废气排出和得到较高的真空度（如 60Pa）。在这段时间内碳原子自工件表层向内层扩散。如此，送气、抽气交替进行（脉冲），工件的渗碳、扩散不断进行，直至渗碳过程结束。脉冲式真空渗碳工艺曲线如图 5-12 所示。

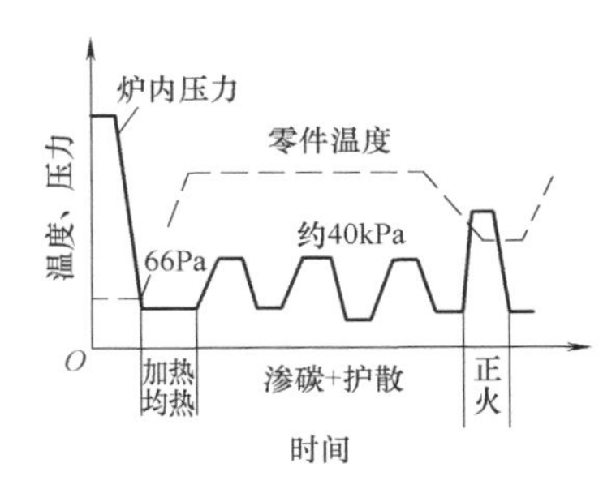

图 5-12　脉冲式真空渗碳工艺曲线

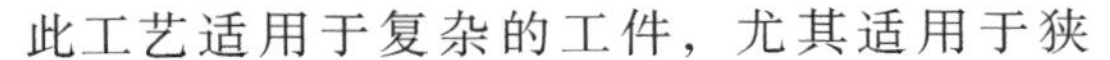

此工艺适用于复杂的工件，尤其适用于狭

缝、不通孔的内表面有渗碳层深度、浓度和均匀度要求的零件。

310. 摆动式真空渗碳

摆动式真空渗碳与脉冲式真空渗碳不同之处是在每个周期的低压抽气段，并不把炉内渗碳气体全部抽出（压力维持在约600Pa），在此阶段工件仍在渗碳。因而渗碳后需进行扩散处理，然后再进行淬火与低温回火。摆动式真空渗碳的工艺曲线如图5-13所示。适用于轴类和齿轮类等零件的渗碳热处理。

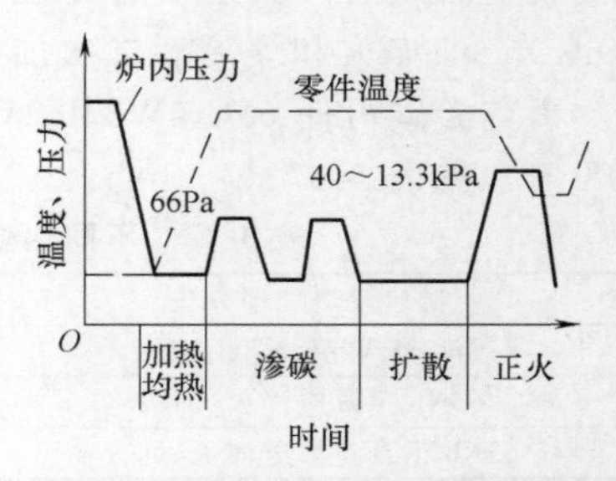

图5-13 摆动式真空渗碳工艺曲线

311. 真空离子渗碳

真空离子渗碳是在低于1×10^5Pa（通常为10^{-1}~10Pa）的渗碳气氛中，利用工件（阴极）和阳极之间产生的等离子体进行的渗碳。离子渗碳也称作等离子体渗碳。

目前离子渗碳使用的气体有：用中性气体（氩气或氮气）稀释的丙烷+丁烷渗碳气体、甲烷+氩气（稀释气）混合气体、乙醇+甲醇混合气体、高纯度甲烷或丙烷等。离子渗碳温度为900~950℃，并在0.13~2.60Pa压力下进行渗碳，电流密度在0.2~2.6A/cm^2之间选择。离子渗碳的周期包括抽真空→加热→渗碳→扩散→预冷到淬火温度或冷却至临界点以下再重新加热到淬火温度，以及保温后高压气淬或淬油等阶段。离子渗碳具有渗碳速度快（渗碳时间约为常规气体渗碳的1/2）、渗碳质量好（渗碳层深度深，表层碳含量高，表层组织改善，性能提高）、工件畸变小、表面质量好（无氧化，无脱碳，表面光洁）以及节能降耗等优点。

常见离子渗碳工艺有恒压离子渗碳和脉冲离子渗碳，前者用于结构简单、曲率变化不大、无沟槽与深孔的工件，其工艺曲线如图5-14所示；后者用于有沟槽、深孔、曲率变化大和结构复杂的工件，其工艺曲线如图5-15所示。

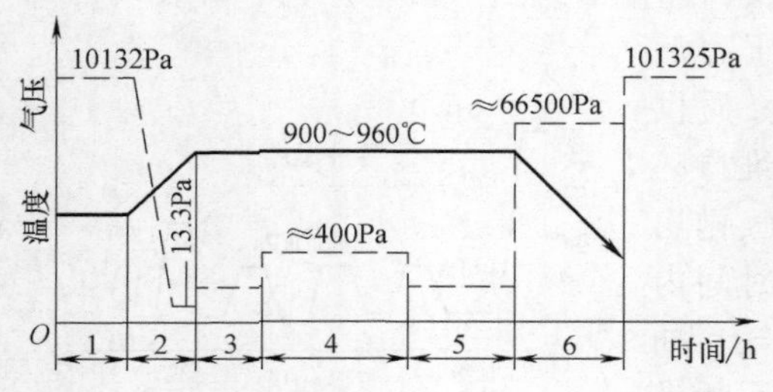

图5-14 恒压离子渗碳工艺曲线
1—排气 2—升温 3—净化 4—渗碳 5—扩散 6—冷却

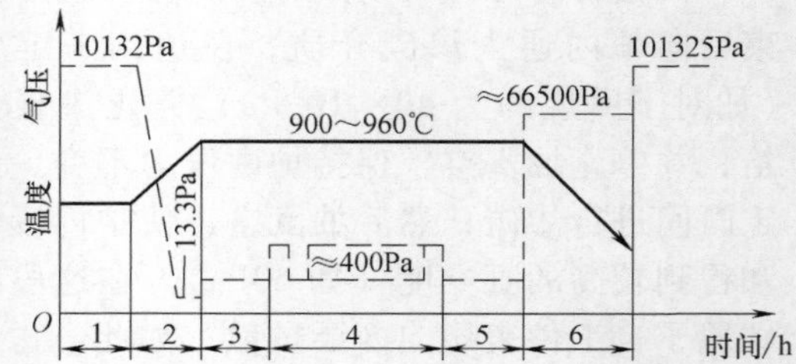

图5-15 脉冲离子渗碳工艺曲线
1—排气 2—升温 3—净化 4—渗碳 5—扩散 6—冷却

真空离子渗碳应用于20CrMnTi和20Cr等钢制齿轮，效果良好。与其他渗碳方法的主要技术指标的对比见表5-18。由表中数值可见，真空离子渗碳具有渗速快、效率高、耗能少和成本低等优点。

表5-18 20CrMnTi钢不同渗碳方法主要技术指标的对比

项目	在离子渗氮炉中进行离子渗碳	气体渗碳	真空渗碳	有外热源的离子渗碳
渗碳速度(920~940℃,渗碳层深度1mm)/h	1.5~2	≥8	4.0	3.5
渗碳效率(扩散渗入碳量/渗碳剂耗碳量)(%)	>55	5~20	47	55
直接耗电量/(kW·h/kg)	0.6~0.8	2.4	1.5	1.1
耗气量(以炉内压力为准)/L	5~15	≥760	150~375	15~20
生产成本比值(气体渗碳为1)	0.3	1	0.8	0.5

312. 高温离子渗碳

高温离子渗碳是将渗碳温度提高到1000℃以上，从而大大提高渗碳速度，获得较深的渗碳层，将渗碳周期缩短至常规气体渗碳的1/4~1/3，从而节约能源。

例如，对20Cr2Ni4、20CrNi2Mo、20CrMnTi、15CrNi3Mo和17CrNiMo6等钢进行1050℃高温离子渗碳，电流密度为0.25~0.50mA/cm^2，渗碳介质N_2：C_3H_8=860：140（mL），炉压为267~533Pa；渗入时间：扩散时间=1：1，不同渗入时间所得的渗碳层深度见表5-19。与表5-18中的数据相比，可见渗入速度显著增大。

表5-19 不同钢材不同渗入时间高温离子渗碳的渗碳层深度 （单位：mm）

牌号	1050℃×1h	1050℃×2h	1050℃×4h	1050℃×8h	1050℃×16h
20Cr2Ni4A	0.80	1.47	2.02	3.11	5.20
20CrNi2Mo	0.73	1.50	2.08	3.23	5.28
20CrMnTi	0.74	1.62	2.08	3.32	5.32
20CrMnMo	0.76	1.48	2.05	3.22	5.20
17CrNiMo6	0.82	1.52	2.13	3.18	—

高温处理易使钢的晶粒长大，将会导致力学性能的降低。对此，可在高温离子渗碳过程中或之后进行循环热处理，即将工件从渗碳温度（如1050℃）气冷至临界点之下，再加热至临界点之上；如此往复循环2~3次，可控制钢晶粒的长大，并显著提高渗碳件的冲击韧性和疲劳强度。

这种工艺用于大型轴承滚珠（20Cr2Ni4A钢）和20CrMnTi钢重载齿轮等产品可获得较好的使用效果。例如，20Cr2Ni4A钢制2G77188型轴承，外径为630mm，每套轴承装有110个滚柱，该滚柱为圆台形，高度为60.6mm，1/3处高度处的直径为48.6mm，要求渗碳层深度为4.0~4.5mm。原采用930℃气体渗碳工艺，渗碳工艺周期长达80~100h，能耗大、成本高、畸变大。

高温离子渗碳采用离子渗碳炉。渗碳剂主要是CH_4和C_3H_8等，并通入H_2或N_2稀释。其工艺过程如下：1050℃的真空条件下离子渗碳18h；进行循环热处理，其工艺如图5-16所示。

经上述处理后，滚柱表面硬度为 61~63HRC，渗碳层深度为 4.2mm，无晶界氧化，表面硬度>62.5HRC。原工艺周期为 80~100h，而高温离子渗碳工艺周期为 20h。

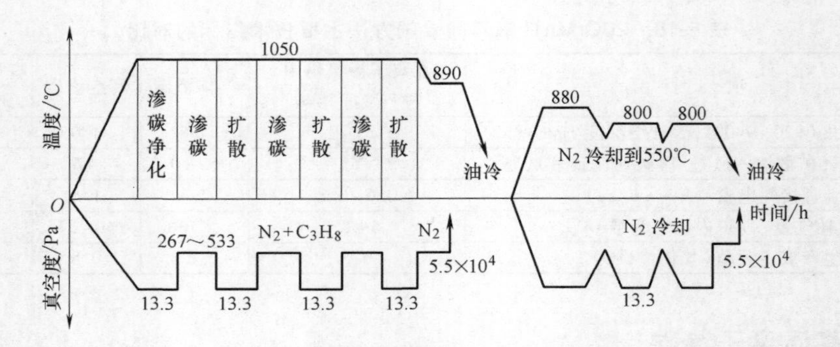

图 5-16　高温离子渗碳工艺曲线

313. 脉冲式气体渗碳

脉冲式气体渗碳可以增加工件表面与内部渗碳浓度差，有利于提高活性碳原子的运动速度，增加活性碳原子在渗碳工件内部的扩散速度，具有渗碳速度快、工艺稳定性高、可控性强和生产效率高等优点，并能获得平缓的渗碳层碳浓度梯度、硬度梯度和渗碳层组织，有利于提高工件的内在质量和使用寿命。

例如，汽车主动弧齿锥齿轮（22CrMoH 钢），模数为 10mm，渗碳设备采用 UBE-1000 型可控气氛密封箱式多用炉，渗碳剂采用甲醇和丙烷，流量分别为 2200ml/h 和 4~6L/min，渗碳温度为 910~930℃，淬火温度为 820~840℃，脉冲式气体渗碳工艺如图 5-17 所示。图中 a 为升温排气阶段，b 为渗碳扩散阶段，c 为降温阶段，d 为预冷淬火保温阶段，e 为淬火阶段；C_{p0} 为开始时碳势，C_{p1} 为渗碳碳势，C_{p2} 为扩散碳势；渗碳和扩散总时间为 330min（传统时间为 390min）。经该工艺处理后，有效硬化层深度为 1.2mm，碳化物为 2~4 级，马氏体与残留奥氏体为 4 级，表面与心部硬度分别为 59~60HRC 和 34~40HRC。

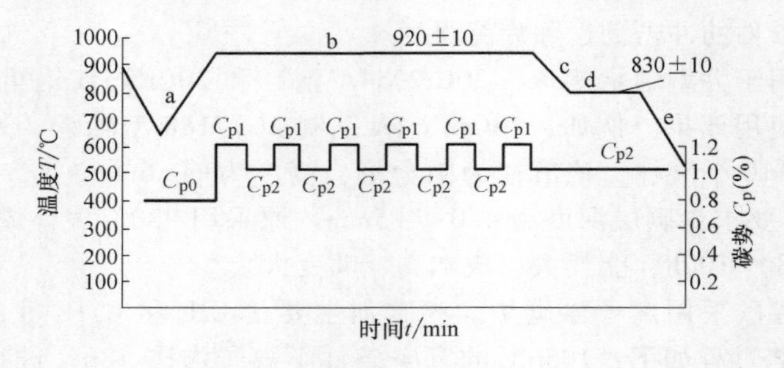

图 5-17　脉冲式气体渗碳工艺曲线

314. 流态床渗碳

流态床渗碳，又称流态粒子炉渗碳，其是在含碳的流态床中进行的渗碳。

流态床渗碳是利用流态床（多是燃气直接加热式流态床）对工件进行加热，通过通入空气和碳氢化合物气体（如丙烷和天然气）或利用可供碳的固体微粒如炭粉和石墨粉等进行的渗碳。流态床渗碳速度比普通气体渗碳快约3~5倍。950℃渗碳1h，可获得0.8~0.9mm渗碳层深度。这是由于流态床传热速度快，刚玉砂等对渗碳工件表面不断冲刷不仅可以防止炭黑形成，还能使碳更有效地传输给工件表面，且工件表面被刚玉砂撞击得以活化，从而使渗碳速度得以成倍提高。

常用流态床按流态炉的类型可分为内燃式、电极式和外热式三种。与气体渗碳相比，流态床渗碳具有以下特点：①加热速度和渗碳速度快，生产效率高；②流动颗粒对工件表面的冲刷，使工件表面不会产生炭黑，可进行高碳势渗碳；③炉温均匀，气氛均匀，渗碳层均匀；④操作方便，渗碳后可直接淬火；⑤换气速度快，可以进行多种工艺组合。

例如，将石墨粒子流态床用于纺织机器零件的渗碳淬火，将适量的催化剂$BaCO_3$加入石墨粒子中，在930~950℃炉温中，保温2~3h，渗碳层深度可达0.8~1.2mm，其渗碳速度超过了气体渗碳。

315. 流态床高温渗碳

当石墨粒子流态床温度在960℃以上时，炉内介质具有较强的还原性质，并有大量活性碳原子，可供工件渗碳用。使用流态床进行高温渗碳，工艺周期短，适用于单件、平板状工件及修复渗碳等。

例如，对6mm厚的低碳钢板进行了流态床高温渗碳。渗碳温度为980~1030℃，渗碳时间为20min，达到单面渗入0.50~0.60mm的渗碳层。渗碳层中过共析层深度≥0.10mm，共析层深度≥0.24mm。

由于流态床高温渗碳温度高，晶粒显著长大，所以渗碳后先对工件进行正火处理，以细化晶粒，然后再淬火和低温回火。

内燃式流动粒子床高温渗碳：利用空气和碳氢化合物（甲烷、丙烷气）的混合气体，既作为热源，又作为流动气体和渗碳气氛，是一种既经济又节能的好方法。

内燃式流动粒子床高温渗碳具有如下优点：①升温快，1~2h可达渗碳（或碳氮共渗）温度，开炉停炉方便；②经950℃×2h的处理可获得1mm的渗碳层，比一般气体渗碳层深度提高4~5倍，显著缩短了渗碳时间；③可精确控制碳势，从而节省了渗碳气体的消耗；④采用975~1000℃高温渗碳时，丙烷气：空气=1：4~1：4.5，可以获得最佳效果。

316. 激光渗碳

与传统的气体渗碳或固体渗碳相比，激光渗碳突出的优点是工艺时间非常短，可精确简便地控制工件的渗碳部位。

与常规金属表面处理方法相比，激光渗碳具有以下优点：①依靠基体自身冷却，不需要淬火冷却介质，工件畸变小；②可对工件任何部位选区进行处理；③加热、冷却速度极快，处理周期短，生产效率高，节省能源；④清洁无污染，且较易实现自动化生产，可在金属表面形成具有优异的物理和化学性能的合金层，从而提高表面性能。

1）在丙烷+丁烷+氩气的气氛中，对20钢和12CrNi3钢进行脉冲激光渗碳，只需2~3ms即可同时完成渗碳和淬火，因而不需后期热处理。

2）如果工件适合用石墨粉膏剂进行局部渗碳，采用激光渗碳比气体渗碳更为简便，只需将石墨粉膏剂（渗碳介质）涂覆在零件需渗碳的部位，即可进行激光渗碳。

317. 稀土催渗碳

在稀土气体渗碳中，常采用稀土化合物或混合稀土化合物作为供稀土剂。如氯化稀土、氟化稀土、碳酸稀土、稀土氧化物和稀土氮化物等。稀土元素最常用的是镧（La）和铈（Ce），或以它们为主的混合物。

由于稀土元素的催渗作用除可使渗碳速度加快（20%~30%，见表5-20）、缩短渗碳时间和节约电能（达25%~35%）外，还可以降低渗碳温度（如930℃→860℃），这对获得细晶组织、减少工件畸变有利。由于稀土元素的微合金化作用和改善渗碳层组织的效果，经稀土改性的渗碳层，在表面硬度、硬度分布、渗碳层的摩擦磨损性能、接触疲劳强度，乃至材料心部的强韧性等多方面的性能都得到了较大的提高。

稀土元素的选用和添加量应根据渗碳钢种和渗碳工艺条件而定。催渗碳存在最佳的加入量范围，应针对不同材料和设备加以调整。通常渗碳初期应保持高于常规渗碳的碳势，选择较低的渗碳温度及扩散温度以利于碳化物的析出。

稀土加入量有一最佳值，见表5-21。表中数值依据的试验条件为10钢，920℃气体渗碳，渗剂为煤油及稀土。当每1000mL煤油中加入10g稀土时，催渗效果较优。

表5-20 稀土催渗碳的效果

保温时间/h	稀土催渗/mm	未催渗/mm	渗碳层增厚(%)
10钢930℃渗碳			
1	0.45	0.35	28.8
3	0.95	0.70	35.7
5	1.35	1.10	22.7
7	1.55	1.30	19.2
20CrMnTi钢880℃渗碳			
3	1.33	0.93	21.4
5	1.84	1.49	23.3
7	2.00	1.73	15.1

表 5-21 稀土加入量对渗碳层深度的影响

渗碳剂中稀土含量/(g/L)	0	2.00	4.00	6.60	10.00
渗碳层深度/mm	0.299	0.398	0.498	0.585	0.592

318. 连续炉稀土催渗碳

连续式渗碳炉适用于大批量工件的渗碳热处理生产。在连续炉渗碳介质中加入适量稀土催渗剂可显著提高渗碳速度，缩短渗碳工艺周期。

例如，材料为20CrMnTiH3钢的CA-457型“解放”牌重载汽车后桥从动弧齿锥齿轮，外形尺寸为ϕ457mm×62mm，渗碳淬硬层深度要求在1.70~2.10mm之间。齿轮渗碳淬火及回火采用双排连续式渗碳自动生产线，每盘装6件齿轮，其工艺路线为：450~500℃预处理→880~900℃预热（1区）→920~925℃预渗碳（2区）→925~930℃渗碳（3区）→890~910℃扩散（4区）→840~850℃预冷（5区）→870℃保温室压床淬火→60~70℃清洗→180℃×6h回火→喷丸清理→交检。

原渗碳工艺（未加稀土）与稀土渗碳工艺参数对比见表5-22。通过表5-22可以看出，采用稀土渗碳工艺后，推料周期由原工艺的38min缩短至30min，每一盘齿轮在炉内的加热时间减少6h，提高渗碳速度20%左右。

表 5-22 原渗碳工艺与稀土渗碳工艺参数对比

工　艺	原渗碳工艺/稀土渗碳工艺				
加热区段	1	2	3	4	5
炉温/℃	880/880	920/920	930/930	900/890	860/860
设定碳势 w(C)(%)	—	1.05/1.25	1.20/1.30	1.05~1.10/ 1.00~1.05	0.95~1.00/ 0.95~1.00
甲醇流量/(mL/min)	20/0	20/20	20/20	25/20	30/0
稀土甲醇流量/(mL/min)	0/0	0/20	0/30	0/10	0/0
氮气流量/(m^3/h)	1.2/2	1.4/2	1.6/2	1.8/2	2.0/3
丙烷气流量/(m^3/h)	0/0	0.3/0.5	0.4/0.4	0/0.05	0/0
推料周期/min	38/30				

注：表中“/”前后数值分别为原渗碳工艺和稀土渗碳工艺参数。

319. 20Cr2Ni4A钢的稀土渗碳直接淬火

对含镍量较高的低碳合金结构钢（如20CrNi3、20Cr2Ni4A和18CrNiMo7-6钢等），以及非本质细晶粒钢（如20Cr、20CrMnMo和20MnVB钢等），通常采用渗碳后二次加热淬火，以达到技术要求。近年来，通过采用渗碳-亚温直接淬火工艺[即渗碳后炉冷至不低于Ar_1的温度（740~760℃）进行直接淬火]，以及稀土渗碳工艺等可以实现渗碳后直接淬火，既减少了工件畸变和氧化脱碳的倾向，又获得了明显的节能效果。

例如，20Cr2Ni4A钢由于含镍量较高，渗碳层奥氏体十分稳定，无法实现渗碳后直接淬火，而需要经过复杂的热处理（即920℃渗碳，空冷+650~680℃高温回火+820℃加热淬火+180℃低温回火）。不仅工艺周期长、工序多，而且热处理后工件畸变大。其工艺如图5-18所示。

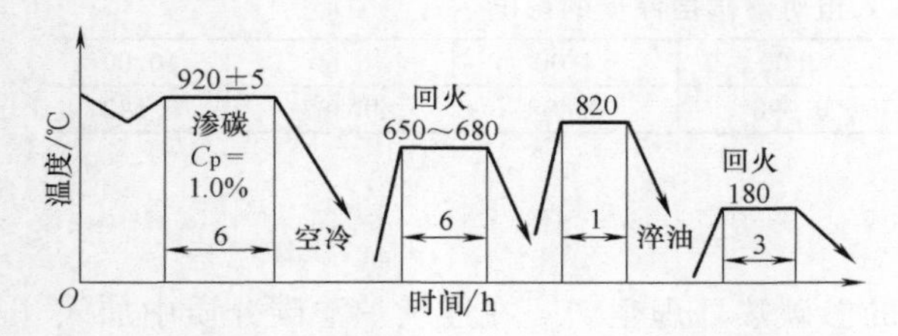

图 5-18　常规渗碳工艺曲线

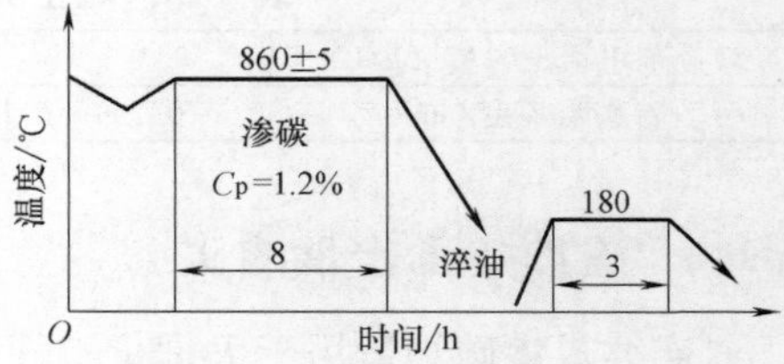

图 5-19　稀土渗碳直接淬火工艺曲线

稀土渗碳直接淬火工艺采用105kW井式气体渗碳炉，配有红外线CO_2仪监测炉内碳势。滴注式可控气氛渗碳使用的渗碳剂为煤油，稀释剂为甲醇，其中溶入稀土催渗剂。如图5-19所示为稀土渗碳直接淬火工艺。

20Cr2Ni4A钢经此工艺处理后，获得的马氏体为隐晶状，冲击韧度性于常规渗碳工艺。由于表层过共析区沉淀析出大量细小弥散颗粒状碳化物，使奥氏体的稳定性大幅度下降，从而实现了渗碳后直接淬火，使热处理工艺大为简化，显著缩短了工艺周期，节约能耗。

320. 稀土低温渗碳

稀土低温渗碳是在滴注式气体渗碳时向煤油等渗碳剂中加入稀土，由于稀土元素的催渗作用，可将渗碳温度降低50~70℃的渗碳热处理方法。

例如，内燃机活塞销，材料为20钢或20Cr、20Mn钢，原采用930℃渗碳空冷后，在盐浴炉中进行二次加热淬火，因工序多，故能耗大，工件畸变大。对此，采用稀土低温渗碳直接淬火工艺（新工艺），渗碳温度为860~880℃，平均渗碳速度为0.15mm/h。原工艺周期为10~12h，而新工艺周期为8~9h，且工件疲劳寿命提高2.1倍（与原工艺相比）。

又例如，在井式炉中对20CrMnMo钢进行稀土低温渗碳，介质为煤油及适量稀土，在获得渗碳层深度为1.40±0.05mm时，渗碳条件见表5-23。渗碳结果表明：①与相同温度的普通渗碳相比，稀土低温渗碳的速度提高了约30%，可节电约20%~30%；②渗碳层具有细粒状碳化物、细片或隐晶马氏体组织，其耐磨性、弯曲疲劳强度、齿轮的台架寿命均有明显提高；③渗碳工件畸变显著减小。

表5-23　稀土低温渗碳工艺

渗碳工艺	淬火和回火工艺
920℃×7h普通渗碳，碳势w(C)1.0%	降至860℃×1h出炉油淬，180℃×3h回火
860℃×12h加稀土渗碳，碳势w(C)1.1%	860℃出炉直接油淬，180℃×3h回火
860℃×10h加稀土渗碳，碳势w(C)1.5%	
860℃×10h加稀土渗碳，碳势w(C)1.6%	

321. 稀土催渗高浓度气体渗碳

高浓度渗碳是指在高的炉气碳势下，使渗入钢中的碳超过或远远超过渗碳温度下该钢的奥氏体饱和浓度，从而沉淀析出碳化物的渗碳工艺。

稀土催渗高浓度气体渗碳，在采用稀土渗剂时需要对渗碳碳势进行适当的调整，在强渗期碳势采用较高碳势［如 $w(\mathrm{C})=1.25\%\sim1.30\%$］的条件下，可很好地发挥稀土渗剂的催渗功能，提高渗碳速度约30%，并能得到良好的金相组织，从而明显提高耐磨性、抗黏着磨损性、冲击韧性、接触和弯曲疲劳性能。

例如，20CrMnTi钢制两种推土机变速箱齿轮，模数分别为7mm和5mm，要求渗碳层深度分别为1.3~1.8mm和1.0~1.5mm。原采用75kW井式渗碳炉，进行920℃气体渗碳，齿轮畸变大，能耗高，显微组织偏差。采用860℃稀土催渗的高浓度气体渗碳方法，获得的渗碳层深度与920℃的相当，显微组织得到改善，齿轮畸变减小。

刘志儒等采用稀土催渗的高浓度气体渗碳方法和（860±5）℃×8h（气氛碳势为1.2%）油淬工艺，得到了含大量细小弥散颗粒碳化物的渗碳层，表面硬度高于1000HV0.1，具有高耐磨性，试样的冲击韧性高于常规渗碳工艺。

322. 碳化物弥散强化渗碳（CD渗碳）

碳化物弥散强化渗碳（Carbide Dispersion Carburizing，简称CD渗碳），是使渗碳表层获得细小分散碳化物以提高工件服役能力的渗碳。因此，该工艺特点就是在工件表层获得细小弥散碳化物，以提高渗碳层强度。

碳化物弥散渗碳通常采用含有适当数量Cr、Mo和V等强碳化物形成元素以及 $w(\mathrm{Si})<1\%$ 的钢，渗碳后渗碳层的碳化物尺寸<0.5μm，可获得高强度、高韧性（心部）和高耐磨性（渗碳层）等优异的综合性能。适用于冷作模具和要求高强度抗冲击的耐磨结构件，以及高负荷齿轮、汽车发动机零件、无阀连杆、轴承和齿条等。

例如，4Cr5MoSiV1钢含有较多的Cr、Mo、V等碳化物形成元素和 $w(\mathrm{Si})$ 约为1%的Si元素，完全满足CD渗碳的要求。采用930℃×6h气体渗碳，渗碳剂为乙酸乙酯或丙酮等；1000℃淬油，200℃回火。碳势控制在0.8%~0.9%（质量分数），渗碳层碳的质量分数达1.8%，淬火回火后硬度为62~63HRC，心部硬度为53HRC，冲击韧度 a_K 为49J/cm^2，金相组织为在回火马氏体基体上弥散分布的微细碳化物 $(\mathrm{Cr},\mathrm{Fe})_7\mathrm{C}_3$。具有优异的高强度、高韧性、高耐磨性和抗咬合性能。4Cr5MoSiV1钢制冲头，加工薄板时，使用寿命比Cr12MoV钢提高了5.7倍。

323. 高浓度渗碳

常规渗碳件表面的碳的质量分数一般为0.8%~1.0%。为此，要求将渗碳工件表面碳的质量分数超过此范围的渗碳热处理称为高浓度渗碳。有些场合，渗碳工件的表面碳的质量分数可高达2%~4%。

高浓度渗碳工件的性能特征：渗碳层硬度高，一般低合金钢的高浓度渗碳表面渗碳层硬度达1000HV0.1左右或以上；显著提高耐磨性；具有高的疲劳强度；渗碳层表面具有明显优于一般渗碳的耐回火性；具有高的高温硬度等。

高浓度渗碳适用于非合金钢、合金钢或要求耐磨的模具钢等。为了获得理想的细粒状、粒状及层状碳化物，要求渗碳钢必须含有一定的强碳化物形成元素，以$w(Cr)=2\%$左右为佳，同时可含有一定量的W、V、Mo等元素。因此，3Cr2W8V、GCr15和100Cr6（德国钢，相当于GCr15）等钢均为理想的高浓度渗碳钢，高速钢工具钢（如W18Cr4V和W6Mo5Cr4V2）同样适用。

国内实施的高浓度渗碳工艺，一般采用在$Ac_1\sim Ac_3$（亚共析钢）或$Ac_1\sim Ac_{cm}$（过共析钢）之间的温度下进行。工件表面均处于［$\gamma+(Fe, Cr, Mo)_3C$］两相区，以便形成细小、均匀的合金渗碳体颗粒，并保持不聚集长大的状态。有的采用循环加热渗碳工艺，有利于形成细小球形颗粒。其渗碳气氛下的碳势高于渗碳温度下奥氏体的饱和碳浓度值。

目前一般认为，在交变负荷下工作的机械零件，采用高浓度渗碳，使零件的表面碳的质量分数在1.2%左右。过低的碳的质量分数会造成表面的耐磨性不足，反之会因淬火后表面的碳化物及残留奥氏体过多而降低钢的力学性能。对于承受剧烈磨损的模具（如GCr15钢制冲模）和重载齿轮等工件，采用在920℃下渗碳30~40h，将表面的碳的质量分数提高到2.5%~3.0%，大大提高了工件的耐磨性和使用寿命。因此，对于要求高耐磨性的工件，可部分替代高合金钢。

324. 过饱和渗碳

过饱和渗碳又称为过度渗碳，其属于高浓度渗碳的范畴，$w(C)$的范围为：1.8%~2.2%、2.0%~2.4%、2.4%~2.8%和3.0%以上。已应用于含有适量Cr和Mo的（美国）4118、5120、8620、8720、8822和9310钢件上。高碳含量可通过各种常规渗碳方法，如固体渗碳、加富化气的吸热式气体渗碳等方法而获得。过饱和渗碳使淬火后渗碳层中组成物发生了变化，如表5-24所示为两种低合金钢过饱和渗碳与常规渗碳后组织组成物数量的对比。由于组织组成物数量的变化，导致渗碳层性能的优化，表现在以下几个方面：①提高了抗磨料磨损性能；②提高了齿轮、轴承类零件的接触疲劳强度；③提高了弯曲疲劳强度；④在过饱和渗碳后的淬火冷却过程中加入氨气，可提高抗擦伤性能。

表5-24 不同工艺渗碳后低合金钢中的组织组成物数量对比（体积分数）（%）

工艺 \ 组织组成物	马氏体	奥氏体	碳化物
常规渗碳	81	14	5
过饱和渗碳	65	10	25

从表5-24中可知，3种组织的成分发生了变化，导致其相应的性能不同，马氏体、残留奥氏体及碳化物的比例变化较大，由于碳化物的数量增加了4倍，因此提高了耐磨性能，而马氏体含量的降低对提高零件的抗拉强度和疲劳强度等性能有利。

325. 离子轰击过饱和渗碳

过饱和渗碳是指在高碳势气氛下对工件进行渗碳，其目的是在渗碳工件表面形成弥散的碳化物，以提高工件的耐磨性和疲劳强度。离子轰击能够加速渗剂向工件表面传递碳的速度，从而获得过饱和渗碳层，增大工件的耐磨性。

例如，对（法国 NF 标准）Z38CDV05、Z30C13 和 30CD12 等钢进行了离子轰击过饱和渗碳。渗碳在 TAM 真空炉中进行，炉膛尺寸为 ϕ350mm×600mm。其渗碳工艺参数为：电压为 340V，电流为 5A，压力为 650Pa，甲烷流量为 20L/h，氩气流量为 60L/h。渗碳后工件在真空中冷却。3h 渗碳后所得组织及渗碳层中碳化物的分布见表 5-25。从表 5-25 可知，离子轰击渗碳可使合金钢获得含有大量碳化物的渗碳层。当钢中 w（Cr）大于 5%时，可得到均匀分布的碳化物。

表 5-25　离子轰击渗碳后碳化物层深度及其形态

钢号	温度/℃	碳化物层深度/mm	渗碳层深度/mm	碳化物形态
30CD12	800	0.15	0.08	弥散分布
	1000	1.15	0.40	严重聚集并在晶界上呈片层状
Z38CDV05	800	0.50	0.05	弥散分布
	1000	1.00	0.30	聚集长大但分布均匀
Z30C13	900	0.25	0.25	密集分布在晶界上
	1000	0.80	0.50	聚集长大但分布均匀

326. 修复渗碳

修复渗碳工艺用于不良渗碳件的补救，可分为补碳和复碳两种类型。

1）补碳。补碳多应用于渗碳后质量不良的工件，这些渗碳件常因渗碳剂碳含量低，炉子漏气或冷却不当等原因，可能发生表面脱碳或渗碳层深度不足等现象。对此，可在渗碳炉中对工件重新进行渗碳（补碳）。

2）复碳。复碳是指工件由于某种原因脱碳后，为恢复初始碳含量而进行的渗碳。复碳应用于脱碳工件。其过程是经过渗碳使工件恢复表面碳含量。

参考文献［41］推荐的低温复碳工艺如图 5-20 所示。此工艺的特点为：在工艺的不同阶段，所用的气氛及其作用是不同的。第一，炉内气氛必须能防止工件进一步脱碳；第二，炉内气氛必须能够提供复碳所需的碳；第三，气氛要保证从工件的表面到心部建立稳定的碳含量（浓度梯度），以获得所需的碳含量（碳浓度）；第四，开始冷却阶段，炉内气氛必须能够维持工件表面适当碳含量。最后，气氛必须保证在冷却过程中不发生氧化与脱碳。

此复碳工艺已经应用于 w(C)= 0.6%～0.9%的非合金钢及低合金钢工件的复碳处理。

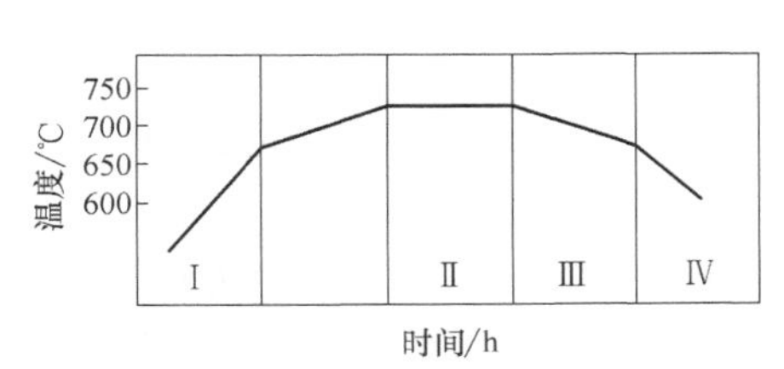

图 5-20　低温复碳工艺曲线
Ⅰ—保护气氛　Ⅱ—碳控制气氛
Ⅲ—中性气氛　Ⅳ—保护气氛

例如，5CrNiMo 钢制 ϕ220mm×88mm 模块和 GCr15 钢制 ϕ95mm 螺纹刀具的中温固体渗碳复碳工艺分别如图 5-21 和图 5-22 所示。使用木炭∶铸铁屑=1∶1，外加 $w(Na_2CO_3)$= 5%的固体渗碳剂。复碳处理后降温淬火和回火处理。

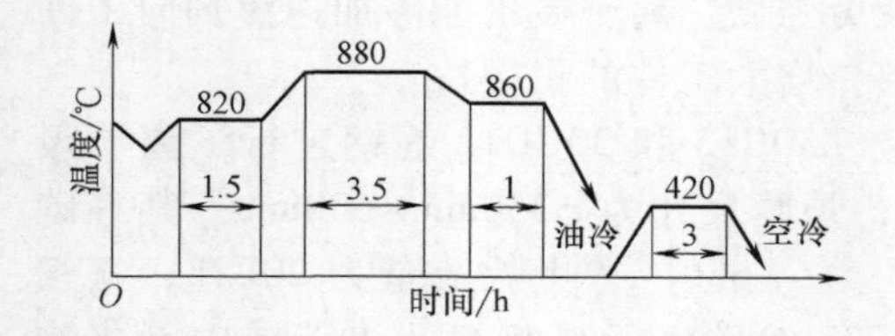

图 5-21　5CrNiMo 钢模块的复碳处理工艺曲线

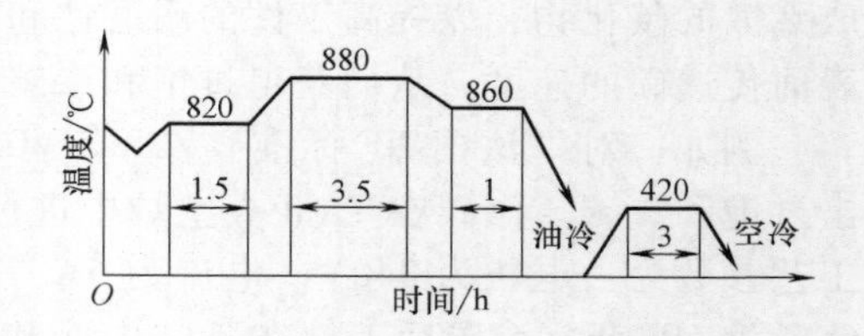

图 5-22　GCr15 钢制刀具的复碳处理工艺曲线

327. 薄层渗碳

工件渗碳淬火后，表面总硬化层深度或有效硬化层深度≤0.3mm 的渗碳，称为薄层渗碳。

薄层渗碳一般要借助于真空渗碳、离子渗碳和可控气氛渗碳等，或者使用液体渗碳、石墨流态粒子炉渗碳及底装料立式多用炉渗碳等。

薄层渗碳时间短，速度快。降低渗碳温度，适当减慢渗碳速度，有利于控制渗碳质量和渗碳层深度，且可降低工件畸变。采用二段碳势的变碳势渗碳有利于控制渗碳层深度与渗碳时间，强化工艺控制，提高渗碳质量。

对一些要求薄渗碳层（0.3~0.4mm）的渗碳件，不用加催化剂，只要在 930~950℃石墨粒子流态床中保温 40min 左右后直接淬火，即可满足要求。

例如，某厂薄层渗碳件材料为 20CrMnTi 钢，要求渗碳淬火后表面硬度为 664~766HV，渗碳层深度为 0.15~0.20mm。根据工件材料、渗碳层深度和表面硬度要求，底装料立式多用炉用 EASYTHERM 专家系统确定薄层渗碳工艺为：860℃渗碳 10min，碳势为 0.80%（质量分数），随后降温至 840℃直接油淬，180℃×4h 回火后空冷。工件渗碳层深度为 0.15~0.18mm，表面硬度为 690~748HV，渗碳层组织和心部组织级别为 1 级。

328. 深层渗碳

工件渗碳淬火后，表面总硬化层深度或有硬化层深度达 3mm 以上的渗碳，称为深层渗碳。其目的是增加工件表层的碳含量和达到一定的碳浓度梯度。主要用于大型成套产品重载零件的表层硬化处理。如采掘、破碎、起重运输、冶炼、连铸、轧制、锻压、水泥、航空、高速铁路及风电等大型装备中的关键零件。重载齿轮采用深层渗碳淬火、回火后，齿轮寿命提高 2 倍以上。

相关标准有 GB/T 28694—2012《深层渗碳　技术要求》等。

深层渗碳常用的 3 种工艺方法：工艺方法 1：渗碳→缓冷→球化退火→重新加热淬火→清洗→回火；工艺方法 2：渗碳→淬火→清洗→球化退火→重新加热淬火→清洗→回火；工艺方法 3：渗碳→淬火→清洗→回火。

根据深层渗碳工艺周期长、能耗高的特点，可采用高温渗碳工艺以缩短处理周期。

例如，20Cr2Ni4 及 20Cr2Mn2Mo 钢制的特大型轴承套圈和滚子的渗碳层深度要

表 5-26 不同尺寸的轴承套圈和滚子的渗碳层深度 （单位：mm）

尺寸/mm ＼ 零件名称	轴承套圈	轴承滚子
≤700	≥4.2	—
700～1000	≥4.7	—
>1000	≥5.0	—
≤50	—	≥3.5
50～80	—	≥4.0
>80	—	≥4.5

求见表 5-26；深层渗碳及热处理工艺如图 5-23 所示。

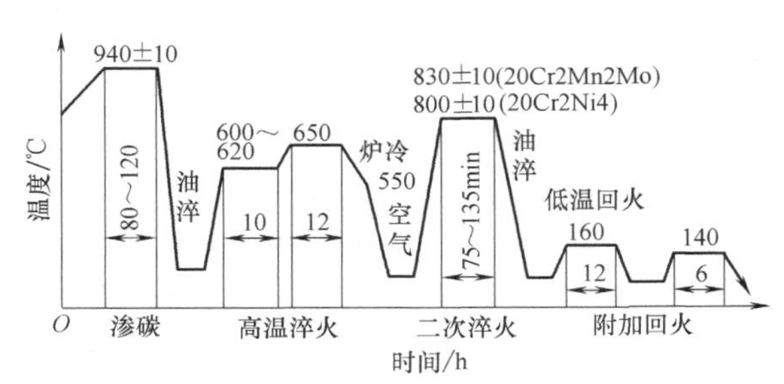

图 5-23 大型轴承深层渗碳及热处理工艺曲线

深层渗碳后采用空冷时，渗碳层组织为粗大碳化物、细网状碳化物、马氏体、托氏体及残留奥氏体。为防止过多地析出网状碳化物并使心部组织细化，渗碳后应采用油冷。当渗碳层碳含量过高时，应在炉内冷至 890℃出炉淬油。

淬油后经高温回火，使渗碳层组织转变为均匀的索氏体，为二次淬火准备好良好的原始组织，减小开裂的倾向，并能获得较低的硬度（22～28HRC），以便机械加工。经淬火及低温回火后表面硬度为 60～64HRC，心部硬度不低于 33HRC。在工件粗磨后再进行低温回火，以消除磨削应力。

329. 穿透渗碳

薄工件从表面至中心全部渗透的渗碳，称为穿透渗碳。

某些薄壁、强度要求较高，而且需经大量冷形变加工（如深拉伸、正反挤压等）的工件，可用塑性优良的低碳钢或低碳合金钢坯料进行压力加工，然后进行穿（渗）透渗碳而成为中碳或高碳钢工件。渗碳后按性能要求进行适当的淬火及回火处理，以获得较高的强度。

某些形状复杂且要求高弹性或高强度的工件，用高碳钢制造时加工困难，可用低碳钢冲压成形，然后进行穿透渗碳，以代替高碳钢，可以大大改进加工程序。

330. 中碳及高碳钢的渗碳

目前，渗碳工艺已应用于原始碳含量较高的钢种。在合金结构钢方面，渗碳前碳的质量分数已达 0.4%～0.6%。中碳及高碳钢制工件的渗碳，可有效地提高其表面硬度、耐磨性和抗摩擦性能等。

例如，40Cr 钢制齿轮和 55SiMoV 钢制牙轮钻，渗碳后表面碳的质量分数可达

1.0%。模具用钢 CrWMn、9SiCr 和 T10A 等，在 900~930℃下渗碳可使耐磨性大为提高。

又例如，W6Mo5Cr4V2 高速钢制冲模，经 900℃×10h 的固体渗碳并随炉冷却，表面因含有大量碳化物，硬度可达 700HV。经 900℃加热重新淬火及 200℃回火后，可使表面硬度提高到 1000HV 以上，同时含有残余压应力及游离石墨，抗摩擦性能得到改善，使模具工作寿命提高 2 倍以上。

331. 高速钢的低温渗碳

在保持较好的整体强韧性的前提下，对高速钢进行低温（Ar_1）渗碳（固体渗碳或气体渗碳），提高表层的碳含量，再采用正常的高温加热淬火、回火，可提高其硬度、热硬性，使刀具的使用寿命提高 1~3 倍。

例如，W6Mo5Cr4V2 和 W18Cr4V 高速钢，分别经 680~700℃×6h 和 730~750℃×6h 的低温装箱固体渗碳，与普通热处理相比，可使高速钢：①渗碳层表面碳的质量分数增多 0.13%左右，扩散层深度达 0.5~0.6mm；②淬火、回火后硬度达 65~68HRC，硬度增加 1.5~3HRC；③热硬性达 61.5~64HRC，提高了 1.5~3.0HRC；④钻头、铰刀、扩孔钻和丝锥等刀具的使用寿命得到大幅度提高，达 1.5~4.0 倍。

332. 不锈钢的低温渗碳

不锈钢渗碳（如离子渗碳）热处理，可在不降低其耐蚀性的前提下，大幅度提高其表面硬度和耐磨性。不锈钢渗碳与低碳钢和低合金钢渗碳不同，因为不锈钢表面有一层钝化膜，如果钝化膜不去除或去除不完全，容易出现无法渗碳或者渗碳层不均匀的现象。通常在渗碳前对不锈钢件的表面进行打磨与抛光预处理等。目前不锈钢渗碳常采用离子渗碳炉。

不锈钢经低温渗碳可获得具有高硬度、高耐磨性和优良耐蚀性的表面渗碳层。由于在渗碳温度低于 550℃时，碳扩散进入材料的表面，也会不出现 Cr 的碳化物沉淀，渗碳层脆性小，硬度梯度平缓。故奥氏体不锈钢的低温渗碳一般在低于 550℃下进行渗碳热处理。常用低温渗碳方法有离子渗碳法、常规气体渗碳法和盐浴渗碳法。

例如，常用丙烷作为离子渗碳气体，采用自制保温式多功能离子化学热处理炉，渗碳前表面经打磨与抛光预处理，AISI304 奥氏体不锈钢的低温离子渗碳工艺为：渗碳温度为 500℃，丙烷与氢气的体积比为 1∶30，氩气流量为 20ml/min，渗碳时间为 6h。其表面可获得单一的 Sc 相（碳在奥氏体晶格中的过饱和固溶体）组织，硬度高达 780HV0.05。

333. 不锈钢的高温渗碳

不锈钢低温渗碳周期长，而高温渗碳可显著缩短渗碳周期。如 06Cr19Ni10 不锈钢经 1050℃×50min 真空渗碳后的渗碳层深度为 0.2mm，硬度可达 700~800HV。

例如，14Cr17Ni2（旧牌号为1Cr17Ni2）不锈钢制连杆，渗碳后硬度要求为≥660HV10，渗碳层深度为0.35～0.60mm。采用双室真空渗碳炉，渗碳剂为乙炔。渗碳采用低压渗碳-真空扩散的脉冲方式，渗碳温度为980～1000℃，保温时间为80min，经氮气（压力为0.07MPa）冷却，然后在980～1000℃加热后油冷，进行-73℃×2h冷处理，再进行300℃×2h回火。表面硬度为735～760HV10，渗碳层深度为0.523～0.517mm，渗碳层组织分布均匀，尺寸细小，无网状碳化物，均达到技术要求。

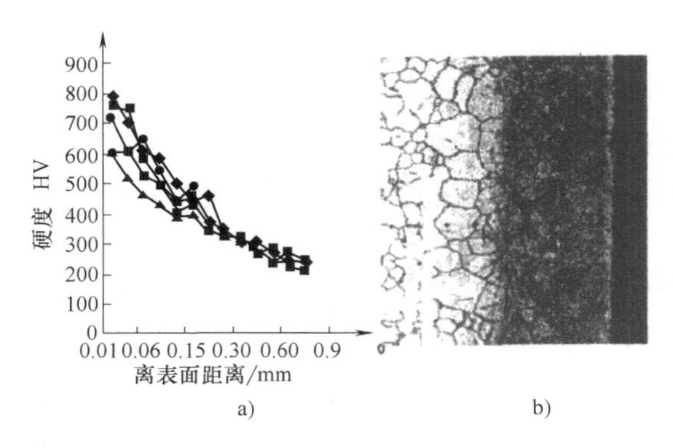

图5-24　SUS304不锈钢真空渗碳后的组织及硬度梯度曲线

a）硬度（HV）分布　b）显微组织

日本Inata提出不锈钢于1000～1050℃下采用乙炔在真空渗碳炉中进行渗碳，可使其表层获得高的碳浓度，从而具有高耐磨性。SUS304不锈钢（相当于06Cr19Ni10钢）于1050℃渗碳后的组织及硬度梯度曲线如图5-24所示，并应用于汽车零件上。

334. 微波渗碳

参考文献［50］介绍，美国Dana Corp公司开发了Atomplsa微波大气等离子加工工艺，在大气下引发和保持气体的等离子状态，在高度吸收微波（达95%）后使等离子体在数秒钟内达到1200℃高温，使被加工的零件达到工艺温度。与常规渗碳工艺相比可大大缩短工艺过程，甚至优于真空渗碳（见表5-27）。如图5-25所示为金属零件热处理和涂覆用微波大气等离子加工系统示意图。

Atomplsa微波大气等离子加工工艺，可使热处理工艺实现快速加热、更精确地控制加热和达到更高温度，从而缩短工艺周期并减少能耗，比电热辐射可降低30%的成本。已商品化的微波渗碳技术还可以控制残留奥氏体量，获得细晶粒组织。用AISI8620钢（相当于20CrNiMo钢）齿轮进行的渗碳试验表明，微波渗碳的周期和渗碳层深度都比真空渗碳的效果好（见表5-27）。

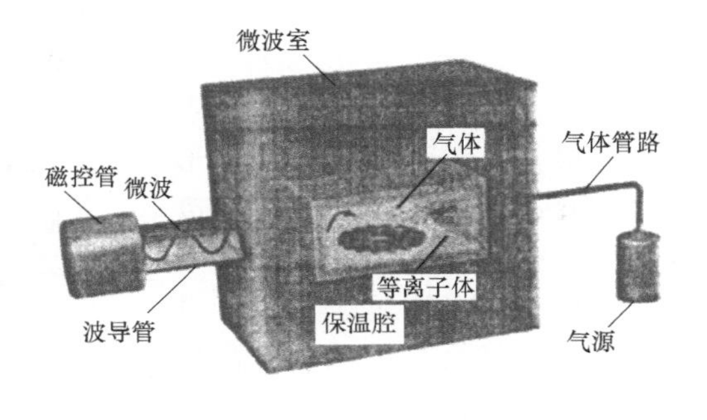

图5-25　金属零件热处理和涂覆用微波大气等离子加工系统示意

微波渗碳工艺过程：把工件（如齿轮）装入加工室中，通入氩气，用特殊方法激发等离子，温度迅速升高。当工件温度达到930℃时，向加工室内通入乙炔气体（作为供碳源）。调节微波功率，使温度保持在固定范围内。乙炔在等离子体内易裂解，调整乙炔量、微波能量和维持等离子体的容器尺寸可使在一定体积内的沉积碳量得到精确控制。将渗碳温度提高到980℃可进一步加速渗碳，缩短渗碳周期。工件经规定时间渗碳处理后，进行淬火和回火。

AISI8620钢齿轮渗碳结果比较见表5-27。通过表5-27可知，与传统气体渗碳相比，在渗碳层深度增加20%的情况下，渗碳时间仍可缩短20%以上；同真空渗碳工艺相比，在渗碳时间接近相同的情况下，渗碳层深度仍可以增加20%，降低生产成本30%以上。

表5-27 AISI8620钢齿轮渗碳结果比较

工　艺	传统气体渗碳	真空渗碳	微波渗碳
总渗碳时间	142min强渗+110min扩散+20min降温	渗碳时间为205min	112min强渗+80min扩散+20min降温
有效硬化层深度	0.9mm左右	0.9mm左右	1.14mm左右
金相组织（残留奥氏体，体积分数）			
齿角金相组织	15%~30%	10%~15%	5%~20%
齿面金相组织	10%~20%	5%~15%	5%~20%
ASTME112—1996晶粒等级（比较法）/级			
渗碳层	8~10(22.5~11.2μm)	8~9(22.5~15.9μm)	10~12(11.2~5.6μm)
心部	8~9(22.5~15.9μm)	9~10(15.9~11.2μm)	10~12(11.2~5.6μm)

335. 工艺气体消耗近于零的渗碳法

参考文献［51、52］介绍，工艺气体消耗近于零的气体渗碳法（HybirdCarb），是将渗碳炉内排出的气体催化再生后，再送回热处理炉中，渗碳淬火炉的工艺气体消耗量可节省高达90%。现已应用于实际热处理生产中。

常规气体渗碳方法应称为“换气渗碳”，也就是说这种方法要向炉内不断地通入一定量的保护气氛，再从排气口排出烧掉。这种方法的缺点之一是保护气氛燃烧导致的热损耗大；二是排气口烧掉的气氛要通入新的保护气补充，工艺气体消耗大。

新工艺（HybirdCarb）的特点之一是，保护气氛不会以废气的形式烧掉，而是由气氛循环系统将废气经过一个中间调节室（准备室），低碳势气氛在这里通过添加极少量富化气（如天然气）使碳势升高到所需值（降低碳势采用加入空气的方式），再送回加热室内渗碳使用，如图5-26所示。

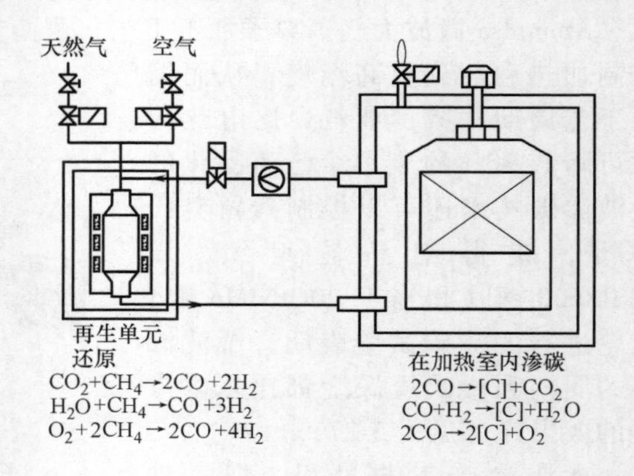

图5-26 再生单元与渗碳炉连接示意

典型的 RTQ-17 多用炉的装料实例为：装炉量为 2t，渗碳层深度为 2.5mm。

图 5-27 为 RTQ-17 多用炉的工艺曲线，其温度、碳势及 CO 值与常规的吸热式气氛渗碳无差异。32.5h 的工艺周期对 2.5mm 的渗碳层来说也在正常范围内。同时也可以看出，尽管在整个工艺过程中长时间没有排气烧掉，但所处理的工件无大的差异。在 32.5h 的处理周期中，其中 29h 无排气，也就是说 89%的时间都是由气氛再生系统在工作，从而节省了大量的气体。

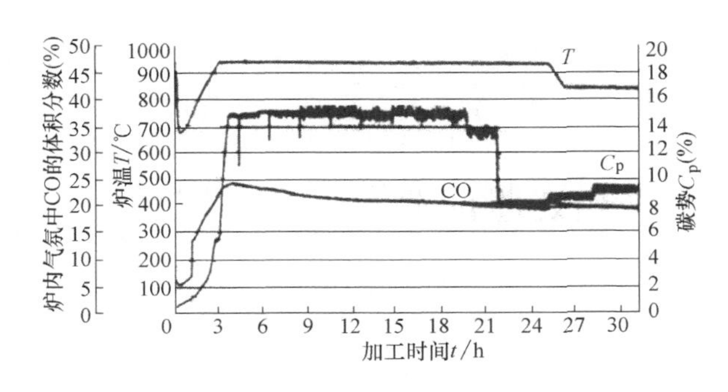

图 5-27　2t 的炉料及 2.5mm 渗碳层深度打印出的工艺曲线

同时，渗碳结果如表面碳含量、碳浓度梯度、渗碳层深度、有效硬化层深度、表面硬度以及显微组织都与设定值相同。

再生系统最大的优点是省气。在整个 32.5h 的工艺过程中仅消耗了 19.76m^3天然气用于在排气阶段的载气制备以及在再生阶段维持炉压；此外用于炉内碳势控制在整个工艺过程中消耗了 3.9m^3天然气作为富化气，这样整个工艺周期共消耗了 23.66m^3的天然气，见表 5-28。

表 5-28　渗碳层深度为 2.5mm 采用再生法所消耗的天然气

工艺时间/h	再生室消耗量/m^3	炉子消耗量/m^3	总消耗量/m^3
32.5	19.76	3.9	23.66

若采用吸热式气氛，则载气消耗约 18.8m^3/h，32.5h 共消耗 611m^3的吸热式气氛，制备这些吸热式气氛以及富化气的消耗总共约 154.4m^3的天然气。也就是说相当于再生法消耗量的 6 倍，或者说对这种渗碳层的渗碳周期，再生法可节约 84.7%的工艺气体。

表 5-29 汇总了不同装炉量、不同层深的渗碳及光亮淬火工艺的气体消耗数据。从表中可以看出，与吸热式气氛相比，对渗碳来说工艺气体可节省 80%～90%；对于像光亮淬火这样极短的热处理周期，工艺气体也可节省 75%左右。该工艺除了用于多用炉外，也可用于其他密封炉上，如井式炉或连续式渗碳炉等。

表 5-29　在 TQ/RTQ-17 炉中不同装炉量、不同层深的渗碳及光亮淬火工艺的气体消耗量

工艺	硬化层深度/mm	装炉量/kg	处理时间/h	一个周期消耗的气体		节省(%)
				吸热式气体和富化气/m^3	HybirdCarb/m^3	
渗碳	2.5	2000	32.5	154.4	23.6	84.7
渗碳	1.7	1500	18.7	89.1	11.0	87.7
渗碳	1.0	450	9.5	52.0	6.2	88.1
渗碳	0.7	1850	9.1	43.9	8.3	81.1
淬火	—	615	2.3	10.5	2.7	74.3
淬火	—	1000	3.1	14.6	3.4	76.7

336. 直生式气氛渗碳

直生式气氛渗碳，Ipsen公司称其为超级渗碳（Supercarb，GA法），它是将原料气或液体和空气或CO_2直接通入渗碳工作炉内，直接形成渗碳气氛的一种渗碳工艺。常用天然气、丙烷、丁烷、丙酮、乙酸乙酯、各种醇类和煤油等作为渗碳剂。渗碳气体流量或液体滴量是定数，炉内碳势通过调节空气或CO_2流量来控制。

与其他工艺相比，直生式气氛渗碳优点为：①气氛调节快，节省原料气；②气氛活性好，渗碳能力强，渗碳层均匀；③最大优点是可节约原料气30%~70%；④渗碳速度快于吸热式和氮基气氛渗碳，渗碳速度快20%左右，可缩短渗碳周期，气氛在炉内生成，活性好。

超级渗碳（Suercarb）工艺的渗碳速度比常规渗碳工艺的更快。用丙酮作为渗碳剂，采用Supercarb工艺渗碳时，它的碳传递系数β为1.67×10^{-5}cm/s，而采用由天然气产生的吸热式气氛渗碳时，测定碳传递系数β为1.25×10^{-5}cm/s，可以看出Supercarb工艺渗碳速度比吸热式气氛渗碳速度快约25%

直生式气氛渗碳炉使用天然气/空气系统作气源可明显节约原料气的消耗量(见表5-30)。如在RTQ-8型渗碳炉内进行各种尺寸齿轮的渗碳淬火，与吸热式气氛相比，采用天然气/空气气氛系统的气体消耗量大幅度降低，节约成本约86%。

表5-30　直生式与吸热式气体渗碳时气体消耗量的对比

炉型	生产能力/(kg/h)	气体消耗量/(m^3/h)	
		吸热式气氛(吸热式气体+富化气)	直生式气氛(天然气+空气)
箱式炉	330	7	1
滚筒式炉	170	15	1.5
网带式炉	淬火:800 渗碳(渗碳层深度为0.1mm):560	25	1.7
转底式炉	1500	48	3.5

337. 吸热式气氛渗碳

吸热式气氛渗碳是指吸热式气体渗碳介质由吸热式气体（RX）加富化气组成并进行渗碳的工艺方法。常用吸热式气体作为稀释气（或称载体气），甲烷或丙烷等作为富化气（渗碳剂）。需要发生器制备RX载体气。吸热式气氛渗碳主要用于大型渗碳炉、多用炉或连续式渗碳炉等。

吸热式气氛是由一定比例的原料气和空气混合，通过内部装有催化剂、外部加热的反应罐，经吸热反应制备所得的气氛。其主要成分为CO、H_2、N_2及微量的H_2O、CO_2、CH_4和O_2等。原料气一般为天然气、丙烷和丁烷等碳氢化合物。常用吸热式气氛的成分见表5-31。

用吸热式气氛作载气的渗碳过程中，添加丙烷的量一般在0.5%~4%（体积分数）范围内，调整吸热式气氛与富化气的比例即可控制气氛的碳势，由于CO和H_2的含量基本保持稳定，只需单一控制CO_2或O_2的含量，即可确定碳势。

表 5-31　常用吸热式气氛的成分

原料气	混合比(体积比)(空气：原料气)	气氛成分(体积分数)(%)						
		CO_2	O_2	H_2O	CH_4	CO	H_2	N_2
天然气	2.5	0.3	0	0.6	0.4	20.9	40.7	余量
丙烷	7.2	0.3	0	0.6	0.4	24.0	33.4	余量
丁烷	9.6	0.3	0	0.6	0.4	24.2	30.3	余量

338. 氮基气氛渗碳

氮基气氛渗碳是指以氮气为载体添加富化气（天然气和丙烷气等）或其他供碳剂（丙酮和煤油等）的气体渗碳方法。该方法具有能耗低、安全、环保，以及节省渗碳原料气等优点。

几种典型的氮基渗碳气氛的成分见表 5-32。

表 5-32　几种典型氮基渗碳气氛的成分（体积分数）　　（%）

原料气	CO_2	CO	CH_4	H_2	N_2	碳势 w(C)(%)	备　注
甲醇+N_2+ 富化气	0.4	15~20	0.3	35~40	余量	—	Endomix 法
N_2+(CH_4/空气=0.7)	—	11~6	6.9	32.1	49.9	0.83	CAP 法
N_2+(CH_4/CO_2=6.0)	—	4.3	2.0	18.3	75.4	1.0	NCC 法
N_2+ C_3H_8(或 CH_4)	0.024	0.4	15	—	—	—	渗碳
	0.01	0.1	—	—	—	—	扩散

在表 5-32 所列的氮基气氛中，甲醇+N_2+富化气最具代表性。其中 N_2 与甲醇的比例（体积分数）以 40%N_2+ 60%甲醇裂解气为最佳。可采用甲烷或丙烷作富化气，即 Endomix 法，也可采用丙酮或乙酸乙酯，即 CarbmaagⅡ法。Endomix 法多用于连续式炉或多用炉，CarbmaagⅡ法采用滴注式，多用于周期式炉。

氮基气氛渗碳的渗碳速度大于吸热式气氛渗碳，见表 5-33。

表 5-33　氮基气氛、吸热式气氛和滴注式渗碳的渗碳速度比较

气氛类型	吸热式气体渗碳(体积分数)CO20%、$H_2$20%、$N_2$40%	N_2+甲醇+富化气(体积分数)CO20%、$H_2$20%、$N_2$40%	滴注式渗碳(体积分数)CO33%、$H_2$66%
碳传递系数 β/(10^{-5}cm/s)	1.3	0.35	2.8
渗碳工艺	927℃×4h	927℃×4h	950℃×2.5h
材料	8620	8620	非合金钢
渗碳速度/(mm/h)	0.44	0.56	0.30

注：8620 钢（相当于 20CrNiMo 钢）所测数据。

例如，采用连续式渗碳炉，以氮-甲醇气氛为载气的渗碳气氛和以丙烷为原料气制备的吸热式渗碳气氛相比，8620H 钢氮-甲醇渗碳气氛的渗碳速度能提高 15%左右。

339. BH 催渗碳

BH 催渗碳是通过在渗碳或碳氮共渗介质（如甲醇、丙酮、煤油、RX 气体或天然气）中添加 BH 催渗剂并调整工艺，从而达到提高渗碳速度，或降低工艺温度，保持原工艺渗碳速度不降低的新型节能降耗工艺。目前，已在连续式渗碳炉、多用炉和井式渗碳炉中都得到了成功应用。主要用于齿轮和轴承等零件的渗碳热处理。

与普通渗碳（碳氮共渗）相比，BH 催渗碳具有以下优点：①在同样的温度条件下，可提高渗碳速度 20%以上；②在温度降低 40℃以上的条件下保持原工艺渗碳速度不减，可减小工件畸变；③气氛活性高、炭黑少，工艺稳定性好；④可细化组织，并显著减少晶界氧化和非马氏体组织；⑤对浅层渗碳层（≤0.60mm）和中、厚（≥4.0mm）渗碳层同样有效；⑥高效节能，无环境污染。

340. 连续式渗碳炉 BH 催渗碳

BH 催渗碳工艺用于连续式气体渗碳炉，实现了大批量渗碳热处理，不仅显著提高了渗碳速度，而且使显微组织得到了改善。

例如，G20CrNiMo 钢制 HM129848/HM129814 轴承零件的渗碳工艺见表 5-34，装炉量为 8 套/盘，生产节拍时间为 43～45min。

表 5-34　原渗碳工艺（未加 BH）与 BH 催渗碳工艺的对比

区　段	一区	二区	三区	四区	五区
渗碳温度/℃	930/930	930/940	930/940	930/920	865/865
碳势 w(C)(%)	—	1.15/1.30	1.25/1.45	1.10/1.15	1.0/0.90
甲醇流量/(mL/min)	40/0	40/0	40/50	40/30	30/30
乙酸乙酯流量/(mL/min)	0/0	30/30	30/30	26/25	0/0

注：表中“/”前后数值分别为原渗碳工艺和 BH 催渗碳工艺的参数。

原渗碳工艺最大的缺点是装炉量小，节拍时间长，生产效率低，容易产生炭黑。BH 催渗碳工艺的实施，装炉量可由 8 套/盘提高到 10 套/盘，处理零件为 HM129848/HM129814 轴承零件，生产节拍时间缩短为 37min。

采用 BH 催渗碳工艺后，表层碳浓度提高，显微组织细小，碳化物、马氏体及残留奥氏体一般为 2 级。与原渗碳工艺相比，生产周期缩短约 20%。

341. 箱式多用炉 BH 催渗碳

BH 催渗碳应用于箱式多用炉，显著提高了渗碳速度与生产效率，节约了能源，金相组织及硬度等均满足技术要求。

例如，20CrMnTi 钢制 HT130 主、从动锥齿轮，渗碳淬火有效硬化层深度要求为 1.0～1.3mm。渗碳热处理设备采用 VKES4/2-70/85/130 爱协林箱式多用炉。在渗碳剂中加入 BH 催渗剂，表 5-35 为多用炉气体渗碳工艺。

表 5-35　20CrMnTi 钢齿轮多用炉气体渗碳工艺

工艺参数＼工艺阶段		均温	强渗	扩散	降温淬火
温度/℃	—	920	920	920	830
碳势 C_p，w(C)(%)	未加 BH	—	1.1	1.0	0.8
	加 BH	—	1.15	1.0	0.8
时间/h	未加 BH	每炉次 8h			
	加 BH	每炉次 7h			

加入 BH 催渗剂后，渗碳淬火有效硬化层深度、金相组织及硬度均满足产品技术要求。在渗碳剂中加入 BH 催渗剂进行渗碳，每天比原工艺（930℃常温渗碳）多生产 65 套齿轮，并且节约电能。产品质量检验结果见表 5-36。

表 5-36　产品质量检验结果

检验项目	原渗碳工艺(未加 BH)					BH 渗碳工艺				
	1	2	3	4	平均值	1	2	3	4	平均值
硬化层深度/mm	1.15	1.2	1.05	1.1	1.15	1.1	1.2	1.2	1.15	1.1
碳化物级别/级	4	3	5	5	4	2	3	3	2	2
马氏体、残留奥氏体级别/级	5	5	3	5	4	3	3	2	3	3
表面硬度 HRC	58.5	59	60	59	59.5	60	59	61	63	61.5
心部硬度 HRC	34	35	3.5	36	35	35	37	36	38	36.5

342. 缓冲渗碳

缓冲渗碳是经强渗、多道扩散的热处理工艺。此工艺的实施，可在渗碳层表面获得弥散分布的细颗粒状碳化物，有效改善渗碳层中的碳化物形态。使渗碳层内的硬度梯度变化合理，并明显缩短工艺周期。适用于大型工件的深层渗碳。

例如，20CrMnMo 钢制大模数齿圈，模数为 25mm，外形尺寸为 ϕ2460mm(外径)×ϕ1900mm(内径)× 540mm(宽度)，重量约 8t，要求渗碳淬火。

(1) 两段渗碳工艺　采用德国制造的大型井式渗碳炉，炉膛的有效尺寸为 ϕ2800mm×2000mm，热处理工艺过程采用计算机在线控制。两段渗碳工艺曲线如图 5-28 所示。渗碳（强渗、扩散）后，对渗碳件及随炉试棒（ϕ40mm×110mm）进行了 3 次球化退火处理。最后进行淬火及回火处理。

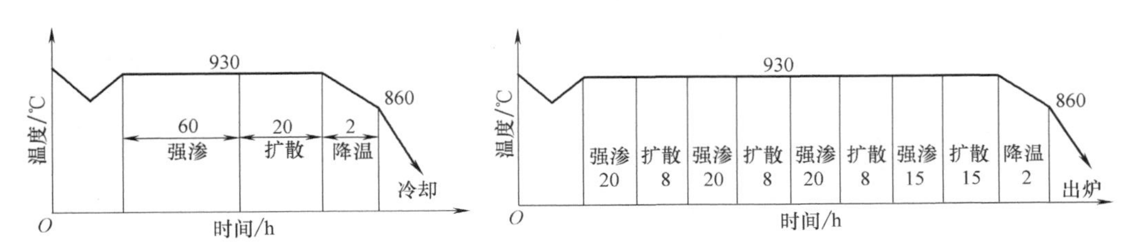

图 5-28　20CrMnMo 钢齿圈两段渗碳工艺曲线

图 5-29　20CrMnMo 钢齿圈缓冲渗碳工艺曲线

经上述处理后，渗碳层组织由回火马氏体+残余奥氏体+网状、块状碳化物组成，渗碳层表面与心部的硬度分别为750HV和480HV，渗碳层的有效硬化层深度为5.26mm（550HV）。

（2）缓冲渗碳工艺　缓冲渗碳工艺曲线如图5-29所示，该工艺所选用的设备与两段渗碳工艺相同。在缓冲渗碳（强渗、多道扩散）后，进行淬火及回火处理。

经上述工艺处理后，渗碳层组织由回火马氏体、残留奥氏体以及弥散分布于回火马氏体基体上的细颗粒状碳化物组成，渗碳层表面与心部的硬度分别为740HV和480HV，渗碳层的有效硬化层深度为5.95mm（550HV）。

如图5-30所示为ϕ40mm随炉试棒经不同渗碳+淬火回火处理后的硬度梯度曲线。由图可知，与两段渗碳工艺相比，缓冲渗碳的硬度梯度分布更为合理，从而保证了渗碳层表面有足够的残余压应力，使渗碳层抗冲击能力进一步提高。

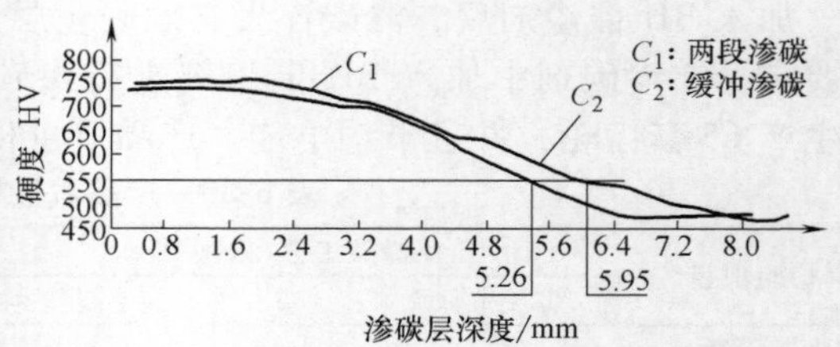

图5-30　不同工艺渗碳层内硬度梯度曲线

两段渗碳+球化退火+淬火回火的工艺运行总时间为259h，缓冲渗碳+淬火回火的工艺运行总时间为156h。与两段渗碳工艺相比，缓冲渗碳工艺缩短时间近40%。

343. 精密控制渗碳

精密控制渗碳包括了渗碳层显微组织、心部与表面硬度、有效硬化层深度、残余应力及热畸变等技术指标的质量分散度，其分散度越小，热处理质量越高。精密控制渗碳的基本条件包括：工件原材料的均匀性、热处理装备具有良好分布的温度场和流体场。要实现工件的精密控制渗碳，关键在于对炉膛温度、碳势实现精确控制（控温精度≤±1.5℃，有效加热区温度差≤±5℃，碳势≤±0.05%，渗碳层误差≤±0.1mm）。

采用精密控制渗碳工艺，可实现对多产品渗碳层深度和金相组织的精确控制，从而提高产品质量和生产效率，并降低能源消耗。

例如，17CrNiMo6钢件，不同控制系统的渗碳工艺对比见表5-37。由表可以看出，精密控制比常规控制渗碳工艺周期平均缩短了20%。

表5-37　不同控制系统17CrNiMo6钢的渗碳工艺对比

项　目		精密控制	常规控制	比较
渗碳温度/℃		930	920	高10℃
强渗碳势 w(C)(%)		智能控制	1.1	智能确定
扩散碳势 w(C)(%)		0.75	0.75	相同
渗碳层深度/mm	2	15h00min	19h	缩短79%
	3	31h37min	40h	79%
	4	54h16min	68h	80%
	5	82h57min	104h	80%
	6	117h37min	148h	79%

不同控制工艺渗碳工件的质量对比见表5-38。由表可以看出，精密控制比常规控制渗碳件的渗碳层和表面硬度偏差小，金相组织优良，且工艺质量重现性很好。

表5-38　不同控制工艺渗碳工件的质量对比

项　　目	精密控制	常规控制
渗碳层深度误差(%)	5	≥10
渗碳层表面硬度误差　HRC	≤1.5	3~4
碳化物级别/级	≤2	3~5
残留奥氏体级别/级	≤3	2~4
马氏体级别/级	≤2	3~5
铁素体级别/级	≤2	3~4

精密控制渗碳工艺由于其控制的精度提高，故可以以更高的温度和气氛碳势进行渗碳，比常规控制渗碳工艺周期平均缩短了20%，能耗降低了12%以上。

344. 碳氮共渗

碳氮共渗是在奥氏体状态下同时将碳、氮渗入工件表层，并以渗碳为主的化学热处理工艺。

碳氮共渗具有比渗碳更高的耐磨性、耐蚀性和疲劳强度，比渗氮有较高的抗压强度和较低的表面脆性，而且生产周期短、共渗速度快、处理温度低、适用材料广泛。

碳氮共渗处理按共渗温度可分为低温碳氮共渗（<750℃）、中温碳氮共渗（750~880℃）和高温碳氮共渗（>880℃）三种。其中，中温碳氮共渗应用较多；按共渗层深度可分为薄层碳氮共渗（<0.2mm）、普通碳氮共渗（0.2~0.8mm）和深层碳氮共渗（>0.8mm）；按使用介质不同可分为固体法、液体法和气体法。其中，气体碳氮共渗应用最广泛。

碳氮共渗用钢和渗碳用钢类似。由于碳氮共渗温度较低，共渗层较薄，碳氮共渗用钢的碳含量可高于渗碳钢。碳氮共渗层深度在0.3mm以下的零件，钢的碳的质量分数可达0.5%；对于要求表面高硬度、高耐磨性的零件，常采用40Cr、40CrMo、40CrNiMo和40CrMnMo等中碳合金结构钢；当工件心部性能不太重要时，可用低碳钢碳氮共渗代替合金钢渗碳。

碳氮共渗直接淬火，不仅畸变小，而且可以保护共渗层表面的良好组织状态。多数碳氮共渗齿轮在180~200℃的温度回火。低碳钢零件常在135~175℃的温度回火。定位销、支承件及垫圈等只需表面硬化的耐磨件，可以不回火。

一般认为碳氮共渗工件表层最佳的碳、氮含量分别为$w(C)=0.7\%\sim0.95\%$和$w(N)=0.1\%\sim0.4\%$。碳氮共渗层的深度一般为0.2~0.7mm。共渗层深度宜在0.8~1.0mm的范围内，共渗层不宜过厚。

345. 高温分段气体碳氮共渗

为了获得厚的碳氮共渗层深度（>1.0mm），但又不至于处理时间太长，而使共渗层中碳氮含量过高，可采用分段共渗工艺。如图5-31所示为变更共渗温度的高温分段气体碳氮共渗工艺曲线。其工艺过程分为两个阶段，两个阶段所用的渗剂量基本相同。第一阶段共渗温度为900~950℃。由于温度较高，此时主要是渗碳，且扩散速度较快，可缩短为获得一定层深所需的时间。第二阶段共渗温度降为820~860℃。由于温度低，表层氮含量增加并继续向内扩散。

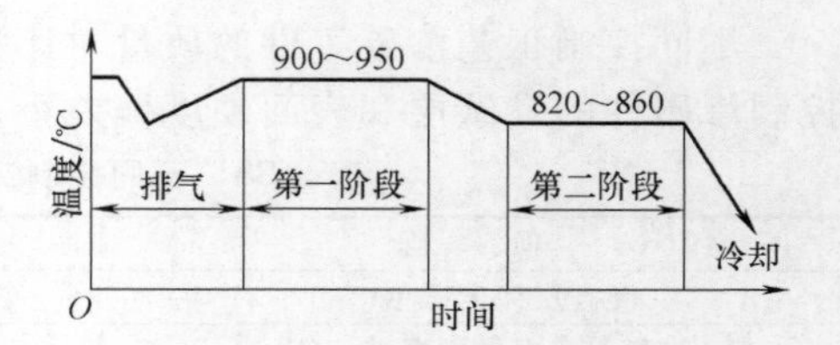

图5-31　变更共渗温度的高温分段气体碳氮共渗工艺曲线

346. 高温深层气体碳氮共渗

常规碳氮共渗时，获得的共渗层较薄（一般为0.5mm左右），难以满足重负荷齿轮等零件的工作，而且容易生成脆性ε相，共渗层中残留奥氏体的数量也较多。对此，可采用深层（一般指超过0.8mm层深）碳氮共渗，并将共渗时的渗碳、渗氮分段进行；其中渗碳过程又分为渗碳及扩散两个阶段。

例如，20钢制卷扬机滚筒零件，尺寸为外圆ϕ67mm×长度276mm，壁厚为6.7mm，其一端为内齿，另一端为光圆状。要求淬硬层深度为0.8~1.2mm，表面硬度为58~62HRC。采用密封箱式炉，共渗介质采用甲醇与氨气，其高温深层碳氮共渗热处理工艺曲线如图5-32所示。经该工艺处理后，零件的淬硬层深度为0.92mm，表面硬度为60HRC，显微组织均合格。

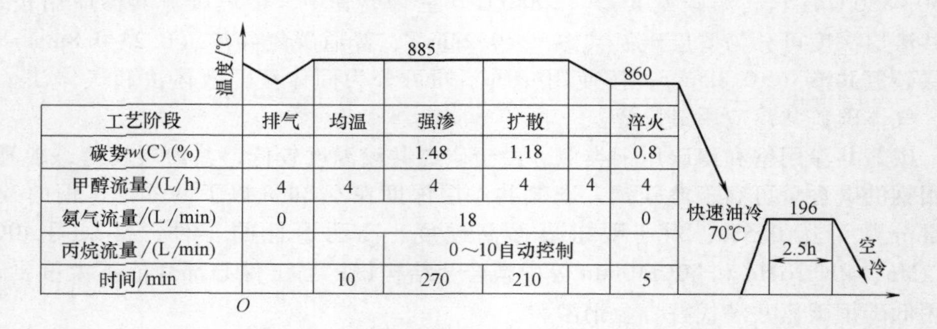

工艺阶段	排气	均温	强渗	扩散		淬火
碳势w(C)(%)			1.48	1.18		0.8
甲醇流量/(L/h)	4	4	4	4	4	4
氨气流量/(L/min)	0	18				0
丙烷流量/(L/min)	0~10自动控制					
时间/min		10	270	210		5

图5-32　高温深层碳氮共渗热处理工艺曲线

347. 高频感应加热气体碳氮共渗

用高频感应电流在碳氮共渗气氛中加热工件表层，可以大大地缩短共渗周期，并得到极高的表面硬度。

例如，将丙烷或丁烷液化气与氨气混合后导入高频感应电流加热器，于900~1000℃下对工件进行碳氮共渗1~5min，便可获得0.3~0.5mm的共渗层，表面硬度可达900~1000HV。

348. 高频感应加热膏剂碳氮共渗

高频感应加热膏剂碳氮共渗可用高频感应加热的方式进行。例如，在工件表面用 $K_4Fe(CN)_6$、木炭粉和 $BaCO_3$ 混合物并以水玻璃搅拌的膏剂涂覆厚约 0.5mm，对其进行高频感应加热快速碳氮共渗。当工件表面温度达 1150℃后保温 15~20s，可获得 0.08~0.16mm 的共渗层，共渗层显微硬度为 800~1000HV。

349. 高频感应加热盐浴碳氮共渗

采用高频感应电流对 $K_4Fe(CN)_6$ 和 NaCl 混合盐浴炉进行加热，可实现工件的快速碳氮共渗。

例如，40Cr13 钢制环形工件和 40 钢小齿轮，于 840℃高频感应加热 25s，小齿轮可获得 0.023mm 厚的共渗层；860℃加热 70s 可获得 0.04~0.07mm 的共渗层。直接淬火后齿轮表面硬度为 59~62HRC，心部硬度为 50~52HRC。

350. 高频感应加热液体碳氮共渗

采用高频感应电流对甲醇、乙醇和氨水混合液中的工件加热到 800℃，保温 20min，可获得层深为 0.22mm 的共渗层；在 1050~1100℃下高频感应加热 20min，可获得层深为 0.6mm 的共渗层。淬火后表面最高硬度为 780HV。

351. 流态床高温碳氮共渗

向石墨粒子流态床（以下简称流态床）中通入空气、氨气以及少量催化剂，可进行高温碳氮共渗。由于沸腾的石墨粒子的冲刷作用，净化了工件表面，使共渗速度快于井式炉，而且工件的耐磨性、抗弯强度、塑性和接触疲劳强度均比渗碳的高。

例如，应用 TH-02-8 型流态床进行 20CrMnTi 和 20Cr 钢的高温碳氮共渗，其参数如下：

碳氮共渗工艺：共渗温度为 900~920℃，石墨粒度为 0.105~0.149mm，空气流量为 10L/min，氨气流量为 20L/min，将 $w(Na_2CO_3)$ 质量分数为 2%~3%的 Na_2CO_3（或 $BaCO_3$）和 NH_4Cl 作为催化剂装入分解器中，共渗后工件出炉淬油。

经 920℃×4h 碳氮共渗后，层深为 0.7mm，比同温度下气体渗碳要快，表面的 $w(N)=0.3\%\sim0.4\%$，高于普通气体碳氮共渗含量约 0.1%，耐磨性也高于渗碳。

20CrMnTi 钢在石墨粒子流态床中高温碳氮共渗后，其耐磨性、抗弯强度、塑性和接触疲劳强度均比渗碳高，接触疲劳强度的提高是由于残留奥氏体的数量增加，在接触应力和摩擦力的作用下，共渗层中残留奥氏体的应变诱发了马氏体形变强化以及残留奥氏体的形变强化的结果；其次，共渗层中含氮马氏体及残留奥氏体比渗碳层具有好的耐回火性。

352. 中温碳氮共渗

工件的碳氮共渗常用中温（750~900℃）碳氮共渗，可在较短时间内得到与渗碳相近的共渗层深度，并可进行直接淬火。适用于较大负荷的齿轮、轴类以及要求耐磨及抗疲劳的薄、小工件。

中温碳氮共渗有气体法、固体法和盐浴法等。

最常用的共渗温度为820~880℃（低碳钢及低合金钢为840~860℃）。温度过高，工件畸变较严重；温度过低，则渗碳速度减慢，在共渗层表面易形成脆性的高氮化合物，心部淬火硬度也较低。

表5-39为常用结构钢碳氮共渗及后续热处理规范。

表5-39　常用结构钢碳氮共渗及后续热处理规范

钢号	共渗温度/℃	淬火		回火		表面硬度 HRC
		温度/℃	介质	温度/℃	介质	≥
40Cr	830~850	直淬	油	140~200	空气	48
15CrMo	830~860	780~830	油或碱浴	180~200	空气	55
20CrMnMo	830~860	780~830	油或碱浴	160~200	空气	60
12CrNi3	840~860	直淬	油	150~180	空气	58
20CrNi3	820~860	直淬	油	160~200	空气	58
20Cr2Ni4	820~850	直淬	油	150~180	空气	58
20CrNiMo	820~840	直淬	油	150~180	空气	58

中温碳氮共渗后的热处理工艺见表5-40。

表5-40　中温碳氮共渗后的热处理工艺

工艺	内容
共渗后直接淬火+低温回火	从共渗温度(820~860℃)直接淬火,然后于160~200℃低温回火2~3h,应用普遍。对中、低碳钢及低合金钢均可获得满意的表面及心部组织
共渗后进行马氏体分级淬火+低温回火	从共渗温度(820~860℃)进行马氏体分级淬火(110~200℃×1~15min),空冷后低温回火。适用于尺寸精度要求严格的小型合金钢件
共渗后再次加热淬火+低温回火	工件于820~860℃共渗后空冷或在冷却井中冷却,然后重新加热淬火、低温回火(160~200℃)。适用于共渗后需机械加工或不宜直接淬火的工件。淬火加热需在脱氧良好的盐炉或带保护气氛的设备中进行。对于软化花键齿轮等局部硬化的工件,也可采用高频感应淬火
共渗后直接淬火、冷处理+低温回火	工件从共渗温度(820~860℃)直接淬火、冷处理(-70~-80℃)及低温回火(160~200℃)。适用于含铬、镍较多的合金钢(如12CrNi3A、20Cr2Ni4A和18Cr2Ni4WA等),以减少表层残留奥氏体并使硬度达到所要求的数值

353. 中温气体碳氮共渗

中温气体碳氮共渗所用介质由载气（吸热式、放热-吸热式可控气氛）、富化气（天然气、甲烷、乙烷和丙烷等）及干燥氨气三部分组成。可在井式炉、密封箱式炉或连续式炉内进行。气氛的碳势可用氧探头、红外线分析仪及露点分析仪等控制。氮势则需根据试验结果，严格控制氨的通入量来加以控制，或采用氮势控制仪控制。

1）大批量工件（如汽车变速器齿轮）的碳氮共渗宜采用连续式炉，不仅生产效率高，而且产品质量易控制。一般情况下，NH_3的通入量以3%（体积分数）左右为宜。表5-41为20CrMnTi等钢的连续式炉气体碳氮共渗工艺及结果。

表5-41　连续式炉气体碳氮共渗工艺及结果

<table>
<tr><th rowspan="2">各区温度/℃</th><th rowspan="2">各区保护气通入量/(m^3/h)</th><th colspan="2">C_3H_8（丙烷）</th><th colspan="2">NH_3（氨气）</th><th rowspan="2">工件在炉内停留的总时间/min</th><th rowspan="2">共渗层深度/mm</th><th colspan="2">共渗层碳、氮元素的含量</th></tr>
<tr><th>各区通入量/(m^3/h)</th><th>占总容积量(%)</th><th>各区通入量/(m^3/h)</th><th>占总容积量(%)</th><th>w(C)(%)</th><th>w(N)(%)</th></tr>
<tr><td>780—860—860—860—840</td><td>6</td><td>0—0.1—0.3—0.2—0</td><td>2.1</td><td rowspan="3">0—0.3—0.3—0.2—0</td><td>2.8</td><td>700</td><td>1.05</td><td>0.91</td><td>0.30</td></tr>
<tr><td>780—860—880—860—840</td><td>5</td><td rowspan="3">0—0.1—0.2—0.1—0</td><td>1.4</td><td>2.8</td><td>600</td><td>1.04</td><td>0.90</td><td>0.28</td></tr>
<tr><td>780—880—900—880—840</td><td>4</td><td>1.4</td><td>550</td><td>1.04</td><td>0.90</td><td>0.25</td><td></td></tr>
<tr><td>780—880—880—840—820</td><td>6</td><td>1.4</td><td>0.1—0—0.3—0.4—0</td><td>2.8</td><td>600</td><td>0.92</td><td>1.0</td><td>0.50</td></tr>
</table>

注：1. 共渗层金相组织为马氏体+残留奥氏体+少量碳化物，心部为低碳马氏体。
2. 表面硬度为61~62HRC，心部硬度为38~45HRC。
3. 共渗层的碳、氮含量是指距表面0.05mm之内碳、氮的平均含量。
4. 共连续式炉共有5个区（加热1区、加热2区、共渗区、扩散区和淬火区），炉膛容积约为10m^3，炉型结构与连续渗碳炉相同。

2）密封箱式炉气体碳氮共渗。密封箱式炉炉膛尺寸为915mm×610mm×460mm，渗剂为丙烷制备的吸热式气氛（RX′12m^3/h），丙烷流量为0.4~0.5m^3/h，供氨量为1.0~1.5m^3/h，NH_3占炉气总量的比例（体积分数）为7.5%~10.7%。20Cr、20CrMnTi钢共渗温度为850℃，总时间为160min，可获得共渗层深度为0.58~0.59mm，表面硬度为58HRC左右。

354. 滴注通气式中温气体碳氮共渗

以煤油、甲苯、二甲苯等液体碳氢化合物为渗碳气源，通过滴注计直接滴入炉中，而氨作为渗氮气源经由氨瓶、减压阀、干燥器和流量计进入炉中，即可进行中温气体碳氮共渗。不同炉中介质的加入量见表5-42。

表5-42　碳氮共渗介质的加入量

设备	温度/℃	煤油/(滴/min)	氨气/(m^3/h)
RQ3-105	820	160	0.35
RQ3-75	820	180	0.15
RQ3-75	850	80	0.15
RQ3-75	840	100	0.25
RQ3-60	840	100	0.15

（续）

设备	温度/℃	煤油/（滴/min）	氨气/（m^3/h）
RQ3-60	850	90	0.17
RQ3-35	840	68	0.17
RQ3-35	850	60	0.10
RQ3-25	840	55	0.08

注：煤油滴量：15～18滴为1mL。

355. 滴注式中温气体碳氮共渗

向炉中滴注同时含有碳及氮的有机液体，也可实现碳氮共渗。常用的介质有：三乙醇胺，三乙醇胺及尿素，三乙醇胺、尿素及甲醇，三乙醇胺及乙醇等。在装炉后的升温期及共渗前期，可滴入甲醇或煤油进行排气，这样比较便宜。

钢件在850～870℃用三乙醇胺共渗，1～2h即可得到0.3～0.4mm的共渗层深度，表面碳、氮的质量分数最高分别为0.90%～1.05%及0.3%～0.4%。在820～880℃共渗时，三乙醇胺用量、共渗时间和共渗层深度之间的关系如表5-43所示。

表5-43 在RQ3-75炉中进行820～880℃碳氮共渗时三乙醇胺用量、共渗时间和渗层深度之间的关系

共渗层深度/mm	保温时间/h	三乙醇胺用量/（滴/min）	
		升温阶段	保温阶段
>1.2	>8	60～80	120～140
0.8～1.2	5～8	60～80	120～140
0.5～0.8	3～5	60～80	120～140
<0.5	<3	60～80	120～140

由于尿素黏性较大，这种渗剂应加热到70～100℃后方可滴入炉中。滴注三乙醇胺时，应采取措施，避免其在500℃以下（特别是在300～400℃温度区段）发生分解。

356. 分段式中温气体碳氮共渗

分段式中温气体碳氮共渗的工艺曲线如图5-33所示，其是变更介质用量的分段式中温气体碳氮共渗。整个工艺过程所用温度为820～860℃，而介质用量不同，第一阶段介质用量较多，表面碳、氮含量高，扩散较快；第二阶段介质用量较少，可降低表面碳、氮含量，使碳、氮沿共渗层平缓降低。

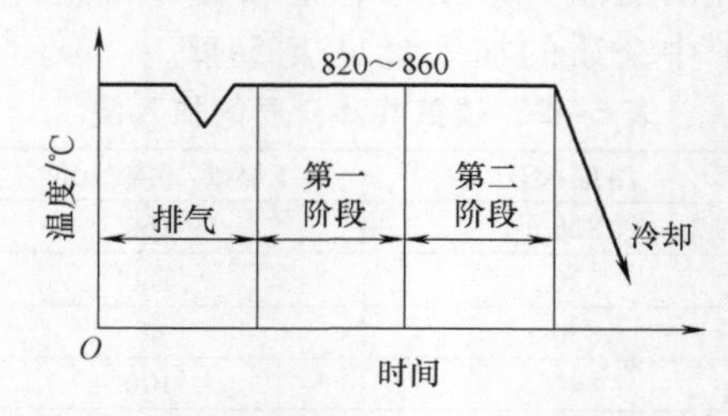

图5-33 变更介质用量的分段式中温气体碳氮共渗工艺曲线

357. 高浓度碳氮共渗

高浓度碳氮共渗又称过饱和碳氮共渗，是指在高的碳、氮势下，使工件表面的共渗层形成相当数量（体积分数为20%~50%）的细小颗粒状和弥散分布的碳氮化合物（碳化物），使共渗层碳、氮浓度达到很高的数值（碳、氮的质量分数分别为2%和0.3%左右），从而具有比常规渗碳、碳氮共渗更加优异的耐磨性、耐蚀性，更高的接触疲劳强度与弯曲疲劳强度，较高的冲击韧性和较低的脆性的热处理工艺。

共渗层深度由共渗温度及保温时间而定，对高负荷工件可取0.7~0.8mm，对低负荷工件可取0.4~0.8mm。

例如，如图5-34所示为一种采用煤油和氨气作渗剂的三段法高浓度碳氮共渗直接淬火工艺。由于分三个阶段调节共渗温度，并且保温设计及共渗气氛设计合理，在20Cr2Ni4A钢坦克车齿轮碳氮共渗生产中获得良好的效果。齿轮表层的碳氮化合物呈颗粒状弥散分布，其淬火组织中的残留奥氏体含量较少，显微组织理想。表面硬度≥58HRC，共渗层深度≥1.1mm。提高了齿轮的耐磨性和接触疲劳寿命（见表5-44），并获得较小的畸变。因此，该工艺优于渗碳及825℃常规碳氮共渗。

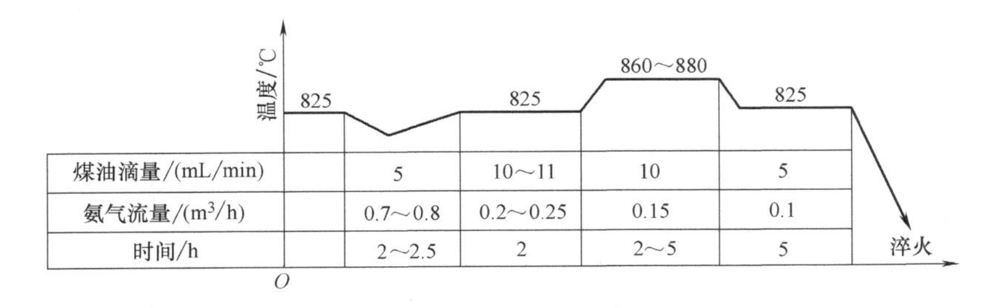

图5-34　20Cr2Ni4A钢齿轮高浓度碳氮共渗直接淬火工艺

表5-44　渗碳和碳氮共渗层的接触疲劳寿命

工艺	接触应力/MPa	疲劳寿命/×10^4次	相对寿命(%)
渗碳（磨削0.13mm）	2509	200(未坏)	—
	2685	56	
825℃常规碳氮共渗	2960	200(未坏)	—
	3234	77.6	100
高浓度碳氮共渗	2960	200(未坏)	—
	3234	83.2	107

358. 真空中温碳氮共渗

真空碳氮共渗是在含有碳、氮原子介质的真空炉内进行的碳氮共渗。真空炉内金属表面的化学反应是在100~3000Pa真空状态下单向的分解反应。共渗方式可分为一段式、脉冲式和摆动式；除介质不同外，工艺过程与真空渗碳近似。

为了减小工件畸变及实现共渗后直接淬火，常使用的中温共渗温度为780~860℃。

由于真空的净化作用，活化了工件表面。与常规气体碳氮共渗相比，真空碳氮共渗的速度快、畸变小，共渗层的质量优良，耐磨性提高，耐蚀性增强，抗回火软化温度提高。

由于全部热处理过程在真空炉内完成，且无含“氧”介质或气氛介入，共渗层组织杜绝了“晶界氧化层”，性能明显提高。

真空碳氮共渗可用于低碳合金钢、非合金钢及粉末冶金等。适用于要求耐磨性和疲劳强度的零件，如各种齿轮、轴、油泵油嘴、滚柱、离合器、链轮，以及模具等。

共渗介质可采用$NH_3+C_3H_8$或NH_3+CH_4作共渗气体。气体的比例：当使用甲烷与氨气作为共渗介质时，其比例为$CH_4:NH_3=1:1$；而当使用丙烷与氨气时，$C_3H_8:NH_3=0.25\sim0.5:1$；气体介质的压力为$(13\sim33)\times10^3Pa$。供气方式采用脉冲法或恒压法。

例如，45钢、P20钢（3Cr2Mo）制塑料模具的真空碳氮共渗，采用WZST-45型双室真空渗碳淬火炉，其工艺曲线如图5-35所示，碳氮共渗温度（850±10）℃，预冷至（740±10）℃，并均温后出炉淬油，压力为100~800Pa，共渗气氛采用乙炔和氨气的混合气。

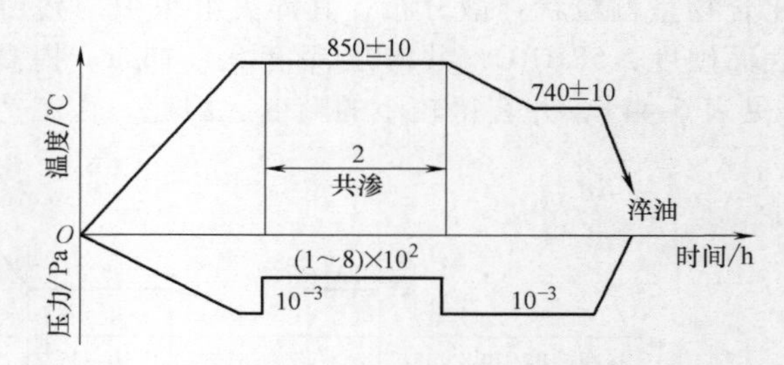

图5-35　45钢、P20钢制塑料模具的真空碳氮共渗工艺曲线

45钢模具经碳氮共渗油淬后，外观呈均匀的银灰色，45钢及P20钢模具的硬度可达到62HRC以上，提高了表面硬度，可使P20钢制模具进入高寿命状态。45钢的渗碳层深度为0.53~0.56mm，有助于提高45钢模具的表面性能与使用寿命。

359. 无毒盐浴碳氮共渗

此法所用盐浴由Na_2CO_3、NaCl、NH_4Cl和SiC组成，工件于850℃盐浴共渗后，其表面氮的质量分数仅能增加到0.08%~0.15%。当保温时间为15~30min时共渗层深度为0.10~0.25mm，在保温1.0~1.5h后共渗层深度为0.70~0.85mm。

另一种盐浴成分（质量分数）为：Na_2CO_3 60%~75%、NaCl15%~30%和Si_3N_4 5%~10%。其使用温度为850℃，保温时间为40~180min。共渗层深度为0.2~0.5mm。表面硬度为57~62HRC。无论在其熔盐还是废水中均未发现氰离子。

也有采用“862”渗剂取代氰盐的无毒盐浴碳氮共渗，盐浴成分为：基盐氯化钠和氯化钾按5:6加入，“862”渗剂按基盐量的15%加入。20钢自行车轴碗、轴档的共渗工艺为850~860℃×2h，共渗45min和1h的20钢锯条也符合标准要求。

360. 液相感应加热碳氮共渗

在液相中用感应加热实现工件渗碳、渗氮和碳氮共渗，工件有销轴、圆管和板状件等，此工艺的优点是可以在较短时间内在工件表面形成硬度高、耐磨性好的共渗层。

如图5-36所示为液相感应加热碳氮共渗装置示意图。其装置主要由高频感应加热系统、感应渗入槽和磁力搅拌器构成。高频感应加热系统由高频感应加热电源和感应圈组成。高频感应加热电源的频率为70kHz，渗入槽用来盛放溶液。

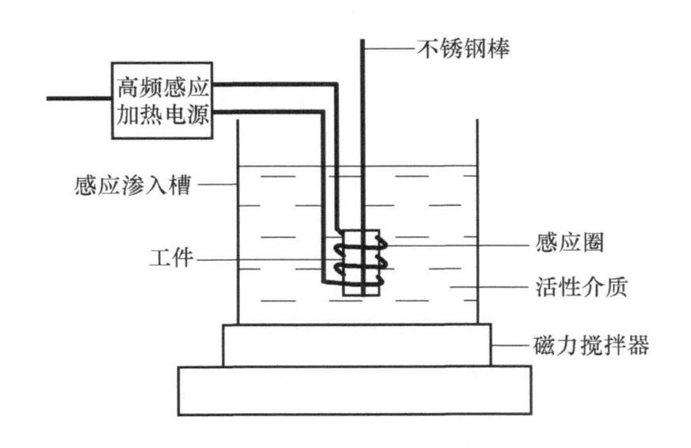

图5-36　液相感应加热碳氮共渗装置示意

液相感应加热碳氮共渗所选用的活性介质一般为机油等石油产品或有机溶液。这里选用甲酰胺作为提供碳、氮元素的活性介质。35钢试样液相感应加热碳氮共渗工艺为：加热电流为430A，在工件表面红热后，以一定的速度将电流减小至280A，维持工件表面的红热状态，处理时间为40s～6min。获得的共渗层由外白亮层、内白亮层和过渡区组成。共渗层中含有碳、氮元素，处理6min可在表面形成厚度约为33μm的白亮层和50μm的扩散层，共渗层最大硬度为592HV0.1。

361. 低中温碳氮共渗

低中温碳氮共渗的工艺曲线如图5-37所示。其共渗过程分为两段进行，先进行500～600℃×1～2h的低温共渗，接着进行840～880℃×2～4h的中温共渗。渗剂为甲酰胺、甲醇和尿素混合液，并在840～880℃中温阶段加滴煤油。为了提高共渗速度，可加入适量的固体氯化铵。这样可充分发挥低温渗氮和中温渗碳的特点，使C、N原子的渗入与扩散相互促进，以加快工艺进程，其工艺周期可缩短40%。此外，低中温碳氮共渗易在低碳钢和低碳合金钢中得到0.5～1.0mm的

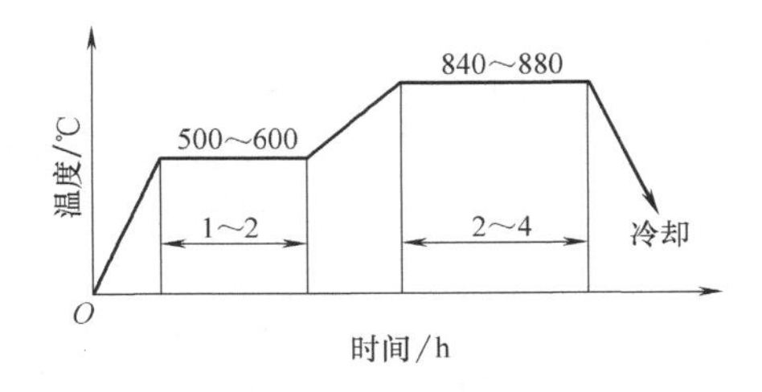

图5-37　低中温碳氮共渗的工艺曲线

共渗层，而且共渗层中氮含量较多，共渗层的硬度和耐磨性均较高。

例如，对20、20Cr、20CrMnTi和20CrMnMo等钢进行了如图5-37所示工艺的低中温碳氮共渗。所用设备为35kW井式气体渗碳炉，共渗后直接淬火，其检验结果分别见表5-45、表5-46。

表5-45　20钢共渗层中C、N元素的含量（质量分数）　（%）

处理工艺	第一层		第二层		第三层	
	C	N	C	N	C	N
低中温碳氮共渗(4h)	0.99	0.13	0.98	0.12	0.91	0.12
可控碳氮共渗(8h)	0.97	0.061~0.062	0.87~0.92	0.052~0.061	0.80~0.90	0.043~0.006
低温碳氮共渗(1.5h)	—	0.23	—	0.18	—	0.14

表5-46　共渗不同时间后的共渗层深度　（单位为：mm）

共渗时间/h	低碳钢	20Cr及20CrMnTi钢
4	0.5	0.6
6	0.8	1.0

362. 低温碳氮共渗

低温碳氮共渗是在500~700℃的温度区间对工件表面渗入碳、氮原子，并以渗碳为主的化学热处理工艺（旧称软氮化）。可在气体、液体或固体介质中进行。其共渗层与渗氮时相近，而工艺周期较短。

此工艺适用于各种钢材。共渗后，非合金钢、合金结构钢、工具钢、不锈钢和高速钢及其他空淬钢表面硬度分别为550~600HV、600~750HV、800~1000HV和1000~1200HV，可锻铸铁制件的表面硬度为600~700HV，耐磨性提高约10倍。

低温碳氮共渗的共渗层深度常在0.5mm以下，其中外表面的化合物层深度为0.01~0.02mm，大都是Fe_2（C，N）、Fe_4N，以及几乎没有脆性的Fe_2N。扩散层为Fe_4N及氮在α相中的固溶体。

此法常用温度为520~570℃。在确定共渗工艺温度时还应考虑预备热处理的回火温度。例如，高速钢及高铬工具钢低温碳氮共渗的温度应较回火温度低5~10℃。

此工艺适用于硬化层薄、负荷较小而对畸变要求严格的耐磨件及工模具等。

363. 低温气体碳氮共渗

低温气体碳氮共渗（旧称气体软氮化）是在气体介质中进行的低温碳氮共渗工艺。常用的介质有吸热式气体与氨气、放热式气体与氨气、氨气与烷类气体、氨气与乙醇、尿素、一氧化碳与氨气，以及二氧化碳与氨气等。从实用角度来看，二氧化碳与氨气是一种比较经济、合理的渗剂，通氨滴醇也是一种值得推广的方法。

此工艺温度通常为570℃，共渗时间一般为0.5~5h。

低温气体碳氮共渗常用的介质见表5-47。经共渗后工件无须清洗，甚至不用经研磨即可装配使用。

表 5-47 低温气体碳氮共渗常用介质

类 别	渗剂成分(体积分数)	备 注
吸热式可控气氛(RX)与氨气为介质	$NH_3$50%+RX 气体 50%(RX 气体含 H_2 32%~40%、CO20%~24%、CO_2≤1%、N_2 38%~43%)	废气中剧毒的 φ(HCN)可高达 62×10^{-4}%,在排气口点燃也不可能达到 0.3mg/m^3的排放标准
放热式可控气氛(NX)与氨气为介质	$NH_3$50%~60%+NX 气体 40%~50%[NX 气体含 CO_2≤10%、CO<5%、H_2<1%、N_2余量(>85%)]	排气口的 φ(HCN)为 2×10^{-4}%(约 0.3mg/m^3)。NX 气体的成本约为 RX 气体的 70%
氨气与烷类气体为介质	NH_3 50%~60%+C_3H_8 40%~50%,或以 CH_4代 C_3H_8	—
氨气与乙醇为介质	NH_3+ C_2H_5OH	以 CH_3OH 代替 C_2H_5OH,NH_3流量可适当减少
尿素为介质	$CO(NH_2)_2$100%(质量分数) $CO(NH_2)_2 \rightarrow CO+2H_2+2[N]$	通过螺杆式送粉器将尿素加入炉罐内
以氨气和二氧化碳为介质,添加或不加氮气	$NH_3$40%~95%+$CO_2$5%+$N_2$0~55%	添加 N_2有助于提高氮势和碳势

表 5-48 为几种材料经 570℃×3h 低温气体碳氮共渗后的共渗层深度及表面硬度。

表 5-48 低温气体碳氮共渗后的共渗层深度及表面硬度

材 料	表面硬度		共渗层深度/mm	
	HV0.1	换算 HRC	化合物层	扩散层
QT600-3	550~750	52~62	0.001~0.005	0.04~0.06
灰铸铁	550~750	52~62	0.001~0.005	0.04~0.06
45 钢	550~700	52~60	0.007~0.015	0.15~0.30
38CrMoAl	900~1100	>67	0.005~0.012	0.10~0.20
3Cr2W8	750~850	62~65	0.003~0.010	0.10~0.18

364. 氮基气氛低温碳氮共渗

使用 NH_3、N_2和 CO_2氮基气氛作为介质，进行低温气体碳氮共渗时，具有工艺周期短、共渗层质量优良、介质来源方便和操作安全等优点。

例如，使用氮基气氛对 35CrMoV、40CrNiMo、5CrNiMo 和 4Cr5MoVSi 等钢进行低温气体碳氮共渗，所用设备、工艺参数及结果见表 5-49。

表 5-49 低温气体碳氮共渗设备、工艺参数及结果

项 目	内 容
设备	改装后的井式炉的炉体及供气管路由气体混合器、玻璃流量计、氨气控制箱、U 型压差计、硅胶瓶、氨分解率测定仪及温控箱等组成
共渗介质成分(体积分数)	$NH_3$50%、$N_2$45%、$CO_2$5%。各种气体从储气罐→流量计→气体混合气流入炉内。介质供给量约为每小时 4~5 倍的炉膛容积。氨气分解率为 50%~80%
共渗温度	570~580℃。温度过高工件表面易出现疏松缺陷
共渗时间	2~3h

（续）

项　目	内　容
共渗结果	35CrMoV、40CrNiMo、5CrNiMo 和 4Cr5MoVSi 钢表面硬度分别为 700~800HV1、650~750HV1、650~750HV1 和 900~1100HV1
	经 580℃×3h 共渗后，35CrMoV 和 40CrNiMo 钢的共渗层深度均为 0.25mm 左右

365. 连续炉氮基气氛中温碳氮共渗

以氮-甲醇为载体的碳氮共渗工艺是渗碳与渗氮工艺的综合，兼有两种工艺的优点，它具有保温温度低、共渗速度快、畸变量小，以及工件表面具有更高的耐磨性能和疲劳强度等。

例如，在连续式渗碳和碳氮共渗炉（共 4 个区，炉膛容积 8.6m^3）内当炉中一氧化碳的含量（体积分数）达到 23%~24%时，共渗效果较为理想。20 钢制自行车飞轮外套的氮基气氛中温碳氮共渗工艺见表 5-50。工件获得的有效硬化层深度为 0.42mm，表面硬度为 81~83.8HRA。

表 5-50　氮基气氛中温碳氮共渗工艺

工作区域 / 工艺参数	1 区（加热）	2 区（共渗）	3 区（扩散）	4 区（淬火）
工作温度/℃	860	870	870	850
甲醇流量/(L/h)	2.5	2.5	2.5	2.5
氮气流量/(m^3/h)	2	2	2	2
丙烷流量/(m^3/h)	0	0.06~0.6	0.06~0.6	0
氨气流量/(m^3/h)	0	0.3	0.3	0.4
碳势 w(C)(%)	—	1.1%	1.05	—
推料周期/min	18~20			

366. 稀土碳氮共渗

碳氮共渗时向渗剂中加入稀土元素（如镧、铈），稀土主要集中偏聚在晶界和缺陷处，可使共渗速度提高 20%~30%，并能改善共渗层的组织结构，可提高共渗层的显微硬度及有效硬化层深度；使工件的耐磨性、耐蚀性和疲劳强度分别提高 100%、15%和 25%；并能延长工件使用寿命。目前已在微型发动机曲轴（40Cr、40CrNiMo 钢）、重载汽车弹簧锁紧件（08、20 钢）、活塞环及模具中得到应用。

稀土碳氮共渗剂采用的原料相当广泛，凡是在稀土渗碳剂中应用的稀土对稀土碳氮共渗也能适用，如氯化稀土、氟化稀土、稀土氧化物、稀土氮化物等。有一项发明专利申请公开说明书介绍的渗剂配方如下：

1）固体渗剂组成（质量分数）：氯化镧或氯化铈稀土盐（也可用镧、铈单质或混合的氟化盐、硝酸盐或碳酸盐替代）10%~40%+碳酸钠和碳酸钡 50%~60%+尿素 10%~20%+醋酸钠 15%~20%。该渗剂可用糖浆、淀粉作黏合剂与该催渗剂中各组成物均匀混合后挤压成直径为 4~8mm 的颗粒使用。

2）液态渗剂（注入炉内用于气体碳氮共渗）：在 1000mL 甲醇中加氯化镧或氯

化铈稀土盐（也可用镧、铈单质或混合的氟化盐、硝酸盐或碳酸盐替代）5～80g+氯化铵 3～8g+尿素 5～200g。其中的溶剂甲醇可用乙醇或异丙醇来替代。

上述渗剂中所用的尿素 $CO(NH_2)_2$，既是供碳源又是供氮源。

参考文献［72］以煤油和某种碳氮氢化合物作为供碳、供氮源，加入一定配比的两类稀土剂（RE-A 和 RE-B），在 840～860℃ 的 75kW 井式渗碳炉中对 20CrMnTi 钢和 20CrMnMo 钢进行气体碳氮共渗，部分试验结果见表 5-51。两稀土剂在 840～860℃×4h 的条件下可提高共渗速度 22%～27.2%。

表 5-51　20CrMnTi 钢在不同工艺条件下的共渗层深度

共渗温度/℃		840	860	880
共渗时间/h		4	4	4
共渗层深度/mm	RE-A	0.70	0.90	1.14
	RE-B	0.68	0.88	1.10
	未加稀土	0.55	0.72	0.90

367. 铸铁的低温气体碳氮共渗

铸铁经低温气体碳氮共渗后，可明显提高其耐磨性。常用的共渗温度为 530～570℃，共渗时间为 1～3h。共渗介质除可使用表 5-47 所列者外，也可以采用甲酰胺（$HCONH_2$）或（质量分数）三乙醇胺 50%+乙醇 50%。

与钢相比，由于铸铁中碳和硅等元素较多，共渗速度较慢（见表 5-48）。向共渗剂中添加 NH_4Cl 或 TiH_2，可加速铸铁的低温共渗过程。催渗剂的加入及催渗效果见表 5-52。由表中数值还可以看出，NH_4Cl 和 TiH_2 对钢的低温碳氮共渗也有催渗效果。

表 5-52　NH_4Cl 及 TiH_2 对钢的低温碳氮共渗的催渗效果

共渗工艺	材料	共渗层深度/mm		表面硬度 HV0.1
		化合物层	扩散层	
570℃×3h 尿素加入量为 650g/h	45	0.010～0.012	0.15	627
	3Cr2W8	0.008～0.010	0.16	772
	QT600-3	0.003	0.04～0.06	724
570℃×3h 尿素加入量为 650g/h，用 NH_4Cl 催渗，添加总量为 70g	45	0.020～0.023	0.23～0.28	341
	3Cr2W8	0.016～0.017	0.23	606
	QT600-3	0.015	0.06～0.07	681
570℃×3h 尿素加入量为 650g/h，用 NH_4Cl 催渗，添加总量为 70g	45	0.050～0.053	0.45～0.48	322
	3Cr2W8	0.022～0.023	0.27	593
	QT600-3	0.024	0.08～0.10	707

368. 低温液体碳氮共渗

此工艺是在盐浴中利用 NaCNO 或 KCNO 在共渗温度下分解所得的 C、N 原子而进行的低温碳氮共渗，又称液体软氮化。所用盐浴的配方见表 5-53。其常用的共渗温度为 520～570℃（以低于工件回火温度 10℃左右为好）。共渗时间：高速钢刀具为 15~30min，小型工件为 1~2h，大型工件为 3~5h。

几种钢材在 560℃× 1.5~2h 低温液体碳氮共渗后的共渗层深度及硬度数值见表 5-54。

表 5-53　低温液体碳氮共渗用介质

盐浴配方(质量分数)	获得 CNO^- 的方法或化学方程	备　注
TF-1 基盐(共渗用盐)+REG-1 再生盐(调整成分用)	用 Na_2CO_3 和 $CO(NH_2)_2$ 等化工原料合成 TF-1 盐，盐中 $w(CNO^-)$ = 47%~49%，REG-1 是有机合成物($C_6N_9H_5$)	使用过程中 $w(CN^-)\leqslant 3\%$，属于低氰浴。新盐应空载陈化至 $w(CNO^-)\leqslant$ 40%再用。共渗后在 AB1 氧化浴中冷却，可实现无污染作业。$w(CNO^-)$ 可控制在最佳值±1%~2%，强化效果稳定
J-2 国产基盐+Z-1 国产再生盐	用多种碳酸盐及 $CO(NH_2)_2$ 等原料合成 J-2，$w(CNO^-)$ = 40%~42%，Z-1 为有机化合物为主的再生盐	使用过程中 $w(CN^-)$ 低于 TF-1 浴产生的 $w(CN^-)$，属于优质低氰浴。共渗后在国产 Y-1 氧化浴中冷却，可实现无污染作业。$w(CNO^-)$ 可控制在最佳值±1%~2%，强化效果稳定

表 5-54　几种钢材在 560℃× 1.5~2h 低温液体碳氮共渗后的共渗层深度及硬度数值

材　料	化合物层深度/mm	扩散层深度/mm	表面硬度　HV
低、中碳钢	0.01~0.02	0.3~0.5	450~550
低碳低合金钢	0.01~0.02	0.1~0.2	600~700
38CrMoAl	0.006~0.016	0.15~0.2	1000~1200
3Cr2W8	0.004~0.010	0.1~0.25	800~1050
W18Cr4V	0.002~0.04(共渗 0.5h)		1000~1300

369. 低温无毒固体碳氮共渗

低温无毒固体碳氮共渗是一种所用渗剂原材料无毒的工艺方法。低温固体碳氮共渗时，将工件装入箱中并在四周填充固体介质（类似固体渗碳），然后在箱式炉中加热至 550~600℃ 进行碳氮共渗。此工艺适用于单件、小批量生产，多用于中碳钢制造的模具等。

低温无毒固体碳氮共渗的渗剂成分（质量分数）为：木炭 64.5%+尿素 19.4%+碳酸钠 16.1%。

370. 快速低温固体碳氮共渗

渗剂由木炭和尿素组成，催化剂为碘，用这种渗剂进行快速低温固体碳氮共渗，可缩短工艺周期，节约能源，并获得耐磨性更佳的共渗层。

例如，对经调质处理的 45、40Cr、T10、CrWMn 和 3Cr2W8V 钢件，进行低温固体碳氮共渗，其设备与工艺参数如下：设备为：SX2.5-12 箱式电阻炉；渗碳剂（质量分数）为：木炭 60%+尿素 40%+碘 4g；或木炭 60%+尿素 40%；共渗工艺为 (570 ± 10)℃×3.5h。

共渗后检验结果分别见表 5-55 和表 5-56。由表中的数据可见，加碘催化使低温碳氮共渗的总渗层和化合物层增厚。共渗层中含氮量增多，是使共渗层硬度增高的原因之一。

表 5-55 不同材料低温固体碳氮共渗后的共渗层深度

钢种	未加碘(I_2)的共渗层		加碘(I_2)的共渗层	
	化合物层/μm	总渗层/mm	化合物层/μm	总渗层/mm
45	15	0.20	26	0.41
T10	9	0.23	97	0.46
40Cr	9	0.19	93	0.45
CrWMn	13	0.15	40	0.36
3Cr2W8V	3	0.13	13	0.15

表 5-56 45 钢低温固体碳氮共渗后共渗层中碳、氮的含量

距表面/mm	w(C)(%)		w(N)(%)	
	未加碘(I_2)	加碘(I_2)	未加碘(I_2)	加碘(I_2)
0.05	0.96	0.66	0.067	0.154
0.10	0.71	0.54	0.042	0.088
0.15	0.57	0.54	0.033	0.068
0.20	0.56	0.51	—	0.039
0.25	0.43	0.46	0.025	0.027

3Cr2W8V 钢制热锻模（锻造黄铜坯件）经快速低温固体碳氮共渗后寿命提高 2 倍。用于处理 3Cr2W8V 钢制铝压铸模，可使模具加工寿命由 200 件提高到 3000 件左右。

371. 离子碳氮共渗

离子碳氮共渗是在低于 1×10^5Pa（通常为 $10^{-1}\sim10$Pa）的含碳、氮气体中，利用工件（阴极）和阳极之间的等离子体进行的碳氮共渗。

离子碳氮共渗具有共渗速度快、共渗层质量好、可有效地防止共渗层中出现氧化和黑色组织等缺陷、工件畸变小、节能、渗剂消耗少和污染少等特点。

在离子渗碳气氛中加入一定量的氨气，或直接用氮气作稀释剂，可进行离子碳氮共渗。用普通方法进行碳氮共渗时，温度一般不超过 900℃，而采用离子法，可实现 900℃以上的碳氮共渗。离子碳氮共渗尤其是对氮浓度要求不高、畸变要求不严或是钢材晶粒长大倾向小的工件，如低碳高速钢件进行高温碳氮共渗，其效果较为明显。而对于一些结构复杂、精密度等级高的工件，也可采用 $A_1\sim840$℃的低温碳氮共渗。

综合考虑共渗层组织及表面硬度等因素，渗扩比在 3∶3 时较佳。其共渗层硬度分布如图 5-38 所示。

离子碳氮共渗介质，除供碳剂（如甲烷、丙烷或丙酮等）外，还有起渗氮作用的体积分数为 30%以上的氮气或 14%氨气，以及起还原和稀释作用的氢气；若以含碳的有机液体作供碳剂，则多以氨作供氮剂。离子碳氮共渗温度一般为

780~880℃。

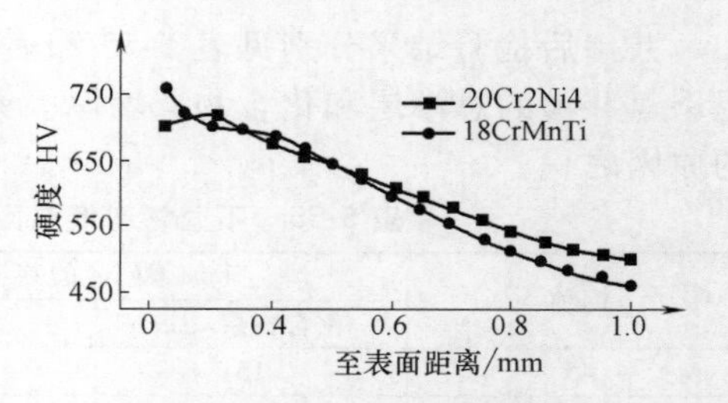

图 5-38　离子碳氮共渗层硬度分布

例如，20 钢纺织机钢领圈，离子碳氮共渗工艺为：860~870℃×1h，氨气供给量为 0.3L/min，甲醇：丙酮（体积比）=4：1，混合液供给量为 15mL/min。共渗后炉冷，重新加热淬火、回火。工件获得的表面硬度为 84.5~85.0HRA，有效硬化层深度为 0.3~0.4mm。处理周期为气体碳氮共渗的 1/4。装机使用后，其磨损失重为气体碳氮共渗的 71.3%。

372. 离子低温碳氮共渗

离子低温碳氮共渗是在辉光离子渗氮炉上添加一套增碳的装置来实现共渗的。此工艺适用于结构复杂、畸变要求较严的零件。

此工艺过程如下：装炉前将工件去除油污，置于离子炉阴极板上，抽真空至 133Pa 时，以工件为阴极，容器为阳极，通入 500~700V 电压即开始升温，并通入氨气。在 570℃下保温并通入乙醇（丙酮或乙炔）蒸气。氨和乙醇蒸气总流量以每小时换气 10 次为佳，其中乙醇蒸气与氨的体积比为（0.1~0.5）：1，而电流密度为 5~10mA/cm^2。

经 570℃×1.5h 共渗后，45 钢、Q235、40Cr、38CrMoAl 和灰铸铁的化合物层深度（mm）、扩散层深度（mm）与表面硬度（HV0.2）分别为：0.022/0.022/0.021/0.015/0.012、0.45/（未做）/0.40/0.25/（未做）和 633/598/666/854/598。

373. 稀土离子低温碳氮共渗

在离子低温碳氮共渗时，在渗剂中加入适量的稀土元素，可明显提高共渗速度，缩短工艺周期。

例如，53Cr21Mn9Ni4N（以下简称 Ni4N）沉淀硬化型不锈钢，共渗介质为热分解氨，以及自配不同含量的稀土有机液体渗剂。共渗前 Ni4N 钢经 1050℃固溶+650℃×2h 的预处理。

共渗在离子渗氮炉中进行。经 540℃×4h 离子低温共渗后，加稀土与未加稀土的化合物层深度均为 2μm，扩散层深度分别为 30μm 和 18μm，故稀土元素对共渗有明显的催渗作用；560℃×2h 离子低温共渗时，稀土加入量有一最佳值，即 RE 的质量分数为 6%，当加入量少于或多于 6%时，催渗效果均较差。

374. 加氧低温碳氮共渗

参考文献［6］介绍，低温气体碳氮共渗时应用 $\varphi(NH_3)$ 50%+$\varphi(CH_4)$ 50%，再加入总量的 $\varphi(O_2)$ 2%作为共渗介质，可显著加速共渗过程，以及得到较高的表面硬度。

375. 真空加氧低温碳氮共渗

此工艺过程是将工件置于13.3Pa的真空容器中加热到570℃，开始以缓慢流速导入氨气，并开动真空泵产生1330~2660Pa适当的负压。在加热区中通入预先混合并加入$\varphi(O_2)$0%~2%的低温碳氮共渗气氛，然后将炉压降到合适的程度，保持10min，最后将工件淬火。

在低温碳氮共渗气氛中加氧，可以使化合物层的深度增大。这可能是由于氧加强了晶界扩散渗入过程的原因。

376. 低温短时碳氮共渗

低温短时碳氮共渗所用介质由NaCNO、NaCN、Na_2CO_3、KCl和$Na_3[Fe(CN)_6]$组成，适用于高速钢制工模具的共渗处理，以提高其使用寿命。

例如，对W6Mo5Cr4V高速钢制冷挤压冲头进行了低温短时碳氮共渗。共渗前冲头先经淬火和三次回火，然后再进行共渗。共渗温度为540~560℃，共渗时间为10~20min。共渗后在热油中冷却，然后进行430~450℃×30min的回火。

经此工艺处理后，冲头的使用寿命提高了0.7~1.5倍。

377. 低温薄层碳氮共渗

碳氮共渗层深度≤0.3mm的称为薄层，共渗层深度≤0.1mm的为超薄层。低温薄层碳氮共渗适用于高速钢制刀具等，最佳共渗层深度为0.02~0.03mm。几种低温薄层碳氮共渗的方法与实例见表5-57。

表5-57 几种低温薄层碳氮共渗的方法与实例

方法	应用实例
液体碳氮共渗	所用共渗介质由NaCNO、NaCN、Na_2CO_3和KCl组成。共渗温度为550℃。达到最佳共渗层深度的时间对于W6Mo5Cr4V钢为10~15min、对于W6Mo5Cr4V2Co5钢为20~25min。薄层共渗后刀具的表面硬度达1246~1288HV，即较基体高出200~300HV 薄层共渗前刀具先经最佳规范的淬火、回火，然后再进行薄层共渗。薄层共渗可大幅度提高刀具的使用寿命
气体碳氮共渗	12CrNi3A钢经820~840℃气体碳氮共渗，在空气中预冷后淬油，然后进行-70℃的冷处理，再进行150~170℃×2h×2次回火后，共渗层深度为0.13~0.15mm，硬度为762~782HV。R_m为1235~1265MPa，A为13.2%~13.8%，a_K为91~93J/cm^2
真空碳氮共渗	10钢止推片，最大外形尺寸为100.5mm(长度)×65.6mm(宽度)×5.3mm(厚度)，采用WZST-45真空渗碳炉，共渗介质采用乙炔和氨气，经880℃×60min真空碳氮共渗后，共渗层深度为0.08~0.11mm，表面硬度为708HV0.3，平面度误差≤0.03mm
底装料立式多用炉碳氮共渗	ZG35CrMnSi钢制某航空产品操纵杆类零件，技术要求为：碳氮共渗层深度为0.05~0.10mm，表面碳浓度为0.8%~0.9%(质量分数)，共渗层表面硬度为688~766HV。按表5-58的工艺参数处理后，共渗层深度为0.08mm，表面碳浓度为0.81%~0.88%(质量分数)，经最终淬火与回火后共渗层表面硬度和共渗层深度符合技术要求

表 5-58 薄层碳氮共渗

工　部	装载	预热	保持	卸载
温度/℃	820±10	820±5	820±5	820±5
时间/min	0	15	20	0
碳势 w(C)(%)	0.35	0.35	0.85	0.85
供氨量/(L/min)	0	0	0.5	0.5

378. 机械助渗碳氮共渗

机械助渗也称化学温处理，其是将机械能与热能相结合，从而大幅度降低扩散温度，显著缩短扩散时间的表面处理工艺。机械助渗碳氮共渗可显著提高共渗速度与工件的使用寿命。机械助渗原理见“557. 机械能助渗”。机械助渗碳氮共渗可采用气体法，并实现可控气氛热处理。

例如，W6Mo5Cr4V2 钢制钻头，要求表面硬度为 64~67HRC。钻头碳氮共渗采用山东大学研制的滚筒式机械能助渗箱式电阻炉，钻头表面处理工艺采用机械能助渗碳氮共渗，其工艺如下：520℃×1h 机械助渗碳氮共渗。其表面硬度为 1000HV0.1 左右，获得了 30~40μm 的扩散层，且无化合物层，钻头使用寿命提高了 1 倍左右，节约能耗 60%以上。

379. 渗氮

渗氮是指在一定温度下于一定介质中使氮原子渗入工件表层的化学热处理工艺。渗氮又称氮化。根据所用介质和工艺参数等的不同，又分为气体渗氮、液体渗氮和离子渗氮等。

渗氮的目的是为了提高工件的表面硬度、耐磨性、疲劳强度、热硬性、耐蚀性及抗咬合性等。

渗氮通常在 480~600℃之间进行，渗氮介质可采用气体（如 NH_3、热分解 NH_3、NH_3+N_2混合气）、熔盐或固体颗粒。常规渗氮工艺周期长（30h 以上），对此，可采用二段及三段气体渗氮法、辉光离子渗氮、真空脉冲渗氮，以及加压气体渗氮等。相关渗氮标准有 GB/T 18177—2008《钢件的气体渗氮》等。

与渗碳工艺相比，渗氮温度较低，因而畸变小，但由于心部硬度较低，渗氮层也较浅（0.2~0.7mm），一般只能满足承受轻、中等载荷的耐磨、耐疲劳要求，或有一定耐热、耐腐蚀要求的机器零件（如镗床主轴和高速精密齿轮），高速柴油机的曲轴和阀门等，以及各种切削刀具、冷作和热作模具等。

一般的钢铁材料和部分非铁金属（如钛、钛合金等）均可以进行渗氮。为了使工件心部具有足够的强度，钢的碳的质量分数通常为 0.15%~0.5%（工具钢碳含量高一些）。常用的渗氮钢、铸铁及其用途见表 5-59。

渗氮层较薄（0.2~0.7mm），一般由两层组成：外层为 ε 相与（$\varepsilon+\gamma'$）相，不易腐蚀，称为白亮层；内层为腐蚀色较深的 $\alpha+\gamma'$相（ε—$Fe_{2\sim3}N$ 与铁或氮的固溶体，γ′—Fe_4N，α—氮在铁中的固溶体）和高度弥散的合金氮化物（AlN、VN、

Mo_2N、CrN 等)。渗氮工艺时间较长，为获得 0.3~0.5mm 厚的渗氮层，常需保温 20~80h。

由于渗氮后工件表面可获得高硬度，故无须进行任何处理。但渗氮前需进行调质处理（工模具采用淬火+回火），以保证工件心部的性能，必要时还应进行去应力回火。渗氮后的冷却需在少量 NH_3 的保护下进行，以免工件氧化。

渗氮后可得到 600~1200HV 的表面硬度，耐磨性很高。这一高硬度可保持到 500℃（长期），甚至 600℃（短期），疲劳极限可提高 30%~300%，耐蚀性能也得到了提高。

表 5-59 常用的渗氮钢、铸铁及其用途

类别	牌号	渗氮后的主要性能	主要用途
低碳钢	08、08F、10、15、20、Q235、20Mn、30、35	耐大气与水的腐蚀	螺栓、螺母和销钉等
中碳钢	40、45、50、60	提高耐磨与抗疲劳性能或提高耐大气及水腐蚀的性能	曲轴、齿轮轴、心轴和低档齿轮等
低碳合金钢	18Cr2Ni4WA、18CrNiWA、20Cr、12CrNi3A、20CrMnTi、25Cr2Ni4WA、25Cr2MoVA	耐磨、抗疲劳性能优良且心部韧性高，可承受冲击载荷	非重载齿轮、齿圈和蜗杆等中、高档精密零件
中碳合金钢	38CrMoAlA、38Cr2MoAlA、35CrMo、35CrNiMo、42CrMo、40CrNiMo、30Cr3WA、30CrMnSi、40Cr、50CrV	耐磨性、抗疲劳性能优良，心部强韧性好。特别是含 Al 钢，渗氮后硬度很高，耐磨性优良	机床主轴、镗杆、螺杆、汽车机轴、较大载荷的齿轮和曲轴等
模具钢	Cr12、Cr12MoV、3Cr2W8V、4Cr5SiMoV、4Cr5W2VSi、5CrNiMo、5CrMnMo	耐磨性、抗热疲劳性和热硬性好，有一定的抗冲击疲劳性能	冲模、拉深模、落料模、有色金属压铸模和挤压模等
工具钢	W18Cr4V、W6Mo5Cr4V2、W9Mo3Cr4V、CrWMn、W18Cr4VCo5、65Cr4W3Mo2VNb	耐磨性及热硬性优良	部分模具、高速钢铣刀和钻头等多种刃具
不锈钢、耐热钢、超高强度钢	12CrNi3、20Cr13、30Cr13、40Cr13、12Cr18Ni9、15Cr11MoV、42Cr9Si2、45Cr14Ni14W2Mo、17Cr18Ni9、13Cr12NiWMoVA、40Cr10Si2Mo、Ni18Cr9Mo5Ti	耐磨性、热硬性及高温强度优良，能在 500~600℃ 服役，渗氮后耐蚀性有所下降，但在许多介质中仍有较好的耐蚀性	纺织机走丝槽，在腐蚀介质中工作的泵轴、叶轮和中壳等液压件，以及内燃机气阀和在 500~600℃ 环境中工作且要求耐磨的零件
球墨铸铁及合金铸铁	QT600-3、QT800-2、QT450-10	耐磨性优良、抗疲劳性能好	曲轴、缸套及凸轮轴

380. 气体一段渗氮

气体一段渗氮是指在可提供活性氮原子的气氛（如 NH_3 与 N_2 的混合气体、氨分解气、氨气）中和一定温度及氮势下进行的渗氮，也称等温渗氮。

此工艺通常在温度（460~530℃）及氨分解率（20%~40%）均不变动的条件下进行。由于温度较低，工件畸变小。但渗氮周期长，为得到 0.6~1.0mm 的渗氮层，需要保温 50~120h。

例如，38CrMoAl 钢制精密磨床主轴，要求渗氮层深度为 0.4～0.6mm，表面硬度大于 900HV，其一段渗氮工艺曲线如图 5-39 所示。为了降低渗氮层的脆性，常在渗氮结束前 2～4h 进行退氮处理。

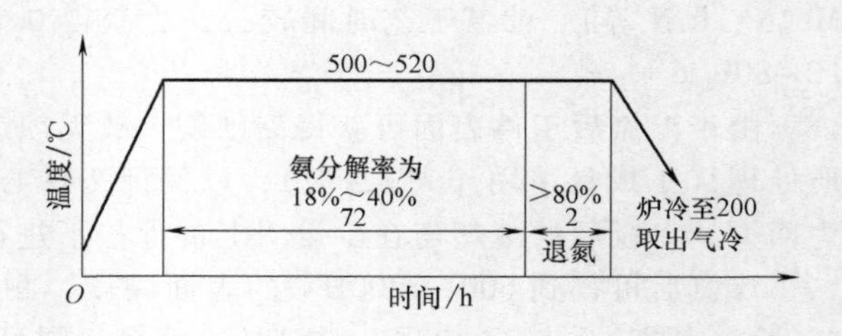

图 5-39　38CrMoAl 钢制精密磨床主轴一段渗氮工艺曲线

一段渗氮的优点是渗氮温度低，硬度高而畸变小。缺点是生产周期太长，当退氮不当时，脆性较大。它适用于要求表面硬度高、畸变小的工件。常用于承受载荷大的精密件，如镗床镗杆、主轴、曲轴和齿轮等。表 5-60 为一段渗氮工艺的应用实例。

表 5-60　一段渗氮工艺的应用实例

牌号	渗氮工艺			渗氮层深度/mm	表面层硬度 HV10	典型工件
	温度/℃	时间/h	氨分解率(%)			
38CrMoAlA	500±10	50	15～30	0.45～0.50	550～650	曲轴
	510±10	35	20～40	0.30～0.45	1000～1100	镗杆、活塞杆
	510±10	35～55	20～40	0.30～0.55	850～950	曲轴
	510±10	80	30～50	0.50～0.60	1000	镗杆、活塞杆
	535±10	35	30～50	0.45～0.55		
40CrNiMoA	520±10	25	25～35	0.35～0.55	≥68HR30N	曲轴
30Cr2Ni2-WVA	500±10	35	15～30	0.25～0.30	650～750	受冲击或重载零件
30Cr2Ni2WA	500±10	55	15～30	0.45～0.50	650～750	受冲击或重载零件
30CrMnSiA	500±10	25～30	20～30	0.20～0.30	≥58HRC	
50CrVA	460±10	15～20	10～20	0.15～0.25	—	弹簧
	480±10	7～9	15～35	0.15～0.25		
40Cr	490±10	24	15～35	0.20～0.30	≥550	齿轮
18CrNiWA	490±10	30	25～30	0.20～0.30	≥600	轴
18Cr2Ni4A	500±10	35	15～30	0.25～0.30	650～750	轴
12Cr13	510±10	55	20～40	0.15～0.25	950～1050	要求耐磨、抗疲劳、耐腐蚀的零件
	550±10	48	25～40	0.25～0.30	900～950	
20Cr13	500±10	48	15～25	0.10～0.12	1000～1050	
	550±10	50	40～45	0.25～0.35	850～950	
45Cr14Ni14-W2Mo	510±10	35	18～23	0.04～0.06	—	
	560±10	60	25～40	0.10～0.12		
	630±10	40	50～80	0.08～0.14		
40Cr10Si2Mo	590±10	35～37	30～70	0.20～0.30	84HR15N	
3Cr2W8V	535±10	12～16	25～40	0.15～0.20	1000～1100	模具
4Cr5W2VSi	560±10	55	20～45	0.45～0.55	700～750	
W18Cr4V	515±10	0.25～1.0	20～40	0.01～0.025	1100～1300	刀具

381. 气体二段渗氮

气体二段渗氮又称双程渗氮。其第一段的渗氮温度和氨分解率与一段渗氮法相同；第二段采用较高的温度（一般为 550～600℃）和较高的氨分解率（约为 40%～60%）。两段渗氮可缩短渗氮周期（比一段渗氮缩短 1/4～1/3 的时间），但表面硬度稍有下降，畸变量有所增加。例如，上述精密磨床主轴（材料与技术要求与“380. 气体一段渗氮”相同）的二段渗氮工艺如图 5-40 所示。

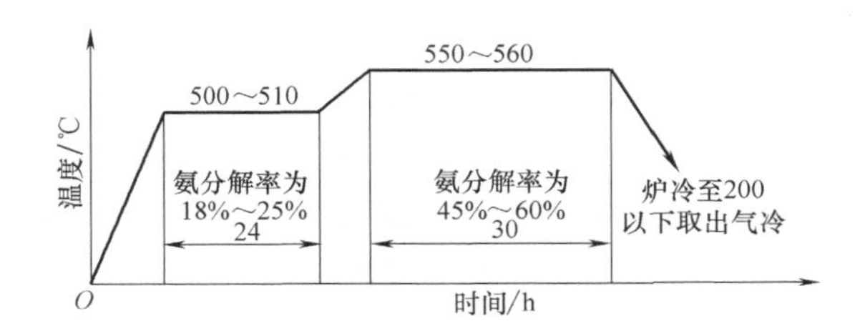

图 5-40 38CrMoAl 钢制精密磨床主轴二段渗氮工艺曲线

二段渗氮法应用最为广泛，适用于硬度要求略低、渗氮层较厚且不易畸变的工件。表 5-61 为二段渗氮工艺的应用实例。

表 5-61 二段渗氮工艺的应用实例

牌号	渗氮工艺				渗氮层深度/mm	表面层硬度HV10	典型工件
	阶段	温度/℃	时间/h	氨分解率(%)			
38CrMoAl	1	515±10	25	18～25	0.40～0.60	850～1000	十字销、卡块、大齿圈、螺杆
	2	550±10	45	50～60			
	1	510±10	10～12	15～30	0.50～0.80	≥80HR15N	
	2	550±10	48～58	35～65			
40CrNiMoA	1	520±10	20	25～35	0.40～0.70	≥83HR15N	曲轴
	2	545±10	10～15	35～50			
35CrNi3WA	1	505±10	40	15～35	≥0.7	>45HRC	曲轴等
	2	525±10	50	40～60			
35CrMo	1	505±10	25	18～30	0.50～0.60	650～700	曲轴等
	2	520±10	25	30～50			
40Cr	1	520±10	10～15	25～35	0.50～0.70	≥50HRC	齿轮
	2	540±10	52	35～50			
15Cr11MoV、15Cr12WMoV	1	530±10	10	30～50	0.30～0.40	900～950	要求耐磨、抗疲劳、耐腐蚀的零件
	2	580±10	20	50～65			
Cr12、Cr12MoV	1	480±10	18	14～27	≤0.20	700～800	模具
	2	530±10	22	30～60			

382. 二段循环渗氮

这种工艺是将多个周期较短的两段氮化加以循环，在每个循环的不同阶段确定不同的控制环节，同时使界面吸收与扩散的速度充分匹配，相互促进，循环加速充分利用扩散和强渗的高速段氮化速度。采用此工艺的渗氮周期较常规工艺的周期缩短 1/3～1/2。

用计算机控制二段渗氮各阶段的温度、时间和氨流量，并进行 2~4 周期的二段渗氮循环。生产表明，此工艺周期比常规二段渗氮法缩短了 30%以上。

两段循环渗氮工艺：首先采用直接升温法，取消升温前的排气工序，这是由于在 200℃左右氨气开始大量分解，可防止或减少工件的氧化倾向；又可使已被氧化的工件在进入渗氮温度之前被氨和氢还原。其次采用计算机控制渗氮工艺，可省去退氮工序。渗氮后用鼓风机快冷，仅用 5~6h 可使炉温降至 200℃以下。

实例，38CrMoAl 钢（卷烟机）烟枪底板采用两段循环渗氮工艺（见图 5-41），渗氮保温时间由过去的 54h 缩短至 22h，渗氮层深度为 0.4~0.45mm，硬度为 1150~960HV，脆性为 1 级，氮化物分布均匀。整个渗氮时间由过去的 100h 缩短为 40h。

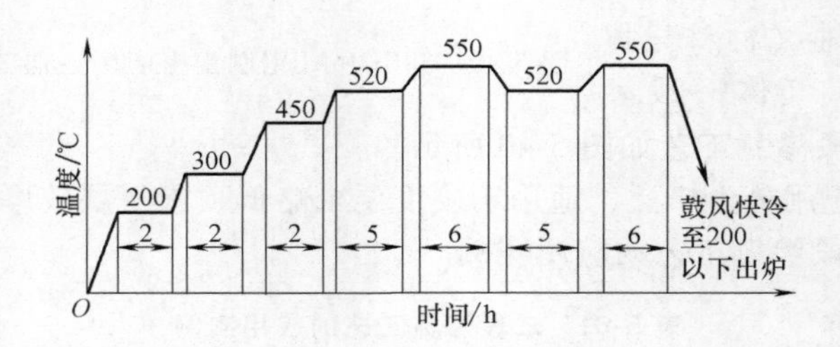

图 5-41　38CrMoAl 钢烟枪底板两段循环渗氮工艺

383. 气体三段渗氮

气体三段渗氮是将整个渗氮处理过程分为三个阶段进行的渗氮工艺。以下简称三段渗氮。

三段渗氮法的特点是在两段渗氮处理后再在 520℃~550℃继续渗氮，以提高表面硬度和缩短工艺周期（约为一段渗氮的 50%）。但三段渗氮的操作繁杂，而且渗氮后的硬度梯度较二段渗氮差。

例如，38CrMoAl 钢制精密磨床主轴（技术要求与“380. 气体一段渗氮”相同）的三段渗氮工艺如图 5-42 所示。其工艺过程是，在依次升温和增加氨分解率的二段渗氮之后，于第三阶段恢复到第一阶段的温度（或略高，但低于第二阶段）和氨的分解率（图 5-42 中第三阶段氨的分解率较高，一般应较低）再保持一段时间（第三阶段），使表面硬度又获得提高。

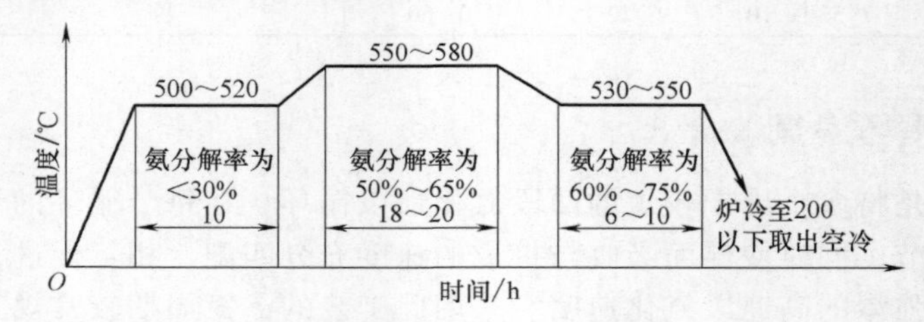

图 5-42　38CrMoAl 钢制精密磨床主轴的三段渗氮工艺曲线

三段渗氮硬度比一般渗氮工艺低，脆性和畸变等比一般渗氮工艺略大。常用于受冲击的重要零件。几种常用钢的三段渗氮工艺规范见表 5-62。

表 5-62 几种常用钢的三段渗氮工艺规范

钢号	渗氮工艺				渗氮层深度/mm	表面层硬度 HV10	典型工件
	阶段	温度/℃	时间/h	氨分解率(%)			
38CrMoAl	1	510± 10	8~10	15~35	0. 30~0. 40	>700	齿轮
	2	550± 10	12~14	35~65			
	3	550± 10	3	>90			
25CrNi4WA	1	520± 10	10	25~35	0. 25~0. 40	73HRA	受冲击或重载的零件
	2	550± 10	10	45~65			
	3	520± 10	12	50~70			

384. 短时渗氮

短时渗氮是渗氮时间在几十分钟至几小时之间选择的气体渗氮工艺（见图 5-43）。即在保持适当的氨分解率下，在高于传统渗氮的温度下进行短时的渗氮。可在各种合金钢、非合金钢和铸铁件表面获得 6~15μm 的化合物层。渗氮温度为 560~580℃，渗氮时间为 2~4h，氨分解率为 40%~50%。

高速工具钢的短时渗氮时间一般为 20~40min，应采用较高的氨分解率，避免在高速工具钢的渗氮层表面出现化合物层。

除了高速工具钢之外，短时渗氮所形成的化合物层很薄，故脆性不太大，可以带着化合物层服役，使耐磨性大幅度提高，并可降低摩擦系数。

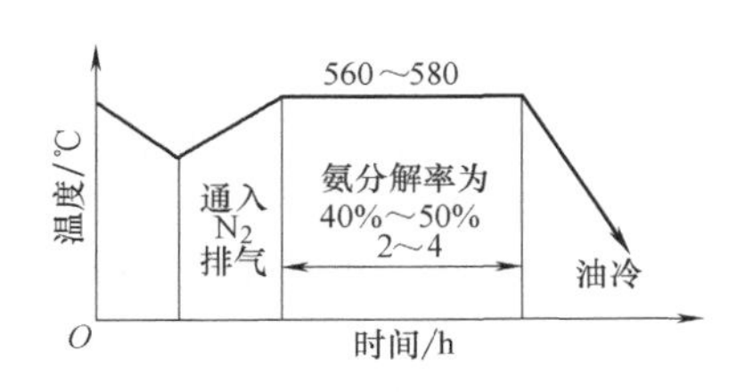

图 5-43 典型短时渗氮工艺曲线

短时渗氮处理工件具有很高的耐磨性、疲劳强度、耐蚀性、抗擦伤与抗咬合性能等，保留了铁素体氮碳共渗的优点，并从根源上消除了后者炉气中含极毒性 HCN 气体的缺点。

对于以磨损或咬合为主要失效方式，且承受的接触应力不高的工件，用短时渗氮替代常规渗氮，节能效果明显。

传统的渗氮工艺常采用合金钢，而短时渗氮可在普通非合金钢表面形成致密的化合物层，耐磨性相当高。若在短时渗氮时采用低压脉冲供气的方法，对于提高零件渗氮层的均匀性，或对于带有细孔、盲孔的零件的渗氮均有良好的作用。

采用在氮基吸热式气氛中加入氨作为气体渗氮介质，在 570℃进行 1~4h 的短时渗氮，可以有效地提高工件的疲劳强度及耐磨性。但是，由于渗氮层较薄，不能承受重载荷。

385. 高温快速气体渗氮

以提高表面硬度和强度为目的的常规气体渗氮工艺温度一般在 520℃左右，而高温快速气体渗氮是指采用更高的工艺温度（一般在 540~580℃，甚至 600℃~

700℃）的渗氮。在相同的氨分解率下，提高温度可提高钢件表面吸附氮原子的能力和氮原子的扩散系数，因而提高了渗氮速度，相应降低了能耗。高温快速气体渗氮的最高工艺温度一般根据零件畸变情况和预备热处理温度（调质处理时的回火温度）进行选择。

高温快速气体渗氮的特点：①提高氮原子在 γ' 相和 γ 相中的扩散速度，大幅度缩短渗氮时间，提高渗氮效率；②可降低能耗；③降低因渗氮时间过长而造成表面硬度下降的倾向；④渗氮层表面硬度下降明显；⑤工件畸变加大。

有研究表明[82]，在650℃以下渗氮时，随渗氮温度的升高，化合物层的厚度迅速增加；在650℃以上渗氮时，随着温度升高，化合物层的厚度减少。在600~700℃渗氮时，除得到化合物层、扩散层外，还会得到奥氏体层。含氮奥氏体是这一温度的特有相，在冷却时转变为马氏体或贝氏体，硬度可达800HV以上。高硬度马氏体层与化合物层相匹配，有利于提高零件的耐磨性。

高温快速气体渗氮工艺：560~580℃×2~4h，氨分解率为40%~50%，可获得6~15μm的化合物层。对于更高温度（如650℃）的渗氮，为防止氮化物晶粒变粗、硬度下降，必须采用含有V、Ti等元素可形成稳定合金氮化物的合金钢种，即快速渗氮钢。含钛快速渗氮钢的两段渗氮工艺为：620℃×5h+750℃×2h，氨分解率可通过调整气体流量来调节。

例如，42CrMo钢制大型风电增速箱内齿圈，尺寸为 ϕ2300mm×420mm（外径×齿宽度），模数为16mm，要求渗氮层深度≥0.6mm。先经调质处理（580℃回火后硬度为290HBW左右）。表5-63为渗氮工艺参数。与常规工艺（520℃）相比，采用高温快速气体渗氮工艺（550℃），达到相同的渗氮层深度所用的渗氮时间可节省近50%。高温快速气体渗氮时通过对装炉、升温速度、出炉温度等方面进行控制，齿圈节圆、基准端面的跳动误差均在0.04mm范围内，满足技术要求。

表5-63　42CrMo钢不同渗氮工艺参数与随炉试样渗氮层深度

渗氮温度/℃	氨分解率（%）	工艺时间/h	试样渗氮层深度/mm
520	30~50	75	0.61
540	30~50	47	0.62
550	30~50	38	0.60

采用表5-63中的高温渗氮工艺时，氮化物级别为2级，白亮层厚度为12.5μm，表面硬度为630HV，脆性等级为1级，疏松级别为1级。

386. 不锈钢耐热钢渗氮

Cr-Ni系奥氏体不锈钢、Cr13系马氏体不锈钢、14Cr17Ni2马氏体不锈钢，以及低碳高铬系铁素体不锈钢等所制作的工件，虽然具有较高的高温强度，但耐磨性较差，对此可进行渗氮处理，其工艺规范见表5-64。由表中数据可知，不锈钢的渗氮温度常在500~600℃，渗氮时间为25~50h，渗氮层深度为0.1~0.3mm。

渗氮前需去除工件表面的钝化膜（氧化物薄膜），这种薄膜会阻碍氮原子的渗入。可用喷砂和氢还原法等去除；也可在渗氮时向氨分解气中通入 NH_4Cl 使氧化膜还原；还可用 NH_3 作去钝处理等。表 5-65 为不锈钢耐热钢氮化前的处理方法。

表 5-64 不锈钢和耐热钢气体渗氮工艺规范

钢号	渗氮工艺参数				渗氮层深度 /mm	表面硬度 HV	脆性等级
	阶段	温度/℃	时间/h	氨分解率(%)			
12Cr13	—	500	48	18~25	0.15	1000	—
		560	48	30~50	0.30	900	
20Cr13	—	500	48	20~25	0.12	1000	—
		560	48	25~35	0.26	900	
12Cr13、20Cr13、15Cr11MoV	1	530	18~20	30~45	≥0.25	≥650	—
	2	580	15~18	50~60			
12Cr18Ni9	—	550~560	4~6	30~50	0.05~0.07	≥950	1~2
	1	540~550	30	25~40	0.20~0.25	≥950	1~2
	2	560~570	45	35~60			
24Cr18Ni8W2	—	560	24	40~50	0.12~0.14	950~1000	—
		560	40	40~50	0.16~0.20	900~950	
		600	24	40~70	0.14~0.16	900~950	
		600	48	40~70	0.20~0.24	800~850	
45Cr14Ni14-W2Mo	—	550~560	35	45~55	0.080~0.085	≥850	1~2
		580~590	35	50~60	0.10~0.11	≥820	
		630	40	50~80	0.08~0.14	≥80HR15N	
		650	35	60~90	0.11~0.13	83~84HR15N	

表 5-65 不锈钢耐热钢氮化前的处理方法

方 法	内 容
喷砂处理	工件在渗氮前用细砂在 0.15~0.25MPa 的压力下进行喷砂处理，直至表面呈暗灰色，清除表面灰尘后立即入炉渗氮。可用于对表面粗糙度要求不高的工件的渗氮处理
磷化处理	渗氮前对工件进行磷化处理，可以破坏金属表面的氧化膜，形成多孔疏松的磷化层，有利于氮原子的渗入。例如，为了解决 AISI420 不锈钢的直接渗氮问题，采用LD-2311 不锈钢专用磷化剂，选择 90~100℃×10~15min 处理工艺作为渗氮的前处理，可使渗氮速度加快、渗氮层无脆性，表面硬度可达 1180HV
氯化物浸泡	将喷砂或精加工后的工件用 $TiCl_2$ 和 $TiCl_3$ 浸泡或涂覆，能有效地去除氧化膜
浅层渗碳	对于奥氏体不锈钢可在渗氮前预先在真空渗碳炉中对不锈钢进行浅层渗碳处理，通过真空渗碳处理使 C 与 Cr 元素结合，以去除稳定的保护膜，然后采用通常的气体氮化炉直接实施表面硬化。结果表明，表面硬度可达 1000HV0.1，其耐磨性与常规渗氮相当
离子渗氮	离子渗氮特别适用于不锈钢、耐热钢等表面易生成钝化膜的材料的渗氮处理。离子渗氮时，只需在炉内进行溅射就可以去除钝化膜

奥氏体不锈钢经低温渗氮（离子渗氮、气体渗氮）后，可抑制 Cr 的氮化物在表面层析出，使材料具有硬度高和耐蚀性高的特性。例如，汽车发动机主要零部件采用不锈钢，通过离子渗氮，提高其耐磨性与耐蚀性。

387. 不锈钢的固溶渗氮

固溶渗氮是利用热处理的方法获得无磁、具有高耐蚀能力的高氮奥氏体层的化学热处理工艺。与传统渗氮工艺不同的是固溶渗氮以 N_2 为气体介质，渗氮温度比较高、渗氮层更深。

传统不锈钢渗氮工艺，一般采用的温度为500~600℃，保温时间为25~50h，所得渗氮层深度仅为0.1~0.3mm，为提高渗氮层深度，采用固溶渗氮工艺，可使渗氮层深度达到2.5mm，并保持耐蚀性。

按渗氮层组织为马氏体和奥氏体的不同可分为SOLNIT-M和SOLNIT-A两种固溶渗氮处理，SOLNIT取自英文Solution Nitriding的前三个字母。前者指对低碳马氏体不锈钢或铁素体-马氏体基体的不锈钢进行渗氮，并以大于临界冷却速度的淬火获得高硬度马氏体表面层，$w(N)\approx 0.5\%$；后者指对奥氏体不锈钢和双相不锈钢［（A+M）和（F+A）］进行渗氮，获得高强度奥氏体表面层，$w(N)\approx 0.9\%$。

固溶渗氮的主要工艺参数为：渗氮温度为1050~1150℃；氮的分压为0.01~0.3MPa；渗氮时间由渗氮层深度决定，可达24h；渗氮层深度可达2.5mm；在固溶渗氮中，要求表层内不析出损害钢的耐磨性的第二相 Cr_2N，就要求工件以较快的速度冷却下来，相应要求从800℃冷却至500℃的时间小于从渗氮温度冷却过程中沿奥氏体晶界沉淀析出 Cr_2N 的时间，在实际生产中常采用油淬或高压气淬（压力为1MPa）。

AISI304奥氏体不锈钢在 N_2 中进行固溶渗氮时，渗氮温度在900~1100℃之间，保温2~8h，当渗氮压力在0.5~2MPa之间变化时，表面氮浓度在0.37%~0.50%（质量分数）之间变化，渗氮层深度在0.35~1.20mm之间变化。

这种处理使材料具有高的耐蚀性和疲劳强度，心部仍保持固溶处理状态的强度，可用于医疗器具及零件、机械设备零件（轴承和涡轮机零件）、造纸和纺织零件（泵件和压缩机零件）、食品工业上的肉类加工零部件，以及炊具等。

388. 不锈钢的稀土离子催渗氮

不锈钢离子渗氮时，由于离子的轰击作用，可去除工件表面的氧化膜和钝化膜，这对那些易氧化或钝化的材料，如不锈钢等，利于进行渗氮处理。

采用等离子体渗氮设备，对20Cr13不锈钢在560℃进行传统离子渗氮和稀土离子催渗氮，发现稀土催渗离子渗氮不仅有催渗和改善渗氮层硬度和渗氮层组织的效果，还有一定的微合金化作用。这是由于稀土的加入强化了界面效应，增加了离子轰击效应，使试样表面的空位、位错增加，加快了氮原子的扩散，稀土La沿晶界、位错等特殊通道以较快速度向内部扩散，促进原子扩散及微合金化。

例如，将稀土渗剂注入53Cr21Mn9Ni4N不锈钢离子渗氮炉中进行稀土催渗氮，并与普通离子渗氮进行比较，在530℃下保温3.5h，普通离子渗氮与稀土离子催渗氮的渗氮层深度分别为0.07mm和0.10mm，稀土离子催渗氮可提高渗氮速度30%

以上。

又例如，440B 马氏体不锈钢（相当于 8Cr13 钢）制 LH125 活塞环，采用 LDMC-75A 脉冲电源等离子渗氮炉。以液氨为供氮源，将稀土溶入有机溶剂，依靠炉内负压导入炉内；电压为 650V，稀土离子催渗氮工艺为 500℃×4～6h。活塞环获得的表面硬度为 1183HV0.1，有效硬化层深度为 0.07DN790HV0.1，无脉状组织，脆性≤3 级。在相同的保温时间内，经稀土离子催渗氮比普通离子渗氮的活塞环的硬度高，硬化层深度更深，渗氮速度可提高 20%～30%，硬度梯度平缓。

389. 深层可控离子渗氮

深层可控离子渗氮（>0.55mm）能有效地改善渗氮层的承载及抗冲击能力，在某些场合可替代渗碳工艺。

深层可控离子渗氮新工艺是三段渗氮工艺，氮化时间仅用 60～70h，可使渗氮层达 0.8～1.2mm，工件表面（如齿轮表面）获得 γ′相单相组织，而不需磨掉白亮层。

深层可控离子渗氮用于模数为 2.5～10mm、精度为 5～7 级、最高线速度达 118m/s 的各种形状齿轮，可获得较高的接触疲劳强度，当渗氮层深度由 0.5mm 增加至 0.8～1.0mm 时，可提高接触疲劳强度约 25%；表面以 γ′相为主的化合物层比 ε+γ′双相层能提高接触疲劳强度近 40%；心部硬度由 240～260HBW 提高到 310～330HBW，可提高接触疲劳强度 30%。因此，采用中硬度调质+韧性深层渗氮可提高渗氮齿轮的承载能力。

深层可控离子渗氮的工艺（见图 5-44）如下：

1）第一阶段强渗，温度为 520～530℃，时间为 12～15h，尽可能在短的时间内施以较高的氮势，以获得较大的氮浓度梯度。

2）第二阶段扩散，需加强氮原子在钢内部的扩散，温度稍高一些，取 570～580℃，时间在 40h 左右。

3）第三阶段补渗，经扩散之后在表层 0.3mm 的深度范围内，显微硬度有不同程度的下降，为此采用与第一阶段强渗基本相同的工艺进行补渗，以提高渗氮层的硬化效果。

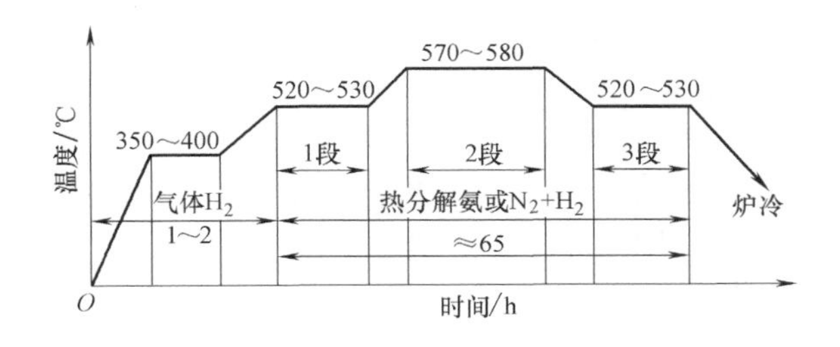

图 5-44 深层可控离子渗氮工艺曲线

表面获得以γ′相为主或单相的化合物组织，深层可控离子渗氮结果见表5-66。

表5-66 深层可控离子渗氮结果

试样材料	表面硬度 HV5	渗氮层深度/mm	白亮层深度/μm	脆性/级
25Cr2MoV	600~700	0.95	24	1
42CrMo	566~593	1.0	19	1
40CrNiMo	524~558	0.95	22	1

深层可控离子渗氮过程中各阶段处理后的渗氮层显微硬度梯度情况如图5-45所示。

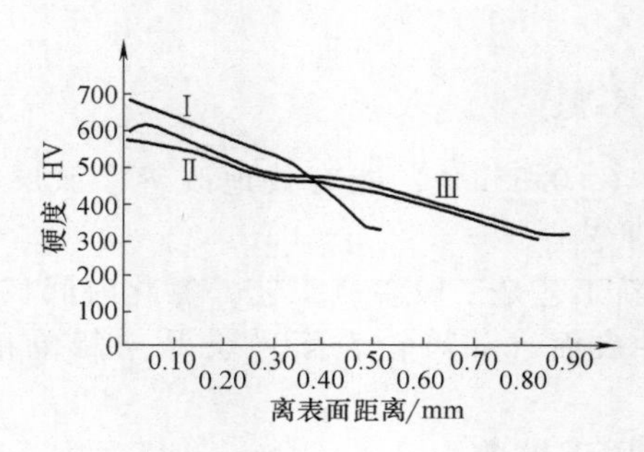

图5-45 深层可控离子渗氮各阶段处理后的渗氮层显微硬度梯度变化

注：Ⅰ、Ⅱ、Ⅲ分别为深层可控离子渗氮的第一、二、三阶段。

390. 铸铁渗氮

铸铁，如球墨铸铁、可锻铸铁和灰铸铁通过渗氮处理，可提高其表面硬度、耐磨性、疲劳强度和耐蚀性。铸铁中由于石墨的存在，以及C、Si元素的含量高，氮扩散的阻力较大，为要达到与钢件同样的渗氮层深度，渗氮时间将延长1.5~2.0倍。

渗氮前铸铁件需经过消除碳化物退火和正火等预备热处理。

球墨铸铁耐蚀渗氮的预处理通常采用石墨化退火获得铁素体基体，渗氮温度为600~650℃、保温1~3h、氨分解率为40%~70%，可获得0.015~0.06mm的渗氮层，表面硬度约为400HV。

例如，成分（质量分数）为C3.6%~3.8%、Si2.2%~2.3%、Mn0.5%~0.8%、P<0.1%、S<0.05%、Mg0.04%~0.08%和RE0.03%~0.06%的稀土镁球墨铸铁制氧气压缩机缸套，应用氨作为介质的气体渗氮工艺分为两个阶段，温度均为560℃。第一阶段氨分解率为20%~35%，保温12h；第二阶段氨分解率为45%~55%，保温24h。渗氮后炉冷至200℃，出炉空冷。经此处理后可得0.25mm厚的渗氮层，表面硬度约为900HV，脆性为2级。

391. 局部渗氮

根据使用和后续加工的要求，工件上一些不允许渗氮的部分，可采用镀层法、涂料法和机械遮蔽法等加以防护，以实现局部渗氮，具体方法见表 5-67。

表 5-67　局部渗氮方法

方法	内　　容
镀层法	镀锡(0.003~0.015mm)[或用 w(Sn)= 20%的锡铅合金]、镀铜(0.02~0.03mm)、镀镍(0.02~0.04mm)和镀钖(0.004~0.006mm)等
涂料法	涂料法可用中性水玻璃[(质量分数)Na_2O 7.08%+SiO_2 29.54%]加石墨粉(质量分数)10%~20%(粒度为 0.5~1.0mm)作为防渗剂涂覆于工件表面。涂覆时需将工件加热到 60~80℃,反复涂覆 2~3 次,厚度为 0.6~1.0mm,涂覆后自然干燥,或在 90~130℃下烘干 也可采用商品防渗氮涂料,如 FN-1 和 KS-2 型防渗氮涂料,在 480~600℃渗氮时使用。以及 AN560 和 AN600P(防离子渗氮)防渗氮涂料等
机械遮蔽法	离子渗氮时,对不需渗氮的孔和螺孔分别采用销、顶丝和螺钉保护;对外螺纹和外圆采用套保护;对内孔采用心轴和盖保护等

392. 退氮处理

退氮处理是为去除渗氮表层中过多的氮而进行的工艺过程。

在纯氨介质中渗氮后，工件表面脆性较高。对此，可在渗氮的最后阶段，将氨的分解率提高到 80%以上，继续保持一段时间，使表面退氮。此时，氮含量降低，在 ε 相中生成 α 及 γ 相，密度不同（ε、γ′和 α 相密度分别为 6.88g/cm³、7.11g/cm³ 和 7.88g/cm³），容易造成表面显微裂纹，故退氮时间不宜过长，一般采用 2~4h。

退氮处理还可作为单独工艺，应用于渗氮后表面脆性较大工件的返修处理。

393. 奥氏体渗氮

奥氏体渗氮工艺：渗氮温度为 600~700℃，渗氮时间为 2~4h，氨分解率为 60%~80%。在奥氏体渗氮温度下形成的渗氮层组织为 ε 相化合物层、奥氏体层和扩散层。淬火至室温后的渗氮组织为化合物层、残留奥氏体层、淬火马氏体层和扩散层。

以提高耐蚀性为主的工件经奥氏体渗氮后不必进行回火处理。

奥氏体渗氮油淬后经过 180~200℃回火，残留奥氏体未发生转变，可保持很高韧性和塑性，适用于对韧性要求很高，以及在装配或使用过程中需承受一定程度塑性形变的渗氮件。

奥氏体渗氮经过 220~250℃回火，残留奥氏体发生分解，硬度提高到 950HV 以上，化合物层中的 ε 相也发生时效，使硬度提高到 1000HV 以上，适合于对耐磨性要求很高的渗氮件。

奥氏体渗氮的耐蚀性优于常规耐蚀渗氮。

394. 耐蚀渗氮

为了提高钢件的耐蚀性而进行的渗氮处理，称为耐蚀渗氮。耐蚀渗氮通常在600~700℃于纯氨（分解率为30%~70%）中进行，以获得厚度为15~60μm致密的ε相，以提高工件在大气及水中的耐蚀性能，可代替镀镍、镀锌及发蓝。

耐蚀渗氮处理时氨分解率不应超过70%，渗氮温度可达600~700℃，保温时间以获得要求的渗氮层深度为依据，时间过长将使ε相变脆。耐蚀渗氮对各种钢均可得到良好的效果。表5-68[1]为纯铁、非合金钢耐蚀渗氮的工艺。

表5-68　纯铁、非合金钢耐蚀渗氮工艺

材料	渗氮工艺				ε相层厚度/μm
	温度/℃	时间/h	氨分解率(%)	冷却方式	
DT（工业纯铁）	550±10	6	30~50	随炉冷却至200℃以下出炉空冷,以提高磁导率	20~40
	600±10	3~4	30~60		
10	600±10	6	45~70	根据要求的性能和零件的精度,分别冷至200℃出炉空冷、直接出炉空冷、油冷或水冷	40~80
10	600±10	4	40~70		15~40
20	610±10	3	50~60		17~20
30	620~650	3	40~70		20~60
40、45、40Cr、50以及所有牌号的低碳钢	600±10	2~3	35~55	对于要求基体具有强韧性的中碳或中碳合金钢工件,尽可能水冷或油冷	15~50
	650±10	0.75~1.5	45~65		
	700±10	0.25~0.5	55~75		

395. 纯氨渗氮

此法是将氨气连续通入500~600℃的渗氮炉中，有一部分氨气在工件及炉罐壁的触媒作用下分解，放出活性氮原子，被工件表面吸收并渗入内部，形成渗氮层的化学热处理工艺。入炉前，氨气应以硅胶、生石灰或氯化钙进行干燥，使w（水分）<0.2%。

氨分解率对工件表面的吸收氮量有很大影响。当氨分解率为20%~40%时，活性氮原子多，吸收量最多。当氨分解率超过70%以后，介质中氢含量大为增加，会阻碍工件表面对氮的吸收，使硬度下降、渗氮层深度减小。

纯氨分解介质的活性氮含量高，易于形成0.02~0.04mm的脆性层，因而适用于氮化后还要精磨的工件，如机床主轴和发动机曲轴等。

396. 氨氮混合气体渗氮

此法是将$\varphi(NH_3)=10\%\sim30\%$的氨（气）氮（气）混合气体通入渗氮炉内，由于氮气的稀释作用，氨分解后的活性氮含量降低，渗氮工件表面脆性显著降低，而硬度和渗氮层深度还有所提高。该方法适用于渗氮后不需精磨的工件，如齿轮、弹簧和仪表等零件。最常用的气体成分是氮气：氨气=3：7。

397. 流态床渗氮

与流态床渗碳工艺相似，在以刚玉砂和硅砂为粒子的（直接电热）流态炉中，同时通入一定比例的空气和NH_3便可以进行渗氮热处理。也可以采用脉冲流态床渗氮，即在保温期使氨含量降到加热时的10%~20%。渗剂采用NH_3。渗氮温度为500~600℃，可减少70%~80%的NH_3消耗，节能40%左右。

流态床渗氮可使工件获得较高的耐磨性和疲劳强度，使用寿命也显著提高，其原因在于工件表面受到粒子的强烈撞击，表面有较大的压应力。

1）流态床由石墨材料、空气和氨气的混合物组成，流态床用碳电极加热，在渗氮温度为500~650℃，氨气与空气混合物中的氨含量（体积分数）是30%~40%，气体的气氛成分（体积比）为：N_2：CO_2：CO=66：23：11。保证了流态床中氨的供给量为30~40L/min，空气的供给量为80~140L/min，在630℃渗氮0.5~1.5h的结构钢，形成的扩散层深度为0.4~0.5mm。

2）采用Al_2O_3（刚玉）颗粒为介质的渗氮方法，使工件在流动的颗粒成分液化层中进行渗氮，在500~650℃渗氮0.5~3h，氨的分解率为18%~90%，在渗氮钢上的扩散层厚度为0.03~0.60mm。

3）以硅砂和刚玉砂为粒子直接在电热式流态床（400mm×600mm，220V、3相、10kV电源）中与空气同时通入氨气，可进行渗氮。升温速度为620℃/5min，送风量为100~120L/min，供氨量为20~35L/min，渗氮温度为550~620℃，渗氮时间则要根据工件表面含氮量和渗氮层深度而定。

398. 压力渗氮

压力渗氮即加压渗氮或增压渗氮，是将通氨的工作压力提高到300~5000kPa，此时氨分解率降低，气氛活度与界面反应速度提高，零件表面氮原子的吸附量增加，渗氮速度加快。渗剂为NH_3，渗氮温度为500~600℃，渗氮速度快，渗氮层质量好。对具有复杂形状的合金钢零件显示出良好效果，对于狭缝、小直径深孔与盲孔（$\phi<0.40$mm）都能获得满意的渗氮效果。对于钛合金的渗氮可将温度降低到600℃。

此法适用于钢管或套筒内表面渗氮。根据需渗氮部位面积的大小，将一定量的液氨（0.5g/dm^3）装入用焊料塞密封的小容器内，再将小容器放入需渗氮的钢管或套筒中，两端焊接密封。加热时，小容器的焊料塞熔化，液氨挥发，充满钢管内，产生2940~3920kPa的压力。用此法可在最初几小时内得到比普通渗氮更快的渗氮速度，并能节约大量氨气。例如，碳的质量分数为0.24%的镍铬钼铝钢应用压力渗氮时，540℃×4h可得到深度为0.22mm、硬度达1040HV的渗氮层。

现代真空高压渗氮具有渗氮速度快、硬度高的特点。渗氮零件渗氮层均匀，小孔、深孔和盲孔均可得到均匀的渗氮层，渗氮层深度和硬度与外表面相差无几。并且升、降温时间大大减少，同时保温期间的平均渗氮速度提高，渗氮层硬度高。以38CrMoAl钢和40Cr钢为例，保温期间的平均渗氮速度分别可达0.03~0.04mm/h和0.06~0.08mm/h以上，渗氮层硬度分别可达1000HV和600HV。

399. 无毒盐浴渗氮

常规盐浴渗氮（500~570℃）的成本较高，尤其是盐浴的毒性（使用氰盐，如 NaCN 和 NaCNO）较大。在中性盐浴如（质量分数）$CaCl_2$ 50% + $BaCl_2$ 30% + NaCl 20%中通入 NH_3后渗氮，其特点是盐浴无毒，设备简单，当要求渗氮层深度≤0.4mm 时，渗氮周期较气体渗氮缩短了30%~50%。

另外一种无毒盐浴配方（质量分数）为 $CO(NH_2)_2$ 46% + Na_2CO_3 40% + KCl8% + NaCl6%。适用于汽车紧固件和支承垫的零件的耐蚀渗氮，其工艺如图 5-46 所示。原盐尽管无毒，但是中间产物含有微量氰元素，对此应进行环保处理。几种结构材料盐浴渗氮处理后的渗氮层深度及性能见表 5-69。

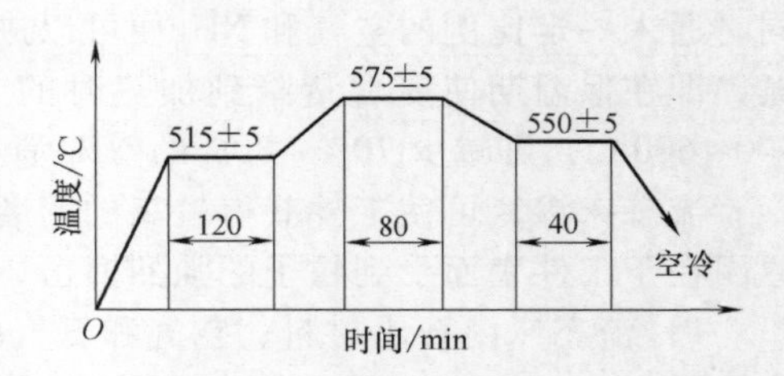

图 5-46　无毒盐浴渗氮工艺曲线

表 5-69　不同材料的渗氮层深度及性能

材料	渗氮层深度/mm	白亮层深度/mm	ε 相脆性等级/级
40Cr	0.155	0.029	1~2
45	0.04~0.045	0.029	1~2
QT600-3	0.012~0.014	—	1~2
38CrMoAlA	0.28~0.30	0.03	1~2
20	0.045	0.034	1~2

400. 离子渗氮

离子渗氮是在低于 1×10^5Pa（通常为 $10\sim10^{-1}$Pa）的渗氮气氛中，利用工件（阴极）和阳极之间产生的等离子体进行的渗氮。又称辉光离子渗氮、离子轰击氮化和等离子渗氮。

离子渗氮的优点：①渗氮速度快，渗氮层深度在 0.30~0.60mm，渗氮时间仅为普通气体渗氮的 1/5~1/3；②渗氮层脆性小，具有一定的韧性，具有良好的综合力学性能；③渗氮后工件畸变小，表面呈银白色，质量好；④能量消耗低，渗剂消耗少，清洁无公害；⑤对材料的适应性强，非合金钢、铸铁、合金钢和不锈钢等都可以直接进行离子渗氮。

离子渗氮主要用于承受中等或较大载荷并要求具有较好的抗黏着磨损和抗疲劳性能的齿轮、轴、丝杠、蜗杆、挤压机螺杆、缸套、曲轴和阀片等工件，以及模具和刀具。离子渗氮法特别适用于不锈钢和耐热钢等表面易生成钝化膜的材料的渗氮处理。相关标准有 JB/T 6956—2007《钢铁件的离子渗氮》等。

该工艺也适合于形状均匀对称的大型零件和大批单一零件，对于形状复杂的零件必须采取保护措施，以改善表面的温度均匀性。

常用于离子渗氮的介质有 N_2+H_2、NH_3及氨分解气。氨分解气可视为 $\varphi(N_2)$ 25%+$\varphi(H_2)$ 75%的混合气。炉压可在 133~1066Pa 的范围内调节，渗氮温度为510~650℃（但要低于钢的调质回火温度 30~50℃），电压为 500~700V，电流密度为 0.5~15mA/cm^2。常用材料的离子渗氮工艺见表 5-70[12]。

表 5-70　常用材料的离子渗氮工艺

材　　料	工艺参数			表面硬度 HV0.1	化合物层厚度 /mm	总渗氮层深度 /mm
	温度/℃	时间/h	炉压/Pa			
38CrMoAl	520～550	8～15	266～532	888～1164	3～8	0.35～0.45
40Cr	520～540	6～9		650～841	5～8	0.35～0.45
42CrMo	520～540	6～8		750～900	5～8	0.35～0.40
35CrMo	510～540	6～8		700～888	5～10	0.30～0.45
20CrMnTi	520～550	4～9		672～900	6～10	0.20～0.50
3Cr2W8V	540～550	6～8	133～400	900～1000	5～8	0.20～0.30
4Cr5MoSiV1	540～550	6～8		900～1000	5～8	0.20～0.30
Cr12MoV	530～550	6～8		841～1015	5～7	0.20～0.40
W18Cr4V	530～550	0.5～1	106～200	1000～1200	—	0.01～0.05
45Cr14Ni14W2Mo	570～600	5～8	133～266	800～1000	—	0.06～0.12
20Cr12	520～560	6～8	266～400	857～946	—	0.10～0.15
10Cr17	550～650	5	666～800	1000～1370	—	0.10～0.18
HT250	520～550	5	266～400	500	—	0.05～0.10
QT600-3	570	8		750～900	—	0.30
合金铸铁	560	2		321～417	—	0.10

401. 低温离子渗氮

低温离子渗氮是在450～500℃（甚至可降温至350℃）进行的离子渗氮工艺。与一般离子渗氮相比，由于降低了离子渗氮的温度，工件畸变较小，并有利于降低渗氮前工件的高温回火温度，使工件心部保持较高的强度和硬度。

低温离子渗氮具有以下优点：

1）高的表面硬度。合金结构钢在450～500℃（即低温）离子渗氮时获得了最高的表面硬度。从获得高的表面硬度的角度出发，对于低合金结构钢，以进行低温离子渗氮为宜。

2）工件畸变较小。低温离子渗氮由于处理温度低，故工件畸变较小。

3）采用低温离子渗氮，还可以降低处理前工件的高温回火温度，使工件的心部保持了较高的强度和硬度，有利于提高工件的使用性能。

402. 加压脉冲快速气体渗氮

加压脉冲快速气体渗氮，其渗氮温度和渗氮时间与短时渗氮类似，采用反复充气和抽气的脉冲方式，使炉压在一定范围内交替上升和下降。加压脉冲快速气体渗氮可增加工件表面氮原子的吸附量，提高氮气的活性、界面反应速度以及对狭缝和深孔等的渗氮能力。

采用多功能气体渗氮炉，工作压力为-0.1～0.1MPa。如图5-47所示为加压脉冲快速气体渗氮工艺（图中曲线1）和恒压渗氮工艺（图中曲线2），加压脉冲快速气体渗氮采用电磁阀控制脉冲工艺，其中NH_3流量和脉冲周期不变。

例如，38CrMoAl钢和35CrMo钢采用多功能气体渗氮炉，炉膛尺寸为

ϕ320mm×800mm，工作压力为（-0.1~0.1）MPa。两钢种均采用调质预处理，38CrMoAl和35CrMo钢调质硬度分别为34HRC和32HRC。渗剂为NH_3，采用电磁阀控制脉冲工艺，渗氮工艺为540℃×6h，压力与氨分解率见表5-71。作为对比，该设备的恒压渗氮工艺为540℃×6h，压力与氨分解率见表5-71。通过表5-71可见，与恒压气体渗氮相比，采用该工艺后，氨分解率降低，NH_3消耗量减少，两种钢的渗氮速度提高近40%。

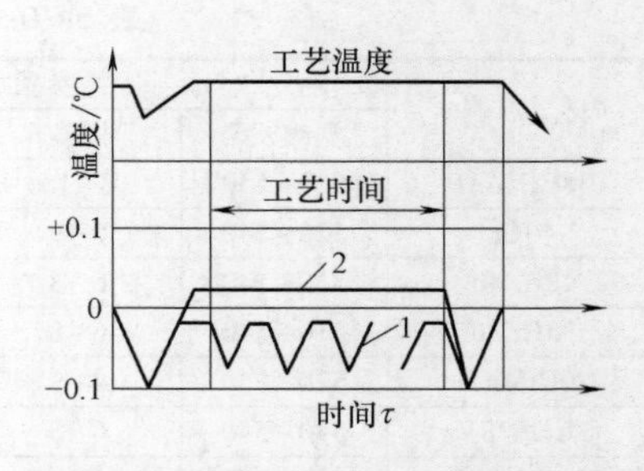

图5-47 两种渗氮方式工艺曲线
1—恒压渗氮工艺曲线 2—加压脉冲快速气体渗氮工艺曲线

如图5-48所示为35CrMo钢试样用各种工艺方法得到的渗氮层的硬度分布。由表5-71与图5-48可以看出，随着炉内压力的提高，氨分解率降低，渗氮层深度和硬度均有所提高，如表5-71中的工艺5与工艺1相比，上述两种钢的渗氮层深度均提高60%以上，且硬度分布合理。

表5-71 不同压力状态下的渗氮结果

工艺号	工艺方式	压力/kPa	氨分解率（%）	38CrMoAl				35CrMo			
				表面硬度HV1	化合物层/μm	渗层深度/mm	速率比①	表面硬度HV1	化合物层/μm	渗层深度/mm	速率比①
1	恒压	0.2	38	1051	无	0.19	1	636	6	0.26	1
2		4	34	1051	8	0.24	1.26	644	16	0.32	1.23
3		8	30	1290	17	0.28	1.47	742	14	0.36	1.38
4	脉冲	10~30	27	1270	17	0.27	1.42	812	16	0.38	1.46
5		30~50	25	1280	15	0.31	1.63	740	16	0.43	1.65

① 指各工艺与工艺1（图5-47中曲线1）所得的渗氮层深度的比值，表示工艺效果的强弱。

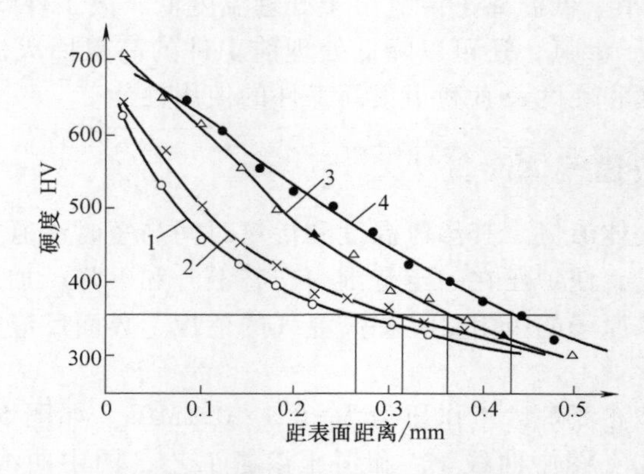

图5-48 35CrMo钢渗氮层的硬度分布
1—0.2kPa 2—4kPa 3—8kPa 4—30~50kPa

403. 氨气预处理离子渗氮

离子渗氮时，将氨气经脱水预处理（如硅胶脱水处理），可明显加速渗氮过程。如将脱水的氨气再加以热分解后使用，效果更加显著，可缩短工艺周期1/3~2/3。

例如，采用功率为50kW的钟罩式离子渗氮炉，对40Cr钢调质齿轮进行离子渗氮，其工艺参数如下：升温速度为200℃/h；渗氮温度为550℃；炉压为466Pa；气源为经不同预处理的氨气，用量为400mL/min。

氨气是使用尺寸为ϕ200mm×900mm的铁桶内装变色硅胶进行过滤的。氨气热分解装置是将不锈钢螺形管安放于功率为2kW的电炉中制成，氨气通过其中即可干燥或分解。

离子渗氮结果表明，与使用未经预处理的氨气渗氮相比，氨气过滤2次可使工艺周期缩短1/3；过滤后的氨气再经热分解处理可使工艺周期缩短到前者的1/3。

使用未经处理的氨气，离子渗氮后的硬度略高，其原因的由于水分中的O_2参与了渗氮的结果。

404. 快速深层离子渗氮

对于深层（≥0.7mm）渗氮，若采用常规气体渗氮方法，其工艺周期长达80~100h。采用离子渗氮工艺，在渗氮层较薄时，离子渗氮的渗氮速度快、工艺周期短、工艺过程易于控制。但是，当渗氮层深达到一定深度后，氮原子通过渗氮层向内层的扩散速度大为减慢，深层离子渗氮的应用受到了限制。对此，可采用快速深层离子渗氮工艺。

真空高压快速离子渗氮可以使38CrMoAl钢保温时期的渗氮速度达到0.03~0.04mm/h，使40Cr钢保温时期的渗氮速度提高至0.06~0.08mm/h。

例如，25Cr2MoVA钢制石油钻机齿轮快速深层离子渗氮，其工艺方法如下。

齿轮经调质处理后进行制齿加工，精加工后经汽油清洗并装入LD-150A离子渗氮炉。装炉后抽至67Pa真空度，向炉内通入少量氨气，并通电对工件进行离子轰击，进一步清洁工件表面。在闪弧结束后，适当提高炉内氨供给量和加热电流，使工件升温。在保温阶段的工艺参数为：渗氮温度为520℃，电流为35A，电压为650V。经不同时间快速深层离子渗氮后的渗氮层深度与表面硬度见表5-72。为了进行对比，表中还列入了常规离子渗氮所得的数据。由表中数据可见，在深层渗氮条件下，快速深层离子渗氮的渗氮速度为常规离子渗氮速度的1倍以上。

表5-72　快速深层离子渗氮后的渗氮层深度与表面硬度

零件名称	渗氮时间/h	硬度　HV	渗氮层深度/mm
内齿圈	30	798	0.75~0.80
外齿圈	30	696	0.75~0.80
外齿圈	20	771	0.90~1.00
外齿圈	22	885	0.68
锥齿轮	27	635	0.80~0.85
锥齿轮①	60	633	0.72

① 常规离子渗氮。

405. 热循环离子渗氮（INTC）

在离子渗氮过程中，在适当介质（如氨气）压力配合下，调整炉子的工作参数，使工件在规定的 T_1 和 T_2 温度下，分别停留 τ_1 和 τ_2 时间，并重复多次的离子渗氮工艺，称为热循环离子渗氮（INTC 工艺），如图 5-49 所示。此工艺能够强化离子渗氮过程。其是通过控制二段保温时间，充分利用低温强渗段界面吸氮率上升期和高温段扩散高速期，来提高渗氮速度。可使深层渗氮时间比恒温或分段渗氮缩短 2/3～1/2。

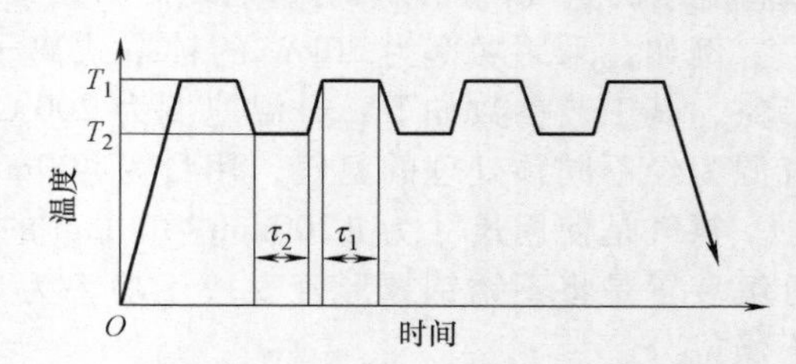

图 5-49　热循环离子渗氮工艺曲线

例如，对 38CrMoAlA 钢制 ϕ12mm 试件进行了热循环离子渗氮，介质为氨气，T_1 = 540℃、T_2 = 490℃；τ_1 = 20min、τ_2 = 20min。每一循环中，将升降温时间最短控制在 5～10min。经不同次数热循环离子渗氮后，所得的渗氮层深度及表面硬度见表 5-73。由表中数值可见，热循环离子渗氮的速度快，特别是在深层离子渗氮时尤为突出。

表 5-73　经不同次数热循环离子渗氮后所得的渗氮层深度及表面硬度

循环次数/次	工艺总时间/h	硬度　HV10	化合物层深度/mm	总渗氮层深度/mm
2	2	934	～15	290
5	5	999	～15	450
8	8	988	～25	670
16	16	816	～29	770
16①	20	911	～33	800

① 循环离子渗氮后再于 520℃恒温渗氮 4h。

406. 循环变温离子渗氮

循环变温离子渗氮可以显著提高渗氮层的深度，显著缩短工艺周期。

采用周上棋等的发明专利技术，对非合金钢渗氮处理后，渗氮层中含有 ε、γ′和 α″相，N 原子在 ε 和 γ′相中的扩散速度远小于在 α 相中，表面形成的 ε 相阻碍了 N 原子的扩散，通过周期性的渗氮+时效，可以使 ε→α″+Fe_3C，形成 α″通道和若干缺陷界面，有利于提高氮的扩散速度。45 钢经过如图 5-50 所示的工艺渗氮后，达到渗氮层深度为 0.7mm 仅需 13h。为达到同等效果，普通二段、三段式渗氮一般需要 60h 以上。

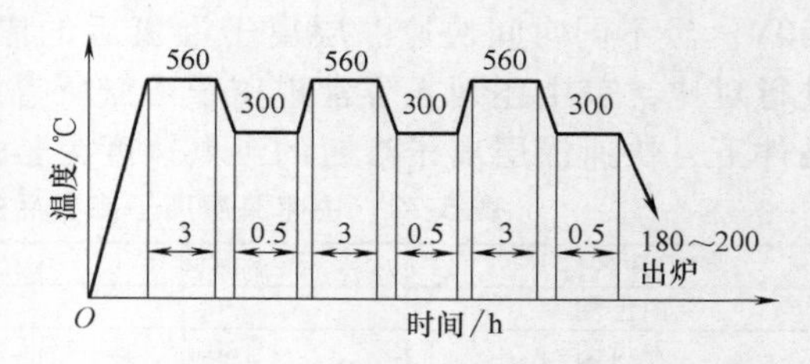

图 5-50　循环变温离子渗氮工艺曲线

参考文献［101］对32Cr2MoV钢采用此种循环变温离子渗氮工艺，经过500℃×30h渗氮+400℃高温时效，渗氮有效硬化层深度为0.45mm，而常规500℃×30h渗氮的有效硬化层深度仅为0.35mm；经500℃×50h渗氮+400℃高温时效后有效硬化层深度可达0.55mm；对于38CrMoAl钢，经60h快速渗氮，渗氮有效硬化层深度可达0.65mm。参考文献［102］表明，25Cr2MoV钢经普通离子渗氮后的有效硬化层深度小于0.25mm，而采用循环变温离子渗氮工艺的有效硬化层深度大于0.35mm，硬度整体提高，且变化平稳，渗氮组织为ε、γ-Fe_4N'、α''-$Fe_{16}N_2$相及其他合金氮化物；参考文献［103］采用循环变温离子渗氮工艺处理的30Cr2MoV钢，渗氮层深度由普通离子渗氮的<0.25mm提高到>0.35mm，表面硬度由600HV0.1提高至800HV0.1。

407. 真空脉冲渗氮

在实施真空脉冲渗氮工艺时，先将真空室抽至1.33Pa的真空度，加热到渗氮温度（500~560℃），然后通入氨气至50~70kPa，保持2~10min，继续抽到5~10kPa反复进行，直到渗氮层达到要求为止。在保温结束后，适当提高真空度，使工件在分解的氨气中冷却至一定温度然后出炉。真空脉冲渗氮工艺如图5-51所示。真空脉冲渗氮的处理周期短、渗氮效果好，渗氮层的硬度分布曲线比较平稳，不易产生剥落和热疲劳。

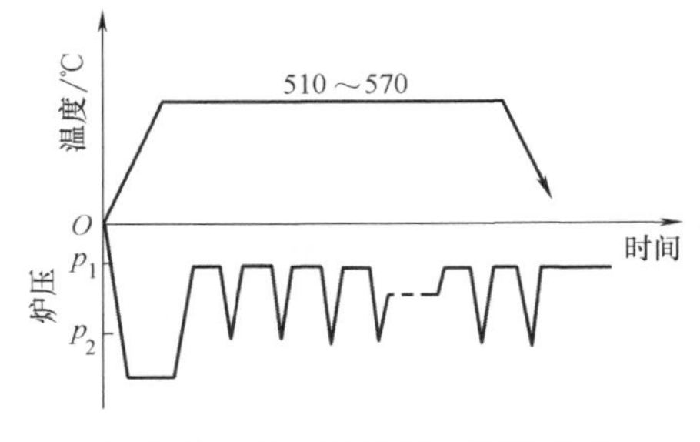

图5-51　真空脉冲渗氮工艺曲线

H13、3Cr2W8V、Cr12MoV和5CrNiMo钢件经真空脉冲渗氮后，显微硬度达900~1200HV，渗氮层组织致密、脆性小。在进行真空脉冲渗氮前宜进行淬火或调质处理。

真空脉冲渗氮的工艺参数包括渗氮温度、脉冲间隔、工作炉压和渗氮时间等，以上四个因素的变化范围为：温度为510~570℃、脉冲间隔为10~20min、工作炉压为30~70kPa、渗氮时间为3~7h。

38CrMoAl钢经不同规程渗氮后渗氮层显微硬度的分布如图5-52所示。由图5-52可见：①真空脉冲渗氮后表层具有较高的硬度；②真空脉冲渗氮（530℃

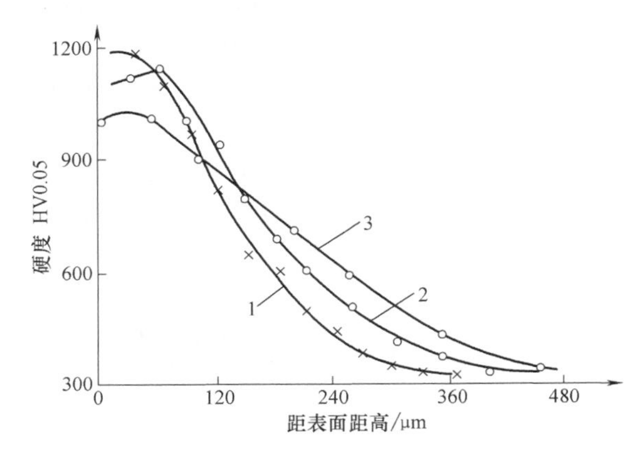

图5-52　38CrMoAl钢渗氮层中显微硬度的分布曲线
1—真空脉冲渗氮（530℃×10h）　2—真空脉冲渗氮（555℃×10h）　3—普通气体渗氮（540℃×33h）

或555℃）10h，与普通渗氮（540℃×33h）具有相近的渗氮层深度，即真空脉冲渗氮可获得更快的渗氮速度。

408. 洁净渗氮

洁净渗氮是利用某些活性物质如NH_4Cl、CCl_4和NaCl等在渗氮炉中分解强烈活性气体（如HCl气氛），破坏工件表面的钝化膜，除去工件表面的氧化膜和油污层，以获得洁净表面，从而加速渗氮过程的进行。其中NH_4Cl应用最多。按炉罐容积先加0.15~0.6kg/m³的NH_4Cl，再加硅砂，然后放入炉罐底部。若将渗氮温度提高至600℃，一般可使渗氮周期缩短一半，单位时间内氨的消耗量可减少约50%。洁净渗氮法有氯化铵催渗氮和四氯化碳催渗氮等。

洁净渗氮法是不锈钢和耐热钢常用的渗氮方法。不锈钢和耐热钢含有质量分数为13%~28%的Cr，表面易形成5~20Å（1Å=0.1nm=10^{-10}m）的致密Cr_2O_3薄膜。在采用NH_4Cl催渗氮工艺时，NH_4Cl分解出的HCl与Cr_2O_3反应生成H_2O和$CrCl_3$。当HCl在微量的水蒸气中极易与金属氧化物生成$FeCl_3$和$TiCl_4$等金属化合物，所含Cl元素易被活性N原子置换而生成氮化物（渗氮层的组织），与此同时释放出能破坏钝化膜的Cl_2，有利于氮化过程。

409. 氯化铵催渗氮

氯化铵催渗氮是在氮化炉中加入适量的NH_4Cl，以加快N原子的渗入，缩短工艺周期的工艺方法。它是按渗氮罐容积先加入0.4~0.5kg/m³的NH_4Cl，再加80倍硅砂、氧化铝或滑石粉，然后放入炉罐底部。渗剂采用NH_3+NH_4Cl。渗氮温度为500~600℃。NH_4Cl在300℃以上加热分解析出的HCl气体，能破坏钢件表面氧化物，起到洁净工件表面并促进渗氮的作用。此工艺对不锈钢和耐热钢特别有效。

例如，25Cr3MoA、30Cr3MoA和40Cr3MoVA钢试件尺寸均为ϕ25mm×5mm，渗氮前经调质处理。渗氮采用SOLOP80型可控气氛底装料氮化炉，炉膛有效尺寸为300mm×300mm×600mm。将7g催化剂NH_4Cl与适量硅砂混合后放入炉罐底部，升温排气，通入NH_4，在300℃时NH_4Cl分解，500℃渗氮20h，氨分解率为20%~30%，炉冷。氯化铵催渗氮与普通气体渗氮（氨分解率为20%~30%）后渗氮层深度与硬度的对比见表5-74。通过表5-74可以看出，在相同的渗氮温度、时间和氨分解率下，氯化铵催渗氮较普通气体渗氮的渗氮速度提高约10%，且表面硬度有所增加。

表5-74 氯化铵催渗氮与普通气体渗氮结果对比

钢号	普通气体渗氮				氯化铵催渗氮			
	温度/℃	时间/h	渗氮层深度/mm	硬度HV	温度/℃	时间/h	渗氮层深度/mm	硬度HV
25Cr3MoA	500	20	0.20	949~957	500	20	0.22	975~984
30Cr3MoA	500	20	0.19	876~899	500	20	0.21	903~917
40Cr3MoVA	500	20	0.18	921~938	500	20	0.20	941~952

410. 四氯化碳催渗氮

在采用 CCl_4 作为催化剂时，在渗氮开始阶段 1~2h 往炉罐中通入 50~100mL 的 CCl_4 蒸气与适量 NH_3，在 480℃以上反应生成 CH_4 和 HCl，其中 HCl 在渗氮过程中的作用是可轻微腐蚀工件表面，除去工件表面的钝化膜，对工件表面有强烈的“洁净”作用，即它与工件表面氧化层中的金属氧化物发生了中和反应，生成金属氯化物，降低了对 N 原子的阻力，使 N 原子的渗入速度加快；同时，还有 CH_4 生成，减少气氛中 H 元素的百分比，使工件脱碳减少。

这种工艺渗剂采用 NH_3+NH_4Cl。渗氮温度为 500~600℃。

411. 钛催化渗氮

钛催化渗氮工艺，是指工件先在钛粉或钛铁粉（加入 NH_4Cl）中进行固体渗 Ti，或者将 Ti 与 Al_2O_3 混在 HCl 或 H_2 中进行渗钛，然后再进行渗氮的工艺过程。

此工艺是由含 Ti 的钢渗氮速度较快的结果引出了以 Ti 为催化剂的快速渗氮方法。Ti 被氧化后又立即被还原，还原后又被氧化，起反复催化作用，并使渗氮层表面产生 Fe_3N，不含脆性的 Fe_2N。

钛催化渗氮工艺有表 5-75 所列几种。

表 5-75　钛催化渗氮工艺

工艺种类	内　容
镀钛渗氮	工件先在含钛离子的电镀液中镀钛，然后镀锌覆盖，最后置于渗氮盐浴中，进行 600℃×1~2h 盐浴渗氮后，便可得到 0.2~0.5mm 的渗氮层，硬度达 1000HV。为取得显著效果，盐浴中还含有一定数量的 Ti[100×10^{-4}%（质量分数）]
活性钛催化渗氮	将电解 Ti（或蒸发 Ti）或 Zr 直接加入渗氮盐浴或气体渗氮罐中，在 600~680℃下渗氮可得到同样的催化效果。例如，在成分（质量分数）为 NaCN80%+KCl10%+$Na_2CO_3$10%的盐浴中加入 Ti0.005%（或 Zr）（质量分数），于 680℃渗氮 3h，可获得 0.3mm 的渗氮层，表面硬度为 1084HV
渗钛渗氮	工件先在钛粉或钛铁粉中（加入 NH_4Cl）固体渗钛，或将 Ti 与 Al_2O_3 混在 HCl 或 H_2 中进行渗钛，以后再进行渗氮
涂钛渗氮	在工件表面先涂覆一层金属 Ti（或 Zr、W、Cr）的氢化物与盐酸（甲醇或碳酸铵）的悬浮液，然后渗氮，10h 可得到硬度为 850~900HV 的渗氮层
加钛离子渗氮	采用 30kW 离子渗氮炉，加钛离子渗氮 540℃×3h，在阴极与阳极均挂置海绵钛，间距 30min；气体压力为 798~1064Pa，电压为 450~557V，电流密度为 2~2.5mA/cm²，空冷。38CrMoAl 钢可获得 7~13μm 化合物层，渗氮层深度为 0.31~0.33mm，硬度为 1027~1095HV0.1；其他合金钢能获得 0.3~0.4mm 的渗氮层深度。普通离子渗氮需 8h，而气体渗氮则需 30~40h

412. 电解气相催化渗氮

电解气相催化渗氮，是指以氨气或氮气作为载体，将电解气体带入渗氮罐内，通过净化工件表面（破坏钝化膜），促进氨的分解或氮原子的渗入，以加速渗氮的工艺方法。

通常电解液的配方分为酸性和碱性两种，常用酸性电解液，常见配方如下。

1）含钛酸性电解液。其配比（质量分数）为海绵钛 5～10g/L，氯化钠 150～200g/L，氟化钠 30～50g/L，以及工业纯硫酸 30%～50%。

2）氯化钠 200g 或氯化钠、氯化铵各 100g，配制成饱和水溶液后，加入 110～220mL 的工业用盐酸和 25～100mL 的甘油，最后加水到 1000mL（此时的 pH=1）。

3）在 400g 氯化钠饱和溶液中加入浓度为 25% 的硫酸 200mL，然后加水至 1500mL，也可再加入甘油 200mL。

此工艺与普通气体渗氮一样，也分为等温渗氮、二段或三段渗氮等，均可加速渗氮过程。电解气相催化渗氮与普通气体渗氮的比较见表 5-76。通过表 5-76 可以看出，电解气相催化渗氮工艺与普通气体渗氮工艺相比，可缩短生产周期 20%～40%。

表 5-76 电解气相催渗化渗氮与普通气体渗氮的比较

钢号	工艺名称	工艺参数			渗氮结果		
		温度/℃	时间/h	氨分解率（%）	渗氮层深度/mm	硬度 HV10	脆性级别
38CrMoAl	普通气体渗氮	570	12	50～60	0.29	782	1
	电解气相催化渗氮	570	12	50～60	0.35	927	1
30Cr2MoV	普通气体渗氮	570	12	50～60	0.26	725	1
	电解气相催化渗氮	570	12	50～60	0.45	715	1
15Cr11MoV	普通气体渗氮	620	20	50～60	0.20	659	1
	电解气相催化渗氮	620	20	50～60	0.36	791	1
34CrNi3Mo	普通气体渗氮	540	12	30～40	0.28	620	1
	电解气相催化渗氮	540	12	30～40	0.39	548	1

413. 高频感应加热渗氮

高频感应加热渗氮是将工件置于耐热陶瓷或石英玻璃容器中，外绕感应线圈，通过高频感应电流加热，在容器中通 NH_3 或工件表面涂覆渗氮膏剂而进行渗氮。渗剂为 NH_3 或含氮化合物膏剂。渗氮温度为 520～560℃。

高频感应加热渗氮具有升温速度快，能在选定部位进行局部渗氮，供给渗氮的活性原子充足，有脉冲渗氮和磁场渗氮特点，生产周期短，以及渗氮层脆性低等特点。

在 500～560℃ 范围内利用高频电流感应加热，加速了 NH_3 分解，促进在氮化表面上形成大量的活性 N 原子，由于加热速度快，加快了吸附过程，形成了大的氮浓度梯度，使开始阶段（3～5h）的氮化过程加快了 2～3 倍。与普通气体渗氮相比，可缩短工艺周期 4/5～5/6，并减少 NH_3 的消耗。

高频感应加热渗氮可采用的频率为 8～300kHz、加热功率密度为 0.11kW/cm^2，渗氮结束断电后，工件自行冷却。高频感应加热温度为 500～560℃，若温度再升高，工件硬度会下降。氮化时间一般为 0.5～3h，继续延长时间，渗氮层增厚并不明显。

表 5-77 为几种材料的高频感应加热渗氮工艺及效果。

表 5-77 几种材料的高频感应加热渗氮工艺及效果

钢号	工艺参数		效果		
	渗氮温度/℃	渗氮时间/h	渗氮层深度/mm	表面硬度 HV	脆性等级
38CrMoAl	520~540	3	0.29~0.30	1070~1100	1
20Cr13	520~540	2.5	0.14~0.16	710~900	1
12Cr18Ni9	520~540	2	0.04~0.05	667	1
Ni36CrTiAl 合金	520~540	2	0.02~0.03	623	1
40Cr	520~540	3	0.18~0.20	582~621	1
07Cr15Ni7Mo2Al	520~560	2	0.07~0.09	986~1027	1~2

高频感应加热渗氮时氨的来源为氯化铵等，以膏剂状态涂覆在预处理的工件表面上，在 800~1000℃ 经 1min 高频感应加热渗氮处理，所形成的渗氮层的深度相当于井式氮化炉加热 5~9h 渗氮后所得到的深度。

414. 激光渗氮

激光渗氮有两种形式，一种是，在渗氮介质作用下激光渗氮，另一种是经激光预处理后再渗氮的复合热处理工艺。

激光渗氮是将尿素［$CO(NO_2)_2$］涂覆于工件表面，然后在一定功率密度激光束辐照下进行渗氮。参考文献［106］指出，要使 11Cr12Ni2W2V（11X12H2B2Φ）钢渗氮时，获得最高的表面硬度与最大的渗氮层深度，则尿素用量应达 600g/m^2，连续激光功率应大于 5kW。

415. 激光预处理及渗氮

激光预处理后再渗氮复合热处理，称为激光预处理。所用含钛低碳合金钢先进行激光辐照 2.5s（功率密度为 5.85W/cm^2），再进行 60h 等离子渗氮。

参考文献［107］指出，w(Ti)= 0.2%的合金钢经激光预处理及渗氮后，表面硬度由 600HV0.3 提高到 700HV0.3，渗氮层增厚 1 倍以上。w(Ti)= 0.9%的合金钢硬度由 645HV0.3 提高到 790HV0.3，渗氮层增厚近 1 倍。由此可知，激光预处理的作用是为了充分发挥渗氮钢的潜力，以期获得更高的渗氮层硬度和较深的渗氮层深度。

416. 活性屏离子渗氮（ASPN）

活性屏离子渗氮（简称 ASPN）是在普通的离子渗氮炉内安装一个铁制的笼子（被称为活性屏），将被处理的工件罩在笼子内，将原本接在工件上的直流负高压接在笼子上，笼子会产生辉光放电，被处理的工件则处于电悬浮状态或接-100~-200V的直流负偏压。如图 5-53 所示是 ASPN 装置的示意图。

在渗氮处理过程中网状圆筒（简称笼子，即活性屏）主要起到两个作用：一是笼子在离子的轰击下被加热，通过热辐射将工件加热到渗氮的温度，即起到一个加热源的作用；二是笼子上溅射下来的一些纳米尺度的粒子沉积在欲渗工件的表面，释放出来活性氮原子对工件进行渗氮，即溅射粒子起到渗氮载体的作用。由于在活性屏离子渗氮过程中，离子轰击的是笼子，而不是直接轰击工件的表面，所以常规离子渗氮工艺中存在的工件打弧、空心阴极效应、电场效应、大小工件不能混装、工件温度不均匀，以及工件测温困难等技术难题也就迎刃而解。

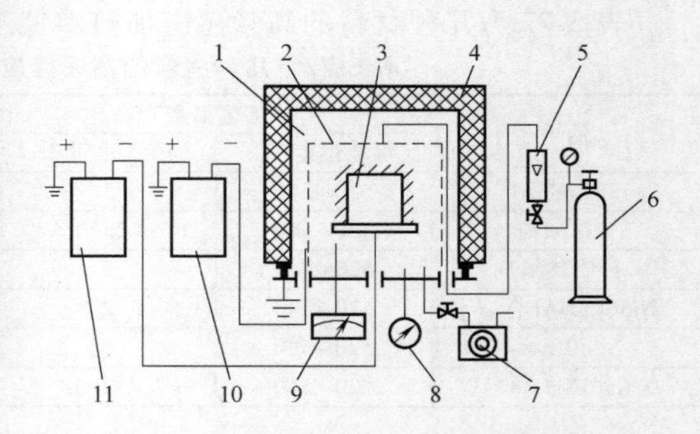

图 5-53 活性屏离子渗氮装置示意

1—真空室 2—活性屏 3—工件 4—保温层 5—流量计 6—气体（瓶） 7—真空泵 8—真空计 9—温控仪 10—主电源 11—偏压电源

渗氮+二次氧化：在活性屏离子渗氮后可以立即进行约 30min 的等离子辅助氧化处理。这样工件的耐蚀性可以提高到传统盐浴工艺水平。可应用于汽车零件（如转向节）和刀夹等。

保温式 ASPN 设备与工艺具有渗氮周期短、装炉密度高、节省能源、提高生产效率和无污染等优点，比常规水冷式离子渗氮炉可节电 25%以上，氨气消耗量降低 90%以上。可用于精密汽车零部件、精密模具、风电、船舶和航空航天等。

在保温式活性屏离子渗氮炉和 LDMC-100F 常规水冷式离子渗氮炉内摆放了 8 个 42CrMo 钢内齿圈，其外形尺寸为 ϕ500mm×500mm，在 8 个大齿圈的不同部位（代表性位置）摆放了 11 个 42CrMo 钢试样。试验结果表明，用保温式 ASPN 设备处理的试样表面硬度和渗氮层深度的均匀性均好于水冷式离子渗氮炉。同时，也可以看出用 ASPN 设备处理的试样硬度与渗氮层深度均高于或厚于常规水冷式离子渗氮炉。

活性屏离子渗氮工艺已经成功用于不同材料的表面改性处理，包括低合金钢、不锈钢和工具钢等材料。表 5-78 给出了活性屏离子渗氮工艺的典型应用结果。

表 5-78 活性屏离子渗氮工艺的典型应用结果

基体	工艺参数	相结构	厚度/μm	硬度	特征
42CrMo 低合金钢	450～540℃×4h，500～600Pa	ε-$Fe_{2-3}N$+γ'-Fe_4N	4～10	820～93 HV0.1	采用阳极电位，双层金属屏结构
AISI P20 AISI H13 工具钢	500℃×6h，200Pa，$\varphi(N_2)$25%+$\varphi(H_2)$75%，-450V 偏压	ε-$Fe_{2-3}N$+γ'-Fe_4N	100～300	700～1180 HV0.1	工艺条件和基体成分的不同，硬化层厚度可达几百微米
AISI316 不锈钢	350～500℃×6h，300～500Pa，-200V 偏压	γ-N、γ+CrN	2～17	1000～1600 HV0.01	AISI316 不锈钢获得了活性屏离子渗氮的最优工艺参数

417. 低真空变压快速气体渗氮

低真空变压（低压脉冲）快速气体渗氮工艺，是在真空度为 (1～2)×10^4Pa

的低真空下，通入中性气体（N_2）自动换气2~3次，再注入适量有机体或渗入介质，通过变（炉内）压（力）工艺去除炉内残余的氧和水分，随后通入工作气体进行真空低压快速渗氮，在加热下的变压抽气不但对钢件表面有脱气和净化作用，能提高工件表面活性和对所渗元素的吸附能力，而且在炉内低真空状态下，气体分子的平均自由程增加，扩散速度加快，可提高渗氮速度15%以上。同时，可获得致密均匀的渗氮层，防止内氧化，避免产生黑色组织，提高渗氮层的质量。

低真空变压快速渗氮工艺可大幅度地缩短渗氮过程的换气、保温和降温等时间，可以减少渗剂消耗，节能达30%以上。南昌飞机制造公司对38CrMoAl钢进行540℃低压脉冲渗氮10h，渗氮层深度>0.3mm，相当于常规渗氮40h的效果。

实例，38CrMoAl钢制主驱动齿轮要求：渗氮层深度为0.38~0.50mm，表层硬度≥90.5HR15N，表面脆性级别≤2级，公法线偏差<30μm，齿形齿向偏差≤3μm。齿轮渗氮采用WLV-75Ⅰ型低真空变压多用炉，工作区尺寸为ϕ800mm×1200mm。

其渗氮工艺参数见表5-79。渗氮工艺曲线如图5-54所示。

表5-79　齿轮渗氮工艺参数

预氧化		渗氮								满载(降温)			
温度/℃	时间/h	温度/℃	时间/h	NH_3流量/(L/h)		真空压力/MPa		上压保持时间/s	每周期供气时间/min	温度/℃	时间/h	炉压/MPa	NH_3流量/(L/h)
				前16h	后12h	上限	下限						
380	1	540±5	28	>2.2	>1.8	0.02	-0.07	>28	4~5	<180	<5	0.01	<0.5

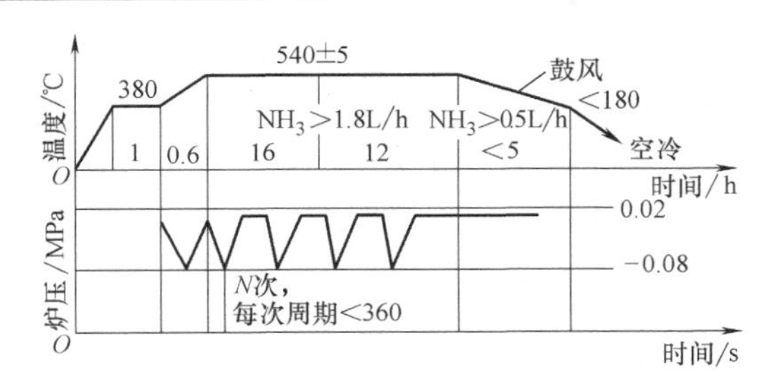

图5-54　齿轮渗氮工艺曲线

各批齿轮渗氮的检验结果见表5-80，各项检测项目均满足技术要求。

表5-80　各批齿轮渗氮的检验结果

检查项目	渗氮层深度/mm	表层硬度HR15N	表面脆性级别/级	表面颜色	畸变	
					公法线偏差/μm	齿形齿向偏差/μm
实测值	0.40~0.42	91~92.5	≤1	银白色	<20	<3

此工艺的处理时间为28h，而采用普通气体渗氮工艺，要使渗氮层深度达到0.40mm，则需要70h，故可缩短时间约60%。

418. 精密气体渗氮

精密气体渗氮是通过氮势传感器、氮势控制仪和质量流量计等组成的氮势控制系统，对氨及氨分解气等气源的渗氮实施精确控制氮势的可控气体渗氮。通过精确控制渗氮层组织，实现对工件的精密渗氮。精密可控气体渗氮分为氮势定值控制可控渗氮、氮势分段控制可控渗氮及动态可控渗氮。

在汽车和精密机械制造方面，广泛应用精密深层渗氮代替渗碳，来提高使用性能和寿命，减少机加工量，提高生产效率。精密气体渗氮也用于风力发电、轨道交通和航空航天等行业。

相关标准有 GB/T 32540—2016《精密气体渗氮热处理技术要求》等。

（1）氮势定值控制可控渗氮　其是在整个渗氮过程中控制氮势值不变，根据氮势门槛值曲线的测定方法选择氮势控制值（在实际生产条件下，对应一定的渗氮时间，在工件表面形成化合物层所需的最低氮势称为氮势门槛值），控制表面化合物层的厚度。可分为无化合物可控渗氮和单相 γ′可控渗氮。无化合物层的可控渗氮的渗氮层表面不形成化合物层，渗氮层的脆性很小，渗氮速度慢。当氮势控制的设定值略高于氮势门槛值时，可获得单相 γ′化合物层或厚度为 1~3μm 的薄化合物层，脆性明显小于常规渗氮，渗氮速度慢。

（2）氮势分段控制可控渗氮　其渗氮速度高于氮势定值控制可控渗氮，略低于常规渗氮。

1）以氮势门槛值曲线为依据分段控制渗氮。在渗氮初期采用高氮势，由氮势门槛值曲线判断在高氮势下开始出现化合物层的时间，并在此时间之前将氮势降低到与渗氮总时间对应的氮势门槛值，则可实现无白亮层可控渗氮。

2）在中间增加一段中等氮势的分段控制渗氮。在渗氮初期采用高氮势，在即将出现白亮层之前降至中氮势，待到又将出现白亮层之前，再将氮势降到与渗氮时间相对应的氮势门槛值，则可实现单相 γ′可控渗氮或带有薄化合物层的可控渗氮。

（3）动态可控渗氮　为了改善渗氮层的脆性，获得无白亮层或单相 γ′渗氮层，采用计算机氮势动态可控渗氮工艺。它将渗氮工艺过程分为两个不同阶段：在第一阶段，尽可能提高气氛氮势，一旦表面的氮浓度达到预先的设定值，立即转入第二阶段，使氮势按照“动态氮势控制曲线”连续下降，使表面氮浓度不再升高也不下降，这样做既可达到控制表面氮浓度的目的，又能保持最大的浓度梯度，造成氮原子向内扩散的最有利条件。此工艺可获得良好的耐磨性。

419. 固体渗氮

固体渗氮是将工件和粒状渗氮剂放入铁箱中密封后，加热保温的渗氮工艺。

固体渗剂由供氮剂和填充剂组成。供氮剂可用尿素、氯化铵等含氮的有机化合物，常用填充剂为多孔陶瓷粒、蛭石粉和氧化铝之类的稳定物质。将填充剂在供氮剂的水溶液中浸泡后与工件按一定比例装箱。固体渗氮与固体渗碳工艺相似，关键在于供氮剂（尿素等含氮的化合物）在渗氮温度下能缓慢均匀地分解出活性氮原子。固体渗氮工艺如下：渗氮温度为 550~600℃，保温时间为 2~16h。

固体渗氮可用于模具、刀具和专用量具，以提高硬度、耐磨性和耐蚀性。固体渗氮剂（质量分数）：木屑 60%+尿素 30%+生石灰 7%+氯化铵 3%，渗氮的氮元素主要来自尿素受热分解，其挥发成分可促进渗氮，使用木屑对工件主要起衬隔和保护作用（木屑受热干馏成炭）。装箱时，先在箱底垫 80mm 厚的渗剂，逐层叠放，各层间用 30~50mm 渗剂间隙填充，最后加一层 100mm 渗剂，压实加盖，用黏土泥封口。渗氮箱在电阻炉中加热至（550±10）℃，保温 4~12h。渗氮层厚度为 0.12~0.15mm。适用于 3Cr2W8V 和 H13 等热作模具，及高速钢刀具制品等。

420. 表面预氧化渗氮

常规渗氮前，在无气氛保护的情况下，将工件加热到 300~500℃ 保温一段时间，使工件表面残油清除的同时，被空气氧化生成一层薄的 Fe_3O_4 氧化膜（即 $3Fe+2O_2 \rightarrow Fe_3O_4$），在渗氮时，气氛中的 N 会优先将氧化膜还原成新生态的 Fe（即 $Fe_3O_4+4CO \rightarrow 3Fe+4CO_2$），新生态的 Fe 具有很强的表面活性，可促使 N 在工件表面吸附，实现催渗，缩短渗氮周期。同时，工件表面的氧化膜对 NH_3 的分解有催化作用。增加气氛中 N 原子的活度，增加工件表面对 N 原子的吸收率。

例如，材料为 38CrMoAl、40Cr 和 42CrMo 钢的弧齿锥齿轮、斜齿轮、螺杆、螺筒及轴类等，要求渗氮层深度为 0.4~0.6mm。预氧化快速渗氮工艺如图 5-55 所示。在渗氮过程中，工件表面的氧化膜对 NH_3 的分解有催化作用，见表 5-81。通过表 5-81 可以看出，与常规未氧化的渗氮工艺相比，采用预氧化渗氮处理后，渗氮速度显著提高，约 50%。

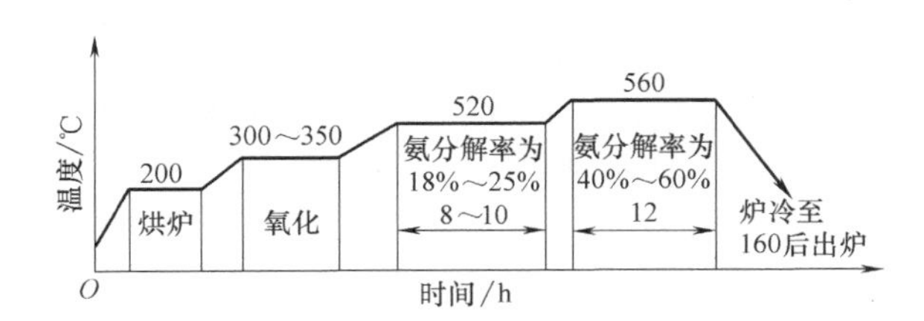

图 5-55　预氧化快速渗氮工艺

表 5-81　预氧化与未氧化两段渗氮速度的比较

钢号	渗氮时间/h	是否氧化	渗氮效果	
			渗氮层深度/mm	硬度 HV10
38CrMoAl	24	未氧化	0.28	986~991
40Cr	24	未氧化	0.24	510~519
38CrMoAl	24	氧化	0.46	1018~1064
42CrMo	24	氧化	0.60	575~595

421. 氧催化渗氮

氧催化渗氮，即气体氧氮共渗。添加 O_2 或含氧气氛可以明显提高渗氮速度，改善渗氮层性能，提高表面硬度、耐磨性、耐蚀性和抗冷热疲劳性等。

不同材料与要求的氧催化渗氮工艺见表 5-82。

表 5-82 不同材料与要求的氧催化渗氮工艺

材料与要求	工艺
非合金钢和合金钢工件	氧催化渗氮温度为 570℃，保温 2～4h，渗氮介质（体积分数）为 NH_3 100% + $O_2$0.3%～1.0%，油冷或水冷
要求渗氮层较厚的低碳钢工件	620℃×1.5～2h，渗氮介质（体积分数）为 $NH_3$100%+$O_2$0.3%～1.0%，水冷
	570℃×4h+650℃×0.5h，渗氮介质（体积分数）为 $NH_3$100%+$O_2$0.6%，油冷或水冷
要求渗氮层较厚的铸铁或其他大件	第一阶段：570℃×2h，渗氮介质（体积分数）为 NH_3 100%+O_2 0.05%；第二阶段：620℃×2h，渗氮介质（体积分数）为 $N_2$80%+$NH_3$20%；第三阶段：570℃×2h，渗氮介质（体积分数）为 $N_2$80%+$NH_3$20%+$O_2$0.2%，炉冷至 200～250℃出炉
	第一阶段：650℃×2～3h，渗氮介质（体积分数）为 $NH_3$100%+$O_2$0.1%；第二阶段：570℃×2～3h，渗氮介质（体积分数）为 $N_2$80%+$NH_3$20%+$O_2$0.5%，炉冷至 200～250℃出炉或室温出炉在降温过程中通入 NH_3
工具钢工件	渗氮温度为 550℃，保温时间为 1～2h，渗氮介质（体积分数）为 $N_2$80%+$NH_3$20%+$O_2$0.5%，油冷。例如 45CrV 钢在 520℃渗氮时，如在 100L 的 NH_3中加入 4L O_2，则 4h 渗氮所得的渗氮层深度与普通渗氮 10h 所得的渗氮层深度相同，即使渗氮速度提高了 2.5 倍

422. 稀土催渗氮

气体渗氮时，向渗氮剂中加入稀土元素，能够活化工件表面，加快氮原子吸收速度，并改善渗氮后的组织，使氮化物的分布变得细小弥散，避免氮化物沿晶界的偏聚及脉状组织的产生，能有效提高表面硬度。在同样温度下，稀土渗氮可提高渗氮速度 15%～20%；当渗氮温度高出传统温度 10～20℃时，渗氮速度可提高 60%以上。同时，可缩短工艺周期，降低能耗，改善渗氮层组织与表层耐磨性和冲击韧性等。稀土催渗氮有气体渗氮和离子渗氮等。

稀土渗剂的选择，原则上与稀土渗碳和稀土碳氮共渗相同。不过由于工艺温度较低，应尽量选取容易分解的有机液体。对气体法稀土渗氮来说，最常见的渗剂组成为液氨和甲醇，稀土原料则配入甲醇中。

稀土催渗氮也存在一最佳的稀土加入量范围，此最佳加入量范围与渗剂组成、渗氮炉容量、工件形状及装炉量等因素有关。

38CrMoAl 钢经常规两段式气体渗氮及稀土催渗氮表明，当要求渗氮层深度为 0.4mm 时，稀土催渗氮仅需 18h 即可达到要求，而常规渗氮则需要 40h。应用声发射技术测定渗氮层的脆性，其催渗氮试样上出现第一条宏观裂纹时的挠度为 1.34mm，脆断前的吸收能量为 4.6J。而常规渗氮试样的挠度为 1.26mm，吸收能量为 4.2J，即稀土催渗氮的渗氮层脆性也较小（脆性级别为 0～1 级，而常规渗氮为 1 级）。45Cr14Ni14W2Mo 钢及不锈钢采用稀土催渗氮，可节约工时 60%以上。

由于稀土催渗氮所形成的氮化物为准球状，渗氮层表面硬度要比常规渗氮的高 50～150HV（见图 5-56），并且在温度升高 10～20℃时硬度不会明显下降，故对于要求畸变相对较低的工件，可适当提高渗氮温度 10～20℃，这将会大大提高渗氮速度（稀土气体渗氮可提高渗氮速度 20%～50%），并能保持高的渗氮硬度。

例如，42CrMo 钢稀土渗氮与常规渗氮的对比见表 5-83。由表中数据可以看出，在采用相同温度和相近工艺参数的同时，稀土渗氮在达到相同渗氮层深度的时间比常规渗氮缩短 25h。稀土渗氮与常规渗氮硬度梯度对比如图 5-56 所示。由图 5-56 可以看出，稀土渗氮获得的硬度均比常规渗氮高。

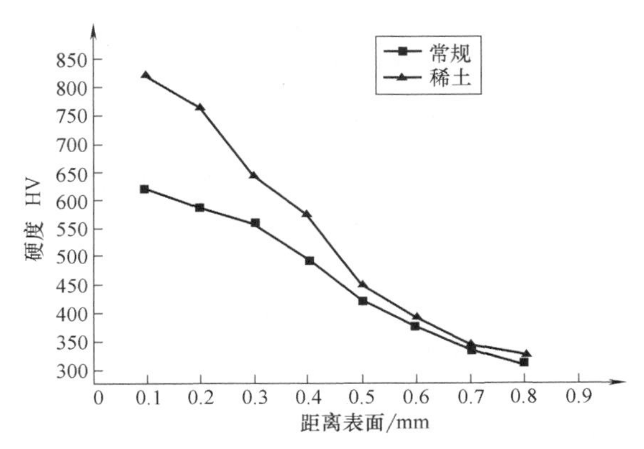

图 5-56 42CrMo 钢稀土渗氮与常规渗氮硬度梯度对比

稀土渗氮时，将稀土化合物溶入有机溶剂后通入炉罐，渗剂采用 NH_3+NH_4Cl。或者将稀土催渗剂装在铁罐中，压上硅酸铝毡，随工件一起装炉。渗氮温度为 500~600℃。采用二段法或三段法工艺均能得到较好的催渗效果。

表 5-83 42CrMo 钢稀土渗氮与常规渗氮的对比

工艺	渗氮温度/℃	氨分解率(%)	渗氮层深度/mm	工艺时间/h
常规渗氮	520	30~50	0.542	70
稀土渗氮			0.547	45

423. 稀土催化离子渗氮

稀土对离子渗氮的气相活化、活性原子吸附及扩散三个过程均有影响。与普通离子渗氮相比，稀土催化离子渗氮可使渗氮层的晶粒得到细化，各种晶体缺陷的增加，使渗氮速度和表面硬度提高。稀土对离子渗氮的催渗作用已被大量试验所证明，渗氮速度可提高 20%~30%。

一般利用 La 和 Ce 等稀土元素的化合物实现离子渗氮的催渗。可先将稀土化合物溶于有机溶剂，制成饱和液体后，再按一定的比例将其混合于易挥发的有机溶液中（如丙酮等），依靠负压吸入炉内，稀土混合气的比例不超过 10%。

38CrMoAl 和 40Cr 钢稀土催化离子渗氮的渗氮层硬度及渗氮层硬度分布优于普通离子渗氮，不同工艺条件下的渗氮层深度见表 5-84。

表 5-84 稀土催化离子渗氮和普通离子渗氮的渗氮层深度对比

（单位：μm）

工艺条件	38CrMoAl				40Cr			
	普通离子渗氮		稀土催化离子渗氮		普通离子渗氮		稀土催化离子渗氮	
	化合物层	扩散层	化合物层	扩散层	化合物层	扩散层	化合物层	扩散层
520℃×4h	6.0	0.156	10.0	0.195	5.0	0.127	8.0	0.160
520℃×6h	9.9	0.205	13.2	0.270	8.0	0.138	9.9	0.220
520℃×8h	13.2	0.260	16.5	0.345	12.0	0.234	13.2	0.292

在 560℃×2h 稀土催化离子渗氮过程中，稀土（RE）加入量对渗氮层深度的影响较大，且有一最佳值：$w(RE)=6\%$，扩散层深度为 50μm。

424. 两次渗氮

对于狭缝和组合件，采用真空净化加两次渗氮工艺在提高渗氮层均匀性方面有明显效果，并可以获得不同的渗氮层深度。

例如，柱塞是液压元件的重要部件之一，柱塞由柱塞杆（25Cr3MoA 钢）和柱塞体（38CrMoAl 钢）组合而成。

先对柱塞体进行一次二段渗氮：(520±5)℃×16h，氨分解率为 20%～40%；(540±5)℃×4h，氨分解率为 100%，通氨冷却。再将柱塞体与柱塞杆组合后进行真空净化，然后立即装入渗氮炉，再进行一次二段渗氮：(520±5)℃×25～28h，氨分解率为 25%～45%；(540±5)℃×5h，氨分解率为 100%，通氨冷却。经上述处理后，柱塞体的渗氮层深度为 0.40～0.45mm，柱塞杆的渗氮层深度为 0.27～0.40mm。此工艺不仅可以获得不同的渗氮层深度，而且组合件的渗氮层均匀。

425. 氮碳共渗

氮碳共渗，是指工件表层同时渗入氮和碳，并以渗氮为主的化学热处理工艺，又称软氮化。与一般渗氮（硬氮化）工艺相比，脆性减少。

氮碳共渗是低温化学热处理工艺，通常在 520～580℃进行，时间为 1～7h，共渗层厚度在 0.5mm 以下，表层为氮碳化合物。一般非合金钢、合金钢、工具钢和高速钢表面硬度可分别达到 550～600HV、600～700HV、800～1000HV 及 1000～1200HV。氮碳共渗能提高零件的表面硬度、耐磨性，改善疲劳强度、抗咬合能力及耐蚀性。

此工艺对于承受较轻或中等载荷，因黏着磨损、疲劳断裂或剥落而失效的轴、齿轮、液压件与模具等具有良好的强化效果。对畸变要求严格的耐磨件，如模具、量具、刀具及耐磨工件的效果也十分明显。

氮碳共渗的工艺方法有气体法、液体法、固体法和等离子法等。

通常氮碳共渗不受钢种限制，适用于非合金钢、合金钢和铸铁等材料。

426. 真空氮碳共渗

真空氮碳共渗，是在真空炉中通入含 N 和 C 组分的气相介质，在一定的工艺条件下，实现 N 原子和 C 原子同时渗入工件表面的工艺过程。与真空渗氮相比，真空氮碳共渗的共渗速度快，处理工件有更好的耐磨性和抗咬合性，而且脆性小，共渗层致密。较普通低温气体氮碳共渗的共渗层更深，能承受较重负荷和冲击负荷的作用。

真空氮碳共渗有脉冲法、一段法和二段法等工艺。

例如，采用 530℃×10h+560℃×4h 真空脉冲二段氮碳共渗，用 CO_2+NH_3 作为渗剂，CO_2 与 NH_3 的配比为 5%（体积分数），脉冲周期为 2min，炉压上限为

-0.015MPa，下限为-0.08MPa，对模具用38CrMoAlA、3Cr2W8V、Cr12MoV、H13和P20（3Cr2Mo）钢进行真空脉冲氮碳共渗，其结果见表5-85。

表5-85 不同材料经真空脉冲二段氮碳共渗后的共渗层深度和硬度

钢号	化合物层	扩散层深度/mm	表面硬度 HV0.1	平均硬度 HV0.1
38CrMoAlA	无	0.15~0.18	882,824,882	883
3Cr2W8V	无	0.15~0.16	980,946,1018	981
Cr12MoV	无	0.15~0.17	1097,946,1097	1046
H13	无	0.10~0.12	882,946,824	884
P20	无	0.18~0.20	642,606,642	630

427. 氯化铵催化气体氮碳共渗

催渗剂的作用是能够破坏钢件表面的钝化膜，提高表面活性，从而加速N原子的吸附过程。目前常用的催渗剂有氯化铵（NH_4Cl）、四氯化碳（CCl_4）及四氯化钛（$TiCl_4$）等。

例如，工件材料为38CrMoAl、40Cr和18Cr2Ni4WA钢，渗氮采用RQ3-75-9型井式炉。用工业纯NH_4Cl作催渗剂，将NH_4Cl粉溶于工业乙醇（一般按每立方米炉内容积加入130~150g NH_4Cl计算）。如图5-57所示为NH_4Cl催化气体氮碳共渗工艺。NH_4Cl催化气体氮碳共渗与普通气体渗氮后的共渗层深度与硬度对比见表5-86。通过表5-86可知，同普通渗氮工艺相比，NH_4Cl催化气体氮碳共渗可节省工艺时间50%左右，其表面硬度相近。

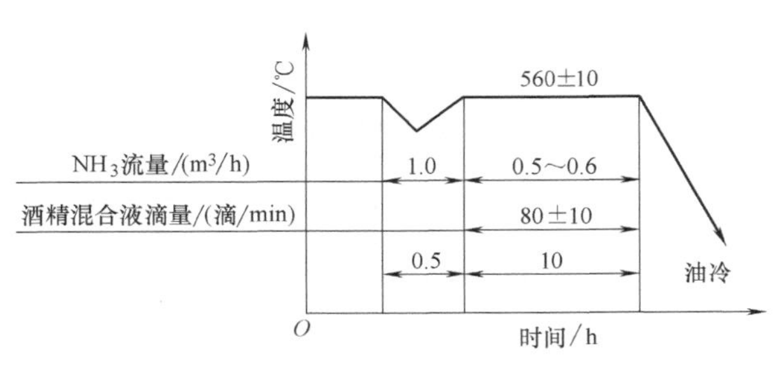

图5-57 NH_4Cl催化气体氮碳共渗工艺曲线

表5-86 NH_4Cl催化氮碳共渗与普通气体渗氮后的共渗层深度与硬度对比

钢号	普通气体渗氮				NH_4Cl催化气体氮碳共渗			
	温度/℃	时间/h	渗氮层深度/mm	硬度HV	温度/℃	时间/h	共渗氮深度/mm	硬度HV
38CrMoAl	570±5 530±5	16 18	0.4~0.6	>1000	560±10	10~15	0.4~0.6	≥1000
40Cr	480±10 500±10	20 15~20	0.3~0.5	≥600	560±10	10	0.3~0.5	≥600
18Cr2Ni4WA	490±10	30	0.2~0.3	≥600	560±10	10	0.3~0.4	≥600

428. 气体氮碳共渗

气体氮碳共渗是用气体介质对工件同时渗入氮和碳元素，并以渗氮为主的化学热处理工艺。

根据使用的介质不同，气体氮碳共渗分为三大类：混合气体氮碳共渗、尿素热解氮碳共渗和滴注式气体氮碳共渗。氮碳共渗温度常采用520~570℃，共渗时间一般为2~4h。气体氮碳共渗后一般采用油冷或水冷，以获得N原子在α-Fe中的过饱和固溶体，造成工件表面残余压应力，疲劳强度可明显提高。

气体氮碳共渗的工艺温度低、时间短、工件畸变小，非合金钢、低合金钢、工具钢、不锈钢、铸铁及铁基粉末冶金材料均可进行气体氮碳共渗。气体氮碳共渗还能显著提高工件的疲劳强度、耐磨性和耐蚀性。在干磨条件下，还具有耐磨损和抗咬合性能，同时共渗层较硬且具有一定的韧性，不容易剥落。

气体氮碳共渗广泛应用于模具、量具、高速钢刀具以及齿轮等耐磨工件的处理。但气体氮碳共渗也存在一些不足，如表层中化合物层较薄（0.01~0.02mm），且共渗层硬度陡然降低，故不宜在重载条件下工作。常用气体氮碳共渗工艺见表5-87。相关标准有GB/T 22560—2008《钢铁件的气体氮碳共渗》等。

表5-87 常用气体氮碳共渗工艺

工艺名称	内容
混合气体氮碳共渗	氨气加入吸热式气氛(RX)可进行氮碳共渗。吸热式气氛由乙醇和丙酮等有机溶剂裂解，或由烃类气体(甲烷、丙烷)制备而成。吸热式气氛的成分一般控制在$\varphi(H_2)$32%~40%、$\varphi(CO)$20%~24%、$\varphi(CO_2)\leqslant$1%和$\varphi(N_2)$38%~43%。氨气还可以与烷类气体介质(如甲烷、丙烷等)混合，进行氮碳共渗 多数钢种的最佳共渗温度为560~580℃。为了不降低基体强度，共渗温度应低于调质回火温度
尿素热解氮碳共渗	尿素在500℃以上分解反应产生活性氮、碳原子作为氮碳共渗的渗剂。根据渗氮罐大小及不同的装炉量，尿素的加入量可在500~1000g/h范围内变化。尿素可通过以下3种方式送入炉内：采用机械送料器将尿素颗粒送入炉内，在共渗温度下热分解；将尿素在裂解炉中分解后再送入炉内；用有机溶剂(如甲醇)按一定比例热解后滴入炉内，然后发生热分解
滴注式气体氮碳共渗	滴注剂采用甲酰胺、乙酰胺、三乙醇胺、尿素、甲醇及乙醇等，以不同比例配制(质量分数)：如甲酰胺70%+尿素30%；甲酰胺100%；三乙醇胺50%+乙醇50%。也可在通入氨气的同时，滴入甲酰胺、乙醇或煤油等液体碳氮化合物进行氮碳共渗。共渗温度一般在570~600℃，保温时间为3~6h

429. 盐浴氮碳共渗

盐浴氮碳共渗，又称液体氮碳共渗，它是利用盐浴中产生的活性氮、碳原子，渗入零件表面与铁及合金元素形成化合物层及扩散层，以提高零件表面的耐磨性、疲劳强度、耐蚀性和抗咬合性等力学性能。

盐浴氮碳共渗温度通常为540~580℃，保温时间为0.5~4h，在空气、油、水及AB1盐浴中冷却。

此类渗剂由基盐和再生盐组成。再生盐可调整盐浴成分，恢复盐浴活性。常用的基盐由氰酸钠、氰酸钾、氰酸锂和碳酸钠混合组成，其中氰酸盐由尿素与碳酸盐反应制备而成。常用的再生盐由密隆［Melon，分子式为$(C_6N_9H_3)_x$］、缩二脲等含碳、氮之类的有机物组成。

盐浴氮碳共渗易产生氰离子（CN^-），存在环保问题，中、高氰型盐浴已经逐渐淘汰。应用较广的尿素-有机物型盐浴氮碳共渗，其盐浴成分及特性见表5-88。常用氰酸根（CNO^-）浓度来度量盐浴活性，一般控制在32%~38%。盐浴氮碳共渗常与氧化、抛光工艺结合一起做复合处理，即无公害盐浴氮碳共渗——QPQ处理工艺。

表5-88 尿素-有机物型盐浴成分及特性

盐浴配方及商品名称	获得CNO^-的方法	主要特点
德国Degussa公司产品： TF-1基盐（氮碳共渗用盐） REG-1再生盐（调整盐浴成分，恢复活性）	用碳酸盐、尿素等合成TF-1，其中$w(CNO^-)$为47%~49%；REG-1是有机合成物$(C_6N_9H_3)_x$，它可将CO_3^{2-}转化为CNO^-	低氰盐浴，使用过程中CNO^-分解而产生$w(CN^-)\leqslant 4\%$，工件氮碳共渗后在AB1氧化盐浴中冷却，可将微量CN^-氧化成CO_3^{2-}，实现无污染作业。$w(CN^-)$可控制在最佳值±1%~2%，强化效果稳定
国产盐品： J-2基盐（氮碳共渗用盐） Z-1再生盐（调整盐浴成分，恢复活性）	用多种碳酸盐及尿素等合成J-2，$w(CNO^-)\approx 40\%\sim 42\%$，Z-1的主要成分为有机缩合物，可将$CO_3^{2-}$转变成$CNO^-$	低氰盐浴，在使用过程中$w(CN^-)<3\%$。工件氮碳共渗后在Y-1氧化盐浴中冷却，可将微量CN^-转化为CO_3^{2-}，实现无污染作业。$w(CN^-)$可控制在最佳值±1%~2%，强化效果稳定

430. 固体氮碳共渗

固体氮碳共渗处理时，将工件埋入盛有固体氮碳共渗渗剂的共渗箱内，密封后放入炉中加热，加热温度为550~600℃。此工艺适用于单件小批量生产。几种固体氮碳共渗渗剂配方及特点见表5-89。

表5-89 几种固体氮碳共渗渗剂配方及特点

渗剂配方（质量分数）	主要特点
木炭60%+尿素40%+4g碘	加碘（I_2）具有催渗效果，提高共渗速度与硬度，在570℃×3h共渗后，45钢和T10钢化合物层深度分别为26μm和97μm，总渗层深度分别为0.41mm和0.46mm
尿素25%~35%+多孔陶瓷（蛭石片）25%~30%+硅砂20%~30%+混合稀土1%~2%+氯化铵3%~7%	将尿素的50%~60%（质量分数）与硅砂搅拌均匀，其余溶于水并用多孔陶瓷或蛭石吸附后，在150℃以下烘干再用。此法适于共渗层深度≤0.2mm的工件
木炭70%+尿素30%+8g氯化稀土	共渗速度提高30%~40%，45钢在580℃×3h共渗后，化合物层深度为40~50μm，硬度780HV0.1
木屑、尿素、生石灰、氯化铵和稀土添加剂	共渗速度提高，使用效果良好

431. 奥氏体氮碳共渗

由于氮碳共渗元素能明显降低铁的共析转变温度，因而在600~700℃进行氮碳共渗时，含氮的表层已部分转变为奥氏体，而不含氮的部分基本保持原组织不变，冷却后表面形成了化合物层及0.01~0.10mm的奥氏体转变层。为了区别于590℃下的氮碳共渗工艺，该工艺命名为奥氏体氮碳共渗工艺。

在气体渗氮炉中进行奥氏体氮碳共渗，氨气与甲醇之比（摩尔比）可控制在92∶8左右。工件共渗淬火后，可根据要求在180~350℃回火（时效）。以耐蚀为主要目的的工件，共渗淬火后不宜回火。表5-90为推荐的奥氏体氮碳共渗工艺规范。

表5-90 推荐的奥氏体氮碳共渗工艺规范

共渗层总深度/mm	共渗温度/℃	共渗时间/h	氨分解率(%)
0.012~0.025	600~620	2~4	<65
0.020~0.050	650	2~4	<75
0.050~0.100	670~680	1.5~3	<82
0.100~0.200	700	2~4	<88

注：共渗层总深度为ε层深度与M（马氏体）+A(奥氏体）深度之和。

432. 离子氮碳共渗

离子氮碳共渗是在离子渗氮的工作气氛中加入一定量的含碳介质（如乙醇、丙酮、二氧化碳、甲烷和丙烷等)，通过调整工艺参数，以获得耐磨性高、韧性好的单一ε相，或以ε相为主的混合物层的工艺。

工件经离子氮碳共渗后，可提高表面的硬度与耐磨性，使其具有良好的抗咬合性能、耐蚀性能和疲劳强度。离子氮碳共渗的特点：与气体氮碳共渗相比具有共渗速度快，电能与气体消耗少，共渗层致密无疏松，以及无公害等特点；与离子渗氮相比具有生产效率高，强化效果好和适用于多种钢材等特点。

离子氮碳共渗渗剂，一般有氨气与乙醇挥发的混合气；氨气与丙酮挥发的混合气；氮气、氢气和甲烷或丙烷的混合气等。共渗温度一般为560~580℃，保温时间一般在1~6h范围内选择，炉压为100~700Pa，极间电压为400~800V，辉光电流密度为0.5~5mA/cm^2。

部分材料常用离子氮碳共渗的层深及表面硬度见表5-91。

表5-91 部分材料常用离子氮碳共渗的层深及表面硬度

材料	心部硬度 HBW	化合物层深度 /mm	总渗层深度 /mm	表面硬度 HV
15	≈140	7.5~10.5	0.4	400~500
45	≈150	10~15	0.4	600~700
60	≈30HRC	8~12	0.4	600~700
15CrMn	≈180	8~11	0.4	600~700
35CrMo	220~300	12~18	0.4~0.5	650~750
42CrMo	240~320	12~18	0.4~0.5	700~800
40Cr	240~300	10~13	0.4~0.5	600~700
3Cr2W8V	40~50	6~8	0.2~0.3	1000~1200
4Cr5MoSiV1	40~51HRC	6~8	0.2~0.3	1000~1200
45Cr14Ni14W2Mo	250~270	4~6	0.08~0.12	800~1200
QT600-3	240~350	5~10	0.1~0.2	550~800HV0.1
HT250	≈200	10~15	0.1~0.15	500~700HV0.1

433. 稀土催化氮碳共渗

无论稀土化合物还是稀土单质当添加量适当时，对氮碳共渗有明显的催渗作用，可提高共渗速度30%左右，适量稀土能有效提高氮碳共渗后的工件硬度、耐磨性、冲击韧性和耐蚀性。

稀土渗剂的选择，其原则与稀土渗碳和稀土碳氮共渗相似。不过由于工艺温度较低，应尽量选取容易分解的有机液体。对气体法稀土催化氮碳共渗来说，最常见的渗剂组成为液氨和乙醇，稀土渗剂可由乙醇、液氨和氯化稀土（以镧、铈为主）组成。

例如，选用40Cr钢进行气体氮碳共渗试验，渗剂由乙醇、液氨和氯化稀土（以镧、铈为主）组成，渗剂中稀土的浓度以每毫升乙醇中所含氯化稀土的质量（g/mL）来表示。氮碳共渗工艺为：共渗温度为560℃，保温4h，炉冷至400℃，然后油冷。如图5-58所示为稀土浓度对共渗层深度的影响。可见在共渗剂中添加稀土可使共渗层深度明显增加，并且当稀土浓度为0.005g/mL左右时，共渗层深度最大。

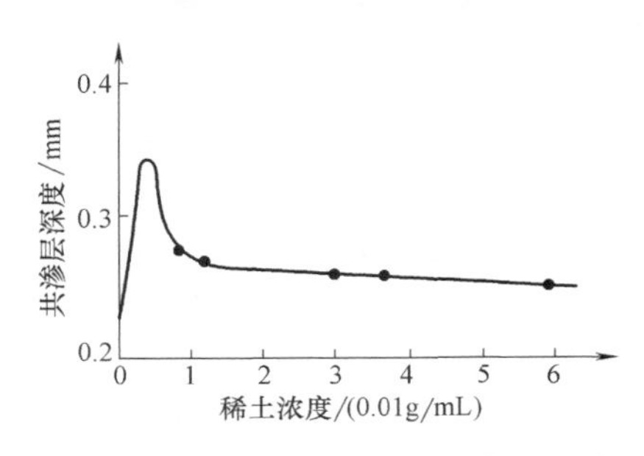

图5-58　稀土浓度对渗层深度的影响

采用稀土催化氮碳共渗工艺不仅可以使共渗速度提高20%~50%，显著缩短渗氮工艺周期，而且还可以提高零件的表面硬度，改善共渗层组织。如40Cr和40CrNiMo钢微型发动机曲轴经稀土催化氮碳共渗后，较传统工艺提高渗速约30%，表面硬度提高150HV。

434. 合金化渗氮

气体铁素体合金化氮碳共渗，简称合金化渗氮，它是在渗氮（碳）的同时，使工件表面渗入所添加的元素（如Al、Cr、Ti和V等），其实它是低温金属元素-氮-（碳）共渗。

合金化渗氮可形成高硬度（比常规气体氮碳共渗高100~500HV）、低脆性（1级）和致密的共渗层；共渗速度比气体氮碳共渗高10%~20%。该工艺解决了铁素体氮碳共渗后表面硬度不够高的问题。

例如，一汽集团公司自制刃具，如阶梯钻、扩孔钻和丝锥等，经合金化渗氮处理后，使用寿命提高1~5倍；铝压铸模和铜压铸模应用该工艺后，使用寿命比气体渗氮分别提高20%~30%和30%。

435. 稀土合金化氮碳共渗

这是一项在合金化渗氮基础上开发的新工艺。其渗剂由氨气、甲醇、含铝合金剂和稀土添加剂（氧化镧）组成。基本工艺为500℃×5h（排气1h，共渗4h），共渗层的白亮层除含有氮化物和碳氮化合物外，还出现了 AlN 相。可使共渗层硬度提高，组织细小，共渗速度加快。

例如，65Mn 钢制模具标准件推杆、冲杆，经该工艺处理后，基本能替代价格较高的 H13 钢。表面硬度为 56HRC，硬化层深度在 0.25mm 以上，热硬性达 560℃左右，并能大大缩短工艺周期（原工艺为 30~40h，本工艺缩短到 4h）。经生产应用，效果良好。

436. 稀土离子氮碳共渗

稀土具有催渗和微合金化的作用，稀土离子氮碳共渗不但能显著提高工件的疲劳强度、表面硬度和耐磨性等，而且产生的畸变较小、处理时间短、共渗层组织优良。

例如，42CrMo 钢经 560℃稀土离子氮碳共渗，氨气流量为 1.8L/min，稀土乙醇流量为 0.4L/min，稀土最佳量为 30L，保温时间<8h，催渗率可达 30%左右，接触疲劳强度提高了 7%。

又例如，材料为 53Cr21Mn9Ni4N 钢制 TY102 型发动机排气门，渗剂为分解氨和质量分数为 6%的稀土混合液，经 540℃×6h 稀土离子氮碳共渗后，零件表面硬度为 1000HV0.1，共渗层深度为 55~59μm。其共渗速度比普通离子氮碳共渗的提高约 47%。

437. 低真空变压快速气体氮碳共渗

低真空变压快速气体氮碳共渗工艺（包括设备）可大幅度地缩短渗氮过程的换气、保温及降温等时间，以减少渗剂消耗，节能达 30%以上。并可以提高共渗层质量，盲孔、深孔和狭缝等可获得均匀的渗氮层。

例如，40Cr 钢制摩托车主驱动齿轮技术要求：白亮层深度≥10μm，表层硬度≥450HV0.3，表面疏松≤2 级，公法线畸变误差<30μm，齿形齿向畸变误差≤30μm。齿轮热处理采用 WLV-45Ⅰ型低真空变压表面处理多用炉，设备额定功率为 45kW，装炉量为 400kg。其氮碳共渗工艺参数见表 5-92。氮碳共渗工艺曲线如图 5-59 所示。

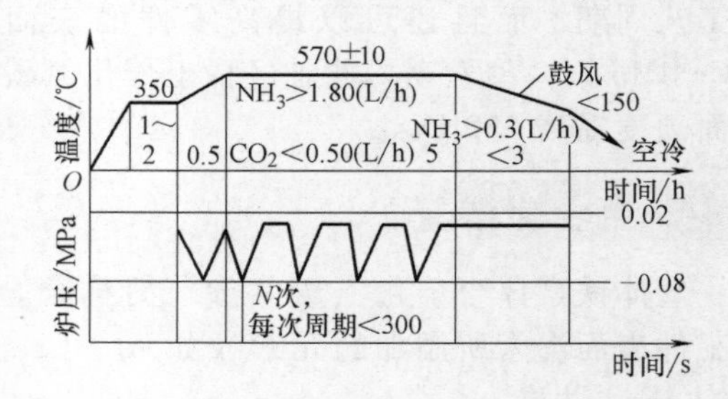

图 5-59 40Cr 钢主驱动齿轮低真空快速气体氮碳共渗工艺曲线

表 5-92 主驱动齿轮低真空快速气体氮碳共渗工艺参数

预氧化		渗氮								满载(降温)			
温度/℃	时间/h	温度/℃	时间/h	渗剂流量/(L/h)		真空压力/MPa		上压保持时间/s	每周期供气时间/min	温度/℃	时间/h	炉压/MPa	NH_3流量/(L/h)
				NH_3	CO_2	上限	下限						
350	1	570±10	5	>1.80	<0.50	0.02	−0.07	>30	2.5~3.0	<150	<3	0.01	<0.3

齿轮批量氮碳共渗的检验结果见表 5-93。通过表 5-93 可以看出，检验结果满足技术要求。

表 5-93 齿轮批量氮碳共渗的检验结果

检查项目	白亮层深度/mm	表层硬度 HV0.3	表面疏松/级	表面颜色	畸变误差	
					公法线/μm	齿形齿向/μm
实测值	0.15~0.20	550~600	1.0	银白色	<25	<30

40Cr 钢件经 570℃×4h 低真空变压快速气体氮碳共渗，白亮层深度>0.12μm，而常规气体氮碳共渗则需 8h。且金相组织与畸变均合格。

438. 增压快速气体氮碳共渗

在气体氮碳共渗过程中，随着炉压的增加，铁素体状态氮碳共渗的共渗层表面硬度、化合物层和扩散层厚度均有所增加，即提高了共渗层深度，缩短了工艺周期。对一些材料，其表面硬度稍低一些，可提高共渗层的韧性。

例如，采用改造后的 RN-120-7 型渗氮炉（有效加热区尺寸为 φ800mm×1800mm），其上加装了炉压计和浮子流量计。渗剂采用 NH_3+CO_2混合气体。用增压（5000~25000Pa）快速气体氮碳共渗工艺代替常压（196~1200Pa）氮碳共渗工艺，共渗速度提高，显著缩短了工艺时间，用 NH_3+CO_2代替甲酰胺为氮碳共渗的工艺介质，可降低共渗费用。表 5-94 为气体氮碳共渗与增压快速气体氮碳共渗后的硬度与渗层深度的比较。通过表 5-94 可以看出，增压快速气体氮碳共渗可以显著提高共渗层深度。40Cr 钢调质后，通过渗氮得到 0.43mm 的渗氮层深度，需保温 40h，而增压气体快速氮碳共渗得到 0.43mm 的渗氮层深度，则只需要保温 2.5h。

表 5-94 气体氮碳共渗与增压快速气体氮碳共渗后的硬度与渗层深度的比较

钢号	预备热处理	处理工艺	表面硬度 HV0.1	渗层深度/mm
45	退火	气体氮碳共渗：570℃×2.5h，常压（196~1200Pa），渗剂为甲酰胺	365	0.23
	退火	增压快速气体氮碳共渗：570℃×2.5h，炉压为 5000~25000Pa，渗剂为 NH_3+CO_2混合气体	456	0.42
40Cr	调质	气体氮碳共渗：500℃×40h，常压，渗剂为甲酰胺	636	0.43
	调质	增压快速气体氮碳共渗：570℃×2.5h，炉压为 5000~25000Pa，渗剂为 NH_3+CO_2混合气体	576	0.43

439. 连续炉气体氮碳共渗

在连续式气体炉上进行氮碳共渗，可满足大批量工件的需要。如用于载货汽车变速器各种齿轮、齿轮轴，以及曲轴等。

例如，连续式气体氮碳共渗炉，分为预热区（Ⅰ区）和共渗区（3 个区，即Ⅱ、Ⅲ、Ⅳ区）。渗剂采用 φ（NH_3）50%+φ（RX 气），炉气组成为（体积分数）：$NH_3$14.9%+$H_2$23.2%+CO2.4%+$N_2$59.5%。

每个区推入3个料架，每个料架横放两层，每层放4根曲轴，每15min向炉内推入1个料架。预热区24根，共渗区72根。

共渗区Ⅱ、Ⅲ区均通入$2m^3/h$的RX气［主要成分为（体积分数）：CO20%+$H_2$40%+CO_2≤0.3%+N_2余量］。Ⅰ、Ⅱ、Ⅲ、Ⅳ区均通入NH_3［保持残留NH_3量为15%（体积分数）］。炉内各区均通入$8m^3/h$ N_2。气体氮碳共渗工艺为570℃×3h，共渗后于100~135℃油中冷却。

50Mn钢曲轴经上述处理后，化合物层深度为20~25μm，扩散层深度为0.5mm，表面硬度为500HV0.1。

440. 渗硼

渗硼是将硼渗入工件表层的化学热处理工艺。其中包括固体渗硼、液体渗硼（或称盐浴渗硼）、电解渗硼、气体渗硼及膏剂渗硼等。目前生产常用固体粉末渗硼法。

渗硼层深度一般为0.1~0.3mm，通常由FeB+Fe_2B双相组织或Fe_2B单相组织组成。Fe_2B较FeB的韧性好，但FeB的显微硬度可高达1800~2000HV，脆性较大，而Fe_2B的显微硬度为1200~1800HV，脆性较小。渗硼能提高工件表面硬度（1300~2000HV）、热硬性（900~950℃）、耐磨性、耐蚀性（耐盐酸、硫酸及碱的腐蚀性）和抗高温氧化性能，特别是提高金属和合金的耐磨粒磨损能力。

渗硼加热温度为800~1000℃，保温1~6h，然后需进行淬火处理，以提高心部强度（硬度），避免渗硼层压碎剥落。常在渗硼后直接淬火。

渗硼的主要缺点是处理温度较高、工件畸变大，以及熔盐渗硼件清洗较困难等。常规渗硼的缺点是渗硼层脆性高，淬火时易产生裂纹，因此最好是渗硼温度与淬火温度接近，渗硼与淬火相结合进行，或采用硼氮共渗或硼碳氮共渗，以加强过渡区，使硬度变化平缓。为改善渗硼层的脆性，也可采用硼钒、硼铬、硼铝和硼稀土共渗等方法。

渗硼工艺适用于钢、铸铁及硬质合金等材料，常用于冷作模具、热作模具和塑料模具上。采用中碳钢渗硼有时可取代高合金钢制作模具。对严重磨损的工件，如高压阀板、泥浆泵缸套、活塞杆和履带节等也很有效。也可用于矿山机械零件如采煤截齿，石油钻机具的三牙轮钻头、牙爪轴承部位，以及拖拉机履带板用销等易磨损件。相关标准有JB/T 4215—2008《渗硼》等。

441. 低温固体渗硼

低温固体渗硼通常是指在临界点Ac_1以下或稍高温度的固体渗硼，不仅能改善渗硼层的性能，而且能降低能耗和减小工件畸变。常用于模具等要求耐磨性较高的工件。

低温固体渗硼所用的渗剂配方（质量分数）为：KBF_4 5%+CH_4N_2S（硫脲）0.5%~3%+木炭20%~30%，其余为Fe-B［B≥20%、Al不大于4%、Si不大于3.5%］。渗硼规范可根据工件具体要求来选择：要求畸变小而渗硼层较薄时可在临界点（Ac_1）以下进行，反之可提高渗硼温度。保温时间以 3~5h 为宜。

表 5-95 为低温固体渗硼工艺。

表 5-95　低温固体渗硼工艺

渗剂成分(质量分数)	钢号	工艺参数		渗硼层	
		温度/℃	时间/h	深度/mm	组织
B-Fe40% + $KBF_4$8% + NH_4Cl4% + NaF3% + CH_4N_2S 1%+SiC(余量)	45	650	6	0.032	Fe_2B
$KBF_4$5%+CH_4N_2S 3%+木炭 27%+B-Fe65%	GCr15	750	3	0.04	FeB+Fe_2B
B-Fe30%+$KBF_4$5%+CH_4N_2S 1%+Al_2O_3(余量)	Cr12MoV	600	6	0.01	—

稀土元素可明显提高渗硼速度，使渗硼层均匀致密，提高其与基体间的结合力。对此，可在固体渗硼剂中加入适量的稀土，配方为（质量分数）：B_4C10%+$KBF_4$10%+氯化稀土 7.5%+活性炭 20%+SiC 余量。

442. 粉末渗硼

粉末渗硼是固体渗硼的一种，其优点是能根据工件的材料和技术要求来配制渗剂；适用于各种形状的工件，并能实现局部渗硼；不需专用设备；渗硼层均匀；渗硼速度快；成本低。

粉末渗硼剂主要由供硼剂（B_4C、B-Fe、B_2O_3和脱水 $Na_2B_4O_7$等）、活化剂（NH_4Cl、KBF4、NaF、碳酸盐和 Na_2SiF_4等）和填充剂（SiC、活性炭和 Al_2O_3等）组成。黏结剂有水玻璃、桃胶、纤维素和黏土等。为了进一步解决渗剂结块和增加透气性，可在粉末渗硼剂的基础上添加一定比例的黏结剂，将渗剂制成粒状、球状或圆柱状。

粉末渗硼剂，配方为：①w（B_4C）或（B-Fe)58%+w(Al_2O_3)40%+w(NH_4Cl) 2%~3%。；②w(B-Fe)97%+w(NH_4Cl)3%等。

粉末渗硼操作简单，工艺过程与固体渗碳相似，即将工件装入渗箱（由耐热钢板焊成，陶瓷或石墨制的箱子）中，填充渗硼剂，箱上加盖（可不密封）。渗入温度一般为 950~1050℃，保温 3~5h，可得 0.1~0.3mm 深的渗硼层。

在渗硼工件表面预涂硼砂（$Na_2B_4O_7$），可强化渗硼过程，得到质地优良的渗硼层。其方法是：先将工件加热到 100℃左右，浸入硼砂甲醇溶液中并立即提出，甲醇挥发后工件表面即被均匀的涂覆一层硼砂。硼砂在渗硼过程中除起到活化剂的催化作用外，还可以补充提供硼源。

粉末渗硼工艺见表 5-96。

表 5-96　粉末渗硼工艺

渗剂成分(质量分数)	钢号	工艺参数		渗硼层	
		温度/℃	时间/h	深度/mm	组织
B_4C5%+$KBF_4$5%+SiC90%	45	700~900	3	0.02~0.1	FeB+Fe_2B
$KBF_4$10%+SiC(50%~80%)+Fe(余量)	45	850	4	0.09~0.1	Fe_2B
B_4C80%+$Na_2CO_3$20%	45	900~1100	3	0.09~0.32	FeB+Fe_2B
B_4C15%+$Na_2SiF_4$10%+$KBF_4$2%+SiC73%	45	950	16	0.85	FeB+Fe_2B

（续）

渗剂成分（质量分数）	钢号	工艺参数		渗硼层	
		温度/℃	时间/h	深度/mm	组织
$FeSi_2$80%+$Al_2O_3$8%+NH_4Cl12%	Q235A、45、T8	950	1~4	0.3~0.4	—
$Na_2B_4O_7$ 10%~25%+Si5%~15%+KBF_4 3%~10%+C20%~60%+$(CH_4)_2CS$（少量）	40Cr	900	4	0.124	Fe_2B

443. 膏剂渗硼

膏剂渗硼属于固体渗硼，它是在固体渗硼剂的基础上加黏结剂，涂覆于工件表面，干燥后放入盛有惰性填料的罐（或箱）内，加热渗硼的工艺。

所用膏剂由供硼剂（如 B_4C、B-Fe、$Na_2B_4O_7$）和活化剂（如 NaF、CaF_2、KBF_4）组成。黏结剂可用松香酒精溶液、明胶和聚乙烯醇水溶液等。膏剂涂层厚度一般为 1~3mm，经干燥后进行装箱或感应加热渗硼，也可以在保护气氛中加热渗硼等。膏剂渗硼具有成本低、渗硼速度快的特点，对局部渗硼和深层渗硼更具有独特的优点。

渗硼温度通常选用 900~950℃。表 5-97 为膏剂渗硼工艺。

表 5-97　膏剂渗硼工艺

渗剂成分（质量分数）	钢号	工艺参数			渗硼层
		温度/℃	时间/h	深度/mm	组织
B_4C50%+NaF35%+Na_2SiF_4 15%+桃胶水溶液	45SiMn2MoV	920~940	4	0.12	FeB+Fe_2B
B_4C10%+$Na_3AlF_6$10%+$CaF_2$80%	45 钢	930	4	0.10	FeB+Fe_2B
B_4C50%+$CaF_2$25%+$Na_2SiF_4$25%	45 钢	950	4	0.10	FeB+Fe_2B
B_4C50%+$Na_3AlF_6$50%	T10	950	4	0.10	FeB+Fe_2B
B_4C50%+$Na_3AlF_6$50%。用水解的硅酸乙酯作为黏结剂	—	高频感应加热 1150~1165	2~3min	表面硬度为 1000HV	FeB+Fe_2B

444. 辉光放电膏剂渗硼

常规渗硼是在 900℃左右或更高温度下保温数小时，这将引起工件的畸变。在较低温度下渗硼时，因渗硼速度太慢，渗硼层过薄而不能使用。对此，采用辉光放电膏剂渗硼，可在钢的 A_1 点以下进行并得到较厚的渗硼层。

表 5-98 为辉光放电膏剂渗硼工艺。

表 5-98　辉光放电膏剂渗硼工艺

渗剂成分	钢号	加热方式	工艺参数		渗硼层	
			温度/℃	时间/h	深度/mm	组织
硼铁、KBF_4、CH_4N_2S、明胶（黏结剂）	3Cr2W8V	辉光放电	600	4	≈0.040	FeB+Fe_2B
			650	4	≈0.060	
			700	2	≈0.065	

例如，采用功率为 50kW 的钟罩式辉光离子渗氮炉，在 266~399Pa 恒定炉压下进行渗硼，电压为 700~750V，保温时电流密度为 1.2~2mA/cm^2。渗硼膏剂成

分为（质量分数）：B-Fe60%～80%+$Na_2AlF_6$10%～15%+NaF5%～10%+$(NH_2)_2CS$ 2%～5%。硼胶为黏结剂。45 钢经 800℃×3h 辉光放电膏剂渗硼后的耐磨性比常规淬火与回火的高 3～4 倍，比用同样膏剂电阻炉加热渗硼的高 1～2 倍。由于渗硼层厚且均匀一致，并为单相 Fe_2B，故耐磨性好。

445. 深层膏剂渗硼

深层膏剂渗硼是以硼酸为供硼源，用适合的活化剂和还原剂配制的渗硼膏剂进行渗硼的工艺过程。具有成本低、渗硼速度快的优点，适于深层渗硼。

深层膏剂渗硼的渗剂由 B_4C、Na_3AlF_6、CaF_2及添加剂组成，用羧胶液作黏结剂。工件先经 CCl_4、金属洗净剂或汽油去油污，然后涂覆膏剂，涂层厚度为 2～3mm。涂后经过干燥、装箱（罐）。箱（罐）用粒度为 0.071mm 碳化硅砂砂封，以防氧化，然后入炉升温渗硼。渗硼箱（罐）要在高温装炉，以加快升温速度和避免膏剂氧化。渗硼温度为 960～980℃，时间为 8～10h，渗硼层厚度为 200～300μm，其组织为 FeB 和 Fe_2B 或单相 Fe_2B。

例如，45 钢制硅碳棒成形模，经 960℃×8～10h 的深层膏剂渗硼处理后，直接进行空冷或油冷，渗硼层深度为 200～300μm，组织为双相 FeB+Fe_2B 或单相 Fe_2B，其寿命比未经渗硼处理的提高 5 倍左右。

446. 离子渗硼

离子渗硼是在低于 1×10^5Pa（通常为 $10\sim10^{-1}$Pa）的渗硼气体介质中，利用工件（阴极）和阳极之间产生的等离子体进行的渗硼。在离子渗碳炉中通入 B_2H_6、B_2H_6+H_2或 BF_3+H_2进行渗硼，均可得到较好的硼化物层。

此方法和所有其他的渗硼法相比，不仅具有渗硼速度快、操作简单、处理时间短，以及渗硼温度较低等优点，而且可以调节工艺参数，渗硼层均匀，表面不受沾污，渗后无须清理，能节约能源和气体消耗。采用离子轰击进行渗硼，比包括电解渗硼在内的其他方法具有更高的渗硼速度，并可在较低的温度下获得渗硼层。

离子渗硼膏剂由供硼剂（B_4C、$Na_2B_4O_7$ 和 B-Fe 等）、活化剂［KBF_4、Na_3AlF_6、NaF、NH_4Cl 和 CH_4N_2S］等、填充剂（SiC、CaF_2和 ZrO_2等）及黏结剂（纤维素、明胶和水玻璃等）等组成。将供硼剂、活化剂及填充剂按一定比例混合均匀，加入黏结剂调制成糊膏涂覆在工件表面，膏剂厚度为 2～3mm，自然干燥或放在 100～200℃的温度下烘干后装入离子渗硼炉，通入 N_2、H_2或 Ar 进行辉光放电，实现离子渗硼。

447. 真空渗硼

真空渗硼是在真空条件下，将硼原子渗入工件表面形成极高硬度耐磨层的热处理工艺。真空渗硼可使钢表面形成极硬的硼化铁渗硼层，其硬度高达 1600～2000HV（FeB 层），具有高的耐磨性，同时具有较高的耐热性和耐蚀性。许多要求高耐磨性的机械零件与工模具均可采用真空渗硼工艺，以提高使用寿命。

与普通渗硼法相比，真空渗硼渗速快、渗硼层质量好。真空渗硼的方法有真空气相渗硼、真空固相渗硼及真空膏剂渗硼。具体见表 5-99。

表 5-99 真空渗硼的方法

工艺方法	内 容
真空气相渗硼	在真空条件下，以三氯化硼和氢气的混合气体（体积比 1：15）为渗剂，气体流量为 40L/h，真空度为 2.6×10^4Pa 左右，加热温度为 850~900 ℃，保温 2h，渗硼层厚度约为 0.08mm；保温 6h，则渗硼层厚度可达 0.18mm
真空固相渗硼	采用真空固相渗硼炉，通常以非结晶硼粉（纯度为 99.5%），以及 w（硼砂）= 16%~18%和 w（碳化物）= 12%~14%的粉末等作为渗硼剂。如 45 钢以（质量分数）碳化硼 40%+氧化铝 60%的粉末作为渗硼剂进行真空固相渗硼试验，经 1000℃×3.5h 处理后，渗硼层组织呈针叶状，硬度为 600HV 以上，渗硼层厚度为 0.17mm；纯铁的渗硼层组织也是针叶状，硬度高达 2000HV，渗硼层厚度达 0.20mm
真空膏剂渗硼	其属于固相渗硼，优点是渗硼剂易涂覆，渗硼能力强，可进行局部和较小深孔的渗硼，渗硼后工件表面光泽无残渣，对环境无污染。真空膏剂渗硼的渗剂为 B_2O_3，涂覆于工件表面，真空度为 1.3~0.13Pa。W12Mo3Cr4V3N 钢冷挤压模经 1250℃×30min 真空膏剂渗硼，油淬，560℃×1h×3 次回火后，表面硬度为 1050HV，基体硬度为 880HV 中国科学院金属研究所用压缩空气喷涂渗硼料浆[（质量分数）B_4C90%~92%+$KBF_4$5%+硝化纤维胶粘剂余量]，喷涂于工件表面之后用红外线（灯）等烘干，在真空炉中通入氩气保护加热渗硼，渗后不需清理，渗硼层致密

448. 自保护膏剂渗硼

自保护膏剂渗硼是在工件表面涂覆渗硼膏剂后直接在空气介质中加热渗硼的工艺方法。

例如，DSB 自保护渗硼膏剂是由 B_4C、KBF_4、$Na_2B_4O_7$和 NaF 等物质组成。采用 SiC 作填充剂，纤维素作黏结剂以及少量金属盐类以稳定渗硼效果。渗剂中 B_4C、KBF_4和 $Na_2B_4O_7$是供硼剂；NaF 和 KBF_4为催化剂。涂层厚度为 3~4mm。在渗硼温度下膏剂涂层表面生成釉壳，对内部具有保护作用。

使用 DSB 自保护渗硼膏渗硼（900℃×4h）时，45、T8、T10、16Mn、GCr15、Cr12、CrWMn、3Cr2W8V 和 5CrMnMo 钢的渗硼层深度（μm）分别为：105、100、90、100、80、45、65、40 和 95。由上述数据可见，DSB 渗剂的渗硼能力较强。

449. 盐浴渗硼

盐浴渗硼是在盐浴中进行的渗硼工艺，又称液体渗硼。所用的渗剂中大都含有硼砂，在硼砂中加入脱氧剂，将 B_2O_3中的硼还原出来并使之渗入工件。盐浴渗硼的温度一般为 950~1000℃，时间一般不超过 6h，时间过长易使渗硼层变脆。

盐浴渗硼具有设备简单、操作方便、渗硼速度快和渗硼层组织及深度易于控制等优点，而且盐浴渗硼后可直接淬火。渗硼设备可用外热式盐浴炉（如功率为 30kW 的）及由 12mm 厚的不锈钢板卷制焊接而成的坩埚。

盐浴渗硼适用于非合金钢、合金结构钢、滚动轴承钢、碳素工具钢及不锈耐酸钢工件。

渗硼盐浴基本分为两类：一类是以硼砂为基础，分别加入 SiC、Si-Fe 和 Al 等为还原剂，使盐浴产生活性硼原子；另一类以中性盐为基础，如 NaCl 和 NaCl+KCl，再加入氟化物催渗剂和供硼剂 B_4C。常用盐浴渗硼渗剂配方及工艺见表 5-100。

表 5-100 常用盐浴渗硼渗剂配方及工艺

渗剂成分(质量分数)	钢号	工艺参数		渗硼层	
		温度/℃	时间/h	深度/mm	组织
$Na_2B_4O_7$70%~80%+SiC20%~30%	45	900~950	5	0.07~0.1	Fe_2B
$Na_2B_4O_7$80%+SiC13%+$Na_2CO_3$3.5%+KCl3.5%	20	950	3	0.12	Fe_2B
$Na_2B_4O_7$90%+Al10%	45	950	5	0.185	FeB+Fe_2B
$Na_2B_4O_7$90%+Si-Ca 合金 10%	20	950	5	0.07~0.2	FeB+Fe_2B
B_4C10% + $NaBF_4$ 10% + NaCl65%+KCl15%	35CrMo	920~940	4	0.154	—
B_4C5%+$NaBF_4$15%+NaCl80%	T10	920~940	4	0.042	—

低温盐浴渗硼剂是在硼砂（$Na_2B_4O_7$）或 $K_2B_4O_7$ 的载体盐中加入 NaOH 或 KOH，使盐浴渗硼温度降至 500~600℃。适用于高合金钢在回火过程中的渗硼。

450. 盐浴电解渗硼

盐浴电解渗硼时，先将熔盐加热熔化，放入阴极保护电极，到温后放入工件，并接阴极，保温一段时间后切断电源，把工件从盐浴取出淬火或空冷。

电解法渗硼具有生产效率高、处理温度范围宽、渗硼层质量好、原料成本低廉、渗硼速度快，以及适合于大规模生产的优点，适用于对形状简单的零件进行渗硼处理。但坩埚寿命短，形状复杂件的渗硼层不均匀，盐浴易老化。

盐浴电解渗硼的熔盐多以硼砂为基，其工艺见表 5-101。

表 5-101 盐浴电解渗硼工艺

渗剂成分(质量分数)	工艺参数			渗硼层	
	电流密度/(A/cm^2)	温度/℃	时间/h	深度/mm	组织
$Na_2B_4O_7$100%	0.1~0.3	800~1000	2~6	0.06~0.45	FeB+Fe_2B
$Na_2B_4O_7$80%+NaCl20%	0.1~0.3	800~950	2~4	0.05~0.30	FeB+Fe_2B
$Na_2B_4O_7$(40%~60%)+B_2O_5(40%~60%)	0.2~0.25	900~950	2~4	0.15~0.35	FeB+Fe_2B
$Na_2B_4O_7$90%+NaOH10%	0.1~0.3	600~800	4~6	0.025~0.10	FeB+Fe_2B
$B_2O_5$55%+$Na_2B_4O_7$35%+NaF10%	0.10~0.25	650~850	1.5~3.5	—	—
$B_2O_5$50%+$Na_2B_4O_7$35%+NaF10%+NaCl5%	0.10~0.25	650~850	1.5~3.5	—	—
以 LiF、NaF 和 KF 等作溶剂，以块状硼装在铜筐内作阳极，工件为阴极，在 Ar 或 H_2 及 N_2 的气氛保护下进行电解渗硼	0.5~2.5	800~900	15~300min	0.0125~0.05	—

451. 低温盐浴电解渗硼

低温盐浴电解渗硼工艺过程是在成分（质量分数）为$Na_2B_4O_7$60%~75%和PbO25%~40%的盐浴中，将工件作为阴极，于550~600℃，电流为0.1~0.2A/cm^2的条件下，渗硼5~10h，可得到满意的结果。

低温盐浴电解渗硼不但可在金属材料表面形成高耐磨的硼化物层，而且有畸变小和成本低的优点。因而特别适用于要求高精度、高耐磨的工件（如模具）的表面强化处理。渗硼剂组成为：（质量分数）$Na_2B_4O_7$40%~60%、$K_2B_4O_7$8%~10%、NaF、KOH、NaOH及适量填充剂。渗硼工艺参数：电流密度为3000A/m^2，渗硼温度为560~600℃，渗硼时间为5h。

例如，4Cr5MoV1Si和3Cr2W8V钢模具渗硼5h后的渗硼层的硬度分别为1720HV和1830HV，渗硼层除Fe_2B和FeB相外，近表面处还有少量的$Fe_{23}(C,B)_6$相。4Cr5MoV1Si和3Cr2W8V钢制铝型材挤压模使用寿命比淬火和渗氮处理的可高出2.5倍和4.5倍。

452. 稀土复合渗硼

稀土渗硼膏剂是在粉末渗硼剂的基础上发展起来的，由粉末渗硼剂加上黏结剂制成膏状。例如，可用B_4C作为供硼剂，氟化物作为活化剂，SiC作为填充剂，有机树脂作为黏结剂，再加上稀土，按一定比例配成膏剂。

盐浴稀土渗硼剂的主要组成是以硼砂或碱金属的氯化物为基，加入碳化硼或硼铁；或者以硼砂为基，加入碳化硅、硅钙、硅铁、铝和锰铁等还原剂；供稀土剂可采用稀土化合物或混合稀土金属。

参考文献［122］表明，在渗硼剂中加入稀土显示出较好的催渗效果，可提高渗硼速度20%~30%，其中低碳钢效果更好。在组织方面，一般认为稀土的加入可抑制FeB化合物的生长，有利于Fe_2B的形成，所形成的Fe_2B针齿细密直长，能减少硼化物层脆性和提高渗硼层与基体的结合力。稀土的加入量有一最佳范围，不同成分的钢种稀土加入量范围不同。

例如，H21（3Cr2W8V）钢制M27高压螺母热作模经960℃×4~5h盐浴硼稀土共渗，可获得50~60μm的硼稀土共渗层，硬度为1700~1900HV，耐磨性比单一渗硼的高4~20倍。硼稀土共渗层在700℃时，氧化速度比单一渗硼的降低35%。模具寿命提高4倍。

453. 铸铁渗硼

铸铁渗硼可进一步提高表面硬度及耐磨性。但铸铁的渗硼层内有石墨存在，因而硬度较低。

表5-102为铸铁渗硼的工艺参数与渗硼层深度及表面硬度的关系。由表5-102中的数值可知，随着处理温度的升高，保温时间的延长，渗硼层增厚。当处理温度为1050℃时，工件的表面硬度降低，这可能是由于渗硼层中析出大量石墨所致，

因而铸铁渗硼温度以不超过950℃为宜。

表5-102　铸铁渗硼的工艺参数与渗硼层深度及表面硬度的关系

渗硼温度 / 渗硼时间/h	850℃		950℃		1050℃	
	渗硼层深度与表面硬度					
	硬度　HV	层深/μm	硬度　HV	层深/μm	硬度　HV	层深/μm
4	972	35	1108	50	890	130
6	1229	39	1174	73	992	147
8	1223	61	1388	83	1053	203
备注	1）铸铁成分（质量分数）：C3.26%、Si2.00%、Mn0.32%、P0.15%、S0.045% 2）渗硼盐浴成分（质量分数）：$Na_2B_4O_7$65%+SiC35%					

454. 不锈钢渗硼

不锈钢渗硼剂通常由供硼剂（如B_4C，一般选用质量分数为75%）、活化剂（KBF_4）、填充剂（SiC或B_2O_3）及松散剂（碳酸盐与活性炭）组成。

渗硼剂成分（质量分数）为：B_4C5%+$KBF_4$5%+活性炭1%+NH_4Cl1%+余量SiCr。渗硼温度为950℃，保温5~7h，不锈钢（20Cr13，40Cr13等）渗硼层的深度为22~30μm，表面硬度为1500HV0.1，不锈钢渗硼层的组织为单相，呈梳齿状。其耐磨性提高，如在HCl和H_2SO_4水溶液中的耐磨性均显著提高。

渗硼剂采用含双活化剂（KBF_4和NH_4Cl）的粉末渗硼剂：B_4C、炭粉、SiC、KBF_4和NH_4Cl，ZG1Cr18Ni9奥氏体不锈钢的渗硼温度为950℃，渗硼时间为7h，渗硼层组织致密，齿型平直，渗硼层厚度为38~42μm，表层硬度为2000HV0.1，渗硼层脆性级别为2级。

例如，不锈钢（如12Cr13钢）的渗硼热处理：先进行淬火回火处理（1050~1080℃加热淬水，650~700℃回火，回火硬度为18~22HRC）；再进行固体渗硼（920~950℃×4~5h，渗后出炉开箱取出工件直接淬油，150~180℃×2h回火）。空心玻璃砖模具经此工艺处理后，使用寿命超过200万次，而且容易脱模，未发生粘模现象，有很好的抗冲击、热疲劳及抗氧化性能。

455. 辉光放电气体渗硼

辉光放电气体渗硼，是利用低压气体渗硼时的辉光放电现象使气体介质和被处理工件的表面活化而渗硼的工艺方法。

气体介质使用BCl_3和Ar（或不使用Ar）。此工艺可在钢、镍合金、烧结合金以及其他金属材料表面形成硼化物层，并且有高的硬度、耐磨性以及良好的耐蚀性。

456. 辉光放电膏剂渗硼

辉光放电膏剂渗硼，具有可实现局部渗硼和大型工件渗硼等优点。供硼剂为硼铁[$w(B)=26.3\%$]和碳化硼（B_4C）；活化剂为氟化钠（NaF）、氟硼酸钾

(KBF_4) 和冰晶石 (Na_3AlF_6); 黏结剂用甲基纤维素。

例如: 08F 钢采用电流为 15A 的罩式氮化炉, 炉内工作气氛为氨分解气, 分解率为 100%, 炉内压力为 266~1330Pa, 在 640℃下, 可得到深度为 10μm 以上的以 Fe_2B 为主的渗硼层, 硬度为 1200HV0.1。

457. 液体稀土钒硼共渗

在钒硼共渗介质中加入适量的稀土元素, 可提高共渗速度和进一步改善共渗层性能, 并延长工件的使用寿命。钒硼共渗获得的共渗层比单一渗钒的厚且致密, 比单一渗硼层有更高的硬度和耐磨性及较低的脆性。

例如, 使用工业纯 $Na_2B_4O_7$、V_2O_5 [纯度≥98.0% (质量分数)]、Al 粉 [纯度≥98.0% (质量分数)] 及稀土 (质量分数为总量的 4%~6%) 作为共渗介质, 对 Cr12MoV 钢制 M16 冷镦凹模和 M12 六角切边模, 以及 GCr15 钢制塑料挤切模, 进行稀土钒硼共渗, 热处理工艺参数如图 5-60 和图 5-61 所示。

模具热处理后的使用寿命见表 5-103。由表中数据可见, 与常规热处理相比, 模具经稀土钒硼共渗后, 使用寿命提高了 3~7 倍。

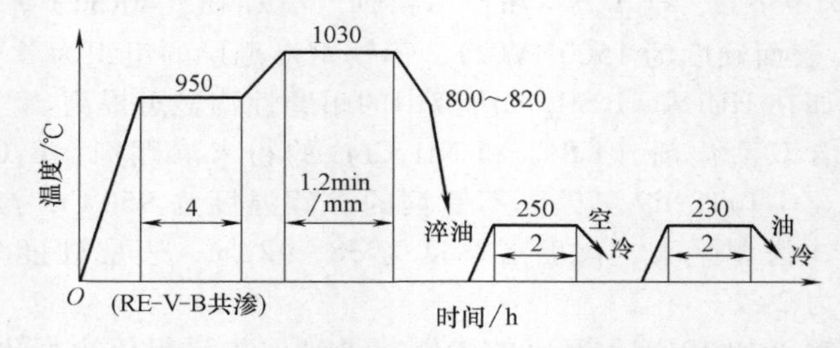

图 5-60　Cr12MoV 钢制模具的稀土钒硼共渗及热处理工艺曲线

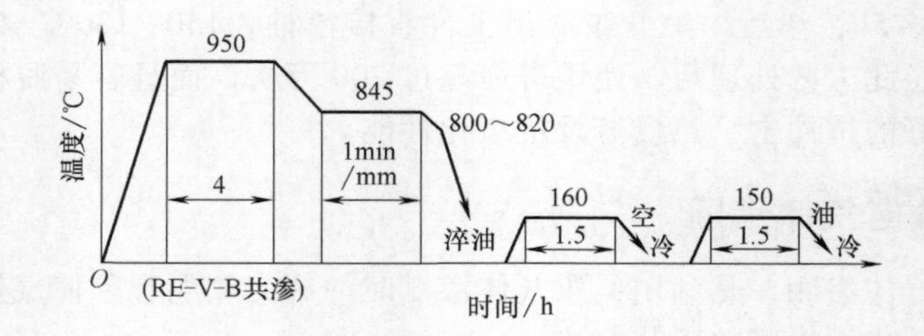

图 5-61　GCr15 钢制模具的稀土钒硼共渗及热处理工艺曲线

表 5-103　经不同工艺处理后模具的使用寿命

模具种类	热处理后基体的硬度 HRC	模具寿命/万件	
		稀土钒硼共渗	常规热处理
Cr12MoV 钢制 M16 冷镦凹模	55~58	17.8	2.5
Cr12MoV 钢制 M12 六角切边模	—	5.4	1.0
GCr15 钢制塑料挤切模	62~64	35.2t	9.8t

458. 膏剂硼铝共渗

膏剂硼铝共渗是使 B 和 Al 元素同时渗入工件表面的热处理工艺。

共渗剂由 B_4C、B-Fe、Al 粉、氟化物、氧化物及黏结剂组成。

共渗温度以 900~950℃ 为宜。对于非合金钢，在共渗缓冷后再加热淬火；对于合金钢，可从共渗温度直接淬火或升温淬火。

硼铝共渗的共渗层组织决定于渗剂中 B 和 Al 组元的相对含量。参考文献[126]介绍，当渗剂中的 B/Al≥8/1 时，以渗硼为主；当 B/Al≤3/1 时以渗铝为主；而当 B/Al 之比介于上述二者之间时为硼铝共渗，共渗层组织由硼化物和铝化物相混合组成。共渗层的耐磨性、抗高温氧化性、耐蚀性能等与渗硼基本相等，但其脆性较小。

渗剂组成（质量分数）：Al70%+B30%+黏结剂（或 B_4C50%+$Na_3AlF_6$50%+黏结剂）。利用酚醛树脂为基的丙酮和胶的混合物经聚乙醇缩丁醛处理作为黏结剂，并制成膏剂。在工件表面涂覆厚度约 2mm 的膏剂，然后在活性膏上涂覆质量分数为 $H_3BO_4$50%+$SiO_2$50%并混有水解硅酸乙酯的防护层。在涂层干燥后放入容器密封，在 950~1050℃ 共渗 1~6h。

实例，对 3Cr2W8V 钢制 LM67010 辗压辊，进行自保护膏剂硼铝共渗，热处理工艺为 600℃×1h 预热、升温淬火和回火。经共渗处理，使辗压辊由经常规热处理后加工 1500 件产品，提高到 6300~8100 件，即使用寿命延长 3~4 倍。

459. 超厚共渗层硼铝共渗

超厚共渗层硼铝共渗可在提高工件表面硬度和耐磨性的同时，提高高温抗氧化性能，从而延长使用寿命。适用于高温服役的工件和热作模具。

例如，应用 B_4C（供硼剂）、Al（供铝剂）、催化剂和填充剂等硼铝共渗介质，在 950~1050℃，对 T10 钢进行共渗处理。经 1050℃×5~6h 共渗处理后，可得到 5mm 以上的超厚共渗层。共渗层组织由 Fe_2B、FeB 和 FeAl 相组成。当渗剂中 B_4C 数量增多时，Fe-B 相数量增多，共渗层硬度升高，工件的耐磨性也随之增大，

超厚共渗层硼铝共渗可使在高温下承受腐蚀、磨损的工件和模具的使用寿命提高 1~14 倍。

460. 硼钛共渗

使硼和钛同时渗入钢制工件的化学热处理称为硼钛共渗。

硼钛共渗可用粉末法和电解法实现。粉末法可在钛粉和含硼的介质中加入活性物质，或在四硼酸钠-二氧化钛熔融的盐浴中进行电解共渗，即采用盐浴硼钛共渗，工艺为：四硼酸钠+二氯化钛熔盐，电流密度为 0.2~0.4A/cm^2，经 950~1050℃×3h 硼钛共渗后，可获得 0.1mm 厚的共渗层。

硼钛共渗层的硬度比单一渗硼层的硬度低，但却有较高的耐磨性能。

无论是 45 钢还是 5CrNiMo 钢，采用表 5-104 所示渗剂成分进行硼钛共渗的效

果更好。

表 5-104　硼钛共渗渗剂成分及工艺参数

渗剂成分(质量分数)(%)				时间/h	共渗层深度/μm			
B_4C	钛	氟化钠	氧化铁		5CrNiMo		45 钢	
					900℃	1000℃	900℃	1000℃
45	15	10	30	4	136	180	172	224
				6	172	224	212	280
60	5	7	28	4	144	188	180	232
				6	180	232	228	292
50	10	5	35	4	140	180	172	224
				6	176	228	216	284

461. 硼碳氮三元共渗

硼碳氮三元共渗是使钢制工件同时渗入 B、C 和 N 三种元素的化学热处理工艺。共渗后共渗层的硬度较渗硼低（600~1000HV）。此法适用于模具及石油机械的易损零件等。此工艺可在盐浴中进行，常用盐浴成分（质量分数）为 $Na_2B_4O_7$ 20%+$(NH_2)_2CO$40%+$Na_2CO_3$20%+KCl20%。

低碳钢及低碳合金钢液体经渗碳空冷后的硬度为 300HV，淬火硬度为 800~850HV，而经硼碳氮三元共渗后空冷得到的硬度为 750HV，故对上述钢材制造的薄小工件，在硼氮碳三元共渗后，可以省去淬火工序，使工件畸变减小。

此工艺还可以在 B_4C、KBF_4、$K_3Fe(CN)_6$、SiC 和碳粉等粉末状固体介质中进行。共渗温度为 900~950℃，时间为 4~5h。经共渗后的共渗层较厚，见表 5-105。共渗层由 FeB 和 Fe_2B 组成，过渡区也增厚，而且硬度梯度平缓，在淬水后，硼化物不崩落。

表 5-105　共渗层厚度的比较

处理工艺	钢号	共渗层厚度/μm	
		硼化物层	过渡层
硼碳氮共渗	15	170~200	700~800
	45	150~200	700~800
	T8	130~150	450
渗硼 (950℃×5h)	15	110~130	420
	45	100~130	650
	T8	80~90	130

462. 渗硼复合处理

渗硼后淬火+回火复合热处理使工件具有最佳的耐磨性，从而提高了工件的使用性能。

例如，对 40Cr 钢制工件分别进行了渗硼+空冷、渗硼+淬火+低温回火、渗硼+淬火+中温回火，以及渗硼+淬火+高温回火等复合处理，其工艺参数见表 5-106。随后检测了经不同复合处理后工件的滚动磨损、滑动磨损，以及滚动+滑动磨损性能，结果表明，渗硼+淬火+中温回火后的磨损失重最小，耐磨性最优。

表 5-106　40Cr 钢渗硼复合处理的工艺参数

渗硼工艺	渗硼层厚度/mm	附加热处理工艺	基体组织	基体硬度 HRC
(910± 5)℃×5h①	0.10~0.12	—	珠光体+铁素体	17~18
		(840± 5)℃淬油,(190±10)℃×1h 回火	回火马氏体	50~51
		(840± 5)℃淬油,(450±5)℃×1h 回火	回火托氏体	40~41
		(840± 5)℃淬油,(630±5)℃×1h 回火	回火索氏体	30~31

① 固体渗硼，渗剂主要成分为 $Na_2B_4O_7$。

463. 感应加热渗硼

感应加热渗硼可极大地加速工艺过程，提高生产效率，节约能源。同时，高频感应加热容易实现渗硼共晶化处理，使渗硼层的硼化物由尖齿形转化为弧形，在齿尖有共晶体，以减缓渗硼层与基体间的硬度梯度。

例如，用功率为 60kW 的高频设备对 20 和 20CrMnTi 钢进行感应加热渗硼。频率为 200~300kHz，感应器为单匝。其方法是将配制好的渗剂装入由牛皮纸糊制成的圆形筒内，将工件埋放其中。外涂用水玻璃作黏结剂的高铝细粉，干燥后成硬壳，起密封和绝缘的作用。感应加热渗硼的工艺参数见表 5-107，其工艺过程如下。

将包装好的盛有工件的圆筒置于感应器中，送电加热，到工艺要求温度后立即停电并将盛工件的圆筒从感应器中取出，冷却至室温再置入感应器加热。如此循环进行，加热 10min 可获得 65~90μm 厚的渗硼层，硬度为 1400~2100HV0.1。

表 5-107　感应加热渗硼的工艺参数

钢号		20	20	20	20CrMnTi
渗硼剂(质量分数)		B_4C4%+$KBF_4$20%+NH_4Cl0.5%+$NiAl_3$0.5%+SiC75%,黏结剂(松香酒精溶液)		B_4C4%+$KBF_4$20%+NH_4Cl0.5%+$NiAl_3$0.5%+铝粉 5%+$Na_2B_4O_7$4%+SiC65%,黏结剂(松香酒精溶液)	
电参数	屏压/kV	9.1		9.5	
	槽压/kV	4.8		5	
	阳极/A	1.2		1.3	
	栅流/A	0.27		0.27	
最高温度/℃		1100	1150	1200	
每次送电时间/s		25	30	30	
加热次数/次		20	20	33	44
送电总时间/s		500	600	990	1320

464. 激光加热渗硼

对涂覆渗硼膏剂的工件，进行激光加热渗硼，可在激光辐照的熔化区得到表面渗硼层。当熔化区含硼量足够多时，热影响区也将有硼的渗入。激光渗硼的组织，决定于激光辐照的能量密度和渗硼膏剂的数量。

40Cr 钢激光加热渗硼渗层的组织由 Fe_2B、FeB 和亚稳相 Fe_3B 等组成。

激光可以用固体激光或 CO_2 气体激光。渗硼层的厚度为 0.05~0.11mm，但渗硼层的硬度在较大范围内变化。激光渗硼可降低摩擦系数并提高工件表面在 500~900℃工作时的热强度。T10、5CrNiMo 和 3Cr3Mo3V 钢制模具，经过激光渗硼可使模具寿命提高 2 倍。

465. 稀土渗硼

向粉末渗硼剂中加入适量稀土元素，除可显著提高渗硼速度 20%~30%外，还可以提高渗硼层的硬度、耐磨性和耐蚀性；抑制 FeB 化合物的生长，有利于 Fe_2B 的形成，降低渗硼层的脆性。用以处理模具，可显著提高其使用寿命。

稀土硼渗的耐磨性较单一渗硼提高 1.5~2 倍，与常规淬火相比提高 3~4 倍；其韧性较单一渗硼提高 6~7 倍，改善了渗硼层的脆性问题；可使渗硼温度降低 100~150℃，使处理时间缩短 50%左右，减少了模具畸变。

此工艺广泛应用于服役条件恶劣的工模具和要求抗磨损、耐腐蚀的零部件。

例如，单一渗硼剂的成分为（质量分数）：B_4C3%+$KBF_4$5%+SiC92%，而经优化后的粉末稀土共渗剂的成分（质量分数）为：B_4C3%+$KBF_4$5%+$La_2O_3$2.33%+$CeO_2$0.67%+$Na_2CO_3$1%+Al0.5%~1.0%+SiC 粉（余量）。40Cr 钢经 900℃×5h 渗硼，粉末稀土渗硼所得的渗硼层深度为 166.8μm，渗硼速度比单一渗硼提高 20%~50%。

466. 硼氮共渗

硼氮共渗是在渗硼的基础上发展起来的一种硼、氮（或碳、氮）共同渗入工件表层的化学热处理工艺。

工件经硼氮共渗后具有高的硬度、耐磨性和和耐热性，同时共渗层的脆性较小，从而提高了过渡层的强韧性。而且共渗层深度较单一渗硼层更深，具有更高的压应力、断裂强度、塑性与韧性。硼氮共渗的方法有气体法、液体法和固体法。常用固体法，固体法又分为粉末法和膏剂法。

粉末渗硼剂由供硼剂、供氮剂、活化剂、还原剂及填充剂组成。供硼剂常用氮化硼（B_4C）或高硼铁（B-Fe）；供氮剂常用尿素；活化剂常用 NH_4Cl、NaF、KBF_4、CH_4N_2S 及活性炭；填充剂：固体法常用 SiC 和木炭，膏剂法的黏结剂用甲基纤维素。

粉末硼氮共渗一般采用两段法：570~630℃×3h+850~900℃×5~6h，有的直接采用单一高温加热，如 850~900℃。

固体硼氮共渗剂的成分为（质量分数）：B_4C5%+$KBF_4$5%+活性炭 1%+NH_4Cl0.5%+$CO(NH_2)_2$+SiCr（余量）。Cr-Ni-Ti 型不锈钢模具经 580℃×3h+900℃×8h硼氮共渗后，表面硬度为 1553~1980HV0.2，使用寿命提高了 1.5~2 倍。

参考文献［134］介绍，5CrMnMo 钢热锻模，采用硼氮共渗后，一次可模锻 2000 件，可反复使用 5 次，使用寿命达到 1 万件，比常规热处理模具的使用寿命提高 5 倍。

467. 硼铝共渗

硼铝共渗是将铝和硼渗入工件表层的化学热处理工艺。硼铝共渗层的硬度(1900~2400HV)、抗剥落性能、抗氧化性及抗热疲劳性具有单一渗硼层和渗铝层的综合性能。试验证明，45 钢经 950℃ 硼铝共渗后，抗氧化性比单一渗铝提高 2~3 倍，比原材料提高 20 倍，耐磨性比原材料提高 30 倍。

钢铁和镍基、钴基合金硼铝共渗的主要目的是改善共渗层脆性，提高材料表面的耐磨性、耐热性和抗高温氧化性。适用于在高温下承受磨损和腐蚀的工件，如燃气轮机叶片、发动机喷射器火管和机架等，以及要求耐磨件耐热的工模具。硼铝共渗工艺见表 5-108。

表 5-108　硼铝共渗工艺

工艺方法	渗剂组成(质量分数)	工艺参数		共渗层深度/mm		
		温度/℃	时间/h	纯铁	45 钢	T8
粉末法	Al_2O_3 70% + $B_2O_3$16% + Al13.5% + NaF[①]0.5%	950	4	0.175	0.140	0.125
	$Al_2O_3$70% + $B_2O_3$13.5% + Al16% + NaF[②]0.5%	1000	4	0.280	0.230	0.200
熔盐电解法	$Na_2B_4O_7$19.9%+$Al_2O_3$20.1%+$Na_2O \cdot K_2O$60%，电流密度为 0.3A/cm^2	950	4	0.130		
熔盐法	硼砂+铝铁粉+氟化铝+碳化硼+中性盐	840~870	3~4	0.070~0.130		
膏剂法	Al8%+B_4C72%+Na_3AlF_6+黏结剂	850~950	6	纯铁为 0.050，20 钢为 0.060		

① 以提高耐磨性为主。
② 以提高耐热性为主。

468. 稀土硼铝共渗

在硼铝共渗剂中添加适量稀土元素，可洁净工件表面，改善活性原子在工件表面的吸附，并增加扩散系数，提高共渗速度。可进一步改善共渗层的组织和性能。稀土硼铝共渗与单一渗硼相比，共渗层较连续均匀，孔洞疏松大为减少；从性能上看，不仅抗黏着性提高，耐热与耐蚀性也得到了进一步改善。

试验表明，用 800℃ 中温盐浴硼铝共渗代替 900~950℃ 的高温渗硼，可降低温度约 100~150℃，减小工件畸变，降低成本。

稀土硼铝共渗的渗剂主要由硼砂、铝、稀土和氯化钠等组成。

例如，H13(4Cr5MoSiV1) 钢制挤压模具，加工尺寸为 ϕ10mm 的铝合金线材，模具工作温度为 600℃ 左右，模具主要失效形式为热磨损。采用膏剂硼铝共渗工艺。该膏剂由富硼原料 B_4C 和铝粉，添加适量稀土及其他辅助原料配制而成。其热处理工艺为：920℃×4h 稀土硼铝共渗，1050℃×0.5h 油淬，500℃×1h 回火。模具基体硬度为 45 ~ 48HRC，共渗层厚度为 30 ~ 40μm，表面硬度为 1900 ~ 2000HV0.1。经稀土硼铝共渗后的模具平均可挤压铝材 20t，且铝材表面质量提高了 1~2 级，而普通淬火、回火模具只能挤压 8t。

469. 硼硅共渗

硼硅共渗可在钴或钴基合金表面得到 CoSi 和 CoB 相的渗层，具有很高的硬度和耐磨性，为对钴和钴基合金进行有效强化的化学热处理工艺方法。硼硅共渗有固体粉末法、熔盐法和电解法。

硼硅共渗可以克服渗硼层的脆性或渗硅层的多孔性，取得兼有渗硼与渗硅优点的良好综合性能。硼硅共渗主要用于提高材料的耐磨性，同时也可提高耐热性和耐蚀性。在硼硅共渗的渗剂中，硼和硅的配比不同，共渗层的组织也不同。通过调整渗剂中硼和硅的比例，可得到不同性能的共渗层。表 5-109 为硼硅共渗的方法。

表 5-109　硼硅共渗的方法

方法	渗剂组成(质量分数)	工艺参数		共渗层深度/mm
		温度/℃	时间/h	
粉末法	(B_4C84% + $Na_2B_4O_7$16%) 75% ~ 93%+(Si95%+NH_4Cl5%)25%~7%	1050	4~6	0.200~0.300
盐浴法	Na_2SiO_3 65% + B_4C7% + SiC28% 或 SiC35%+$Na_2SiO_3$52%+$Na_4B_4O_7$13%	—	—	—
电解法	$Na_2SiO_3$65%+$Na_4B_4O_7$50%	950	1	0.19(电流密度为 0.4/A·cm^{-1})

470. 硼钒共渗

硼钒共渗是将钒与硼渗入工件表层的化学热处理工艺。硼钒共渗既能提高共渗层的硬度与耐磨性，又可降低渗硼层引起的脆性。硼钒共渗是在硼砂熔盐中进行的，不需特殊设备，工艺简单，操作方便。

其工艺操作如下：将硼砂置于坩埚中熔融后，加硼铁粉 [w(B)= 24%] 和钒铁粉 [w(V)= 42%]，边加入边搅拌，待炉温达到共渗温度（900~1000℃）后放入工件，在盐浴表面覆盖一层木炭。保温一定时间后，将工件取出空冷，煮去残盐，工件外表面呈深灰色。当温度低于 950℃ 共渗时，共渗层主要是 $(FeV)_2B$ 型化合物，表面硬度为 1800~2250HV0.1，而当温度超过 950℃ 时，共渗层的相结构则以 V_3B_2VC 为主，并失去齿状特征，共渗层变得平坦并有明显的双层，表面硬度为 2250~2900HV0.1。

471. 硼铬共渗

硼铬共渗是将铬与硼渗入工件表层的化学热处理工艺。硼铬共渗的主要目的是改善共渗层脆性，提高共渗层的耐蚀性和抗高温氧化能力。试验表明，硼铬共渗的共渗层在静载荷或动载荷下，塑性和耐磨性均比单一渗硼层好。例如，生产滚珠的冲头与底模，经硼铬共渗后，使用寿命提高了 7~8 倍。

表 5-110 为硼铬共渗的渗剂与处理工艺。

表 5-110　硼铬共渗的渗剂与处理工艺

渗剂组成(质量分数)	温度/℃	时间/h	共渗层深度/mm	表面硬度HV
(B_4C20%+Al10%+$CaCl_2$4%+NH_4Cl3%+$Al_2O_3$63%)82%+$Cr_2O_3$15%+ReO3%	950	4	0.200(45钢)	—
			0.170(T10)	—
B5%+Cr63.5%+$Al_2O_3$30%+NH_4Cl1.5%	950	4	0.030(40Cr13)	1000
$Na_2B_4O_7$90%+$Cr_2O_3$10%	1050	3	0.300(45钢)	—
	960	4	0.07~0.08(Cr12)	1100~1450

472. 固体稀土硼铬共渗

经固体渗硼后的工件可获得较高的表面硬度和低的摩擦因数，但渗硼层脆性较大，影响工件寿命。对此，选择稀土元素与硼铬共渗，可有效地改善渗硼层的脆性，同时因稀土元素的催渗作用可获得较深的共渗层，从而提高工件的使用性能与寿命。

例如，T8A钢制拉深模经固体稀土硼铬共渗后，表面硬度为1200~1800HV，加工5300件还完好无损，其寿命比常规处理的提高2.5倍以上，比单一渗硼提高1.25倍。其共渗工艺如下：

粉末硼铬稀土共渗剂的主要成分是工业硼砂、高碳铬铁粉、氯化稀土、石墨，以及活化剂、还原剂等。装箱后入炉加热，850℃×4h共渗，出炉空冷，再进行800℃加热淬火，200℃回火。

473. 电场局部渗硼

电场局部渗硼装置如图5-62所示。在高温下，工件预涂硼砂在渗硼过程中产生活性硼，活性硼带有正电荷，在电场的作用下向阴极迁移，在工件表面与铁发生反应，产生FeB和Fe_2B，在温度场的作用下不断向内部扩散，从而获得一定厚度的渗硼层。外加电场使单位时间内活性硼向工件表面迁移的数量增多，速度加快，从而提高了渗硼速度。

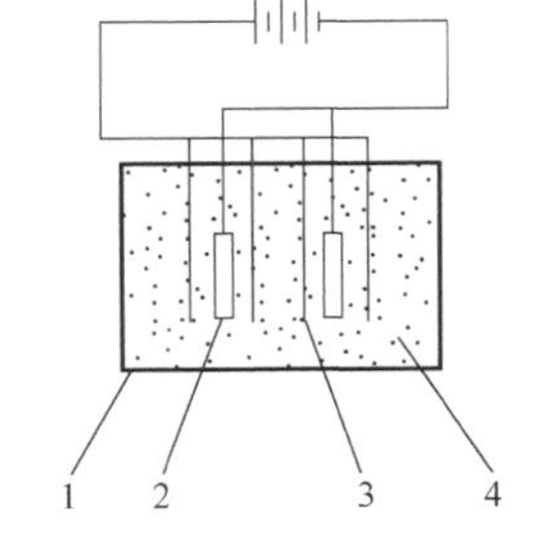

图 5-62　电场局部渗硼装置示意
1—铁箱　2—工件阴极　3—阳极　4—渗剂

例如，T10钢手用锯条，处理前组织为粒状珠光体，每50根为一组用夹板夹持，用质量分数为25%的硼砂乙醇溶液均匀涂刷锯条齿表面，然后把锯条装入铁箱，以渗硼剂填充。渗硼剂的成分为（质量分数）：B_4C5%+$Na_2B_4O_7$4%+SiC76%+$KBF_4$7%+木炭5%+添加剂3%。然后加盖密封，把铁箱装入箱式炉，随炉加热到870℃，外加电场保温1.5h，出炉喷油淬火。渗硼后锯齿的表面硬度为1007~1204HV，锯齿的心部硬度为427~528HV，共渗层深度为0.160~0.136mm。锯齿表面生成的硼化铁具有高的硬度和耐磨性，锯身的粒状珠光体，具有好的强韧性。

474. 电脉冲渗硼

电脉冲处理对于固相合金的扩散、相变等过程具有显著影响，且操作简单、能耗低、无污染。将其用于渗硼，可获得较好的渗硼效果。

电脉冲渗硼渗剂的成分为（质量分数）：B_4C5% + SiC89% + KBF_4 5% + H_3BO_3 1%。将Cr12MoV模具钢试样置于渗硼罐中，装入渗硼剂，密封后置于箱式炉中，650℃预热0.5h，升温至900℃加热4h，并在这4h加热过程中每隔25min施加5min脉冲处理。电脉冲渗硼的工艺参数：电压为900V，频率为9Hz。保温完成后油淬，并对Cr12MoV钢试样进行220℃×2h回火处理。如图5-63所示为常规与电脉冲渗硼工艺曲线。

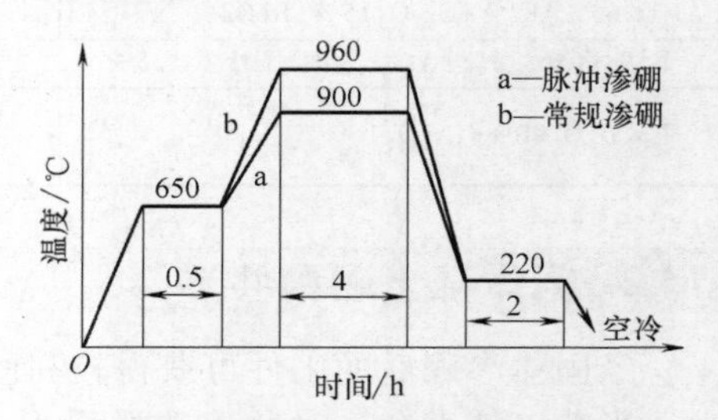

图5-63　常规与电脉冲渗硼工艺曲线

经上述处理后，渗硼层的厚度由未加电脉冲的39μm增加到54μm。渗硼区Fe_2B/FeB相的比例增大，耐磨性显著提高，约为常规渗硼工艺的5倍。表5-111为Cr12MoV钢在不同工艺渗硼后的显微硬度和磨损量。

表5-111　Cr12MoV钢在不同工艺渗硼后的显微硬度和磨损量

工艺	显微硬度　HV0.1	磨损量/mg
900℃渗硼	1831	26.0
900℃电脉冲渗硼	1844	5.5

475. 渗硫

渗硫是将硫渗入工件表层的化学热处理工艺。

渗硫层的深度常为1~40μm，硬度为90~100HV。渗硫层的组织为Fe_2S、FeS或其混合物。渗硫层具有好的减摩性（使摩擦系数减小2~4倍），抗黏着磨损（咬合）尤其有效，但其表面的硬度较低，在载荷较高时渗硫层会很快被破坏。渗硫主要适用于轻负荷、低速运动的工件，如滑动轴承、低速变速器齿轮、冲压模、钻岩机活塞和汽缸套筒等。

由于渗硫层是化学转化膜，故对于有色金属及表面具有氧化物保护膜的不锈钢等不适用。一般渗硫应在淬火、渗碳和软氮化之后进行。

渗硫可分为低温渗硫（160~205℃）、中温渗硫（520~600℃）和高温渗硫（>600℃）。为保证渗硫不影响基体的力学性能，渗硫温度一般采用略低于工件的回火温度。目前工业应用较多的是在150~250℃进行低温渗硫。渗硫法有液体法（又有一般液体法和电解法）、固体法、气体法和离子法，其中应用最多的是低温电解渗硫。

渗硫工艺（介质及工艺参数）主要有表5-112所列几种。

表 5-112 渗硫工艺

工艺名称	渗剂成分(质量分数)或工艺	备注
粉末渗硫	1) $S40\% + Al_2O_3 59\% + NH_4Cl1\%$ 2) $FeS75\% + Al_2O_3 20\% + NH_4Cl5\%$	两种渗剂使用温度均为560~930℃。其中应用第二种渗剂处理后,工件表面的质量较优
热浴渗硫	溶液成分(质量分数):$S98.8\% + I_2 1\% + Fe0.2\%$。使用温度为150~170℃,渗硫后进行600℃扩散退火	渗剂中加入碘可抑制硫的黏度上升,加入 Fe 是防止 S 对钢铁表面的浸蚀
液体渗硫	$[CH_4N_2S]100\%$,使用温度为 90~180℃	液体渗硫时,在浴槽中处理 45~60min,可得数微米厚的渗层
	$[CH_4N_2S]50\% + [(NH_2)_2CO]50\%$,使用温度为 140~180℃	
	$KSCN75\% + Na_2S_2O_3 25\%$,使用温度为 180~200℃	
盐浴电解渗硫	$KSCN75\% + NaSCN25\%$,外加 $K_4Fe(CN_6)$ 0.1% 和 $K_3Fe(CN)_6$ 0.9%;电流密度为 150~250A/m²;使用温度为 190~200℃,处理时间为 10~20min。该工艺为法国 Sulf-BT 法	处理时工件接阳极,浴槽接阴极;由于工件接阳极,故无氢脆问题。盐浴电解渗硫适用于不锈钢及表面淬火钢
	$KSCN30\% \sim 70\% + NH_4SCN70\% \sim 30\%$;电流密度为 1000A/m²,使用温度为 150~200℃	
	$Ca(SCN)_2 70\% + NaSCN20\% + NH_4SCN10\%$;电流密度 500A/m²;使用温度 160~180℃	
真空蒸发渗硫	在真空度为 10^{-3}Pa 的容器中,使硫蒸发而渗入工件表面,处理温度为 150~500℃	

476. 液体渗硫

液体渗硫是目前应用较多的渗硫方法。根据处理温度的不同,可分为中温渗硫和低温渗硫。常见液体渗硫配方见表 5-113。

表 5-113 常见液体渗硫配方(质量分数)

工艺	渗硫剂成分	处理温度/℃
中温渗硫	$NaCl30\% + Na_2SO_4 18\% + NaOH32\% + FeS20\%$	540~550
	$NaCl17\% + BaCl_2 25\% + CaCl_2 38\% + FeS13.2\% + Na_2SO_4 3.4\% + K_4Fe(CN)_6 3.4\%$	540~560
低温渗硫	$S1.5\% + NaOH50\% + H_2O48.5\%$	130
	$KSCN85\% \sim 90\% + Al_2(SO_4)_3 \cdot K_2SO_4 \cdot 2H_2O$ 余量	175~210
	$CH_4N_2S50\% + (NH_2)_2CO50\%$	140~185

中温液体渗硫多在 540~560℃ 的中性或还原性盐浴中进行。通常加入少量 $CaCl_2$ 和 NaOH,以提高盐浴的流动性;在盐浴表面撒上一层石墨可减少盐浴的蒸发和氧化。中温液体渗硫主要用于提高高速钢刀具的耐磨性,由于其工艺温度与高速钢的回火温度相同,因此可将渗硫处理与回火合并进行,以降低成本,提高经济效益。

低温液体渗硫一般在 150~200℃进行,主要用于提高非合金钢、合金工具钢及冷冲模具的耐磨性。低温液体渗硫不会使工件硬度有明显降低，可与淬火后的低温回火同时进行。该法成本低，易实现流水线生产，比中温液体渗硫实用性更广。

477. 离子渗硫

离子渗硫是在辉光电场的作用下含硫介质被电离，硫元素渗入工件表层形成硫化物层，从而提高工件表面的耐磨性和抗咬合性能的工艺方法。

离子渗硫的渗硫层一般由密排六方结构的 FeS 组成，硬度约为 60HV。对离子硫氮共渗或离子硫氮碳共渗处理的金属材料，次表层为 ε 相或 $\varepsilon+\gamma'$ 组成的化合物层，接着为扩散层。

密排六方结构的 FeS 相具有类似石墨的层状结构；FeS 疏松多孔，便于储存并保持润滑介质，能够改善液体的润滑效果；另外，硫化物层阻碍了金属之间的直接接触，降低了黏着磨损倾向。FeS 具有的特性为离子渗硫或共渗层带来了优良的减磨、耐磨和抗咬合等性能。离子渗硫时，要充分注意防爆、防燃和防毒等问题。此外，H_2S 有腐蚀性，应对设备和仪表作好防蚀措施。

离子渗硫工艺中常用的含硫介质有二硫化碳（CS_2）和硫化氢（H_2S）。

常用的离子渗硫温度为 180～200℃。供硫剂可采用 CS_2（负压吸入），也可采用 H_2S 气体。其中，采用 H_2S 作供硫源时，一般以 $H_2S+Ar+H_2$ 作为渗硫气氛，以高纯度（体积分数为 99.999%）的 Ar 和 H_2（比例为 1∶1）作为载体气，H_2S 的用量为总气体量的 3%。

混合气的流量约为 80～120L/h（对 LDMC-75 炉型而言）。

保温时间依据不同渗硫层的要求，可选用十几分钟至 2h，所得到的渗硫层深度从几微米至几十微米。

离子渗硫适用于铸铁制工件（如柴油机缸套）。高磷铸铁及铬钼合金铸铁的离子渗硫工艺参数如下：炉内真空度在空炉时为 1.33Pa，装入工件后为 6.65Pa，渗硫时压升率为 1×10^{-4} Pa/h；电源为 10A/1200V，单相；渗硫气体为 H_2S，$\varphi(H_2S)=3\%$；载气为 H_2 和 Ar；离子渗硫工艺为 560℃×2h。

经上述处理后，可获得由 Fe_2S 和 FeS 相组成的渗硫层，厚度达 50μm。

例如，硼铸铁制 6130 柴油机发动机缸套，经离子渗硫后装车使用，运行 48000km 后，离子渗硫缸套平均磨损量为 0.010mm，未经渗硫的缸套为 0.038mm。离子渗硫缸套的耐磨性明显提高。

478. 低温离子渗硫

低温离子渗硫一般在 160～280℃ 的较低温度下进行。含硫介质的供给方式主要有以下几种：①利用硫蒸气进行离子渗硫，硫的蒸发器可放在炉内或炉外；②依靠负压将 CS_2 直接吸入炉内；③将硫化亚铁与水蒸气反应生成 H_2S 气体再送入炉内。

离子渗硫的速度快，一般经 2～4h 处理即可获得 10～20μm 的渗硫层。离子渗硫应用于冶金、汽车、纺织机械和石油等工业领域。如轴承、柴油发动机零件及轧辊等。

低温渗硫适用于基体硬度较高的材料，如经淬火、回火处理的轴承钢和模具钢等。如果基体强度太低，则很难充分发挥渗硫层的耐磨性能。

与传统的电解渗硫法相比，低温离子的硫化特点为：①因硫化温度低，故不影响工件的原始硬度、形状和精度；②真空处理，不影响工件原始表面粗糙度和表面成分，硫化后无须清洗；③无污染。

采用等离子硫化设备。经低温离子硫化处理后，工件（如齿轮）的耐磨性（见图5-64）、抗咬合性（见图5-65）和承载能力明显提高，特别是在低速重载、高速重载及润滑不充分的情况下更为突出。该法用于处理汽车差速器零件如各种齿轮、十字轴及大小垫片等。

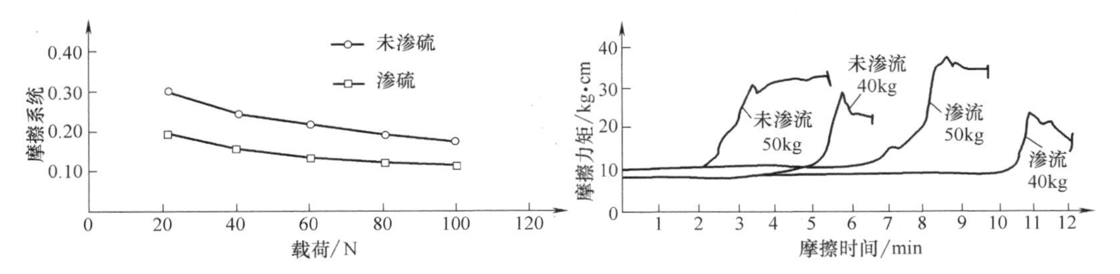

图5-64　摩擦系数随载荷变化的曲线　　图5-65　零件硫化处理前后摩擦力距的变化

在多种模具上，以固体硫蒸气进行辉光放电，在130～300℃温度下，可得到0.12mm厚的渗硫层。渗硫可以不改变模具尺寸精度，不改变硬度，不增加表面粗糙度，而只提高模具寿命。

离子渗硫的反应气体通常为H_2S、CS_2及固体S蒸气。渗硫时工件接阴极，炉壁接阳极，当真空度达到133.3Pa时，在阴阳极之间加高压直流电。电压在450～1500V之间，电流大小取决于工件表面积。

20CrMnTi钢经180～200℃×1～2h离子渗硫，硫化层深度为12.8～15.2μm；Cr12钢经180～200℃×1～2h离子渗硫，硫化层深度为9.6～12.8μm。

479. 低温液体电解渗硫

低温液体电解渗硫是在以SCN^-为基的盐浴中通入空气，以被处理的工件为阳极，浴槽接阴极，通直流电，在工件表面形成数微米的FeS膜的化学热处理工艺。又称熔盐电解渗硫。

低温电解渗硫工艺的特点：处理温度低（180～200℃）、时间短（10～20min）、工件原有的强度和硬度不降低、无畸变、可显著降低摩擦系数，以及无公害等。

这种工艺适用于除高铬不锈钢以外的多种钢铁材料、已淬硬或经过渗碳淬火等表面硬化处理的工件的后续处理，使已具有高硬度、耐磨性及抗疲劳性能的齿轮、凸轮、滚轮、活塞杆、螺杆和液压件等获得优良的减摩和抗咬合性能。

钢铁零件经渗硫后在表面形成FeS（或Fe_2S和FeS）薄膜，可达到降低摩擦系数、提高抗咬合性能的目的。工业上应用较多的是150~250℃低温电解渗硫，其处理时间短，渗硫层质量稳定，FeS膜厚度为5~15μm，其工艺规范见表5-114。

表5-114 渗硫工艺规范

渗剂组成(质量分数)	渗硫工艺		电流密度/(A/dm²)
	温度/℃	时间/min	
KSCN75%+NaSCN25%	180~200	10~20	1.5~3.5
同上,再加 $K_4Fe(CN)_6$0.1%+$K_3Fe(CN)_6$0.9%	180~200	10~20	1.5~2.5
KSCN73%+NaSCN24%+$K_4Fe(CN)_6$2%+KCN0.7%+NaCN0.3%,通 NH_3 搅拌,流量为 $59m^3/h$	180~200	10~20	2.5~4.5
NH_4SCN30%~70%+KSCN70%~30%	180~200	10~20	3~6
KSCN60%~80%+NaSCN20%~40%+$K_4Fe(CN)_6$+S_X添加剂	180~200	10~20	2.5~4.5

注：零件为阳极，浴槽为阴极，到温后计时，因FeS膜形成速度快，保温10min后增厚甚微，故无须保温超过20min。

480. 铸铁渗硫

铸铁制件经渗硫处理后，可提高其表面抗擦伤能力，并获得良好的减磨性能。渗硫方法有粉末法、熔融硫浴法、液体法和气体法。

例如，对灰铸铁、白口铸铁和可锻铸铁通过熔融硫浴通过渗硫，渗硫介质(质量分数)为：S8.8%+$I_2$1%+Fe0.2%，处理温度为150~170℃，渗硫后再进行600℃扩散退火。表5-115为渗硫后铸铁表面硬度的变化。

表5-115 铸铁渗硫后表面硬度的变化

铸铁类别	碳的质量分数(%)	组织	硬度 HV0.2	
			处理前	处理后
灰铸铁	3.55	珠光体+石墨	210	450
白口铸铁	2.80	珠光体+索氏体	440	490
可锻铸铁	2.80	珠光体+石墨+少量铁素体	160	380

由于渗硫层很薄，因而铸铁的渗硫仅适用于轻负荷、低速运转的工件，如轴瓦、轴齿、低速齿轮、缸套等，以及铸铁模具复合热处理。

481. 硫氮共渗

硫氮共渗是往工件表层同时渗入硫和氮的化学热处理工艺。其目的是综合利用渗硫的减摩及抗磨损作用，以提高使用性能。共渗层的相为Fe_2S、FeS及Fe_4N，共渗层深度不超过10μm。主要用于提高刀具的使用寿命。采用廉价的低碳钢进行气体硫氮共渗可获得优异的耐磨性和耐蚀性，可代替部分青铜零件和某些电镀零件。

硫氮共渗工艺见表5-116。

硫氮共渗还可以用于处理热作模具，以解决工作时的粘模、拉伤、脱模困难及工件精度不高等缺陷。在3Cr2W8钢制缝纫机主轴弯头热锻模、铝合金压铸模和铅黄铜热锻模上的应用，都收到了良好的效果。

表 5-116 硫氮共渗工艺

方法	工 艺	特点
盐浴法	在成分(质量分数)为 $CaCl_2$ 50%+$BaCl_2$ 30%+NaCl20%的熔盐中添加占盐浴总量为8%~10%的FeS,并以1~3L/min的流量导入NH_3(盐浴容量较多时取上限),处理温度为520~600℃,保温时间为0.25~2.0h。该工艺强化效果好,无污染,但防锈能力较差。经硫氮共渗处理的W6Mo5Cr4V2钢链片冲头的使用寿命成倍提高。经硫氮共渗处理的3Cr2W8V钢制铝合金压铸模,比氮碳共渗的使用寿命提高3倍	具有抗咬合、耐磨损、耐疲劳和耐腐蚀等综合性能,处理时间短,盐浴毒性小
气体法	以气体介质NH_3和H_2S作为渗剂。两种介质的体积比为NH_3:H_2S=(9~12):1。氨分解率为15%左右,H_2S是由HCl与FeS作用产生后通入炉内。处理温度为530~560℃,时间为1~1.5h,可得0.02~0.04mm的共渗层深度,高速钢的表面硬度为950~1050HV	共渗层具有良好的抗黏着磨损性能,因而可获得高的寿命。该方法应用较广泛
感应加热法	所用渗剂主要由$CO(NH_2)_2$、$Na_2S_2O_3$及KBF_4组成。经570℃×0.5h感应加热渗硫后,38CrMoAl、40Cr及高速钢均可得到0.10mm以上的、以硫化层和氮化层为主的共渗层,共渗层最高硬度不低于1000HV	感应加热渗硫速度快
气体硫氮共渗与蒸气处理复合工艺	共渗时NH_3:H_2S=9:1,蒸汽处理时,介质为过热蒸汽。用于高速钢刀具处理时共渗温度为540~560℃,保温时间为1~1.5h。硫氮共渗前、后各进行一次蒸气处理,可用于处理高速钢刀具	提高共渗温度或增大NH_3的供给量,延长共渗时间,均会增大共渗层脆性

482. 离子硫氮共渗

离子硫氮共渗是在真空条件下,通过辉光放电,使气氛中S、N原子同时渗入工件表面的热处理工艺。

高硬度渗氮层的外表面的硫化物层能提高工件的减摩和抗咬合能力。离子渗硫用于工具、模具及一些摩擦件的处理。

离子硫氮共渗层的组织为多层结构,最表层为硫化物层(硬度低),次表层为氮的化合物层(高硬度区),里层为扩散层。

离子硫氮共渗所用的气氛为NH_3、H_2S或NH_3、H_2S与H_2、Ar、He之中的一种或多种混合气体。使用前一种气氛时,$H_2S:NH_3=10:1\sim30:1$。使用后一种混合气体时,$\varphi(NH_3)$为25%~100%,$\varphi(H_2S)$为0.01%~5%。

离子硫氮共渗的工艺过程:共渗时工件接阴极,炉壁接阳极,电压为500~700V,电流密度为2~4mA/cm^2。炉子的真空度:气体通入前为133Pa,气体通入后为532~1064Pa。共渗温度为480~570℃。硫氮共渗的时间依据对共渗层的不同要求,多在2h之内。

共渗后共渗层的组织为硫化物均匀分布在氮化物层中。共渗层深度和硬度与离子渗氮相同。因而除可提高工件表面耐磨性外,还同时提高了自润滑性能、初期跑合性能及抗黏着、抗咬合性能,并可延长工件的使用寿命。

483. 气体氧硫氮共渗

气体氧硫氮共渗是在含O、N、S的气体介质中，向工件表面同时渗入O、N、S的化学热处理工艺。

共渗采用功率为35kW的井式渗氮炉时，工艺为：520～550℃×3～4h，SO_2：NH_3=1～1.5：100（体积比），氨分解率为20%～40%。3Cr2W8V钢铝合金压铸模、热挤压模，以及45钢注塑模经气体氧硫氮共渗处理后，使用寿命提高了2～10倍。

例如，4Cr5MoSiV1钢制铝合金压铸模在功率为60kW的井式渗氮炉中进行气体氧硫氮共渗。共渗工艺为：565～570℃×3.5h，0.62m^3/h NH_3+0.2L/h SO_2，SO_2/NH_3流量比（体积比）为0.8%～1.2%。气体氧硫氮共渗工艺如图5-66所示。共渗后的组织为FeS、Fe_3O_4、ε相（$Fe_{2-3}N$）及α-Fe等。化合物层厚度为8～12μm，扩散层深度为125～130μm，次表层硬度为1200HV，脆性为1级，耐磨性好，比传统的氮硫氧共渗工艺处理的高4倍。模具寿命由未经气体氧硫氮共渗处理的3～5t提高到8～12t。

表层形成了理想的氧硫氮化合物复相层，表面的FeS具有优异的抗黏着磨损性能，可显著提高模具的耐磨性，模具寿命提高了2～3倍。

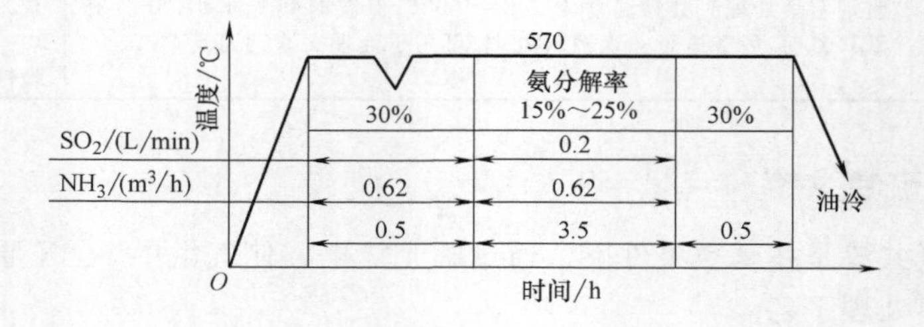

图5-66 4Cr5MoSiV1钢压铸模气体氧硫氮共渗工艺

484. 低温硫氮碳三元共渗

低温硫氮碳三元共渗是在一定温度的共渗介质中，使S、N、C同时渗入工件表面的化学热处理工艺。此法兼有氮碳共渗及渗硫的特点，能赋予工件优良的耐磨、减摩、抗咬合及抗疲劳等性能，并能改善被渗工件的耐蚀性。对于承受较轻与中等载荷，因黏着磨损、疲劳断裂或剥落而失效的轴、齿轮、液压件、高铬不锈钢件、镍铬不锈钢件和铸件等多种零件、刀具与模具具有良好的强化效果。

低温硫氮碳三元共渗可在固体、液体和气体介质中进行。常用的共渗介质及共渗工艺规范见表5-117。

在表5-117所列几种共渗方法中，熔盐法的生产周期短、节能，盐浴的成分及温度均匀、共渗效果好，因而得到了广泛使用。

表 5-117 低温硫氮碳三元共渗用介质及工艺参数

方法	渗剂成分或配方	工艺参数		生产周期/h	备注
		温度/℃	时间/h		
熔盐法(Sursulf)	工作盐(基盐)CR_4由 K、Na、Li 的氰酸盐与碳酸盐和少量K_2S组成;再生盐CR_2用于调整成分	500~590(常用 560~580)	0.2~3.0	0.3~3.5	法国开发,无污染,应用面广,处理时间通常为 1~2h。本工艺已取代高氰熔盐法
熔盐法(LT 工艺)	工作盐浴为基盐 J-1,成分与法国CR_4相同。加以调整的 J-2 基盐(无硫)用于硫氮共渗或 QPQ 处理。再生盐 Z-1 与CR_2相同,可用于调整硫氮碳共渗或碳氮共渗熔盐的成分	500~590(常用 550~580)	0.2~3	0.3~3.5	国家重点科技攻关项目,硫氮碳共渗后的工件直接转入 Y-1 氧化浴(性能与 AB1 浴相同)的 LTC-1 处理,与法国 Oxynit 无异
气体法(DYGS 法)	$\varphi(NH_3)$ 5%、$\varphi(H_2S)$ 0.02%~2%,丙烷与空气制得的载气(余量)	500~650	1~4	2~5	必要时加滴碳当量小的煤油或苯,以提高碳势
	每 1L 的C_6H_6中溶入 25g 的$(C_6H_4)_2NHS$及 9g 的 S,NH_3适量	500~650	1~4	2~5	在通NH_3的同时,加入CS_2或其他含 S 的有机液体供硫剂(如将NH_4CNS溶入C_2H_5OH中)均可
膏剂法	(质量分数)$ZnSO_4$ 37% + K_2SO_4 18.5% 或 (Na_2SO_4 18.5%) + $Na_2S_2O_3$ 37.5% + KCNS7% + H_2O(另加)14%	550~570	2~4	3~5	适用于单件或小批量生产的大工件的局部表面强化
粉末包装(固体)法	(质量分数)FeS35%~60% + $K_4Fe(CN)_6$ 10%~20% + 石墨粉余量	550~650	4~8	5~9	效率低,有粉尘污染
离子法	CS_2+NH_3	500~650	1~4	2~5	可用含 S 的有机溶液代替CS_2

485. 硫氮碳三元共渗

硫氮碳三元共渗是将工件同时渗入 S、N、C 三种元素的化学热处理工艺。它可以改善工件的减摩性能并提高工件表面的硬度和耐磨性。共渗层可达数十微米,其组织与渗剂的组成有关。以渗硫为主时,表层有 FeS 或 FeS 与 α-Fe;以渗氮为主时,有 Fe_2(N,C)与 Fe_4(N,C);以渗碳为主时则形成 Fe_3(C,N)。

硫氮碳三元共渗工艺见表 5-118。

滴注法硫氮碳三元共渗所采用的温度范围一般为 500~600℃,对于一般钢材,可采用如下两种配方。

表 5-118 硫氮碳三元共渗工艺

工艺方法	渗剂组成(质量分数)	共渗工艺	
		温度/℃	时间/h
粉末法	FeS40%+$K_4Fe(CN)_6$10%+石墨 50% FeS90%+$K_4Fe(CN)_6$5%+CH_4N_2S5%	550~930	4~12
膏剂法	$ZnSO_4$37%+$Na_2SO_4$18.5%+$K_2SO_4$18.5%+KSCN2.25%+$Na_2S_2O_3$ 3.75%+高岭土 6%+H_2O14%	500~580	3~4
气体法	1LC_2H_5OH 溶液溶解 24gCH_4N_2S(或 12mL 的 CS_2)和 $NH_3$0.15~0.3m^3/h 或采用 CH_3NO∶C_2H_5OH=2.5∶7 混合后,再加入占混合液 1%(质量分数)的 CH_4N_2S	550~600	2~3
盐浴法	CH_4N_2S54%+$K_2CO_3$44%+Na_2S2%(或 K_2S)余量	350~380	10~60min

1) 1kg $(HOCH_2CH_2)_3N$ 与 1kgC_2H_5OH,溶解 20gCH_4N_2S 滴入炉内产生活性 C、S、N 原子。由于 $(HOCH_2CH_2)_3N$ 分解后产生的 N 原子含量较低,因而还需通入一定量的 NH_3,加入 C_2H_5OH 是为了增加 $(HOCH_2CH_2)_3N$ 的流动性,以便滴入炉内。也有不用 $(HOCH_2CH_2)_3N$ 的,即 1LC_2H_5OH 溶解 24gCH_4N_2S(或 12mL 的 CS_2)滴入 35kW 井式渗碳炉内,再通入 0.15~0.3m^3/h 的 NH_3。

2) 完全滴注法的配方可用 CH_3NO 加入 C_2H_5OH 和 CH_4N_2S。CH_3NO∶C_2H_5OH=2.5∶1,混合后再加入质量分数为 1%的 CH_4N_2S。

一般应根据炉膛大小、工件共渗层的表面积和工件材料的种类,经过试验后确定滴量和 NH_3的流量。

对于不同材料的硫氮碳三元共渗处理规范见表 5-119。

表 5-119 硫氮碳三元共渗处理规范

材料	处理温度/℃	处理时间/h	渗剂流量(滴/min)	NH_3流量/(m^3/h)	去氢处理	
					温度/℃	时间/h
14Cr17Ni2,20Cr13	580~600	2~3	80~100	0.25~0.3	—	—
W18Cr4V,3Cr2W8V	550~560	0.5~2	120~150	0.2	300	1.5
38CrMoAlA	560	2	100~120	0.2~0.3	300	1.5
铁基粉末材料	570	2~3	100~120	0.2~0.3	—	—

486. 离子氧氮硫三元共渗

离子氧氮硫三元共渗(以下简称共渗)是在辉光放电条件下,向工件表面同时渗入 O、N、S 的化学热处理工艺。其耐磨性和抗咬合性能优于离子渗氮,适用于高速钢制刀具的表面强化。

例如,对 W18Cr4V 钢制试件及 1∶8 机用锥铰刀进行共渗处理。共渗前试件及刀具先经常规淬火、回火处理。共渗设备为 LD-25 辉光离子渗氮炉。共渗介质为在渗氮气氛(或氮氢混合气体)中添加少量 SO_2,共渗后降温至 200℃ 出炉。经共渗、离子渗氮和常规热处理后 W18Cr4V 钢制试件的耐磨性和抗咬合性能的对比表明,共渗后的耐磨性和抗咬合性能最优。

在生产条件下加工调质 40Cr 钢(28~32HRC)制汽车转向节的锥孔,共渗刀具的使用寿命比渗氮处理和常规热处理后的分别延长 2~3 倍及十余倍。

487. 离子硫氮碳共渗

在离子氮碳共渗气氛中加入含 S 气体，即可实现离子硫氮碳共渗。在离子氮碳共渗气氛中加入少量含 S 气体，可提高 N 和 C 的活性，在低温下（如 500℃）也易形成 ε 相（S、N、C 的化合物），而且可提高 ε 相中的含氮量。因此，共渗速度更快，共渗层质量相对更好，同样可提高工件的耐磨性、抗咬合能力和疲劳强度。此法适用于处理钢和铸铁制件及模具等。

离子硫氮碳共渗可用 NH_3（或 N_2、H_2 等）加入 H_2S 及 CH_4（或 C_3H_8 等）作为处理介质。

常用的作为硫氮碳共渗的气体配比（体积比）有以下两种：①$CH_4:H_2S:NH_3=3:2:20$；②（$C_2H_5OH:CS_2=2:1$）$:NH_3=1:20$。

离子硫氮碳共渗有两种操作方式：①先进行氮碳共渗后再渗硫；②通入混合气氛同时进行三元共渗。

离子硫氮碳共渗的温度可参照离子氮碳共渗的温度选择，通常在 550~580℃ 范围内。

离子硫氮碳共渗的时间依据材料的不同而异，普通钢可选用 570℃×2~3h 共渗；高速钢则采用 480~540℃×15~120min 低温共渗工艺。

例如，W18Cr4V 工模具钢离子硫氮碳共渗工艺为：(550±10)℃×15~30min 硫氮碳共渗；NH_3 与混合蒸气的流量（体积比）比为 20~30∶1（$CS_2:C_2H_5OH=1:2$）；炉压为 266.6~533.3Pa；电压为 500~600V；电流密度为 $2mA/cm^2$。

经上述处理后，共渗层深度为 0.1~0.14mm，在获得相同共渗层深度的条件下，离子硫氮碳共渗比气体硫氮碳共渗、低氰盐浴硫氮共渗、离子硫氮共渗及气体多元共渗的共渗速度快 1 倍左右。

488. 稀土离子硫氮碳共渗

稀土离子硫氮碳共渗工艺可获得含硫化物的高硬度共渗层，能有效改善工件的摩擦条件，降低摩擦系数，提高疲劳强度、抗咬合性和耐磨性。稀土元素对硫氮碳共渗同样有良好的催渗效果。通常可提高共渗速度 20%~30%。

例如，20Cr13 马氏体不锈钢制鼓风机叶片，采用 LDZ-50 型离子渗氮炉；离子处理时，炉内通入热分解氨，并以吸入法导入含 S、C 和稀土的有机溶剂；工作压力为 650~700Pa，共渗工艺为 580℃×5h；稀土离子硫氮碳共渗与常规离子硫氮碳共渗和离子渗氮相比，共渗速度分别提高 12.4% 和 23.6%；白亮层致密，扩散层组织均匀细小；从硬度分布比较，稀土离子硫氮碳共渗的硬度（853HV0.1，技术要求≥800HV0.1）也高于常规离子硫氮碳共渗（732HV0.1），但硬度低于离子渗氮的硬度（1005HV0.1），这与稀土离子硫氮碳共渗时表面形成的硫化物有关。经稀土离子硫氮碳共渗后能保证整个叶片表面达到技术要求。

489. 盐浴硫氮碳共渗

硫氮碳共渗兼具有氮碳共渗与渗硫的特点，能赋予工件优良的耐磨、减摩、抗咬死和抗疲劳性能，并改善除不锈钢以外的所有钢铁件的耐蚀性。对于因黏着磨损和非重载疲劳断裂而导致失效的机械构件、刃具和模具具有很好的强化效果。

硫氮碳共渗剂由基盐和再生盐组成。基盐：如法国的 CR_4、我国的 J-1 等；再生盐：如法国的 CR_2、我国的 Z-1；氧化盐：应用广泛的有德国的 AB1、法国的 OX1 和我国的 Y-1。

盐浴硫氮碳工艺：共渗前工件应除油、除锈，于（350±20）℃预热 15～30min 或烘干后再转入基盐浴中。要求以耐磨为主的工件应在 520℃共渗 60～120min，推荐 CNO^-浓度为（32±2）%，S^{2-}浓度通常≤10×10^{-4}%；铸铁工件应在（565±10）℃共渗 120～180min，推荐 CNO^-浓度为（34±2）%，S^{2-}浓度通常≤20×10^{-4}%；高速钢刃具应在 520～560℃共渗 5～30min，推荐 CNO^-浓度为（32±2）%，S^{2-}浓度通常≤20×10^{-4}%；不锈钢及要求较高耐磨、抗咬合性能的工件应在（570±10）℃共渗 90～180min，推荐 CNO^-浓度为（37±2）%，S^{2-}的质量分数通常≤(20～40)$\times10^{-4}$%。共渗后的工件应按技术要求，分别空冷、水冷、油冷或在氧化浴中分级冷却。

几种常用材料的共渗层深度和硬度见表 5-120。相关标准有 JB/T 9198—2008《盐浴硫氮碳共渗》等。

表 5-120　几种常用材料的共渗层深度和硬度

材料	预备热处理方法	共渗工艺		共渗后冷却方式	共渗层深度①/μm			共渗层硬度②		
		温度/℃	时间/min		化合物层	弥散相析出层	共渗层总深度	HV 0.05max	HV1	HV5
45 钢	调质	565±10	120～180	空冷、水冷或氧化盐分级冷却	18～25	300～420	650～900	620	360	320
35CrMoV		550±10	90～120		12～16	170～240	300～430	850	640	590
QT600-3	正火	565±10	90～150		8～13	70～120	—	820	410	340
W18Cr4V	淬火回火	550±10	15～30	空冷或氧化盐分级冷却	0～3	20～45		1120	950	890
3Cr2W8V		570±10	90～180		8～15	40～70		1050	820	740

① 共渗层深度是在空冷并经 $w(HNO_3-C_2H_5OH)=3\%$的溶液腐蚀后测量的。

② 共渗层硬度指深度为上限时的最高显微硬度（$HV0.05_{max}$）与最低表面硬度（HV5 和 HV1）。

490. 盐浴稀土硫氮碳共渗

稀土（RE）具有催渗及微合金化作用。在低温氮碳基础上渗硫，金属表面形成硫化物薄膜，可防止金属间直接咬合。硫化物层质软多孔，能吸附润滑油，起到减摩作用。稀土硫氮碳共渗能有效提高机械零件与工模具的抗磨损、抗咬合、抗疲劳、耐腐蚀与抗龟裂性能。

参考文献［143］介绍，渗剂采用 NH_3+木炭粉+FeS，催渗剂选用混合稀土氯化物。取 10kg 粉末状 FeS，0.5～1.0kg 稀土氯化物与 100kg 中性盐［(质量分数) $BCl_2$30%+NaCl20%+$CaCl_2$50%］均匀混合后加入坩埚，升温直至熔化，再取 2kg 木炭粉放在铁丝网篮中沉入坩埚底部，然后通入 NH_3。采用 RYG-20-6 型坩埚式盐浴炉。3Cr2W8V、W18Cr4V 和 5CrNiMoA 钢在 500~540℃下保温 2~3h 后，取出空冷。稀土硫氮碳共渗可分别提高共渗速度 15%~20%、σ_{bb}20%~30%、σ_{-1}40%~50%，硬度为 1.0~1.5HRC，耐磨性比常规氮碳共渗提高一倍。如图 5-67 所示为该工艺稀土含量对硬度的影响，如图 5-68 所示为不同盐浴（硫）氮碳共渗工艺方法对耐磨性的影响。

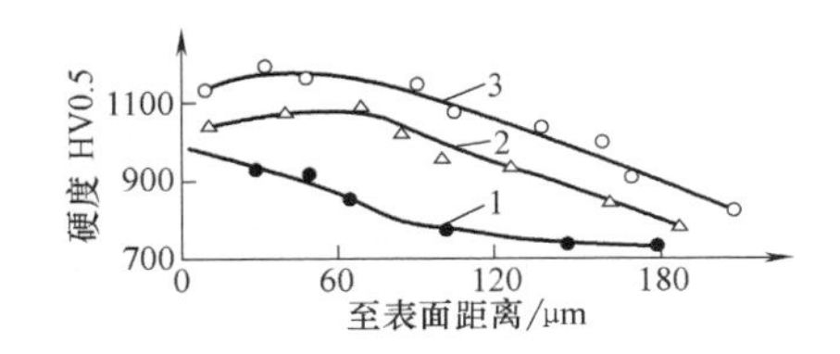

图 5-67 稀土含量对硬度的影响

1—无稀土 2—w（稀土）= 2.0%~2.5% 3—w（稀土）= 0.5%~1.0%

注：共渗工艺为 520~530℃×4h。

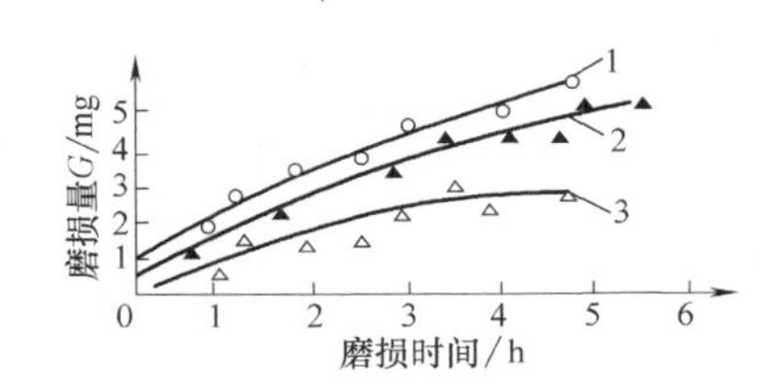

图 5-68 不同盐浴（硫）氮碳共渗工艺方法对耐磨性的影响

1—3Cr2W8V 钢盐浴氮碳共渗 2—5CrNiMoA 钢盐浴硫氮碳共渗 3—W18Cr4V 钢盐浴稀土硫氮碳共渗

491. 蒸汽处理

蒸汽处理是指工件在过热的水蒸气中保持一定时间，以使其表面形成一层蓝黑色氧化膜的表面处理工艺。

钢件通常在 500~560℃的过热蒸汽中加热，保持一定时间使表面形成一层致密的氧化膜。

蒸汽处理是在金属表面生成一种结合性强、硬度高而又致密的氧化保护膜，以达到防腐蚀，提高耐磨性、气密性及表面硬度的目的，并改善工件外观质量。这种处理方法既适用于黑色金属也适用于有色金属。

高速钢刀具在 540~560℃的温度下与蒸汽接触，表面生成一层蓝色的氧化膜（Fe_3O_4），其膜厚为 4~6μm，呈蓝色，多孔，能贮油，有润滑、减摩作用。可提高刀具与被切削材料的黏合温度，使刃部不易结瘤，高速钢刀具经蒸汽处理后使用寿命可提高 0.5~1 倍。

其工艺过程为将刀具脱脂后，于室温或 350~370℃装入炉中；在炉温达到 350~370℃后向炉内通入蒸汽，并在 30min 内更换炉内蒸汽 50 次左右，使炉内空气排出。使炉内蒸汽压力保持在 0.5MPa 以上；继续通入蒸汽，将炉温升高到 560℃，保温 0.5~1h；停汽与电，刀具出炉空冷至 50~70℃浸入 40~60℃热油中。

492. 硫氮共渗蒸汽处理

此工艺是在 NH_3 和 H_2S 气氛中硫氮共渗后再进行蒸汽处理，能降低共渗层脆性，提高防锈能力，美化外观。此工艺主要用于处理高速钢制刀具。共渗也可按蒸汽处理→硫氮共渗→蒸汽处理的顺序进行。经共渗后，刀具的防锈性能及寿命都得到了明显提高。

例如，高速钢制直柄钻头，在 H_2O 及 NH_3+H_2S 气氛中进行 540~560℃×1~1.5h 共渗处理，其中 NH_3 : H_2S=9 : 1。与未经共渗处理的相比，前者的寿命提高了 0.5~1.0 倍，且切削过程中的折断和崩刃现象基本消除。

493. 氧化处理

氧化处理（又称发黑或发蓝）是钢铁的化学氧化过程，它是将钢铁在含有氧化剂的溶液中保持一定时间，在其表面形成厚度为 0.6~0.8μm、致密而牢固的 Fe_3O_4膜，膜的颜色一般呈黑色或蓝黑色，能提高工件表面的耐蚀性并使表面美观。

氧化处理分为化学氧化和电解氧化两种方法，常用于钢铁和铝、铜、镁等有色金属的表面处理。化学氧化不用电源，设备简单，工艺稳定，操作方便，而且成本低、效率高。其包括碱性化学氧化（发蓝）、酸性化学氧化（发黑）及无碱氧化等。

（1）碱性法　碱性法氧化处理是在溶液中进行的，溶液的成分为：NaOH600g/L+$NaNO_2$50~60g/L+$Na_3PO_4$30~40g/L 水溶液，使用温度为 140℃，处理时间为 40~60min。

（2）无碱性法（发蓝）　发蓝在低温盐浴中进行，盐浴的成分（质量分数）为：$NaNO_2$50%+$NaNO_3$40%+$KNO_3$10%，使用温度为 330~350℃，处理时间为 3~5min。

氧化处理前，应将工件去油除锈。处理后应经冷、热水清洗，并进行 80℃×2~3min 的皂化处理［w（肥皂片）= 2%的溶液］，以使在皂化膜微孔内生成硬脂酸铁薄膜，可被油浸润，以提高耐腐蚀能力。

常用于机械、精密仪器、仪表、标准件、刀具、武器和日用品的防护和装饰。

494. 钢铁发蓝

发蓝是钢铁的化学氧化过程，它是将钢铁在含有氧化剂的溶液中保持一段时间，在其表面生成一层均匀的、以磁性氧化物 Fe_3O_4为主要成分的氧化膜，厚度在 0.6~1.5μm 之间，再经皂化、填充或封闭处理，可提高耐蚀性和润滑性。钢铁发蓝处理广泛用于机械零件、精密仪表、气缸、弹簧、武器和日用品的一般防护和装饰，具有成本低、工效高、不影响尺寸精度和无氢脆等特点。

1）根据处理温度的高低，钢铁的发蓝可分为高温化学氧化法和常温化学氧化法。高温化学氧化法的工序多，质量控制较难，且污染大，故在生产中常用常温化学氧化法。

常温化学氧化又称酸性化学氧化，与高温氧化工艺相比，这种工艺具有氧化速度快、膜层耐蚀性好、节能、高效、成本低、操作简单及环境污染小等优点。其缺点是槽液寿命短、不稳定，故应根据工作量的大小，随用随配；此外氧化膜层附着力也稍差。

常温发蓝溶液主要成分是硫酸铜、二氧化硒，还含有各种催化剂、缓冲剂、络合剂和辅助材料。表 5-121 给出了三种配方。

表 5-121　钢铁常温发蓝溶液的组成　（单位：g/L）

溶液组成	配方 1	配方 2	配方 3
硫酸铜	1~3	1~3	2~4
亚硒酸	2~3	3~5	3~5
磷酸	2~4	—	3~5
有机酸	1~1.5	—	—
硝酸	—	34~40mL/L	3~5
磷酸二氢钾	—	—	5~10
对苯二酚	2~3	2~4	—
添加剂	10~15	适量	2~4
pH 值	2~3	1~3	1.5~2.5

2）按化学处理液的酸碱性，钢铁化学氧化处理分为碱性和酸性两类；按所获得的膜层颜色分为发蓝和发黑两种工艺。

碱性发蓝又称发蓝，通常是在强碱溶液中添加氧化剂，且在较高溶液温度下进行的，其工艺规范见表 5-122。

表 5-122　钢铁发蓝工艺规范　（单位：g/L）

溶液组成与工艺条件	一步法		两步法			
	1	2	首槽	末槽	首槽	末槽
氢氧化钠（NaOH）	550~650	600~700	500~600	700~800	550~650	700~800
亚硝酸钠（$NaNO_2$）	150~200	200~250	100~150	150~200	—	—
重铬酸钾（$K_2Cr_2O_7$）	—	25~32	—	—	—	—
硝酸钠（$NaNO_3$）	—	—	—	—	100~150	150~200
温度/℃	135~145	130~135	135~140	145~152	130~135	140~150
时间/min	15~60	15	10~20	45~60	15~20	30~60

495. 常温发黑

常温发黑，是指工件在空气-水蒸气或化学药物的溶液中保持室温或加热到适当温度后，会在工件表面形成一层蓝色或黑色的氧化膜，以改善其耐蚀性和外观的表面处理工艺。该工艺主要是因为钢铁零部件表面经化学反应形成了一层致密的 Fe_3O_4 黑色覆盖层。目前工件发黑采用商品发黑剂（如 JH-200 和 JH-350 型发黑剂），可利用工件回火余热（200~450℃ 和 350~600℃）直接发黑，使回火发黑一次完成，从而节约能源。

与碱性高温氧化（发蓝）相比，酸性氧化性能在常温下操作，具有节电、节能、高效、操作简便、成本较低和环境污染小等优点，但槽液寿命短、不太稳定，膜层附着力较差。钢铁表面经酸性化学氧化处理后可得到均匀的黑色或蓝黑色，故称常温发黑。钢铁常温发黑的工艺规范见表 5-123。

表 5-123　钢铁常温发黑工艺规范　　（单位：g/L）

溶液组成与工艺条件	配方 1	配方 2	配方 3
硫酸铜（$CuSO_4 \cdot 5H_2O$）	2	4	2~2.5
二氧化硒（SeO_2）	4	4	2.5~3.0
磷酸二氢钾（KH_2PO_4）	3	—	—
磷酸二氢锌[$Zn(H_2PO_4)_2$]	—	2	—
氯化镍（$NiCl_2 \cdot 6H_2O$）	2	—	—
其他	—	—	—
柠檬酸钾（$C_6H_5K_3O_7 \cdot 2H_2O$）	2	—	—
酒石酸钾钠（$C_4O_6H_4KNa$）	2	—	—
硫酸镍（$NiSO_4 \cdot 7H_2O$）	—	1	—
DPE-Ⅱ添加剂/(mL/L)	—	1~2	—
对苯二酚	—	—	1~1.2
硼酸（H_3BO_3）	—	4	—
硝酸（HNO_3）/(mL/L)	—	—	1.5
氯化钠（NaCl）	—	—	0.8~1
pH 值	2~2.5	2.5~3.5	1~2
温度/℃	常温	常温	常温
时间/min	3~5	2~4	8~10

496. 氧氮共渗

氧氮共渗即氧氮化处理，其是指在渗氮介质中添加氧的渗氮工艺。处理后的工件兼有蒸汽处理和渗氮处理的共同优点。

氧氮共渗温度低、时间短、共渗层厚、畸变小、抗咬合性能好，渗件耐磨、耐疲劳，广泛用在各种冷热模具、刀具、柴油机曲轴和机床摩擦片等零部件上。目前多用于高速钢制刀具的表面处理，能明显提高使用寿命，在切削较硬材料时效果尤为显著。

氧氮共渗层分为三个区：表面氧化膜、次表层氧化区和渗氮区。表面氧化膜与次表层氧化区的厚度相近，一般为 2~4μm。表面多孔的 Fe_3O_4层具有良好的减摩性能、散热性能和抗黏着性能。

氧氮共渗介质应用最多的渗剂是浓度不同的氨水，其他还有 $NH_3+N_2+O_2$或尿素水溶液以及 NH_3+O_2、NH_3+空气等。氧氮共渗温度一般为 540~590℃，共渗时间为 1~2h；氨水以质量分数在 25%~30%之间为宜。排气升温期氨水的滴入量应加大，以便迅速排除炉内空气。共渗期氨水的滴入量应适中，降温扩散期应减小氨水的滴入量，使共渗层的浓度梯度趋于平缓。炉内保持 300~1000Pa 的正压力。

在标准件行业中，采用 Cr12MoV、W6Mo5Cr4V2、65Cr4W3Mo2VNb（65Nb））和 7Cr7Mo3V2Si（LD-2）等钢制成的模具，经淬火、二次硬化回火以及磨削加工后，再进行氧氮共渗或氮碳共渗，可进一步提高模具的耐磨性，从而提高模具寿命。

氧氮共渗可提高高速钢刀具的切削寿命。共渗前刀具先经淬火、回火处理，共渗工艺曲线如图 5-69 所示，其工艺参数如下：

采用功率为 35kW 的井式气体渗碳炉。共渗介质及用量：排气期：$NH_3$110～130L/h＋蒸馏水 90～110 滴/min；共渗期：$NH_3$100～110L/h+蒸馏水 50～60 滴/min。炉内压力为 10～300Pa。扩散期结束后刀具出炉油冷或迅速冷却至 100～150℃。

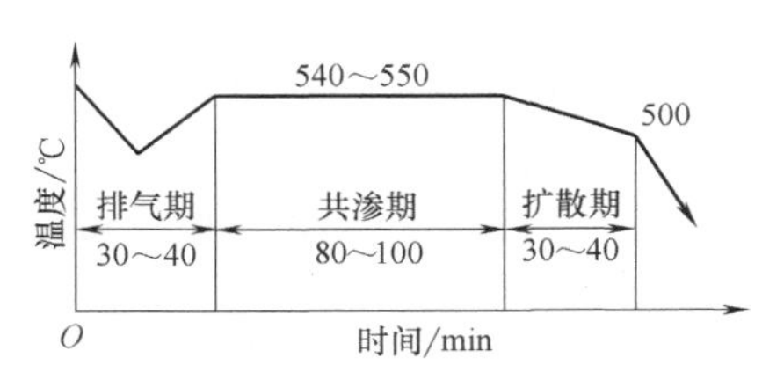

图 5-69　氧氮共渗工艺曲线

参考文献［145］指出，经氧氮共渗处理后，W18Cr4V 和 W6Mo5Cr4V2 高速钢制钻头、铰刀、丝锥、拉刀、刨刀、车刀、铣刀、滚刀、插齿刀和锯条等刀具的切削寿命稳定地提高了 3 倍以上。

497. 氧氮碳三元共渗

氧氮碳三元共渗（以下简称共渗）是指有氧参与的氮碳共渗工艺，它是在含有氧气和氮、碳原子的气氛中，使工件表面同时渗入氧、氮、碳的化学热处理工艺，是氧化和气体氮碳共渗工艺的复合。使其化合物层新增加了 Fe_2O_3 或 Fe_3O_4 相，可大幅度提高钢件的表面耐蚀性及摩擦磨损时的承载能力，且硬度高、韧性好、抗咬合性能好。因为共渗时间短、温度较低，所以工件畸变也相应减小。由于其提供清洁气体渗剂及废气排放，故绿色环保、成本低廉。

此工艺常用于刀具、曲轴和模具等的表面处理。目前，常用的氧氮碳共渗的方法有气体法和离子法。

1）气体法。采用保护气氛炉或自制的低温气体多元渗金属炉进行氧氮碳三元共渗，共渗气氛为氨气、丙烷气及经过无油与干燥处理的洁净空气（氧气的来源），以及体积分数为≥99.9% 的氮气。通过合理调控空气与丙烷的添加含量，采用优化的热处理工艺流程，可获得单一 ε-Fe_{2-3}（N，C）相的化合物层。

2）离子法。该法所用设备为直流辉光离子渗氮炉，使用空气-乙炔（或乙醇、汽油等）挥发气所形成的混合气体作为气源，实现了离子氧氮碳共渗。例如，40Cr 钢经空气/乙醇离子氧氮碳共渗后，共渗层的金相组织和传统离子渗氮相似，由白亮层、扩散层和基体组成。共渗层的物相由 $Fe_{2-3}N$、Fe_4N、Fe_3C 和少量 Fe_3O_4 等组成，共渗后的表面硬度可达 510HV0.2。

498. 磷化

磷化，是将工件浸入磷酸盐溶液中，在工件表面形成一层不溶于水的磷酸盐薄膜的处理工艺。

金属在含有锰、铁和锌的磷酸盐溶液中进行化学热处理，使金属表面生成一层难溶于水的结晶型磷酸盐保护膜。磷化膜厚度一般在 1～50μm，具有微孔结构，膜的颜色一般由浅灰色到黑灰色。

磷化膜层与基体结合牢固，经钝化或封闭后具有磷化的吸附性、润滑性、耐蚀性及较高的绝缘性等，不粘附熔融金属（锡、铝、锌），广泛用于汽车、船舶、航空航天、机械制造及家电的工业生产中，如用作涂料涂装的底层、金属冷加工时的润滑层、金属表面保护层以及硅钢片的绝缘处理、压铸模具的防粘处理等。

涂装底层是磷化的最大用途所在，占磷化总工业用途的60%~70%，如汽车行业的电泳涂装。磷化膜作为涂漆前的底层，能提高漆膜附着力和整个涂层的耐蚀能力。磷化处理得当，可使漆膜附着力提高2~3倍，整体耐蚀性提高1~2倍，

磷化处理所需设备简单，操作方便，成本低，生产效率高，特别能够在管道、钢瓶的内表面及形状复杂的钢铁零件表面上获得保护模。

用于生产的钢铁磷化工艺按磷化温度可分为高温磷化、中温磷化和常温磷化（低温磷化）三种，目前钢铁磷化工艺主要朝着低温磷化的方向发展。

磷化工艺基本方法有浸渍法和喷淋法两种。浸渍法适用于高、中、低温磷化工艺，可处理任何形状的工件。其特点是设备简单，仅需要磷化槽和相应的加热设备；喷淋法适用于中、低温磷化工艺，可处理大面积工件，如汽车、电冰箱和洗衣机壳体。特点是处理时间短，成膜反应速度快，生产效率高。

一般钢铁工件的磷化工艺流程为：预处理→磷化→后处理。

工件在磷化前若经喷砂处理，则磷化膜质量会更好。喷砂过的工件为防止重新生锈蚀，应在6h内进行磷化处理。

钢铁工件磷化后应根据用途进行后处理，以提高磷化膜的防护能力。一般情况下，磷化后应对磷化膜进行填充和封闭处理。填充后，可以根据需要在锭子油、防锈油或润滑油中进行封闭。如需涂装，应在钝化前处理干燥后进行，工序间隔不超过24h。

499. 高温磷化

高温磷化的工作温度为90~98℃，处理时间为10~30min。高温磷化的优点：高温磷化膜有良好的耐蚀性，同时也有较好的结合力、硬度和耐热性，且磷化速度快，主要用于防锈、耐磨和减磨的零件，如螺钉、螺母、活塞环和轴承座等。缺点是工作温度高，能耗大，溶液蒸发量大，成分变化快，常需调整，膜层容易夹杂沉淀物且结晶粗细不均匀。

高温磷化工艺规范见表5-124。

表5-124 高温磷化工艺规范 （单位：g/L）

溶液组成与工艺条件	配方1	配方2	配方3
磷酸二氢锰铁盐[$_xFe(H_2PO_4)_2 \cdot {}_yMn(H_2PO_4)_2$]	30~35	30~40	—
磷酸二氢锌[$Zn(H_2PO_4)_2 \cdot 2H_2O$]	—	—	30~40
硝酸锌[$Zn(NO_3)_2 \cdot 6H_2O$]	55~65	—	55~65
硝酸锰[$Mn(NO_3)_2 \cdot 6H_2O$]	—	15~25	—
游离酸度/点	5~8	3.5~5	6~9
总酸度/点	40~60	36~50	40~58
温度/℃	90~98	94~98	88~95
时间/min	15~20	15~20	8~15

500. 中温磷化

中温磷化的工作温度为50~70℃，处理时间为10~15min。中温磷化优点：磷化膜性能接近高温磷化膜，溶液稳定，成膜速度较快，主要用于有防锈、减摩等要求的零件，常用于涂装底层。缺点是溶液成分较复杂，调整繁琐。中温磷化工艺规范见表5-125。

表5-125　中温磷化工艺规范

溶液组成与工艺条件		配方1	配方2	配方3	配方4
组分质量浓度/(g/L)	磷酸二氢锰铁盐[$_xFe(H_2PO_4)_2 \cdot {}_yMn(H_2PO_4)_2$]	30~35	30~40	—	40
	硝酸锌[$Zn(NO_3)_2 \cdot 6H_2O$]	80~100	70~100	80~100	120
	硝酸锰[$Mn(NO_3)_2 \cdot 6H_2O$]	—	25~40	—	50
	磷酸二氢锌[$Zn(H_2PO_4)_2 \cdot 2H_2O$]	—	—	25~40	—
	六次甲基四胺[$(CH_2)_6N_4$]	—	—	—	1~2
工艺条件	游离酸度/点	5~7	5~8	4~7	3~7
	总酸度/点	50~80	60~100	50~80	90~120
	温度/℃	50~70	60~70	60~70	55~65
	时间/min	10~15	7~15	7~15	20

501. 常温磷化

常温磷化一般在10~35℃下进行，处理时间为20~60min。常温磷化膜的耐蚀性、耐热性均不如高、中温磷化，且生产效率不高。但溶液稳定，成本低，不需加热设备。缺点是对槽液控制要求严格，膜层耐蚀性及耐热性差，结合力欠佳，处理时间较长，效率低。常温磷化工艺规范见表5-126。

表5-126　常温磷化工艺规范

溶液组成与工艺条件		配方1	配方2	配方3
组分质量浓度/(g/L)	磷酸二氢锰铁盐[$_xFe(H_2PO_4)_2 \cdot {}_yMn(H_2PO_4)_2$]	30~40	—	—
	磷酸二氢锌[$Zn(H_2PO_4)_2 \cdot 2H_2O$]	—	60~70	50~70
	硝酸锌[$Zn(NO_3)_2 \cdot 6H_2O$]	140~160	60~80	80~100
	氟化钠(NaF)	2~5	3~4.5	—
	亚硝酸钠($NaNO_2$)	—	—	0.2~1
工艺条件	氧化锌(ZnO)	—	4~8	—
	游离酸度/点	3.5~5	3~4	4~6
	总酸度/点	85~100	70~90	75~95
	温度/℃	室温	室温	室温
	时间/min	30~45	30~45	20~40

502. 渗硅

渗硅是将硅渗入工件表层的化学热处理工艺。渗硅工艺所用的温度一般较高，钢铁工件为800~980℃，重金属为1000~1400℃。金属和合金渗硅主要为了提高表面的耐蚀性（在硫酸、硝酸、海水及大多数盐、稀碱液中的耐蚀性）、抗高温氧化能力、硬度和耐磨性等，并能提高电工钢的导磁性。但渗硅层较脆，能降低钢的强度及塑性，并难以切削加工。

渗硅方法有：固体粉末法、盐浴法、盐浴电解法、卤化物气体法及真空蒸镀法等。

（1）固体粉末法　渗剂由供硅剂、活化剂和填充剂组成。供硅剂一般为硅铁粉，活化剂为氯化铵、氟化钠和氟化钾。填充剂为石墨或氧化铝。常用渗剂的成分及工艺规范见表5-127。

表5-127　固体粉末法常用渗剂的成分及工艺规范

渗剂成分(质量分数)	处理工艺		渗硅层厚度/mm	备注
	温度/℃	时间/h		
硅铁粉40%～60%+石墨粉38%～57%+氯化铵3%	1050	4	0.95～1.1	黏结层易清理
硅铁粉80%+氧化铝8%+氯化铵12%	950	1～4	—	Q235、45及T8钢渗硅后，孔隙率达44%～54%，减摩性良好
硅铁粉(硅质量分数为98%)70%+石墨粉(粒径<50μm)30%，另加NaF2%和KF·HF1%，以上组成物于1050℃焙烧30min作为混合料。混合料90%+硅铁7%+石墨3%+NaF0.5%，KF·HF 1%	1050	0.5	0.6～0.7	Q235钢渗硅后随炉空冷，黏结层易清除

（2）盐浴法　盐浴法渗硅所用渗剂的成分及工艺规范见表5-128。

表5-128　渗硅所用渗剂的成分及工艺规范

盐浴成分(质量分数)	处理规范			备注
	温度/℃	时间/h	渗硅层厚度/mm	
氯化钡50%+氯化钠30%～35%+硅铁(硅质量分数为70%～90%)15%～20%	1000	2	0.35(10钢)	硅铁粒度0.3～0.6mm
(2/3①硅酸钠+1/3①氯化钡)65%+碳化硅35%	950～1050	2～6	0.05～0.44(工业纯铁)	—
(2/3①硅酸钠+1/3①氯化钠)80%～85%+硅钙合金20%～15%	950～1050	2～6	0.044～0.31(工业纯铁)	硅钙粒度0.1～1.4mm
(2/3①硅酸钠+1/3①氯化钠)90%+硅铁合金10%	950～1050	2～6	0.04～0.2(工业纯铁)	硅铁粒度0.32～0.63mm

① 质量比。

（3）气体法　常用气体法所用渗剂的成分及工艺规范见表5-129。

表5-129　气体法所用渗剂的成分及工艺规范

渗剂组成(质量分数)	温度/℃	保温时间/h	渗硅层厚度/mm	备注
硅铁(或碳化硅)+盐酸(或氯化铵)，也可外加稀释气	950～1050	—	—	
四氯硅烷+氢气(或氮气，氩气)	950～1050	—	—	
四氯硅烷+氢气(或NH_3，氩气)	950～1050	—	—	
二氧化硅57%+铝粉30%+氯化铵13%①；保护气氛为氩气	1150	2	0.25	表面$w(Si)=15\%$

① 表示应用铝粉还原二氧化硅进行渗硅能够克服一般渗硅的缺陷，而得到无孔隙、致密的渗硅层。

503. 熔盐电解渗硅

电解盐浴渗硅可以获得无孔隙的渗硅层，电解盐浴渗硅工艺为：①渗剂成分（质量分数）为硅酸钠 100%或硅酸钠 95%+氟化钠 5%；②工艺参数为 1050~1070℃×1.5~2.0h；③电流密度为 0.2A/cm²。

为了增加熔盐的流动性和降低渗硅温度，可加入适量的氯化钠。

例如，采用如下规范的熔盐电解渗硅：①盐浴成分（质量分数）为硅酸钠 75%+氯化钠 25%；②工艺参数为 950℃×1.5~3.0h，电流密度为 0.2A/cm²。

用此法渗硅，可明显减薄渗硅层中孔隙区域的厚度。

504. 离子渗硅

离子渗硅可获得更好的表面质量。对 Nb 和 Mo 等难熔金属进行离子渗硅，可提高其在氧化气氛中的抗氧化能力。

离子渗硅可以采用 H_2作为载气，$SiCl_4$的蒸气作为渗硅气体，在离子渗氮炉中进行离子渗硅，电压为 400~700HV，电流为 200~800mA，渗硅层有不明显的气孔。

例如，对 Nb 进行离子渗硅，渗硅介质采用硅+四氯化硅（$SiCl_4$）。渗硅工艺参数为：在 Si 和 $SiCl_4$的气氛中，固定气体压力为 1333Pa 的条件下，Si 和 Nb 的温度及所得最大渗硅层深度见表 5-130。渗层为 $NbSi_2$相，硬度约 1120HV，具有良好的抗氧化能力。

表 5-130　Si 和 Nb 的温度及所得最大渗硅层深度

Si 的温度/℃	900	1000	1100	1200
渗硅层最大深度/μm	10	14	21	31
Nb 的温度/℃	1200	1300	1350	1400

505. 机械能助渗硅

机械能助渗硅的渗硅层组织致密，未发现气孔和疏松，能提高渗硅层质量，改善表面性能。常规的粉末渗硅温度为 950~1050℃（奥氏体状态），机械能助渗硅的温度低，为 400~540℃（铁素体状态）。机械能助渗硅 500℃×3h 可得到 200μm 渗硅层、$w(Si)\approx$18%的 Fe_3Si 层，表面硬度为 700HV0.1。该工艺可将渗硅时间缩短到 2~4h。

据参考文献［146］介绍，20 钢经 540℃×4h 机械能助渗硅，可获得 $w(Si)\approx$16%的致密渗硅层。

机械能助渗硅可提高钢铁件对酸、海水、熔盐及熔融金属的耐蚀性，并可提高其抗高温氧化能力。

506. 盐浴硫氮碳钒四元共渗

此工艺是将盐浴硫氮碳共渗与低温渗金属的方法结合起来，利用强碳、氮化物形成元素（钒、钛、铬和铌等），与碳、氮元素一起在低温盐浴中共渗，使之在共渗层形成大量的高硬度合金碳化物，获得高的耐磨性、抗疲劳性能及抗咬合性能的一种工艺。

采用外热式坩埚盐浴炉，加入硫氮碳共渗基盐（J-1）、五氧化二钒 1%（质量分数）和还原剂（如铝粉）即可实现这一工艺。处理流程：300℃预热→570℃硫氮碳钒共渗→空冷。表 5-131 所列为一些材料的盐浴硫氮碳钒共渗工艺规范及效果。

表 5-131　盐浴硫氮碳钒共渗工艺规范及效果

牌号	工艺参数		化合物层深度/μm	共渗层深度/mm	化合物层最高硬度HV0.05
	温度/℃	时间/h			
45	570±10	3~4	16~18	0.16~0.20	812
40Cr	570±10	3~4	14~17	0.16~0.20	790
4Cr5MoV1Si	570±10	3~4	6~8	0.10~0.11	1300HV0.1
W18Cr4V	570±10	2~3	6~7	0.08~0.09	1400

507. 碳氮氧硫硼五元共渗

此工艺是将碳、氮、氧、硫及硼同时渗入工件表面的化学热处理工艺。与单一渗氮层相比，由于多元共渗后渗层存在多种化合物，从而使钢的热稳定性、热疲劳抗力和耐磨性（见图 5-70）等得到明显提高。常用于模具和刀具的表面强化处理。

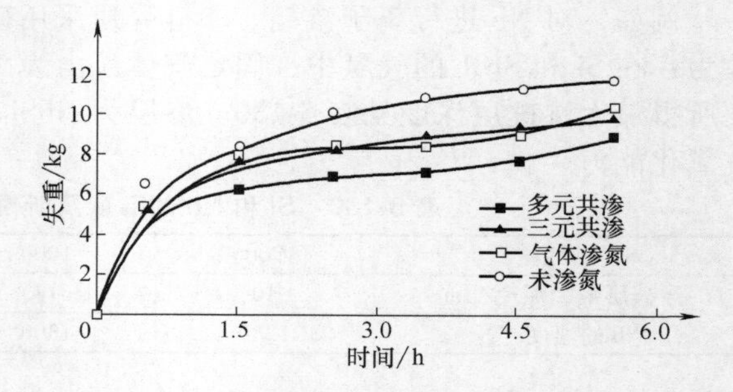

图 5-70　磨损试验结果

注：磨损试验为 M-2000 型试验机。

共渗剂配方（质量比）：甲酰胺：硫脲：硼酸：氯化稀土=2000：300：16：25。先在 ZC2-65 型真空炉进行整体加热淬火、回火，再采用 RN2-40-6 井式渗氮炉五元共渗，工艺参数如下：共渗温度为 540~560℃，共渗时间为 4~5h，共渗剂滴注量为 90 滴/min，油冷至 150℃出炉空冷。H13 钢热挤压模经上述处理后，共渗层深度为 0.89mm，硬度为 58~62HRC，使用寿命达到 35t。

例如，W6Mo5Cr4V2 高速钢微型铣刀，经 1160℃淬火 + 150℃ × 4h 回火处理，再经 570~580℃ × 1.5h 五元共渗，共渗后出炉油冷。共渗剂成分为：甲酰胺 100mL、无水乙醇 50mL、丙酮 16mL、四氯化碳 6mL，以及硼酸 6g。共渗层厚度为 0.03~0.04mm，硬度为 906~926HV0.2。使用寿命提高了 10 倍。

508. 渗金属

工件在含有被渗金属元素的渗剂中加热到适当温度并保温，使这些元素渗入表层的化学热处理工艺，称为渗金属。金属元素可同时或先后以不同方法渗入，从而改变工件表层的化学成分、组织和性能。在渗层中，它们大多以金属间化合物的形式存在，能分别提高工件表层的耐磨性、耐热性、耐蚀性和抗高温氧化等性能。能以低廉材料代替昂贵材料。除了钢铁材料外，航空工业常用的镍基、钴基合金也常用渗金属以提高其抗高温氧化和耐蚀性。

与渗非金属相比，金属元素渗入以后形成的化合物或钝化膜，具有较高的抗高温氧化能力和耐蚀能力，能分别适应不同的环境介质。

金属元素可单独渗入，也可几种共渗，还可与其他工艺（如电镀和热喷涂等）配合进行复合渗。生产中应用较多的渗金属工艺有：渗铝、渗铬、渗锌、渗钛、渗钒、铬铝共渗、铬铝硅共渗、钴（镍、铁）铬铝钒共渗和铝稀土共渗等。相关标准有 JB/T 8418—2008《粉末渗金属》等。

目前，采用双层辉光渗金属炉进行渗金属，具有渗速快、渗层均匀、零件畸变小及合金含量可控等优点，能渗入的合金元素有钨、钼、铬、镍、钒、锆、铊、铝、钛和铂等，除渗入单一元素外，还可以进行多元共渗，可用普通钢板表面合金化处理代替不锈钢。还有多弧离子渗金属、加弧辉光离子渗金属和气相辉光离子渗金属等。

509. 渗铝

渗铝是在特定的工艺条件下，通过加热使铝原子渗透扩散到非合金钢或合金钢表面基体内，形成一层具有特殊性能铁铝合金层的金属材料表面化学热处理工艺。

钢材加工表面渗铝，其整体力学性能基本保持不变，而表面渗铝层具有优异的抗高温氧化性能和耐蚀性。镍基、钴基等合金渗铝后，能提高抗高温氧化能力及耐蚀性。为了改善铜合金和钛合金的表面性能，有时也采用渗铝工艺。渗铝后一般都需进行均匀化退火处理，以降低脆性和表面铝的浓度，使基体与渗铝层结合更紧密。

渗铝可分为热镀型渗铝和扩散型渗铝。热镀型渗铝（即热浸镀铝）主要用于材料在 600℃以下服役时的腐蚀防护；扩散型渗铝主要用于提高材料在高温条件下的耐蚀性。

渗铝方法有：固体粉末渗铝、热浸渗铝、喷涂渗铝、静电喷涂渗铝、电泳沉积渗铝和气相沉积渗铝等。

冶金工业中主要采用热浸、静电喷涂或电泳沉积后再进行热扩散的方法，大量生产渗铝钢板、钢管和钢丝等。在静电喷涂或电泳沉积后，必须经过压延或小变形量轧制，使附着的铝层密实后再进行均匀化退火。热浸铝可用纯铝浴，但更普遍使用的是在铝浴中加入少量锌、钼、锰和硅元素，温度一般维持在 670℃左右，时间为 10~25min。机械工业中应用最广的粉末装箱渗铝法（固体渗铝法）的渗剂主要由铝铁合金（或纯铝、氧化铝）的填料和氯化铵催化剂组成。

渗铝主要用于石油、化工、冶金及建筑行业使用的管道和容器等，能节约大量不锈钢和耐热钢。低碳钢工件渗铝后可在 780℃下长期工作。在 900~980℃环境中，渗铝件的寿命比未渗铝件显著提高。18-8 型不锈钢和铬不锈钢渗铝后，在 594℃的硫化氢气氛中，耐蚀性可提高几倍至几十倍。

510. 粉末包埋渗铝

粉末包埋渗铝是指在密闭的容器内，用粉末状渗铝剂将待渗的构件包埋，缓慢加热至高温并保持一定时间，使构件表层形成渗铝层的工艺方法。

粉末包埋渗铝时，将工件埋在粉末状的渗铝剂中（见图5-71），然后加热到900~1050℃保温3~10h，取出渗铝箱冷却到一定温度后开箱取出工件，可实现粉末包埋渗铝。

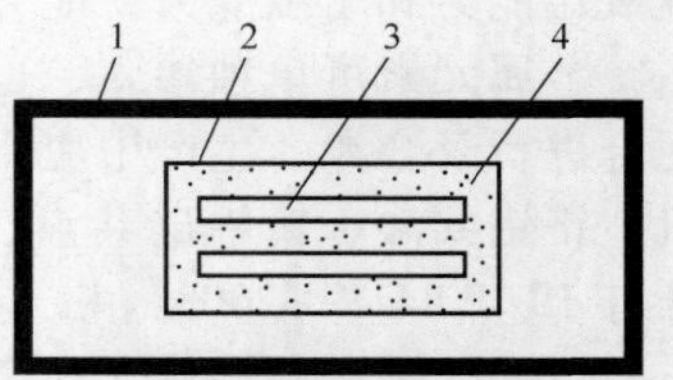

图5-71　粉末包埋渗铝示意
1—加热炉　2—渗铝箱
3—工件　4—渗剂

粉末渗铝的工艺设备简单，渗铝层均匀，表面光洁，成品率高，一般用于对渗铝层要求较高，形状复杂，特别是有不通孔、螺纹的工件。非合金钢，如Q235钢板经粉末包埋渗铝后可代替箱式炉底板用耐热钢，使用寿命可延长4个月，适用于石化行业和机械工业加工含高硫、高酸原油设备的防腐。粉末包埋渗铝基体材料有钢、铸铁、镍基合金、钴基合金、钛合金和铜合金等。

粉末渗铝剂一般由供铝剂（铝粉或铝铁合金粉）、催渗剂（氯化铵或氟氢化钾）和填充剂（氧化铝或高岭土粉末）组成。

表5-132所列为常用粉末渗铝剂的成分、工艺规范及渗铝层厚度。

表5-132　常用粉末渗铝剂的成分、工艺规范及渗铝层厚度

渗剂成分(质量分数)	温度/℃	时间/h	渗铝层厚度/μm
(铝粉14.2%+氧化铝84.8%)99%+氯化铵0.5%+氟氢化钾0.5%	750	6	40
铝铁粉34.5%+氧化铝64%+氯化铵1%+氟氢化钾0.5%	960~980	6	400
(铝铁粉+铝粉)78%+氧化铝21%+氯化铵1%	900~1000	6~10	—
铝粉40%~60%+(陶土+氧化铝)37%~58%+氯化铵1.5%~2%	900~1000	6~10	—
铝铁粉39%~80%+氯化铵0.5%~2%+氧化铝余量	850~1050	6~12	250~600
铝粉末(粒度为5μm)5%+氯化铵0.1%+氧化铝余量①	1000	—	—

① 表示用于镍基和钴基合金的表面保护。

粉末包埋渗铝后表面含铝较多，可在通有氢气或氩气的炉罐中进行扩散退火（如1100℃×3min）降低铝含量。

两段法固体粉末包埋渗铝，与传统固体粉末包埋渗铝相比，具有渗铝速度快（提高60%）、渗铝层显微硬度过渡平缓、渗铝层表面质量好等特点。渗铝剂主要由铝粉、氯化铵、氧化铝和适量的添加剂组成。一段加热温度为780℃，保温一定时间后，升温至1000℃（二段），保温2h。

511. 低温粉末渗铝

粉末渗铝还可在650~750℃温度下进行，称为低温粉末渗铝，该工艺可显著提高工件的抗热腐蚀性能。

例如，对高温合金GH2132（旧牌号为GH231）进行低温粉末渗铝。①渗铝前的热处理：990℃×1.5h固溶处理+720℃×16h时效处理；②渗剂（质量分数，单个数值为最大值）：Fe42%~50%+Si3.0%+Cu4.0%+Mn1.0%+Al余量；③催渗剂：总量3%~5%干燥的NH_4Cl；④工艺过程：渗铝箱入炉加入升温，先在150℃保温1h，再升温至工艺温度670~710℃；⑤保温时间为16~24h。

渗铝结束后，取出渗铝箱，空冷至100℃左右即可开箱取出工件，渗铝层厚度达0.002~0.008mm。

渗铝的GH2132合金工件，在700~800℃组分（质量分数）为Na_2SO_4 75%+NaCl 25%的熔盐中的耐热腐蚀性能显著好于未经渗铝的合金。与此同时，合金的室温力学性能和高温持久强度却无明显的变化。

512. 料浆法渗铝

料浆法渗铝也称膏剂渗铝，其是将渗铝剂和有机溶剂（黏结剂和水玻璃）调制成糊浆状，涂刷或喷涂在工件表面上，或是将工件浸入料浆中，使其黏附在工件表面上，在120℃以下进行烘干，再加热至1000℃左右，保温1~3h即可获得渗铝层。

对含有NH_4Cl的混合物渗剂加热时，NH_4Cl分解出来的HCl与Al作用产生$AlCl_2$和$AlCl_3$，与Fe作用析出原子状态的Al，也就是活性铝，并立即扩散到钢铁表面形成渗铝层。NH_3进一步分解成N_2和H_2，这两种气体又起到了防止渗剂和工件表面氧化的作用。

513. 料浆法稀土渗铝

在渗铝用料浆中加入适量稀土（RE），对料浆渗铝具有促进作用，可使料浆渗铝工艺大大简化，不需保护气氛，而且渗铝层的抗高温氧化性能大大提高。

例如，料浆稀土渗铝渗剂配方（质量分数）：铝粉60%+氧化铝粉36.5%+氯化铵1.5%+稀土（氧化铈）2%。

工件表面挂浆后进行烘干，温度为150℃，时间为1~1.5h。渗铝在高温箱式电炉中进行。采用石英砂与适量水玻璃混合搅拌后，在（挂浆）工件表面覆盖一层，密封后装炉。

Q235钢工件经900℃×3h稀土渗铝后可得到表面平整渗铝层，渗铝层均匀、致密、表面质量好。渗铝层深度为24.73mm。

514. 气相渗铝

气相渗铝属于化学热处理范畴，是一种非接触扩散渗铝工艺。渗剂与工件不直接接触，当加热到一定温度时，在活化剂作用下气相渗铝剂中的铝生成铝的卤素化合物，经分解、还原或置换化学反应而产生活性大的新生态铝原子，在高温下渗入工件表层。

该工艺特点是渗铝层均匀，一致性好，可解决小孔内渗铝层不均匀和小孔易堵塞的问题。

渗铝粉剂一般由三部分组成：铝粉或铝铁合金粉（块）、氧化铝和卤化物。其中，铝粉或铝铁合金粉（块）作为供铝剂，是提供渗铝过程中铝原子的原料；氧化铝是一种稀释填充剂，又兼有防止金属粉末氧化黏结的作用；卤化物是渗铝过程中的一种活化剂。

气相渗铝工艺过程为：将洁净工件装在鸟笼式夹具后装入渗铝炉中，渗剂位于下方，工件位于上方；渗前往密闭罐中通入氩气，排净空气，抽真空度至1.33kPa左右；气相渗铝；工件随炉冷至50℃以下开罐出炉。

例如，航空发动机涡轮叶片渗铝工艺：980℃×8h气相渗铝后，随炉冷却至50℃以下开炉。具体工艺流程：叶片毛坯固溶处理→机械加工→一次时效→渗铝→二次时效。叶片经 $w(\mathrm{Al})=5\%\sim20\%$ 的渗铝剂渗铝后，渗铝层深度为10~20μm。

515. 热浸镀铝

将钢铁工件浸入熔融铝液中并保温一定时间，使铝（及其他附加元素）覆盖并渗入钢铁表面，获得热浸镀铝层的工艺方法称为热浸镀铝，又称热浸铝、热镀铝和液体渗铝。热浸镀铝是钢铁表面保护手段之一，也是钢铁表面渗金属的化学热处理方法之一。

相关标准有GB/T 18592—2001《金属覆盖层　钢铁制品热浸镀铝　技术条件》等。

热浸镀铝材料具有良好的耐热性和耐蚀性，特别是耐硫腐蚀和耐硫化氢腐蚀性能优良。普通非合金钢和低合金钢进行表面热浸镀铝处理后，可大大延长高温、腐蚀条件下的使用寿命，并且在一定范围内可以代替耐热钢和不锈钢使用。

热浸镀铝生产率高，适用于处理形状简单的管材、丝材、板材和型材。这类工件在600℃以上使用时，应采用热浸镀-扩散法（热浸镀铝后再进行800~950℃扩散处理）获得扩散型渗铝层（表面镀铝层全部变成铝铁化合物层）。

热浸镀铝产品常用于石油、电力、化工、冶金、建筑、公路建设和汽车制造等行业。

热浸镀铝工艺流程：将表面洁净的钢件浸入680~780℃的熔融铝或铝合金熔液中，即可获得热浸镀渗铝层。其工艺流程为：工件→脱脂→去锈→预处理→热浸镀铝。

工件在热浸镀铝前，通常要对其表面进行彻底清理，以去除工件表面附着的油污、铁锈和氧化物，然后快速镀铜或镀锌进行预镀处理，最后才能浸入熔化的铝浴（质量分数）铝92%~94%+铁6%~8%+硅0.5%~2%。这里硅的加入有利于增加铝浴的流动性，如加入少量的钼、锰、锌和钠还可以改善涂层的表面性能。

热浸镀铝的最佳温度为760~800℃，保温时间依据工件大小、厚薄以及钢种而定，一般为10~20min。以耐蚀为目的的工件，热浸铝后可不必进行扩散退火；而以抗高温氧化为目的的工件，并且为减少渗铝层的脆性，防止剥落，热浸铝后需要进行950~1050℃扩散退火3~8h，随炉冷至500℃出炉空冷，以降低渗铝层的铝浓度，增加渗铝层深度。

516. 热浸镀稀土铝合金

在热浸镀铝合金过程中添加适量稀土元素，增加了铝液的流动性，净化了铝液和钢基表面，使铝液表面的浸润性和渗镀层的附着力得以提高，同时稀土还使渗镀层的组织结构获得改善，在提高渗镀层耐蚀性、抗高温氧化性、成形性和装饰性方面有良好的改性作用。例如，含质量分数为0.3%的富铈混合稀土的铝合金具有更好耐蚀性，其耐蚀性是纯铝的2~3倍，随着稀土含量（0~1%）的增加，渗镀层的耐高温氧化性能逐渐提高。

稀土铝合金热浸镀液通常由工业纯铝加入适量的稀土添加剂组成。稀土添加剂可采用混合稀土-铝中间合金，稀土的质量分数约为6%~10%。将一定量的中间合金加入铝液中，配制成特定稀土含量的合金热浸镀液，一般稀土含量控制在0.5%（质量分数）左右。为了进一步改善渗镀层的韧性和表面质量，还可以在铝浴中加入适量的硅、钛、锌和钼等元素。

热浸镀温度一般在700~750℃之间，保温时间为3~15min。对耐蚀工件，经热浸镀铝后可不必进行扩散退火，即可直接使用；对抗高温氧化工件则需要进行一次扩散退火，其工艺为：850~960℃×4~8h。

517. 膏剂感应渗铝

膏剂感应渗铝是在构件表面涂膏状渗铝剂和保护涂层，烘干后感应加热到一定温度下进行扩散渗铝。膏剂感应渗铝的温度应控制在950~1050℃，对非合金钢构件取下限，合金钢和铸铁构件取上限。中频感应加热的升温速率应控制在30~50℃/s，膏剂感应渗铝时间为1~5h。

膏剂感应渗铝可通过调整加热速度，来改变渗铝层的铝含量、相的成分和渗铝层组织，以及清除表面脆性区等。

膏剂由渗铝剂和黏结剂组成。渗铝剂的成分为（质量分数）：铝粉30%~60%+稀释剂38%~69%+催渗剂1%~2%。

518. 高频感应加热膏剂渗铝

此法是将渗铝膏剂涂覆于工件表面，再进行高频感应加热的热处理工艺。可在较短时间内，获得均匀、连续、致密、无表面脆性及较厚的渗铝层，从而提高工件的使用性能。

例如，对非合金钢及合金钢进行高频感应加热膏剂渗铝，所用设备、膏剂及工艺参数如下：

1）设备及电参数。设备：GP100-C3高频发生器，功率为100kW，频率为250kHz；电参数：灯丝电压为32V，阳极半波电压为7.3V（升温阶段采用半波整流连续加热），槽路电压为3.5V，阳极电流为1.6A，栅极电流为0.33A。使用单匝感应圈时，加热时间与工件表面温度的对应关系见表5-133。

表 5-133　加热时间与加热温度的对应关系

加热时间/s	11	13	15	17
加热温度/℃	900	1000	1100	1200

2）渗铝膏剂配方（质量分数）：①Al 粉 50%～80%、冰晶石 15%～35%、SiO_2 5%～15%、NH_4Cl2%～5%，黏结剂为松香 30%的酒精溶液；②铝铁 80%+Na_2AlF_6（氟铝酸钠）20%；③铝铁 68%+Na_2AlF_6 20%+SiO_2（石英粉）10%+NH_4Cl 2%。

3）膏剂的制备及涂覆方法。将渗剂调成糊状膏剂后，将工件置入其中，使其均匀挂浆，再取出在热风中吹干。如此操作 1～2 次。涂层厚度以 0.5～1.0mm 为宜。并经 100～120℃×1～2h 烘干，或在干燥的环境下阴干。

为了防止膏剂在感应加热时氧化，可在膏剂之外再涂覆一层 1mm 厚的 SiO_2 加水玻璃的防氧化涂层。

Q235A、45、T8、35CrMo、40Cr 和 CrWMn 钢，经 1100℃感应加热 1min 所得渗铝层的厚度（μm）分别为：117、78、70、45、40 和 39。加热 2min 左右，可获得 120μm 以上厚度的渗铝层。由上述可知，高频感应加热渗铝的周期短、节能效果显著。

519. 中频感应加热膏剂渗铝

中频感应加热膏剂渗铝法，其具体工艺规范如下：

1）渗剂组成（质量分数）：铝粉 30%～60%+稀释剂 38%～69%+催渗剂 1%～2%。

2）涂层厚度：0.4～1mm。经 100～120℃×2h 烘干。

3）中频感应加热升温速度：30～50℃/s。

4）中频感应加热渗铝工艺：950～1050℃×1～5h，非合金钢件渗铝温度宜取下限；合金钢、铸铁件宜取上限。渗层厚度≥0.08mm。

520. 热喷涂-扩散渗铝

采用热喷涂或静电喷涂的方法，在工件表面上涂覆一层铝，再进行热扩散渗铝，称为热喷涂-扩散渗铝。

工件表面静电喷铝后，为防止在扩散退火中氧化及铝液流失，先涂覆水玻璃并撒一层硅砂，晾干后再涂一层，然后将工件送入 600℃左右的炉中，缓慢升温至 950～1050℃，保温 2～4h，炉冷至 600℃，出炉空冷。如此处理后渗铝层厚度约为 0.2mm。钢板采用这一方法渗铝时，扩散退火前预热至 650℃，压延为 3%。

低碳钢热喷涂-扩散渗铝代替在 800～900℃下工作的炉内耐热钢制构件（炉罐、料盘和炉底板等）及其他工业（航空、汽车、电站和船舶等）中的耐热构件，节省了材料费用。

521. 熔盐电解渗铝

熔盐电解渗铝是在含铝盐的熔盐中用直流电进行的化学热处理工艺。可获得高质量的渗铝层：渗铝层厚度均匀、不易剥落、表面光洁、硬度较高，而且渗后无须再进行其他后续热处理。

熔盐电解渗铝是在成分（质量分数）为 AlF_3 0.5%～1.3%+Na_3AlFe_6 8%～20%～45%+NaCl37%～57%的 680～870℃熔盐中进行，电流密度为 1.5～4.5A/dm^2。盐浴成分（质量分数）为 $AlCl_3$ 75%+KCl23%+KI2%的熔盐和 $AlCl_3$ 80%+NaCl18.5%+NaF1.5%的熔盐，可在 300℃电解渗铝。多数渗铝温度在 1000℃左右，往往造成工件心部组织粗大，为了细化晶粒，可进行一次正火处理。

例如，对工业纯铁进行熔盐电解渗铝时，先将工业纯铝置放在坩埚底层，再将混合盐放置在纯铝之上。在装置中试件接阴极，铝接阳极。电解渗铝温度为 900℃，时间为 1～5min。电参数：电流密度为 15mA/cm^2。混合盐成分（质量分数）为 NaCl 50%+KCl 50%。加热时盐及铝都熔化，熔铝沉积在坩埚底部，通电后铝离子向试件表面沉积并被吸收和向内层扩散，形成渗铝层。

此工艺的渗铝层，除具有良好的抗氧化性能外，还具有高的硬度，表层硬度高达 700HV 左右。

522. 直接通电加热粉末渗铝

直接通电加热粉末渗铝是将工件接电源，通电被加热而渗铝的工艺方法，其特点是渗铝速度快、工艺周期短、节能效果显著。

例如，对 Q235A 钢进行直接通电加热粉末渗铝处理，采用如图 5-72 所示装置。加热用电为低压可调电源，最高输出电压为 36V。

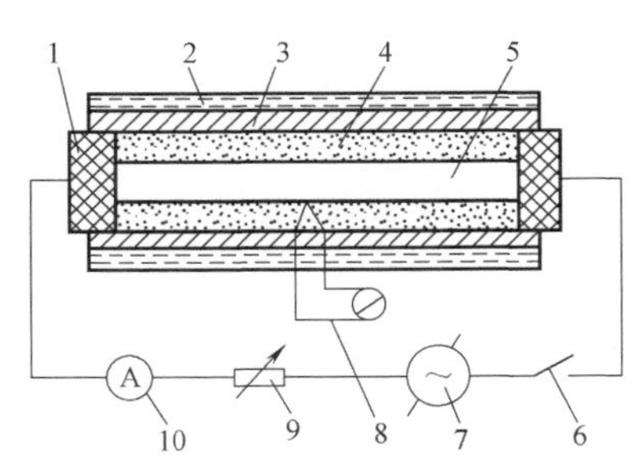

图 5-72　直接通电加热粉末渗铝装置示意
1—导电接头　2—保温层　3—炉管
4—渗剂　5—渗铝试件　6—电源开关
7—可调低压电源　8—测温装置
9—变阻器　10—电流表

渗剂为由 Al 粉（渗铝剂）、NH_4Cl（催渗剂）和 Al_2O_3（填充剂）等组成的粉末渗剂。处理温度为 1000℃和 1050℃和 1100℃，渗铝不同时间，渗铝试件为棒状。检测结果表明，Q235A 钢在 1050℃×21min 渗铝后，表面 w（Al）≈25%；在 1000℃获得 0.23mm 厚的渗铝层所需时间，为其他渗铝工艺方法的 1/15。

523. 铝稀土共渗

铝稀土共渗，可细化组织并显著提高共渗层的抗氧化性能，从而提高工件的使用性能。该法包括膏剂铝稀土共渗及粉末稀土共渗。

1）膏剂铝稀土共渗及其配方。粒度为 5μm 的铝、稀土金属和氯化铵粉末，其质量比等于 10：0.5：0.5，混合均匀后用有机粘结剂调配成糊状，涂覆于工件表面，并进行 780℃×3h 的共渗处理，即可得到铝稀土共渗层。

2）粉末稀土共渗。渗剂由稀土及铝粉组成，共渗在真空炉或通氩气下进行。此法可使工件的抗硫腐蚀及抗渗碳性能优于单一渗铝。

524. 渗铬

渗铬是在工件表面渗入铬的化学热处理工艺。渗铬的目的主要有两个：一是为了提高钢和耐热合金的耐磨性、耐蚀性和抗高温氧化性，提高抗拉强度和疲劳强度；二是为了用普通钢代替昂贵的不锈钢、耐热钢和高铬合金钢。

渗铬后的镍基合金在850℃时有相当高的抑制硫化物腐蚀的能力，可用于燃气轮机叶片等零件。渗铬后的热锻模、拉深模和喷丝头等的耐磨性提高，使用寿命成倍增加。许多与水、油或石油接触的部件都采用渗铬处理，以抵抗多种介质的腐蚀。渗铬后的钢件还可代替不锈钢用于各种医疗器械和奶制品加工器件等。

渗铬材料有各种合金钢、非合金钢、铸铁、高温合金、钨、钼和钛等金属材料。

渗铬主要有粉末法、真空蒸发法和熔盐法，其中以粉末法应用较多。表5-134为常用渗铬工艺方法。

表5-134 常用渗铬工艺方法

工艺方法	渗剂组成（质量分数）	工艺参数		备注
		温度/℃	时间/h	
粉末法	Cr（或Cr-Fe）50%+$Al_2O_3$48%~49%+NH_4Cl2%~1%	900~1100	6~10	50~150μm（低碳钢）
		900~1100	6~10	20~40μm（高碳钢）
	Cr-Fe60%+NH_4Cl0.2%+无釉陶土38.8%	850~1100	15	40~60μm（非合金钢）
	$CrCl_2$5%~15%+$Al_2O_3$85%~95%	950~1200	1~6	—
真空蒸发法	将工件与铬块置于1.33~0.133Pa的真空罐内	950~1050	1~6	T12钢可得30μm渗铬层厚度
熔盐法	$BaCl_2$70%+NaCl30%	1050	1~5	在盐浴中加入盐酸处理的铬或铬铁。需以惰性气体或还原气体保护盐浴表面
	$Cr_2O_3$10%（纯度为98%）+$Na_2B_4O_7$85%（无水）+Al粉5%（粒度为0.154mm）	—	—	45钢渗铬后，其耐蚀性及表面硬度均优于低温碳氮共渗，可代替20Cr13钢制阀门丝杠

除表5-134所示的渗铬工艺外，还有涂渗法、压镀法、流态炉法、高频感应加热法、电接触加热法及离子法等。

渗铬层深度为数十微米，硬度达1300~1800HV，热硬性很高（850~900℃）。由于渗铬温度高（900~1200℃）工件渗铬后需进行正火、淬火及回火处理，以改善心部性能。

525. 固体渗铬

固体渗铬是采用粉末或粒状渗铬剂进行渗铬的工艺。固体渗铬的缺点是劳动条件差，能耗较高，渗剂消耗量较大。

固体渗铬工艺如下：渗铬温度为950～1100℃，保温时间为6～10h，然后随炉冷却至600℃以下出炉空冷，对于低碳钢和高碳钢的渗铬层深度分别为0.05～0.15mm和0.02～0.04mm。

粉末渗铬剂由供铬剂（铬铁粉或铬粉）、活化剂（氯化铵、氟化铵）和填充剂（氧化铝粉、黏土）组成。固体渗铬的方法有粉末装箱渗铬和膏剂渗铬等，其中常用固体粉末渗铬剂和渗铬工艺见表5-135。

表5-135 常用固体粉末渗铬剂和渗铬工艺

渗铬剂成分(质量分数)	渗铬工艺		基材
	温度/℃	时间/h	
铬粉40%+氧化铝60%+氯化铵0.4%	1050	12	不锈钢
铬粉75%+氧化铝25%+氯化铵0.5%	1000～1100	10	镍基合金
铬铁合金50%+氧化铝48%+氯化铵2%	1050～1100	4～10	非合金钢
铬粉51%～52%+氧化铝45%～47%+氟化铝2%～3%	950	6	铸铁
铬粉32.5%+铝粉62.5%+氯化铵5%	950	1.5～4	45钢
氯化铬5%～15%+氧化铝85%～95%	950～1200	1～6	—

526. 液体渗铬

液体渗铬（又称盐浴渗铬）是在含有活性铬原子的盐浴中进行的工艺方法，这种方法是TD法（热扩散法）的一种，具有设备简单、加热均匀、生产周期短及可直接淬火等特点。液体渗铬主要有氯化物盐浴渗铬和硼砂盐浴渗铬两类，其盐浴成分及工艺见表5-136。

表5-136 液体渗铬盐浴成分及工艺

渗铬盐浴成分(质量分数)	渗铬工艺		渗铬层深度/μm	备注
	温度/℃	时间/h		
$BaCl_2$70%+NaCl30%+另加Cr-Fe粉20%～25%	1050	3～5	—	用还原气氛保护
$Cr_2O_3$10%～12%+Al粉3%～5%+$Na_2B_4O_7$85%～95%	950～1050	4～6	15～20	盐浴流动性较好
碳素Cr-Fe15%～30%+$Na_2B_4O_7$75%～85%(无水)	1000	6	12～18	盐浴流动性较差
Cr粉5%～10%+$Na_2B_4O_7$90%～95%(无水)	1000	6	15～18	盐浴流动性好，但成分有密度偏析
Ca粉90%+Cr粉10%	1100	1	50	用氩气或浴面覆盖保护剂

527. 双层辉光离子渗铬

双层辉光离子渗铬装置如图5-73所示。在阴极、阳极与中间极（源极）之间分别起辉光放电，称为双层辉光放电。源极（预渗的铬源）以原子或离子的方式溅射产生，沉积在工件（阴极）表面，并向基体内扩散形成渗铬层。

辉光离子渗铬后，其渗铬层由沉积层及扩散层组成，故又称为双层辉光离子渗铬，属于等离子表面合金化工艺。该工艺具有渗铬层均匀、与基体结合牢固、耐蚀性与耐磨性好、渗铬速度快、生产周期短，以及劳动条件好等优点。利用该工艺在普通非合金钢表面获得渗铬层，可获得优良的耐蚀性。

使用辉光离子炉进行双层渗铬，炉内保护气为氩气，压力控制在 1.33~1330Pa 之间，工作电压不高于 1000V，电流大小取决于工件的数量和尺寸，加热温度为 900~1100℃，时间为 2~5h，铬源为工业纯铬块。

双层辉光离子渗铬时，随着处理温度的升高、时间的延长，渗铬层增厚。

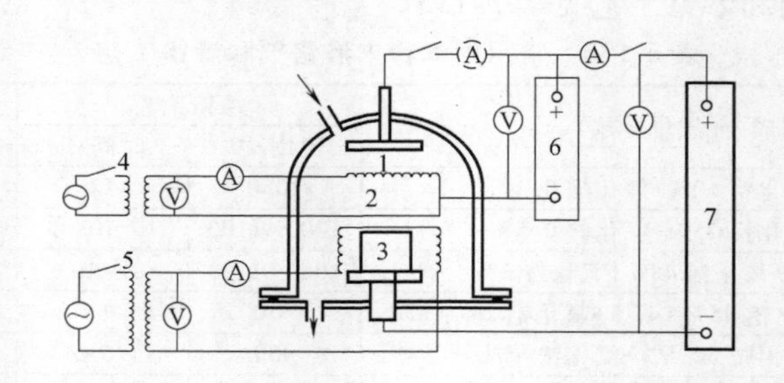

图 5-73　双层辉光离子渗铬装置

1—阳极　2—源极　3—阴极（工件）　4—源极加热电源

5—阴极加热电源　6—源极电源　7—阴极电源

528. 真空渗铬

在真空中进行钢件表面渗铬的工艺方法称为真空渗铬。真空渗铬工件具有很强的耐蚀性和高的硬度（1200~2000HV）。渗铬后需经热处理（如正火、调质）。

真空渗铬通常在 0.133Pa 的真空度下进行，常用温度为 1100~1150℃，保温时间根据要求渗铬层的厚度而定。所用渗剂为：粒度为 0.400mm、*w*（铬铁粉）= 25%与粒度在 0.400~0.071mm 之间、*w*（氧化铝粉）= 75%；或 *w*（铬铁粉）= 50%与 *w*（耐火土粉）= 50%，再加入总量 2%的氯化铵可起到催渗作用，而明显缩短工艺周期。也有用颗粒状铬作为渗剂的，粒度为 3~5mm。

真空渗铬具有渗入速度快、工件表面光洁及渗剂利用率高等优点。渗铬层性能及应用范围与一般渗铬相同。适用于一些要求极高耐磨损、耐腐蚀的传动零件的表面强化处理。

表 5-137 为真空渗铬工艺。

表 5-137　真空渗铬工艺

渗剂组成(质量分数)	牌号	工艺参数			渗铬层深度/mm
		真空度/Pa	温度/℃	时间/h	
铬铁粉 25%+氧化铝粉 75%	50	0.133	1150	12	0.04
	40Cr				0.04
	20Cr13				0.3~0.4
铬块	T12	0.133~1.333	950~1050	1~6	0.03
铬 30%+氧化铝 70%,外加盐酸 5%	—	13.33	1000~1100	7~8	—
氯化铬	—	2666.4	1100	5	—

渗铬层厚度与渗入温度、保温时间及被渗材料的种类有关。一般的规律是温度越高、保温时间越长，则渗铬层越厚。几种钢铁材料经1150℃×12h真空渗铬的结果见表5-138。

表5-138　几种钢铁材料的真空渗铬的结果

材料	单位面积增厚/(mg/cm^2)	渗铬层厚度/mm
工业纯铁	25.08	0.30
20钢	11.04	0.10~0.15
50钢	14.92	0.04
40Cr	23.70	0.04
35CrMo	11.04	0.02~0.03
20Cr13	13.46	0.3~0.4
T12A	15.85	0.01

注：所用试样尺寸为20mm×30mm×3mm，表面粗糙度为0.80μm。

529. 稀土硅镁-三氧化二铬-硼砂盐浴渗铬

稀土硅镁（RE-Mg9.8）-三氧化二铬（Cr_2O_3）-硼砂（$Na_2B_4O_7$）盐浴，适用于以渗铬为主的硼铬共渗。其成分（质量分数）为：（RE－Mg9.8）12.5%+Cr_2O_3 15.0%+$Na_2B_4O_7$ 72.5%。其中RE-Mg9.8含有（质量分数）稀土RE8.2%+Mg8.76%+Si39.59%+余量Fe。此盐浴的渗铬温度为920~980℃。

45、T10、5CrNiMo、CrWMn、GCr15和Cr12MoV钢，经950℃×4h处理后，渗铬层厚度（μm）分别为12.50、14.55、8.10、13.20、10.56和7.00，表面硬度（HV）分别为1604、1537、1498、1665、1680和1532。渗铬层多为二层结构：铬碳化物的白亮层和含铬硼化物的次层。其中铬碳化物层由Cr_7O_3、$(Cr, Fe)_7C_3$和少量$Cr_{23}C_6$组成。含铬硼化物层由Fe_2B和$(Fe, Cr)_2B$组成。

应用此盐浴渗铬后不仅提高了硬度、耐磨性、耐蚀性和抗高温氧化性能等外，还可以提高热作模具钢的热疲劳性能。

530. 铬稀土共渗

铬与稀土元素共渗，可显著加速渗铬速度，缩短工艺周期，其共渗层的抗冲击疲劳、抗高温氧化和耐腐蚀等性能均优于渗铬层，并具有比渗铬层更低的摩擦因数。

例如，对45钢进行如表5-138所示规范的膏剂渗铬。渗剂中Cr-Fe为供铬剂，NH_4Cl为基本催渗剂，Al_2O_3为填充剂，有机树脂为黏结剂，一部分渗剂中加入了适量的稀土元素。结果表明，稀土元素（如Ce）的加入显著提高了渗铬速度（见表5-139）。此外，由于在共渗层中出现了$CeFe_5$和$CeFe_7$等稀土化合物，共渗层的耐磨性、耐蚀性和抗高温氧化性能等，都同时得到了提高。

表5-139　膏剂铬稀土共渗工艺

膏剂配方(质量分数)	工艺参数	共渗层深度/μm
Cr-Fe70%+NH_4Cl5%+余量Al_2O_3-RE	950℃×6h	13.0
Cr-Fe70%+NH_4Cl5%+余量Al_2O_3	950℃×6h	6.5

531. 铬铝共渗

铬铝共渗是铬和铝同时渗入工件表层的化学热处理工艺。与此类相同的有铬铝硅共渗、铬硼共渗、铬硅共渗、铬钒共渗、铝硼共渗和钒硼共渗等。铬铝共渗层具有比单一渗铝更好的抗高温氧化性和耐热性，且脆性比较小。

铬铝共渗主要用于提高非合金钢、耐热钢、耐热合金与难熔金属及其合金的抗高温氧化性和抗热腐蚀性能，也能提高铜及其合金的耐磨性、耐蚀性与热硬性。铬铝共渗也可以采用先渗铬后渗铝或渗铝后渗铬的复合渗。常应用于对汽轮机叶片、喷射器和燃烧室等的处理。

铬铝同时共渗有固体粉末法、气体法和盐浴法等。常用的工艺为固体粉末法，所用共渗剂成分及处理工艺规范见表 5-140。

表 5-140　铬铝共渗剂成分及处理工艺规范

共渗剂成分(质量分数)	处理工艺规范		共渗层厚度/μm
	温度/℃	时间/h	
铬铁 50%~80%+铝铁 10%~20%,外加氯化铵 5%	1025	10	80~137
铬 50%+铝铁 40%+氧化铝 10%,外加氯化铵 1%	1050	8~10	—
铬-铝合金 50%+氧化铝 50%	1040	5~10	—
法国 CALMICHE 法　铬-铝共渗	975~1080	8~20h	35~70(镍基、铜基合金)

铬铝共渗后的抗氧化性比单一渗铬时更优，主要取决于共渗层中铬与铝的比例。共渗层的脆性比渗铝小，抗热震（950℃下）性能比渗铝更好，而力学性能高于渗铬。

532. 铬硅共渗

铬硅共渗是同时利用渗铬提高耐磨性、耐蚀性，以及渗硅对酸类、海水的耐蚀性的复合渗，共渗层还具有高的热稳定性和耐急冷急热性。铬硅共渗也可用复合渗（即先渗硅再渗铬），铬硅共渗是用两种渗剂混合物同时渗铬和硅。

1）铬硅共渗。共渗剂成分（质量分数）为：Cr 粉 53%+Si 粉 3%+$Al_2O_3$42%+NH_4Cl2%，共渗温度为 1000℃，保温 10~20h，可获得深度为 0.15~0.25mm 的共渗层。共渗层中含（质量分数）Cr20%、Si5%，其抗高温氧化性优于渗铬层，韧性优于渗硅层。

2）铬硅复合渗。先渗铬后渗硅：工件先在（质量分数）Cr50%、$Al_2O_3$48%及 NH_4Cl 2%中，于 1000℃渗铬 4h，再在通有 Cl_2 的 Si 粉中于 900℃渗硅 2h。

铬硅共渗配方及工艺见表 5-141。

表 5-141　铬硅共渗配方及工艺

渗剂成分(质量分数)	工艺	共渗层深度/μm	硬度 HV0.1	基体材料
Si-Fe88%(Si75%)+Cr-Fe9%(Cr70%)+NH_4Cl2%+$NaBF_4$1%	950℃×3h,炉冷至 850℃	15~20	800~900	铸铁
Cr-Fe50%+Si-Fe0.2%+NH_4Cl1.8%+$NaBF_4$0.5%+$Al_2O_3$47.5%	1100℃×6.5h	30~40	1200~1600	20Cr13

533. 铬铝硅三元共渗

铬铝硅三元共渗一般采用粉末法。对镍基、钴基燃气轮机叶片进行粉末法铬铝硅三元共渗，可提高抗高温腐蚀、耐冲蚀和抗高温氧化的综合性能。

粉末法铬铝硅共渗剂的成分及工艺如下：

1）共渗剂成分（质量分数）为：Cr 粉 15%（粒度为 0.075mm）+Al 粉 5%（粒度为 0.075mm）+SiC79.4%（粒度为 0.053mm）+NH_4I0.4%+$Al_2O_3$0.2%（粒度为 0.154mm）。

2）共渗工艺：共渗温度为 1093℃，保温 7h，冷却至 193℃取出工件，清刷表面后用 $NH_3 \cdot H_2O$ 液清洗。采用该工艺对钴基合金、镍基合金及铁基合金共渗后，共渗层深度分别为 25~75μm、50~100μm 和 25~250μm。

例如，3Cr2W8V 钢制 20Cr13 钢叶片压铸模（300mm×129mm×60mm）经铬铝硅三元共渗。共渗剂组成（质量分数）为：Cr 粉 40%+Si-Fe 粉 10%+Al-Fe 粉 20%+Al_2O_3粉 30%+NH_4Cl1%。装箱后加热，共渗温度为 1050℃，保温时间为 10h，随炉降温至 300℃出炉空冷。共渗层厚度为 0.18~0.20mm，表面硬度为 500~690HV；采用带保护气氛的密封箱式炉加热，加热温度为 1080℃，保温时间为 7h，NH_3 冷却淬火；回火工艺为 580℃×3h 空冷+560℃×3h 空冷。模具的畸变量<0.05mm，模具寿命提高 4 倍。

534. 稀土渗铬

稀土元素对渗铬有明显的催渗效果，其催渗机制主要是渗剂中的稀土元素加速了渗剂的分解，使其能产生更多的活性铬原子，从而提高了渗剂的铬势，同时稀土也有利于铬原子的扩散。稀土渗铬可提高渗铬层的硬度并改善其耐磨性，明显提高抗高温氧化性及耐电化学腐蚀性等。

1）含稀土渗铬剂的配制方法见表 5-142。

表 5-142　含稀土渗铬剂的配制方法

渗剂名称	配制方法
含稀土的固体粉末渗铬剂	通常由金属铬粉或铬铁粉与氧化铝或二氧化硅及卤化铵的混合物组成，再配入适量的稀土添加剂。基本组成成分（质量分数）为：铬铁粉 45%~60%+氧化铝 35%~50%+氯化铵 1%~5%+混合稀土化合物 6%~10%
稀土渗铬膏剂	可在粉末渗剂的基础上，适当降低填充剂的比例，并加上一定量的黏结剂。黏结剂可选用水玻璃、有机树脂、干性油漆或水解硅酸乙酯等混合物
盐浴法稀土渗铬剂	渗剂可选取硼砂或中性盐（如氯化钠、氯化钡、氯化钙和氯化镁等）作为基盐，加入适量的渗铬剂（如铬的氧化物、氯化物或铬铁等）和稀土添加剂。如在硼砂 80%~95%+铬粉 5%~20%的基础上，再添加适量的稀土铝粉或其他含稀土物质

2）稀土渗铬工艺。表 5-143 为 45 钢膏剂配方及稀土渗铬工艺。由表中所示的渗铬层深度可以看出，采用膏剂法渗铬，当膏剂的供铬剂、催化剂和处理工艺相同时，加入稀土能明显增加渗铬层深度，提高渗铬速度 1 倍。

表 5-143　45 钢膏剂配方及稀土渗铬工艺

渗剂配方(质量分数)	工艺	渗铬层深度/μm
铬铁 70%+氯化铵 5%+(卤化物+氧化铝粉+稀土+有机树脂)余量	950℃×6h	13
铬铁 70%+氯化铵 5%+(卤化物+氧化铝粉+有机树脂)余量	950℃×6h	6.5

535. 铬钒共渗

铬钒共渗是将 Cr、V 两种元素同时渗入工件表面的化学热处理工艺。在铬钒共渗的过程中，钒具有一定的催渗作用，并能改善共渗层中铬钒元素的分布及硬度梯度，降低共渗层脆性。

钢的铬钒共渗层由 VC、Cr_7C_3、$(Cr, Fe)_7C_3$ 和 $Cr_{23}C_6$ 等相组成，比单一渗铬或渗钒具有更高的表面硬度和耐磨性，以及更优良的抗氧化性能和热疲劳性能。

（1）盐浴铬钒共渗　例如，对 45、T10、GCr15 和 Cr12MoV 等钢进行铬钒共渗，其共渗介质（质量分数）为：$Na_2B_4O_7$60%～70%+$Cr_2O_3$10%～15%+$V_2O_5$8%～15%+NaF1%～3%+300g Al 粒组成共渗盐浴。使用外热式盐浴炉进行共渗，共渗工艺为：(910±10)℃×2h+（950±10)℃×2h。共渗后试件出炉淬油，用热水煮沸去除表面的残盐。

对共渗试件检测共渗层的深度、硬度和耐磨性能，结果见表 5-144 和表 5-145。

表 5-144　铬钒共渗层的深度和硬度

牌号	45	T10	GCr15	Cr12MoV
共渗层深度/μm	>20	>30	>20	>16
共渗层硬度 HV	2125	2256	2472	2850

表 5-145　T10 钢经不同处理后的耐磨性

试验时间/min	未经铬钒共渗的工件		经铬钒共渗的工件	
	磨损量/mg	摩擦系数	磨损量/mg	摩擦系数
20	14.3	0.72	1.5	0.44
40	25.8	0.69	2.3	0.50
60	41.5	0.75	4.2	0.55

（2）固体铬钒共渗　渗剂成分（质量分数）为：Cr-Fe50%+$Al_2O_3$43%+NH_4Cl2%+V 粉 5%，共渗工艺为 1050℃×5h。对 5CrNiMo 钢热锻模具采用固体铬钒共渗工艺，其扩散层的最外层与过渡层分别为 $M_{23}C_6$ 和 M_7C_3 型碳化物的单相结构，在扩散层内层出现 $M_7C_3+\alpha$ 的多相结构。其抗氧化能力比常规处理提高了 3 倍，耐磨性能更好。但共渗层薄，不适合在较大载荷下工作的工件。

536. 铬铌共渗

铬铌共渗层具有高的硬度及耐磨性，从而可提高工件的使用寿命。灰铸铁经铬铌共渗处理后可代替模具钢制造模具。

1）固体法。例如，灰铸铁制作电动机风扇罩拉深模的铬铌共渗剂成分（质量分数）为：铬铁粉 60%+氧化铝 30%+铌粉 5%+氯化铵 5%。其中，铬铁粉的质量分数不低于 60%，碳的质量分数为 1%，氧化铝需要经过 1000℃焙烧脱水。

模具与铬铌共渗剂装箱后，随炉升温到500℃保温2~3h，再升温至1080℃保温5h，炉冷到950℃保温1h后开箱，油冷到180~200℃后，进行220℃×2~3h回火处理，空冷。共渗层深度为0.02~0.025mm，基体硬度为50~53HRC，表面硬度为1003~1006HV。

用普通灰铸铁制作的拉深模经铬铌共渗后，模具寿命由原来的400~500次提高到2000次以上，其使用性能不低于Cr12钢制模具。

2）盐浴法。盐浴铬铌共渗剂的成分（质量分数）为：硼砂55%~70%+五氧化二铌6%~12%+三氧化二铬6%~12%+碳化硼3%~6%+氟化钠8%~12%+稀土硅镁1%~3%。

将工件浸入熔化的盐浴中，保持温度为900~920℃，2~4h后升温至950~980℃，2~4h后将炉温降至Ar_1保温2~4h，进而在工件基体材料的淬火温度处保温1h，将工件取出后直接油淬，然后于200℃温度下回火2h，即可获得具有一定厚度的铌铬共渗层。工件经过油淬后的回火处理，去除残余应力，稳定工件尺寸，提高综合力学性能。

该法适用于各种冷作模具的强化处理，特别适合用于提高承受动负荷较大的冷作模具的寿命。并用于钢铁、铸铁和耐热金属制件的强化处理。

537. 渗钛

钢及合金经渗钛后的耐蚀性、耐磨性成几倍、十几倍、几十倍的增长，耐空蚀性能的提高尤为突出。钢件在渗钛时，表面形成TiC化合物相，硬度高达2500~3000HV，这也是渗钛后耐磨性急剧增长的原因。

低碳钢渗钛具有良好的耐蚀性，特别是耐气蚀性。在碳含量高的钢上渗钛可形成钛的碳化物层（覆层），获得极高硬度与极好的耐磨性和耐蚀性，但热稳定性较差。Ti的碳化物渗层具有比Cr、Ni的碳化物渗层更高的硬度。并具有比其他渗层更好的耐磨性。模具经渗钛后具有比经其他化学热处理工艺更高的使用寿命。

此工艺适用于钢、铸铁和硬质合金等材料。常用于刀具、模具等，也应用于海洋工程、化工及石油等多个领域的机械零件。

渗钛工艺方法有固体法（粉末法）、液体法（熔盐电解法）和气体法等。渗钛的工艺方法见表5-146。

表5-146　渗钛工艺方法

方法	渗剂组成（质量分数）	工艺参数		渗钛层深度/mm	渗钛层组织
		温度/℃	时间/h		
粉末法	TiO_2 50% + Al_2O_3 29% + Al18% + $(NH_4)_2SO_4$ 2.5% + NH_4Cl0.5%	1000	4	0.02（T8钢）	1）工业纯铁和08钢：TiFe+含钛固溶体 2）中高碳钢：TiC
粉末法	Ti-Fe 75%+CaF_2 15%+NaF4%+HCl6%	1000~1200	10	—	
熔盐电解法	K_2TiF_6 16%+NaCl84%，添加海绵Ti，石墨作阳极，电压为3~6V，电流密度为0.95A/cm²；盐浴面上用Ar保护	850~900	—	—	
气体法	将海绵Ti与工件置于真空炉内，彼此不接触，真空度为$(0.5\sim1)\times10^{-2}$Pa	1050	16	0.34（08钢） 0.08（45钢）	

538. 固体渗钛

固体渗钛是将工件置于粉末状渗剂中进行渗钛的工艺方法。渗剂中包括供钛剂（Ti-Fe）、活化剂（如 NH_4Cl、HCl、C_2Cl_4）和填充剂（如 Al_2O_3）等。

渗钛适用于碳素工具钢、碳素结构钢、合金工具钢和合金结构钢等耐磨工件。

固体渗钛时，可将工件置于成分（质量分数）为 Ti-Fe 粉 50%+NH_4Cl 5%+C_2Cl_4 5%+Al_2O_3 40%的粉末状渗剂中，常用渗钛温度为 950～980℃，保温时间为 4～6h。对于要求高硬度、高耐磨性的量刃具及模具等，渗钛后要求重新加热淬火，以提高其基体硬度。对于高淬透性钢，渗钛结束后，升温至淬火温度，经保温一定时间后，连同渗钛罐一起淬入水中冷却。若加热至 1100℃保温 6h，钢件可获得 10μm 深的 TiC 化合物层，其硬度可高达 2500～3000HV，从而使其耐蚀性和耐磨性大大提高。

例如，T12A 钢制气门锁片整形模的固体渗钛，渗钛剂成分主要由供钛剂（Ti-Fe）、活化剂（氯化物）、填充剂（Al_2O_3）和黏结剂（耐火泥）组成。渗钛工艺为：950～960℃×4～6h，100℃以下出炉空冷，盐浴加热淬火后进行 200℃回火。TiC 渗层深度>10μm，硬度为 2400HV，在质量分数为 30%的 HCl 和其他酸碱中有高的耐蚀性。模具寿命由常规处理的 1.5 万件提高到 6 万多件。

稀土固体渗钛，渗钛剂的成分（质量分数）为：Ti 粉 35%+$AlCl_3$ 5%+$NdCl_3$（氯化钕）1%+NH_4Cl2%+余量 Al_2O_3。

539. 盐浴渗钛

盐浴渗钛是在熔盐中进行渗钛的化学热处理工艺。盐浴主要由中性盐及渗钛剂组成。渗钛适用于碳素工具钢、碳素结构钢、合金工具钢和合金结构钢等耐磨工件。

盐浴成分及工艺见表 5-147。

表 5-147　盐浴成分及工艺

盐浴成分（质量分数）	工艺	渗钛层深度/μm
TiO_2 8%～12%+Al2%～8%+RE-Mg5%～12%+AlF_3 4%～12%+$RECl_x$ 38%+$BaCl_2$ 10%～30%+KCl6%～15%	950℃×4h	10～14
(KCl+$BaCl_2$)95%+K_2TiF_6 5%	950℃×4h	6～8
TiO_2 20%+KCl20%+Na_2CO_3 10%+Al_2O_3 10%+V-Fe40%	950℃×4h	8～10
TiO_2 15%+Al5%+NaF5%+$RECl_x$ 5%+($BaCl_2$+KCl)70%（其中 $BaCl_2$：KCl=2：1）	950℃×4h	18～22
NaCl40%+Na_2CO_3 10%+Ti-Fe40%+Al_2O_3 10%	1000℃×1～5h	2～13

540. 气体渗钛

在 850～900℃渗钛温度下使 H_2 通过含有（质量分数）Ti-Fe 粉（含 Ti42.6%）64%+$Al_2O_3$34%+NH_4Cl 2%介质的容器，含钛物质被还原，产生活性 Ti 原子并渗入工件，达到渗钛的目的。

此外，也可以使用 $TiCl_4$、TiI_4 和 $TiBr_4$ 在 H_2 保护下渗钛。在高温下 $TiCl_4$ 与 Fe 发生化学反应：

$$TiCl_4 + 2Fe \longrightarrow 2FeCl_2 + [Ti]$$

从而释放出活性 Ti 原子，被工件表面吸附，并与钢中的 C 结合，形成碳化物型渗层，得以大幅度提高工件表面的硬度和耐磨性。

具体工艺为：渗剂成分为 $\varphi(TiCl_4):\varphi(Ar)=1:9$，电加热速度为 100~1000℃/s，渗钛温度为 950~1200℃，保温时间为 3~8min，可获得深度为 20~70μm 的渗钛层。

541. 双层辉光离子渗钛

双层辉光离子渗钛具有渗钛速度快、渗钛层组织易控制和劳动条件好等优点，比化学沉积、物理沉积渗钛方法，$TiCl_4$ 气体离子渗钛方法，以及常规固体渗钛方法更优越，而且渗钛层致密，与基体结合牢固。其设备及工艺参数如下：

双层辉光离子渗钛采用辉光离子渗金属炉。其工艺参数为：真空度在 0.133Pa 以下；电压在 1500V 以下；电流在 10A 以下；渗钛温度为 950~1100℃；Ti 源为工业纯 Ti，保护气为 Ar。

542. 钛铝共渗

钛铝共渗除保留渗钛的高耐磨、耐蚀性外，还可克服其耐热性低的缺点，并能提高工件的高温性能。常用的三种钛铝共渗工艺方法见表 5-148。

表 5-148　常用的三种钛铝共渗工艺方法

方法	内　　容
粉末钛铝共渗	将工件放在质量分数为氧化铝 50%~60%+钛铝二元合金 38%~40%+氟化铝 0.2%~10%粉末中进行钛铝共渗。该工艺的缺点是共渗层厚度不均匀，而且含钛量低
涂层钛铝共渗	工件表面首先喷涂一层铝，然后置于密封容器中抽真空，并进行 950℃×3~4h 扩散退火，以得到 $w(Al)=2.4\%\sim4.0\%$ 的表面层。工件冷却后用含有活化剂的海绵体涂覆于工件表面，然后再一次在真空容器中加热到 950℃，保温 4h，即可得到较厚的钛铝共渗层
真空钛铝共渗	将工件置入反应罐中，罐的上部放置盛有海绵体的容器。反应罐抽真空到 1.33~0.133Pa，再将工件加热到 230~270℃，并通入三异丁基铝，经 10~15min 加热，工件表面沉积 30~50μm 的铝层。停止供给三异丁基铝，将温度升高到 1000~1100℃，同时向罐中供给氯化钛蒸气和氢气（体积比为 1：50~1：60）。经此处理后工件可得到 0.5mm 厚的均匀而致密的钛铝共渗层

543. 渗钒

渗钒是在一定温度下将工件置于能产生活性钒原子的介质中，使钒渗入工件表面的化学热处理工艺。常用液体渗钒工艺。液体渗钒可在中、高碳钢或合金钢表面形成硬度为 2800~3200HV 的钒碳化物覆层，以提高工件的耐磨性、耐蚀性和抗咬合性能。

液体渗钒是TD法盐浴渗金属工艺的一种，具有工艺稳定，处理效果好和价格低廉的特点。该工艺所形成的覆层在常温下具有良好的稳定性，具有优异的抗磨损能力，在冷作模具和零件的表面强化中应用效果良好，TD法盐浴渗钒获得的覆层与基体结合力强于物理气相沉积和化学气相沉积等方法获得的结合力，覆层耐磨性能优异。

渗钒工艺常用于模具和空气喷嘴的表面强化处理，可获得高的耐磨性、较低的摩擦因数及优异的抗黏着性。

渗钒模具材料有T8、T10、CrWMn、Cr12、W18Cr4V和45钢等。模具渗钒温度为850~1000℃，渗钒时间为2~6h。模具渗钒后可空冷、油冷或水冷。

常用渗钒工艺见表5-149。

表5-149 常用渗钒工艺

方法	渗剂组成(质量分数)	温度/℃	时间/h	渗钒层深度/mm
液体法	$Na_2B_4O_7$ 80%~85%+V-Fe(含钒43%)15%~20%	850~1000	2~5	—
粉末法	V-Fe粉50%+Al_2O_3 33%+NH_4Cl 6%+Al1%+KBF_4 10%	960	6	0.010~0.015
	V50%+Al_2O_3 48%+NH_4Cl 2%	900~1150	3~9	0.010
	V49%+TiO_2 49%+NH_4Cl 2%	900~1150	3~9	0.010
	V-Fe60%+高岭土37%+NH_4Cl 3%	1000~1100	—	—
气体法	V(或V-Fe),HCl或VCl,H_2	1000~1200	—	—

544. 硼砂浴渗钒

硼砂盐浴渗钒是在含有钒硼砂浴中使工件（中碳钢或合金钢）表面渗入钒的化学热处理工艺，可获得硬度为2800~3200HV的钒碳化合物层，以提高模具的耐磨性和抗黏着性能及使用寿命。应用于工模具、阀门及其他要求耐磨、耐蚀的工件。

硼砂盐浴渗钒使用温度为850~1000℃，保温时间为3~6h。表5-150为硼砂盐浴渗钒成分与工艺。

表5-150 硼砂盐浴渗钒成分与工艺

盐浴成分(质量分数)	渗钒工艺	钢种
V-Fe10%~20%(含V43%)+$Na_2B_4O_7$ 80%~85%	950℃×3h	T10,45,Cr12
V-Fe10%(含V83%)+$Na_2B_4O_7$ 90%	1000℃×2h	Cr12
V-Fe10%+Al1%+$Na_2B_4O_7$ 89%	900℃×3h	Cr12MoV
V-Fe10%~20%+$Na_2B_4O_7$ 80%~90%	950℃×4~6h	T12,T10,Cr12
V_2O_5 10%+B_4C 3%+$Na_2B_4O_7$ 87%	850℃×4h	T8

钢经渗钒后渗钒层由表面白亮层及黑色的过渡区所组成。Cr12MoV、GCr15、9SiCr、T10和45钢，经（950±20）℃硼砂浴渗钒后的表面硬度（HV）分别为2700~2900、2290~2600、2290~2500、2290~2400和1850~2290；白亮层的厚度（μm）分别为：15~16、33、24、27和7。由上述数值可见，白亮层具有极高的硬度。

此法由于处理温度较高，因此渗钒后工件还需进行淬火、回火等强化处理。对于淬火温度高于渗钒温度的钢件（如 Cr12 型），仅需在渗钒结束后继续升温并淬火。而对于淬火低于渗钒温度的钢（如碳素工具钢和低合金工具钢等），应在渗钒后空冷，最后进行细化晶粒（或球化）退火，最后再进行加热淬火，加热应在中性盐浴中进行，以免降低渗钒层的性能。

545. 中性盐浴渗钒

在中性盐浴中渗钒时，所用盐浴是以氯化盐为基盐，以金属钒（或钒合金）粉末为供钒剂，还加入还原剂。表 5-151 为常用中性盐浴渗钒的工艺。盐浴渗钒已广泛应用于各种模具及刀具和要求耐磨、耐蚀的泵和纤维机械零件等，使用寿命可提高几倍至几十倍。

表 5-151　常用中性盐浴渗钒的工艺

盐浴组成(质量分数)	渗钒工艺	钢种	渗钒层厚度/μm	组织
V-Fe44.4%+NaCl22.2%+KCl22.2%+$Al_2O_3$11.2%	1000℃×2~7h	15,45	4	表层 V_2C，次表层 VC
		T8	2.5~9.5	
V-Fe40%+$Al_2O_3$10%+KCl20%+NaCl20%+Na_2CO_3(或 K_2CO_3、$BaCO_3$、BaO)10%	1000℃×1~5h	15,45,T8	5~10	VC
$V_2O_5$10%+NaF9%+NaCl27%+$BaCl_2$48%	950℃×4h	T12	12	VC

中性盐浴渗钒的操作与硼砂盐浴渗钒相似，所用盐浴成分（质量分数）为 $BaCl_2$ 85%+NaCl 5%+V_2O_5 6%~8%+$Na_2B_4O_7$ 2%~3%+少量 Al 粒。应用这一盐浴渗钒的热处理工艺曲线如图 5-74 所示。结果表明，渗钒+160℃×1h 回火后 GCr15 钢的的耐磨性远高于渗硼处理（渗硼后油淬+160℃×1h 回火）。

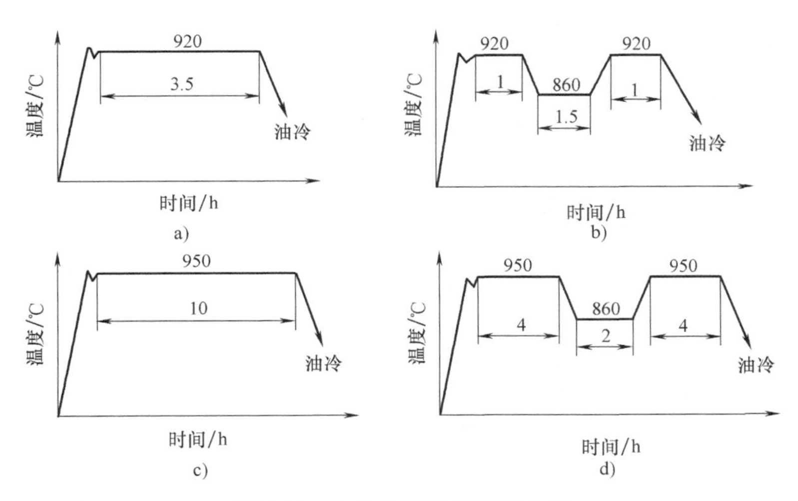

图 5-74　中性盐浴渗钒工艺曲线

546. 固体粉末渗钒

固体粉末渗钒与盐浴渗钒相比，具有操作简便、适用性强、不需专用设备且工件易于清理的优点，适合于处理各种工模具和易磨损件。

固体粉末渗剂由供钒剂（V-Fe）、活化剂（NH_4Cl、KBF_4）与填充剂组成。常用固体粉末渗钒渗剂及工艺规范见表 5-152。

表 5-152　常用固体粉末渗钒渗剂及工艺规范

渗剂配方（质量分数）	渗钒温度/℃	保温时间/h
V-Fe[w(V) = 30%]60%+$Al_2O_3$33%+NH_4Cl7%	1100	10
V-Fe[w(V) = 30%]98%+NH_4Cl2%	1150	3
V98%+NH_4Cl12%	900~1150	3~9
V50%+$Al_2O_3$38%+NH_4Cl12%	900~1150	3~9
V49%+$TiO_2$39%+NH_4Cl12%	900~1150	3~9

547. 渗钒真空淬火

工件先经渗钒，再进行真空淬火，可获得优异的强韧化效果，从而提高工件的使用寿命。

例如，W6Mo5Cr4V2 高速钢制 GB52M12 孔冲，其盐浴渗钒真空淬火、回火工艺曲线如图 5-75 所示。盐浴渗钒的介质成分（质量分数）为：①$Na_2B_4O_7$ 85%+V-Fe［w(V) = 45%］15%；②$Na_2B_4O_7$85%+V_2O_5 10%+Al 5%。处理时可使用其中一种。

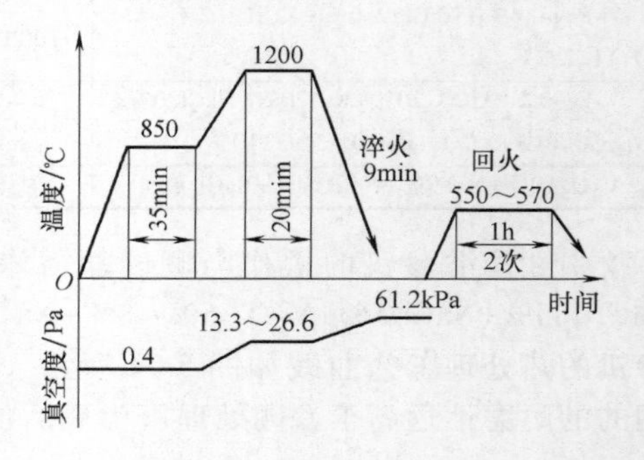

图 5-75　W6Mo5Cr4V2 钢制孔冲盐浴渗钒真空淬火、回火工艺曲线

真空淬火在 ZC2-65 型双室真空炉中进行。经渗钒真空淬火后，GB52M12 孔冲的平均使用寿命可达 41000（最高达 52000）件，比常规热处理后延长 4~5 倍。

548. 稀土钒硼共渗

在渗硼剂中加入稀土后，能加速活性原子的产生，加速渗剂的分解，提高盐浴中的钒势，从而提高渗钒的速度，增加共渗层的厚度。共渗层硬度高于单一的渗硼层，但脆性也增加，需要配合后续处理。

稀土钒硼共渗可得到组织形态更好的共渗层，降低了共渗层脆性，具有更高的表面硬度和耐磨性，可使模具寿命提高 3~5 倍。

1）渗剂组成：工业 B 砂+V_2O_5（纯度为 98%）+Al 粉（纯度为 98%）+混合稀土。

2）稀土钒硼共渗。GCr15 钢切边模盐浴稀土钒硼共渗的工艺为：950℃×4h，降温至 850℃×1min/mm，出炉预冷至 820℃ 淬油，160℃×1. 5h 空冷+150℃×1. 5h 回火，油冷。模具寿命较常规处理（未加稀土）的提高 3 倍多。

例如 Cr12MoV 钢制 M16 螺母冷镦凹模盐浴稀土钒硼共渗工艺。

1）盐浴成分为：V_2O_5 与 Al 粉的质量比为 1：0.8～1.6，稀土为盐浴总量的4%～6%（质量分数），加入稀土可提高共渗速度30%左右。

2）稀土钒硼共渗 950℃×4h，共渗层的厚度可达 60～77μm，显微硬度为 1931～2195HV，共渗层由表至里为 VC、（Fe，Cr）$_2$B 和 Fe_2B；升温至 1030℃×1min/mm，出炉预冷至 820～800℃淬油；两次回火：250℃×2h 空冷+230℃×2h 油冷，模具寿命由常规处理的 2.5 万件提高到 17.8 万件。

549. 硼砂浴渗钒、铌（TD 法）

硼砂盐浴法（TD 法）是热扩散法碳化物覆层处理（Thermal-Diffusion-Carbide-Coating-Process）的简称。其原理是将工件置于硼砂熔盐混合物中，通过高温（850～1050℃）扩散作用于工件表面形成一层 5～20μm 的 V、Nb、Cr 和 Ti 等金属碳化物覆层，可获得极高的表面硬度、耐磨性和耐蚀性，覆层与基体是冶金结合，从而有效地提高了工件的使用寿命。该法设备简单，操作方便，盐浴又无公害，常用于模具的表面强化处理。相关标准有 JB/T 4218—2007《硼砂熔盐渗金属》等。

硼砂浴渗钒、渗铌的工艺见表 5-153。

表 5-153　硼砂浴渗钒、渗铌工艺

渗剂配方(质量分数)	渗钒、渗铌工艺		渗层深度/μm
	温度/℃	保温时间/h	
无水硼砂 90%+V10%或 V-Fe(V67%)10%	900～1000	6	22～25
无水硼砂 80%+$V_2O_5$10%+Al 粉 10%	950	—	—
无水硼砂 90%～93%+Nb 粉 7%～10%	1000	5.5	17～20
无水硼砂 81%+$Nb_2O_5$10%+Al 粉 9%	1000	4	12

需要注意的是，对于淬火温度高于渗钒或渗铌温度的钢件，仅需在渗金属后继续升温并淬火，而对淬火温度低于渗钒或渗铌温度的钢件，则应在渗金属后空冷，并进行细化晶粒退火，然后再进行加热淬火。

550. 渗铌

工件渗铌是为了获得硬度高及耐磨性好的表面渗层，其渗铌层具有很好的耐蚀性和较低的摩擦因数，在600℃内都有良好的抗氧化性，主要应用于钢铁件。目前国内主要有粉末法和气体法。

硼砂熔盐法渗铌的温度为 900～980℃，固体粉末法渗铌的温度为 1000～1100℃。一般渗铌的时间为 5～7h。表 5-154 为渗铌工艺。

表 5-154　渗铌工艺

方法	渗铌剂成分(质量分数)	温度/℃	渗铌层组织	
			低碳钢	中高碳钢
粉末法	Nb50%+$Al_2O_3$49%+NH_4Cl1%	950～1200	α 固溶体	NbC 或 Nb+α 固溶体
气体法	Nb-Fe，H_2，HCl	1000～1200		
	$NbCl_5$，H_2(或 Ar)	1000～1200		

渗铌较广泛地应用于工模具等高耐磨工件。冷作模具钢冲头、弯曲模和成形模等经渗铌处理，均可有效地提高使用寿命。

551. 盐浴渗铌

工件渗铌后，表面形成铌碳化物渗层，具有很好的耐蚀性和抗氧化性能，与渗铬层相比，渗铌层更薄，但硬度更高、耐磨性更好。此工艺常用于模具等表面强化处理。渗铌的方法主要有液体渗铌法和固体渗铌法。

盐浴渗铌的温度一般为900~1050℃。保温时间为4~10h。

1）盐浴渗铌渗剂的成分（质量分数）为：无水硼砂95%+Nb粉4%+Al粉1%。渗铌时先将无水硼砂熔化，然后加入干燥的Nb粉，在900~1000℃下加入Al粉，即可将工件放入盐浴内进行渗铌。

渗铌层的组织为NbC，渗铌层的硬度极高，GCr15、45和Cr12MoV钢的硬度分别为2900~3500HV、2100~2600HV和3200~3500HV。GCr15钢在900℃进行6h渗铌后，渗铌层厚度可达24μm，W18Cr4V钢的渗铌层厚度仅为5μm。

2）盐浴渗铌渗剂的成分（质量分数）为：$NaBO_4$69%+Nb8%+Al3%+中性盐20%。

Cr12MoV钢渗铌的工艺为：1050℃×4h渗铌后，230℃硝盐等温1h，300℃×3h×2次回火。

Cr12MoV钢制M40螺母热冲模经上述工艺处理后，使用寿命较常规工艺（1000℃淬油，300℃回火）的1.2万件提高到3.5万件。

552. 渗锌

渗锌是将工件表面渗入锌的化学热处理工艺。渗锌具有处理温度低、工件畸变小和设备简单等优点。

渗锌主要用于提高钢铁材料在大气和自然水环境中的耐蚀性。如水管、铁塔型材和标准件（螺栓）等常进行渗锌处理，可获得比电镀锌更高的表面硬度和耐磨性，还可以提高铜、铝及其合金的表面性能。

工业上多采用粉末渗锌，即以锌粉作为渗剂，也有加惰性或活性材料的，一般在380~400℃下进行，通常保温2~4h。热浸渗锌是将工件浸入400~500℃的熔融纯锌中，扩散渗入。渗锌层与基体有良好的结合力，渗锌层厚度均匀，适用于形状复杂的工件，如作为带有螺纹、内孔等的工件的保护层。非合金钢渗锌已用于紧固件、钢板和弹簧等产品。

渗锌的工艺方法与渗铝相似，可分为浸镀型和扩散型两种。热浸镀锌（也称热浸渗锌、液体渗锌等）所获得的表面组织由扩散层和锌镀层组成，属于浸镀型渗锌；扩散型渗锌层则完全由扩散层组成，采用粉末渗锌和真空渗锌等工艺获得。

常用渗锌工艺见表5-155。

表 5-155　常用渗锌工艺

方法	渗锌剂成分(质量分数)	温度/℃	时间/h	渗锌层深度/mm
粉末法	工业锌粉(Zn80%)	400	3.5	0.053
	Zn100%,外加 NH_4Cl0.05%	390	2	0.01~0.02
	Zn : Al_2O_3 : ZnO=5 : 3 : 2	440	3	0.01~0.02
热浸镀法	熔融锌(Zn100%)浴	440~470	1~5min	0.02~0.10

注：为提高渗锌的质量，热浸镀后可在保护气氛（N_2）中扩散退火。

553. 粉末渗锌

粉末渗锌是将表面清洁的工件放入装有粉末渗锌剂的密封容器中，加热到340~440℃，保持4~6h，然后冷却到室温出炉。目前使用较多的粉末渗锌方法有两种：一种是将工件埋入装有粉末渗锌剂的渗锌箱，密封渗锌箱，然后在电阻炉中进行加热；另一种是将工件放入装有粉末渗锌剂的密封旋转炉中进行加热。

粉末渗锌法适用于形状复杂的工件（如螺钉、紧固件和弹簧等）以及疏松多孔的铁基粉末冶金、铜合金或铝合金工件。

粉末渗锌具有比电镀锌和热浸镀锌更高的硬度（250HV 左右）和更好的耐磨性。粉末渗锌工艺的优点是：设备简单，生产灵活；渗锌层均匀，表面光洁，产品率高；耐蚀性好，有一定耐磨性；处理温度低，畸变小，操作简单，没有氢脆。

粉末渗锌的渗剂由供锌剂（工业锌粉）、催化剂（氯化铵）和填充剂（氧化铝粉或氧化锌粉）组成。表 5-156 为常用粉末渗锌的渗剂成分及工艺规范。

表 5-156　常用粉末渗锌的渗剂成分及工艺规范

渗剂成分(质量分数)	温度/℃	时间/h	渗锌层厚度/μm
(锌粉 50%~75%+氧化铝 25%~50%) 99.95%~99%+氯化铵 0.05%~1%	340~440	1.5~8	12~100
锌粉 98%+氧化锌 2%	380~410	2~4	20~70
锌粉 75%~92%+氧化铝 8%~25%	380~410	2~4	20~70
锌粉 50%+氧化铝 30%+氧化锌 20%	380~410	2~4	20~70
工业锌粉 97%~100%+氯化铵 0~3%	380~400	2~6	20~80

554. 热浸镀锌

热浸镀锌是将表面洁净的钢铁件浸入熔融锌液或锌合金熔液中获得渗锌层的表面化学热处理工艺，又称热浸锌。热浸镀锌的生产率高，成本低，操作简单，能自动化大规模生产。钢带、钢丝等采用连续式热浸镀锌；钢铁制件，如型钢（如钢管、钢板）和紧固件等机械零件则采用批量热浸镀锌。

普通结构钢采用 470℃以下的低温镀锌，常用温度为 440~460℃；铸铁采用540℃以上的高温镀锌，适用于形状复杂的零件，如螺栓等。

热浸渗锌前工件必须先去油除锈，并且进行酸洗→中和→氯化铵和氯化锌混合熔剂处理。以便在已净化的工件表面形成一层熔剂层。然后浸入 430~460℃熔融锌液中 2~5min，渗锌层厚度为 20~100μm。为了提高渗锌质量，可在保护气氛（如

N_2）中扩散退火，以便锌在工件截面上有合理的分布。

热浸镀锌的渗剂成分与工艺规范见表5-157。

表5-157 热浸镀锌的渗剂成分与工艺规范

渗剂成分（质量分数）	处理工艺		备注
	温度/℃	时间/min	
锌（熔融）100%，另加≤锡1%，≤锑0.1%，≤铝0.02%及微量铅	470~500	1~5	热浸后在保护气氛下，于500~690℃保温10~30min，可获得20~50μm的锌铁合金层。锌浴中加入铝、锡、锑、硅和铝等，可提高渗锌层的质量和耐蚀性
锌（熔融）100%，另加硅粉0.4%	490~520	2~3	

555. 渗锰

渗锰是将工件表面渗入锰的化学热处理工艺。模具钢渗锰后，脆性减小，可有效地提高硬度、耐磨性、抗热疲劳性能以及模具的使用寿命。渗锰工艺分为粉末法和气体法。渗锰工艺见表5-158。

表5-158 渗锰工艺

方法	渗剂成分（质量分数）	温度/℃	渗锰层组织	
			低碳钢	中高碳钢
粉末法	Mn（或Mn-Fe）50%+Al_2O_3 49%+NH_4Cl 1%	950~1150	α固溶体	$(Mn,Fe)_3C$ 或 $(Mn,Fe)_3C$+α固溶体
气体法	Mn（或Mn-Fe），H_2，HCl	800~1100		

渗剂为粉末状，粒度为0.150mm；供锰剂为Mn-Fe[（质量分数）Mn84.90%+C 1.47%+Si 2.00%]；活化剂为KBF_4和NH_4Cl；填充剂是经充分焙烧的Al_2O_3。所用设备为通用箱式炉，需进行装箱处理。渗锰的温度为900~950℃。时间为6~8h。经上述处理后，可得10~20μm以上厚的渗锰层，其组织为（Mn，Fe）$_3$C化合物，但无脆性。

例如，GCr15钢制207、208轴承套圈热冲凸模，经渗锰处理后一次使用寿命达3000件，比未渗锰常规热处理的提高1倍。渗剂成分及工艺如下：渗剂为Mn-Fe，活化剂为KBF_4和NH_4Cl，填充剂为Al_2O_3，将工件装箱后入炉，900~950℃×6h渗锰，渗锰层深度为10~15μm，渗层硬度为1225HV，并能显著改善其疲劳性能。

556. 渗锡

在工件表面渗入锡的热处理工艺称为渗锡。

渗锡可在（质量分数）Sn50%+硅砂粉末50%的混合物于真空中进行。处理温度为1000~1100℃。也可在$SnCl_2$及H_2气氛中进行，处理温度为500~550℃。钢经渗锡后可使工件在HCl或H_2SO_4水溶液中的耐蚀性能提高3~5倍。

557. 机械能助渗

机械能助渗是用运动的粉末粒子冲击被加热的工件表面，将机械能（动能）传给表面点阵原子，使其激活脱位，形成大量原子扩散所需的空位，降低了扩散激活能，将纯热扩散的点阵扩散变为点阵缺陷扩散。该工艺将机械能（动能）与热能（温度）巧妙地结合起来，从而大幅度降低了扩散温度（如由常规的950～1050℃降低至新工艺的460～600℃），能明显缩短扩散时间（如由常规的4～10h缩短到新工艺的1～4h），耗能可减少1/2～3/4。

机械能助渗主要有：机械能助渗锌、机械能助渗铝、机械能助渗硅、机械能助渗锰、机械能助渗锌铝共渗、机械能助渗氮碳共渗，以及机械能助渗碳氮共渗等。

机械助渗特点：①由于处理温度低（460～600℃），时间短（1～4h），故热处理畸变小，处理件可直接装配使用，减少了后续机械加工费用；②可节约筑炉用的贵重的高合金钢，设备简单，投资少；③可实现渗金属（Zn、Al、Mn、Cu等）、渗C和渗N等几乎所用常规化学热处理。

机械能助氮碳共渗可代替液体氮碳共渗QPQ（淬火—抛光—淬火）、氮碳硫共渗和部分渗碳件，适用于高速钢刀具、模具及各类摩擦件等。机械能助氮碳共渗的温度为480～560℃，扩渗时间为1～3h，其是采用固体粉末法，无环境污染，成本低。

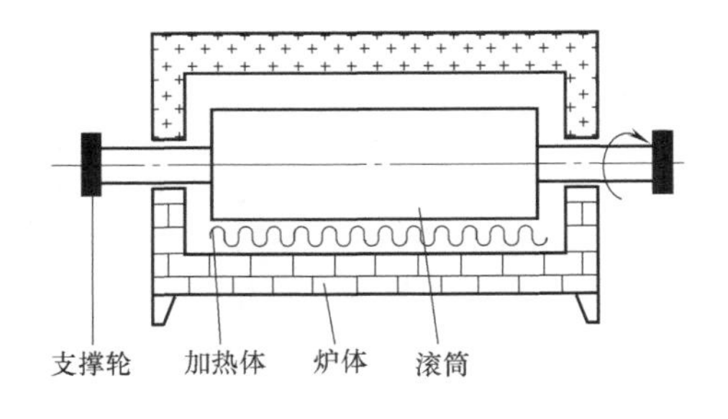

图5-76　机械助渗装置示意

滚筒式机械能助渗箱式电阻炉主要由箱式电阻炉、拖板及机械滚动装置组成，如图5-76所示。将工件放在滚筒里用渗剂埋好密封。滚筒安装在加热炉的炉膛里，电动机经减速器减速后，带动滚筒边加热边滚动进行渗金属或非金属，渗金属或渗非金属的渗剂由渗剂（金属与非金属粉末）和活化剂加冲击粒子粉末组成。此工艺应用于生产，不仅生产率高，而且能有效控制渗层厚度及表面质量。

558. 机械能助渗锌

机械能铸渗锌比常规渗锌温度变化不大，仍为400℃左右，但加热和保温时间却明显缩短，如尺寸为ϕ500mm×3000mm的滚筒加热到温后（400℃），再保温1.5h（包括透烧和扩渗时间），即可达到厚度为100μm以上的渗锌层，保温时间大幅度缩短，仅为常规的1/10～1/8。

与热镀、热喷涂相比，机械能助渗锌具有如下优点：

1）耗锌量低。热镀锌在国际上先进技术的耗锌量为6%～7%，我国为8%～10%，机械能助渗锌只有2%～4%。

2）渗锌层均匀性好，表面无结瘤等缺陷。机械能助渗锌厚度误差在10%以内。

3）耐蚀性好。中性盐雾试验时不同渗锌层厚度的红锈出现时间见表5-159。

4）渗锌层结合强度好，用锤击试验，渗锌层无起皮，无剥落。

表5-159 不同渗锌层厚度的红锈出现时间

渗锌层厚度/μm	10~25	25~40	40~60	>60~65	>80
红锈出现时间/h	>120	>168	>216	>244	>312

机械能助渗锌的成本仅为热镀锌的1/2以下，是代替热镀锌的理想工艺，可以处理除丝和薄板外所有的热镀锌件、特殊小件和形状复杂的工件（如紧固件、管接头、套筒和标准件）以及大型件（如输电线路构件和高速公路护栏）。目前市场上已有直径为500mm，滚筒长度为1.5m、3m和6m的机械能助渗设备出售。

机械能铸渗锌的渗锌剂是锌粉、活化剂加冲击粒子。冲击粒子多采用在渗锌温度范围内惰性大的物质，如氧化铝、氧化硅、炉渣粉末和黏土等。由于滚筒内部和渗剂中有残留空气，致使渗锌出来的工件表面发灰、发黑，不白。为此，分别采用预抽真空（真空渗锌）和加添加剂的方法来解决，再经钝化处理后可使表面具有金属光泽。

559. 机械能铸渗铝

机械能助渗铝，将渗铝温度由常规的粉末渗铝的900~1050℃，降低到440~600℃。在440℃×4h下，20钢可得到10~15μm的渗铝层深度，在560~600℃下渗铝速度较快，经580℃×4h渗铝，20钢可得到深度为90~100μm的渗铝层。渗铝层$w(Al)$达50%以上，为Fe_2Al_5相。

机械能助渗铝有利于渗铝件的质量提高，设备投资和消耗减少。不仅可以替代固体渗铝，也可以替代热浸铝。

渗铝比渗锌耐大气腐蚀性好，是代替热镀锌和热镀铝的良好工艺。渗铝层由于抗高温氧性好（见表5-160），在发电厂锅炉管试用，效果良好。也可用于汽车的减震器和尾气管，以及热电偶和炉底板等。

表5-160 渗铝层抗高温氧化性的比较

温度/℃	单位面积质量增值/(g/m²)			
	20钢	Cr18Ni9Ti钢	20钢渗铝	Cr18Ni9Ti钢渗铝
700	229.780	115.480	26.155	10.009
800	278.021	63.941	42.017	13.918
900	731.366	115.738	255.745	15.537

注：加热时间为120h。

560. 硼砂浴覆层（TD法）

TD法是一种以硼砂作为盐浴的液体渗金属方法，现称盐浴沉积。其基本原理是将含非合金钢件或模具放到含有碳化物形成元素（如V、Cr、Ti和Nb等）的熔融硼砂盐浴中，在处理温度下，工件中的C原子会向外扩散至工件表面，与盐浴中的碳化物形成元素结合为一层极薄的碳化物，因为被覆层很薄，所以 C 原子可以不断地向外扩散至被覆层表面形成更厚的碳化物层。

TD 法处理后形成的碳化物被覆层具有很高的硬度，可达 1600~3000V；此外，碳化物覆层与基体是冶金结合；被覆层具有极高的耐磨性、抗咬合性和耐蚀性等，可以大幅度提高工模具及机械零件的使用寿命。

工件在硼砂浴中于 800~1100℃ 下处理 1~10h，可得深度为 5~15μm 的覆盖层。

用这种工艺方法所得覆盖层硬度为：VC 层——3200~3700HV、NbC 层——2500~3000HV、$Cr_{23}C_6$ 层——1400~2000HV、FeB 层——1750~2100HV、Fe_2B 层——1300~2000HV。

硼砂浴覆层法适用于冷作模具（VC 和 NbC 覆层）、热锻模（$Cr_{23}C_6$覆层）及粉末成形模等。

硼砂盐浴的组成见表 5-161。

表 5-161　硼砂盐浴的组成

序号	盐浴组成(质量分数)	备　注
1	V-Fe15%+无水硼砂 85%	当盐浴老化后，通常加入盐浴总质量的 w（Al 粉或其他还原剂）= 0.2%~0.8%还原，以恢复盐浴活性
2	V 粉 10%+无水硼砂 95%	
3	V_2O_5 10%+Al 粉 5%+无水硼砂 85%	
4	Cr-Fe15%+无水硼砂 85%	
5	Cr 粉 10%+无水硼砂 90%	
6	Cr_2O_3 10%+Al5%+无水硼砂 85%	
7	Nb 粉 7%+无水硼砂 93%	

一般要求工件碳的质量分数在 0.4%以上。TD 法处理工艺：加热温度为 800~1100℃，保温 2~10h（具体时间取决于处理温度和被覆层厚度），水淬、油淬或空冷。例如，65Nb 钢凸凹模硼砂盐浴渗钒后，耐磨性大为提高，冲裁加工的轴用挡圈表面质量好，并且消除了断裂现象，模具寿命为 8000 件。原用 Cr12 钢制造，经常规淬火、回火处理后常发生断裂失效。

561．铸渗

铸渗是利用铸造余热进行的化学热处理，即在铸件凝固过程中，在其表面渗入合金的过程，又称为铸渗合金。同样可以获得表面强化的效果，并可节省重新加热进行化学热处理的大量能耗。

铸渗主要有普通铸渗、正压力铸渗、负压铸渗和离心铸渗等。正压力、离心力、负压力或振动方法等都可以强化金属液对涂覆层的渗透能力。

用铸造方法实现表面合金化的基本方法有两种：一种是机械吸附法，即采用负压或磁力等方法使合金粉末吸附在铸型的特定部位，再注入母材金属而形成表面合金化复合材料；另一种方法是合金膏剂涂覆法，即用有机或无机黏结剂将合金粉末调成糊状，涂覆在铸型的表面，浇注后在铸件表面形成合金层。

例如，在球铁铸件铸渗钒钛合金时，用稀土元素作催渗剂，使铸件表面的铸渗层深度增加，同时也使铸渗层中合金碳化物的数量增多，粒度得到细化，从而进一步提高了铸件的耐磨性；在灰铸铁表面获得了良好的碳化钨颗粒——高铬铸铁铸渗层。

灰铸铁基搅拌机叶片采用 WC、Cr-Fe 和 B-Fe 铸渗剂（添加 Ti、Nb、Co 和 Ni 等元素）进行铸渗后，叶片使用寿命是 Q235 钢制叶片的 3 倍以上，而两者的生产成本相差无几。

灰铸铁铸渗硼工艺：其铸渗硼涂料的成分（质量分数）为：B_4C60%+NaF14%+Cu1.2%+SiC24.8%。灰铸铁浇注温度为 1560℃，经铸渗硼后，材料表面的耐磨性明显提高，其相对耐磨性约为基体材料 HT200 的 2.2~2.5 倍。

HT200 铸铁经不同成分合金铸渗后的耐磨性与其他铸铁耐磨性的比较，分别见表 5-162 和表 5-163。

表 5-162　HT200 铸铁铸渗后的耐磨性

涂料号	合金涂料成分(质量分数) \ 称重和时间	磨前重/g	磨后重/g	磨损时间/min	失重/g
1	MnG5 粉 95%+Cu 粉 5%	48.70	48.00	100	0.70
2	MnG5 粉 100%	48.10	47.35	100	0.75
3	Cu 粉 70%+Zn 粉 30%	46.40	45.66	100	0.74
4	Cu 粉 60%+Zn 粉 40%	46.00	45.30	100	0.70
5	Cu 粉 58%+Zn 粉 40%+MnG5 粉 2%	45.60	44.50	100	1.10
6	Cu 粉 100%	47.30	46.10	100	1.20

表 5-163　铸铁耐磨性的比较

不同状态的铸铁	磨前重/g	磨后重/g	磨损时间/min	失重/g
HT200 铸渗 1 号涂料	51.40	50.70	100	0.70
HT200 铸态	54.10	52.50	100	1.60
QT600-3 正火	49.40	48.40	100	1.50
QT600-3 风冷正火	49.70	48.50	100	1.20
QT600-3 等温处理	46.10	44.60	100	1.00

所用涂料 MnG5 是高炉锰铁，成分（质量分数）为：C6.18%+Si2.15%+Mn61.94%+P0.575%+Fe 余量，粒度为 0.150mm，黏结剂为合脂油。

从表 5-162 所列数据可见，1 号涂料为较优涂料，经铸渗后工件表面的耐磨性与基体（HT200）比较提高了 2.2 倍；与球墨铸铁（QT600-3）的各种热处理状态相比，提高了 1.4~2.1 倍。

562. 离子注入

离子注入是将预先选择的元素原子电离，经电场加速，获得高能量后注入工件的表面改性工艺。

离子注入后既不改变工件的几何尺寸，又能形成与基体完全结合的表面合金。同时，由于大量离子（N^+、C^+、B^+、Ti^+、Cr^+、Ni^+、Mo^+、S^+等）的注入可使工件表面产生明显的硬化效果，大大降低摩擦因数，改善摩擦性能，并显著地提高工件表面的耐磨性、耐蚀性，以及抗疲劳与抗高温氧化等性能。

离子注入特点：①离子注入不同于任何热扩散方法，可注入任何元素；②离子注入的温度和注入后的温度可以任意控制，且在真空中进行，不氧化，不变形；③可控制和重复性好；④可获得两层或两层以上性能不同的复合材料；⑤离子注入层薄等。

离子注入可以强化各种钢及合金，包括非合金钢、结构钢、合金钢、各类工具钢，以及用常规的热处理方式不能强化的奥氏体不锈钢、硬质合金、有色金属及合金等。离子注入已广泛用于宇航尖端零件、重要化工零件，以及轴承、模具、工具和刀具等的表面强化处理。例如，CrWMn 钢制冲头，离子注入延长了使用寿命 5~9 倍。离子注入 YG8、YT14 和 W18Cr4V 等材料制刀具，使其使用寿命延长了 1~3 倍。

离子注入一般在 1.3×10^{-4} ~ 1.3×10^{-3} Pa 的真空度下进行，加速电压为 10^3 ~ 10^5V（有时达 4×10^6V），离子注入能量为 30~200keV，离子注入剂量为 10^{15} ~ 10^{18} ions/cm^2，注入深度为 0.01~0.5μm。

注入离子大致有三类：非金属离子，如 C^+、N^+、P^+ 和 B^+ 等；金属离子，如 Ti^+、Mo^+、Cr^+ 和 Ta^+ 等；复合离子，如 Ti^++C^+、Cr^++C^+ 和 Cr^++Mn^+ 等。表 5-164 为不同金属注入不同离子后对性能的影响。

表 5-164　不同金属注入不同离子后对性能的影响

基体材料	改善性能	注入的离子	基体材料	改善性能	注入的离子
低合金钢	耐蚀性	Cr^+、Ta^+、Ni^+	铝合金	耐蚀性	Mo^+
	耐磨性	N^+		硬度	N^+
	硬度	N^+	铜合金	耐磨性	Mo^+
	减摩性	Sn^+		耐蚀性	Cr^+、Al^+、Ti^+
高合金钢	抗疲劳性	N^+、Ti^+	钛合金	耐磨性	B^+
	耐蚀性	Cr^+、Ti^+、Mo^+		耐蚀性	N^+、Pt^+、C^+
	抗氧化性	Al^+、Ce^+		抗氧化性	P^+、B^+、Al^+
	硬度	Ti^++C^+		硬度	N^+、C^+、B^+
	减摩性	Sn^+、Ag^+、Au^+		减摩性	Sn^+、Ag^+、Au^+
	抗疲劳性	N^+		抗疲劳性	N^+

563. 离子注入氮

经离子注入氮后，钢的表面晶粒细化，且点阵出现严重畸变，甚至可观察到 ε-$Fe_{2-3}N$ 相的出现。钢的表层硬度、耐磨性、耐蚀性和疲劳强度都得到明显提高，而且即使在磨去的表层厚度超过注入厚度之后，仍保持高的耐磨性，并且可在基体中找到氮的存在。

对许多工模具和零件，通过氮离子的注入，使用寿命提高的倍数达 2~12 倍。

例如，对 W18Cr4V 钢制试件和 W6Mo5Cr4V2 钢制 M12 螺母孔冲头，进行离子注入氮，其工艺规程如下。

（1）W18Cr4V 钢制试件　试件尺寸为 10mm×10mm×30mm，先经 1280℃油淬，560℃回火 3 次，然后进行不同规范的后续处理，具体见表 5-165。

表 5-165 不同规范的后续处理

工艺	工艺规范
未经表面处理	—
离子渗氮	540℃×0.5h
氮离子(N^+)注入	注入能量 $E=100keV$,注入剂量 $D=5\times10^{16}N^+/cm^2$,束流密度 $J<10\mu A/cm^2$
	$E=100keV$,$D=2\times10^{17}N^+/cm^2$,$J<10\mu A/cm^2$
	$E=100keV$,$D=6\times10^{17}N^+/cm$,$J<10\mu A/cm^2$

采用上述工艺处理后，离子注入氮试件的抗冲击磨损性能明显高于未经表面处理和离子渗氮处理。氮离子注入剂量对抗冲击磨损性能的影响试验表明，最佳注入剂量为 $D=2\times10^{17}N^+/cm^2$，其他依次为 $D=6\times10^{17}N^+/cm^2$、未经表面处理和 $D=5\times10^{16}N^+/cm^2$。

（2）W6Mo5Cr4V2 钢制 M12 螺母孔冲头　冲头先经 1190℃油淬，560℃回火 3 次，精加工后进行氮离子注入，$E=100keV$，$D=2.5\times10^{17}N^+/cm^2$（有效剂量），注入温度低于 500℃。氮离子注入明显提高了冲头的耐磨性。与此同时还改善了模具表面的黏结性能。

564. 离子注入钽、碳

离子注入是将离子加速到高能状态注入工件表面，形成改性层来提高耐磨性和耐蚀性的一种表面改性工艺。离子注入层没有不连续的界面，因而不存在表面和基体剥离的问题，经离子注入钽（Ta^+）、碳（C^+）后，工件的耐磨性极大提高。

离子注入钽、碳工艺过程：工件（如 3Cr2W8V 钢热挤压模）放入注入室前进行常规热处理（如淬火回火），使基体具备一定的强度和硬度；经抛光打磨后，在乙醇和丙酮中超声波清洗去油；钽、碳离子注入采用金属蒸发真空弧离子注入机（MEVVA），钽、碳离子的加速电压分别为 42kV 和 30kV，相应的注入剂量 D 分别为 $3\times10^{17}ions/cm^2$ 和 $1\times10^{17}ions/cm^2$，平均束流密度 J 分别为 $40\mu A/cm^2$ 和 $20\mu A/cm^2$。钽离子注入的能量 E 在 42~210keV 之间，碳离子注入的能量 E 为 30keV。注入时，工件表面温度为 300℃左右。在工件表面离子注入钽、碳，形成碳化钽，其是很硬的碳化物粒子，起到降低摩擦因数、提高耐磨性的目的，从而延长工件寿命。

565. 离子注入金属

离子注入金属时，注入的元素主要有 Ni、Ti、Cr、Ta、Mo 和 Co 等，注入离子可以通过固溶强化、晶界强化、位错强化和弥散强化等多种方式，达到提高机械零件的耐磨性、疲劳强度和耐蚀性的目的。

离子注入金属可采用金属蒸发真空弧离子注入机（MEVVA）。其 MEVVA 离子源工作原理如图 5-77 所示。它是将所需注入的金属制成阴极，放电室内通入 1Pa Ar，多孔的阴极上加负电位。当通以几十安电流触发电极瞬间接触阴极时，引起电弧放电，导致阴极物质蒸发和放电室气体电离。起弧后在阴极表面形成高温弧斑，并在阴极上移动，以维持持续放电，电离后的金属正离子被负电位多孔引出电极引出，从而形成宽束金属离子源。

束流强度达到100～300mA，束斑直径可达50～100cm。采用各种金属离子注入钢的表面时，选择合适的注入条件，可提高注入钢件表面的综合性能。各类冲模和压制模寿命一般为2000～5000次，而经过离子注入后寿命达50000次以上。

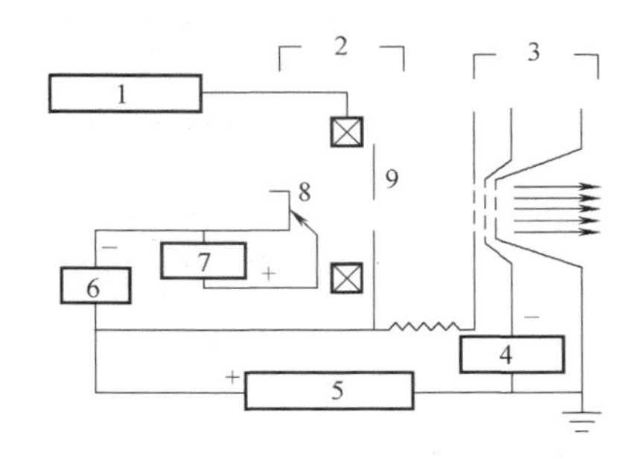

图5-77　MEVVA离子源工作原理示意
1—磁铁　2、6—电弧　3、5—引出电极　4—抑制栅极　7—触发器　8—阴极　9—阳极

例如，采用MEVVA离子源注入Ti^+和C^+离子，使加工高速钢的板牙寿命提高4倍，加工不锈钢的钻头寿命延长5倍以上，加工不锈钢铣刀的使用寿命提高16倍。

566. 离子注入稀土

离子注入稀土时，采用双元注入在金属蒸发真空弧离子注入机（MEVVA）上，将Ti^+及$Ti^+ + Y^+$（Y为稀土元素）离子注入65Nb（65Cr4W3Mo2VNb）钢和YG20合金表面，部分试验结果反映在图5-78和图5-79中。如图5-78所示，无论是65Nb钢还是YG20合金，随注入剂量的增大，硬度均明显提高，当注入剂量达到1×10^{17}ions/cm^{2}时，硬度趋于一个饱和值。与单一注入Ti^+离子相比，$Ti^+ + Y^+$双元注入效果明显要好。磨损试验结果如图5-79所示。可见，65Nb模具钢经离子注入后，磨损率均下降，其中，双元注入试样的耐磨性更好，表明$Ti^+ + Y^+$注入能使钢的耐磨损性能得到较大幅度的改善。

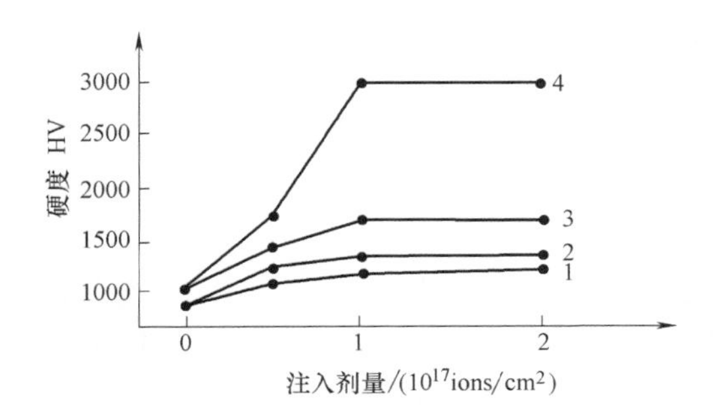

图5-78　不同材料注入Ti及Ti+Y的硬度变化
1、2—65Nb注入Ti及Ti+Y离子
3、4—YG20注入Ti及Ti+Y离子

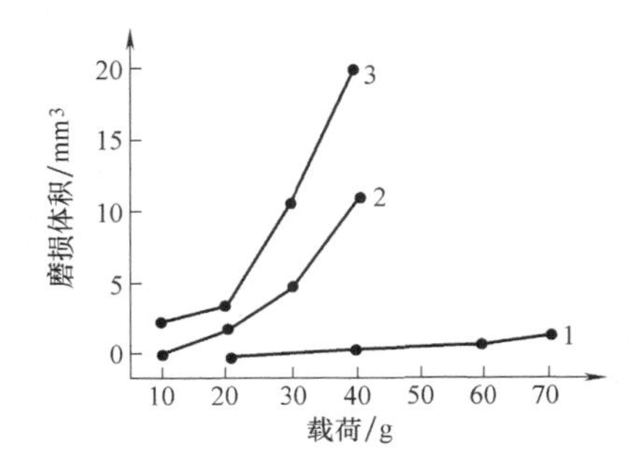

图5-79　不同注入条件下65Nb钢的磨损试验结果
1—$1\times10^{17}Ti^+/cm^2+1\times10^{17}Y^+/cm^2$
2—$1\times10^{17}Ti^+/cm^2$　3—未注入

H13（4Cr5MoSiV1）钢离子注入 Y^+ 的工艺为：注入能量 $E=30\text{keV}$，注入剂量 $D=3\times10^{17}\text{ions/cm}^2$，束流密度 $J=75\mu\text{A/cm}^2$。氧化试验是在 GK-2D 高温扩散炉中进行的，氧化温度为 800℃，氧化时氧气流量为 30mL/min；测定试样在 800℃下氧化不同时间的单位面积增重量（$\Delta W/A$）。试验结果显示，Y^+ 注入后 H13 钢的试样氧化增重比未注入的小 8 倍。

离子注入可改善抗腐蚀性能。已经成功应用于航空轴承上，有利于改善轴承的接触疲劳性能，提高耐磨性和尺寸稳定性。还能明显提高不锈钢的抗电化学腐蚀性。

567. 等离子体源离子注入（PSⅡ）

为了克服传统离子注入的直射性缺陷，可采用等离子体源注入（PSⅡ）工艺，它可在较简单的装置中实现对复杂形状工件和多个工件批量地进行全方位的离子注入。又称为全方位离子注入、浸没离子注入和湮没式离子注入。

如图 5-80 所示为 PSⅡ装置示意图。在 PSⅡ处理时，先将工件置于真空室内，采用热阴极、射频（RF）、电子回转共振（ECR）和金属蒸发真空弧放电等多种方法产生弥漫在整个真空室内 PSⅡ所需的等离子体。这样，工件就直接湮没在等离子体中。若以工件为阴极，真空室壁为阳极，施加一高压脉冲，正离子在电场作用下被加速，射向工件表面并注入工件表面。对表面导电的工件，由于电场总垂直于工件表面，只要近表面处的等离子体荷电分布比较均匀，对形状复杂的工件都可得到相当均匀的注入表层。

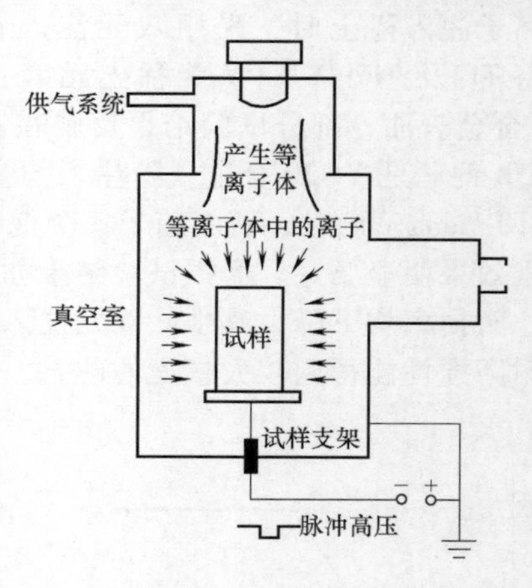

图 5-80　PSⅡ装置示意

PSⅡ与常规离子注入相比较，主要优点是可对复杂形状工件进行处理，也适用于对大而重的工件进行加工。PSⅡ注入的均匀性比常规离子注入的复杂形状工件的均匀性要高得多。

PSⅡ已应用于许多形状复杂或精密的零部件和工模具的处理。例如，对 PSⅡ离子注入处理前后的 M2（W6MoCr4V2）高速钢冲头进行应用对比试验。未注入的 M2 高速钢冲头只能在厚度为 6.35～15.875mm 的钢板上冲 500 个孔，而经 PSⅡ氮离子注入的 M2 高速钢冲头能冲 43000 个孔，使用寿命提高 80 余倍。

568. 激光表面合金化（LSA）

激光表面合金化（LSA）又称激光化学热处理，是利用激光束将基体表面层熔化，在此同时加入合金元素（粉末状，如 Cr、Ni、W、V、Ti 和 RE 等），使基体表面层与合金元素熔合在一起后迅速凝固，形成厚度为 10～1000μm 的合金层的表面强化工艺。激光表面合金化通常可按合金元素的加入方式分为三大类：预置材料法、送粉法（沉积法）和气体合金化法。

激光表面合金化的工艺参数有：粉末的选配、预涂方法与厚度、激光输出功率、功率密度、光束尺寸、扫描速率以及基材性质等。

采用 LSA 方法可使廉价的普通材料表面获得优异的耐磨、耐蚀和耐热等性能，以取代贵重的整体合金材料；可改善不锈钢、铝合金和钛合金的耐磨性能；也可制备传统方法无法得到的某些特种材料，如超导合金（如 MoN、MoC 和 V_3Si）等。

激光表面合金化时，功率密度一般为 $10^4 \sim 10^8 W/cm^2$，作用时间为 0.1～10ms，熔池深度可达 0.5～2.0mm，相应的凝固速度达 20m/s。合金化表层晶粒细小、成分均匀。为防止合金化层开裂，激光处理前应预热工件，处理后应退火。

此法应用于石油、化工、冶金、汽车、拖拉机及电力等行业。如汽车用轴承、轴承保持架、汽缸、衬套、活塞环、凸轮、心轴、阀门和传动件等。

激光表面合金化的性能是通过添加不同的合金元素与基体反应形成合金化层而实现的，因此不同的合金体系将带来不同的性能，见表 5-166。基体材料为非合金钢、合金钢、高速钢、不锈钢、铸铁、铝合金、钛合金及镍基合金等。基体材料经过激光表面合金化处理，可大幅度提高耐磨性、耐蚀性和耐高温性能等。由于激光功率密度及加热深度可调，并可聚焦在不规则的零件上，因此激光表面合金化在许多场合可替代常规的热喷涂工艺，而得到广泛的应用。

表 5-166　激光表面合金化的应用范围

基体材料	合金化材料	硬度　HV
Fe、45 钢、40Cr	B	1950～2100
Fe、45 钢、T8	C、Cr、Ni、W、YG8 硬质合金	≤900
45 钢	WC+Co	1450
铸铁	FeTi、FeCr、FeV、FeSi	300～700
AISI304 不锈钢	TiC	58HRC
ZAlSi7Mg(ZL101)	$Si+MoS_2$	210

激光合金化可有效提高表面层的硬度和耐磨性。如对于钛合金，利用激光碳硼共渗和碳硅共渗的方法，实现了钛合金表面的硅合金化，硬度由 299～376HV 提高到 1430～2290HV，与硬质合金圆盘对磨时，合金化后耐磨性可提高两个数量级。在 45 钢上进行 $TiC-Al_2O_3-B_4C-Al$ 复合激光合金化后，其耐磨性与 CrWMn 钢相比，是后者的 10 倍。

569. 激光稀土合金化

激光稀土合金化的主要目的是，通过改变金属表面层的化学成分和组织结构以改善其表面性能，尤其是提高表面的耐磨性和耐蚀性。它是通过加入不同添加元素与基体反应和化学物理冶金过程而实现的，因此不同合金体系所获得的性能是不同的。

可在金属表面预涂覆稀土金属氧化物，稀土氧化物如 CeO_2、La_2O_3 和混合稀土氧化物等。通过调节激光束扫描速度，控制激光辐照时间内工件表面的辐照能量密度。激光合金化过程可采用氩气等保护。

或者采用宽带涂覆送粉器，以单质形式加入稀土（如分析纯 Ce 粉末），在金属基材上制备激光熔覆层。

例如，对 4Cr5MoV1 钢制无缝钢管穿孔顶头进行激光稀土合金化。激光熔覆选用稀土钇高温合金 MCrAlY（质量分数：Co15.0%，Cr22.0%，Al10.0%，Y1.0%），另加（质量分数）WC 10%。采用功率为 5kW 的二氧化碳激光器，熔池位于激光离焦量 55mm 处，光束直径约为 2mm，激光功率为 2.5kW，激光与试件相对运动速度为 2~10mm/s，送粉量为 7~30g/min，送粉气流量为 0.2m^3/h。经上述处理后进行 680℃×1h 回火，加工轧管是直径为 60mm 的 20 钢管，从 500mm 长的管坯轧成 2000mm 长的管坯，原工艺可加工 30 根，现工艺可加工 153 根，模具寿命提高 4 倍。

570. 电子束表面合金化

电子束表面合金化是将具有特殊性能的合金粉末或化合物粉末（如 B_4C 和 WC）涂覆在金属的表面上，再用电子束进行轰击，加热熔化或在电子束作用的同时，加入所需的合金粉末，使其熔覆在工件表面上，形成一层新的耐磨性、耐蚀性和耐热性高的合金表层，并细化表层的组织结构，从而提高工件的寿命。电子束表面合金化所用电子束密度约为电子束相变硬化的 3 倍以上。

通过电子束表面合金化，可在廉价的非合金钢基体上获得高合金钢具有的高耐磨、耐热及耐蚀性能，从而降低工件制造成本。

当电子束表面合金化处理以耐磨为主要目的时，应选择 W、Ti、B 和 Mo 等元素及其碳化物作为合金化材料；当以耐蚀为主要目的时，应选择 Ni 和 Cr 等元素，对于铝合金则选择 Fe、Ni、Cr、B 和 Si 等元素。

例如，对退火 20Cr 钢进行了 B 和 WC 的电子束表面合金化处理。处理前 B 或 WC 粉末首先与成分（质量分数）为：硅酸乙酯 60%、无水乙醇 30%、水（其中加入微量的 HCl）10%的黏结剂混合成稀粥状，利用喷枪喷涂在工件表面，厚度约为 0.1~0.2mm，阴凉干燥后即可进行最终热处理。所用工艺参数及合金化层的深度和硬度分别见表 5-167 和表 5-168。由表中数据可知，电子束表面合金化速度快，可极大地缩短工艺周期而得到满意的表面合金化层深及硬度。

表 5-167 电子束表面合金化工艺参数

加速电压 /kV	束流电流 /mA	电子束功率 /kW	光斑直径 /mm	扫描速度 /(mm/s)
40	81	3.24	14	10
	90	3.60	14	10
40	80	3.20	14	10
	82	3.28	14	10
40	80	3.20	14	10
	82	3.28	14	10
40	80	3.20	14	10
	82	3.28	14	10

表 5-168　电子束表面合金化后合金化层的深度和硬度

合金化层深度/mm	硬度—HV0.1	备注
0.084	—	渗硼试样
0.14~0.27	1266~1890	渗硼试样,基体硬度为 320HV
0.034~0.064	982~1332	渗碳化钨试样
0.090	960~1206	渗碳化钨试样

571. 太阳能合金化

太阳能是无比巨大的天然能源，太阳每秒所释放出的能量，相当于我国一年燃煤能量的一千多倍。太阳能加热热处理是一种节能的先进热处理工艺，其光能通过聚焦、集热器等装置转化为 3000W/cm^2 的高密度能量，可使工件加热温度达到 1200℃以上。可用于金属表面淬火、回火、退火及表面合金化等热处理。太阳能合金化可使工件表面获得具有特殊性能的合金表面层，表 5-169 为太阳能合金化处理的应用实例。

表 5-169　太阳能合金化处理的应用实例

工件材料	太阳能辐照度 /(W/cm^2)	扫描速度 /(mm/s)	合金化带宽度 /mm	合金化带深度 /mm
45 钢	0.075	2.34	2.60	0.036
	0.077	2.30	2.89	0.039
	0.093	3.87	3.90	0.051
	0.091	3.71	4.16	0.066
T8	0.091	4.11	3.97	0.060
	0.091	4.06	4.20	0.075
20Cr	0.091	4.11	4.42	0.090

参 考 文 献

[1] 中国机械工程学会热处理学会. 热处理手册：第 1 卷 工艺基础 [M]. 4 版（修订本）. 北京：机械工业出版社，2013.

[2] 全国热处理标准化技术委员会. 金属热处理标准手册 [M]. 3 版. 北京：机械工业出版社，2016.

[3] 杨满. 热处理工艺参数手册 [M]. 北京：机械工业出版社，2013.

[4] 热处理手册编委会. 热处理手册：第 1 卷 [M]. 2 版. 北京：机械工业出版社，1991.

[5] 于铁生，翟秋明，曹明宇，等. 高温可控气氛多用炉及生产实践 [J]. 金属热处理，2007，32（12）：112-114.

[6] 雷廷权，傅家骐. 金属热处理工艺方法 500 种 [M]. 北京：机械工业出版社，1998.

[7] 杨殿魁，张建霞，杨海力. 稀土在 20CrMnTi 钢固体渗碳中的作用 [J]. 包头钢铁学院学报，2000，19（3）：254-256.

[8] 蔡珣. 表面工程技术工艺方法 400 种 [M]. 北京：机械工业出版社，2006.

[9] 热处理手册编委会. 热处理手册：第一分册 [M]. 北京：机械工业出版社，1984.

[10] 郑金松，应鹏展，倪振饶. 新型 KCl 液体渗碳剂的研究 [J]. 金属热处理，1990（5）：27-30.

[11] 张士林，杨国英，戴仁熹，等. 901节能无毒液体渗碳剂及其应用效果 [J]. 金属热处理，1990 (10)：17-19.
[12] 潘邻. 表面改性热处理技术与应用 [M]. 北京：机械工业出版社，2006.
[13] 洪斑德，等. 化学热处理 [M]. 哈尔滨：黑龙江人民出版社，1981.
[14] Causen B. Hoffmann F. Mayr P. Au-fkohlen bei hoherren STemperaturen [J]. HTM，2001，5 (5)：363-369.
[15] 于铁生，李学东，闫钧，等. 高温可控气氛循环渗碳工艺实践 [J]. 热处理技术与装备，2012，33 (6)：25-31.
[16] 张玉庭. 简明热处理工手册 [M]. 3版. 北京：机械工业出版社，2013.
[17] 周海，曾少鹏，袁石根. 感应加热淬火技术的发展及应用 [J]. 热处理技术与装备，2008，29 (3)：9-15.
[18] 黄山. 用天然气代替丙酮渗碳工艺应用及研究 [J]. 金属加工 (热加工)，2016 (3)：37-39.
[19] 田荃. 两次渗碳工艺 [J]. 金属热处理，1987 (12)：40-43.
[20] 马登杰，韩立民. 真空热处理原理与工艺 [M]. 北京：机械工业出版社，1988.
[21] 周兴久. 基体钢冷作模具的真空渗碳工艺研究 [J]. 金属热处理，1983 (9)：13-18.
[22] 杨烈宇，刘世永. 离子渗碳工艺的研究 [J]. 金属热处理，1987 (4)：18-23.
[23] 潘邻，关镜泉，郑辉，等. 高温离子渗氮及循环热处理复合工艺 [J]. 金属热处理，1993 (5)：17-23.
[24] 朱连光，王砚军，李庆见. 脉冲式气体渗碳技术研究和应用 [J]. 汽车工艺材料，2005 (6)：21-23.
[25] 刘振乾，崔利辉. 流态粒子炉的特点和应用 [J]. 金属加工 (热加工)，2009 (1)：37-39.
[26] 马旭晨. 流动粒子炉中的化学热处理 [J]. 金属热处理，1979 (5)：28-30.
[27] 刘长禄. 稀土元素在化学热处理中的应用 [J]. 兵器材料科学与工程，1990 (2)：27-33.
[28] 董鄂，邵琳. 稀土碳共渗研究 [J]. 兵器材料科学与工程，1990 (2)：34-38.
[29] 金荣植. 实用热处理节能降耗技术300种 [M]. 北京：电子工业出版社，2015.
[30] 刘志儒，朱法义，蔡成红，等. 稀土低温高浓度气体渗碳工艺及其在20C2Ni4A钢上的应用 [J]. 金属热处理，1994 (11)：15-19.
[31] 朱法义，林东，刘志儒，等. 活塞销的稀土低温渗碳直接淬火新工艺 [J]. 金属热处理，1997 (9)：27-28.
[32] 刘志儒，单永昕，朱法义，等. 稀土低温高碳势渗碳对20CrMnMo钢组织和性能的影响 [J]. 金属热处理学报，1993 (3)：45-51.
[33] 王鸿春，王冶. 稀土催共渗与高浓度渗碳技术 [J]. 热处理技术与装备，2006，27 (2)：22-24.
[34] 单永昕，刘志儒. 稀土高浓度渗碳在推土机齿轮上的应用 [J]. 金属热处理，1996 (7)：21-22.
[35] 哈尔滨工业大学. 稀土低温高浓度气体渗碳方法：901091944 [P]. 1992-05-27.
[36] 赵步青. 模具热处理工艺500种 [M]. 北京：机械工业出版社，2008.
[37] 孙成东，施海云，田禾. 渗碳与软氮化新技术及设备 [J]. 热处理技术与设备，2000 (3)：29-33.
[38] 齐宝森，王忠诚、李玉婕. 化学热处理技术及应用实例 [M]. 北京：化学工业出版

社，2015.
[39] R. Kern，梁鸿卿. 过度渗碳法 [J]. 国外金属热处理，1987 (6)：34-38.
[40] Pour，杜赓林. 离子轰击下铬钢的过饱和渗碳 [J]. 国外金属热处理，1989，10 (5)：37-41.
[41] Joseph. J. Aliprandc，宣天鹏. 免去退火的低温复碳工艺 [J]. 热处理技术与设备，1990 (3)：48-50.
[42] 郝建堂. 中高碳钢脱碳后的复碳处理 [J]. 金属热处理，1994 (10)：36-37.
[43] 王平. 浅层渗碳工艺控制 [J]. 热处理技术与装备，2008，29 (5)：68-70.
[44] 董小虹，王桂茂，陈志强，等. 底装料立式多用炉技术 [J]. 金属热处理，2008，33 (1)：63-67.
[45] 夏期成. 高速钢刀具的低温渗碳处理 [J]. 金属加工 (热加工)，1990 (1)：47-49.
[46] 夏期成. 高速钢珠光体区低温渗碳性能的试验研究 [J]. 兵器材料科学与工程，1989 (9)：22-30.
[47] 王建青，赵程. AISI304 奥氏体不锈钢低温离子渗碳工艺优化研究 [J]. 热处理技术与装备，2010，31 (1)：48-50.
[48] 张建国，丛培武，陈志英. 真空渗碳及碳氮共渗技术近况和应用 [J]. 金属加工 (热加工)，2007 (3)：17-20.
[49] 孙枫，佟小军，王广生. Cr17Ni2 不锈钢低压真空渗碳工艺研究 [J]. 金属热处理 2009，34 (9)：67-71.
[50] 樊东黎. 热处理技术进展 [J]. 金属热处理，2007，32 (4)：1-14.
[51] 刘晔东. Hybrid Carb——一种新的可控气氛渗碳方法 [J]. 金属热处理，2010，35 (6)：124-126.
[52] Bernd Edenhofer，Dirk Joritz，刘晔东. 工艺气体消耗近于零的气体渗碳法 [J]. 热处理技术与装备，2014，35 (1)：45-49.
[53] PeterHaase. Supercard-用于箱式炉、网带炉、转底炉及推杆炉的现代低成本供气技术 [J]. 国外金属热处理，2004，25 (5)：49-53.
[54] 马录，李鲜琴. 氮-甲醇和吸热式渗碳气氛的应用和比较 [J]. 热处理技术与装备，2012，33 (1)：18-20.
[55] 安峻岐，刘新继，何鹏. 渗碳与碳氮共渗催渗技术的发展与现状 [J]. 金属热处理，2007，32 (5)：78-82.
[56] 钟贤荣. BH 催渗剂在艾协林箱式炉上的应用 [J]. 国外金属热处理，2002，23 (4)：40-41.
[57] 朱百智，汪正兵，钮堂松，等. 深层渗碳工艺——缓冲渗碳 [J]. 金属加工 (热加工)，2012 (7)：14-16.
[58] 金荣植. 齿轮的精密渗碳热处理控制技术 [J]. 金属加工 (热加工)，2012 (19)：18-20.
[59] 宗国良，俞建新，白辉，等. 精密控制渗碳技术 [J]. 热处理技术与装备，2012，33 (4)：15-17.
[60] 孙炳超，王辉军. 20 钢的深层碳氮共渗工艺 [J]. 金属热处理 2015，40 (1)：116-120.
[61] 杨以凡，严世陵，李明扬. 钢在石墨粒子流态炉中的高温碳氮共渗 [J]. 金属热处理，1988 (8)：28-31.
[62] 王国佐，王万智. 钢的化学热处理 [M]. 北京：中国铁道出版社，1980.
[63] 袁建霞，尹雪峰. 碳氮共渗“三段控制”工艺 [J]. 国外金属热处理，2005，26 (1)：

34-37.
[64] 张建国，王京晖，陈志英，等. 塑料模具钢及真空碳氮共渗热处理 [J]. 金属热处理，2009，34（8）：89-91.
[65] 李炳均. 无毒液体碳氮共渗 [J]. 金属热处理，1994（10）：14-16.
[66] 樊新民，周凌云，宋锦柱. 35钢液相感应碳氮共渗 [J]. 金属热处理，2012，37（9）：83-86.
[67] 崔春香，王瑞祥，曾照义，等. 两段碳氮共渗工艺及应用 [J]. 金属热处理，1988（12）：20-24.
[68] 姜振雄. 铸铁热处理 [M]. 北京：机械工业出版社，1978.
[69] 丁隆飞，沈本龙. 氮基气氛碳氮共渗工艺的研究与应用 [J]. 金属热处理，1992（11）：22-25.
[70] 金荣植. 先进的氮基气氛热处理工艺与应用 [J]. 金属加工（热加工），2015（7）：10-15.
[71] 张永飞，吴根土. 氮基气氛在连续式气体渗碳和碳氮共渗炉上的应用 [J]. 金属热处理，1996（9）：37-39.
[72] 胡德昌. 稀土元素在气体碳氮共渗中的作用研究 [J]. 宇航材料工艺，1992（1）：25-30.
[73] 林后仁. 20-6-5碳氮共渗剂研制与应用 [J]. 物理测试，1988（5）：46.
[74] 燕来生，王志新. 碘催渗快速固体软氮化机理的探讨 [J]. 兵器材料科学与工程，1989（5）：32-36.
[75] 燕来生. 催渗软氮化对冲击韧性和耐磨性的影响 [J]. 兵器材料科学与工程，1992，15（8）：44-48.
[76] 朱雅年，魏馥铭，夏复兴，等. 稀土在离子碳氮共渗中的应用 [J]. 金属热处理，1994（1）：3-6.
[77] 张建国，王京晖，刘俊祥，等. 薄层真空碳氮共渗技术及应用 [J]. 金属热处理，2010，35（9）：79-82.
[78] 董小虹，王桂茂，陈志强，等. 底装料立式多用炉技术 [J]. 金属热处理，2008，33（1）：63-67.
[79] 孙希泰，徐英，孙毅. 机械能铸渗新技术的开发研究 [J]. 机械工人（热加工），2002（4）：17-18.
[80] 耿长栓. 卷烟机零件气体渗氮工艺的改进 [J]. 金属热处理，1992（12）：30-32.
[81] 陈贺，叶小飞，刘臻. 快速气体渗氮工艺：高温渗氮和稀土催渗 [J]. 金属加工（热加工），2012（7）：9-10.
[82] 李志明，李志，佟小军. 快速渗氮工艺的最新进展 [J]. 热处理技术与装备，2007，28（2）：11-16.
[83] 赵振东. 氮化工艺技术的进展 [J]. 金属加工（热加工），2013（增刊1）：23-25.
[84] 王延来，刘世程，刘德义，等. 304奥氏体不锈钢固溶渗氮的研究 [J]. 金属热处理，2005，30（5）：8-11.
[85] 朱祖昌，许雯，王洪. 国内外渗碳和渗氮热处理工艺的新进展（二） [J]. 热处理技术与装备，2013，34（5）：1-8.
[86] Bems H Juse R L, Bouwman J W, et al. Solution nitriding of stainless steels-a new thermochemical heat treatment process [J]. Heat Treatment of Metals, 2000, 27 (2): 39-45.
[87] 朱祖昌，曾爱群. 不锈钢的固溶渗氮 [J]. 机械工人（热加工），2005（6）：19-23.

[88] 吴凯，刘国权，王蕾，等. 2Cr13 不锈钢的稀土催渗循环离子渗氮工艺研究 [J]. 材料热处理学报，2008，29 (2)：131-134.

[89] 王成国，王世清，王立铎，等. 稀土催渗离子渗氮的研究 [J]. 金属热处理，1991 (3)：12-14.

[90] 江虹，蔡崇胜. 稀土在不锈钢活塞环离子渗氮上的应用 [J]. 机械工人 (热加工)，2005 (2)：27-28.

[91] 卢金生，顾敏. 深层离子渗氮工艺及设备的开发 [J]. 金属加工 (热加工)，2009 (1)：29-33.

[92] 翟宝隆. 真空高压气体渗氮工艺与设备探讨 [J]. 金属热处理，2010 (2)：18-20.

[93] 曾令全，杜楸，杨代赉. 无毒液体抗蚀氮化 [J]. 金属热处理，1984 (9)：66.

[94] 陈涛，陈彬南. 加压气体渗氮和氮碳共渗研究 [J]. 金属热处理，1998 (3)：5-8.

[95] 罗时雨. 氨气预处理对离子渗氮速度的影响 [J]. 金属热处理，1987 (3)：55-56.

[96] 陈玮，王蕾，周磊. 钢的快速渗氮技术研究现状 [J]. 武汉科技大学学报 (自然科学版)，2006，29 (3)：225-228.

[97] 周上棋，胡振纪，任勤，等. 快速深层离子渗氮工艺的应用 [J]. 金属热处理，1993 (3)：40-42.

[98] 邓光华. 热循环离子渗氮及其强渗作用 [J]. 金属热处理，1995 (11)：8-10.

[99] 周上祺. 快速深层氮化处理工艺：中国，91107261.6 [P]. 1996-07-27.

[100] 周上棋，范秋林，任勤，等. 快速深层渗氮工艺的设计 [J]. 金属热处理，1998 (3)：2-4.

[101] 侯琼. 齿轮用钢的快速深层离子渗氮研究 [D]. 重庆：重庆大学，1999.

[102] 钟厉，陈君才，周上祺等. 25Cr2MoV 钢变温快速深层离子渗氮工艺的研究 [J]. 昆明大理大学学报 (理工版)，1997 (1)：94-97.

[103] 曾卫军，陈智琴，付青峰. 30Cr2MoV 钢离子渗氮工艺的改进 [J]. 国外金属热处理，2004，25 (3)：24-25.

[104] 黄拿灿. 现代模具强化新技术新工艺 [M]. 北京：国防工业出版社，2008.

[105] 白书欣. 真空渗氮初探 [J]. 金属热处理，1995 (11)：17-19.

[106] 徐佐仁. 国外热处理技术的新进展 (连载) [J]. 国外金属热处理，1987 (6)：51-65.

[107] T. Bell，A. Bloyce，陈洵. 含钛低合金钢的激光渗氮处理 [J]. 国外金属热处理，1985 (3)：56-61.

[108] 赵程，刘肃人. 活性屏离子渗氮技术基础及应用研究现状 [J]. 金属加工 (热加工)，2013 (增刊 1)：200-203.

[109] 陈希原. 38CrMoAl 主驱动齿轮低真空变压气体渗氮 [C] //第十次全国热处理大会，2011，33 (3)：30-34.

[110] 董小虹，王桂茂，陈志强，等. 精密可控气氛渗氮技术及其设备 [J]. 金属热处理，2011，36 (7)：115-120.

[111] 赵萍. 快速渗氮工艺 [J]. 金属热处理，1998 (4)：40-42.

[112] 王伯昕，张国良，刘成友. 稀土渗氮机理浅析 [J]. 热处理技术与装备，2013，34 (6)：64-69.

[113] 李泉华. 热处理技术 400 问解析 [M]. 北京：机械工业出版社，2002.

[114] 郭健，陆建明. 真空脉冲氮碳共渗在模具中的应用 [J]. 金属热处理，2003，28 (8)：19-20.

[115] 陈文华，秦展琰. 稀土对 40Cr 钢氮碳共渗渗层性能及组织的影响 [J]. 金属热处理，1998 (1): 29-30.
[116] 石淑琴，李文英，蒋敦斌，等. 稀土合金化碳氮共渗工艺的研究 [J]. 天津师范大学学报（自然版），2002，22 (2): 56-59.
[117] 赵丽艳，吕景艳，闫牧夫，等. 稀土对 42CrMo 钢等离子体氮碳共渗组织及性能的影响 [J]. 金属热处理，2009，34 (11): 69-73.
[118] 陈希原. 40Cr 钢齿轮低真空变压氮碳共渗 [J]. 金属热处理，2008，33 (8): 142-145.
[119] 姚春臣，刘赞辉，彭德康，等. 增压气体氮碳共渗工艺及应用 [J]. 金属热处理，2012，37 (2): 149-151.
[120] 王德文. 新编模具实用技术 300 例 [M]. 北京：科学出版社，1996.
[121] 康恩. 自保护膏剂渗硼工艺 [J]. 金属热处理，1988 (12): 24-29.
[122] 张红霞，赵玉梅，师侦峰. 稀土元素在金属表面改性中的应用 [J]. 金属热处理，2011，36 (3): 91-94.
[123] 衣晓红，鲍闯，李凤华. ZG1Cr18Ni9 奥氏体不锈钢的渗硼 [J]. 金属热处理，2009，34 (11): 74-77.
[124] 刘世永，孙俊才，叶继泓. 低温辉光放电膏剂渗硼 [J]. 机械工程材料，1992 (4): 44-45.
[125] 刘磊，林玲. 模具盐浴稀土钒硼共渗的组织和性能 [J]. 金属热处理，1994 (1): 11-15.
[126] 张素英，耿香月. 带保护涂层的膏剂硼铝共渗研究 [J]. 金属热处理，1988 (3): 22-28.
[127] 张振信，李凤珍. 3Cr2W8V 钢膏剂硼铝共渗及生产应用 [J]. 金属热处理，1988 (3); 35-38.
[128] 杨川，吴大兴. 超厚硼铝共渗层的研究 [J]. 材料热处理学报，1995 (3): 60-63.
[129] 卢昌颖，袁玉辉，徐志东. 硼碳氮共渗改善渗硼层的性能 [J]. 金属热处理，1987 (2): 18-22.
[130] 林福增，陈松. 40Cr 钢渗硼复合处理组织的耐磨性 [J]. 金属热处理，1986 (3): 10-16.
[131] 陈常及，林信智. 感应加热渗硼 [J]. 金属热处理，1986 (10): 30-35.
[132] 邹至荣. 激光热处理 [C] //第六届全国热处理大会论文集. 北京：兵器工业出版社，1995.
[133] 刘长禄，王丽凤. 硼稀土粉末共渗及渗层性能 [J]. 金属热处理，1989 (8): 32-37.
[134] 赵步青，王金双. 表面强化提高模具寿命 40 例 [J]. 机械工人（热加工），2001 (2): 27-28.
[135] 吉泽升，俞泽民，等. 稀土硼铝共渗在 H13 铝挤压模上的应用 [J]. 模具工业，1997 (6): 46-47.
[136] 王振宁，王玉萍. 电场局部渗硼强化工艺在普通手用锯条上的应用 [J]. 金属加工（热加工），2003 (10): 47-48.
[137] 周影，齐锦刚，赵作福，等. 电脉冲渗硼工艺对 Cr12MoV 钢渗层组织与性能的影响 [J]. 金属热处理，2016，41 (5): 145-148.
[138] 张敬一，高秀敏，吴伯荣，等. 柴油机缸套的离子渗硫 [J]. 金属热处理，1987 (4): 24-26.

[139] 黄济群，林育杨. 低温离子硫化技术在汽车后桥差速器上的应用 [J]. 金属加工（热加工），2010（5）：21-23.
[140] 杨惠珍，刘杰，刘苹，等. 4Cr5MoV1Si 钢热挤压模具气体氧硫氮共渗 [J]. 金属热处理，1991（12）：8-12.
[141] 朱雅年，魏馥铭，缪铁堡. 滴注式气体硫氮共渗及其应用 [J]. 金属热处理，1987（5）：5-9.
[142] 宋绪丁，王利捷，王庆祝. 2CrB 钢稀土离子 SNC 共渗的研究及应用 [J]. 表面技术，1997（2）：25-28.
[143] 王荣滨，海燕. 盐浴稀土硫氮碳共渗 [J]. 金属热处理，2000（10）：24-25.
[144] 王学武. 金属表面处理技术 [M]. 北京：机械工业出版社，2008.
[145] 杨炳儒. 高速钢刀具氧氮共渗的效果 [J]. 金属热处理，1988（10）：54-56.
[146] 孙希泰，徐英，孙毅. 机械能铸渗新技术的开发研究 [J]. 机械工人（热加工），2002（4）：17-18.
[147] 揭晓华，董小虹，黄拿灿，等. H13 钢碳、氮、氧、硫、硼五元共渗层的研究 [J]. 金属热处理，2002，27（7）：21-23.
[148] 黄志荣，徐宏，李培宁. 加速固体粉末渗铝的两段法新工艺 [J]. 金属热处理，2004，29（4）：39-41.
[149] 胡德林. 粉末低温渗铝的研究 [J]. 金属热处理，1990（12）：16-20.
[150] 刘梅静. 料浆渗铝的工艺研究 [J]. 金属加工（热加工），2015（增刊2）：178-180.
[151] 李克，张莉，王广生. 航空发动机涡轮叶片气相渗铝工艺 [J]. 金属热处理，2013，38（9）：42-45.
[152] 程树红，张一公，谢单雄，等. 高频感应加热渗铝 [J]. 金属热处理，1987（6）：35-40.
[153] 齐宝森，陈路宾，王忠诚，等. 化学热处理技术 [M]. 北京：化学工业出版社，2006.
[154] 杜道斌. 熔盐电解渗铝沉积过程及渗铝层性能研究 [J]. 金属热处理，1993（10）：16-21.
[155] 魏兴钊，蒙继龙，李文芳，等. 钢的直接电加热快速渗铝研究 [J]. 金属热处理，1995（7）：19-21.
[156] 张建云. 稀土对渗铝层氧化性能的影响 [J]. 国外金属加工，1990（3）：50-52.
[157] 范本惠，徐重，郑维能，等. 双层辉光离子渗铬的研究 [J]. 金属热处理，1987（2）：5-10.
[158] 杜汉民，李学海. 钢铁表面真空渗铬工艺试验 [J]. 金属热处理，1979（11）：23-29.
[159] 陈涛，杨世芳，陈郴楠. 稀土硅镁-三氧化二铬-硼砂盐浴渗铬的研究 [J]. 金属热处理，1987（6）：19-24.
[160] 林祥丰，张瑞容. 稀土元素对钢渗铬层组织与性能的影响 [J]. 金属热处理学报，1995（3）：39-43.
[161] 李杰，牛建林. 铬钒共渗研究 [J]. 金属热处理，1993（12）：10-14.
[162] 徐智，姚杏熙. 灰铸铁拉深模铬铌共渗改性处理 [J]. 金属加工（热加工），1991（6）：43-44.
[163] 徐重，范本惠，潘俊德，等. 双层辉光离子渗钛 [J]. 金属热处理，1986（5）：15-22.
[164] 刘先曙. 渗钛工艺的发展及其应用 [J]. 热处理技术与装备，1986（3）：45-53.
[165] 李木森，隋金玲，孙希泰. 盐浴渗钒的现在与发展 [J]. 金属热处理，1996（1）：

27-29.
[166] 吴大兴，杨川，高国庆. 中性盐浴快速渗钒［J］. 金属热处理，1989（7）：45-46.
[167] 林松祯. 孔冲的渗钒-真空淬火处理［J］. 金属热处理，1988（8）：35-38.
[168] 彭其凤，齐宝森，陈方生，等. 模具钢渗锰［J］. 金属热处理，1991（1）：33-38.
[169] 陈鹭滨，孙希泰. 机械助渗的基本规律及其发展前景［J］. 金属热处理，2004，29（2）：25-28.
[170] 伊新. 材料表面铸渗技术的应用与发展［J］. 热处理技术与装备，2008（6）：9-10.
[171] 刘湘，李荣启. 我国铸渗技术的研究近况［J］. 新疆工学院学报，2000（4）：293-296.
[172] 李长林，胡三媛，张淑艳. 灰口铸铁表面铸渗硼的试验研究［J］. 金属热处理，2005，30（6）：25-27.
[173] 李光复，张守凡. 用铸渗合金法提高铸件耐磨性的试验［J］. 金属热处理，1986（1）：10-13.
[174] 林永串. 离子注入工艺及其应用［J］. 兵器材料科学与工程，1990（7）：38-41.
[175] 熊剑. 国外热处理新技术［M］. 北京：冶金工业出版社，1990.
[176] 武兵书. 氮离子（N^+）注入提高高速钢抗冲击磨损性能的试验研究［J］. 金属热处理，1987（7）：26-32.
[177] 黄拿灿，吴起白，胡社军，等. Ti，Y 离子注入 65Nb 钢的表面优化［J］. 金属学报，2000，36（6）：634-637.
[178] 张通和，谢晋东，姬成周，等. 钇离子注入的 H13 钢的抗氧化研究［J］. 中国稀土学报，1993（2）：144-147.
[179] Conrad J R，Radtke J L Dodd R A，et al. Plasma source ion-implantationtechnique for surface modification of materials［J］. Appl Phys，1987，62（11）：4591-4596.
[180] 熊惟皓. 模具表面与表面加工［M］. 北京：化学工业出版社，2007.
[181] 钱苗根. 现代表面技术［M］. 北京：机械工业出版社，2016.

第6章

金属的气相沉积

气相沉积是利用气相中发生的物理、化学过程，在各种材料或制品表面形成功能性或装饰性的金属、非金属或化合物涂层，从而使工件获得所需的各种优异性能。

经气相沉积处理，在工件表面覆盖一层厚度为0.5~10μm的过渡族元素（Ti、V、Cr、W和Nb等）的碳、氧、氮、硼化合物或单一的金属及非金属涂层。几类沉积层的名称及其主要特征见表6-1。

表6-1　几类沉积层的名称及其主要特性

类别	沉积层名称	主要特性
碳化物	TiC, VC, W_2C, WC, MoC, Cr_3C_2, B_4C, TaC, NBC, ZrC	高硬度，高耐磨性，部分碳化物（如 Cr_3C_2）耐腐蚀
氮化物	TiN, VN, BN, ZrN, NBN, HfN, Cr_2N, CrN, MoN, (Ti, Al)N, Si_3N_4	BN、TiN和VN等耐磨性好；TiN色泽如金且比镀金层耐磨，装饰性好
氧化物	Al_2O_3, TiO_2, ZrO_2, CuO, ZnO, SiO_2	耐磨，有特殊光学性能，装饰性好
碳氮化合物	Ti(C, N), Zr(C, N)	耐磨，装饰性好
硼化物	TiB_2, VB_2, Cr_2B, TaB, ZrB, HfB	耐磨
硅化物	$MoSi_2$, WSi_2	抗高温氧化，耐腐蚀
金属及非金属	Al, Cr, Ni, Mo, C（包括金刚石及类金刚石）	满足特殊光学、电学性能或赋予高耐磨性

按沉积过程的主要属性，气相沉积一般可分为物理气相沉积（PVD）、化学气相沉积（CVD）和等离子体化学气相沉积（PCVD）。PVD中包括真空蒸镀、离子镀和溅射镀3种沉积方法；CVD中包括常压CVD、低压CVD、金属有机化合物化学气相沉积（MOCVD）和激光辅助化学气相沉积（LCVD）等方法；PCVD包括射频PCVD、直流PCVD、射频直流PCVD、脉冲PCVD和微波PCVD。

气相沉积技术已用于机械、电子、光学、航空航天、化工、轻纺及食品等各个行业。

572. 化学气相沉积

化学气相沉积（CVD）是通过化学气相反应在工件表面形成薄膜的工艺。化学气相沉积与物理气相沉积不同的是，沉积粒子来源于化合物的气相分解反应。

化学气相沉积包括3个过程：①将含有薄膜元素的反应物质在较低温度下气化；②将反应气体送入高温的反应室；③气体在基体薄膜发生化学反应，析出金属或化合物沉积在工件薄膜析出涂层。以沉积TiC涂层为例，可向850~1100℃的反

应室中通入 $TiCl_4$、CH_4和 H_2，其中 H_2作为载体气和稀释剂。经过一系列化学反应（$TiCl_4+CH_4+H_2 \longrightarrow TiC+4HCl+H_2\uparrow$），最终生成 TiC 沉积在工件表面。

化学气相沉积的化学反应类型主要有热分解反应、氢还原反应、氧化反应、加水反应和化学输送反应等，激活这些化学反应的方法包括：加热、高频电压、激光和等离子体等。

化学气相沉积法按反应室压力可分为常压化学气相沉积（CVD）和低压化学气相沉积（LPCVD）等；按反应的温度不同分为低温气相沉积（500℃以下）、中温气相沉积（500~800℃）和高温气相沉积（900~1200℃）。

化学气相沉积所产生的涂层具有与基体金属结合牢固、沉积层厚度均匀、结构致密和质量稳定等优点。化学气相沉积的最大缺点是需要较高的工作温度，易引起工件畸变。目前等离子体增强化学气相沉积和激光辅助化学气相沉积等能够达到的沉积工作温度在逐渐升高，可沉积物质的种类在不断增加，沉积层性能的范围也在逐渐扩大。

目前，CVD 法可获得多种金属、合金、陶瓷或化合物涂层，常用的涂层有 TiC、TiN、Ti（C，N），Cr_2C_3和 Al_2O_3等。

常见工模具钢的化学气相沉积工艺参数见表 6-2。

表 6-2 常见工模具钢的化学气相沉积工艺参数

牌号	沉积温度/℃	蒸发温度/℃	w(甲苯)(%)	通 H_2量/(L/min)	通 N_2量/(L/min)	沉积时间/min	扩散时间/min	固化时间/min
Cr12MoV	1000~1050	40~60	4~7	9~15	4~8	2.5	30	20
Cr12	960~1020					2.5~3		
95Cr18	1000~1050							
3Cr2W8V	1020~1050							
GCr15	880~900							
T10	880							
40Cr	880							

CVD 法适于处理大批量的小工件，可在机械、电子、半导体、仪表和宇航等领域应用。CVD 法主要应用于两大方向：一是沉积涂层，二是制取新材料。目前已有数十种涂层材料，包括金属、难熔材料的粉末和晶须，以及金刚石、类金刚石薄膜材料等。具体见表 6-3。

表 6-3 化学气相沉积的涂层材料及应用

沉积方法	内　容
CVD 沉积金属	用此法沉积的金属包括 Cu、Pb、Fe、Co、Ru、In、Pt，以及耐酸金属 W 和 Mo 等，可以满足耐蚀性、耐高温性能及电学性能等，用于处理电极、过渡膜、电结点材料、金属磁带和磁碟等
CVD 沉积各种功能涂层	此法的涂层可用于要求抗氧化、耐磨、耐蚀以及某些电学、光学和摩擦学性能的部件，主要是在工件表面沉积超硬耐磨涂层或减摩涂层等。在硬质合金刀具表面用 CVD 法沉积 TiN、TiC 和 α-Al_2O_3涂层以及 Ti(C,N) 和 TiC-Al_2O_3复合涂层。可提高使用寿命几倍
CVD 法制备金刚石、类金刚石薄膜材料	已应用于工具、切削刀具、模具，以及精密机械、仪器仪表和轴承等。还应用于计算机硬盘、软盘和光盘的硬质保护层

573. 常压化学气相沉积（CVD）

常压化学气相沉积（CVD）是通过化学气相反应在工件表面形成薄膜的工艺。此法用于刃具和模具等的表面强化处理，可显著提高其表面性能与使用寿命。

由于是在常压（约 10^5Pa）下进行，沉积工艺参数容易控制，重复性好，宜于批量生产。沉积反应采用热激活，沉积温度高（800~1000℃），膜层与基体结合力好、绕镀性好，可涂镀带有孔、槽，甚至有盲孔的工件，膜厚可达 5~12μm。常压 CVD 多用于硬质合金表面处理，如在硬质合金刀具上应用的 CVD 涂层，大致可分为 4 大系列：TiC/TiN、TiC/TiCN/TiN、TiC/Al_2O_3 和 TiC/Al_2O_3/TiN。成都工具研究所成功地开发了 Ti-C-O-Al 和 Ti-C-N-B 两个系列共 3 种（4~7 层）高性能多元复合涂层材料。其具有优异的力学性能，使用寿命与未进行涂层处理的刀具相比，提高 3 倍以上。与原有的双涂层刀片相比，提高寿命 50%。

对 Cr12、高速钢制的 20 多种模具进行 CVD 沉积 TiC，模具寿命提高了 2~7 倍。酚醛胶木模经 CVD 处理后，使用寿命由 3~5 天提高到 40 天。

574. 化学气相沉积金刚石

CVD 金刚石涂层是一种超硬的功能材料，具有硬度高，耐磨性好，耐蚀性强，热稳定性好，热导率高，摩擦系数低等优点，是理想的模具涂层材料。

CVD 沉积金刚石涂层的方法很多，但以利用碳氢化合物直接分解的沉积方法最好。主要有热丝辅助加热 CVD 法、微波等离子体 CVD 法、直流等离子体喷射 CVD 法及电弧法等。

上述工艺方法的共同特点：都是靠施以某种能量方式让反应气体“活化”，使其形成碳、氢及碳氢基团，然后在具备适当沉积条件的基片（工件）上形成金刚石涂层。

用金刚石涂层的硬质合金（如 YG3 和 YG6）刀具，特别适用于车削加工，可以显著提高刀具寿命，降低成本，提高加工件表面质量。CVD 金刚石可以制成 0.02~1.0mm 孔径的拉丝模，可拉制不锈钢、钨丝和铂丝等，也可以制造各种管材的拉拔模具，它是制造高质量拉拔（拉丝）模具的理想材料。

575. 化学气相沉积类金刚石

CVD 类金刚石涂层具有较低的摩擦系数、高的硬度、良好的耐磨性，同时具有优异的化学稳定性和抗黏结性能，是理想的工模具涂层材料。目前，用于模具、钻头、铣刀和刀片（剪刀、刮脸刀片）等。

CVD 类金刚石（DLC）的制备工艺相对于沉积金刚石要简单一些，易于实现大面积沉积，并且具有沉积速度快、沉积温度较低等优点。主要的方法有：金属有机化学气相沉积法（MOCVD）、等离子体辅助化学气相沉积法（PACVD）和激光辅助化学气相沉积法（LCVD）等，其中最主要的是等离子体辅助化学气相沉积（PACVD）法。

PACVD 法可以有多种工艺方式，如直流辉光放电法（DG）、射频辉光放电法（RFG）和微波—射频法（MW-RF）等。直流辉光放电法（DG）的原理如图 6-1 所示，它通过直流辉光放电来分解碳氢气体，从而激发形成等离子体，等离子体与基片（工件）表面发生相互作用，形成 DLC 涂层。射频辉光放电法（RFG）的原理如图 6-2 所示，它通过射频辉光放电来分解碳氢气体，再沉积到基片上而形成 DLC 涂层。

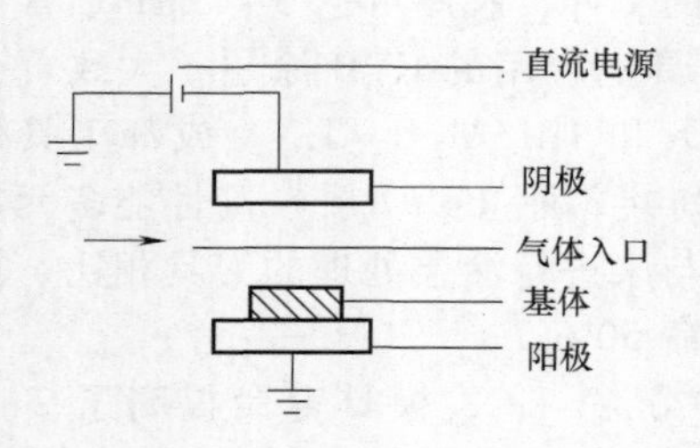

图 6-1　直流辉光放电原理

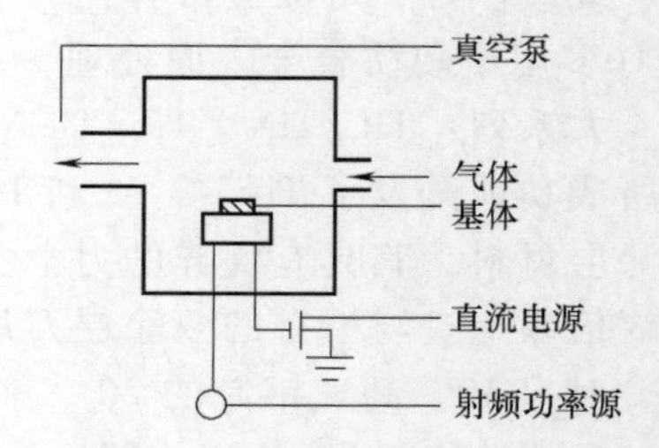

图 6-2　射频辉光放电原理

利用 DLC 涂层与有色金属等材料不易黏着的特性，在各类有色金属的冲模、翻边模、裁刀片上沉积 DLC 涂层是十分合适的，能有效减少毛刺和避免划痕等，有利于提高产品的表面质量和模具的寿命。广州有色金属研究院对空调器某零件的翻边凸模进行了 DLC 涂层沉积，结果表明，冲裁寿命可达 800 万次以上，模具寿命较未涂层的提高 3 倍。

日本在精密的研碎药片的凸模（SKH51 钢）（相当于 W6Mo5Cr4V2）上应用 DLC 涂层技术，比原来采用的铬镍合金凸模的寿命提高 3.5 倍以上（锤击压力为 18~19kN，速度为 40 次/min），但费用仅增加 0.5 倍，而且 DLC 涂层无毒、无害。

黑色 DLC 涂层，硬度 > 2000HV，最高工作温度为 450℃，摩擦系数为 0.10VSNi。适用于汽车和机械零件降低摩擦损耗，也适用于无釉轴承和干式金属润滑膜。

经过等离子渗氮后镀类金刚石涂层复合处理的 H13 钢表面硬度、膜/基体结合强度和耐磨性等均优于未渗氮、镀类金刚石涂层的样品。

576. 等离子体化学气相沉积（PCVD）

PCVD 是利用各种等离子体的能量促使反应气体离解、活化以增强化学反应的化学气相沉积。其中包括：射频等离子体化学气相沉积、微波等离子体化学气相沉积、脉冲等离子体化学气相沉积和直流等离子体化学气相沉积等。

PCVD 处理温度低、工件畸变小、沉积速度快、绕镀能力强、涂层致密且结合力强、耐磨性高、硬度高（1800~2400HV），同时抗高温氧化性和耐蚀性也得到提高。

沉积温度为 450~650℃，气压为 266.64~1066.56Pa，Ar、H_2和 N_2的流量分别为15~25L/h、50~70L/h 和 28~40L/h，电压为 2000~3500V，直流连续可调范围为 5~12A。

PCVD 法适于在形状复杂、面积较大的工件上沉积一层 TiN、TiCN、TiAlN、TiSiN 等硬质膜和超硬膜，特别适合刀具、模具等的表面硬化处理，沉积速度可达 6~15μm/h，硬度大于 2000HV，可提高寿命数倍到十几倍。经 PCVD 处理的铝型材挤压模寿命提高 1 倍以上、塑料模具寿命提高 1~4 倍。

为进一步发挥 PCVD 技术的作用，可在同炉中进行渗镀复合处理（如等离子体渗氮+PCVD），在 400~500℃ 高温条件下的铝型材挤压模具，经渗镀复合处理后，有较好的耐磨性和抗疲劳性，模具寿命至少可以提高 1 倍以上，并可使复杂模具中狭缝、沟槽和深孔实现均匀的表面强化。

例如，4Cr5MoSiV1（H13）钢制铝合金热挤压模具的等离子体化学气相沉积 TiN。

1）在 PCVD 处理前，先进行 1070℃ 加热油淬，560~580℃×2h×2 次回火。

2）PCVD 沉积 TiN，所需的反应物为 N_2、H_2 及 $TiCl_4$。其工艺过程为：清洗模具等→将镀膜室抽真空至 333.3×10^{-2}Pa→以 N_2 和 H_2 为 1∶1（体积比）的比例，向镀膜室内通入 N_2 和 H_2→接通工件的电源，电压为 1300V，以低电流溅射模具待镀表面，使其温度升至 560~600℃→关闭真空管，以 0.5~0.6L/min 的流量输入 $TiCl_4$。真空度保持在 333.3×10^{-2}Pa，电流为 300mA，进行 TiN 沉积时，沉积速率一般为 5~10μm/h，一般沉积 30min 左右关闭气体及电源，在真空状态下冷却至 150℃ 以下出炉。

经上述处理后，模具表面可得到的 TiN 沉积层厚度为 2.6~3.8μm，颜色为金黄色。经 PCVD 沉积 TiN 的 H13 钢制热挤压铝合金模具，其寿命较常规热处理的模具提高 3~5 倍。

577. 直流等离子体化学气相沉积（DC-PCVD）

直流等离子体化学气相沉积是利用直流电等离子体的激活化学反应进行气相沉积的工艺。如图 6-3 所示为直流等离子体化学气相沉积装置示意图。沉积时对工件施加负高压（0~4000V），反应室接阳极，电流密度为 16~50A/m^2，利用直流等离子体的激活化学反应进行气相沉积，从而使沉积温度得以大幅度降低，仅为 500~600℃，且膜层厚度均匀，与基体的附着力良好。DC-PCVD 的炉压通常为 10^2 ~ 10^3 Pa，沉积速度为 2 ~ 5μm/h。C_2H_2 与 $TiCl_4$ 在（体积分数）Ar95%+$H_2$5%

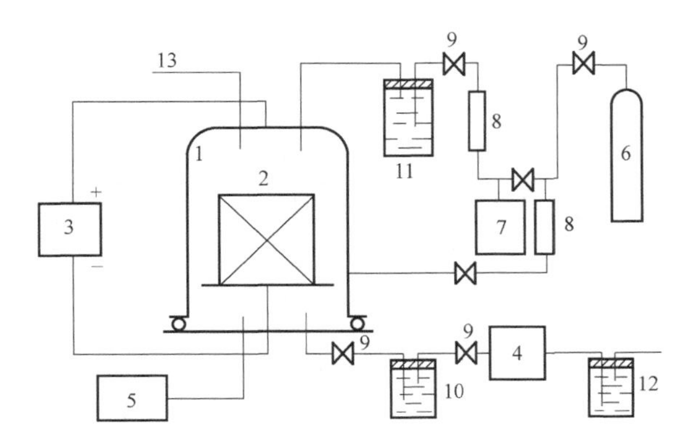

图 6-3　直流等离子体化学气相沉积装置示意

1—炉体　2—工件　3—电源　4—真空泵　5—真空计　6—气源　7—稳压罐　8—流量计　9—阀　10—冷阱　11—氯化物　12—净化器　13—测量仪

的气氛中反应，沉积 TiC 涂层。由于是直流，故不能沉积非金属基体材料。

578. 脉冲直流等离子体化学气相沉积

如图 6-4 所示为脉冲 DC-PCVD 装置示意图。这里加在工件与反应室之间的电压是比 DC-PCVD 低的脉冲直流电压（0～1200V），而且电压、脉冲频率（1～25kHz）以及占空比均可控，这样配合其他工艺参数的调整，可以在低温（500～600℃）下获得残余应力更低、性能更好的单质和化合物膜层，涂层附着力强，硬度高。

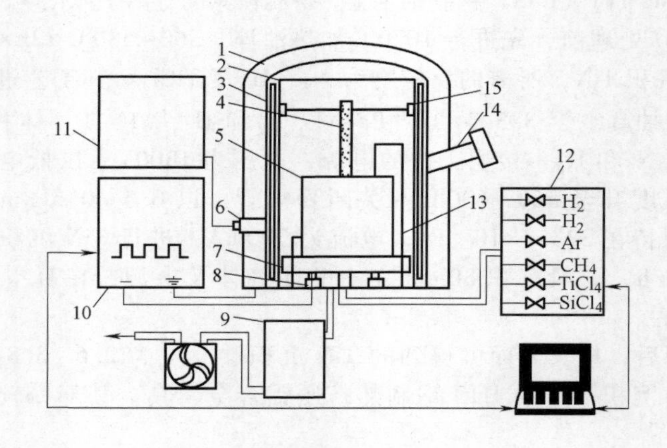

图 6-4　脉冲 DC-PCVD 装置示意

1—钟罩式炉体　2—屏蔽罩　3—带状加热器　4—通气管　5—工件　6—过桥引入电极　7—阴极盘　8—双屏蔽阴极　9—真空系统及冷阱　10—脉冲直流　11—加热及控制系统　12—气体供给控制系统　13—热电偶　14—观察窗　15—辅助阳极

表 6-4 为采用脉冲 DC-PCVD 法制成的 TiAlSiCNO 涂层的各种压铸模的应用实例。

表 6-4　脉冲 DC-PCVD 法制成的各种压铸模的应用实例

模具种类	模具材料	适用产品	适用效果
铝压铸模	DH31S(日本) (48HRC)	汽车零部件 熔液:ADC12 熔液温度:660℃	1)未进行 DC-PCVD 处理:每次都需要涂刷脱模剂 2)DC-PCVD(TiAlSiCNO)处理:无须脱模剂,可使用 100 万次
镁压铸模	SKD61(日本) 改良钢	手机零件 熔液:AZ910 熔液温度:650℃	1)未进行 DC-PCVD 处理:约 0.5 万次发生烧结现象,使用寿命约为 3 万次(使用脱模剂) 2)DC-PCVD(TiAlSiCNO)处理:使用寿命为 30 万次(不使用脱模剂)
锌压铸模	SKD61(日本) (48HRC)	照相机零件 熔液:ZDC2 熔液温度:450℃	1)未进行 DC-PCVD 处理:每次都需要涂刷脱模剂,仍会发生粘模现象 2)DC-PCVD(TiAlSiCNO)处理:只需使用以往 1/8 的脱模剂,零件粘模现象大幅度下降

579. 物理气相沉积（PVD）

PVD 是在真空加热条件下利用蒸发、等离子体、弧光放电和溅射等物理方法提供原子、离子，使之在工件表面沉积形成薄膜的工艺。

PVD 处理常用的镀层材料是 TiN 和 TiC 等。PVD 具有处理温度低、沉积速度快、无公害，并可得到致密、结合性能良好的覆层等特点。工件沉积温度通常不超过 600℃，PVD 处理前后的精度无变化，不必再进行加工，PVD 镀层具有优良的耐磨性、高的耐蚀性和较小的摩擦系数。但是，PVD 的绕镀性很差，难以适应多孔、有尖角和形状复杂的工件。

各种硬质合金、高速钢和模具钢制造的精密模具基本上都采用沉积温度较低的 PVD 进行表面涂层处理，也有 PACVD 处理的。对高速钢工具，也大多采用 PVD 或 PACVD 进行涂层处理。对硬质合金工具虽然采用传统 CVD 处理的比例仍很大，但近几年 PVD 涂层在处理硬质合金工具上也有很大进展。

PVD 已广泛用于机械、航空、电子、轻工和光学等工业部门中，用来制备具有耐磨、耐蚀、耐热、导电、磁性、光学、装饰、润滑、压电和超导等各种性能的镀层。

例如，Cr12MoV 钢油开关精冲凹凸模具经 PVD 处理后，寿命提高到 10 万次以上。精密落料模和塑料模经 TiN 涂层后的寿命提高 5~6 倍。

580. 电阻蒸镀

电阻蒸镀是用丝状或片状的高熔点导电材料（如 W、Mo 和 Ta）做成适当形状的蒸发源，将膜料（镀膜材料）放在其中，接通电源，用电阻加热膜料使其蒸发成膜的技术。这种工艺的特点是装置简单，成本低，功率密度小，主要蒸镀熔点较低的材料，如 Al、Ag、Au、ZnS、MgF_2 和 Cr_2O_3 等。常用蒸发源材料有 W、Mo、Ta、石墨、BN 等。电阻蒸发源的形状是根据蒸发要求和特性来确定的，一般加工成丝状、螺旋形、舟状和坩埚形等。

电阻加热蒸镀装置结构简单，成本低，操作简便，应用普遍。

581. 电子束蒸镀

电子束蒸镀，是利用加速电子轰击镀膜材料（简称膜料），电子的动能转换成热能，使膜料加热蒸发，变成薄膜。电子束蒸镀用电子枪有直射式、环型和 e 型枪之分。目前常用的是 e 型枪，它是由电子轨迹磁偏转 270°成“e”字形而得名的。如图6-5所示为 e 型枪的结构图。由位于坩埚下面的热阴极发射电子，电子经阴极与阳极间的高压电场加速并聚焦，由

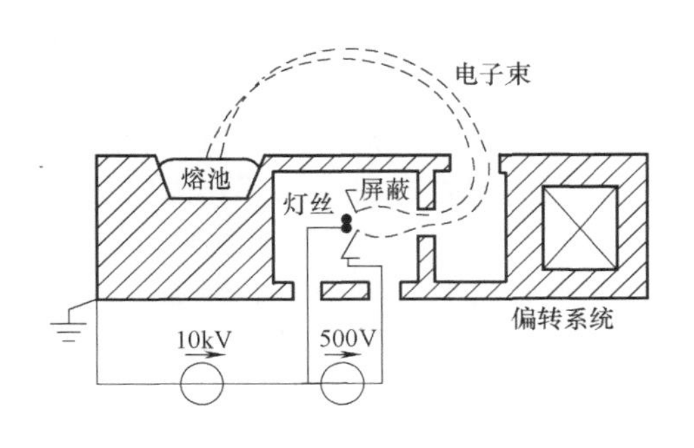

图 6-5 e 型枪的结构

磁场使其偏转打到坩埚内膜料上。膜料受电子束轰击，加热蒸发成膜。

电子束蒸镀的特点是能获得极高的能量密度，最高可达 $10^9 W/cm^2$，使膜料加热到3000~6000℃，可以蒸发难熔金属（如W、Mo和Ge）或化合物（如 SiO_2 和 Al_2O_3）等。

电子束蒸镀常用来制备Al、Co、Ni和Fe的合金或氧化物膜（SiO_2 和 ZrO_2 膜），以及耐腐蚀和耐高温氧化膜。

582. 激光蒸镀

激光蒸镀是利用激光束作为热源加热蒸镀的一种较新薄膜制备方法。用于激光蒸发的光源可为 CO_2 激光、Ar激光、钕玻璃激光、红宝石激光、YAG激光以及准分子激光等。由于不同材料吸收激光的波段范围不同，因而需要选用相应的激光器。目前常采用的是在空间和时间上能量高度集中的脉冲激光，以准分子激光效果最好。如图6-6所示为Xecl激光蒸镀示意图。激光器置于真空室之外，高能量的激光束透过窗口进入真空室中，经透镜聚焦之后照射到靶材上，使其汽化蒸发并沉积在基片上。

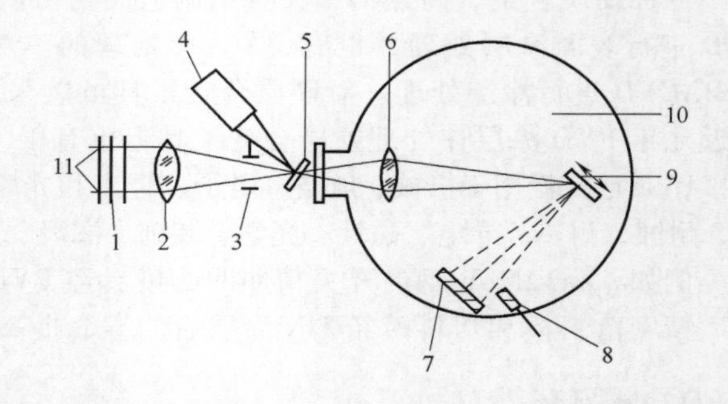

图6-6 Xecl激光蒸镀示意

1—玻璃衰减器 2—透镜 3—光圈 4—光电池 5—分光器 6—透镜 7—基片 8—探头 9—靶 10—真空室 11—Xecl激光器

激光蒸镀可制备各种金属（如Cr和Ti）和高熔点材料（如W），以及半导体（如Ge）和陶瓷等各种无机材料。

583. 真空蒸镀

真空蒸镀是在 1.33×10^{-4} ~ 1.33×10^{-3} Pa的真空容器内用电阻、电子束、高频感应和激光加热镀膜材料，使原子蒸发或升华，然后沉积到工件表面凝聚成膜层的工艺。

真空蒸镀具有工艺简单、成膜速度快、效率高、镀层纯净，以及无污染等特点。但涂层的附着力较差，深孔内壁难以涂覆，一般用于涂覆低熔点单一金属。如图6-7所示为一种简单的电阻加热真空蒸发镀膜设备示意图。真空蒸镀的基本过程为：用真空抽气系统对密闭的钟罩进行抽气，当真空罩的气体压强足够低即真空度足够高时，通过蒸发源将膜料加热到一定温度，使膜料汽化后沉积于基片表面，形成薄膜。

根据蒸发加热的方式，真空蒸镀分为电阻加热蒸发镀、感应加热蒸发镀、电子束加热蒸发镀、激光加热蒸发镀和电弧加热蒸发镀等方法。其中以电阻加热蒸发镀应用最为普遍。

真空蒸镀可镀制各种金属、合金和化合物薄膜，应用于众多的科技和工业领域。采用此法涂覆 TiC 的硬质合金刀具，其切削性能与普通化学气相沉积 TiC 的效果相当。在装饰饰品上的应用：可对手机壳、表壳、眼镜架、五金和小饰品等进行镀膜。

584. 电弧加热蒸镀

电弧加热蒸镀，是将膜料制成电极，在真空室中通电后依靠调节电极间距的方法来点燃电弧，瞬间的高温电弧使电弧端部蒸发，从而实现镀膜。控制电弧的点燃次数就可以沉积出一定厚度的薄膜。如图 6-8 所示为电弧加热蒸镀装置示意图。

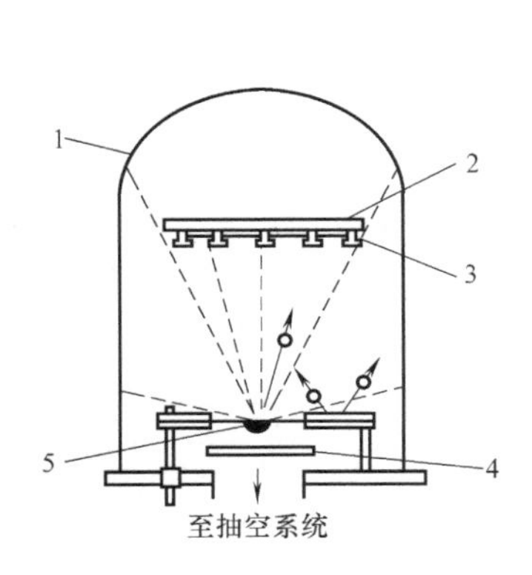

图 6-7　真空镀膜设备示意
1—真空罩　2—基片架和加热器
3—基片　4—挡板　5—蒸发源

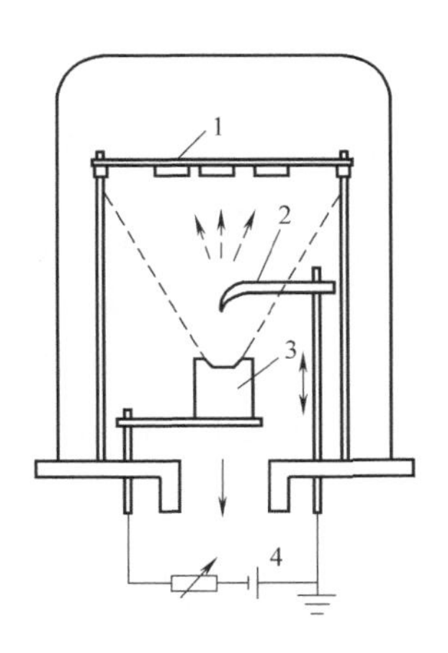

图 6-8　电弧加热蒸发镀装置示意
1—基片　2—可移动的阳极
3—阴极（坩埚）　4—直流电源

电弧加热蒸发法可分为交流电弧放电法、直流电弧放电法和电子轰击电弧放电法。电弧加热蒸发的特点：可避免电阻加热材料或坩埚材料的污染；因加热温度高，可制备如 Ti、Zr、Ta、Nb 和 W 等高熔点金属在内的几乎各种导电材料的薄膜。

例如，Cr12MoV 钢制指形触头精密冲模经常规热处理（球化退火、淬火、回火处理）后，硬度为 60～62HRC。再进行 PVD 处理，采用 ATC 型电弧加热蒸镀装置，其工艺参数为：工作真空度为 1.33～0.133Pa，处理温度为 400～600℃，沉积时间约为 40min，涂层厚度为 3～5μm，表面硬度为 2500～3000HV，基本上无尺寸变化。在冲裁厚度为 5mm 的纯铜板时，使用寿命由未经 PVD 处理的 1 万～3 万次提高到 10 万次。

585. 反应蒸镀

反应蒸镀法就是将活性气体导入真空室，使活性气体的原子、分子和蒸发的金属原子、低价化合物分子在基体表面沉积过程中发生反应，形成化合物或高价化合物薄膜的工艺。反应蒸镀参数有蒸发温度、蒸发速率、反应气体的分压强和基片的温度等。

反应蒸镀主要用于制备化合物薄膜（氧化物、碳化物和氮化物等）。具体做法是在膜料蒸发的同时充入相应气体，使两者反应化合沉积成膜，如 Al_2O_3、Cr_2O_3、SiO_2、Ta_2O_5、AlN、ZrN、TiN、SiC 和 TiC 等。例如，在蒸发 Ti 时，加入 C_2H_2，可获得硬质 TiC 薄膜；在蒸发 Al 时，加入 NH_3，可制备 AlN 薄膜。

586. 溅射镀

溅射镀（又称溅射沉积）通常是利用气体放电产生的正离子在电场作用下高速轰击作为阴极的靶材，使靶材中的原子（或分子）逸出，沉积到被镀基材的表面，形成所需要的薄膜工艺。在溅射镀膜中，被轰击的材料称为靶。用这种方法可获得金属合金、绝缘物及高熔点物质的覆层。由于各种物质都可以发生溅射，且溅射涂层的性能好，与基材的结合力强。因此，此工艺比真空蒸镀要优越得多。

溅射镀膜在电子、宇航、光学、磁学、建筑、机械包装和装饰等各个领域得到了广泛的应用。表 6-5 为溅射镀膜在机械行业的应用。

表 6-5　溅射镀膜在机械行业的应用

分类	用途	薄膜材料
耐磨、表面硬化	刀具、模具、机械零件、精密部件	TiN、TiC、TaN、Al_2O_3、BN、HfN、WC、Cr、金刚石薄膜、DCL
耐热	燃气轮机叶片	Co-Cr-Al-Y、Ni/ZrO_2+Y、Ni-50Cr/ZrO_2+Y
耐蚀	表面保护	TiN、TiC、Al_2O_3、Al、Cd、Ti、Fe-Ni-Cr-P-B 非晶膜
润滑	宇航设备、真空工业，原子能工业	MoS_2、聚四氟乙烯、Ag、Cu、Au、Pb、Pb-Sn

溅射镀膜的特点：①与真空蒸镀法相比，溅射镀膜具有膜层与基体结合力高；②容易得到高熔点物质的薄膜；③可以在较大面积上得到均匀的薄膜；④容易控制膜的组成，膜层致密，无气孔；⑤任何材料都能溅射镀膜。

采用 Cr 和 Cr-CrN 等合金靶或镶嵌靶，在 N_2 和 CH_4 等气氛中进行溅射镀膜，可在各种工件上镀 Cr、CrC 和 CrNi 等。纯铬膜的显微硬度为 425~840HV，CrN 膜为 1000~3500HV，不仅硬度高且摩擦因数小，可代替水溶液电镀铬。

TiN、TiC 和 Al_2O_3 等膜层化学性能稳定，在许多介质中具有良好的耐蚀性，可作为基体材料保护膜。

溅射镀按电极结构可分为二极溅射、三极溅射、四极溅射和磁控溅射等；以电源与放电形式可分为直流溅射、中频溅射、射频溅射和偏压溅射等；以工作气氛可分为惰性气体溅射、反应溅射和吸附溅射等。

溅射镀的主要工艺参数有基片温度、气体压力和靶电压与电流等。目前溅射镀主要适用于制备金属或合金薄膜，以及工模具上的硬质膜等。溅射镀膜获得的 TiN、TiC、TiCN、TiAlN、CrN 和 HfN 等已广泛用作切削刀具、精密模具和耐磨零件的硬质涂层。

溅射法用于沉积各种导电材料，包括高熔点金属及化合物等，若用 TiN 作为靶材，则在模具上直接沉积 TiN 涂层，溅射可使基体温度升高到 500~600℃，故适用于在此温度下工作、具有二次硬化的钢制模具，如 Cr12、Cr12MoV、3Cr2W8V、4Cr5MoSiV1、W6Mo5Cr4V2 和 W18Cr4V 等。

587. 直流二极溅射

直流二极溅射（又称阴极溅射镀膜），是利用气体辉光放电来产生轰击靶的正离子，膜料（靶）为阴极，工件与工件架为阳极，正负极间施加直流高压 1~7kV。如图 6-9 所示为直流二极溅射装置示意图，其特点是结构简单，在大面积的工件表面上可制取均匀的薄膜。但其电流密度小（0.15~1.5mA/cm^2），溅射速率低，沉积速率慢，放电电流随氩气（Ar）压力和电压变化而变化，且工件温升较高，只适用于金属和半导体材料，而不能用于绝缘材料的溅射。

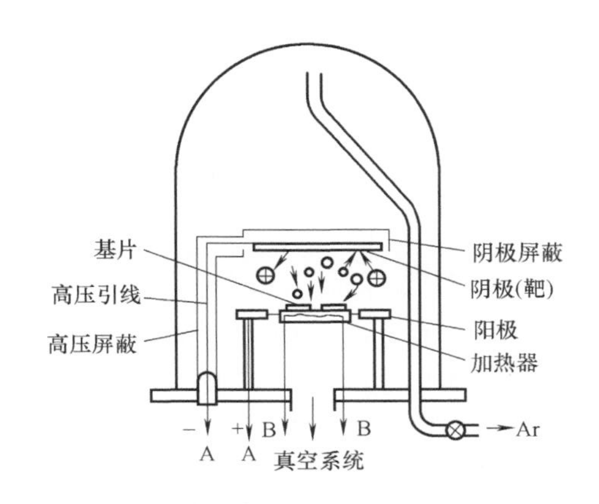

图 6-9　直流二极溅射装置

A—溅射电源　B—基板加热电源

工作时，真空室预抽真空到 6.5×10^{-3}Pa，通入 Ar 使压强维持在 13.3~0.133Pa，接通直流高压电源，阴极靶上的负高压在极间建立起等离子区，其中 Ar^+ 受电场加速轰击阴极靶，溅射出物质，溅射粒子以分子或原子状态沉积于工件表面，形成镀膜。阴极溅射时溅射下来的材料原子具有 10~35eV 的动能，比蒸镀时的原子动能（0.1~1.0eV）大得多，故溅射镀膜的附着力也比蒸镀膜大。但其涂覆速度太低，目前已开发出高效率溅射沉积技术，如高频溅射、磁控溅射及离子溅射等。

588. 直流三极或四极溅射

直流三极溅射，是在二极溅射的基础上，增加热阴极，发射热电子，这就成了三极溅射，如图 6-10 所示为三极溅射原理图。热阴极接负偏压，热电子在电场的吸引下穿过靶与基片间的等离子体区，增加了电子碰撞概率，使电流密度得到提高（1~3mA/cm^2），并可实现低气压（0.1~1Pa）、低电压（1~2kV）溅射，放电电流和轰击靶的离子能量可独立调节控制。它提高了溅射速率，改善了膜层质量。

若再另设一电子收集极，并在镀室外增设聚束线圈，使电子汇聚在靶和基片之间做螺旋运动，就增加了电离分子概率，使电流密度提高到 2~5mA/cm^2，此时可以看到较强的等离子体辉光区存在，这就变为四极溅射了。

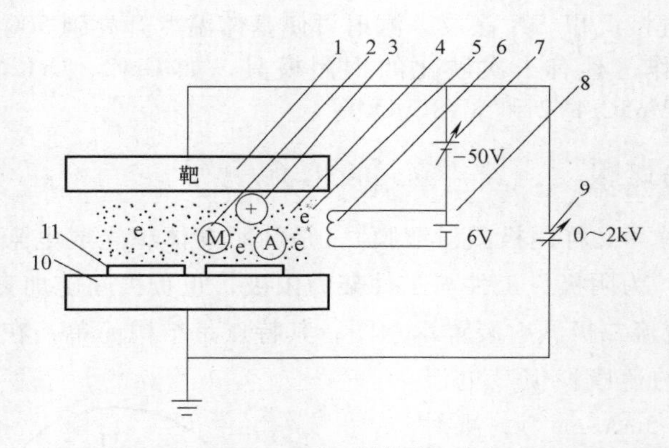

图 6-10 三极溅射原理示意

1—靶阴极 2—溅射原子 3—氩离子 4—热电子引起的附加离子 5—热电子 6—灯丝 7—热电子加速电源 8—灯丝加热电源 9—靶电源 10—阳极 11—基板

589. 磁控溅射

磁控溅射，是在溅射靶的背面安装一个永久磁铁，使靶上产生环形磁场。以靶为阴极，靶下面接地的罩为阳极，当真空室内充以低压 Ar，压力为 $10^{-1} \sim 10^{-2}$ Pa 时，在靶的表面附近产生辉光放电。在磁场的作用下，电子（e）被约束在环状空间，形成高密度的等离子环，其中电子不断使 Ar 原子变成离子（Ar^+），它们被加速后打向靶表面，将靶上原子溅射出来，沉积在基片（工件）上，形成薄膜。

如图 6-11 所示为磁控溅射工作原理图，图中电子 e 在电场 E 的作用下加速飞向基体的过程中，与 Ar 原子发生碰撞，若电子具有足够的能量（约 30eV），则电离出 Ar^+ 和一个电子 e，电子飞向基片，Ar^+ 在电场 E 的作用下加速飞向阴极靶，以高能量轰击靶的表面，使靶材产生溅射。在溅射出的粒状中，中性的靶材原子或分子飞向基片，沉积在基片上成膜；二次电子 e_1 在阴极位降区被加速为高能电子后，并不能直接飞向阳极，而是落入电子捕集阱中，在正交电磁场内通过洛伦兹力的作用，做来回振荡，同时不断地与气体分子发生碰撞，把能量传递给气体分子，使之电离，而本身变为低能电子，最终沿磁力线漂移到阴极附近的辅助阳极上，进而被吸收。在磁极轴线处电场与磁场平行，电子 e_2 将直接飞向基片，但此处离子密度很低，e_2 电子也就很少，故对基

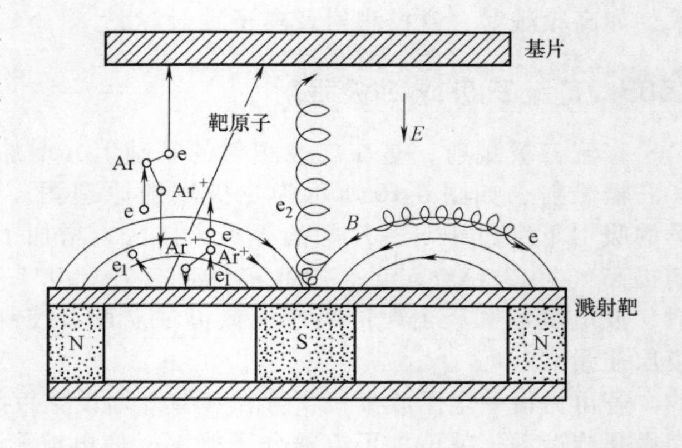

图 6-11 磁控溅射工作原理

片温升作用不大。

磁控溅射常用的工作参数：溅射电压为300~600V，工作压力为1~10Pa，平行于靶面的磁感应强度分量在0.04~0.07T之间。磁控溅射镀膜法由于其高速、低温的特点，且镀膜装置性能稳定，便于操作，工艺容易控制，适用于大面积沉积，又便于连续和半连续生产。

磁控溅射在防护涂层中的应用：可对飞机发动机的叶片、汽车钢板和散热片等进行处理。可采用磁控溅射镀膜机进行磁控溅射。

590. 非平衡磁控溅射

非平衡磁控溅射，其特征是磁控溅射阴极的磁场不仅仅局限于靶面附近，还有向靶外发散的杂散磁场，从而把磁场所控制的等离子体范围扩展到基片附近，形成大量离子轰击，直接干预基片表面溅射成膜过程，改善了膜层的性能。

如图6-12所示为非平衡磁控溅射阴极的磁场分布示意图。图6-12a为磁控溅射阴极的心部永磁体磁力线向外发散，从而使基片附近为弱等离子体；图6-12b为外沿永磁体有大量向外发散的磁力线，从而使基片浸没在等离子体中。

采用非平衡磁控溅射不仅可以大大扩展靶与基片间的距离，提高膜的沉积速度，使生产速率得到显著提高，而且膜的质量也得到进一步提高。

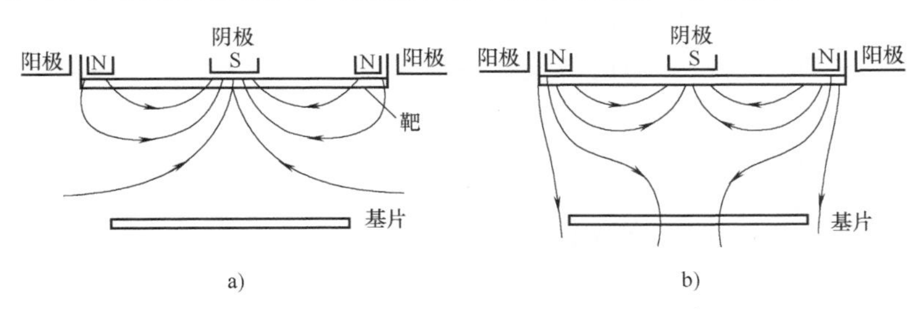

图6-12　非平衡磁控溅射阴极的磁场分布示意

此法适用于各类工模具的表面强化处理，如：钻头、铣刀、车刀、绞刀、滚刀、拉刀、丝锥、冲头、冲模、挤压模具、冲压模具、量具、刃具，以及轴承、纺织钢领、医疗器械、五金工具和汽车配件等。

591. 反应溅射

反应溅射，是在溅射过程中向真空室送入反应气体，所产生的等离子体与从靶材溅射出的原子反应，形成化合物并沉积在基片上。以Ti为靶材，通入NH_3，可获得TiN涂层。

反应溅射的工艺参数对薄膜的成分与性能影响很大，如反应气体的分压、基片温度、气体温度以及溅射电压与电流等。

反应溅射的工艺参数如下：直流电压为1~7kV，溅射功率为0.3~10kW。在Ar中掺入适量的活性气体。

反应溅射是低温等离子体气相沉积的过程，重复性好，已用于制备大量的化合物薄膜如 TiN、Si_3N_4、SiO_2、Ti_2O_5、Al_2O_3和 ZnO 等，适合于对工模具等进行镀膜。

592. 离子束溅射

离子束溅射是从一个与镀室隔开的离子源中引出高能离子束，然后对靶进行溅射镀膜的技术。这样，镀膜室的真空度可达 10^{-4}~10^{-8}Pa，有利于沉积高纯度、高结合力的薄层。如图 6-13 所示为离子束溅射系统示意图。目前常用于离子束溅射的离子源有双等离子体源和考夫曼离子源两种。

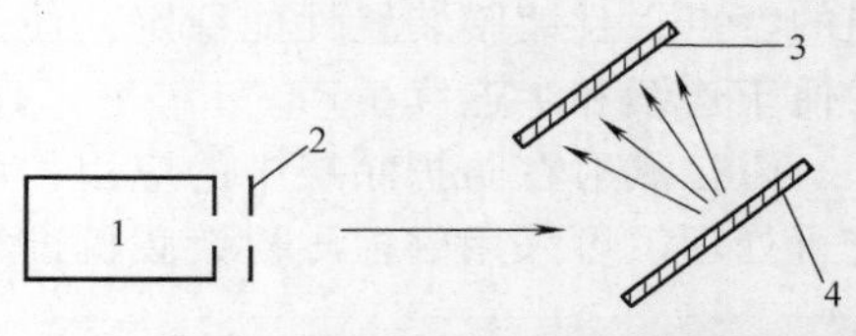

图 6-13　离子束溅射系统示意

1—离子源　2—导出电极　3—基片　4—靶

离子束溅射镀膜的特点：膜的纯度高、质量好，能对薄膜的性能和组织进行广泛的调节和控制等。但束流密度小，成膜速率低，沉积大面积薄膜有困难。

593. 离子镀

离子镀（IP）是在真空条件下，利用气体放电使气体或被蒸发物质部分电离，并在气体离子或被蒸发物质离子的轰击下，将蒸发物质或其反应物沉积在基片上的方法。它是一种将真空蒸镀和真空溅射结合的镀膜工艺，兼有蒸发镀的沉积速度快和溅射镀的离子轰击清洁表面的特点，特别是具有膜层附着力强、镀层致密、均镀能力好、处理温度低、可镀材料广泛和无公害等优点。如图 6-14所示为离子镀的原理图。

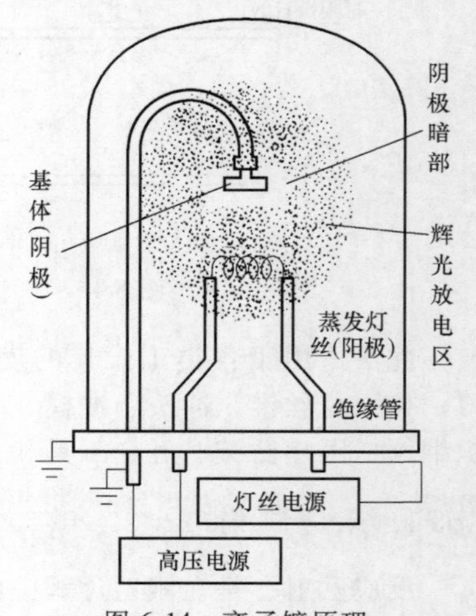

图 6-14　离子镀原理

根据放电方式，可将离子镀分为辉光放电和弧光放电两大类型。辉光放电离子镀包括直流二极型离子镀、活性反应型离子镀、热阴极型离子镀、高频离子镀、集团离子束离子镀和磁控溅射离子镀；弧光放电离子镀包括空心阴极离子镀、多弧离子镀和热灯丝等离子枪离子镀等。

通过离子镀技术，在高速钢、硬质合金和其他工模具材料基体上，涂覆一层硬质涂层，是提高刀具和模具（工模具主要是 TiN 系涂层）等的耐磨性、热稳定性，以及延长其服役寿命的有效途径之一。

离子镀可在金属或非金属薄膜上镀覆各种材料，提高耐蚀性。国内已研究成功在钢铁、黄铜、铝合金和锌合金等基材上进行离子镀 Cr、Ti、Zr 和 Al 的氮化物等，可代替电镀锌、电镀镍和电镀铬等，提高了镀层质量，并避免了普通电镀对环境的污染。

表 6-6 为离子镀的部分应用情况。

表 6-6 离子镀的部分应用情况

镀层材料	基体材料	功能	应用
Al、Zn、Cd	高强度、低强度钢螺栓	耐蚀	飞船、船舶、一般结构用件
Al、W、Ti、TiC	一般钢、特殊钢、不锈钢	耐热	排气管、枪炮、耐热金属材料
TiN、TiC、TiCN、TiAlN、HfN、ZrN、Al_2O_3、Si_3N_4、BN、DLC、TiHfN	高速工具钢、硬质合金	耐磨	刀具、模具
MCrAlY	Ni/Co 基高温合金	抗氧化	航空航天高温部件

594. 磁控溅射离子镀

磁控溅射离子镀是把磁控溅射和离子镀结合起来的镀膜工艺，其装置结构如图 6-15 所示。镀膜时，真空室充入 Ar 使气压维持在 10^{-2}~10^{-1}Pa，并在磁控溅射靶上施加 400~1000V 的负偏压，产生辉光放电。Ar^+在电场作用下轰击靶面，靶材原子被溅射出来，并在向工件迁移过程中部分被电离，在基片负偏压作用下加速运动，在工件上沉积成膜。

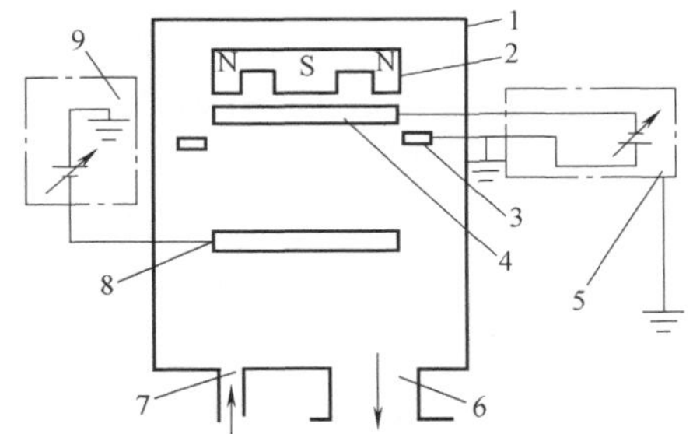

图 6-15 磁控溅射离子镀装置示意
1—真空室 2—永久磁铁 3—磁控阳极 4—磁控靶 5—磁控电源 6—真空抽气系统 7—Ar 入口 8—基片 9—基片偏压

磁控溅射离子镀兼有磁控溅射和离子镀的优点，沉积速度快，膜层厚度均匀、致密，附着力好。

此工艺可广泛用于刀具、模具、钟表、首饰、灯具、建筑五金及装饰用彩色钢板、眼镜架、电子产品、医疗器械和仪器仪表等。

例如，TX 系列多弧磁控溅射多功能离子镀膜设备与工艺：该法将多弧离子镀、柱形靶及磁控油射离子镀有机结合在一起，可单独使用或同时使用，制取含有连续过渡层的各种膜层。该设备主要性能指标如下：镀膜室极限真空度为 1.3×10^{-3}Pa；抽真空时间（从大气抽真空至 6.67×10^{-3}Pa）≤20min；压升率为 1Pa/h；工作周期为 1h；弧电流为 60~90A；弧电压为 18~21V；磁控溅射靶功率为 10~36kW。

595. 空心阴极离子镀（HCD）

空心阴极离子镀（HCD），是利用空心热阴极放电产生的等离子电子束作为蒸发源和离化源的离子镀膜工艺，如图 6-16 所示为空心阴极离子镀装置示意图。等离子电子束经偏转聚焦到达水冷坩埚后，将膜料迅速蒸发，这些蒸发物又在等离子体中被大量离化，在负偏压的作用下以较大的能量沉积在工件表面而形成牢固的膜层。

空心阴极离子镀工艺参数包括充气气压、反应气体分压、蒸发速率、基片偏压和基体温度等。

空心阴极离子镀的特点：离化率高达 20%~40%，膜层致密均匀，结合力好；绕镀性好，基片温升小等。可以大大延长工模具等的使用寿命。

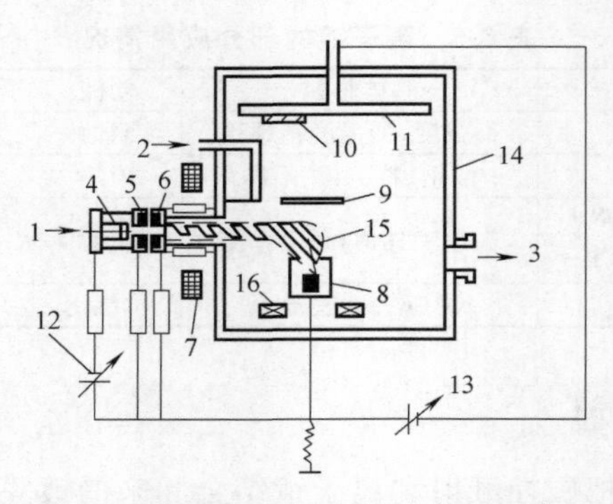

图 6-16　空心阴极离子镀装置示意

1—Ar 入口　2—反应气体入口　3—真空系统　4—阴极系统　5—第一辅助阳极　6—第二辅助阳极　7—大磁场线圈　8—水冷铜坩埚　9—挡板　10—基片　11—基片架　12—放电电源　13—偏压电源　14—真空室　15—等离子体流　16—永磁铁

例如，刀具空心阴极离子镀 TiN 膜的主要工艺参数：空心阴极枪电压为 50～60V，空心阴极枪电流为 130～145A，空心阴极枪功率为 5～10kW，工件负偏压为 20～50V，聚焦电流为 3～5A，Ar 流量为 16～30mL/min，N_2 流量为 70～90mL/min，真空度为 $1\sim3\times10^{-3}$Pa，基体温度为 480～540℃，沉积时间为 50～90min。经上述处理后，TiN 膜的厚度为 2～7μm。刀具（铰刀、滚齿刀、插齿刀和刨齿刀）使用寿命较常规热处理的提高 2～3 倍。

596. 多弧离子镀

多弧离子镀（也称真空弧光蒸发镀），是一种在真空中将冷阴极自持弧光放电用于蒸发源的镀膜工艺。如图 6-17 所示为多弧离子镀装置示意图，它将镀膜材料做成阴极靶，接电源负极，镀膜室接地作为阳极，电源电压为 0～220V，电流为 20～100A，基体接为 50～1000V 负偏压。用辅助阳极与阴极靶瞬间引发电弧放电，在阳极与阴极间形成自持弧光放电。在放电过程中，阴极材料直接从固态汽化并电离，最后在基体上沉积成膜。

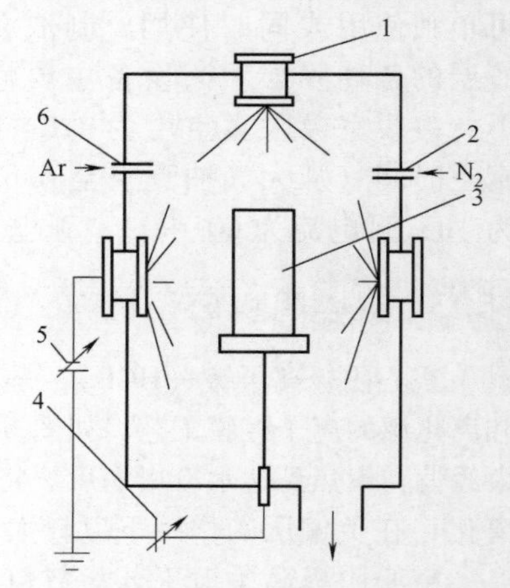

图 6-17　多弧离子镀装置示意

1—阴极蒸发器　2—反应气体进气系统　3—基体　4—基体负偏压电源　5—主弧电源　6—Ar 进气系统

多弧离子镀可设置多个弧源，为了获得好的绕射性，可独立控制各个源。这种设备可用来制作多层结构膜、合金膜和化合物膜。

多弧离子镀的特点如下：采用的阴极电弧源是一个高效率的离子源，金属离化率高达 60%～90%，沉积速度较快；实现一弧多用；膜层的致密度高，与工件的附着强度高；入射离子能量高，沉积膜的质量和附着性能好；不需要工作气体，设备结构简单。

此法广泛应用于高速钢刀具（插齿刀、滚齿刀、铣刀和丝锥）和模具（塑料模具、链条冲钉模具、标准件精冲模和拉深模）中。

以高速钢和硬质合金制成的切削刀具经镀膜后可提高工具的表面硬度和自润滑性，减少粘刀现象，大幅度提高工具寿命，从而降低加工成本。模具经镀膜后也有提高使用寿命的效果。

例如，在多弧离子镀时，工件预热和离子轰击溅射引弧后，调整电流为40～60A，接通全部电弧电源并引弧，电弧电流为40～60A，工件接负偏压为100～200V，沉积气压为10^{-2}～1Pa。工件被轰击达到沉积温度后通入高纯度N_2，N_2被电离与Ti^+形成TiN涂层。高速钢刀具沉积时间一般为40～60min。ϕ6mm钻头经TiN镀膜后的使用寿命平均提高3～11倍。

参 考 文 献

[1] 王学武. 金属表面处理技术 [M]. 北京：机械工业出版社，2008.
[2] 全国热处理标准化技术委员会. 金属热处理标准手册 [M]. 3版，北京：机械工业出版社，2016.
[3] 周彤. 刀具涂层技术的应用 [J]. 机械工人（冷加工），2002（9）：22-25.
[4] 黄拿灿. 现代模具强化新技术新工艺 [M]. 北京：国防工业出版社，2008.
[5] 侯惠君，代明江，林松盛. H13等离子渗氮-类金刚石膜（DLC）复合处理的性能研究 [J]. 材料研究及应用，2010，4（1）：36-39.
[6] 常志梁，董良，张金旺，等. 铝型材挤压模具等离子体化学气相沉积TiN工艺的试验研究 [J]. 热加工工艺，1994（3）：44-45.
[7] 蔡珣. 表面工程技术工艺方法400种 [M]. 北京：机械工业出版社，2006.
[8] 钱苗根. 现代表面技术 [M]. 北京：机械工业出版社，2016.
[9] 王德文. 新编模具实用技术300例 [M]. 北京：科学出版社，1996.
[10] 王先逵. 机械加工工艺手册：第2卷 加工技术卷 [M]. 2版. 机械工业出版社，2007.

第7章

金属的形变热处理

形变热处理是将塑性变形和热处理结合，以提高工件力学性能的复合工艺。

形变热处理不仅能够获得优异的力学性能，而且还可以省去热处理时的重新高温加热，从而节省能耗，减少材料的氧化损失及脱碳、畸变等缺陷。因此，形变热处理工艺兼有优异的强韧化效果与巨大的经济效益。是先进的热处理技术之一。

形变热处理工艺可应用的范围极为广泛，从加工对象的角度来看，其适用于各种非合金钢、合金结构钢、工具钢、不锈钢、镍或钼基合金、铝合金，以及钛合金等几乎所有的金属材料。从加工方法的角度来看，此工艺适用于几乎所有的压力加工及热处理方法。其能使二者结合起来，达到对加工强度及塑性方面的特殊要求，从而使工件的质量和使用寿命得到大幅度提高。

形变热处理工艺方法可根据形变在热处理相变之前、后或同时进行分为三大类。此外，还有一类由上述基本方法引申出来的派生的形变热处理工艺方法，见表7-1。

表7-1　形变热处理的工艺名称、进行方式、效果及用途

序号	类别	工艺名称		进行方法	效果及用途
1	形变在形变前进行的形变热处理方法	高温形变淬火	锻热淬火	利用锻造余热直接淬火，可与各种锻造方法结合，如自由锻、热模锻、旋压和热挤压等	可提高强度10%~30%，改善塑性、韧性、疲劳强度、回火脆性、低温脆性及缺口敏感性。可用于加工量不大的非合金钢及合金结构钢零件，如连杆、曲轴、叶片、弹簧、农机具及枪炮零件
			轧热淬火	精确控制终轧温度，利用轧制余热直接淬火	效果同上。可用于各种建筑钢材、板、管、轨、丝及型材等
2		高温形变正火		在锻、轧时适当降低终锻、轧温度，然后进行空冷、强制空冷或等温空冷	提高钢材冲击韧性并降低脆性转变温度，提高共析钢耐磨性及疲劳强度。适用于改善以微量元素（V、Nb和Ti等）强化的建筑结构钢材的塑性和非合金钢及合金钢制造的大型、复杂形状的锻件
3		高温形变等温淬火		利用锻、轧后余热进行珠光体区域或贝氏体区域的等温淬火	提高强度与韧性。适用于$w(C)\approx 0.4\%$的钢缆绳、高碳钢丝及小型紧固件
4		亚温形变淬火		在临界温度区域（Ac_3及Ac_1之间）进行形变，然后淬火（此温度区域原为亚共析钢热处理禁区）	大大改善合金结构钢冷脆性能，降低冷脆温度。适用于制造在严寒地区工作的结构件及冷冻设备构件。较大形变量（>60%）的亚温形变淬火还可获得碳化物定向分布的纤维强化钢，具有比铅淬拔丝更高的强度和优良的低温塑性

（续）

序号	类别	工艺名称	进行方法	效果及用途
5	形变在形变前进行的形变热处理方法	低温形变淬火	钢在奥氏体化后，急冷至等温淬火转变区（500～ 600℃），进行60%～90%形变后淬火	保持韧性，提高强度和耐磨性。可使高强度钢的强度从1800MPa提高到2500～2800MPa。适用于要求强度极高的零件，如飞机起落架、火箭蒙皮、高速钢刀具、模具、炮弹及穿甲弹壳，以及板簧等
6		低温形变等温淬火	钢在奥氏体化后，急冷至最大孕育期（500～600℃），进行形变后，在贝氏体区等温淬火	在保持较高韧性的前提下，提高强度至2300～2400MPa。适用于热作模具及用热作模具钢和其他高强度结构钢制造的小零件
7	形变在相变中进行的形变热处理方法	等温形变淬火	在等温淬火的奥氏体—珠光体或奥氏体—贝氏体转变过程中形变	在提高强度的同时，显著提高珠光体转变产物的冲击韧性。适用于通常进行等温淬火的小型零件，如细小轴、小齿轮、垫片、弹簧和链节等
8		连续冷却形变处理	在奥氏体连续冷却转变中进行形变	可得到强度及塑性的良好配合。适用于小型精密耐磨、抗疲劳工件
9		诱发马氏体的低温形变	对奥氏体钢进行室温或更低温度的形变（一般为轧制），然后时效	在保证塑性的条件下提高强度。适用于对各种奥氏体不锈钢（主要是板材）的强化，如18-8型、PH15-7Mo过渡型不锈钢，以及TRIP钢等
10		过饱和固溶体形变时效	在铝合金、奥氏体或双相耐热钢、镍基合金等固溶处理之后进行室温或较高温度下的形变，然后时效	能大大改善合金基体组织及强化相的弥散度，从而提高室温强度，改善高温持久强度及蠕变抗力。适用于绝大部分时效强化型铝合金、奥氏体及双相耐热钢，以及镍基高温合金等。主要应用于各种飞行器及发动机零件
11	形变在相变后进行的形变热处理方法	珠光体高温形变	将退火钢加热至700～750℃进行形变，然后慢速冷却至600℃左右出炉	为极有效的快速球化工艺，比普通球化退火快15～20倍，适用于轴承毛坯及其他对球化组织要求较高的零件球化处理，可提高钢丝的强度及塑性
12		珠光体低温形变	钢丝奥氏体化后在铅浴或盐浴中等温淬火，得到细珠光体组织，再进行>80%形变量的拔丝	使珠光体组织细化、晶粒畸变。冷硬化显著，可提高强度，常用于钢丝生产，称为铅浴拔丝
13		马氏体（回火马氏体、贝氏体）形变时效	对马氏体（回火马氏体、贝氏体）进行室温形变，然后进行200℃左右的时效	使屈服强度提高3倍，冷脆温度下降。适用于制造超高强度的中、小型零件。可使低碳钢淬成马氏体，在室温下形变，最后回火
14	派生的形变热处理方法	利用形变强化遗传性的热处理	用高温或低温形变淬火使毛坯强化，然后进行中间软化回火以便切削加工，最后进行二次淬火和低温回火，可再现形变强化效果	提高强度和韧性，节省毛坯预备热处理工序。适用于形状复杂、切削加工量大的高强度零件
15		预先形变热处理	将钢材于室温下进行形变强化，然后中间软化回火，以利于切削加工，最后再进行盐浴和感应等快速加热淬火，以及低温回火	提高强度及韧性，省略预备热处理工序。适用于形状复杂、切削量大的高强度零件

（续）

序号	类别	工艺名称		进行方法	效果及用途
16	派生的形变热处理方法	表面形变时效		对钢件进行喷丸或滚压等表面形变处理之后，再进行时效处理	对于提高疲劳强度及耐磨性极为有效，适用于弹簧和轴类零件
17		表面高温形变淬火		用感应或盐浴表面加热方法将零件表层加热到临界温度以上，进行滚压强化，随后淬火	显著提高疲劳强度及耐磨性。适用于圆柱形或环形零件（如高速传动轴类和轴承套圈）等，在提高抗磨零件（如履带板和机铲等）的使用寿命方面也较有效
18		复合形变热处理		将高温形变淬火与低温形变淬火复合，或将高温（或低温）形变淬火与马氏体（回火马氏体）形变时效复合	在提高强度、塑性、冲击韧性、疲劳强度及耐磨性等综合强化方面，超过任何一种单一的形变热处理方法。适用于Mn13、工具钢和冷作模具钢等难以强化的钢材
19		形变化学热处理	锻热渗碳淬火或碳氮共渗	将零件加热到奥氏体区进行锻造（模锻）成形，随即放入渗碳炉中渗碳或碳氮共渗，然后直接淬火、回火	可省略渗碳时零件加热所需的电能，并能提高渗碳速度、表层碳浓度及耐磨性。适用于中等模数渗碳齿轮等
			锻热淬火渗氮	锻热淬火后，高温回火时渗氮或低温碳氮共渗	零件心部充分强化，加速渗氮或低温碳氮共渗，并提高耐磨性。适用于模具、刀具以及对耐磨性要求较高的工件
			低温形变淬火渗硫	钢件低温形变淬火后，低温回火与低温电解渗硫复合	零件心部及表层充分强化，表面减摩。适用于高强度摩擦偶件，如凿岩机活塞和牙轮钻等
20		化学形变热处理	渗碳表面形变时效	渗碳、渗氮或碳氮共渗后，进行喷丸或滚压，然后低温回火，使表面产生形变时效作用	可使零件表层得到超高硬度及耐磨性。适用于对耐磨性及疲劳强度均要求极高的各种零件，如航空发动机齿轮和内燃机气缸套筒等
			渗碳表面形变淬火	零件渗碳后用高频加热表层并进行滚压，然后淬火，也可在渗碳后直接进行滚压淬火	零件表层可获得极高的耐磨性，适用于齿轮及其他渗碳零件

597. 高温形变淬火

高温形变淬火，是将钢加热至稳定奥氏体区，保温适当时间后，在再结晶温度以上进行形变并淬火的复合热处理工艺（见图7-1）。

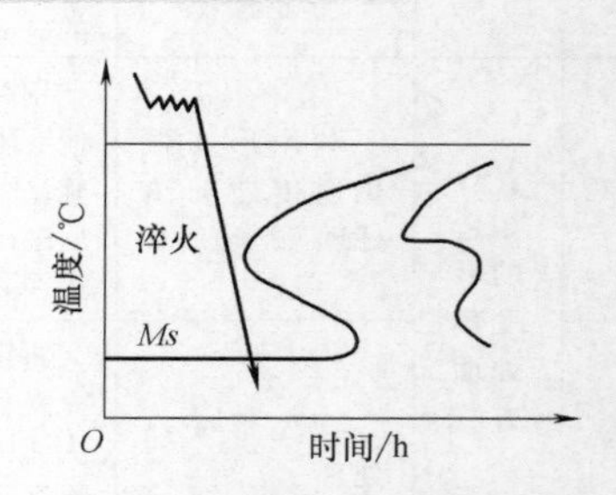

图7-1　高温形变淬火工艺示意

高温形变淬火工艺在非合金钢及低合金钢上均可实现。此外，由于形变温度较高，形变易于进行，所以在一般锻、轧设备上都可进行形变，因此比低温形变淬火应用更广泛。一些钢材经高温形变淬火后的力学性能见表7-2。

表 7-2 高温形变淬火后钢的力学性能

牌号	高温形变淬火规范			R_m/MPa		R_{eL}/MPa		A(%)	
	形变量(%)	形变温度/℃	回火温度/℃	高温形变淬火	普通热处理	高温形变淬火	普通热处理	高温形变淬火	普通热处理
Mn13	45	1050	—	1155	1040	430	447	53.3	53.3
45CrMnSiMoV	50	900	315	2100	1875	—	—	8.5	7
75	35	1000	350	1750	1300	1500	800	6.5	4
20	20	—	200	1400	1000	1150	850	6	4.5
40	40	—	200	2100	1920	1800	1540	5	5
60	20	—	200	2330	2060	2200	1508	3.5	2.5
Q235A	30	940	—	690	—	635	350	—	—
45CrNi	50	950	250	1970	1740	—	—	8.2	4.5
18CrNiW	60	900	100	1450	1150	—	—	—	—
40CrNiMo	40	845	95	2250	2230	1690	1470	10	9
55CrMnB	25	900	200	2400	1800	2100	—	4.5	1
55Si2	15~20	—	300	2220	1820	2021	1750	—	—
40CrSiNiWV	85	—	200	2370	2000	2150	1660	8.1	5.9
40Cr2NiSiMoV	95	—	200	2300	1910	2140	1590	9.1	6.4
55Cr5NiSiMoV	85	—	250	2280	2110	1990	1840	9.0	7.1

从表 7-2 中的数据可见，高温形变淬火可使钢材的拉伸性能得到提高，即高温形变淬火对钢材有良好的强韧化效果。

高温形变淬火还能显著提高冲击韧性；可降低第一类回火脆性，消除第二类回火脆性；并对钢材的疲劳极限也有良好的作用；还可以提高钢材的热强性、断裂韧度及裂纹扩展功等。

高温形变淬火的工艺参数包括：形变温度、形变量、形变后淬火前的停留时间及形变淬火后的回火温度等。

(1) 形变温度 从提高钢材强韧化的角度出发，形变温度应尽可能低些，以防高温形变后淬火前（或高温形变过程中）奥氏体发生再结晶而影响高温形变淬火的强韧化效果。

(2) 形变量 高温形变淬火的形变量与钢材强韧化效果，常因钢材的化学成分不同而分为两种类型。

一种类型是随着高温形变时形变量的增大，钢材的强度和塑性不断增大，如 45CrNiMnSiMoV 和 40Cr2Ni4SiMo 钢等。

另一种类型是在高温形变淬火时，钢材的拉伸性能随着形变量的增大先增大后减小。如 55CrMnB 钢等。对于一般钢材，高温形变淬火时的最佳形变量为 25%~40%（强韧化效果达到极值）。

(3) 形变后淬火前的停留时间 对非合金钢及低合金钢要求形变后立即淬火；对中合金钢允许有一段时间的停留；而对高合金钢，为了得到最佳的力学性能，形变后必须有一段较长时间的停留。

(4) 形变、淬火后的回火温度 高温形变淬火后必须进行回火处理。对高强度结构件可进行低温（100~200℃）回火；对塑性要求较高、在低温或高温工作的工件应进行高温回火。对相同类型的工件，经高温形变淬火后，可应用较（普通淬火后）低的回火温度，而不致发生脆性断裂。

高温形变淬火工艺的应用实例见表7-3。

表7-3 高温形变淬火工艺的应用实例

钢材	工件名称（或钢材品种）	高温形变淬火规范			效果
		形变温度/℃	形变量(%)	回火温度/℃	
40钢	φ19mm石油深井泵杆	900（终轧温度）	—	200~400	在韧性与塑性有所改善的前提下,可提高强度15%~30%、提高疲劳极限并降低缺口敏感性
38CrNiMo	133mm×9000mm钻杆	760~800（终轧温度）	73.5	600	在韧性与塑性有所改善的前提下,提高强度15%左右
75钢	钢轨	1000	35	350	在提高塑性的前提下,提高强度50%左右
50Mn（或50Cr）	重型载货汽车板弹簧	850~730	30	350~400	与SAE5160钢板弹簧相比,重量轻25%,片数少40%,使用寿命长60%
60Si2Mn	板弹簧	920~930	18	410	提高疲劳强度,与普通热处理相比,重量减轻30%左右
45钢	链轮	760~800（终锻温度）	35~75	—	提高强度30%,提高耐磨性26%~30%
GCr15	轴承	930~970	30	150	提高强度近20%,提高接触疲劳寿命23%
GCr15	冷轧辊	900	10	140	提高轧辊寿命3~5倍
Cr13型耐热钢	燃气轮机和航空发动机锻钢叶片	1020	16	570℃×2h	提高抗拉强度13%,提高屈服强度10%

598. 锻热淬火

锻热淬火是工件或毛坯经高温锻造后立即淬火的复合热处理工艺，也称锻造余热淬火。实际上是形变温度较高（一般在1050~1250℃）的高温形变淬火处理。

与普通热处理相比，钢经锻热淬火后可使各项力学性能均有所提高：硬度提高10%、抗拉强度提高3%~10%、伸长率提高10%~40%、冲击韧度提高20%~30%。此外，经锻热淬火后，钢材具有很高的耐回火性，强化效果可保持到600℃以上。相关标准有JB/T 4202—2008《钢的锻造余热淬火回火处理》等。

锻热淬火的工艺参数，对其强化效果有很大的影响。其中尤以锻造温度和锻造后淬火前的停留时间影响最大。

从获得最佳强韧化效果出发，希望锻造温度不宜过高，以避免工艺过程中奥氏体动态再结晶的发生，使钢的强度明显下降。如图7-2所示为锻造温度对50钢硬度和冲击韧度的影响。锻造后淬火前的停留时间对锻热淬火效果也有很大的影响，停留时间过长，也容易使形变奥氏体发生再结晶，使强度和硬度下降，如图7-3所示为形变后停留时间对45钢力学性能的影响。停留时间对45钢锻热淬火硬度的影响如图7-4所示。从图7-3和图7-4中的数据可知，锻热淬火的锻造温度不宜过高，锻后应立即淬火，对非合金钢可有3~5s的停留，合金钢停留时间可较此稍长。

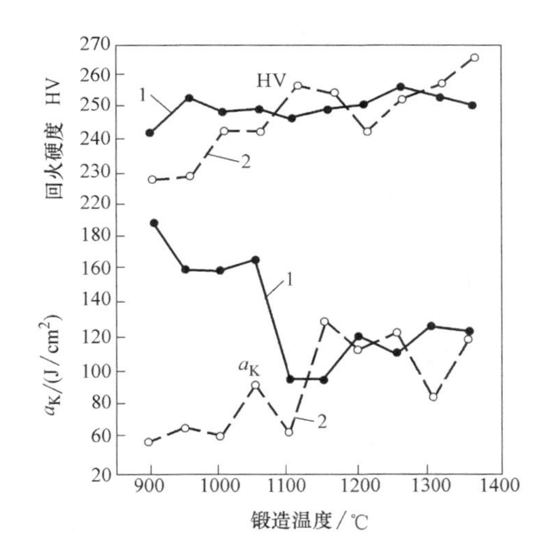

图 7-2 锻造温度对钢锻热淬火后硬度和冲击韧度的影响

1—锻热淬火 2—普通淬火

注：回火温度为 600℃。

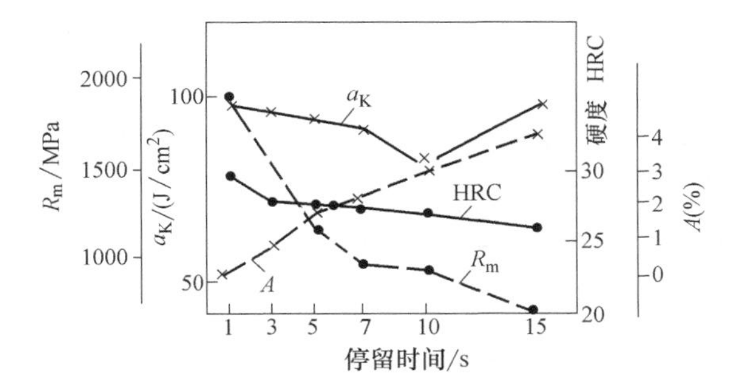

图 7-3 形变后停留时间对 45 钢力学性能的影响

注：600℃ 回火 1h。

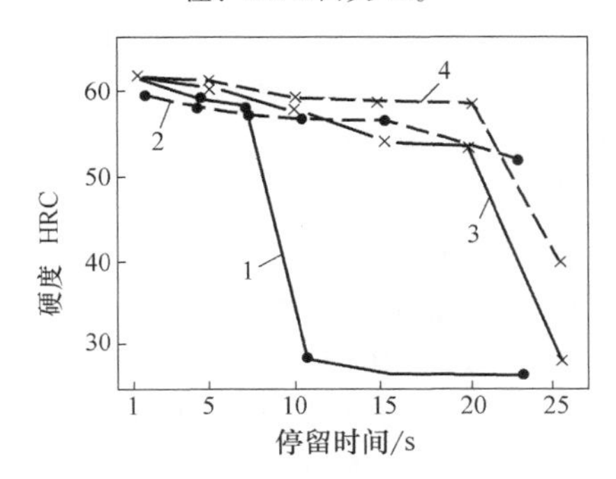

图 7-4 停留时间对 45 钢锻热淬火硬度的影响

1—900℃，形变量为 48% 2—1050℃，形变量为 51% 3—1200℃，形变量为 60% 4—1200℃，形变量为 70%

锻热淬火具有强化钢材、简化工艺、节约能源等优点，所以在生产中得到了广泛的应用。

599. 锻热调质

锻件余热调质（简称锻热调质），是将工件坯料放到加热炉中加热至锻造温度，保温后进行锻造，终锻结束后，根据不同的材质预冷或等温到所需的淬火温度，选择相应的淬火冷却介质进行淬火，得到以淬火马氏体为主的组织。然后进行高温回火，得到所需的力学性能。锻造余热调质属于高温形变淬火，可使钢件的力学性能提高。锻热调质与常规调质相比可提高抗拉强度、屈服强度、冲击疲劳抗力、塑性和断裂韧度，还能减轻合金结构钢的回火脆性，降低成本。

采用锻后余热淬火+高温回火作为调质预处理，可以消除锻后余热作为最终热处理时晶粒粗大、冲击韧性差的缺点，比球化退火或一般退火的时间短，生产率高，加之高温回火的温度低于退火和正火，所以能大大降低能耗，而且设备简单，操作容易。

例如，45 和 40Cr 钢摩托车发动机曲柄精密锻造后外形如图 7-5 所示。将 45 和 40Cr 圆钢经中频感应加热锻造成形后进行余热恒温调质处理，其热处理工艺如图 7-6 所示。

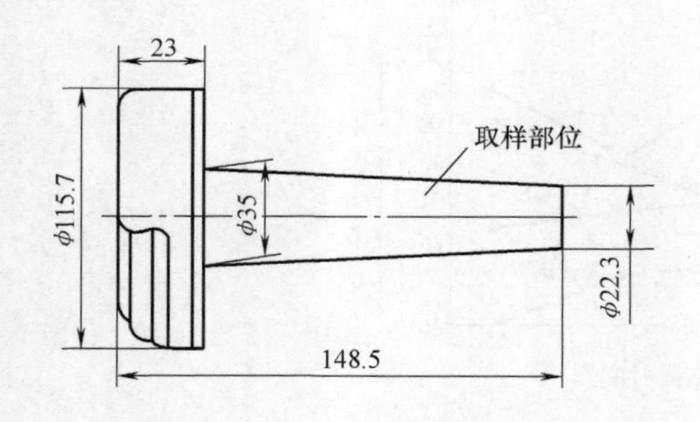

图 7-5　曲柄锻件外形尺寸

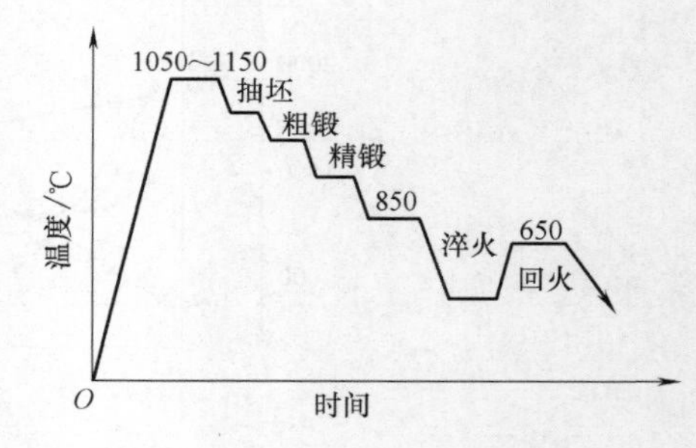

图 7-6　曲柄锻热调质工艺

根据不同材料、零件的几何形状，采用新型自动化恒温设备，可立即对终锻后的工件进行短时 850℃恒温处理，通过精确控制炉温，保证工件温度均匀，淬火采用 w(KR7280) = 10%的水溶性淬火冷却介质。为了与锻热调质工件的组织和性能进行对比，将精锻后的工件空冷至室温，然后用箱式电阻炉加热奥氏体化后重复上述淬火、回火过程，即常规调质处理。

在如图 7-5 所示的曲柄部位取样，其性能结果见表 7-4。由表可见，45 钢各种指标全部达到并超过 GB/T 699—2015《优质非合金结构钢》中规定的性能要求，锻热调质后试样的抗拉强度、屈服强度和冲击韧性明显高于常规调质的性能。40Cr 钢锻热调质后的主要性能也高于常规调质。45 和 40Cr 钢曲柄经锻热调质处理能够显著提高淬透性，其组织和硬度分布均匀，力学性能优于常规调质后的工件。

表 7-4　锻热调质试样性能

试样牌号	处理工艺	截面硬度 HRC	R_m /MPa	R_{eL} /MPa	Z (%)	A (%)	冲击吸收能量 /J
45 钢	锻热调质	25~26	827	675	47	16	57
	常规调质	23~27	790	555	62	20	49
45 钢（GB/T 699—2015）	调质	—	≥600	≥355	≥40	≥16	≥39
40Cr 钢	锻热调质	26~28	902	803	43	15	92
	常规调质	23~25	832	716	64.3	19.2	84

600. 锻热固溶处理

对一些材料，采用锻造余热固溶处理，不仅可以使材料的力学性能达到技术要求，而且节省了重新加热固溶处理所消耗的能源，因此显著降低了工件的制造成本，并提高了生产率。

例如，06Cr19Ni10（旧牌号为0Cr18Ni9）不锈钢管、板的电渣重熔钢锭的锻造加热温度为 850~900℃，保温 8h，850℃升温至 1180℃时升温速度为 80~90℃/h，在 1180~1200℃保温 8h。始锻温度为 1200℃，终锻温度不低于 950℃，锻后立即重新装入天然气炉中加热，在 1050~1100℃保温 1~1.5h 出炉水冷。其热处理后的力学性能见表 7-5。

表 7-5　06Cr19Ni10 钢锻热固溶处理后的力学性能

项目	R_m/MPa	R_{eL}/MPa	A(%)	Z(%)	a_K/(J/cm^2)
GB/T 1220—2007	520	205	40	60	无要求
实际检验数值	548.8~597.8	253.2~352.8	63~70	78~80.6	35~37

通过表 7-5 可以看出，与国家标准相比，不锈钢锻热固溶处理后的力学性能完全可以满足其标准规定，而且节省了原工艺重新加热固溶处理所需的能源，并降低了制造成本，提高了生产率。

601. 锻热预冷淬火

对于某些钢材，锻热形变后进行预冷淬火，使显微组织中小角度晶界增多，位错密度增加，可提高钢件的淬透性、强韧性，增加淬硬层的深度。

例如，对 45Mn2 钢制钢球（尺寸为 ϕ70mm、ϕ80mm、ϕ90mm 和 ϕ100mm）进行了锻热预冷淬火，始锻温度为 1200℃，终锻温度控制在 1000~1050℃，锻后预冷不同时间后水淬。然后沿钢球中心线切开，检测沿径向的硬度分布。结果表明，预冷淬火明显提高了硬度高于 50HRC 的淬硬层的深度；同时也增大了 ϕ90mm 和 ϕ100mm 钢球的半马氏体组织区域的深度。在相同使用条件下，锻后预冷淬火的钢球的使用寿命是锻后直接淬火钢球的 2 倍。

602. 锻热淬火+快速等温退火

锻后余热等温退火是指锻坯从停锻后（一般为 1000~1100℃）快冷至 Ac_1 以下

的一定温度（一般为650℃），保温一定时间后炉冷至350℃左右，然后出炉空冷的工艺过程。

低碳低合金结构钢锻件毛坯采用锻后余热等温退火处理，可以获得均匀、稳定的硬度和组织，提高锻坯的加工切削性能，降低刀具损耗，也为最后的热处理做好组织上的准备，此工艺也具有显著的节能效果。

锻热淬火+快速等温退火复合工艺是将经锻造余热沸水淬火的锻件加热到略高于 Ac_1 点进行等温退火，可获得均匀的细小粒状+点状珠光体组织，硬度为187～207HBW。具体工艺如图7-7所示。此工艺的实施，不仅能缩短周期、节约能源，而且可以保证退火质量。

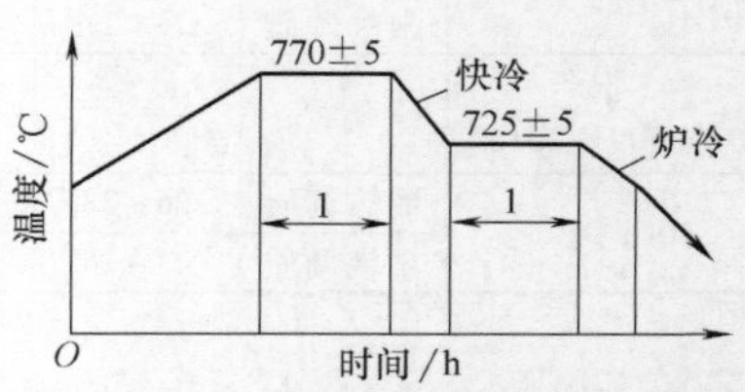

图7-7　经锻造余热沸水淬火后进行快速等温退火的工艺

603. 辊锻余热淬火

钢件经热辊锻后利用余热进行淬火，称为辊锻余热淬火。辊锻余热淬火可达到简化工艺、提高产品性能的目的。

例如，65Mn钢制农用耕地犁铧的辊锻余热淬火工艺：中频感应加热温度为(1150±50)℃。从辊锻形变开始至淬火前经过了20s，犁铧不同部位的形变量为56%～83%，形变后淬火，淬火冷却介质是密度为1.30～1.35g/cm^{3}的$CaCl_2$水溶液。淬火后进行（470±10)℃×3h的回火，回火后硬度为40～45HRC。

与常规热处理相比，犁铧的加热次数由3～5次，减少为2次，生产率提高约4倍，产品质量全部达到一级品的要求，经济效益十分显著。

604. 锻后余热浅冷淬火自热回火

对于表层承受磨损，整体又承受冲击载荷的工件，如锤头宜采用浅冷淬火，以获得高的表面硬度和良好的心部韧性。

例如，65Mn钢制尺寸为355mm×98mm×33（20）mm的破碎机锤头，其浅冷淬火工艺过程为：锤头锻后空冷，再在860℃盐浴炉中保温5min，室温水淬火。淬火后以锤头心部余热进行自热回火（温度为150～200℃）。

为了进一步提高锤头的使用性能，节约能源，对锤头（毛坯尺为130mm×110mm×85mm）采用锻后余热浅冷淬火自热回火工艺：①锻造采用250kg空气锤，始锻温度为1050℃，锻打41次，终锻温度为820～840℃，终锻后淬火前的停留时间为3～5s；②浅冷淬火、自热回火工艺过程参照上述浅冷淬火工艺进行。淬火冷却介质为流动水，自热回火温度为180～200℃。

此法可获得更深的硬化层和更高的硬度，使破碎机锤头的使用寿命提高50%以上。

605. 轧热淬火

轧热淬火是利用各种型材轧制后的余热进行淬火的热处理工艺。其强化效果与锻热淬火相同。利用轧热淬火以提高各种型材（如板材、棒材、金属线材和钢轨等）的力学性能既方便，又可获得较好的经济效益。

轧热淬火还可用于高速钢制刀具。高速钢车刀经轧热淬火，除了能保证切削刀具标准要求的热硬性，使切削寿命有较大提高外，还可省去耗电量很大的盐浴炉淬火生产线，从而获得很高的经济效益。

例如，W6Mo5Cr4V2 高速钢于 1220℃轧制（250mm 轧机，50r/min）并直接淬火。结果表明，普通淬火（形变量为零）时的硬度值最低（65.0HRC）。形变量增大时，硬度升高，30%形变时硬度最高，达到 67~68HRC；其后，随形变增大硬度下降。50%~60%形变时，热硬性可达 64HRC 以上。不同热处理后车刀切削寿命对比的试验结果表明，车刀切削长度由 27.86m 提高到 45.25m。

606. 轧后余热控速冷却处理

热轧钢轨，热轧后利用余热控制冷却速度，可得到所需要的组织及优良的力学性能。

例如，对成分（质量分数）为：C0.81%、Si0.82%、Mn1.22%、P0.021%、S0.025%、Nb0.028%和 RE0.031%的钢制 60kg/m 重轨，终轧后利用余热控速冷却，当冷却速度为 20~40℃/min 时，可得到全部珠光体组织。表 7-6 所列为轧后余热控速冷却与未经热处理的钢的冲击吸收能量和硬度。控速冷却提高了稀土重轨钢的硬度和冲击韧性等。

表 7-6 轧后余热控速冷却与未经热处理的钢的冲击吸收能量和硬度

处理类型	-20℃冲击吸收能量/J		硬度 HV
	实测值	平均值	
850℃×15min,控制冷却速度(40℃/min)	9、7、11	9	370
未经控速冷却处理	4、4、4	4	322

607. 螺纹钢筋轧后余热热处理

此工艺是使热轧螺纹钢筋终轧后在奥氏体状态下直接进行表面淬火，随后由其心部传出余热使表面进行回火，以提高强度和塑性，改善韧性，使钢筋得到良好的综合性能的热处理方法。

这种工艺处理的钢筋具有良好的综合性能，在较高的强度下能保持良好的塑性与韧性。钢筋表面发生淬火、回火转变，根据强度等级的不同，显微组织为回火马氏体或者回火索氏体，心部为铁素体+珠光体或者铁素体+索氏体、贝氏体。

螺纹钢筋热轧后利用余热进行浅冷淬火+自热回火处理，可在表面得到回火索氏体组织；心部也因浅冷淬火时冷却速度较快，组织中铁素体较少、珠光体较多（伪共析），从而使钢筋的强韧性大幅度提高。

例如，20MnSi 螺纹钢筋，热轧状态供货，性能符合 GB/T 1499.2—2007 规定的 $R_{eL}\geqslant 335$MPa、$R_m\geqslant 455$MPa 和 $A\geqslant 16\%$的要求。

对 20MnSi 螺纹钢筋进行如下规程的轧后浅冷淬火+自热回火处理，可使其强韧性大为提高，其参数如下：①热轧形变量为93%（截面尺寸为60mm×60mm的方坯，轧制成ϕ18mm的螺纹钢筋）；②终轧温度为900~950℃；③螺纹钢筋通过盛有水压为0.08~0.15MPa的水管，浅冷淬火1~1.26s出水，淬火层深度约为1.2~1.4mm；④自热回火温度为550~600℃。

经上述处理后，20MnSi螺纹钢筋的力学性能见表7-7。由表中数据可知，经轧后余热热处理，螺纹钢筋的强韧性大大高于标准所规定的数值。

表7-7 轧后余热热处理螺纹钢筋的力学性能

取样方式	R_{eL}/MPa（平均值）	R_m/MPa（平均值）	A(%)（平均值）	冷弯（180°，d[①]=3a[②]）合格率(%)	反弯（d=5a弯曲45°，回弯23°）合格率(%)
同支钢筋	512	720	23	100	100
	552	707	24	100	100
	503	722	21	100	100
同组钢筋	513	710	26	100	100
	632	766	20	100	100
	585	712	21	100	100

① d为弯心直径（mm）。
② a为钢筋公称直径（mm）。

608. 弹簧钢的卷制余热淬火

60Si2CrVA弹簧钢由于碳、硅的含量较高，高温长时间加热容易发生脱碳现象，使用重新加热淬火工艺其优势并不明显，考虑到实际生产中为减小60Si2CrVA弹簧钢表面氧化脱碳层的深度，提高生产率，节约能源，卷制余热淬火因存在一定的形变强化效果，所以更有利于提高该钢的强韧性。

由于弹簧的卷制形变淬火是在钢材再结晶温度以上进行的，故属于高温形变淬火，可提高弹簧的抗拉强度和屈服强度，显著改善弹簧的塑性与韧性，即提高钢的强韧性，从而提高钢材抗断裂的能力。

例如，60Si2CrVA钢铁路提速火车弹簧分为外圆及内圆弹簧，其直径分别为26mm和18mm。弹簧采用中频感应加热自动生产线，外圆与内圆弹簧中频感应加热温度分别为950~980℃和870~980℃，加热时间分别为35s和30s，卷制时间分别为10~12s和9s，卷后修整时间分别为10s和8s左右。淬火温度均为860℃，油淬，回火工艺分别为530℃×4h、水冷和530℃×2.5h、水冷。

经上述处理后，对已装车使用的7200件卷制余热淬火弹簧进行运用考验，各项性能指标能够满足目前铁路货车提速的需要，未发现质量问题，可在提速货车上广泛应用。

609. 挤压余热淬火

挤压余热淬火属于高温形变淬火，通过热挤压形变淬火，使马氏体组织细化，使工件的强韧性得到提高，满足了产品的性能要求，并省去了重新加热淬火的能耗。

例如，材料为35钢的LW-125型摩托车磁电机轮套（见图7-8），要求进行调质处理，要求ϕ32mm处的硬度为17.0~23.0HRC。

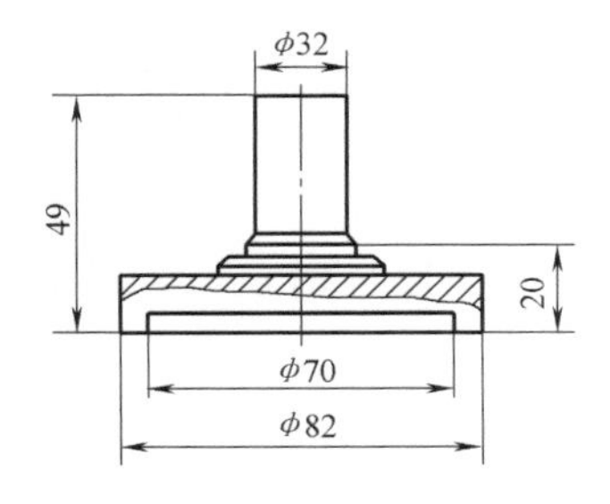

图7-8　35钢轮套热挤压毛坯

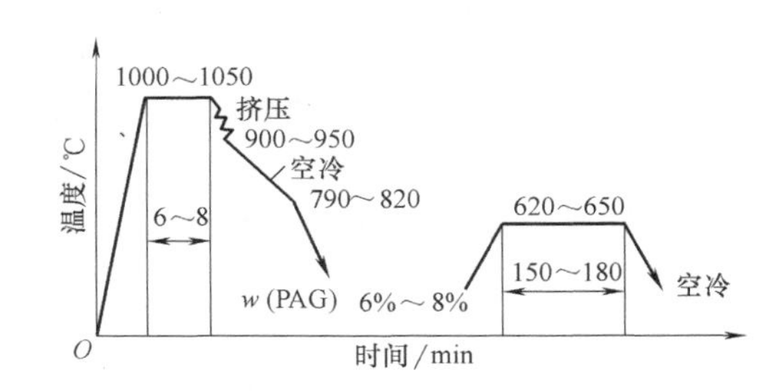

图7-9　轮套热挤压及余热淬火工艺曲线

轮套热挤压及余热淬火工艺曲线如图7-9所示。热挤压加工时，将钢厂同一冶炼炉中尺寸为ϕ60mm×41mm的35钢棒料按1件/10s的节拍进料，经功率为250kW的中频感应电炉加热后，在5MN的曲轴压力机上一次挤压成如图7-8所示的毛坯。热挤压终止温度为900~950℃，空冷至790~820℃后淬入w(PAG)=6%~8%的淬火冷却介质中，在淬火冷却介质中搅动4~5s后冷却至室温。最高液温应控制在50℃以下，液温误差控制在±10℃范围内。因此，要求淬火冷却介质槽安装循环冷却装置，液槽应装有循环搅拌装置。

轮套热挤压及余热淬火工艺流程：下料→坯料中频感应加热→热挤压成形→余热淬火→抽检淬火硬度→回火→检查回火硬度→精车→100%无损检测→包装。

轮套经热挤压余热淬火处理后，硬度梯度平缓，整个截面硬度分布基本一致，而常规淬火热处理件的边缘硬度高、中心硬度低，硬度梯度陡，淬硬层较浅。

表7-8为挤压余热淬火、回火后的硬度和裂纹检验结果。300件生产检验结果表明：余热淬火、回火硬度检验合格；经无损检测，无裂纹产生。批量生产检查结果表明，采用挤压余热淬火工艺，其各项指标均满足技术要求。

表7-8　挤压余热淬火、回火后的硬度和裂纹检验结果

抽样件号	回火硬度　HRC			裂纹数量/件
	平均值		整体散差	
	ϕ32mm端面	ϕ70mm凹面		
1	19.7	19.8	1.5	无
2	19.2	19.5	1.0	无
3	20.0	20.0	2.0	无
4	19.3	20.2	0.5	无
5	20.2	20.3	0.5	无
技术要求	17.0~23.0		≤4.0	无

610. 高温形变正火

高温形变正火是钢材或工件毛坯在锻造（或轧制）时，适当降低终锻（轧制）

温度（常在 Ac_3附近，或甚至在 Ac_1以下，以避免再结晶过程的严重发展），之后空冷的复合热处理工艺。其主要目的是提高材料的冲击韧性、耐磨性及疲劳强度等，同时降低钢的脆性转变温度。

此工艺适用于用微量元素（V、Nb 和 Ti 等）强化的建筑用钢及结构钢材，以改善其塑性。共析非合金钢经普通正火（860℃普通正火，冷却速度为 85℃/s）及高温形变正火（860℃形变 15%正火，冷却速度为 85℃/s）后的力学性能分别为：$R_{eL}=843MPa$、$R_m=1215MPa$、$Z=38\%$；$R_{eL}=911MPa$、$R_m=1274MPa$、$Z=48\%$。

此外，高温形变正火还可以消除某些钢材粗大晶粒非平衡组织的组织遗传性。例如，20CrMnTi 钢锻件（尺寸为 80mm × 40mm × 80mm），其粗大晶粒的非平衡组织在渗碳淬火加热时会发生组织遗传，重又获得粗大晶粒。而原始组织粗大的平衡组织，在渗碳淬火加热条件下，不发生组织遗传，从而获得细小晶粒组织。对此，利用锻造余热控制冷却速度进行正火，如图 7-10 所示。其冷却方式是在缓冷箱中冷却，可得到平衡组织并能改善钢件的切削性能，节约能源。在随后渗碳、再加热淬火或直接淬火后都可获得细小晶粒，保证产品质量。

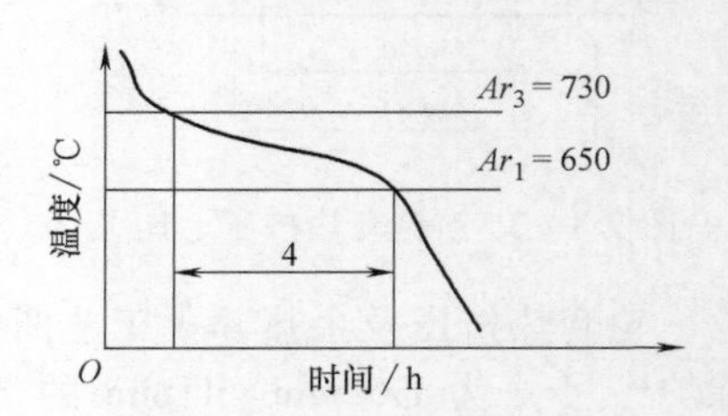

图 7-10　20CrMnTi 钢锻造余热正火冷却曲线

611. 形变球化退火

形变球化退火是在一定温度下对工件施行一定的形变加工，然后再在低于 A_1 的温度下进行长时间保温，使碳化物球化的热处理工艺。形变球化退火可分为低温形变球化退火和高温形变球化退火。

1）低温形变球化退火。形变温度及形变量由材料成分而定；加热温度为 Ac_1-20~30℃；保温时间依形变量及材料而定。适用于低、中碳钢及低合金结构钢冷变形加工后的快速球化退火。其工艺曲线如图 7-11a 所示。

2）高温形变球化退火。加热温度为 Ac_1+30~50℃或相当于终锻温度；缓冷退火时冷却速度为 30~50℃/h；等温退火温度及时间依连续转变及工件尺寸而定。适用于轧、锻件的锻后余热形变球化退火，可用于大批生产的弹簧钢和轴承钢等。其工艺曲线如图 7-11b 所示。

例如，将 GCr15 轴承钢加热到 900℃以上均热后出炉进行形变。最佳形变温度为 820~750℃，平均真应变$\bar{e}$>0.3~0.5，然后在 680~720℃等温退火，随炉冷却至 650℃出炉空冷；或者在完成形变后以 30~50℃/h 的冷却速度冷却至 650℃出炉空冷。

上述形变球化退火工艺（见图 7-12），总体加热时间及退火等温时间或缓冷时间将比常规球化退火时间缩短 1/8~1/5，碳化物细化到 0.3~0.8μm，且较为均匀，

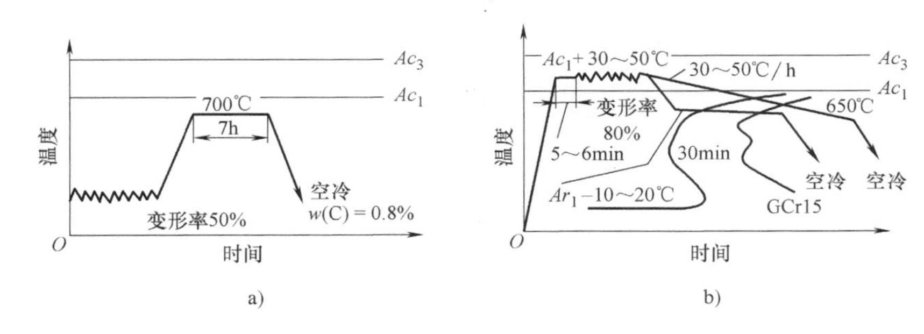

图 7-11 形变球化退火工艺曲线

a) 低温形变球化退火 b) 高温形变球化退火

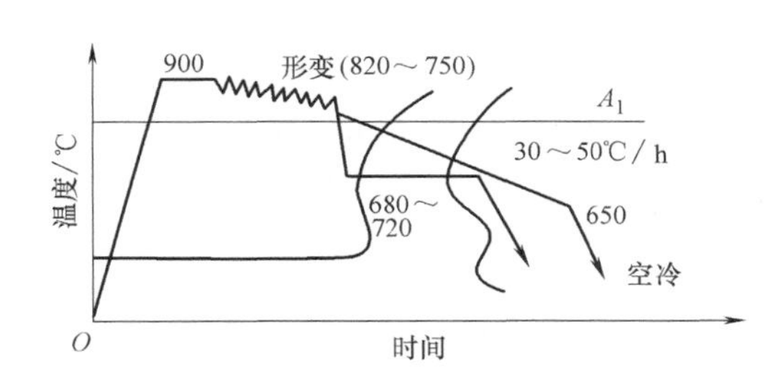

图 7-12 形变球化退火工艺曲线

二次网状碳化物基本上被抑制，且原奥氏体晶粒得到细化，硬度为 200~230HBW。

612. 高温形变等温淬火

高温形变等温淬火，是指钢材或工件毛坯经锻造（或轧制）后，利用余热直接、快速冷却至钢材的珠光体或贝氏体区间，进行等温转变的形变热处理工艺。

经此法处理的钢材可获得高强度与高塑性的良好配合。适用于缆绳用的中碳 [w(C)≈0.4%] 和高碳 [w(C)≈0.8%] 钢丝及小型零件（如螺钉等）的生产。贝氏体区域的高温形变等温淬火可使钢材的强度及塑性提高得更多。

例如，共析钢在 950℃轧制形变 25%后，在 300℃等温保持 40min，可使其抗拉强度比普通热处理后提高 294MPa，屈服强度提高 431MPa。如将等温转变温度提高到 400℃，当其强度指标与经普通热处理（淬火及回火）后的相同时，其断后伸长率 A 与断面收缩率 Z 分别由 8.7%和 24.7%相应地提高到 16%和 46%。

613. 低温形变淬火

低温形变淬火又称亚稳奥氏体形变淬火，其是将钢加热至奥氏体状态，保温适当时间，急速冷却到 Ac_1 以下但高于 Ms 点进行（锻、轧）形变，然后淬火得到马氏体组织的复合工艺（见图 7-13）。

不同钢材经低温形变淬火、回火后的力学性能见表 7-9。由表中数据可知，低温形变淬火能使钢材在塑（韧）性几乎不降低的情况下，大幅度提高抗拉强度及屈服强度，还可以提高钢材的疲劳极限，并显著降低延迟断裂倾向性。

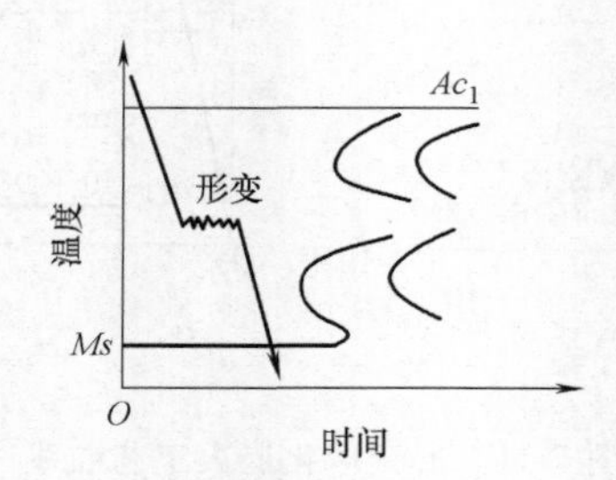

图 7-13　低温形变淬火工艺曲线

表 7-9　低温形变淬火、回火后钢的力学性能

牌号	R_m/MPa		R_{eL}/MPa		A(%)		低温形变淬火工艺		
	低温形变淬火	普通热处理	低温形变淬火	普通热处理	低温形变淬火	普通热处理	形变量(%)	形变温度/℃	回火温度/℃
Vasco　MA	3200	2200	2900	1950	8	8	91	590	570
5CrNiMo	3038	2058	2254	1617	6	10	71	590	—
H11(4Cr5MoSiV)	2700	2000	2450	1550	9	10	91	500	540
Halcomb　218	2700	2000	2100	1600	9	4.5	50	480	—
12Cr 不锈钢	1700	—	1400	—	13	—	57	430	—
30CrNi4	—	—	2744	2911	12	2	85	—	—
40CrSiNiWV	2705	1960	2215	1627	8.5	5.5	85	—	—
40CrMnSiNiMoV	2744	2068	2205	1803	7.1	8.5	85	—	—
D6A	3100	2100	2300	1650	6	10	71	590	71
A26	2600	2100	1900	1800	9	0	75	540	—
AISI 4340	2200	1900	1700	1600	10	10	71	840	100
En30B	1820	1520	1340	1070	16	18	46	450	250

此工艺参数包括：奥氏体化温度、形变温度、形变量、形变前后的停留及形变后的再加热、形变方式和形变速度等，其中形变温度和形变量是影响钢材强化效果的重要参数。

（1）奥氏体化温度　在低温形变淬火时，通常应尽量采用较低的奥氏体化温度。

（2）形变温度　形变温度对钢材力学性能影响的总趋势是：形变温度越低，形变强化效果越显著。但形变温度过低，在形变过程中或形变后会形成贝氏体，将显著降低钢的强化效果。

（3）形变量　一般情况下，随着形变量的增大，钢的强化效果增大，但塑性有所降低。为了获得较优强度与塑性的匹配，一般低温形变淬火时所采用的形变量为 60%~70%。

（4）形变前后的停留及形变后的再加热　若奥氏体的稳定性较高，钢材奥氏体化后冷却到形变温度并保持一段时间，奥氏体不发生分解，则形变前的停留对低温形变淬火后的性能没有影响。

为获得理想强化效果，低温形变淬火时形变量应达到60%甚至70%以上。在一般低温形变条件下，一次得到如此大的形变量是非常困难的。许多研究结果表明，通过多次形变累积达到要求与一次形变达到要求的效果几乎一样。

低温形变后不一定必须立即淬火。事实上形变后停留一段时间不但不会影响形变淬火的效果，甚至在形变后将钢件加热到略高于形变温度并在此温度保温，能够进一步提高某些钢的强度和塑性。这是由于形变后的加热和保温可使奥氏体产生晶粒多边化的稳定过程。

（5）形变方式　低温形变淬火时，一般棒材、钢带和钢板都采用轧制形变；棒材也可用挤压方式；直径<250mm 的管材可用旋压；各种锻件可用锤锻和压力机锻压成形；直径<76mm 的管材可用爆炸成形；直径<305mm 的钢材可用深拉深。

研究结果表明，低温形变淬火强化效果只与形变温度和形变量有关，而与形变方式无关。

（6）钢的化学成分　钢材的化学成分不同，低温形变淬火的强化效果也就不同。影响强化效果最显著的元素是碳。当合金结构钢中的 w(C) 在0.3%~0.6%的范围内时，低温形变淬火后的强度随碳的质量分数的增加成直线上升。对于某些多元素合金钢，随着碳的质量分数的增加，形变淬火后的抗拉强度约在 w(C)= 0.48%处存在极大值，超过此碳的质量分数，强度逐步下降。因此，为了获得力学性能的良好配合，低温形变淬火用钢的 w(C) 应控制在0.5%以下。

（7）回火温度钢经低温形变淬火后力学性能的另一特征是有较高的耐回火性，因形变淬火而产生的强化效果可以保持很高的回火温度。

部分应用实例见表7-10。

表7-10　低温形变淬火应用实例

钢材（质量分数）	工件名称	低温形变淬火规程			效果
		形变温度/℃	形变量（%）	回火温度/℃	
50CrMnSi	ϕ5mm 弹簧钢丝	500	50.5	400	提高 R_m 392~490MPa 提高 σ_{-1} 59~69MPa
M50（C0.8%、Cr4%、Mo4%、V1%）	轴承	—	—	—	提高疲劳寿命指数3.3~8倍
50CrNiMo	板簧	—	—	—	重量减轻30%
60CrMn	扭力杆	500	85	510二次	扭转疲劳极限从1029MPa提高到1274~1764MPa
W18Cr4V	车刀	450	10	560三次	提高寿命一倍

614. 等温形变淬火

等温形变淬火是在奥氏体等温分解过程中进行形变，可在提高钢材强度的同时，获得较高的韧性。其分为获得珠光体组织和获得贝氏体组织等温形变淬火两类（见图7-14）。

（1）获得珠光体组织的等温形变淬火　此法对提高钢材强度作用不大，但对于提高韧度和降低脆性转变温度效果十分显著。如 w(C)=0.4%的钢在600℃等温形变淬火的屈服强度达804MPa，20℃时的冲击吸收能量高达230J。

（2）获得贝氏体组织的等温形变淬火　此工艺对于提高强度的作用显著，同时能保持理想的塑性。如40CrSi钢在350℃贝氏体等温形变时，屈服强度高，塑性差，而在400℃和450℃、形变量大于20%时强度和塑性同时提高。贝氏体等温形变淬火不但可以提高强度，改善塑性，而且还可以提高40CrSi钢的冲击韧性。

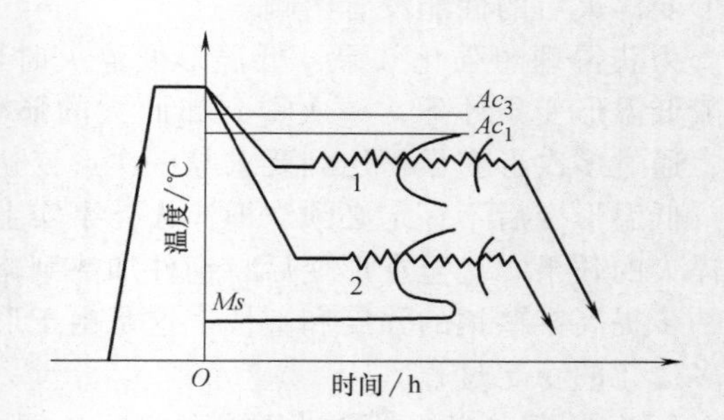

图7-14　等温形变淬火工艺曲线
1—获得珠光体组织　2—获得贝氏体组织

615. 低温形变等温淬火

低温形变等温淬火是将钢材加热到奥氏体区域然后急冷至最大转变孕育期（500~600℃）进行形变，之后在贝氏体区进行等温淬火的形变热处理工艺（见图7-15）。

低温形变等温淬火可与温锻工艺相结合，能得到比低温形变淬火略低的强度（高强度钢的 R_m 可达2254~2352MPa）和较高的塑性。适用于热作模具及用热作模具钢和其他高强度结构钢制造的小型零件。

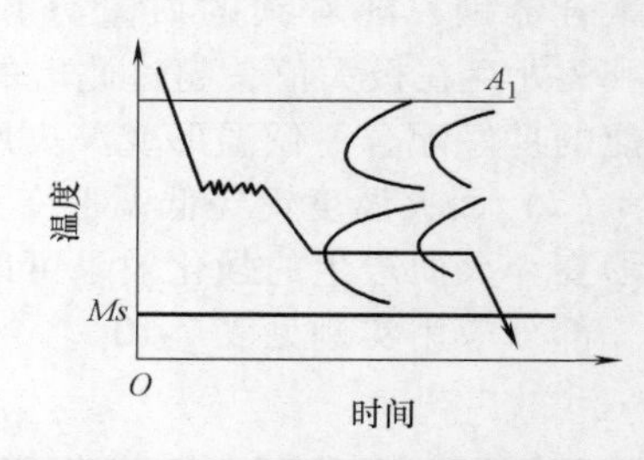

图7-15　低温形变等温淬火工艺曲线

616. 珠光体低温形变

珠光体低温形变热处理工艺，多使用在高强度线材（如钢琴丝和钢缆丝）的生产上。其工艺过程为：首先将钢丝加热奥氏体化，然后淬入500~520℃的热浴（以往多用铅浴，故称为淬铅）中等温保持，在等温过程中得到细的珠光体或珠光体+铁素体组织。该组织具有较高的强度及良好的塑性，为下一步的形变强化做好了组织方面的准备。再经大形变量（>80%）拉拔，形变时珠光体中的渗碳体发生塑性变形，其取向与拔丝方向逐渐趋于一致。铁素体的片间距因受到压缩而变细，其取向也与拔丝方向平行。这样便可得到一种类似于复合材料的强化组织。

此工艺多应用于60、70、T7A、T8A、T9A、T10A和65Mn钢丝的生产。所获得的 ϕ0.14~ϕ8.0mm的线材，强度可达到2155~2450MPa。

事先经珠光体低温形变处理能显著缩短珠光体组织的球化过程（见图7-16），

且可以提高轴承钢淬火、回火后的力学性能。

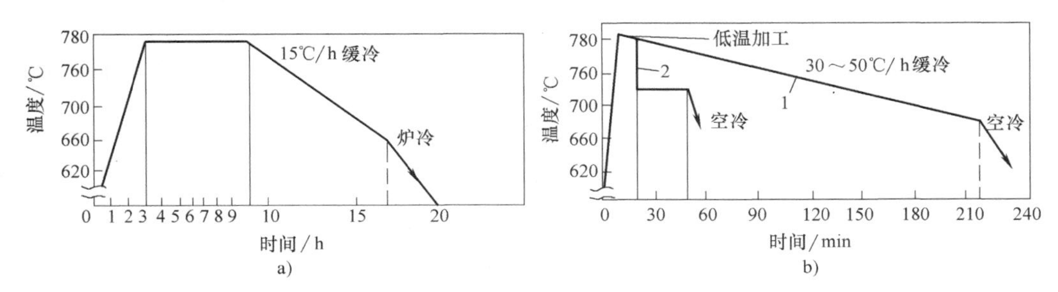

图 7-16　SUJ-2（相当于 GCr15）钢的强化退火工艺曲线

a）普通球化退火　b）快速球化退火

1—等温加工后缓冷　2—低温加工后降温保持

例如，珠光体低温形变：将退火钢加热到 700~750℃进行形变，然后在炉中慢速冷却至 600℃左右出炉。这一处理工艺为极有效的快速球化方法，比普通球化退火快 15~20 倍。适用于轴承毛坯及其他对球化组织要求较高的零件的球化处理，或用于提高钢丝的强度及塑性。

617. 诱发马氏体的形变时效

在一些金属材料中存在着形变可以诱发相变和相变中的超塑性（相变诱发塑性 TRIP）现象。利用形变诱发马氏体相变和马氏体相变诱发超塑性而发展起来的一种高强度、高塑性钢材，称为 TRIP 钢。用于汽车钢板制造等。

部分 TRIP 钢的化学成分见表 7-11。TRIP 钢的处理方法如图 7-17 所示。TRIP 钢经 1120℃固溶处理后，冷却至室温，全部成为奥氏体（*Ms* 点低于室温），然后于 450℃左右发生形变（低温加工），并进行深冷处理（如-196℃），使其发生马氏体形变（见图 7-17a）。由于钢的 *Ms* 点较低，深冷处理只能形成少量马氏体。为了增加马氏体量，将钢于室温或室温附近形变。这样不仅可使奥氏体进一步加工硬化，而且能产生更多的马氏体，从而达到调整强度及塑性的目的。

表 7-11　TRIP 钢的化学成分（质量分数）　　（%）

牌号	C	Si	Mn	Cr	Ni	Mo
A-1	0.31	1.92	2.02	8.89	8.31	3.80
A-2	0.25	1.96	2.08	8.88	7.60	4.04
A-3	0.25	1.90	0.92	8.80	7.80	4.00
B	0.25	—	—	—	24.40	4.10
C	0.23	—	1.48	—	22.0	4.00
D	0.24	—	1.48	—	20.97	3.51

经过上述处理后，强度达到 1410~2210MPa，伸长率达 25%~80%。TRIP 钢在室温形变后有时还进行 400℃左右的最终回火（见图 7-17b）。

TRIP 钢具有很高的塑性。质量分数为 Cr9.0%、Ni8.0%、Mo4%、Mn2%、

Si2%和C0.3%的标准成分TRIP钢的断裂韧度K_{IC}和K_C值都很高。当屈服强度为1620MPa时，K_C为8750N·mm$^{-3/2}$左右，室温下的K_{IC}约为3250N·mm$^{-3/2}$，-196℃时为4860 N·mm$^{-3/2}$。TRIP钢有这样高的断裂韧度是由于在破断过程中发生奥氏体向马氏体的转变所致。

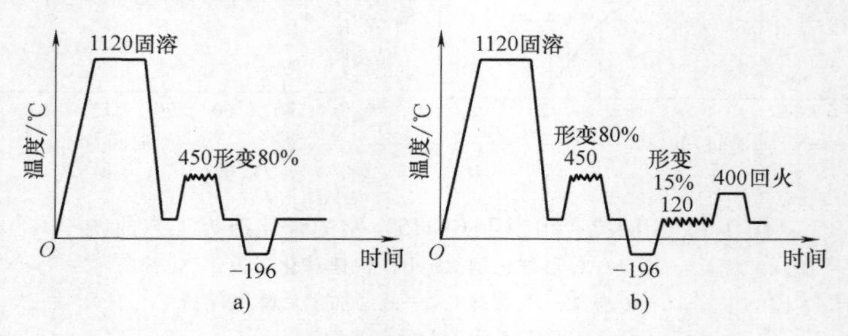

图7-17 TRIP钢的形变热处理工艺曲线

618. 马氏体及铁素体双相组织室温形变强化

低碳钢经过双相区淬火，得到马氏体及铁素体双相组织（双相钢），具有高强度及高塑性的良好性能组合。可用塑性变形方法制造形状复杂或薄壁高强度的结构件，不仅能在形变时得到进一步强化，而且避免了成形后热处理强化时的氧化、脱碳和畸变等缺陷。

例如，将ϕ6.5mm的08Mn2Si钢盘条改拉成ϕ5.7mm或ϕ5.45mm规格，在740~760℃双相区淬火，酸洗后直接冷拉定径、墩头、滚丝，制成如图7-18所示形状的M6×22六角螺栓。螺栓的抗拉强度R_m平均值为842MPa。经不同温度时效后的硬度见表7-12。表中数据表明，此螺栓达到了8.8级高强度螺栓的技术标准（R_m>800MPa、450℃人工时效，硬度无明显降低），即可采用双相钢冷变形成形的方法制造高强度螺栓，以代替中碳或中碳合金钢在退火状态制造螺栓、成形后再进行“淬火+回火”强化的传统做法。

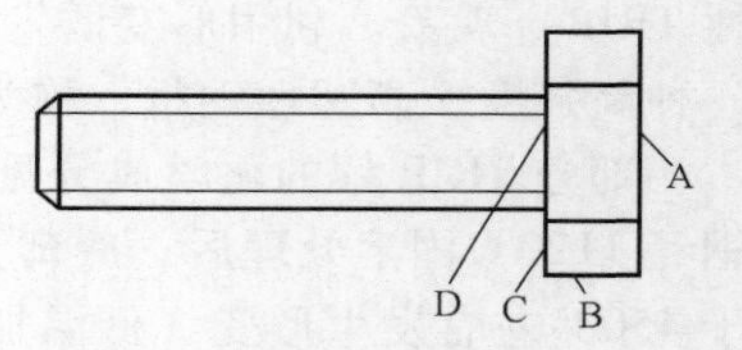

图7-18 M6×22六角螺栓示意

表7-12 M6×22螺栓经不同温度时效后的硬度

时效温度	人工时效				200℃×1h				450℃×1h			
测量部位	A	B	C	D	A	B	C	D	A	B	C	D
硬度 HRC	35.7	33.0	26.7	16.3	35.7	32.0	32.0	11.8	34.0	31.1	30.7	11.1

619. 过饱和固溶体形变时效

绝大部分时效强化型铝合金、奥氏体或双相耐热钢、镍基合金等经固溶处理后在室温或较高温度下进行形变，之后时效，即进行形变时效强化，能大大改善合金的基体组织及强化相的弥散度，从而提高室温强度，改善高温持久强度及蠕变抗力。主要应用于制造各种飞行器及发动机的加工处理。

例如，对 $w(\mathrm{Al\text{-}Cu})=4\%$的合金进行冷形变，形变量为0%、10%和50%，形变后160℃时效不同时间，并检测合金的强度性能，从检验结果可知：

1）冷形变提高了时效后合金的（条件）屈服强度 $R_{p0.1}$。未形变、形变10%和形变50%的合金，时效后 $R_{p0.1}$分别为250MPa、270MPa和300MPa。

2）冷形变缩短了合金出现强度峰值的时效时间。如未形变合金出现 $R_{p0.1}$峰值的时间为100h；而形变10%和50%时，分别为20h和8h。

620. 表面冷形变强化

经热处理后的钢制工件，在喷丸、滚压和挤压后，可使工件表面多次发生微小变形，叠加起来造成工件表面塑性变形（冷作硬化），改善工件表面的完整性（改善表面粗糙度、改变表层组织结构、提高表层密度），并形成压应力状态，从而提高工件表面的疲劳性能、应力腐蚀性能和耐磨性能等。

表面冷形变强化在（模具）模膛强化中的应用主要有喷丸强化、挤压强化和滚压强化等。挤压和滚压分别用于挤压模（内）模膛和凸模的强化，而喷丸则可用于任何形状的模膛。例如，汽车和拖拉机活塞销，通常采用冷挤压工艺生产，而冷挤压凸模寿命较短（多在凸模工作部分向夹持部分过渡的内圆角处断裂），影响生产率，对相同模具钢（W6Mo5Cr4V2）、热处理（淬火、回火）和加工（磨削）工艺的凸模，进行滚压圆角和未滚压圆角的对比试验。结果表明，滚压圆角的凸模寿命为未挤压圆角凸模的4~6倍。

模具的喷丸过程是弹丸（如钢丸、玻璃丸和陶瓷丸等）流不断撞击模膛表面层并使表面层在0.1~0.7mm内不断积累塑性变形的过程。喷丸能促使工件表层的组织发生转变，如残留奥氏体诱发转变为马氏体，并引入压应力，从而提高表层的硬度、疲劳强度的耐磨性。例如，热精压活扳手锻件的3Cr2W8V钢模具经喷丸处理后，其寿命比未经喷丸处理的模具提高了50%。

经表面冷形变强化后进行时效（低温回火）处理，可使其进一步强化。例如，弹簧钢55Si2和60Si2所制试件在喷丸前均进行900℃×60min加热、油淬及450℃回火处理，然后进行喷丸强化处理。结果表明：在其疲劳极限-回火温度关系曲线上，存在一疲劳极限的极大值。对于55Si2钢，此极大值所对应的回火温度为300℃，60Si2钢为200℃；即在喷丸处理后，选用适当的温度进行时效，可使疲劳极限值增大10%左右。

对于一般喷丸或滚压强化后的工件，均可对其进行200~300℃的附加时效处理，以进一步提高疲劳性能。

621. 表面高温形变淬火

此工艺是将被处理工件表面加热（利用感应加热或盐浴加热）到临界点以上温度，进行滚压形变，然后淬火的形变热处理工艺。适用于圆柱形或圆环形工件（如高速转动的轴类和轴承套圈）等，在提高抗磨零件（如履带板和机铲等）使用寿命方面也较有效。

表面高温形变淬火时，对于每一种钢，都有其最佳的表面形变量，可由试验求出。常根据滚压时压力的大小间接判断。

此工艺能显著提高钢材的接触疲劳极限及耐磨性。表 7-13 为 40Cr 钢经不同热处理后的接触疲劳极限。从表中数据可以看出，40Cr 钢经表面高温形变淬火后具有（比任何其他热处理方法）最高的接触疲劳极限。

表 7-13　40Cr 钢经各种处理后的接触疲劳极限

处理规范	硬度　HRC	接触疲劳极限/MPa
整体淬火，低温回火	46~48	921
整体淬火，低温回火，喷丸强化	49~51	1058
高频感应淬火，低温回火	51~53	1156
高频感应淬火，低温回火，喷丸强化	54~56	1208
最佳规范高温滚压淬火（950℃、539MPa），180~200℃回火	50~52	1343

622. 预先形变热处理

预先形变热处理工艺过程如图 7-19 所示。其是将具有平衡（退火、正火）组织或调质状态的钢，于室温（或零下）进行冷形变（可与冷拉伸、冷轧和冷拔等成形工艺相结合）使其获得相当程度的强化，然后进行中间回火，最后再进行快速加热的二次淬火及最终回火。可应用于钢板、板弹簧及其他工件的加工上。

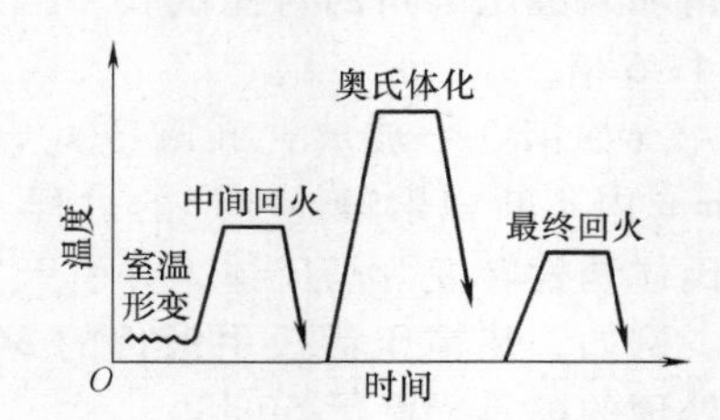

图 7-19　预先形变热处理工艺曲线

表 7-14 为 40 钢和 60 钢经预先形变热处理后力学性能的变化情况。从表中数据可知，预先形变热处理可使钢材的 R_m 提高 10%~30%，同时塑性保持不变（或略有增减）。

表 7-14　40 钢和 60 钢经不同热处理后的力学性能

钢材	热处理规范	R_m/MPa	Z(%)	A(%)
40 钢	850℃炉中加热淬火	1666	20	7
	920℃快速加热（500℃/s）淬火	2058	29	11
	室温形变 60%后，870℃快速加热（500℃/s）淬火	2401	42	12
60 钢	退火，炉中淬火，150℃回火	1960	20	—
	退火，880℃电热淬火（加热速度为 50℃/s），150℃回火	2156	34	—
	室温形变 50%，炉中加热淬火，150℃回火	2372	35	—
	室温形变 50%，880℃电热淬火（加热速度为 50℃/s），100℃回火	2626	28	—

此外，40Cr、40CrNi、65Mn、55CrMnB 和 40CrMnSi 等低合金结构钢，也可以

通过预先形变热处理而获得最终强化。

预先形变可使钢件在表面高温形变热处理时形成高的残余压应力，从而显著提高其疲劳强度。

623. 超塑形变处理

超塑形变处理（STMT）是由金属材料的超塑成形与热处理相结合的复合工艺。可使材料的强韧性得到提高，多用于加工冷和热作模具。

对于钢材，超塑成形的条件是超细化组织（晶粒尺寸<5μm、碳化物粒度<0.5μm）以及一定的形变条件，即形变温度在0.5~0.65*Tm*（*Tm*为金属熔点的绝对温度值），形变速率为10^{-1}~10^{-4}min^{-1}。

例如，3Cr2W8V钢超塑形变处理的工艺过程及参数如下：

1）超细化处理。其工艺参数如图7-20所示。其中1160℃固溶处理及750℃回火是为了得到细化的碳化物；其后的循环处理是为了细化晶粒。经此工艺处理后3Cr2W8V钢的基体晶粒度达14~15级（2~3μm），碳化物尺寸达0.2~0.5μm，即达到了双细化程度，因而此工艺可称为双细化工艺。

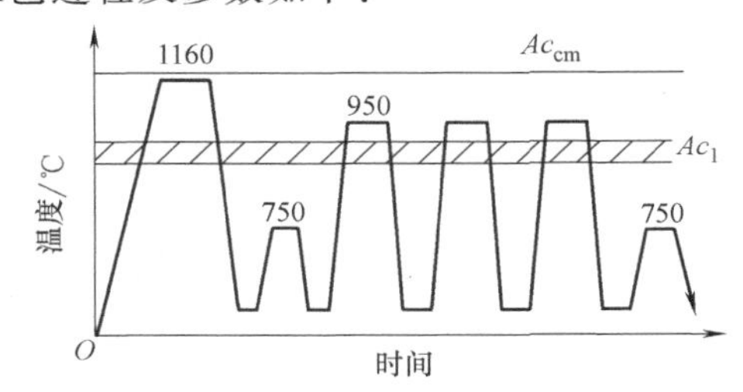

图7-20 3Cr2W8V钢超细化处理工艺曲线

2）形变条件。形变温度在0.6*Tm*左右，形变速率为10^{-2}~10^{-3}min^{-1}。

3）热处理。超塑形变后升温至1150℃淬火并回火。

超塑形变后的力学性能见表7-15。由表中数据可见，与常规热处理相比，超塑形变处理使3Cr2W8V钢的强度与韧性同时得到了提高。

表7-15 3Cr2W8V钢常规热处理与超塑形变处理后的力学性能对比

处理工艺类型	工艺	硬度 HRC	R_m/MPa	a_K/(J/cm^2)
常规热处理	1150℃淬火	42		
	600℃一次回火		1264	29.4
	650℃二次回火		1166	30.9
超塑形变处理	1000℃循环淬火二次，超塑形变再1150℃淬火	43.5	1597	31.4
	600℃一次回火		1558	31.4
	650℃二次回火		1578	31.4

624. 9SiCr钢的超塑形变处理

超塑形变处理也适用于高碳低合金钢，其超塑形变条件也为晶粒超细化、碳化物超细化（双细化），以及适当的形变温度和适当的形变速率等。经超塑性形变处理后高碳低合金钢的强韧性得到提高。

例如，对高碳低合金钢9SiCr进行超塑形变处理，其工艺参数如下：

超塑形变处理工艺曲线如图 7-21 所示。图中 840℃×2h×2 次淬油及 200℃×2h 回火是为了得到双细化组织；形变温度为 790~810℃、形变速率为 $2.5\times10^{-4}\ s^{-1}$、拉伸形变量为 250%，形变后在油中淬火并经200℃×2h 回火。

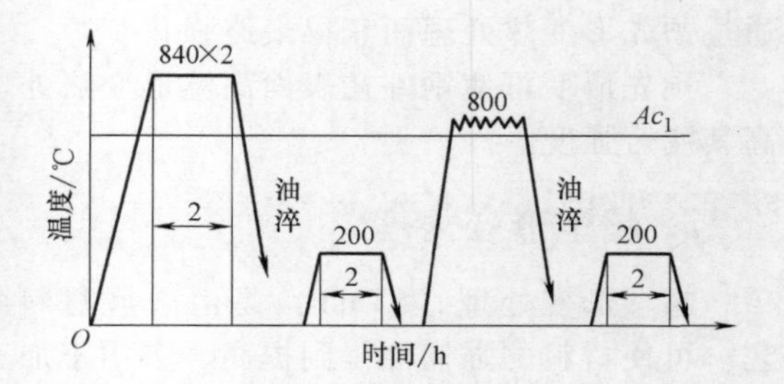

图 7-21　9SiCr 钢超塑形变处理工艺曲线

9SiCr 钢经超塑形变处理（800℃ STMT+200℃×2h 回火）后的力学性能分别为：σ_{bb}=3674MPa、挠度为 1.10mm、硬度为 60~61HRC、多冲寿命为 27450 次，而常规热处理（840℃淬油+200℃×2h 回火）后的力学性能分别为：σ_{bb}=2870MPa、挠度为 1.10mm、硬度为 60~62HRC、多冲寿命为 19800 次。由上述数据可知，超塑形变处理，可提高抗弯强度 σ_{bb} 28%、多冲寿命 38.6%。

参考文献

[1] 机械工程学会机械工程手册编辑委员会. 机械工程手册：第 44 篇 热处理 [M]. 北京：机械工业出版社，1979.

[2] 雷廷权，傅家骐. 金属热处理工艺方法 500 种 [M]. 北京：机械工业出版社，1998.

[3] 中国机械工程学会热处理学会. 热处理手册：第 1 卷 工艺基础 [M]. 4 版（修订版）. 北京：机械工业出版社，2013.

[4] 韩家学，王勇围. 45 和 40Cr 钢曲柄锻造余热调质工艺 [J]. 金属热处理，2009，34（9）：75-77.

[5] 徐华达. 奥氏体不锈钢的锻造余热固溶处理 [J]. 金属热处理，1983（4）：48.

[6] 陈明伟，侯增寿. 锻造余热预冷淬火工艺的试验研究 [J]. 金属热处理，1995（4）：26-27.

[7] 李凌云，李文亮，李法科，等. 65Mn 钢犁铧锻造余热淬火 [J]. 金属热处理，1993（7）：48-50.

[8] 王春明，庞兆夫，王书惠. 65Mn 钢薄壳淬火强韧化机制的研究 [J]. 金属热处理，1993（5）：12-16.

[9] 中国机械工程学会热处理学会. 中国机械工程学会热处理学会第四届年会论文集 第一部分：国内论文 [M]. 北京：中国机械工程学会热处理学会，1987.

[10] 彭云，许祖泽，张国柱. 稀土重轨轧后余热空冷处理对力学性能的影响 [J]. 金属热处理，1995（5）：6-8.

[11] 李文根，江帆. 20MnSi 螺纹钢的轧后余热热处理 [J]. 金属热处理，1992（9）：22-24.

[12] 崔娟，刘雅政，黄学启. 高品质 60Si2MnA 弹簧钢的热处理工艺优化 [J]. 金属热处理，2008，33（6）：91-94.

[13] 王占河. 铁路提速货车螺旋弹簧余热淬火组织和性能研究 [D]. 哈尔滨：哈尔滨理工大学，2005.

[14] 陈希原. 35 钢轮套挤压余热淬火技术的应用 [J]. 金属热处理，2009，34（6）：94-97.

[15] 朱启惠，吴化，刘清润，等. 20CrMnTi 钢锻造余热正火的研究 [J]. 金属热处理，1983

(12)：11-5.
[16] 弓自洁，曹必刚. GCr15 轴承钢的热处理发展动向 [J]. 金属热处理，1992 (9)：3-6.
[17] 姚忠凯. 形变热处理基础理论研究的进展 [J]. 佳木斯大学学报：自然科学版，1988 (1)：61-73.
[18] 大连铁道学院，吉林工业大学，哈尔滨工业大学. 金属热处理原理 [M]. 哈尔滨：哈尔滨工业大学，1976.
[19] 程肃之，花礼先，王绪. Mn-Si 双相钢高强度螺栓的研究 [J]. 金属热处理，1987 (8)：7-11.
[20] 雷廷权，等. 钢的形变热处理 [M]. 北京：机械工业出版社，1979.
[21] 席聚奎，杨蕴林，康布熙，等. 钢的超塑性形变热处理 [J]. 金属热处理，1986 (7)：58-60.
[22] 文九巴. 9SiCr 钢超塑性形变热处理的组织和性能 [J]. 金属热处理学报，1994 (4)：26-30.

第 8 章

金属的复合热处理

复合热处理是将两种或更多的热处理工艺复合，或是将热处理与其他加工工艺复合，以更大程度地挖掘材料潜力，使零件获得单一工艺所无法达到的优良性能。同时可以尽量节约能源、降低成本和延长工件的使用寿命，是先进的热处理工艺之一。目前较多用于工模具等的热处理，已获得良好的应用效果。

625. 高温固溶+高温回火+高温淬火（固溶双细化处理）

对一些体积较大或无法锻造的模具，可采用复合热处理工艺，即固溶双细化处理，来改善组织与性能。通过高温固溶处理使碳化物细化、棱角圆整化，通过细化处理使奥氏体晶粒超细化，使模具的强韧性提高，并使使用寿命延长。

例如，Cr12MoV 钢模具固溶双细化处理工艺为：1130℃真空加热淬火（高温固溶处理）+760℃高温回火+960℃真空加热淬火（细化晶粒）+最终热处理，其工艺曲线如图 8-1 所示。

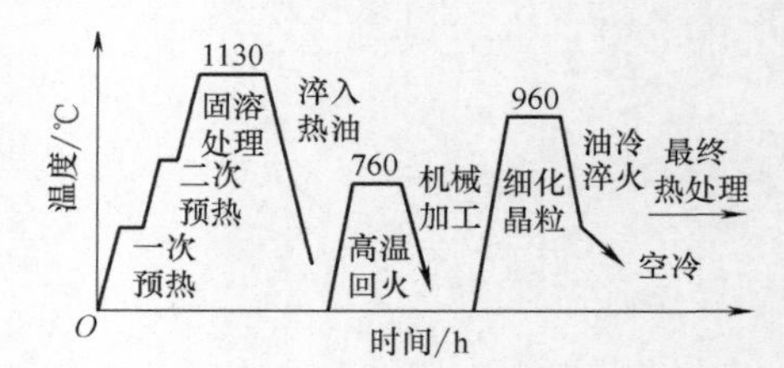

图 8-1　Cr12MoV 钢的固溶双细化处理工艺曲线

Cr12MoV 钢在 1130℃高温淬火，既促进了较小碳化物的完全溶解，又促进了大颗粒碳化物的溶解，将锋利尖角溶化成圆角，从而使未溶的碳化物数量变少，粒度趋于一致，形态趋于球粒状；760℃高温回火可使高温淬火后的残留奥氏体分解，使溶入基体的碳化物再度均匀弥散析出，使碳化物的形态、大小及分布得到改善；随后进行的 960℃真空加热淬火及最终热处理，使碳化物的粒度、形态、分布及球化程度进一步得到改善，同时也使晶粒变得非常细小。经固溶双细化处理后的模具使用寿命大大高于传统工艺制造的模具（大于 2 倍），其原因是模具的塑性和韧性同步提高。

626. 高温固溶淬火+循环加热淬火

高温固溶淬火+循环加热淬火是双细化热处理工艺。可使碳化物的尺寸显著减小且分布均匀，明显改善了其对韧性的有害影响。同时，碳化物细小还能促使奥氏体细化及其成分的均匀性；细小均匀分布的碳化物，还有弥散强化的作用。在循环加热淬火时，一般循环加热 3~4 次，可使奥氏体超细化，达到 14 级超细晶粒度。细化晶粒可同时改善强度和韧性。该复合工艺在不降低强度和耐磨性的情况下，提高了工件的强韧性与使用寿命。

例如，GCr15 钢制冲模采用此工艺后，使用寿命从常规工艺的 2000 件提高到 14000 件。其复合工艺如下：

1）高温固溶处理。1040~1050℃×30~45min 盐浴加热后，在 640~650℃的中性盐浴中冷却 20min 后出炉空冷。

2）循环加热淬火。820℃×5min 淬热油，空冷，再进行 820℃×5min 淬热油，空冷，如此循环 4 次。

3）回火。150~160℃×2h 加热后空冷。

经上述处理后，金相组织以板条状马氏体为主，加少量残留奥氏体和碳化物，硬度为 62~63HRC。使碳化物尺寸细化到 0.3μm，奥氏体晶粒度为 14 级，在硬度、强度基本保持不变的情况下，断裂韧度提高了 2~3 倍。

627. 高温固溶+球化

高温固溶+球化即固溶细化工艺（见图 8-2）。其是利用 Ac_3 + 150 ~ 200℃的高温使含有 Ti、V、Mo 和 W 的碳化物全部或绝大部分溶入奥氏体中，得到化学成分均匀的单相奥氏体组织，随后以极快的速度冷却到下贝氏体、马氏体转变温度，抑制铁素体作为领先相析出，用这种非平衡组织进行等温正火，可得到细化均匀的珠光体组织。处理后工件的硬度均匀，在随后进行的渗碳淬火中，工件畸变更小。具有带状组织的 20CrMnTi 钢，经过这种固溶细化处理后，其组织得到了明显细化，消除与改善了带状组织。

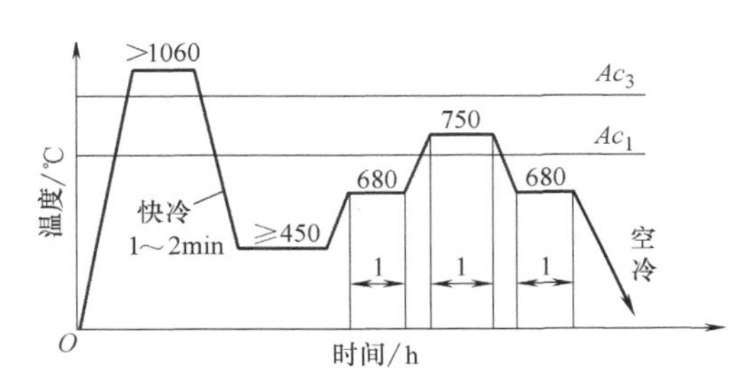

图 8-2　高温固溶+球化复合热处理工艺曲线

628. 真空淬火+深冷处理

真空淬火的工件表面无氧化、无脱碳，淬火畸变小，淬裂倾向低；深冷处理可使淬火后的残留奥氏体进一步转变，提高工件硬度与耐磨性，稳定组织与性能。此复合工艺使工件精度与使用寿命显著提高，适用于精密工件的淬火处理。

例如，W9Mo3Cr4V 钢制螺母冲孔模采用真空淬火、回火处理，使用寿命可达 3~8 万件，而经真空淬火+深冷处理后，表面硬度为 66.1HRC，显微组织为回火马氏体+碳化物+极少量残留奥氏体，模具寿命可达 8~18 万件。

其复合工艺（见图 8-3）如下：真空淬火回火：两次预热 850℃×20min+1050℃×10min，淬火加热 1200×5min，气冷淬油，转入 160℃硝盐浴中等温 60min；深冷处理：-196℃×2h，转入 20℃水中保温 30min；真空回火：560~580℃×90min×2 次。

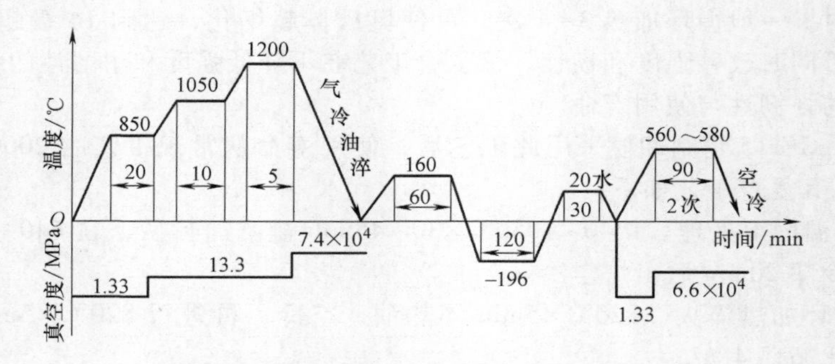

图 8-3 真空淬火+深冷处理复合工艺曲线

629. 调质+低温淬火

采用调质作为淬火前的预备热处理，同时降低淬火温度 50～70℃（Cr12 钢），奥氏体中的碳的质量分数降低到 0.4%左右，淬火组织中获得以板条状马氏体为主的隐晶基体，淬火晶粒更为细小，因而能明显提高钢的强度和韧性。由于未溶碳化物、残留奥氏体数量减少，也有利于保持良好的耐磨性。表 8-1 是 Cr12 钢分别经常规淬火、低温淬火和调质+低温淬火（复合工艺）后的力学性能对比。试验表明，复合工艺可获得回火马氏体+下贝氏体+弥散的碳化物+少量的残留奥氏体的混合组织，与常规淬火和低温淬火相比，冲击韧度分别提高 53%和 23%，抗弯强度分别提高 27%和 13%。

表 8-1 Cr12 钢分别经常规淬火、低温淬火和复合工艺后的力学性能对比

淬火工艺	晶粒度/级	200℃回火后硬度 HRC	a_K/(J/cm^2)	σ_{bb}/MPa
常规淬火	9	62～64	31	3456
低温淬火	<10.5	61～63	38.5	3871
复合工艺	≤11.5	61～63	47.5	4389

Cr12 钢采用复合热处理工艺，减少了淬火过程中的组织应力和热应力。试验表明，其畸变量比低温淬火减少 30%，比常规淬火减少 50%左右。Cr12 钢制冷镦凹模经复合工艺后的寿命，比常规淬火、回火的提高 1.5 倍。

630. 回火+表面氧化

钢铁零件通过一定的处理，使零件表面形成一层 Fe_3O_4 薄膜，可达到耐磨、耐蚀以及美观的效果。由于经发黄处理（氧化处理）的零件表面没有落色等缺陷，且表面光泽，处理成本低，目前已在部分产品上替代发黑处理，例如自行车飞轮的表面氧化多采用发黄处理。

（1）常规方法　其是将零件浸入氧化性盐浴中进行表面氧化处理。由于硝酸盐及亚硝酸盐等化工原料的使用，在操作过程中有大量有毒的废液和废水产生，存在环保问题。为解决这一难题，已开发出一种在回火过程中氧化的复合热处理工

艺，即回火+表面氧化处理。

（2）复合热处理工艺　如生产零件为Q215AF钢制自行车飞轮外套。氧化处理前进行中温碳氮共渗淬火和喷丸处理。然后在功率为120kW的网带式回火炉中进行回火处理。在回火过程中，活性工件的表面与空气中的O_2发生反应，在低温时生成Fe_3O_4薄膜。当氧化膜的厚度超过光的波长时，工件的表面将按氧化膜厚度的不同而显示出不同的颜色，即回火氧化色。其色泽与回火温度的高低有关。非合金钢回火时表面色泽与回火温度的一般关系见表8-2。根据表中数据选择一定的回火温度对零件进行回火处理，即可在其表面得到相应的氧化色泽，从而可以在回火的同时完成表面氧化处理。

表8-2　非合金钢回火时表面色泽与回火温度的一般关系

回火温度/℃	200	220	240	260	280	300	320	340
表面色泽	浅黄	黄白	金黄	黄紫	深紫	蓝	深蓝	蓝灰

由表8-3中的检验结果可知，零件表面氧化膜的色泽主要与回火温度有关，与处理时间关系不大。随着处理时间的延长，氧化膜的致密性增加。考虑到色泽、致密性、表面硬度、炉温的均匀性与波动性的影响，可选择230～240℃×30min的热处理工艺。

表8-3　零件回火与氧化复合处理结果

序号	处理温度/℃	表面色泽	处理时间/min	3%$CuSO_4$析出Cu时间/s	回火硬度HRA
1	220	黄白	20	24	82
2			30	28	80
3			40	30	79
4	230	黄色	20	38	80
5			30	45	78
6			40	48	78
7	240	金黄	20	50	78
8			30	58	77
9			40	60	75

此复合热处理新工艺，使零件在回火的同时进行氧化着色，完全省去了用盐浴加热氧化处理这一工序，故新工艺省电、省时。同时，完全避免了有毒原料的使用。

631. 盐浴氮碳共渗复合热处理（QPQ）

盐浴氮碳共渗复合热处理，是工件先在盐浴中进行氮碳共渗或硫氮碳共渗和氧化处理，经中间抛光后，再在氧化盐浴中处理，以提高工件的耐磨性和耐蚀性的复合热处理工艺，即QPQ处理（Quench-Polish-Quench）。

QPQ处理使工件的表面粗糙度大大降低，显著地提高了耐蚀性，并保持了盐浴氮碳共渗或硫氮碳共渗层的耐磨性、疲劳强度及抗咬合性，工件畸变小。常用于汽车零件（曲轴、凸轮轴、气门、液压件）、摩托车和机车，以及工程机械、石油和模具等行业。

QPQ 处理工艺流程为：预热（350~400℃）→520~580℃氮碳共渗或硫氮碳共渗→在 330~400℃的 AB（或 Y-1）浴中氧化 10~30min→机械抛光→在 AB（或 Y-1）浴中再次氧化。氧化的目的是消除工件表面残留的微量 CN^- 及 CNO^-，使得废水可以直接排放，工件表面生成致密的 Fe_3O_4膜。如图 8-4 所示为 QPQ 处理工艺曲线，表 8-4 列出了常用材料 QPQ 处理工艺的参数及效果。

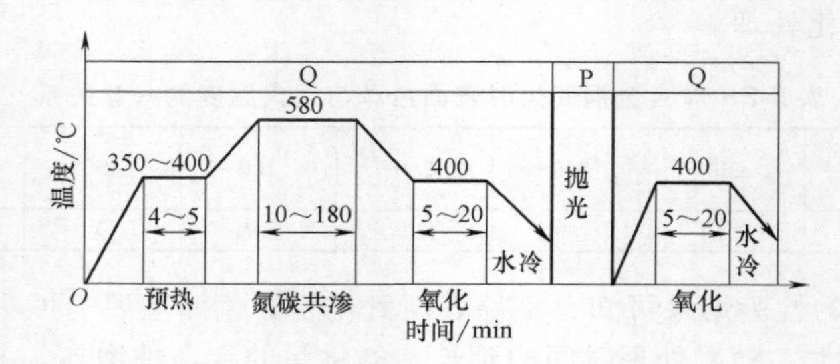

图 8-4　QPQ 处理工艺曲线

表 8-4　常用材料 QPQ 处理工艺的参数及效果

材料	代表牌号	前处理工艺	渗氮温度/℃	渗氮时间/h	表面硬度 HV	化合物层深/μm
低碳钢	Q235、20、20Cr	—	570	0.5~4	500~700	15~20
中碳钢	45、40Cr	不处理或调质	570	2~4	500~700	12~20
高碳钢	T8、T10、T12					
渗氮钢	38CrMoAl	调质	570	3~5	900~1000	9~15
压铸模具钢	3Cr2W8V	淬火	570	2~3	900~1000	6~10
热挤压模具钢	4Cr5MoSiV1	淬火	570	3~5	950~1100	6~10
热作模具钢	5CrMnMo	淬火	570	2~3	750~900	9~15
冷作模具钢	Cr12MoV	高温淬火	520	2~3	950~1100	6~15
高速钢(刀具)	W6Mo5Cr4V2	淬火	550	0.5~1	1000~1200	—
高速钢(耐磨件)	W6Mo5Cr4V2		570	2~3	1200~1500	6~8
不锈钢	12Cr13、40Cr13	—	570	2~3	900~1000	6~10
灰铸铁	HT200~HT350	—	570	2~3	500~600	总深 100
球墨铸铁	QT600-3~QT900-2	—	570	2~3	500~700	总深 100

632. 流态床发蓝+淬火

流态床发蓝+淬火复合工艺是将发蓝工艺安排在淬火加热过程中作“预热”，不仅不能破坏 Fe_3O_4 氧化膜的完整性和致密性，而且可以减少工件畸变、节约能源、降低成本。其复合工艺过程：机加工→表面净化→石墨粒子床预热发蓝（580℃）→流态床加热淬火→皂化→除油。比较理想的工艺实施是使用两台炉膛尺寸相同的石墨粒子床。石墨粒子床发蓝+淬火复合工艺如图 8-5 所示。

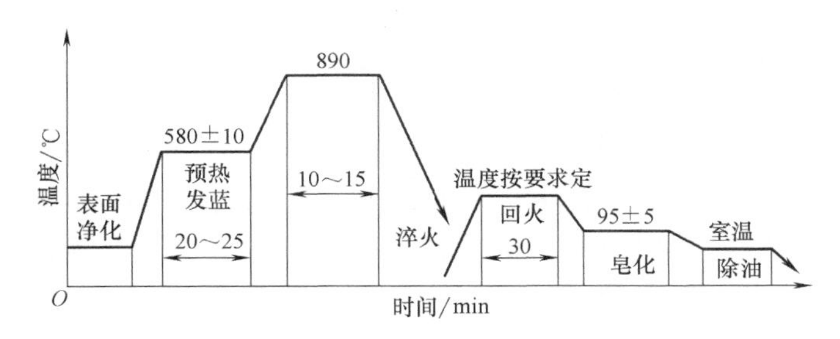

图 8-5　石墨粒子床发蓝+淬火复合工艺

几种钢材（20、45、40Cr和GCr15）试样在回火后，检测表面生成的Fe_3O_4膜并与碱性发蓝法进行比较，结果见表 8-5。通过表 8-5 可以看出，此复合工艺完全可以满足质量要求。

表 8-5　几种钢材采用两种发蓝方法的比较

项目	碱性发蓝	复合工艺	备注
致密性	3～4min 后开始出现铜色	2.5～4min 后开始出现铜色	以 $w(CuSO_4)$= 3%的溶液点滴 30s 未见铜色为合格
耐蚀性	6h 开始有锈蚀	5h 开始有锈蚀	以 w(NaCl)= 10%的溶液浸蚀 3h 未有锈蚀为合格
结合力	无斑落	无斑落	针刻十字交叉处无斑落为合格
膜厚/μm	2.0～3.5	1.85～4.0	膜厚度在 1.5 以上为合格

以此复合工艺取代常规盐浴淬火和室温发蓝工艺，其综合费用仅是碱性发蓝的1/2，是室温发蓝的 1/3。此复合工艺应用于管钳子调节螺母的批量生产中，可节能约 65%，降低成本约 39%。

633. 淬火+发蓝

淬火+发蓝工艺是淬火与发蓝复合热处理工艺，即工件在淬火的同时完成发蓝，省去了单一淬火工序和几道发蓝工艺流程中的有机溶剂除油→化学除油→热水洗→流动冷水洗→酸洗→流动冷水洗工序，既提高了生产率，又节约了成本，可广泛应用于非合金钢和低碳合金钢产品的淬火与发蓝处理。

淬火发蓝液（质量分数）配方：NaOH5% + $NaNO_3$ 20% + $NaNO_2$ 15% + $KNO_3$15%+H_2O45%。

先将既需要淬火又需要发蓝的工件如米筛、锤片和高强度螺栓等送入盐浴炉、保护气氛炉或真空炉中进行无氧化光亮加热，然后取出迅速浸入淬火发蓝液中。在淬火发蓝液中处理的工件，不仅能得到所需的淬火硬度，还能同时完成氧化处理。

为确保发蓝层的防护稳定性，工件从淬火发蓝液中取出后还要经过浸洗→流动冷水洗→皂化液钝化→热水清洗→干燥→检验→浸油工艺流程。

此复合工艺还具有在过冷奥氏体分解温度区（相当于奥氏体等温转变图鼻温处）时冷却能力较强，而在接近马氏体转变点时冷却能力较缓和的特点，从而既可保持较高的冷却速度，又不致形成较大的淬火畸变。

634. 离子氮碳共渗+离子后氧化复合处理

离子氮碳共渗+离子后氧化称为 PLASOX 或 INOITOX 技术，又称离子氮氧复合处理，即在离子氮碳共渗形成的 ε 化合物表面，再经过离子渗氧处理，可在化合物层表面上形成一层黑色致密的 Fe_3O_4膜，有效地提高了工件表面的耐磨性和耐蚀性，其耐蚀性超过镀硬铬处理。与 QPQ 工艺相比，此工艺解决了后者的环保问题。

本复合工艺分为离子氮碳共渗处理和离子氧化处理两个阶段进行。第一阶段的离子氮碳共渗处理必须在获得厚度为 10μm 以上的白亮层后，将氮碳共渗气体转换成氧化气体，开始进行离子氧化处理。离子氧化处理后，工件在气体的保护下冷却至 200℃ 以下关闭真空泵，取出工件。

此工艺采用保温式多功能离子热处理炉。45 钢采用表 8-6 所示工艺进行离子氮碳共渗+离子后氧化复合处理，试样表面可获得 18μm 的 ε 化合物层，最表层为 2~3μm 致密的 Fe_3O_4层，表面硬度较低的区域为氧化层，它的摩擦因数低，且多孔，易于储油，提高了抗咬合性能。通过 $w(NaCl)=5\%$ 的溶液浸泡试验，其耐蚀性能比单一的离子氮碳共渗处理提高 13 倍，比发黑处理提高 17 倍，比镀硬铬提高 2 倍，是奥氏体不锈钢的 1.1 倍。

表 8-6 离子氮碳共渗+离子后氧化复合处理工艺参数

工艺参数	离子氮碳共渗	离子后氧化复合处理
电压/V	700~800	700~800
电流/A	≈20	≈20
$NH_3:N_2$(体积比)	4:1	—
$H_2:O_2$(体积比)	—	9:1
炉压/Pa	≈500	≈500
处理温度/℃	570	520
处理时间/h	3	1

635. 亚温淬火+浅层氮碳共渗

亚温淬火能显著改善钢的韧性，具有较好的力学性能，再经浅层氮碳共渗，可使工件表面获得高的强度、硬度、耐磨性及疲劳强度，从而使工件具有内韧外硬的性能，显著提高了工件的使用寿命。

例如，3Cr2W8V 钢制铝合金压铸模（尺寸为 100mm×100mm×300mm），采用真空亚温淬火+浅层氮碳共渗复合处理工艺，模具寿命比常规处理（1050℃×0.5h 油淬+620℃×2h×2 次回火）提高 2 倍多。其复合工艺如下：

1）调质处理。1040℃×40min 淬油，650℃×1h 回火。

2）真空亚温淬火。980℃×0.5h 淬油，硬度为 48~50HRC，450℃×2h×1 次回火，硬度为 46~48HRC。

3）氮碳共渗。模具经真空亚温淬火及一次回火后，在 LD-75 离子渗氮炉中进行 550~570℃×2.5h 氮碳共渗，共渗气氛采用 NH_3+CO_2，气压为 1500~1800Pa。共渗层深度为 0.005~0.10mm，表面硬度为 750~800HV。

表 8-7 为经不同工艺处理的模具使用效果对比。由表 8-7 可见，经此复合工艺处理的模具，基本上制止了早期破裂现象，减少了粘模现象，使用寿命提高了 1~3 倍。另一方面，由于真空亚温淬火经一次回火后即进行氮碳共渗，第二次回火与氮碳共渗合并为一道工序，即提高了模具质量又相对降低了能耗。因此，该复合热处理工艺是一种节能高效的复合强化方法。

表 8-7 模具使用效果对比

工艺方法	硬度 HRC	使用寿命/万次	失效形式
原工艺	46~48	0.8~2.0	疲劳强度、磨损
复合热处理工艺	46~47	3.0~5.0	磨损

636. 真空淬火+氮碳共渗

真空淬火可获得很好的表面质量（无氧化、无脱碳），淬火畸变小，再经高温回火处理，可获得良好的显微组织，为最终化学热处理做好组织准备。真空氮碳共渗处理可使工件表面净化，有利于氮、碳原子被工件表面吸附，可增加共渗速度，缩短时间。真空氮碳共渗的渗剂（体积分数）：丙烷 50%+氨气 50%。真空氮碳共渗可增加共渗层的均匀性，对于不通孔、沟槽工件，可获得理想的共渗层。

例如，W9Mo3Cr4V 钢制十字槽冲头经真空淬火（预热 830~850×3min/mm，淬火加热 1180~1200℃×1.5min/mm，油冷；回火 560~580℃×90min×2 次，气冷）+真空氮碳共渗（采用 ZCT65 双室真空渗碳炉，550~570℃×150~180min 加热，气冷）处理后，平均寿命由盐浴处理的 3 万件和气体氮碳共渗的 18 万件，提高到 30 万件。

637. 等温淬火+气体氮碳共渗

真空加热无氧化、无脱碳，表面质量好，等温淬火可获得较小的淬火畸变，气体氮碳共渗可提高工件的表面硬度、耐磨性及耐蚀性等性能。经上述复合处理后可提高工件的使用性能与寿命。等温淬火+气体氮碳共渗复合工艺为：

1）真空加热硝盐等温淬火。650℃真空预热，880~890℃真空加热后，进行 220~250℃×1h 硝盐等温淬火。

2）气体氮碳共渗。清洗干净后，进行 520~540℃×3~4h 气体氮碳共渗，畸变合格率为 100%，共渗层深度为 0.20~0.25mm，表面硬度为 950~1000HV。

8Cr2MnWMoVS 钢制精密冲模（尺寸为 500mm×450mm×20~30mm）经上述处理后，使用寿命由原来（T10A 钢常规工艺）的 1 万次提高到 20~30 万次。

638. 等温淬火+稀土硫氮碳共渗

等温淬火可获得较好的综合力学性能，盐浴稀土硫氮碳共渗可获得较高的表面性能，经复合热处理后，可使工件得到强化处理，工件寿命显著提高。

例如，5CrNiMoA 钢制齿轮热锻模，尺寸为 260mm×250mm×200mm，常规热处理工艺为：850~860℃油淬+530℃×4~5h 回火，硬度为 43~45HRC。主要失效形式为早期磨损和断裂。

采用如图 8-6 所示复合热处理工艺后，能有效地消除早期磨损和断裂，模具使用寿命由常规热处理的 0.10~0.15 万件提高到 1.5~2.0 万件，模具寿命提高 10 倍以上。

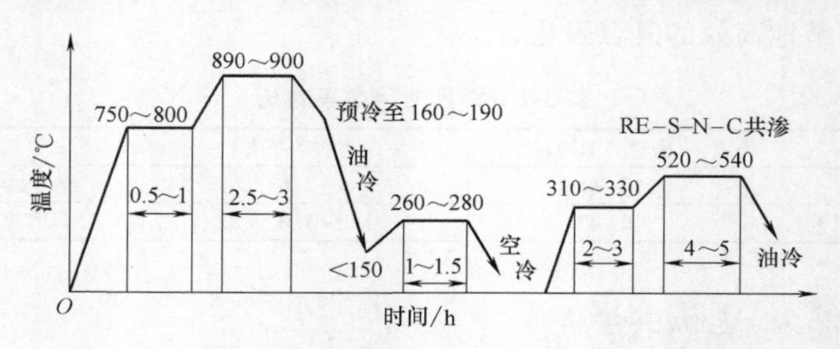

图 8-6 5CrNiMoA 钢制齿轮热锻模复合强化处理工艺曲线

639. 分级淬火+低温碳氮共渗

分级淬火+低温碳氮共渗是将奥氏体化后的工件，淬入含有活性 C、N 原子的浴槽中进行马氏体分级淬火，在分级保温过程中同时进行低温碳氮共渗的综合热处理工艺。该复合工艺可提高高速钢刀具的切削寿命，适用于形状简单、对热处理畸变要求不严格的工模具，也可应用于部分模具钢（如 4Cr5SiMoV）及硬质合金等。

对于高速钢，分级淬火+低温碳氮共渗所用介质（质量分数）为：$CO(NH_2)_2$ 60%+Na_2CO_3 22%+KCl15%+NaOH3%。浴槽温度一般为 560~620℃，工件淬入浴槽后温度以不超过 680℃为宜。通常在低温碳氮共渗介质中分级淬火 3~4min，即可获得一般低温碳氮共渗数小时方能得到的共渗层深度。应用这一盐浴，还可在高速钢回火时进行低温碳氮共渗。

对于高速钢工件分级淬火+低温碳氮共渗或回火+低温碳氮共渗后都应在 450~560℃硝盐中进行中和，清洗掉表面黏附的残盐。

640. 真空气淬+回火+蒸汽氧化处理

钢件（如低合金高速钢）经真空气淬后，可以得到较小的畸变和高的表面质量。经蒸汽氧化处理可获得良好的润滑性和减磨性，工件经这种复合工艺热处理后，可明显提高工件的使用寿命。

例如，W4Mo3Cr4VSiN 低合金高速钢制 M8 丝锥，总长度为 65mm，刃部长度为 25mm，经 1160℃真空加压气淬以及 560℃×1h×3 次回火后，再经蒸汽氧化处理（560℃×2h，0.6MPa），使丝锥表面获得厚度为 3~4μm 的蓝色 Fe_3O_4 薄膜，且表层的显微硬度为 766HV，比心部硬度略低（833HV），但具有良好的润滑性和减磨性，经蒸汽氧化处理的丝锥的使用寿命为 1335（件）比未经表面处理（621 件）

的提高了 1.15 倍。表 8-8 为不同工艺处理的丝锥寿命对比。

在 HT/4A 型蒸汽处理炉中进行蒸汽处理，表 8-9 为经不同时间蒸汽处理后丝锥的硬度，通过表 8-9 可以看出，在相同的处理温度下，随着蒸汽处理时间的延长，表层硬度提高，但超过 2h 后硬度变化不明显。

表 8-8 不同工艺处理的丝锥寿命对比 （单位：件/根）

丝锥编号	1160℃淬火+560℃×1h×3 次回火	1160℃淬火+560℃×1h×3 次回火+蒸汽处理
1	479（折断）	1270（扣紧）
2	537（折断）	1108（折断）
3	410（折断）	1023（折断）
4	826（磨损）	1751（磨损）
5	673（掉扣）	1350（掉扣）
6	864（磨损）	1505（磨损）
平均寿命	631	1334

表 8-9 经不同时间蒸汽处理后丝锥硬度

蒸汽处理时间/h	0.5	1	1.5	2	2.5	3
硬度/HV	514	683	741	766	778	784

641. 真空气淬+回火+离子镀 TiN

钢件（如低合金高速钢）经真空气淬后，可得到较小的畸变和高的表面质量。离子镀可使钢件获得良好的润滑性和减磨性，可降低摩擦阻力。经上述工艺复合热处理后，可使工件的抗热疲劳性、抗氧化性、抗黏着性能提高，从而提高工件的整体寿命。

例如，W4Mo3Cr4VSiN 低合金高速钢丝锥（M8，长度为 66mm），经 1160℃真空加压气淬以及 560℃×1h×3 次回火后，再在 TJ/8K 型离子镀设备中进行离子镀 TiN（450℃×30min），获得厚度约为 2.5μm 的金黄色 TiN 涂层，与基体结合牢固、均匀致密。表面离子镀 TiN 丝锥的使用寿命（1653 件）比未经表面处理（621 件）的提高了 1.66 倍。表 8-10 为不同工艺处理的丝锥寿命对比。

表 8-10 不同工艺处理的丝锥寿命对比 （单位：件/根）

丝锥编号	160℃淬火+560℃×1h×3 次回火	160℃淬火+560℃×1h×3 次回火+离子镀
1	479（折断）	1325（折断）
2	537（折断）	1968（磨损）
3	410（折断）	1370（折断）
4	826（磨损）	1426（扣紧）
5	673（啃扣）	1897（磨损）
6	864（磨损）	1937（磨损）
平均寿命	631	1653

642. 淬火+化学复合镀

工件经整体淬火回火，可以获得高的硬度、强度等性能；在化学镀镍液中加入适量的惰性粒子，并与镀液共沉积，可得到更为优良的复合镀层，从而提高工件寿命。其复合工艺如下。

1）淬火回火。6CrNiMnSiMoV 钢经 900℃ 淬油，200℃×2h 回火后，硬度为 60HRC。

2）复合镀。其配方为：$NiSO_4 \cdot 6H_2O$ 30g/L + $NaH_2PO_2 \cdot H_2O$ 30g/L + $CH_3COONa \cdot 3H_2O$ 10g/L+$CH_3CH(OH)COOH$ 20g/L+Pb 适量+SiO_2粒子 10g/L+金刚石微粒（10μm、5μm 两种）10~15g/L。pH 值为 5~6；温度为 80~86℃。用平均粒度为 25μm 的 SiO_2微粒，与 5μm 和 10μm 的金刚石微粒作为惰性粒子施镀。用搅拌速度为 150r/min、搅拌 2min、静止 3min 的间歇搅拌方式复合镀时，复合镀层中以惰性粒子的沉积量为最高。

用 6CrNiMnSiMoV 钢制作变压器凸模，经淬火+N-P-SiO_2化学复合镀后表面硬度可达 1350HV，使用寿命提高 1 倍以上。

643. 离子渗碳+离子渗氮

离子渗氮层具有较高的耐磨性、耐蚀性和疲劳强度，但它的渗氮层较薄，硬度梯度较陡，表面承载能力较差，而渗碳层具有硬度梯度平缓、承载能力高的特点，因此将离子渗碳工艺和离子渗氮工艺复合，可以充分发挥二者的优势，扩大材料的应用范围。

例如，奥氏体不锈钢是一种广泛应用的金属材料，但硬度低和耐磨性差是其突出的缺点。目前，奥氏体不锈钢的强化方法包括离子渗氮、离子渗碳和离子注入等。对 AISI316 奥氏体不锈钢采用表 8-11 所示的离子渗碳、离子渗氮工艺以及二者的复合处理，渗层硬度分别为 800HV、1200HV 和 1400HV；可有效地改善渗层的硬度梯度；与未处理试样相比，耐蚀性大幅度提高（见表 8-12）。

表 8-11　离子渗碳、离子渗氮及复合处理工艺参数

工艺参数	离子渗碳	离子渗氮
电压/V	500~700	500~700
电流/A	5	5
$H_2 : CH_4$(体积比)	98.5 : 1.5	—
$H_2 : H_2$(体积比)	—	75 : 25
炉压/Pa	540	450
处理温度/℃	500	500
处理时间/h	12	12

表 8-12　AISI316 不锈钢离子化学热处理前后的耐磨性能

工艺	磨损体积/$\times 10^{-3}mm^3$
未处理	6.69
离子渗氮	0.0488
离子渗碳	0.0318
离子渗碳+离子渗氮复合处理	0.0486

644. 碳氮共渗+真空气淬

碳氮共渗+真空气淬复合工艺，是先经碳氮共渗处理，以获得良好的表面性能（强度、硬度和耐磨性）；再进行真空气淬，可获得很好的表面质量（无氧化、无脱碳）及极小的淬火畸变，从而提高工件的使用寿命和加工产品的表面质量。

例如，不锈钢如 40Cr13 钢的碳氮共渗+真空气淬复合工艺如下：

1）碳氮共渗。自配渗剂，850℃×5h 碳氮共渗后，冷却至 350℃ 左右出炉空冷。

2）真空气淬。560℃、860℃两段预热，1030℃加热气淬，再经 180～200℃×3h×2 次真空回火。

40Cr13 钢制饲料压粒模经此工艺复合处理后，畸变极小，只需对模具刃口及出料孔进行抛光。表层硬度高，抛光性能好。

645. 低温碳氮共渗+重新加热淬火

此法是工件经低温碳氮共渗后再重新加热淬火的复合热处理工艺。可有效地提高低合金钢制切削刀具等的使用寿命。低温碳氮共渗常在工件最终热处理后进行。但对于低合金工具钢，低温碳氮共渗的温度远高于最终回火的温度，共渗后虽可获得强化的表面层，但因层深极薄，心部硬度又过低（约为 30HRC），工作时表面层极易塌陷而失效。重新短时加热淬火，保留了表面强化效果，又能获得坚硬的心部组织，克服了上述弊病。

例如，对 9SiCr 钢制丝锥进行低温碳氮共渗+重新加热淬火。低温碳氮共渗是在 RQ3-25 型气体渗碳炉中进行，所用介质为尿素；重新加热淬火是在金属浴中加热，温度为 860～870℃。处理结果不仅提高了丝锥的使用寿命，而且还降低了被加工螺母螺纹的粗糙度，大大降低了产品的废品率等。

646. 低温碳氮共渗+淬火

低温碳氮共渗后淬火复合处理（以下简称复合处理），可在保持表面高硬度的条件下，进一步提高工件心部的强韧性，增加工件的寿命。可以代替中温碳氮共渗，而且表层含氮量高，又无形成黑色组织的缺陷。适用于要求耐磨损和高疲劳性能的工件。

例如，对 20 钢制卡套，进行如图 8-7 所示的复合处理工艺。低温碳氮共渗所用介质为 $NH_3+N_2+CO_2$。复合处理后工件的表面硬度为 810HV0.1，硬化层深度为 0.06mm，心部硬度为 337HV0.5，心部组织为低碳马氏体。

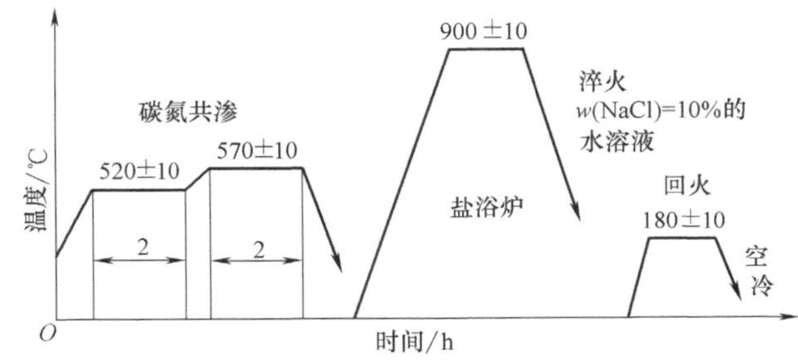

图 8-7　20 钢复合处理工艺曲线

647. 中温碳氮共渗+低温碳氮共渗

中低温碳氮共渗复合处理（以下简称复合处理）是工件先经中温碳氮共渗，达到要求共渗层深度后，进行精加工，再进行低温碳氮共渗、直接升温淬火、低温回火的综合热处理工艺。此工艺具有提高工件表面的含氮量、降低摩擦系数等优点。

例如，20Cr2Ni4 钢制齿轮，其复合处理工艺如图 8-8 所示。经复合处理后齿轮得到了高的表面含氮量、较小的摩擦系数和较少的磨损失重。除此以外，经复合处理的齿轮还具有较高的尺寸精度，较优的耐磨性能、抗咬合性能及抗疲劳剥落性能等。

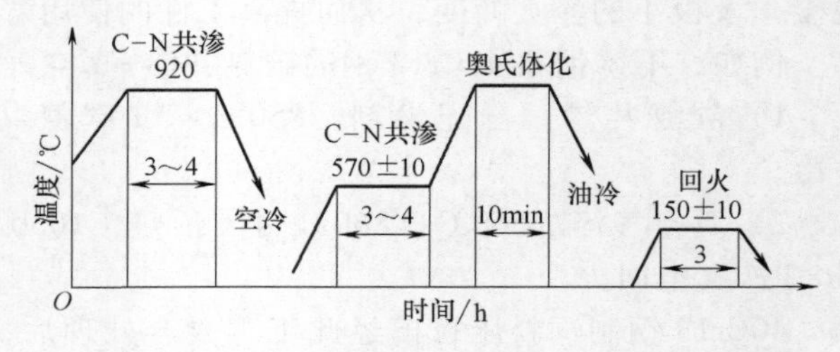

图 8-8 复合处理工艺曲线

648. 碳氮共渗+镍磷镀

镍磷镀层具有优良的耐磨性，一些需冲压、轧制成形的低碳钢工件，经镍磷镀后虽然具有优良的初始耐磨性，但当镀层磨损或压陷（镀层仅数微米厚）时，工件的磨损将加速进行。如果工件先经中温碳氮共渗，再进行镍磷镀，可更加明显地提高工件的耐磨性。

例如，对 20 钢进行了碳氮共渗+镍磷镀复合处理（以下简称复合处理），其工艺规范如下：

1）碳氮共渗。其工艺参数见表 8-13。共渗后直接在油中淬火，再进行 150~160℃×2h 回火。工件表面硬度达 822~867HV0.2。

表 8-13 中温碳氮共渗工艺参数

工艺参数	升温	升温	共渗	扩散
	<800℃	800~860℃	860℃	860℃
保护气流量/(m^3/h)	10	—	—	2
氨气流量/(L/h)	—	—	400	200
甲醇+甲苯滴量/(mL/h)	—	60	35	—
时间/h	≥1		3	2

2）镍磷镀。其化学镀液配方为：$NiSO_4 \cdot 7H_2O$ 30g/L+$NaH_2PO_2 \cdot H_2O$ 25g/L，再加入适量的稳定剂、缓冲剂及光亮剂，pH 值为 4.8~5.0，工件于 85~90℃施镀 2h。镍磷镀后再在 400℃保持 1h，以进一步提高镀层硬度。

在 MPX-200 型磨损试验机上，考核工件耐磨性能，经复合处理后试样的耐磨性能明显优于只进行碳氮共渗的试样。

此复合热处理工艺已应用于纺织机械的钢领零件，其使用寿命至少提高了

1 倍。

649. 渗氮+淬火

渗氮+淬火工艺包括渗氮+整体淬火（如 550℃ 气体渗氮，800℃ 整体淬火、180~200℃ 回火）、渗氮+高频感应淬火、氮碳共渗+整体淬火，以及氮碳共渗+高频感应淬火等。渗氮后增加一道淬火处理，可以改善表层与心部组织，提高工件的力学性能，使工件得到更有效的强化，使渗氮的工艺效果得到更充分的发挥。表 8-14 为几种渗氮+淬火的工艺方法。

表 8-14　几种渗氮+淬火的工艺方法

方　　法	内　　容
渗氮+亚温淬火	通常钢制渗氮工件的热处理工艺流程是调质及渗氮；渗氮是其最终热处理。如果在渗氮后再进行亚温淬火，可使工件的心部得到进一步的强韧化。例如，对 30CrMnSi 钢（Ac_1 = 760℃，Ac_3 = 845℃）调质后进行 560℃×24h 渗氮及随后的 830℃、800℃及 770℃的亚温淬火。处理后的组织分析指出，渗氮时形成的 ε 及 γ′相均在亚温加热时溶入奥氏体和铁素体中，同时使渗氮层加厚。与此同时，工件心部组织进一步细化并获得了较优的强韧化性能
渗氮+高温淬火	30CrMnSi 钢经渗氮+高温淬火后，因有氮化物存在，晶粒非常细小，表层及心部均有较高的强韧性，在冷作模具上得到应用。其复合热处理工艺为：560℃×30h 渗氮，1000℃淬火，200℃×2h 回火
渗氮+中温淬火+冷处理	9SiCr 钢经 550℃×12h 渗氮处理+870℃×12min 油淬+-80℃×3h 冷处理后，再进行 200℃回火，可使工件表面形成较厚的硬化层，在 0.2~0.6mm 处硬度为 857HV5，并可提高硬化区的耐回火性能。该工艺处理后硬化区的硬度高于淬火+冷处理+回火和淬火+回火处理的。经过该复合工艺处理的模具使用寿命提高了 2~3 倍
渗氮+感应淬火	见“245. 渗氮后感应淬火”

650. 离子渗氮+回火

离子渗氮+回火是工件先经离子渗氮，然后再进行回火的复合热处理工艺。可用于刀具等的表面强化热处理。

例如，高速钢刀具的回火温度为 570℃左右，与渗氮温度一致。可采用离子渗氮来提高高速钢刀具的使用寿命。但是离子渗氮后，表面硬度极高，硬度梯度很陡（见图 8-9，曲线 1），在复杂的切削条件下，刀具很容易因产生缺陷而失效。为了改善表层的硬度分布，可以应用离子渗氮+回火的复合热处理工艺。如图 8-9 所示为复合热处理后的硬度分布。通过图可以看出，离

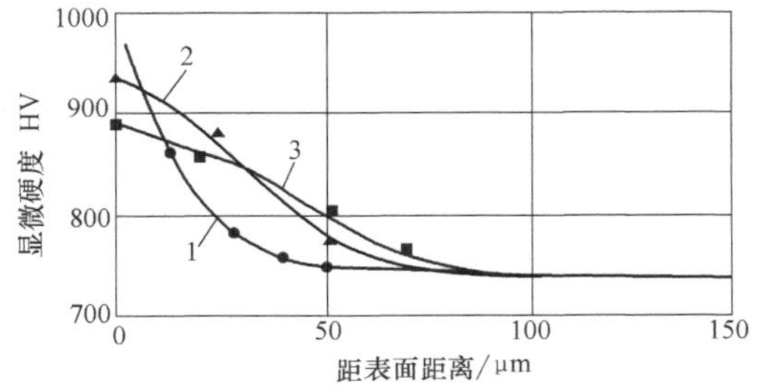

图 8-9　复合热处理后的硬度分布曲线

1—离子渗氮（550℃×20min，1.33×10^3Pa，N_2/H_2=20/80）

2—离子渗氮后 570℃×1h×2 次回火

3—离子渗氮后 570℃×1h×3 次回火

子渗氮+回火处理后硬度梯度变缓，其中3次回火效果更佳。

651. 渗氮+离子镀

为了减小工件畸变，采用低温沉积工艺，设备为自制ATC-1型复合涂层机，在同一离子镀设备内完成渗氮+离子镀，无须转移工件。其工艺过程为：采用专用工装挂装工件；抽真空至6×10^{-3}Pa；电加热至预定温度；轰击净化；沉积TiN复合涂层。

例如，在65Mn钢切纸刀片的复合处理过程中，渗氮和离子镀的温度均控制在360~380℃，工艺时间为40min（渗氮）+110mim（离子镀），复合处理完成后，基体硬度为73.5~74.0HRA，整体畸变控制在0.1mm以内。检测到膜层硬度和膜层厚度等指标均符合相关标准。经实际使用，其寿命超过切割60万张票据的要求，而原使用进口高速钢薄板制作的刀片寿命只能切割不到40万张票据。

652. 离子渗氮+等离子体化学气相沉积

离子渗氮层具有较高的硬度和耐磨性，但与TiN、TiC等气相沉积层相比，差距仍然较大。对于气相沉积层，由于它与基体之间的结合介于机械结合和冶金结合之间，结合强度相对较差，疲劳强度较低，特别是在较大负荷和冲击负荷的作用下，表层容易出现破裂。将离子渗氮与气相沉积工艺结合起来，特别是与等离子体气相沉积工艺（PCVD）复合，可在一套设备内完成整个工作。首先，将离子渗氮作为预处理，可为后续处理生成的TiN等耐磨层建立起良好的硬度梯度，提高覆层的疲劳强度；其次，在渗氮层基础上生长的TiN层，二者晶格结构相近，提高了TiN层的结合强度，抗剥落性能提高。此工艺已经在许多生产领域获得应用。特别是对于工模具的表面热处理，可使其获得较高的寿命。

例如，W6Mo5Cr4V2钢制M10不锈钢挤压模，采用离子渗氮+等离子体化学气相处理，使用寿命从8000次提高到16800次。

653. 高频感应淬火+离子渗氮

高频感应淬火+离子渗氮复合工艺机理：感应淬火后，在材料表面组织的γ相中存在大量的亚结构、细微组织界面，并存在丰富的空位和位错等。在离子渗氮时，大部分的氮原子并不是沿着晶界渗入扩散，而是向晶粒内部沿位错途径扩散。因此，感应淬火后材料表面的大量位错，为氮原子的扩散提供了快速通道，更有利于氮原子向基体扩散，从而使工件表面的氮浓度梯度更为平缓。这种渗氮层的脆性较低，与基体结合强度高，不易剥落，耐磨性好。

例如，40Cr钢先进行10s的感应淬火，然后在570℃进行离子渗氮10h后，渗氮层深度为0.56mm，而经单一离子渗氮处理的工件渗氮层深度仅为0.4mm。

654. 离子渗氮+中频感应淬火

离子渗氮+中频感应淬火工艺是在复合处理过程中，渗氮工件表层的氮化物转变为含氮马氏体，降低了脆性，从而提高了工件的耐磨性和疲劳寿命。

例如，35CrMo 钢制瓦楞辊采用 180A 离子渗氮炉，将调质和加工后的瓦楞辊放入炉中渗氮，渗氮温度为（520 ± 10）℃，保温时间为 24h，氨分解率为 10%～40%，表面硬度为 600～630HV，渗氮层深度为 0.4～0.6mm。再利用 320kW 中频感应电源及长度为 4m 的淬火机床对瓦楞辊进行淬火，经 880～900℃ 中频感应淬火和 180℃ 回火后，瓦楞辊的硬度为 53～57HRC，淬硬层深度为 3～5mm。

655. 离子氮碳共渗+离子渗硫

离子氮碳共渗可获得较高的耐磨性能等，在离子氮碳共渗表面进行离子渗硫处理，即在氮碳共渗层上再形成硫化层，可进一步提高工件表面的摩擦学性能。

例如，对 W18Cr4V 钢制 ϕ10mm 直柄钻头，进行离子氮碳共渗+离子渗硫复合热处理。离子氮碳共渗工艺为：520℃×45min，渗剂配方为氨气 3L/min+丙酮挥发气 0.23L/min；离子渗硫工艺为：220℃×60min，渗剂配方为氨气 0.52L/min+含硫介质挥发气 0.7L/min。

直柄钻头经上述复合处理后，表面灰黑色硫化物层厚度为 10～12μm，硬度为 203～216HV；化合物层厚度为 12～15μm，硬度为 1200～1400HV；扩散层厚度为 90～100μm。复合处理的钻头在 45 调质钢上钻孔，比未经复合处理的钻头寿命提高 0.5～0.8 倍。

656. 离子渗氮+离子注入

离子渗氮工艺是提高金属材料表面硬度和耐磨性的有效手段，但受平衡条件的限制，渗氮层的含氮量有限。通过对渗氮层进行离子注入处理，可以较大幅度地提高材料表面的含氮量，获得耐磨性更高的表面改性层。

例如，对 25Cr3MoA 钢（调质后）首先进行离子渗氮处理，获得深度为 0.35～0.55mm、最高含氮量达 10%（摩尔分数）的表面渗氮层，然后进行温度为 250℃ 的高温离子注入（离子能量为 60keV，束流密度为 26.5μA/cm^2，注入剂量为 1×10^{18}/cm^2），离子注入层的深度超过 400nm，含氮量达 15%（摩尔分数）。通过对比试验，经复合处理的工件的耐磨性可比只经离子渗氮的提高 10.5%。

657. 盐浴渗氮+离子注入

应用 MEVVA 源离子注入工艺，在盐浴渗氮处理（渗氮层深度为 50～60μm）的基础上对 H13（4Cr5MoSiV1）钢模具进行碳和钛双元离子注入。H13 钢的表面硬度和耐磨性显著提高。如图 8-10 所示为 H13 钢试样经盐浴渗氮后，进行离子注入前后的显微硬度对比。从试验结果可见，离子注入前试样的最高平均硬度仅为 715HV，注入后的最高平均硬度达到 1100HV。

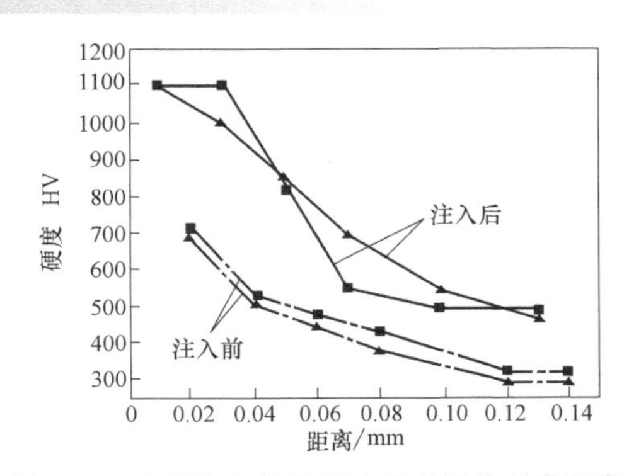

图 8-10　离子注入前后 H13 钢的平均显微硬度

铝型材的在线热挤压试验结果表明，在挤压模具失效原因相同的情况下，仅经过盐浴氮化表面处理的600t热挤压模具，每副模具的平均挤压产量仅为3.51t；而经盐浴渗氮+碳和钛双元离子注入复合处理后，模具在一次注入处理后的挤压产量提高了近200%。且产品表面光滑，质量提高。

658. 氮碳共渗+淬火+氮碳共渗（NQN）

NQN是氮碳共渗（Nitrocarburizing）+淬火（Quenching）+氮碳共渗（Nitrocarburizing）的复合强化工艺。工件在气体氮碳共渗后进行淬火，表面硬度、耐回火性等得到提高，并形成了含氮马氏体，使有效硬化层深度增加。利用第二次回火（570℃×4~5h）的同时进行氮碳共渗，对工件起到第二次回火作用，使钢中的残留奥氏体充分转变为二次马氏体，基体发生二次硬化效应，合金碳化物高度弥散析出，并充分释放应力。工件在使用过程中不易变形，从保证其由表及里都具有良好的力学性能。

例如，3Cr2W8V钢铝压铸模经复合工艺处理后，表面硬度在792HV以上，有效硬化层深度在0.30mm以上，心部组织为回火索氏体加弥散分布的颗粒状碳化物。模具寿命是常规处理的3倍以上，达到2万次。其复合工艺如图8-11所示。

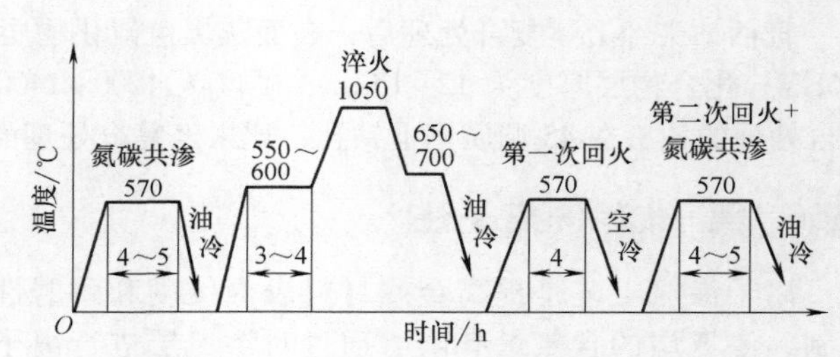

图8-11　3Cr2W8V钢压铸模的复合热处理工艺

氮碳共渗在75kW井式炉中进行，采用通氨气滴注乙醇的方法；淬火在盐浴炉中进行，650~700℃分级后油冷。

659. 钼合金渗硅+离子渗氮

钼合金先经渗硅，再进行离子渗氮复合处理（以下简称复合处理），可显著增大抗高温氧化性能及热疲劳性能。

例如，成分（质量分数）为：Ti1.50%+Zr1.12%+Si4.00%+C0.45%+Ce>1%+余量Mo的粉末冶金钼合金进行复合处理，其规范如下：

1）固体渗硅。将粒度为0.075mm的Si-Al_2O_3-添加剂与工件同时装入渗箱中，密封后在1000~1200℃温度下，渗硅4~6h。

2）离子渗氮。渗硅后的工件在离子渗氮炉中于600~900℃渗氮2~8h。

经上述复合处理后钼合金的表面硬度大为提高，达1220HV。在1100℃以下的高温状态，复合渗层的抗氧化失重为钼合金的1/1400，同时热疲劳性能也急剧增大。

660. 等离子渗金属+等离子渗碳+真空高压气淬

不锈钢（如90Cr13和30Cr13钢）经等离子渗金属，可获得表面高合金层。该合金层表面合金元素含量高，是一均匀的合金固溶体扩散层，与基体为冶金结合，无剥落现象。再经等离子超饱和渗碳后，表面碳的质量分数高达 2.6%，无共晶莱氏体组织，碳化物细小均匀弥散。渗碳后直接进行真空高压气体淬火和真空低温回火，表面硬度高，耐磨性好，心部有较好的强韧性配合，减小了脆性，工件寿命显著提高。

例如，90Cr18 钢制粉碎食品胶体磨机的定子和转子，尺寸为 450mm×400mm×180mm。采用真空渗碳炉进行等离子渗碳、真空高压气淬和真空回火。等离子渗碳的工艺参数如下：极限真空度为 5Pa，工作电压为 600~700V，电流为 20~25A，辅助加热功率与等离子加热功率之比为 5∶1，工作气压为 600~700Pa，工作气体为氮气+甲烷，氮气与甲烷的流量比为 10∶3（体积），工作温度为 980℃，保温时间为 10h。

采用 LD-150 型双层辉光等离子渗金属炉，等离子渗 W-Mo 的工艺参数如下：极限真空度为 5Pa，工作电压为 450~600V，工作气体氩气的压力为 40~60Pa，工作温度为 1100℃，保温时间为 10h。

经上述复合处理后，表面硬度为 64~66HRC，合金层组织为在马氏体基体上分布细小、均匀的碳化物。使转子和定子的寿命由过去只进行真空淬火和空气炉中回火工艺处理的 6~10 天，提高到 50 天以上。

661. 离子注入+物理气相沉积

离子注入+物理气相沉积，即离子束增强沉积（IBED），是将离子注入与物理气相沉积（PVD）结合在一起的复合热处理工艺，有时也称离子束辅助沉积（IBAD）。

此工艺是在 PVD 沉积膜的同时用具有一定能量的离子束不断轰击薄膜，从而能充分发挥离子注入和 PVD 的特点。这样既保留了离子注入改性层与基体之间没有明显界面（为冶金结合），且可在较低温度下进行处理的优点，又可以克服离子注入层浅的缺点。获得远超过离子注入厚度的改性层。

上海冶金研究所用氩离子束辅助沉积 TiN，对银制和铜制纪念币压印模进行表面处理，降低了模具表面损伤，消除了表面粘铜、粘银现象，使可靠性大为提高，使模具的使用寿命提高了 3~10 倍。用 IBAD 处理节能灯管模具，使用寿命提高了 9 倍，此处理工艺已在工业生产线上应用。

例如，40Cr13 钢经离子渗氮+物理气相沉积 TiN 涂层的复合处理工艺，可获得较厚的中间硬化过渡层，从而大幅度提高其表面硬度和耐磨性，TiN 涂层的硬度约为 3000HV，具有优异的耐腐蚀性能和抗咬合性能。

40Cr13 钢复合热处理工艺为：1050℃气淬+180℃×2h 回火。离子渗氮工艺为 530℃×10h，炉冷。在渗氮前用砂纸磨光试件表面，以保证随后 PVD 处理的 TiN 涂层的均匀性。PVD 处理采用 BA11830PVD 离子镀设备，经 500~530℃×1.5h 的 PVD 处理后，炉冷。

662. 激光硬化+离子渗氮

激光相变硬化预处理，是将激光束照射到工件表面，由于功率密度极高，工件传导散热无法及时将热量传走，使工件表面迅速升温至钢的临界点以上，实现快速加热；在将激光束移开后，通过工件快速自激冷却，实现相变硬化。经过激光相变硬化后，材料表面晶粒明显细化，单位体积内晶界数量迅速增加。在38CrMoAl钢离子渗氮试验中，单一的等离子渗氮和经激光硬化后的等离子渗氮层组织均有α-Fe、Fe_3N、Fe_4N、$Cr_{23}C_6$、AlN及Cr_2N相组织。前者与后者的渗氮层相比，白亮层较厚，扩散层较薄，激光硬化和渗氮复合处理的渗氮层深度要比前者高，如表8-15所示。

表8-15　6h后38CrMoAl钢不同温度下的渗氮层深度

温度/℃	原始试样/mm	激光相变硬化预处理试样/mm
495	0.13	0.28
515	0.24	0.33

激光照射后，冷却过程中材料表面会产生大量的表面空位和位错，这种相变硬化层中的空位、位错及孪晶等亚结构，为后续离子渗氮时氮原子的快速扩散提供了通道，降低了氮元素扩散所需的能量。不仅如此，也为氮化物的形核提供了更多更适宜的场所。因此，激光相变硬化对离子渗氮有显著的催渗作用，并能明显提高渗氮层深度及工件的硬度、耐磨性等。

663. 离子渗氮+激光淬火

对离子渗氮后的工件进行激光表面硬化复合处理，可显著增加渗氮层深度，照射仅1h，渗氮层深度可由0.46mm增加到0.61mm。利用激光表面气体渗氮，对38CrMoAl钢处理5~6h，可使硬化层深度增加到0.4~0.5mm，而普通离子渗氮要达到这样的深度需要16~20h。离子氮化的38CrMoAl钢经激光淬火后，其硬度略有增加，硬化层深度则显著增加。

例如，45钢试样先经调质处理，离子渗氮采用HLD-50型离子渗氮炉，保温阶段工艺参数如下：电压为750V，电流为4.2A，氨气流量为2.7L/min，炉压为266.6~533.2Pa，温度为530℃，保温时间为8h，冷却至150℃出炉。激光淬火采用HJ-1型功率为2kW的恒流CO_2激光器，光斑尺寸为2mm×3mm。经上述处理后，硬度明显上升，耐磨性、强韧性显著提高。

664. 氮碳共渗+激光淬火

氮碳共渗结合了渗碳与渗氮两种工艺的优点，是以渗氮为主，并兼有渗碳的一个表面处理工艺。激光淬火具有高能量密度、畸变量极小及硬化层深能达到毫米级的特点，氮碳共渗与激光淬火的复合强化工艺可进一步提高氮碳共渗层的硬度，进而提高工件的耐磨性和使用寿命。

例如，30CrNiMo钢件（尺寸为ϕ190mm×20mm）先经560~570℃×2.5h氮碳共渗处理，共渗层深度在0.43mm左右，表层白亮层组织由ε相、γ′相和含氮的渗碳体Fe_3（C，N）组成，白亮层厚度约为10μm，此层为扩散层，由Fe-C-N固溶体与弥散分布的γ′相组成。再采用DL030型机器人半导体激光器处理，激光淬火工艺参数如下：激光功率为1100W，扫描速度为600mm/min，淬硬层硬度为847HV0.1，硬化层深度为0.46mm。复合强化层表面为隐针含氮马氏体，次表层为无氮马氏体。

经上述复合处理后，在扫描速度≤600mm/min的条件下，激光淬火层的深度均大于氮碳共渗层的深度（0.43mm），具体见表8-16。

表8-16 激光淬火硬化层深度

激光功率/W	900	1000	1100	1200	1400	1300
扫描速度/(mm/min)	360	360	600	600	840	840
硬化层深度/mm	0.62	0.71	0.46	0.52	0.42	0.38

激光淬火工艺参数对碳氮共渗层硬度的影响见表8-17。通过对表面未熔态的复合强化层横断面的硬度分布分析，发现距表面约0.4mm处，硬度明显高于碳氮共渗层，此层为含氮马氏体层，在激光非平衡加热和冷却条件下，形成含C、N的过饱和隐针马氏体，强化效果显著，硬度明显高于氮碳共渗层。

表8-17 激光淬火工艺参数对碳氮共渗层硬度的影响

激光功率/W	900	1000	1100	1200	1400	1300
扫描速度/(mm/min)	360	360	600	600	840	840
表面硬度 HV0.1	632	618	847	752	767	736

665. 激光熔凝+渗氮

激光表面熔凝处理可提高工件的表面硬度、耐磨性和韧性，再经渗氮（QPQ）处理，使其耐磨性和耐蚀性与常规热处理和表面热处理相比成倍提高，激光熔凝+渗氮复合强化处理可较大幅度地提高工件表面的硬度、耐磨性和使用寿命。

例如，3Cr2W8V钢制模具经此复合工艺处理后表面硬度与耐磨性明显提高。其工艺如下：

1）激光熔凝处理。激光熔凝处理设备采用TJ-HL-T5000型横流CO_2激光设备，激光熔凝处理前必须在模具表面涂一层薄的吸光剂，以防反光烧坏激光器，激光功率为3500kW，扫描速度为150mm/min。

2）渗氮。将激光熔凝处理后3Cr2W8V钢的模具再进行QPQ盐浴渗氮处理。盐浴渗氮温度为520℃～560℃，渗氮2～6h。

与只进行QPQ处理（渗氮）未进行激光熔凝处理的模具相比，复合强化处理后模具表面硬度平均提高15.8%，耐磨性平均提高近50%。表8-18为各种表面处理的划痕硬度，表8-19为磨损试验结果。

表8-18 各种表面处理的划痕硬度

渗氮工艺（QPQ）	划痕宽度/mm	划痕硬度/(N/mm²)	处理方法	划痕宽度/mm	划痕硬度/(N/mm²)
未处理	0.1880	519.44	—	—	—
520℃×2h	0.1625	603.51	520℃激光熔凝+渗氮2h	0.1383	709.31

（续）

渗氮工艺（QPQ）	划痕宽度/mm	划痕硬度/(N/mm²)	处理方法	划痕宽度/mm	划痕硬度/(N/mm²)
520℃×4h	0.1418	691.61	520℃激光熔凝+渗氮4h	0.1208	811.84
520℃×6h	0.1208	811.84	520℃激光熔凝+渗氮6h	0.1108	885.11
540℃×2h	0.1293	758.47	540℃激光熔凝+渗氮2h	0.1093	897.26
540℃×4h	0.1250	784.56	540℃激光熔凝+渗氮4h	0.1068	918.26
540℃×6h	0.1183	828.99	540℃激光熔凝+渗氮6h	0.0993	987.61
560℃×2h	0.1125	871.73	560℃激光熔凝+渗氮2h	0.0975	1005.85
560℃×4h	0.1083	905.54	560℃激光熔凝+渗氮4h	0.0900	1089.67
560℃×6h	0.0968	1013.12	560℃激光熔凝+渗氮6h	0.0893	1098.21

表8-19　磨损试验结果

渗氮工艺（QPQ）	平均质量损失/mg	相对耐磨性	处理方法	平均质量损失/mg	相对耐磨性
未处理	1.7	1	未处理	1.7	1
520℃×2h	0.9	0.529	520℃激光熔凝+渗氮2h	0.6	0.353
520℃×4h	0.8	0.471	520℃激光熔凝+渗氮4h	0.5	0.294
520℃×6h	0.6	0.353	520℃激光熔凝+渗氮6h	0.3	0.176
540℃×2h	0.8	0.471	540℃激光熔凝+渗氮2h	0.4	0.235
540℃×4h	0.6	0.353	540℃激光熔凝+渗氮4h	0.3	0.176
540℃×6h	0.7	0.412	540℃激光熔凝+渗氮6h	0.2	0.118
560℃×2h	0.7	0.412	560℃激光熔凝+渗氮2h	0.4	0.235
560℃×4h	0.5	0.294	560℃激光熔凝+渗氮4h	0.3	0.176
560℃×6h	0.8	0.471	560℃激光熔凝+渗氮6h	0.2	0.188

666. 渗硼+等温淬火

固体渗硼+等温淬火复合处理（以下简称复合处理）可在渗硼使表面强化的基础上，通过等温淬火，使基体强韧化，从而提高工件的使用寿命。

例如，对SGW-40t刮板运输机连接环的热锻模进行如图8-12所示的复合处理。热锻模由5CrMnMo钢制造，渗硼剂为LSB-1型颗粒渗硼剂。热锻模渗硼后出箱淬油，当温度达到200℃左右时，进行280℃×3h等温保持。等温后立即进行480℃回火。热锻模的复合处理、常规淬火+回火、板条马氏体强韧化，以及渗硼+淬火（工艺曲线见图8-13）处理后的使用寿命见表8-20。由表中数据可见，热锻模经复

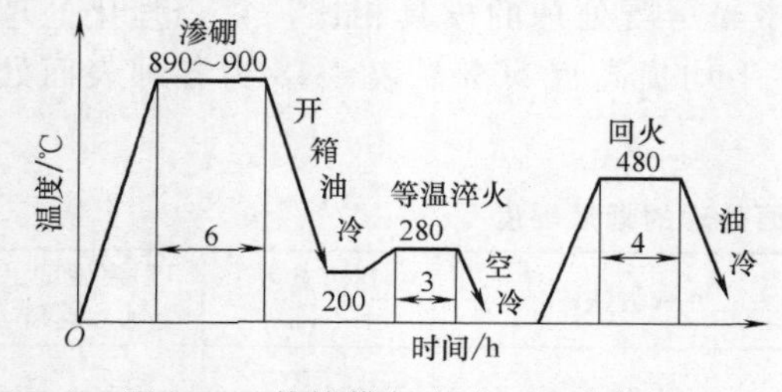

图8-12　热锻模复合处理工艺曲线

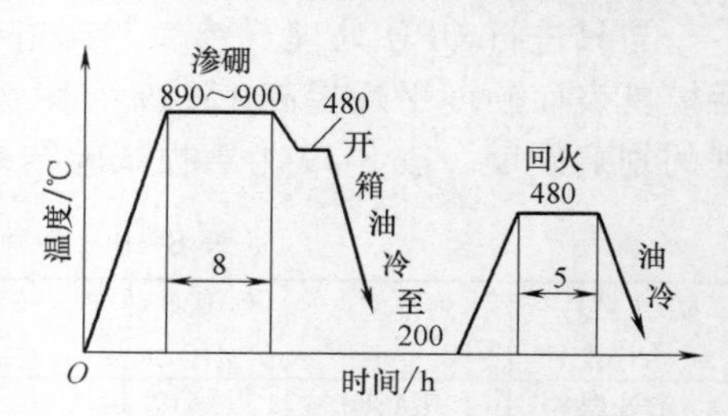

图8-13　热锻模渗硼+淬火处理工艺曲线

合处理后，使用寿命比常规淬火+回火工艺提高 4 倍以上；比渗硼+淬火处理的提高 20%~30%。

表 8-20 经不同热处理后热锻模使用寿命的对比

工艺方法	使用寿命/件		失效原因
	上模	下模	
常规淬火+回火	400~800	1000~1200	型腔塌陷、粘模、早期断裂
板条马氏体强韧化处理	1200~1400	1400~1700	塑性变形、型腔丧失精度、脱模困难
渗硼+淬火	2500~3000	3500~4000	基体脆断
渗硼+等温淬火	3200~3600	4000~4500	型腔丧失精度、疲劳失效

渗硼可获得高的表面硬度和耐磨性，渗硼层脆性较大，尤其在冲击载荷作用下会降低使用性能，对此增加等温淬火工序，获得下贝氏体，可避免心部出现大量上贝氏体，以提高钢的强韧性以及使用寿命。渗硼+等温淬火为渗硼+下贝氏体等温淬火复合强韧化处理工艺。

667. 渗硼+感应加热处理

粉末渗硼后，感应加热可使硼原子继续向内层扩散。当加热时间恰当时，渗硼层主要由 Fe_2B 及少量 FeB 相组成，降低了渗硼层的脆性，从而加大了工件的耐磨性。

例如，对 20 钢进行了渗硼+感应加热复合处理，工艺参数如下：

1）粉末渗硼。渗剂成分（质量分数）为：B_4C5%+$KBF_4$5%+NH_4Cl1%+SiC 余量。渗硼工艺为：装箱渗硼，950℃×3.5h 感应加热，渗后空冷，渗硼层深度为 129μm。

2）高频加热：设备采用 GP100-C3 型高频发生器；加热温度为 1100℃；加热时间为 10s、20s 和 30s，加热后空冷。脉冲间歇加热：加热 10s，冷却 10s，总加热时间为 2min，加热后空冷。

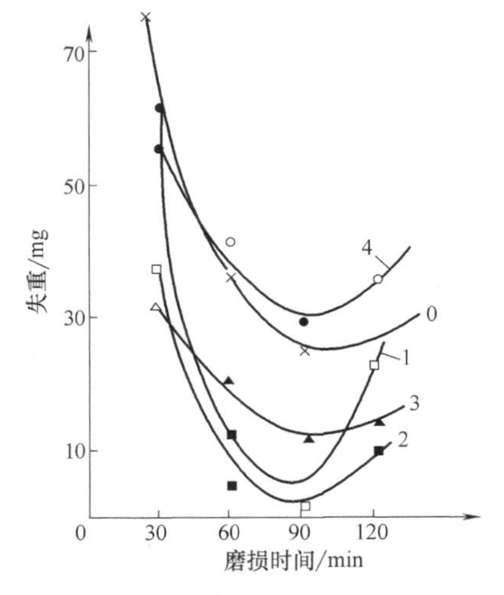

图 8-14 20 钢经渗硼+感应加热复合处理后的耐磨性

0—渗硼 1—渗硼+感应加热 10s 2—渗硼+感应加热 20s 3—渗硼+感应加热 30s 4—渗硼+脉冲加热

经不同规范渗硼+感应加热处理后，20 钢的耐磨性如图 8-14 所示。由图可见，渗硼+感应加热 20s 后，20 钢的磨损失重最小，即具有最优的耐磨性能。

668. 渗硼+渗硫

工件经常规渗硼处理，可获得高的表面硬度与耐磨性，单相 Fe_2B 渗硼层可提高抗黏着磨损性能，但易出现 FeB 相，脆性较大，易发生渗硼层剥落。采用低温渗硼+渗硫的复合工艺，即渗硼后再进行渗硫，可减少渗硼层的内应力和脆性，可获得减摩层、硬化层和过渡层三层复合组织，提高抗擦伤能力，减少了工件的黏着磨损，从而提高工件的使用寿命。常用于模具（Cr12MoV、DC53、钢结硬质合金等）等的表面强化处理。

粉末固体渗硼用渗硼剂由 B_4C、KBF_4 和 SiC 组成，渗硫剂成分（质量分数）为：S96%+MoS_2 4%。其复合工艺如下：

1）渗硼、回火、淬火。Cr12MoV 钢的渗硼剂成分（质量分数）为：B_4C2%+$KBF_4$5%+SiC93%，渗硼工艺为 850℃×3h，渗硼后升温至 980℃不用保温，装炉开箱取出模具置于水中冷却，凹模心部硬度>60HRC；200℃×2h×2 次回火；再经 980℃淬火后，渗硼层组织为 Fe_2B 和粒状的二次含硼碳化物 Fe_3（C，B）及少量大块状共晶碳化物。

2）渗硫。Cr12MoV 钢经渗硼和回火、淬火后加工成成品，再进行盐浴渗硫，渗硫工艺为：180~200℃渗硫 6~8h，渗硫层深度为 5~8μm，金相组织为 FeS 相，硬度为 80~116HV。

经上述处理后，Cr12MoV 钢制 M18 螺母冷镦凹模（尺寸为 ϕ108mm×45mm），具有高的抗黏着磨损能力，模具寿命由常规处理（淬火、回火）的 0.1 万件提高到 10 万件，比渗硼淬火处理的提高 4~5 倍。

669. 渗碳+渗硼

渗碳+渗硼是一种先渗碳再渗硼的复合热处理工艺。这里的渗碳、渗硼可采用常规工艺。

渗硼层具有极高的硬度，但渗硼层很薄。若在渗硼前先渗碳，使渗硼层下有坚硬的基体支撑，渗碳层外又有更硬的渗硼层覆盖，可显著提高工件的抗磨粒磨损性能、接触疲劳强度、抗擦伤和抗胶合能力。此外，先渗碳后渗硼可提高渗硼的速度。相同的钢种和渗硼工艺，经预渗碳的硼化物厚度增加，硼化物齿形特性减弱，可使渗硼层致密程度增加。

例如，固体渗碳剂（质量分数）为木炭 94%+无水碳酸钠 6%，共渗温度为 930℃，保温 6~10h；采用 LSB-ⅠB 型粒状渗硼剂，于 900℃渗硼 13h。

20CrMnTi 钢在渗碳+渗硼后，经 850℃淬火+200℃回火后，其耐磨性是单一渗碳处理的 2.5~5.0 倍。

38CrMoAl 钢可在渗硼后进行 820℃×20min 盐浴炉加热，220℃硝盐分级淬火 7min 和 170℃×3h 回火。渗碳层深度为 2.47mm，硬度为 724HV，渗硼层深度为 0.123mm/，硬度为 1414HV0.1。

低合金钢经硼碳复合渗后可代替昂贵的钴基硬质合金用于地质牙轮钻头等零件。

670. 渗碳+硼稀土共渗

渗硼可提高工件的抗磨料磨损性能。对于某些类型的工件，由于渗硼层很薄，在工作压力很大时渗硼层易被磨掉或压溃产生剥落，使工件加速磨损。如果工件在渗硼前先渗碳，可明显提高工件的抗磨粒磨损性能。选择稀土元素与硼共渗，可有效地改善渗硼层的脆性，同时稀土元素的催渗作用可获得较深的渗硼层，从而提高工件的使用性能与寿命。

例如，45 钢制粉碗，是电焊条生产线机头上的重要工件，工作时承受磨粒磨损。为了提高其耐磨性，进行了 950℃×4~6h 渗硼处理，使用寿命比未经渗硼的提高了 3~4 倍，每只粉碗约可生产 10t 电焊条。

粉碗采用渗碳+硼稀土共渗，工艺参数如下：930℃×7h 固体渗碳+950℃×5~6h 硼稀土共渗+800℃×20min 淬火+170℃×2h 回火复合处理后，渗碳层深度为 1.2mm，渗碳层硬度为 650HV，渗硼层深度为 0.13mm，渗硼层硬度为 1502HV，抗磨粒磨损能力进一步提高，每只粉碗可生产电焊条 80t，约为单一渗硼后的 8 倍。

671. 渗氮+渗硼

渗氮+渗硼是工件先经渗氮，再进行渗硼的复合热处理工艺。其渗层具有渗硼层的高硬度和热硬性，但却比渗硼层的脆性小，从而可提高工件的使用寿命。在用于热作模具时，延长寿命的效果尤为显著。

例如，对 5CrMnMo 钢制热锻模和 3Cr2W8V 钢制热挤压冲头进行渗氮+渗硼处理，并与经其他热处理后的同一类型模具进行寿命对比。其热处理工艺参数及寿命对比情况分别见表 8-21 和表 8-22。

表 8-21　不同工艺处理后 5CrMnMo 钢制热锻模的寿命对比

处理方法	热处理工艺	失效形式	使用寿命/件
常规处理	850℃×3.5h 淬油+420℃×4h 回火	磨损、龟裂、开裂	约 1000
复合等温处理	620℃×3h 预热+840℃×5h 淬油+260℃×6h 等温+460℃×6h 空冷	磨损、龟裂、开裂	1600~1700
渗氮+渗硼复合处理	580℃×4h 渗氮+900℃×7h 渗硼直淬+280℃×3h 等温+500℃×5h 回火	龟裂、拉毛	4000~7000

表 8-22　不同工艺处理后 3Cr2W8V 钢制热挤压冲头的寿命对比

处理方法	热处理工艺	失效形式	使用寿命/件
常规处理	1050℃×2h 淬油+550℃×2h 一次回火	拉毛	1000~2000
低温碳氮共渗	1050℃×2h 淬油+570℃×3h 低温碳氮共渗	拉毛	2000
渗硼	900℃×5h 渗硼后直接升温到 1040℃，保温 2h 后淬油+550℃×2h 三次回火	拉毛	3000~4000
渗氮+渗硼复合处理	570℃×3h 低温碳氮共渗+900℃×5h 渗硼后直接升温到 1040℃，保温 2h 后淬油+550℃×2h 三次回火	拉毛、龟裂	7000~10000

由表 8-21 和表 8-22 中数值可见，与常规热处理相比，渗氮+渗硼复合处理使热作模具的使用寿命延长了 3 倍以上。

672. 氮碳共渗+渗硼

渗硼层具有高的硬度和耐磨性，但性脆，易剥落，而氮的渗入可增加渗硼层的深度，降低渗硼层的脆性，强化了过渡层，提高了对表面渗硼层的支撑作用，从而避免渗硼层的剥落。故氮碳共渗+渗硼复合处理工艺可获得更高的使用寿命。

例如，3Cr2W8V 钢制热挤压冲头，经该复合工艺处理后，表层为 Fe_2B，过渡层为 Fe_3C 和 Fe_3N 相，复合渗的压应力比渗硼的高，表层硬度为 1400～1800HV0.1，渗层深度为 0.071mm，平均寿命由常规处理的 1000～2000 件可提高到 7000～10000 万件。表 8-23 为经复合工艺处理热挤压冲头的使用寿命。

表 8-23　3Cr2W8V 钢制冲头经复合工艺处理后的使用寿命

处理工艺	寿命/件	失效形式
常规工艺：1050℃×2h 油淬，550℃×2h 回火	1000～2000	拉毛
氮碳共渗：1050℃×2h 油淬；570℃×3h 氮碳共渗	2000	
渗硼：900℃×5h 渗硼，升温至 1040℃×1h，油淬；550℃×2h×3 次回火	3000～4000	
复合工艺：570℃×3h 氮碳共渗；900℃×5h 渗硼，升温至 1040℃×2h，淬油；550℃×2h×3 次回火	7000～10000	拉毛，龟裂

673. 膏剂渗硼+粉末渗铬

膏剂渗硼+粉末渗铬复合渗层的塑性和耐磨性比单独渗硼层好，尤其是在动载荷下更显示其优越性。其复合工艺如下：

1）膏剂渗硼的渗剂配方（质量分数）为 B_4C10%+$Na_3AlF_6$10%+$CaF_2$80%，膏剂渗硼的工艺为 900℃×1～2h。

2）粉末渗铬的渗剂配方（质量分数）为 Cr-Fe50%+$Al_2O_3$43%+NH_4Cl7%，粉末渗铬的工艺为 1050℃×3h。

674. 粉末渗铬+电解渗硼

粉末渗铬+电解渗硼复合渗层的塑性和耐磨性比单独渗硼层好，尤其是在动载荷下更显示其优越性。其复合工艺如下：

1）粉末渗铬的渗剂配方（质量分数）为 Cr-Fe50%+$Al_2O_3$43%+NH_4Cl7%。粉末渗铬的工艺为 1050℃×6h。

2）电解渗硼的渗剂配方（质量分数）为硼砂 50%+B_4C50%。电解渗硼的工艺为 900℃×2h，电流密度为 $0.24\times10^{-2}A/m^2$。

675. 镀铬+渗钒

渗钒层在 500℃左右便开始氧化，因此热作模具不宜采用渗钒工艺处理。对 45 钢、T10 钢及 3Cr2W8V 钢先进行镀铬，然后再渗钒的复合镀渗工艺，既可以保持渗钒的高硬度和高耐磨性，同时也可以提高其抗氧化、耐腐蚀和抗热疲劳等性能。铬钒镀渗层的抗氧化性优于其他工艺，抗 HNO_3 水溶液的腐蚀效果明显。由于铬钒复合镀渗层的抗氧化性能优于渗钒，同时镀渗层的 Cr_7C_3 的韧性作用阻碍了裂纹的扩展，因此具有高的热疲劳性能。

例如，3Cr2W8V 钢制热挤压模经铬钒复合镀渗处理后，使工字形铝型材挤压模的寿命比单一渗氮的提高 3 倍。其复合工艺流程如下：模具加工到表面粗糙度 $Ra=0.8\mu m$ 后，先镀铬（镀层深度为 $10\sim30\mu m$），然后在外热式坩埚炉中进行 950℃×5h 渗钒。盐浴成分为硼砂、NaF、V_2O_5和 B_4C。渗后模具镀铬层的表面硬度为 700~900HV。Cr-V 复合镀渗层由两个白层组成，第一、第二层硬度分别为 2200~2500HV 和 1600~1800HV，都是由 CV 和 Cr_7C_3组成。

模具经铬钒复合镀渗后的耐磨损和抗氧化性能，见表 8-24 和表 8-25。

表 8-24　铬钒复合镀渗层的干滑动磨损性能

处理工艺	常规热处理（无渗层）	镀铬	离子渗氮	渗钒	复合镀铬渗钒
磨耗量/g	0.058	0.042	0.039	0.0032	0.0037

表 8-25　铬钒复合镀渗的抗氧化性能

热处理工艺		常规热处理	离子渗氮	渗钒	复合镀铬渗钒
增重/(mg/cm²)	45 钢	21.4	20.48	17.23	3.44
	3Cr2W8V	5.13	3.67	3.04	1.76

676. 高温固溶处理+硼氮共渗

高温固溶处理+硼氮共渗复合工艺，即为强化处理工艺。高温固溶处理，使带状碳化物及晶界上的点状、链状碳化物溶入奥氏体，空冷或油冷后得到以板条状马氏体为主的组织，提高了基体强度；再经渗氮+渗硼处理后，可提高其表面耐磨性及抗冷热疲劳性能等。

例如，3Cr2W8V 钢制热镦锻模的寿命较常规处理的提高了 6 倍，平均寿命达 1.1~1.37 万件。其复合工艺如下：

1）高温固溶处理。600℃预热，1180℃高温加热后空冷或油冷；在 800℃及时回火。硬度<255HBW，便于机械加工。

2）硼氮共渗。先经 570℃×3h 气体渗氮，再经 1100℃×3h 膏剂渗硼，淬油，预冷至 200℃左右出油空冷。

3）回火。200℃×3h+160℃×2h 回火。

677. 镀镍+渗硼

镀镍+渗硼复合工艺即镍硼共渗。工件渗硼可获得极高的硬度（1200~2300HV）和耐磨性，以及较好的耐热性和耐蚀性。但单一的渗硼有抗冷热疲劳和抗高温氧化性能较差等问题，且渗层脆性大。镍硼共渗比单一的渗硼具有更好的综合性能。其工艺过程为：化学镀镍，在金属表面形成一层致密光滑的镀层，再进行渗硼。由于 Ni、B 和 Fe 的相互扩散和渗透，可得到理想的渗硼层和过渡层，从而改善渗硼层性能，提高结合强度、抗冷热疲劳性能、抗高温氧化性能和耐磨性，降低了渗硼层的脆性，使工件的寿命得到很大的提高。此工艺适用于高温工作的工件以及冷、热作模具和轧辊等。其复合工艺如下：

（1）化学镀镍

1）镀液成分为 $NiSiO_4 \cdot 7H_2O$(20g/L)+$NaH_2PO_2 \cdot H_2O$(15~20g/L)+$Na_3C_6H_5O_7$(10g/L)+$NaC_2H_3O_2$(10g/L)。

2）镀镍工艺。槽液温度为 88~92℃；pH 值为 4.1~4.5；沉积速率为 10~16μm/h，时间为 60min。镀镍后进行消除脆性处理（300~350℃×2h，空冷）。

（2）渗硼　采用固体渗硼，渗硼剂（质量分数）为 B_4C5%+$KBF_4$5%+SiC90%，工艺为 900℃×5~6h。

（3）淬火、回火　渗硼后在盐浴中加热淬火：810℃×4~5min 加热后，在 160~180℃碱液中冷却；在 300~350℃×2h 硝盐中回火。渗硼层深度为 0.125mm，表面硬度为 1240HV，基体硬度为 45~48HRC。45 钢浮动模经上述处理后，使用寿命比 T10A 经钢常规热处理的提高 8 倍以上，可达 3 万多件。

678. 镀镍+稀土渗硼

镀镍+稀土渗硼是工件先经镀镍处理，然后再进行稀土渗硼的复合热处理工艺（以下简称复合处理），可以大幅度提高钢的表面硬度、抗高温氧化性（见表 8-26）、热疲劳性能（见表 8-27）、耐磨性和耐蚀性，工件（如模具）的综合性能显著提高。

例如，5Cr2NiMoVSi 钢大型热锻模经复合工艺处理后，与原工艺（常规工艺为：960~1100℃加热淬火，600℃回火，模具的寿命为 5000 件左右）相比，热锻模的寿命达到 4 万件左右，提高了 6~8 倍。

1）复合处理工艺流程。镀镍→稀土渗硼→预冷淬火→高温回火。模具的复合处理工艺如图 8-15 所示。

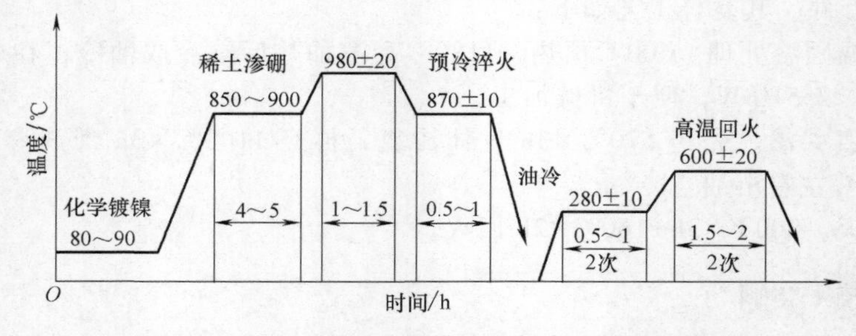

图 8-15　5Cr2NiMoVSi 钢模具的复合处理工艺曲线

2）化学镀镍。化学镀镍镀液由 $NiSO_4 \cdot 6H_2O$（40g/L）、$NaH_2PO_2 \cdot H_2O$（18g/L）、$C_6H_8O_7$（15g/L）和 $CH_3COONa \cdot 3H_2O$（20g/L）组成。pH 值为 4~5，镀液工作温度为 80~90℃。镀镍主要工艺流程为：除油→水洗→1∶1HCL 活化→水洗→干燥→化学镀→水洗→干燥。每一步水洗都在超声波清洗机中进行。

3）稀土渗硼。将化学镀镍后的模具置入粉末状渗硼剂中装箱，渗剂的组成（质量分数）为：B_4C40%+$KBF_4$30%+SiC10%+活性炭 5%+$CO(NH_2)_2$ 10% +CeO_2

（稀土氧化物）4%～5%［$w(CeO_2)$>99.5%］。稀土渗硼温度为850～900℃。

表8-26　不同处理试样在550℃时的氧化增量　（单位：g/cm^2）

试样	氧化时间/h			
	2	5	10	20
常规淬火回火	4.6	9.0	11.5	13.4
复合强化处理	3.3	5.2	6.8	8.5

表8-27　不同处理工艺不同循环次数试样的热疲劳裂纹数

试样	循环次数/次						
	14	15	16	17	18	19	20
常规淬火回火	1	1	4	出现交叉裂纹	6	10	裂纹急剧增加
复合强化处理	无	无	无	无	1	2	4

679. 镀钴+渗硼

镀钴渗硼层不仅具有很高的硬度、较高的热硬性，而且还有很好的抗冷热疲劳、耐剥落及水腐蚀等性能。其复合工艺如下：

1）镀钴。镀钴槽液的配制：取蒸馏水（H_2O）1L，加硫酸钴（$CoSO_4 \cdot 7H_2O$）250g、氯化钴（$CoCl \cdot 6H_2O$）45g和硼酸（H_3BO_3）35g，加热（不超过80℃）并搅拌。

电参数：电流密度为1A/dm²，pH值为3.5～4.5，液温为50℃，镀钴时间为2h。镀钴层厚度为20～25μm。

2）渗硼。渗硼工艺、渗硼层深度及硬度见表8-28。

表8-28　渗硼工艺、渗硼层深度及硬度

试样材料		热处理工艺及渗剂（质量分数）	渗硼层深度/μm	渗硼层硬度　HV
Co		膏剂渗硼（B_4C85%+$NaBF_4$15%），黏结剂为松香酒精溶液，950℃×6h	200～250	1569～1663
Ni			150～200	1201～1263
Cr			9.8	1201～1143
3Cr2W8V	镀钴	固体渗硼（B_4C80%+$Na_2CO_3$20%），1000℃×4h	125～135	1700（平均）
	未镀		95～100	1620（平均）

3）淬火回火。镀钴渗硼后，采用1070～1080℃加热淬油，570～600℃×3h×2次回火，油冷。3Cr2W8V钢制热作模具经上述处理后较常规处理的寿命提高2～4倍。

680. 化学热处理+表面形变

钢件经渗碳、碳氮共渗和渗氮等化学热处理后施行喷丸和滚压等表面冷形变可获得进一步强化效果，得到更高的表面硬度、耐磨性和疲劳强度，进一步提高工件的使用寿命。

对渗碳后的工件进行喷丸或滚压表面形变处理，再进行低温回火，可使工件表面层得到超高的硬度及耐磨性。适用于耐磨性及疲劳性能同时要求极高的各种工件，如航空发动机齿轮及内燃机气缸套筒等。

冷形变能促使渗层晶内亚结构的变化，使部分残留奥氏体转变为马氏体，在表面形成巨大的压应力。这些都是提高钢件表面硬度和综合力学性能的因素。表8-29为18Cr2Ni4WA钢经化学热处理后的表面冷形变和经一般热处理后的力学性能的比较。

表8-29 经化学热处理后的表面冷形变和经一般热处理后的力学性能的比较

试样编号	处理方式	强化层深度/mm	硬度 HRC		弯曲疲劳极限/MPa
			表面	心部	
1	淬火+低温回火	—	—	36~38	270
2	调质+渗氮	0.35~0.40	650~750HV	32~34	480
3	渗碳、高温回火、淬火、低温回火	0.9~1.1	57~60	36~38	510
4	淬火、低温回火、2000kN压力下滚压	0.6	38~40	36~38	425
5	同3，随后在2500kN压力下滚压	渗碳层为0.9~1.1，滚压强化层约为0.5	59~62	36~38	559
6	同3，随后喷丸强化	渗碳层为0.9~1.1，喷丸强化层约为0.2	58~61	36~38	629

681. 渗碳（碳氮共渗）+喷丸强化处理

渗碳（碳氮共渗）可显著提高工件的表面性能，喷丸强化处理可进一步提高工件的表面疲劳性能，从而延长工件的使用寿命，适用于齿轮、轴承等零件的表面强化处理。

喷丸强化（如应力喷丸、两次喷丸和硬喷丸）不同于喷丸清理，是一种受控喷丸工艺，其主要是借助于高速运动的弹丸冲击零件的表面，使其发生弹性、塑性变形，从而产生残余压应力、加工硬化和组织细化等有利的变化，以提高工件（如齿轮）的弯曲和接触疲劳强度（在齿根喷丸可有效地提高其疲劳强度，尤其是弯曲疲劳强度），从而提高齿轮的疲劳寿命。

采用德国产TR5SVR-1型应力喷丸设备，采用强化喷丸工艺对“解放”牌汽车变速器一挡齿轮（经渗碳热处理）进行疲劳寿命试验，见表8-30。由表8-30中数据可以看出，与未经喷丸处理的相比，采用强化喷丸后齿轮的弯曲疲劳寿命和接触疲劳寿命得到了很大提高。

表8-30 强化喷丸与未喷丸齿轮的疲劳寿命试验对比

处理状态	扭矩为450N·m的弯曲疲劳寿命		扭矩为370N·m的接触疲劳寿命	
	平均值	相对值	平均值	相对值
未喷丸	0.75×10^6	100%	3.85×10^6	100%
强化喷丸	3.42×10^6	456%	$>5.06\times10^6$	>131%

1）两次喷丸（双喷丸）。对于渗碳淬火硬度在600HV以上的齿轮，较难通过正常喷丸得到较高的压应力。为此，采用二次喷丸硬化提高疲劳强度，如SCM420

（相当于20CrMo）钢渗碳齿轮先经700HV高硬度弹丸（如直径为0.6mm的钢丸）进行高强度喷丸，使A型试片产生0.6mm以上的弧高，获得一定深度的表面硬化层，然后再用细小的低强度小弹丸（如直径为0.1mm的钢丸）进行低强度喷丸（0.05mA），可在齿轮表面和次表面形成残余应力。第二次喷丸的目的是减轻表面加工硬化，改善表面质量，提高表面压应力和疲劳强度，同渗碳淬火相比齿轮的疲劳强度提高了1.5倍。二次喷丸工艺参数见表8-31。

表8-31 二次喷丸工艺参数

喷丸工艺	弹丸直径/mm	弹丸硬度 HV	喷丸强度/mA	喷丸时间/s
二次喷丸	0.8+0.1	700+800	1.0+0.05	90+15

2）硬喷丸。它不同于常规喷丸，而是采用700HV高硬度钢丸对渗碳齿轮进行高强度喷丸，可得到较大的残余应力和高的疲劳强度。它在消除内氧化等渗碳缺陷及保证渗碳层韧性方面效果较好。表8-32为SCM420（20CrMo）钢渗碳齿轮的硬喷丸结果及喷丸工艺参数。由表8-32可以看出，硬喷丸（喷丸强度为70mA）的齿根疲劳强度高于常规喷丸（喷丸强度为0.45mA）的。经硬喷丸齿轮的表面硬度和残余应力提高，而残留奥氏体含量和内氧化程度降低。

表8-32 SCM420钢渗碳齿轮的硬喷丸结果及工艺参数

喷丸强度/mA	表面硬度 HV	有效硬化层深度/mm	残留奥氏体（体积分数）（%）	内氧化层深度/μm	残余应力/MPa	
					表面	0.05mm处
—	720	1.00	18.6	15	-254	-242
0.45	720	0.90	6.9	15	-353	-503
0.70	778	1.15	3.1	8	-569	-1040

例如，SCM420H钢汽车用自动变速器AIT渗碳齿轮，在采用碳氮共渗后通过喷丸硬化提高疲劳强度。变速器齿轮经通氨气等进行碳氮共渗，随着含氮量的增加ΔHV（硬度降）提高，即耐回火性能提高。耐回火温度达300℃。

682. 表面形变强化+化学热处理

表面形变热处理工艺就是将表面形变强化与热处理二者复合。表面形变强化是由于材料的塑性变形引起的，材料在塑性变形过程中，位错密度不断增加，因此位错在运动时的相互交割加剧，产生缺陷，其对后续化学热处理起到了重大作用。例如，中国科学院院士卢柯采用高速喷丸工艺使低碳钢表面纳米化后再进行渗氮处理，不仅可使渗氮温度降至300℃，而且还可使渗氮时间缩短为9h，具有很高的工程实用价值；如齿轮、弹簧和曲轴等零件经淬火回火后再经喷丸表面形变强化，其疲劳强度、耐磨性和使用寿命有明显提高。

喷丸处理是常用的形变强化处理。对工件进行喷丸处理，即利用高速弹丸打击工件表面，使其产生塑性变形，由此引起表层显微组织发生变化，产生表面压应力。它不仅可以改善材料表面的几何形貌和清洁度，还能去除化学覆盖层，利于后续化学热处理。试验表明，在520℃将经喷丸处理后的4Cr5MoSiV1钢离子渗氮1h，催渗效果十分显著，渗氮层深度由31.6μm增至52.5μm，表层显微硬度也由986HV增加至1084HV。

683. 喷丸+多元共渗

喷丸+多元共渗是工件先经喷丸处理，然后再进行多元共渗的复合热处理工艺（以下简称复合处理）。

例如，5CrNiMo钢制热锻模，先经调质处理，然后进行复合处理：喷丸处理+C-N-O-S-B五元共渗，其工艺曲线如图8-16所示。复合处理与单一多元共渗处理相比，可使强化层（渗氮白亮层）深度增加100%，表面显微硬度提高85 HV0.5左右，使用寿命提高29%，同时其耐摩擦和磨损的性能也得到了显著改善。具体见表8-33和表8-34。

表8-33 不同工艺处理后的模具硬化层深度、表面硬度与寿命

处理方式	硬化层深度/μm	表面硬度 HV0.5	模具寿命/(件/套)
未处理	—	—	8.328
单一喷丸处理	—	—	9.718
多元氮碳共渗处理	400	585	9.935
复合处理	600	670	12.789

表8-34 试样摩擦磨损量比较 （单位：mg）

试样状态	未处理	喷丸	多元氮碳共渗	复合处理
无润滑状态	9.5	4.4	3.6	2.0
石墨润滑状态	6.3	2.3	2.5	1.2

1）预备热处理。5CrNiMo钢热锻模的预备热处理采用调质处理，即820℃油淬+560℃回火。

2）喷丸处理。选用铸钢丸，弹丸直径为ϕ0.4~ϕ0.6mm，弹丸速度为50~75m/s，喷丸覆盖率为100%~150%。

3）多元共渗。采用C-N-O-S-B五元共渗，使用功率为75kW的井式渗碳炉，其工艺如图8-16所示。共渗剂含H_3CNO、$(NH_2)_2CS$、H_3BO_3和$RECl_3$等。使用NH_3和CH_3OH作为介质。模具装炉后，先逐渐升温到500℃，并保温2h，排净炉膛内的空气，然后升温至550~570℃，共渗12~14h，NH_3的流量为1200L/h，甲醇的流量为80~90滴/min。

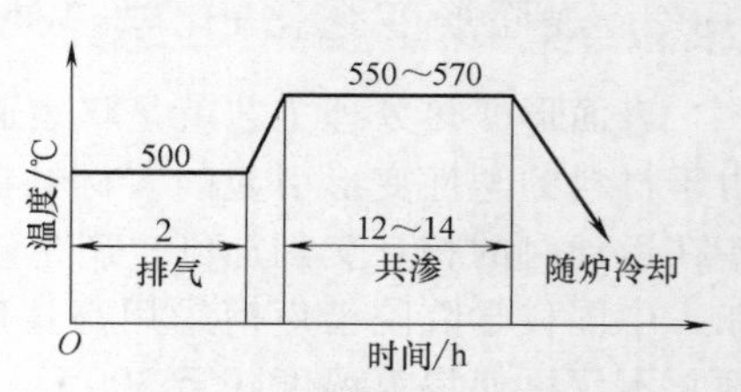

图8-16 5CrNiMo钢热锻模多元共渗工艺曲线

模具经上述复合强化处理后，强化层深度增加，表面硬度提高，模具寿命显著提高，达12789件，分别是未经强化处理（调质模具寿命为8328件）、喷丸处理（调质+喷丸，模具寿命为9718件）和多元共渗处理（调质+共渗，模具寿命为

9935 件）的模具寿命的 1.54 倍、1.3 倍和 1.29 倍。

684. 表面纳米化预处理+渗氮

纳米化渗氮是预先使工件表面层晶粒细化成纳米结构然后渗氮的方法。

表面纳米化预处理+渗氮，即表面纳米化渗氮的复合工艺，其工艺方法是，用超声喷丸（无向强力喷丸）、机械研磨和多方向滚压等方法，使待渗氮件表面经受多方向反复塑性形变，将表面层晶粒细化至纳米尺度，即实现表面纳米化的技术，然后进行渗氮。此方法可明显提高渗氮速度，降低渗氮温度和提高渗氮层的力学性能（如显微硬度）。该工艺是表面形变强化与化学热处理的复合工艺。

685. 喷丸纳米化预处理+气体渗氮

$w(C)=0.2\%$的低碳钢件（尺寸为 ϕ20mm×2.9mm），先进行单面超声喷丸处理，处理时间为 450s，钢丸直径为 1mm，最表层由极小的纳米晶粒组成，晶粒尺寸约为 10nm，深度约为 5μm。经过预先表面纳米化处理后，在 560℃ 以下进行气体渗氮，渗剂采用纯氨气，氨分解率为 41%～46%，在 18h 的渗氮时间范围内，试样表面氮化物层的增长速度明显高于原始未处理表面。

未经表面纳米化处理的表面在 560℃ 需要经过 9～12h 才能获得具有实际应用价值的化合物层（厚度>6μm）。而经过预先表面纳米化处理的表面只需要 3h 即可使化合物层的厚度达到 7～8μm，渗氮时间缩短约 30%。若渗氮 12h，则纳米表面的化合物层厚度可达到 13～14μm，为原始表面化合物层厚度的 2 倍。可降低温度 50℃。

686. 机械研磨（SMAT）+离子渗氮

机械研磨处理（SMAT）是将工件置于外加载荷下，使材料表面组织在不同方向上产生强烈的塑性变形，由于载荷的重复作用，材料表面逐渐细化至纳米级，因而使材料表面组织的化学性能发生显著变化。有试验表明，将 AISI304 奥氏体不锈钢进行机械研磨处理后，进行低温离子渗氮所获得的渗氮层比普通渗氮的更深，且硬度显著提高。机械研磨作为金属材料离子渗氮的前处理，可明显降低渗氮温度，缩短渗氮时间。具体见表 8-35。

表 8-35　AISI304 奥氏体不锈钢的渗氮层深度

渗氮温度/℃	原始试样/μm	机械研磨处理的试样/μm
430	2.5	6
500	15	15

用表面机械研磨（SMAT）纳米化处理 AISI321 奥氏体不锈钢，表面产生了纳米晶结构的改性层。研究结果表明，在较低的温度下用脉冲直流辉光等离子对不锈钢进行渗氮处理，与未经纳米化处理的试样相比，纳米化处理显著地增强了不锈钢的渗氮效果，有效地降低了渗氮温度，获得了更厚的渗氮层和更高的表面硬度。同

时，表面纳米化预处理解决了不锈钢渗氮层浅、脆性大的问题。耐磨性能提高了3~10倍，负荷承载能力也有显著的提高。

687. 冷形变（或形变热处理）+化学热处理

此工艺是工件经冷形变或形变热处理后再进行化学热处理的复合热处理工艺。形变既可加速化学热处理过程，又可强化热处理效果，是一种新的热处理工艺方法。

冷形变+化学热处理，如冷形变+渗碳冷形变+渗氮、冷形变+碳氮共渗、冷形变+渗硼，以及冷形变+渗钛等。

形变热处理+化学热处理，如低温形变淬火+渗硫、锻热淬火+渗氮和高温形变淬火+低温碳氮共渗等。

应力和形变均可加速铁原子的自扩散和置换原子的扩散。研究结果证实，无论是弹性形变、小的塑性形变，还是大的塑性形变，拉应力都能加速铁原子的自扩散过程。

形变也对间隙原子（碳、氮）扩散产生影响。通过适当的形变和后热处理，均可加速渗碳和渗氮过程。

688. 冷形变渗碳

冷形变渗碳是工件在冷形变后进行渗碳的复合热处理工艺。选择适当的冷形变条件，可使渗碳过程加速而强化渗碳工艺。

例如，对22CrNiMo钢试件冷镦形变25%、50%和75%，然后渗碳。渗碳是在贯通式渗碳炉中进行的，渗碳温度为930~950℃，渗碳时间为2h、7h和13h。渗碳后预冷至850℃，油淬。为了进行对比，相同钢材、相同形状和尺寸的试件也同炉处理。经不同形变量形变后22CrNiMo钢渗碳层的深度见表8-36。由表8-36中数值可知，室温形变促使渗碳过程加速；形变量不同，促渗作用也不相同。此外，室温形变还提高了22CrNiMo钢渗碳层中的碳含量。

表8-36　形变量对22CrNiMo钢渗碳层深度的影响　（单位：mm）

渗碳时间/h	形变量(%)			
	0	25	50	75
2	0.80	0.84	0.88	1.00
7	1.06	1.24	1.22	1.21
13	1.20	1.46	1.42	1.30

689. 低温形变淬火+渗硫

低温形变淬火+渗硫是在低温形变淬火后，使低温回火过程与电解渗硫合并的工艺，属于形变化学热处理范畴。

低温形变淬火+渗硫复合工艺可在保证工件心部及表层充分强化的基础上，减小表层摩擦因数。此工艺适用于高强度摩擦偶件，如凿岩机活塞和牙轮钻等零件。

690. 锻热淬火+渗氮

锻热淬火+渗氮是在进行锻热淬火后将高温回火过程与渗氮（或低温碳氮共

渗）合并进行的热处理工艺。

应用此工艺可在保证工件心部充分强化的基础上，使表面层的渗氮（或低温碳氮共渗）过程加速，耐磨性提高。适用于模具、刀具以及其他对耐磨性要求较高的工件及工具等。

691. 高温形变淬火+硼稀土共渗

高温形变淬火+硼稀土共渗复合工艺，简称复合工艺。实际上是先经锻热调质处理，获得良好的综合性能，为最终固体渗硼做好组织准备；再经稀土硼共渗后，获得良好的表面性能，从而提高工件的使用性能和寿命。

例如，40Cr钢采用复合工艺，代替5CrMnMo单体支柱活塞热锻模。具体工艺为：将40Cr钢于1150℃锻造成尺寸为210mm×115mm的模坯后，不进行缓冷，直接淬火，并于580℃高温回火；在机械加工成形后，进行900℃×6h固体硼稀土共渗；共渗后，出炉开箱取出模具直接淬油，低温回火。以前使用5CrMnMo钢制热锻模时，锻打1500件后模膛就发生了塌陷。使用复合工艺处理的40Cr钢制热锻模在加工2000件活塞后，模膛完好无损，而且脱模更容易。

692. 高温形变淬火+低温碳氮共渗

此工艺是指工件先经高温形变淬火，之后再进行低温碳氮共渗的复合热处理工艺（以下简称复合处理）。

例如，对40Cr钢制工件进行的复合处理与调质后低温碳氮共渗（以下简称普通处理）的工艺参数如下：

1）复合处理。1200℃加热，锤锻形变50%后停留30s油淬，570℃盐浴碳氮共渗2h。

2）普通处理。调质处理（840℃油淬+570℃×2h回火）后，570℃盐浴碳氮共渗2h。

经上述处理，所得结果见表8-37和表8-38。通过表中数据可知，复合处理增大了渗层深度，提高了表面硬度以及疲劳极限。

表8-37　40Cr钢经复合处理与普通处理后的渗层深度及硬度

工艺类别	渗层深度/mm		硬度　HV0.1	
	化合物层	总渗层	表面	心部
复合处理	0.015	0.36	840	510
普通处理	0.006	0.28	735	397

表8-38　40Cr钢经不同处理后的疲劳极限

工艺类别	复合处理	普通处理	调质	形变热处理	20CrMnTi钢渗碳淬火，硬化层深度为1mm
疲劳极限 σ_{-1}/MPa	467	445	227	267	320

693. 锻热调质+碳氮共渗+高温淬火+等温淬火

调质处理的组织均匀，碳化物呈细小弥散分布，是理想的预备热处理组织；再经碳氮共渗后有较高的耐磨性、耐蚀性、疲劳强度、耐回火性和抗咬合性；高温淬火可得到韧性较好的板条马氏体；等温淬火能获得位错型板条马氏体，有较高的强韧性及综合性能。因此，以上复合强韧化处理可使硬度、耐磨性、屈服强度和疲劳强度配合良好，提高工件韧性与使用寿命。其复合工艺如下：

1）锻热调质。60Si2Mn 钢经锻热调质处理后可消除因球化退火而形成的石墨碳。其调质工艺为在终锻后立即淬油，720℃回火。

2）碳氮共渗。采用 830~840℃×2h 中温薄层碳氮共渗，可使钢的表面碳的质量分数增至 0.8%~085%，氮的质量分数达 0.20%~0.35%，共渗层深度为 0.10~0.15mm，表面硬度为 950~1000HV。

3）高温淬火与等温淬火。碳氮共渗后直接升温到 920~930℃，保温 30min，淬入 260~280℃硝盐中等温 1h。

4）回火。经 240~250℃×3h 回火后硬度为 59~61HRC。

60Si2MnA 钢板穿孔冲头按常规处理的使用寿命为 0.6 万件，而经复合工艺处理后，强韧性提高，很少折断，其使用寿命提高到 2.5 万件。

694. 锻热调质+稀土渗硼+等温淬火

锻热调质处理，既可以利用形变热处理强化基体性能，又可获得均匀的细粒状珠光体，为最终热处理提供了良好的预备热处理组织；在渗硼剂中加入稀土，可以降低渗硼温度 20~30℃，还可以起到催渗和微合金化的作用，降低热应力和组织应力，达到微畸变效果；等温淬火可降低淬火畸变。以上复合工艺可以使工件表面具有高硬度、高耐磨性、抗擦伤性能、抗咬合性能、抗黏着性能和一定的耐蚀性等，而内层基体具有高的强韧性。可防止工件发生脆性断裂、疲劳断裂及变形，提高使用寿命。此复合工艺可用于对畸变要求高的工件的化学热处理。

例如，GCr15 钢制冲模复合工艺如下：

1）锻热调质。终锻后于 920℃左右利用余热淬油，油冷至 150℃左右空冷，进行 650~679℃×2~3h 高温回火。

2）稀土渗硼+等温淬火。850~860℃×2.5~3h 稀土渗硼，渗硼后直接淬入 160~190℃低温碱浴中等温 30~60min，再进行低温回火 200~220℃×2~3h。基体硬度为 62~64HRC，表面渗硼层的厚度为 85~110μm，硬度为 1900~2350HV。采用该工艺处理的冲模使用寿命提高了 2~4 倍。

695. 锻热调质+渗氮+渗硼

锻热调质是利用形变热处理的特点，来达到均匀组织和改善性能的目的，并为最终热处理做好组织准备；渗硼虽然可以提高钢的表面硬度、耐磨性、抗冷热疲劳性等，但渗硼层脆性较大，在使用中易引发裂纹，对此在渗硼前增加渗氮工序，由于氮的渗入，改变了相成分，减少了渗硼层的脆性，提高了渗硼层的断裂强度、塑性与韧性；在渗硼后进行 830~840℃淬火和 270℃等温淬火，可获得马氏体与下贝氏体的混合组织，从而提高工件的强韧性与寿命。

例如，5CrNiMo 钢制扳手热锻模，经锻热调质+渗氮+渗硼复合工艺处理后，使用寿命较常规处理的提高了 4~6 倍。其复合热处理工艺曲线如图 8-17 所示。

锻坯调质采用锻后余热淬火+高温回火，在机械加工成产品后进行渗氮和渗硼处理，然后直接升温至 940~950℃，淬油，再进行等温处理，最后进行回火。

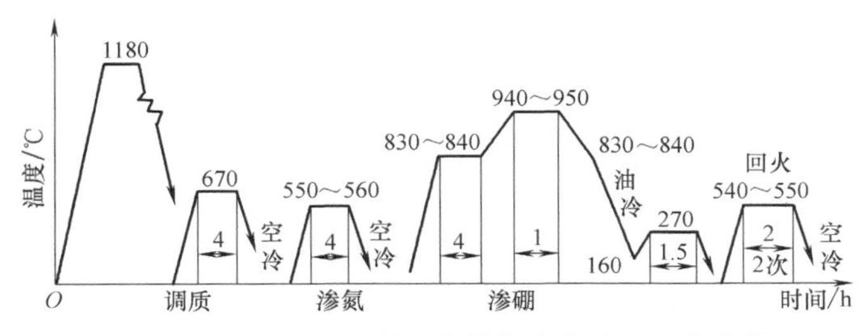

图 8-17　5CrNiMo 钢制热锻模复合热处理工艺曲线

696. 锻热调质+氧氮共渗

锻热调质处理可以利用形变热处理的特点，改善碳化物的形态和分布，使其呈细小、均匀分布，为最终热处理做好组织准备；氧氮共渗可提高表面性能，使工件寿命延长。

例如，T12A 钢制凹模经复合处理后，模具刃口硬度为 950~1000HV，表层硬度为 57~60HRC，基体硬度为 50~55HRC，型腔畸变≤0.03mm。模具寿命由常规处理的不足万件提高到 5~6 万件。其复合工艺如下：

1）锻造余热调质。当终锻温度大约在 850℃时，直接淬油，油冷至 150~180℃出油空冷；立即进行 580℃×2h 回火，回火后水冷。

2）氧氮共渗。调质后精加工成产品后进行氧氮共渗，共渗工艺为：560~570℃×3h，w（氨水）= 25%~28%的渗剂的滴注量为 120~150 滴/min。共渗后出炉空冷。

3）淬火回火。600℃×30min 预热，820~830℃×5min 加热空冷 20~25s 淬入碱液，碱液成分（质量分数）为：KOH65%+NaOH20%+$KNO_3$5%+$NaNO_2$5%+H_2O5%，使用温度为 140~200℃。在碱液中冷却 1min 后，立即转入 220℃的硝盐中等温 30min。然后在硝盐中进行 280℃×1.5h 回火。

697. 锻热调质+高温渗碳淬火+高温回火

锻热调质是将形变与相变相结合的热处理工艺，既可细化碳化物，又可细化马氏体；高温渗碳淬火+高温回火，其表面获得了较高的硬度、耐磨性和热疲劳强度，而基体仍有较高的强韧性。

高温热挤压模使用寿命普遍不高，大多因为热硬性低、热疲劳强度差而报废，采用该复合工艺可以较好地解决此问题。

例如，3Cr2W8V 钢制热挤压模经复合工艺处理后，表面硬度为 60~61.5HRC，基体硬度为52~53HRC，使用寿命比未渗碳常规处理的提高了2~4倍。其复合工艺如下：

1）锻热调质。终锻温度大约为900℃直接淬油，720~740℃×2h高温回火。

2）高温渗碳淬火+2次高温回火。将毛坯加工成产品的凹模，经1150℃×2~2.5h高温渗碳后直接淬火，560~580℃×2次回火。

698. 锻热固溶处理+高温回火+等温淬火+高温回火

采用热锻固溶处理，可消除链状碳化物。在固溶处理后，进行高温回火，可在基体中析出高度弥散的合金碳化物。例如，对于3Cr3Mo3W2V钢选用1060℃的淬火温度，可使M_6C型碳化物溶入奥氏体，提高奥氏体的合金化程度。为了降低热应力和组织应力，采用等温淬火和高温回火，并可以获得下贝氏体与马氏体的混合组织，提高强韧性。经上述复合工艺处理后，可得到下贝氏体+回火马氏体+弥散分布的碳化物+少量残留奥氏体，组织较细，具有高的强韧性、耐磨性和断裂韧度。例如，3Cr3Mo3W2V钢制齿轮毛坯热冲头采用该工艺（即双重强韧化处理工艺）后，使用寿命比常规处理提高了2~3倍。其工艺如图8-18所示。

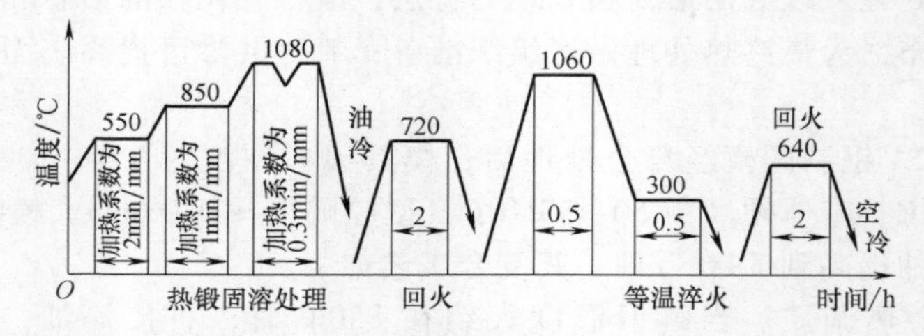

图8-18 3Cr3Mo3W2V钢制齿轮毛坯热冲头复合热处理工艺曲线

699. 锻热淬火+高温回火

（1）工具钢的锻热淬火+高温回火　对于工具钢来说，采用这种复合工艺作为预处理时，可获得细小均匀分布的碳化物组织，比球化退火工艺效果还要好，并且只需4h高温回火，就可以代替24h的球化退火，从而节约能源。

有试验表明，经锻热淬火后获得的细化组织，可使第二次淬火获得更细的马氏体，马氏体针长为原工艺的1/7~1/10，在强化工具钢材料的同时还提高了塑性。对于Cr12型工具钢采用较低温度锻热淬火，也可以获得同样的结果。锻热淬火工艺与普通球化退火工艺分别如图8-19和图8-20所示。

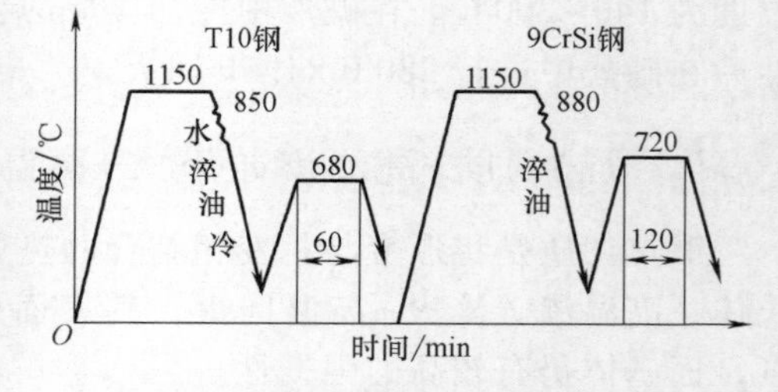

图8-19 锻热淬火工艺曲线

（2）轴承钢的锻热淬火+高温回火　其复合工艺流程为：锻压（1000~1200℃始锻）→辗扩后沸水淬火→高温回火（代替球化退火）→机械加工→最终处理。

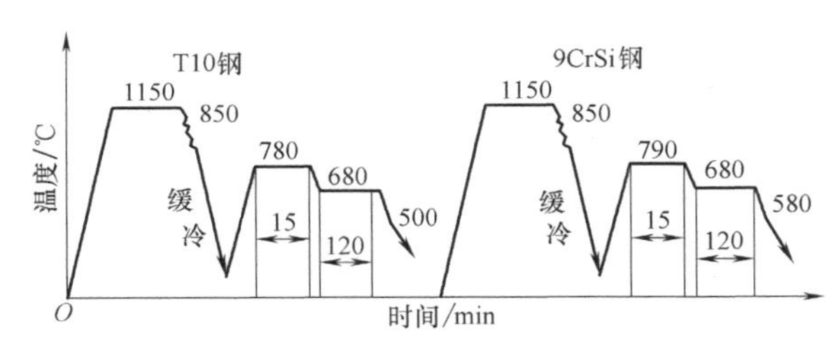

图 8-20 普通球化退火工艺曲线

轴承钢的锻热淬火+高温回火工艺如图 8-21 所示。

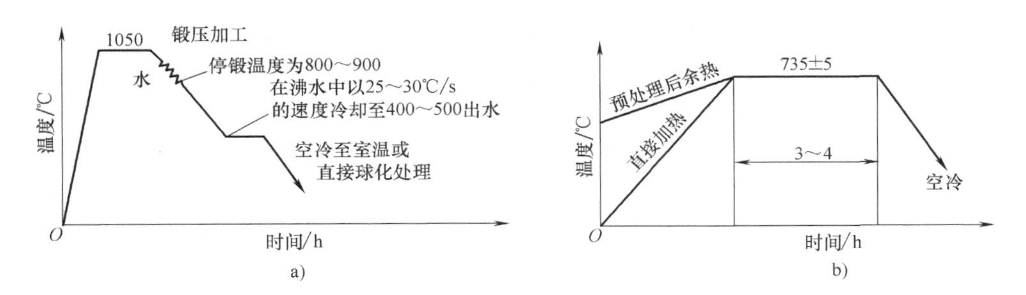

图 8-21 轴承钢的锻热淬火+高温回火工艺曲线
a）锻热淬火 b）高温回火

此工艺可获得均匀分布的点状珠光体+细粒状珠光体组织，硬度一般为 207～229HBW。该工艺的实施，可以显著缩短生产周期，节约能源。

700. 锻热淬火+高温回火+等温淬火

这是一种将形变热处理、高温加热与等温淬火复合的工艺，它利用锻热淬火和高温回火代替常规锻后空冷及退火处理，可充分利用形变热处理的强化效果；对于 5CrMnMo 钢，淬火加热温度由 850℃提高到 890～900℃，可获得更多的板条马氏体组织，从而提高钢的韧性；采用等温淬火可获得下贝氏体组织，最终可以得到具有良好强韧性的马氏体与下贝氏体的复合组织，可使钢的硬度、强度、冲击韧性和断裂韧度显著提高，其力学性能见表 8-39。

例如，5CrMnMo 钢制连接环热锻模的使用寿命由常规处理（淬火、回火）的 1000～2000 件提高到 5000～7000 件。其复合工艺如图 8-22 所示。

表 8-39 5CrMnMo 钢复合工艺处理后的性能

处理工艺	硬度 HRC	R_m/MPa	a_K/(J/cm^2)	K_{IC}/MPa · mm$^{1/2}$
原工艺:850℃油冷，480℃回火	43	1340	21	1660
复合工艺(见图 8-22)	48	1570	32	2390

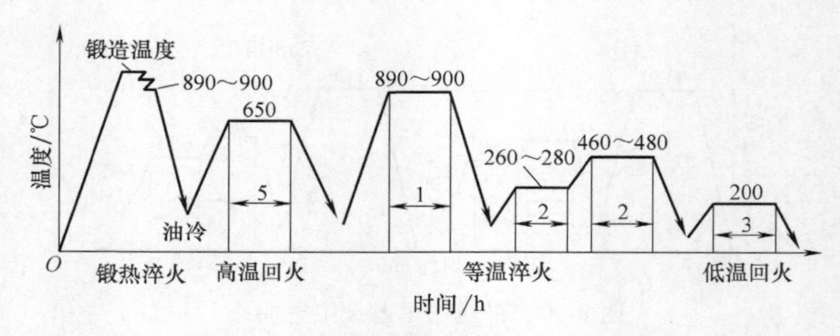

图 8-22　5CrMnMo 钢的复合处理工艺曲线

701. 高温形变正火+低碳马氏体淬火

此复合处理工艺是采用形变热处理和低碳马氏体强韧化处理的复合处理工艺，具体如下。

1）高温形变正火是工件毛坯在锻造时，适当降低终锻温度（常在 Ac_3 附近，或在 Ac_1 以下，以避免再结晶过程的严重发展）之后空冷的复合热处理工艺。进行高温形变正火的主要目的在于提高材料的冲击韧性、抗磨损能力及疲劳强度等，同时降低钢的脆性转变温度。

2）发挥低碳马氏体淬火“自回火”的特点，取消低碳钢件（如接链环）淬火后的回火工序。低碳马氏体淬火的一个显著特点就是“自回火”。由于低碳钢的 Ms 点较高（400～500℃），淬火时得到的低碳马氏体在淬火冷却中途便得到了回火，获得回火马氏体组织，使钢的强度及韧性均得到提高。

例如，20MnVB 和 20MnTiB 钢制矿用高强韧性扁平接链环，规格为 ϕ22mm×86mm（直径×节距），要求硬度为 42～50HRC，破断负荷≥550kN。

将淬火加热温度定在 920～960℃，是由于接链环的规格尺寸、装炉量、盐浴炉变压器档位、供电电压，以及每批钢的化学成分均不同，因此进行较宽范围（约 40℃）的波动加热淬火。淬火冷却介质采用 w(NaCl) = 10% 的水溶液。如图 8-23所示为接链环高温快速波动淬火工艺曲线。

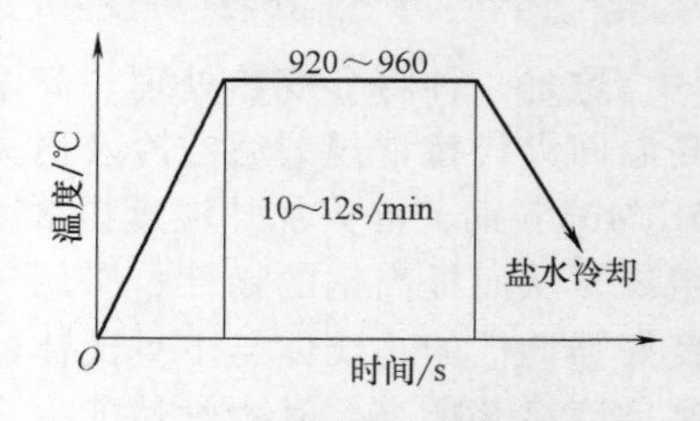

图 8-23　接链环高温快速淬火波动工艺曲线

按上述复合工艺处理的 ϕ22mm×86mm 锯齿形接链环破断负荷最低为 590kN，最高为 745kN，平均为 663kN，满足了破断负荷≥550kN 的要求，故产品疲劳寿命倍增。

由于取消了接链锻件毛坯正火和淬火回火两道工序，采取了高温快速淬火，故生产率提高了 3 倍，节省电耗约 60%，降低热处理生产成本约 50%。

参考文献

[1]　雷廷权. 2010 年中国的热处理［J］. 金属热处理，1999（12）：1-3.

[2] 樊东黎. 再谈节能热处理设备（下）[J]. 金属加工（热加工），2009（9）：32-35，74.
[3] 赵步青. 模具热处理工艺 500 例 [M]. 北京：机械工业出版社，2008.
[4] 王鹏，曹明宇. 消除与改善渗碳钢带状组织的措施 [J]. 金属热处理，2010，35（2）：109-110.
[5] 王德文. 新编模具实用技术 300 例 [M]. 北京：科学出版社，1996.
[6] 宋璋平. Cr12 钢调质处理并低温淬火工艺研究 [J]. 机械工人（热加工），2001（7）：34.
[7] 苏阳. 回火及表面氧化复合工艺 [J]. 金属热处理，1999（10）：39-40.
[8] 罗德福，李慧友. QPQ 技术的现状和展望 [J]. 金属热处理，2004，29（1）：39-44.
[9] 潘林. 表面改性热处理技术与应用 [M]. 北京：机械工业出版社，2006.
[10] 毛全楷，毛菊山，吴松阳，等. 石墨流动粒子炉发蓝、淬火复合工艺及应用 [J]. 金属热处理，1990（9）：24-28.
[11] 张云江，王小虎，张文涛. 淬火和发蓝同时完成的工艺 [J]. 热处理技术与装备，2014，35（3）：22-23.
[12] 赵程，孙定国，赵慧丽，等. 离子氮碳共渗+离子后氧化双重复合处理的研究 [J]. 金属热处理，2004，29（9）：32-34.
[13] 张蓉，唐明华. 3Cr2W8V 钢铝合金压铸模氮碳共渗复合热处理 [J]. 热加工工艺，2004（1）：58-59.
[14] 王荣滨，海燕. 盐浴稀土硫氮碳共渗工艺 [J]. 金属热处理，2000（10）：24-25.
[15] 雷廷权，傅家骐. 金属热处理工艺方法 500 种 [M]. 北京：机械工业出版社，1998.
[16] 赵立新，郑立允，吴炳胜，等. W4Mo3Cr4VSiN 钢丝锥表面处理及应用 [J]. 金属热处理，2005，30（8）：57-59.
[17] 赵程. AISI316 奥氏体不锈钢低温 PC、PN 和 PC+PN 表面硬化处理 [J]. 青岛科技大学学报（自然科学版），2004，25（4）：328-331.
[18] 韩光瑶. 卡套的复合热处理 [J]. 金属热处理，1993（5）：31-34.
[19] 李冬贵. 高精度重负荷齿轮碳氮复合热处理试验 [J]. 金属热处理，1982（1）：20-27.
[20] 居毅. C-N 共渗及 Ni-P 化学镀复合层的耐磨性 [J]. 金属热处理，1994（5）：26-29.
[21] 徐维，王莎莎. 30CrMnSiA 钢渗扩氮亚温淬火规律的研究 [J]. 材料热处理学报，1995（1）：72-79.
[22] 徐维，王莎莎. 冷模具钢渗扩氮复合强韧化研究 [J]. 热加工工艺，1995（3）：3-5.
[23] 王滨生，冯明旺. 9SiCr 钢渗氮淬火复合热处理 [J]. 金属热处理，1996（8）：38-39.
[24] 王先奎. 机械加工工程工艺手册：第 1 卷工艺基础卷 [M]. 北京：机械工业出版社，2007.
[25] 梁航，马学文，张中弦，等. 渗氮/离子镀复合涂层技术在 65Mn 钢切纸刀片上的应用 [J]. 金属热处理，2012，37（4）：102-104.
[26] 陶冶，刘培英. PCVD 复合渗镀刀具表面强化 [J]. 金属热处理，1996（7）：14-16.
[27] 王菲菲. 表面处理与等离子渗氮的复合强化处理探究 [J]. 金属加工（热加工），2015（增刊 2）：175-177.
[28] 李泉华. 热处理技术 400 问解析 [M]. 北京：机械工业出版社，2002.
[29] 白彬，朱旻昊，陈元儒. 25Cr3MoA 钢高温离子注入和离子氮化复合表面处理研究 [J]. 材料导报，2001，15（3）：63-64.
[30] 黄拿灿. 现代模具强化新技术新工艺 [M]. 北京：国防工业出版社，2008.
[31] 王荣滨，王海滨. 3Cr2W8V 钢热挤压模的循环调质复合强化处理 [J]. 热加工工艺，

1991 (6): 48.
[32] 胡社军. 钼合金表面渗硅-离子渗氮复合处理层性能的研究 [J]. 金属热处理, 1994 (10): 10-13.
[33] 高原, 徐晋勇, 刘燕萍, 等. 不锈钢表面等离子复合处理提高耐磨性的研究 [J]. 金属热处理, 2005, 30 (7): 50-53.
[34] 蔡珣. 表面工程技术工艺方法 400 种 [M]. 北京: 机械工业出版社, 2006.
[35] 黄拿灿, 胡社军. 稀土表面改性及其应用 [M]. 北京: 国防工业出版社, 2007.
[36] 陈秋龙, 林以佩. 4Cr13 不锈钢表面复合强化工艺的硬度特征研究 [C] //第六届全国热处理大会论文集. 北京: 兵器工业出版社, 1995: 147-151.
[37] 王存山, 韩立影. 激光硬化和渗氮复合处理 38CrMoAl 钢组织与性能 [J]. 材料热处理学报, 2014, 35 (增刊 2): 216-220.
[38] 韩旻, 周海光. 金属材料的激光表面氮化处理 [J]. 机械工程师, 2000 (12): 23-24.
[39] 刘家浚. 复合表面技术研究的新进展 [J]. 中国表面工程, 1998 (1): 10-15.
[40] 何志平. 45 钢的离子渗氮——激光复合热处理 [J]. 金属热处理, 1990 (5): 12-16.
[41] 朱金凯, 沈君, 代贤祝, 等. 软氮化-激光淬火复合强化工艺研究 [J]. 金属加工 (热加工), 2016 (增刊 2): 101-103.
[42] 何柏林, 于影霞, 熊光耀. 3Cr2W8V 模具钢激光熔凝+渗氮复合处理的组织与耐磨性研究 [J]. 金属热处理, 2008 (11): 58-61.
[43] 刘长和, 孟小莉, 王维发, 等. 渗硼-复合等温淬火综合强化工艺在热锻模上的应用 [J]. 金属热处理, 1984 (12): 30-31.
[44] 牟克, 宋广生. 20 钢渗硼后的感应加热复合处理 [J]. 金属热处理, 1991 (1): 40-43.
[45] 朱晶新. 粉碗渗碳与硼稀土共渗复合热处理 [J]. 金属热处理, 1992 (7): 46-47.
[46] 楼南金, 郭喜云, 李炳银, 等. 硼氮复合渗提高 5CrMnMo 钢热锻模寿命 [J]. 金属热处理, 1988 (10): 12-15.
[47] 楼南金, 江锡堂. 提高 3Cr2W8V 钢热挤压模具寿命的研究 [J]. 金属热处理, 1985 (11): 31-35.
[48] 刘智勇, 丛欣, 朱穗东, 等. 铬钒复合镀渗提高热挤压模寿命 [J]. 模具工业, 1989 (1): 35-37.
[49] 杨伯忠. 模具固体镍—硼共渗工艺的应用 [J]. 金属热处理, 1996 (4): 35-36.
[50] 汪新衡, 刘安民, 匡建新, 等. 5Cr2NiMoVSi 钢大型热锻模的复合强化工艺及应用 [J]. 金属热处理, 2011, 36 (1): 91-94.
[51] 金荣植. 齿轮热处理手册 [M]. 北京: 机械工业出版社, 2015.
[52] 王菲菲. 表面处理与等离子渗氮的复合强化处理探究 [J]. 金属加工 (热加工), 2015 (增刊 2): 175-177.
[53] 汪新衡, 李淑英, 匡建新. 强力喷丸对 4Cr5MoSiV1 钢离子渗氮的影响 [J]. 热加工工艺, 2010, 39 (22): 182-184.
[54] 余盈燕, 周杰, 李梦瑶, 等. 热锻模表面喷丸及多元氮碳共渗复合强化工艺 [J]. 金属热处理, 2014, 39 (2): 81-84.
[55] 中国科学院金属研究所. 一种金属材料表面纳米层的制备方法: CN99122670.4 [P]. 2001-07-04.
[56] 刘刚, 雍兴平, 卢柯, 等. 金属材料表面纳米化的研究现状 [J]. 中国表面工程, 2001, 14 (3): 1-5.

[57]　卑多慧，吕坚，顾剑锋，等. 表面纳米化预处理对低碳钢气体渗氮行为的影响［J］. 材料热处理学报，2002，14，23（1）：19-24.

[58]　李杨，许久军，王亮. 42CrMo钢表面纳米化对离子渗氮的影响［J］. 中国表面工程，2010，23（3）：60-63.

[59]　薛群基，吕坚. 表面机械研磨纳米化对AISI 321不锈钢等离子渗氮结构与性能的影响［J］. 材料学报，2006（54）：5599-5605.

[60]　雷廷权. 钢的形变热处理［M］. 北京：机械工业出版社，1979.

[61]　吴磊，姜秉元. 高温形变淬火软氮化复合处理对40Cr钢组织和性能的影响［J］. 材料科学与工艺，1989，（3）：42-49.

[62]　中国热处理行业协会. 当代热处理技术与工艺装备精品集［M］. 北京：机械工业出版社，2002.